普通高等教育工程管理和工程造价专业系列教材

工程估价

主编　肖跃军　王　波

参编　石晓波　宁德春

主审　沈　杰

机械工业出版社

本书为普通高等教育工程管理和工程造价专业系列教材之一。

本书根据《高等学校工程管理专业本科指导性专业规范》中对工程估价课程知识点的要求，结合最新的清单计价规范、清单工程量计算规范和江苏省建筑与装饰工程计价定额，系统地介绍了最新的工程计量与计价的概念、原理、基本理论与方法，重点介绍了如何在工程量清单计价模式下结合当地定额的规定描述工程量清单的项目特征，选择计量单位，正确计算相应的工程量。此外，本书还简要介绍了"营改增"对工程造价计算的影响及处理方法。

本书可以作为高等学校工程管理和工程造价专业的教材，也可供工程造价相关从业人员学习参考。

图书在版编目（CIP）数据

工程估价/肖跃军，王波主编. —北京：机械工业出版社，2019.4
（2024.8重印）

普通高等教育工程管理和工程造价专业系列教材
ISBN 978-7-111-62214-7

Ⅰ.①工…　Ⅱ.①肖…②王…　Ⅲ.①建筑工程-工程造价-高等学校-教材　Ⅳ.①TU723.3

中国版本图书馆 CIP 数据核字（2019）第 044389 号

机械工业出版社（北京市百万庄大街22号　邮政编码100037）
策划编辑：林　辉　责任编辑：林　辉　舒　宜
责任校对：刘雅娜　封面设计：张　静
责任印制：常天培
固安县铭成印刷有限公司印刷
2024 年 8 月第 1 版第 4 次印刷
184mm×260mm·26.75 印张·661 千字
标准书号：ISBN 978-7-111-62214-7
定价：66.00 元

电话服务　　　　　　　　网络服务
客服电话：010-88361066　机 工 官 网：www.cmpbook.com
　　　　　010-88379833　机 工 官 博：weibo.com/cmp1952
　　　　　010-68326294　金 书 网：www.golden-book.com
封底无防伪标均为盗版　机工教育服务网：www.cmpedu.com

普通高等教育工程管理和工程造价专业系列教材

编审委员会

序

　　住房和城乡建设部高等学校工程管理和工程造价学科专业指导委员会（简称教指委）组织编制了《高等学校工程管理本科指导性专业规范（2014）》和《高等学校工程造价本科指导性专业规范（2015）》（简称《专业规范》）。两个《专业规范》自发布以来，受到相关高等学校的广泛关注，促进学校根据自身的特点和定位，进一步改革培养目标和培养方案，积极探索课程教学体系、教材体系改革的路径，以培养具有各校特色、满足社会需要的工程建设高级管理人才。

　　2017年9月，江苏、安徽等省的高校中一些承担工程管理、工程造价专业课程教学任务的教师在南京召开了具有区域特色的教学研讨会，就不同类型学校的工程管理和工程造价这两个专业的本科专业人才培养目标、培养方案以及课程教学与教材体系建设展开研讨。其中，教材建设得到了机械工业出版社的大力支持。机械工业出版社认真领会教指委的精神，结合研讨会的研讨成果和高等学校教学实际，制订了普通高等教育工程管理和工程造价专业系列教材的编写计划，成立了本系列教材编审委员会。经相关各方共同努力，本系列教材将先后出版，与读者见面。

　　普通高等教育工程管理和工程造价专业系列教材的特点有：

　　1）系统性与创新性。根据两个《专业规范》的要求，编审委员会研讨并确定了该系列教材中各教材的名称和内容，既保证了各教材之间的独立性，又满足了它们之间的相关性；根据工程技术、信息技术和工程建设管理的最新发展成果，完善教材内容，创新教材展现方式。

　　2）实践性和应用性。在教材编写过程中，始终强调将工程建设实践成果写进教材，并将教学实践中收获的经验、体会在教材中充分体现；始终强调基本概念、基础理论要与工程应用有机结合，通过引入适当的案例，深化学生对基础理论的认识。

　　3）符合当代大学生的学习习惯。针对当代大学生信息获取渠道多且便捷、学习习惯在发生变化的特点，本系列教材始终强调在基本概念、基本原理描述清楚、完整的同时，给学生留有较多空间去获得相关知识。

　　期望本系列教材的出版，有助于促进高等学校工程管理和工程造价专业本科教育教学质量的提升，进而促进这两个专业教育教学的创新和人才培养水平的提高。

王卓甫

2018年9月

前言

PREFACE

为了满足新形势下工程管理和工程造价及相关专业的教学需要,编者依据工程造价领域的最新法规、规范、政策文件、造价信息,结合多年的教学实践和研究成果,本着理论指引、注重实践的原则编写了本书。

全书分为14章,每章均有学习目标、思考题和习题,内容丰富,图文并茂,重点和难点部分引入例题进行透彻讲解。

第1章绪论,介绍了工程估价的概念、内容、特点,工程估价在国内外的发展历史、工程估价发展的特点,以及现代工程对工程估价人员的素质要求。

第2章建设工程费用构成,介绍了建设工程费用的四大组成部分:设备及工器具费用,建筑安装工程费用,工程建设其他费用,预备费、建设期贷款利息和铺底流动资金。其中重点介绍了"营改增"模式下招标控制价、投标报价和工程结算的计算方法和程序。

第3章工程计价依据,介绍了工程计价依据的概念与分类,介绍了以消耗量定额为基础,由预算定额、概算定额、概算指标和估算指标构成的定额体系概念及编制,最后介绍了工程造价信息的概念及工程造价信息管理的相关内容。

第4章建筑面积,介绍了建筑面积的概念和作用,并根据GB/T 50353—2013《建筑工程建筑面积计算规范》的规定,介绍了计算全部、计算一半和不计算建筑面积的范围和条件。

第5章定额工程量计算,结合《江苏省建筑与装饰工程计价定额》(2014版)介绍了各个分部分项工程的项目划分与工程量计算规则。

第6章清单工程量计算,结合(GB 50500—2013)《建设工程工程量清单计价规范》和(GB 50854—2013)《房屋建筑与装饰工程工程量计算规范》,介绍了各个分部工程和措施项目工程的项目划分与工程量计算规则。结合计价定额的规定介绍了清单项目特征描述的具体方法。

第7章投资估算,介绍了投资估算的概念、作用、编制依据、编制程序、编制方法。

第 8 章设计概算，介绍了设计概算的概念、内容、编制方法和审查方法。

第 9 章施工图预算，介绍了施工图预算的概念、作用、编制内容、编制方法和审查方法。

第 10 章招标控制价与投标价，介绍了招标控制价与投标价的编制方法，以及工程投标价及分析。

第 11 章施工预算，介绍了施工预算的概念、施工预算的编制以及"两算"对比的相关内容。

第 12 章工程结算，介绍了工程结算的依据、方式和内容，工程索赔价款的计算，竣工结算的编制及其审查和工程价款结算实例。

第 13 章竣工决算，介绍了竣工决算的概念及作用、内容、编制，以及保修费用的处理。

第 14 章 BIM 在工程造价管理中的应用，介绍了 BIM 在建筑工程中的应用概况，以广联达工程造价整体解决方案为例，重点介绍了建筑工程建模算量的过程、方法与流程以及算量模型在工程计价中的应用。

本书由中国矿业大学肖跃军和合肥工业大学王波主编。其中第 1~6 章由肖跃军编写，第 14 章由肖跃军、宁德春、石晓波编写，第 7~13 章由王波编写。

东南大学沈杰教授在百忙之中对本书进行了精心审阅，提出了许多宝贵意见和建议，使本书得到进步一完善。在此表示衷心的感谢。

由于编者水平有限，不妥之处在所难免，敬请读者批评指正。

编　者

目 录
CONTENTS

第1章

绪　　论

学习目标

了解工程估价的含义与过程。

1.1　工程估价概述

1.1.1　工程估价的概念

工程估价的概念源于国外。在国外的工程建设程序中，在可行性研究阶段、方案设计阶段、技术设计阶段、施工图设计阶段以及开标前阶段对建设项目投资所做的测算统称为工程估价，但在各个阶段，其详细程度和准确程度是有差别的。

工程造价是指进行某项工程建设所花费的全部费用，其核心内容是投资估算、设计概算、修正设计概算、施工图预算、工程结算、竣工决算等。

计算和确定工程造价的过程称为工程估价，也称工程计价，是指工程估价人员在建设项目实施的各个阶段，根据估价目的，遵循工程计价原则和程序，采用科学的计价方法，结合估价经验等，对投资项目最可能实现的合理价格做出科学的计算，从而确定投资项目的工程造价，编制工程造价经济文件。

广义上工程造价涵盖建设工程造价（土建专业和安装专业）、公路工程造价、水运工程造价、铁路工程造价、水利工程造价、电力工程造价、通信工程造价、航空航天工程造价等。本书主要介绍建筑工程估价，其方法及原理也同样适用于设备安装等其他工程的估价。

1.1.2　工程估价的内容

工程估价工作的内容涉及项目建设的全过程，根据估价师服务对象的不同，工作内容有不同侧重点。我国全过程工程估价就是在项目建设程序的各个阶段，采用科学的计算方法和切合实际的估价依据，按照一定的估价模式，合理确定投资估算、设计概算、施工图预算、招标控制价（标底）、投标价、合同价、竣工结算、竣工决算等各种形式的工程估价。

1. 投资估算

在项目建议书和可行性研究阶段，对建设项目投资所做的测算称之为投资估算。建设项目投资估算对工程总造价起控制作用，建设项目的投资估算是项目决策的重要依据之一，可行性研究报告一经批准，其投资估算应作为工程造价的最高限额，不得任意突破；此外，一般以此估算作为编制设计文件的重要依据。

目前，我国大部分地区或国务院工业部系统都编制有投资估算指标，供编制投资估算使用。投资估算由建设单位（业主）编制。

2. 设计概算

项目经过项目建议书和可行性研究阶段（项目决策阶段）后，在初步设计、技术设计阶段（针对一些大型工程项目设立该阶段）所预计和核定的工程造价统称为设计概算。设计概算是设计文件不可分割的组成部分。一般情况下，在初步设计阶段对建设项目投资所做的测算被称为设计概算；在技术设计阶段对建设项目投资所做的测算被称为"修正设计概算"。初步设计、技术简单项目的设计方案均应有设计概算；技术设计应有修正设计概算。

在计划经济时期，设计概算经审查批准后，不能随意突破，它既是控制建设投资的依据，又是银行办理工程拨款或贷款的依据。进入20世纪90年代后，设计概算的某些功能被弱化，而作为投资控制的功能则在用作招标控制价的编制依据。目前随着工程估价依据和估价模式的改革以及无招标控制价招标方式的推行，设计概算作为招标控制价编制依据的功能也将随之消失。设计概算由设计单位编制。

3. 施工图预算

施工图预算是在施工图设计完成后和施工开始前，根据施工图和相关资料、文件、规定等 所确定的工程项目的造价。在实施清单计价之前，对于实行招标投标的工程来说，施工图预算是确定招标控制价的基础，由设计单位编制。实施清单计价之后，施工图预算作为确定招标控制价的基础的作用已被根据企业定额编制的投标价代替。

4. 招标控制价

招标控制价是招标人根据国家或省级、行业建设主管部门颁发的有关计价依据和办法，按设计施工图计算的对招标工程限定的最高工程造价。工程招标控制价（标底）是业主为了掌握工程造价，控制工程投资的基础数据，并以此为依据测评各投标单位投标价的准确与否。在实施清单计价之前，招标控制价在评标定标过程中起到了不可替代的作用。在实施工程量清单报价的工程造价模式下，投标人自主报价，经评审低价中标。

招标控制价由招标人或招标人委托的具有工程造价咨询资质的咨询人，根据招标文件的要求和规定进行编制。

5. 投标价

投标价作为投标文件的重要组成部分，由投标人结合企业自身的资源实际情况进行编制。投标价的格式和内容根据招标文件的要求而定。

6. 合同价

发、承包双方在施工合同中约定的工程造价称为合同价。根据《中华人民共和国合同法》和GF—2017—0201《建设工程施工合同（示范文本）》的规定，依据招标文件、投标文件，双方签订施工合同，合同按价格的类型分为固定价格合同、可调价格合同和成本加酬金合同。合同价一般是指中标单位的投标价。

7. 竣工结算价

竣工结算价是发、承包双方依据国家有关法律、法规和标准规定，按照合同约定确定的最终工程造价。施工企业按照合同规定的内容全部完成所承包的工程，经验收质量合格并符合合同要求之后，向发包单位进行最终工程价款结算。结算双方应按照合同价款及合同价款调整内容以及索赔事项，进行工程竣工结算。

竣工结算由承包人编制，发包人审核后予以财务支付。通过竣工结算，承包人实现了全部工程合同价款收入，工程成本得以补偿。在进行内部成本核算的基础上，可以考虑实际的工程费用是降低还是超支、考核预期利润是否实现。

8. 竣工决算

竣工验收的同时，要编制竣工决算。竣工决算是反映竣工项目的建设成果和项目财务专业的文件。竣工决算可用来正确地核定新增固定资产的价值，及时办理财务和财产移动，考核建设项目成本，分析投资效果并为今后积累已完工程资料。从造价的角度考察，竣工决算是反映工程项目的实际造价和建成将会使用的固定资产和流动资产的详细情况。通过竣工决算所显示的完成一个工程 项目所实际花费的费用，就是该建设工程 的实际造价。竣工决算由项目建设单位（业主）编制。

1.1.3 工程估价的特点

工程建设活动是一项生产和审批环节多、受气候和环境因素影响大、涉及面广的复杂活动。因此，同一工程项目的价值会随着项目进行的阶段和深度的不同而发生变化，工程估价也应该是随着工程的进展逐步调整完善的过程，它的特点是由建设项目本身所固有的技术经济特点及其生产过程的技术经济特点决定的。

1. 估价的单件性

建筑产品几乎每一个产品都有其独特的形式和结构，需要一套单独的设计图，在生产时采用不同的施工工艺和施工组织。即使是标准设计，也会因建造地点的地质、水文等自然条件以及运输、能源、材料供应等条件的不同，而需要对设计图、施工工艺和施工组织做适当的改变，使生产具有突出的单件性。因此，我们只能通过特殊的计价程序，对建设项目的每个项目单独估算。

2. 估价的多次性

建设项目的建设周期长、规模大、造价高，按照建设程序的要求，其造价必须分阶段进行，在不同的阶段进行多次计价，以保证工程造价计算的准确性和控制有效性。多次计价是一个逐步深化、由不准确到准确的过程，其过程如图 1-1 所示。

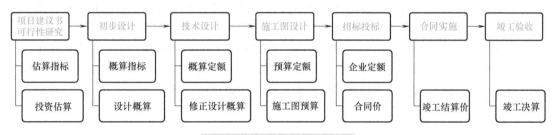

图 1-1 多次计价过程示意图

3. 估价依据的复杂性

建设项目投资估价的依据种类繁多，这些依据互为基础和指导且互相影响。例如，预算定额是概算定额（指标）的编制基础，概算定额（指标）又是投资估算指标的编制基础；反之，估算指标又控制着概算定额（指标）的水平，概算定额（指标）又控制着预算定额的水平。在建设项目的不同阶段，需要使用不同的估价依据对项目进行估价。

4. 估价的组合性

建设项目投资估价的组合性是与建设项目的组合性密不可分的。建设项目是指按一个总体设计进行建设的各个单项工程的集合，如一家工厂或一所学校均可称为建设项目。在建设项目中凡是有独立的设计文件、竣工后可以独立发挥生产能力或产生工程效益的工程被 称为单项工程，也可以将其理解为可以独立存在的完整的工程项目，如学校项目建设中的教学楼、办公楼、图书馆、学生宿舍等。一个或若干个单项工程可组成建设项目。各单项工程又可分解为各个能独立施工的单位工程。单位工程是指有独立的施工图样、可以独立组织施工，但完成后不能独立使用的工程，如工厂的一个厂房的土建工程、设备安装工程等。考虑到组成单位工程的各个部分是由不同工人用不同的生产工具和材料完成的，又可以把单位工程分解为分部工程，如土石方分部工程、混凝土和钢筋混凝土分部工程等。还可以按照不同的施工方法、构造及规格，把分部工程更细致地分解为分项工程。建设项目组成示意如图1-2所示。而建设项目的计价则是从最小的分项工程开始，把同一分部内的分项工程价格汇总为分部工程的价格，各个分部工程计价后再汇总到单位工程的价格，再把单位工程的价格汇总到单项工程，最后汇总成建设项目的总造价。因此，建设项目的计价具有组合性特点，且是按图1-2从右到左的顺序进行的。

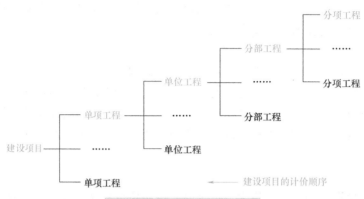

图1-2 建设项目组成示意图

5. 估价的动态跟踪调整

每个项目从立项到竣工，都要按照建设程序的要求进行各项手续的报批和审核，需要经历一个较长的建设期，在此期间可能会有一些不可预料的因素影响之前对工程造价的估计，如设计变更、设备、材料、人工价格的变化，国家利率和汇率的调整、不可抗力的发生，或由于业主的原因导致的索赔事件的发生，均可导致建设项目投资的变动。因此，在整个建设期内投资额可能随时调整，直到竣工结算后才能最终确定该项目的投资额。

1.2 工程估价的发展

1.2.1 国际工程估价的起源与发展

国际工程估价的发展可以分为五个阶段。

1. 工程估价的萌芽阶段

国际工程估价的起源可追溯到中世纪，当时的大多数建筑都比较简单，业主一般请一个工匠负责房屋的设计与建造，工程完工后按双方事先商量好的总价支付，或者先确定一个单位单价，然后乘以实际完成的工程量得到工程的造价。

公元14~15世纪，随着人们对房屋、公共建筑的要求日益提高，原有的工匠不能满足新的建筑形式的技术要求，建筑师成为一个独立的职业，而工匠们则负责建造工作。工匠与建筑师接触时发现，由于建筑师往往受过良好的教育，因此在与建筑师协商时，自己往往处于劣势地位，为此他们雇用其他受过良好教育、有技术的人替他们计算工程量与建筑师协商单价。

2. 工程估价雏形的出现

16~18世纪，随着资本主义社会化大生产的出现和发展，在现代工业发展最早的英国出现了现代意义上的工程估价。技术发展促使大批工业厂房的兴建，许多农民在失去土地后向城市集中，需要大量住房，从而使建筑业逐渐得到发展，设计和施工逐步分离并各自形成一个独立的专业。此时工匠需要有人帮他们对已经完成的工程量进行测量与估价，以确定应得的报酬，从事这些工作 的人员日益专业化，他们以工匠小组的名义与工程委托人和建筑师洽商、估算和确定工程价款。当工匠们雇用的计算人员越来越专业化时，建筑师为了使自己有更多的精力去完成自己的设计职能，也雇用了计算人员代表自己的利益与工匠们的计算人员相对应，这样就产生了专门从事工程造价的计算人员——工料测量师（Quantity Surveyor，QS）。

这时的工料测量师是在工程完工以后才去测量工程量和结算工程造价的，因而工程造价管理处于被动状态，只能对已完工程进行实物量消耗的测定，不能对设计与施工施加任何影响，但它却为工程造价管理及其子专业工程估价形成专门的学科奠定了基础。

3. 工程估价的正式诞生——第一次飞跃

19 世纪初，英国为了有效地控制工程费用支出、加快工程进度，开始实施竞争性招标。竞争性招标需要每个承包商在工程开始前根据计算工程量，然后根据工程量情况做出工程造价。参与投标的承包商们往往雇用造价师为自己做这些工作，而业主（或代表业主利益的工程师）也需要雇用造价师为自己计算拟建工程的工程量，为承包商提供工程量清单。所有的投标以业主提供的工程量清单为基础，从而使投标结果具有可比性。当工程发生变更后，工程量清单就成为调整工程价款的依据和基础。招标承包制的实行更加强化了工料测量师的地位和作用。与此同时，工料测量师的工作范围也扩大了，而且工程估价活动从竣工后提前到施工前进行，虽然只是从建设程序上向前迈进了一步，却是历史性的一大步。

1868 年 3 月，英国成立了测量师协会，其中最大的一个分会是工料测量师分会。1881年，维多利亚女王特许测量师协会可以使用"皇家特许"的名义，1921 年赐予了皇家庇护，1930 年测量师协会更名为特许测量师协会，1946 年英国皇家特许测量师学会（Royal Institution of Chartered Surveyors，简称 RICS）成立至今，这一工程造价管理专业学会的创立，标志着工程造价管理专业的正式诞生。RICS 的成立使工程造价管理人士开始了有组织的相关理论和方法的研究，这一变化也使得工程造价管理走出了传统管理的阶段，进入了现代工程造价管理的阶段，这一时期完成了工程估价历史上的第一次飞越。

4. 工程估价的发展阶段——第二次飞越

20 世纪 20 年代，工程造价领域中第一本标准工程量计算规则出版，使得工程量计算有了统一的标准和基础，加强了工程量清单的使用，进一步促进了招标投标的发展。

从 20 世纪 40 年代开始，由于资本主义经济学的发展，许多经济学的原理被运用到了工程造价管理领域。工程造价管理从一般的工程造价的确定和简单的工程造价的控制的初级阶段向重视投资效益的评估、重视工程项目的经济与财务分析等方向发展。

20 世纪 50 年代，英国皇家特许测量师学会的成本研究小组修改并发展了成本规划法，使造价工作从原来的被动工作变为主动工作，从原来设计结束计价转变为计价与设计工作同步进行。甚至在设计之前即可做出估算，并可根据工程委托人的要求使工程造价控制在限额以内。从 20 世纪 50 年代开始，"投资计划与控制制度"在英国等 发达的国家应运而生，这也促成了工程估价的第二次飞越。

20 世纪 60 年代，英国皇家特许测量师学会的成本信息部又颁发了划分工程分部工程的标准，这样使得每个工程的成本可以按相同的方法分摊到各个分部中，从而方便了不同工程的成本和成本信息资料的储存。

在客观上，当时适逢第二次世界大战后的全球重建时期，大量的工程项目上马为工程造价管理的理论研究和实践提供了许多机会，从而使工程估价的发展获得了第二次飞跃。

5. 工程估价的综合与集成发展阶段——第三次飞越

20世纪70年代后期，建筑业人士达成了一个共识，即对项目的计价仅考虑初始成本（一次性投资）是不够的，还应考虑到后期将会使用的维修和运营成本，即应以"总成本"作为方案投资的控制目标。这种"总成本论"进一步拓宽了工程计价的含义，使工程计价贯穿于项目的全过程。这一时期，英国提出了"全生命周期造价管理"；美国稍后提出了"全面造价管理"，包括全过程、全要素、全风险、全团队的造价管理。

1.2.2 我国工程估价的历史沿革

我国北宋时期土木建筑家李诫编修的《营造法式》是工料计算方面的巨著，该书可以看作是中国古代的工料定额。清朝工部编定的《工程做法则例》也是一部优秀的算工算料著作，此书中有许多内容是说明工料计算方法的。这些资料是我国古代工程估价发展的历史见证。

从新中国成立至今，我国工程估价管理大体上可以分为五个阶段。

1. 工程建设定额管理的建立阶段

1950—1957年是工程建设定额管理的建立阶段。在1950—1952年国民经济恢复时期，全国的工程建设项目虽然不多，但解放较早的东北地区，已经着手一些工厂的恢复、扩建工作并启动了少量的新建工程。由于建设经验缺乏和管理方法不完善，加之工程基本由私人营造商承包，材料、资金浪费很大。第一个五年计划开始，国家进入大规模建设时期，基本建设规模日益扩大。为合理节约使用有限的建设资金和人力、物力，充分提高投资效果，在总结国民经济恢复时期经验的基础上，吸取并借鉴了苏联当时的建设经验和管理方法，建立了概预算制度，要求建立各类定额并对其进行管理，以提高编制和考核概预算的基础依据。同时，为了提高投资效果，也要求加强施工企业内部的定额管理。

在该阶段，我国虽建立了定额管理制度，但由于面对大规模的经济建设，缺乏工程造价管理经验，缺少专业人才，所以在学习外国先进经验时，也存在结合我国实际不足的问题，使定额的编制和执行受到影响。

2. 工程建设定额管理弱化时期

1958—1966年为工程建设定额管理弱化时期。1958年6月，基本建设预算编制办法、建筑安装工程预算定额和间接费用定额由各省、自治区、直辖市负责管理，其中有关专业性的定额由中央各部负责修订、补充和管理，造成全国工程量计量规则和定额项目在各地区不统一的现象。各级基建管理机构的概预算部门被精简，设计单位概预算人员减少，概预算控制投资作用被削弱，出现投资"大撒手"的现象。尽管在短时期内也进行过重整定额管理，但总的趋势并未改变。不少地区代之以"二合一"定额，即将预算定额与施工定额合并为一种定额。

3. 工程建设定额管理遭到破坏期

1966—1976年，概预算定额管理工作遭到严重破坏。概预算和定额管理机构被撤销，预算人员改行，大量基础资料被销毁。定额被说成是"管、卡、压"的工具。这直接造成了设计无概算，施工无预算，竣工无决算，投资"大敞口"的混乱局面。1967年，建筑工程部直属企业实行经常费制度，工程完工后向建设单位实报实销。这一制度实行了6年，于1973年1月1日停止，恢复建设单位与施工单位施工图预算结算制度。1973年我国制订了《关于基本建设概算管理办法》，但未能施行。1976年，我国开始重建造价管理制度。

4. 工程造价管理恢复时期

1977—1990 年是工程造价管理恢复时期。从 1977 年开始，我国恢复重建造价管理机构，1983 年 8 月成立国家计委基本建设标准定额研究所，组织制定工程建设概预算定额、费用标准及工作制度，概预算定额统一归口。1988 年划归建设部，更名为建设部标准定额研究所，成立标准定额司，各省市、各部委建立了定额管理站，全国颁布了一系列推动概预算管理和定额管理发展的文件。随着中国建设工程造价管理协会的成立，工程项目全过程造价管理的概念逐渐为广大造价人员所接受，工程造价体制和管理得到了恢复和发展。

5. 工程造价管理进入改革、发展和成熟期

1990 年至今，工程造价管理进入改革、发展和成熟期。随着我国经济建设发展水平的提高和经济结构的日益复杂，传统的与计划经济相适应的概预算定额管理已经暴露出不能满足市场经济要求的弊端。

1990 年，中国建设工程造价管理协会成立，1996 年注册造价工程师执业资格制度建立。2003 年 7 月，国家颁布并实施了 GB 50500—2003《建设工程工程量清单计价规范》，标志着我国的工程估价进入国际轨道，工程造价管理由传统的"量价合一"的计划模式向"量价分离"的市场模式转型。

2008 年，我国颁布并实施了 GB 50500—2008《建设工程工程量清单计价规范》，与 GB 50500-2003 相比，2008 版的《建设工程工程量清单计价规范》增加了很多与合同价和工程结算相关的内容，对解决工程计价中的虚假合同、工程款拖欠和工程结算难等问题，规范参与建设各方计价的行为，规范建设市场的计价活动等都产生了重要的影响。

2013 年，我国又颁布并实施了 GB 50500—2013《建设工程工程量清单计价规范》，GB 50500—2013 包含了从招标开始到竣工结算为止的施工阶段全过程的工程计价技术与管理，使工程施工的各个环节均有规可依、有章可循，构筑起了规范工程造价计价行为的长效机制。GB 50500—2013 的颁布，不但从宏观上规范了政府造价管理行为，还从微观上规范了发包方、承包方双方的工程造价计价行为，使我国工程造价进入了全过程精细化管理的新时代。

1.2.3 工程估价发展的特点

综合上述国际和国内工程估价发展的历史，可以明显地表现出工程估价发展的特点。

1. 从事后算账发展到事前算账

从最初只是消极地测量实物消耗量反映已完工程量的价格，逐步发展到在设计完成后施工前进行工程量的计算和估价，进而发展到在可行性研究时提出投资估算，在初步设计时提出概算，为业主投资决策提供重要依据。

2. 从被动地反映设计和施工到主动地影响设计和施工

从最初在施工阶段对工程造价进行确定和结算，逐步发展到在投资决策阶段、设计阶段对工程造价做出预测，并对设计和施工过程投资的支出进行监督和控制，进行工程建设全过程的造价计算和管理。

3. 估价的理论和方法更加科学和多样化

借助其他领域的理论与方法（如管理理论、经济学理论、成本控制理论、计算机技术、供应链集成等），使工程估价的理论和方法更加科学和多样化，工程估价的新范式在理论与方法两方面都具有更多的优越性。

4. 科学共同体的形成

所谓科学共同体，是指某一特定研究领域中持有共同观点、理论和方法的科学家集团。现代工程估价的产生是由于出现了一批专门从事这一行业的人员（工料测量师或造价工程师）。他们从隶属于施工者或建筑师到发展成一个独立的专业。因此，英国皇家特许测量师学会的成立被视为工程估价发展的一次重要飞越。现在很多国家都有自己的工程估价专业协会，甚至有统一的业务职称评定和职业守则。

1.2.4 现代工程对估价人员的素质要求

随着建筑业的发展，估价工作的内容日益增多，工作范围也日益扩大。在新的历史时期，社会的发展对建筑造价人员的要求已经发生了重大变化。估价师从单纯按定额编制概预算或准备工程量清单发展为业主或承包商的成本顾问，为此估价人员应尽快适应时代要求，提高自身的综合素质。

1. 美国对造价人员的素质要求

美国的工程估价管理主要由工程成本促进协会（AACE）进行行业管理。AACE的认证有成本工程师（CCE）和成本咨询师（CCC）两种。要取得CCE认证的人员必须具有四年以上工程教育学历并获得工程学士学位；要取得CCC认证的人员必须具有四年以上的建筑技术、项目管理、商业等专业学历，或已经取得项目工程师执照。这两种认证只是证明持有该认证的人员已经具有工程造价专业知识和技能，从而使这些持有认证的人员比没有证的人员有就业优势。AACE的认证考试主要考察以下四个方面的知识和技能。

（1）基本知识 基本知识包括工程经济学、统计与概率、预测学、优化理论、价值工程等。

（2）成本估算与控制技能 成本估算与控制技能包括项目分解、成本构成、成本和价格的概预算方法、成本指数、风险分析和现金流量等。

（3）项目管理知识 项目管理知识包括管理学、行为科学、工期计划、资源管理、生产率管理、合同管理、社会和法律等。

（4）经济分析技能 经济分析技能包括现金流量分析、盈利能力分析等。

2. 我国对造价人员的素质要求

为了满足现代工程的要求和适应我国工程造价管理体制的转型，我国加强了建设项目投资的控制管理，项目投资控制与造价管理的执业资格制度逐步形成，涉及工程估价相关执业资格的有监理工程师、房地产估价师、造价工程师、咨询工程师（投资）、一级建造师、设备监理师、投资建设项目管理师等。

我国从事工程估价的人员应具备以下能力。

1）具有对工程各阶段估价的能力，掌握工程和统一的工程量计算规则，能完成工程量计算、工程量清单编制、工程单价的制定方法和工程估价的审核；掌握工程结算方法，协助编制与审核工程结算或决算。

2）能够运用现代经济分析方法，对拟建项目计算期（全生命周期）内的投入、产出诸多因素进行调查；通过可行性研究，做好工程项目的预测工作，为业主优选投资方案提供依据。

3）熟悉与工程相关的法律法规。了解工程项目中各方的权利、责任与义务；能对合同协议中的条款做出正确的解释；掌握招标投标方法，并具备索赔与谈判的能力与技巧。

4）了解建筑施工技术、方法和过程，正确理解施工图、施工组织设计和施工安排，合理地编制费用项目，为正确计量提供保障。

5）有获得信息、资料的能力，并能运用工程信息系统提供的各类技术与经济指标，结合工程项目具体特点，对已完工程的经济性做出评价和总结。

思考题与习题

1. 什么是工程估价？

2. 工程估价包括哪些内容？

3. 什么是投资估算？投资估算在投资控制过程中的作用是什么？

4. 什么是设计概算？它有几种类型？分别起到哪些作用？

5. 什么是施工图预算？它的作用是什么？

6. 什么是招标控制价？它与施工图预算有何区别与联系？

7. 什么是投标价？它与招标控制价的编制依据有什么不同？

8. 什么是合同价？它与投标报价的关系是什么？

9. 什么是竣工结算？什么是竣工决算？两者的区别与联系是什么？

10. 工程估价的特点有哪些？

11. 国际工程估价经历了几次飞跃？每次飞跃发生了什么质的变化？

12. 我国工程估价的历史经历了哪几个阶段？分别发生了哪些重大事件？

第2章

建设工程费用构成

学习目标

掌握工程项目投资组成，熟悉设备及工器具购置费的构成，掌握建筑安装工程费用、工程建设其他费用、预备费和建设利息的构成与计算。

2.1 概述

2.1.1 我国现行建设项目总投资的构成

我国现行建设项目总投资由固定资产投资和流动资产投资两部分构成。固定资产投资即工程造价，工程造价的主要构成部分是建设投资。根据《国家发展改革委、建设部关于印发建设项目经济评价方法与参数的通知》（发改投资〔2006〕1325号）及《建设项目经济评价方法与参数》（第三版）的规定，建设投资包括工程费用、工程建设其他费用和预备费三部分。工程费用是指直接构成固定资产实体的各项费用，可以分为建筑安装工程费和设备及工器具购置费；工程建设其他费用是指根据国家有关规定应在投资中支付，并列入建设项目总造价或单项工程造价的费用；预备费是指为了保证工程项目顺利实施，避免在难以预料的情况下造成投资不足而预先安排的一笔费用。建设项目总投资的构成如图2-1所示。

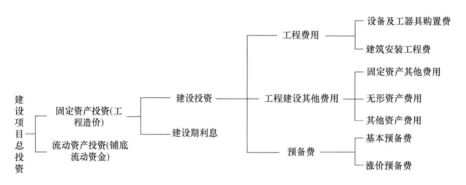

图 2-1 建设项目总投资的构成

注：图中列示的项目总投资主要指在项目可行性研究阶段用于财务分析时的总投资，在"项目报批总投资"或"项目概算总投资"中只包括铺底流动资金，其金额一般为流动资金总额的30%。

2.1.2 世界银行和国际咨询工程师联合会（FIDIC）建设工程投资构成

1978年，世界银行、国际咨询工程师联合会（FIDIC）对项目的总建设成本（相当于我国的工程造价）做了统一规定，工程项目总建设成本包括项目直接建设成本、项目间接建设成本、应急费和建设成本上升费用。各部分详细内容如下。

1. 项目直接建设成本

项目直接建设成本包括15项内容，具体如下：

1）土地征购费。

2）场外设施费用。例如，道路、码头、桥梁、机场、输电线路等设施费用。

3）场地费用。该项费用是指用于场地准备、厂区道路、铁路、围栏、场内设施等的建设费用。

4）工艺设备费。该项费用是指主要设备、辅助设备及零配件的购置费用，包括海运包装费用、交货港离岸价，但不包括税金。

5）设备安装费。该项费用是指设备供应商的监理费用，本国劳务及工资费用、辅助材料、施工设备、消耗品和工具费用，以及安装承包商的管理费和利润。

6）管道系统费用。该项费用是指与管道系统的材料及劳务相关的全部费用。

7）电气设备费。其内容与第4）项类似。

8）电气安装费。该项费用是指设备供应商的监理费用，本国劳务及工资费用、辅助材料、电缆、管道和工具费用，以及安装承包商的管理费和利润。

9）仪器仪表费。该项费用是指所有自动仪表、控制板、配线和辅助材料的费用以及供应商的监理费、国外及本国工资费用、承包商的管理费用和利润。

10）机械的绝缘和油漆费。该项费用是指与机械的绝缘与油漆相关的全部费用。

11）工艺建筑费。该项费用是指材料、劳务及与基础、建筑结构、屋顶、内外装修、公共设施有关的全部费用。

12）服务性建筑费用。其内容与第11）项相似。

13）工厂普通公共设施费。该项费用包括材料和劳务费以及与供水、燃料供应、通风、蒸汽发生及分配、下水、污物处理等公共设施有关的费用。

14）车辆费。该项费用是指工艺操作必需的机动设备零件费用，包括海运包装费用以及交货港的离岸价，但不包括税金。

15）其他当地费用。该项费用是指那些不能归类于以上任何一个项目，不能计入项目间接成本，但在建设期间又是必不可少的费用。例如，临时设备、临时公共设施及场地维持费、营地设施及其管理费、建筑保险和债券、杂项开支等费用。

2. 项目间接建设成本

项目的间接成本包括6项内容，具体如下：

1）项目管理费。该项费用包括总部人员的薪金和福利费，以及用于初步设计和详细工程设计、采购、时间和成本控制、行政和其他一切管理的费用；施工管理现场人员的薪金、福利费和用于施工现场监督、质量保证、现场采购、时间及成本控制、行政及其他施工管理机构的费用等；零星杂项费用，如返工、旅行、生活津贴、业务支出等；各种酬金。

2）开工试车费。该项费用是指工厂投料试车必需的劳务和材料费用。

3）业主的行政性费用。该项费用是指业主的项目管理人员支出的费用。

4）生产前费用。该项费用是指前期研究、勘察、建矿、采矿等费用。

5）运费和保险费。该项费用是指海运、国内运输、许可证及佣金、海洋保险、综合保险等费用。

6）地方税。该项费用是指地方关税、地方税及对特殊项目征收的税金。

3. 应急费

（1）未明确项目准备金　此项费用用于在估算时不能明确的潜在项目，包括在做成本估算时因为缺少完整和详细的资料而不能完全预见和不能注明的项目，并且这些项目是必须完成的，或它们的费用是必定要发生的。在每一个组成部分中均单独以一定的百分比确定，并作为估算的一个项目单独列出，是估算不可缺少的组成部分。

（2）不可预见准备金 此项准备金用于在估算达到了一定的完整性并符合技术标准的基础上，由于物质、社会或经济的变化，导致估算增加的情况。估算增加的情况可能发生，也可能不发生。因此，不可预见准备金只是一种储备，可能 不动用。

4. 建设成本上升费用

通常估算中使用的构成工资率、材料和设备价格基础的截止日期就是估算日期。必须对该日期或已知成本基础进行调整，以补偿直到工程结束时的未知价格增长。工程的各个主要组成部分（国内劳务和相关成本、本国材料、外国材料、外国设备、项目管理机构）的细目划分决定以后，便可确定每一个组成部分的增长率。这个增长率是一项判断因素，它以已发表的国内和国外成本指数、公司记录等依据，与实际供应商进行核对确定得到。根据确定的增长率和从工程进度表中获得的各主要组成部分的中点值，计算出每项主要组成部分的成本上升值。

2.2 设备及工器具购置费的构成

设备及工器具购置费是由设备费和工器具及生产家具购置费构成的。它是固定资产投资中的积极部分。在生产性工程建设中，设备及工器具购置费所占比例的增大，意味着生产技术的进步和资本有机构成的提高。

2.2.1 设备购置费的组成与计算

设备购置费是指为工程建设项目购置或自制的达到固定资产标准的各种国产或进口设备、工器具的费用。设备购置费还应包括虽低于固定资产标准但属于明确列入设备清单的设备的费用；应根据计划购置的清单（包括设备的规格、型号、数量），按下式计算

$$设备购置费 = 设备原价 + 设备运杂费 \tag{2-1}$$

式中，设备原价指国产设备或进口设备的原价；设备运杂费指除设备之外的关于设备采购、运输、途中包装及仓库保管等方面支出的总和，主要由运费和装卸费、包装费、设备供销部门手续费、采购与保管费组成。

1. 国产设备原价的构成与计算

国产设备原价一般指的是设备制造厂的交货价，或订货合同价。国产设备原价分为国产标准设备原价和国产非标准设备原价。

国产标准设备是指按照主管部门颁布的标准图和技术要求，由我国设备生产厂批量生产的，符合国家质量检测标准的设备。国产标准设备原价一般是指设备制造厂的交货价格，即出厂价。设备出厂价有两种，一种是带备件的出厂价，另一种是不带备件的出厂价。在计算时，一般采用带有备件的原价。如果由设备成套公司供应，则应以订货合同价为设备原价。

国产非标准设备是指国家尚无定型标准，各设备生产厂不可能在工艺过程中采用批量生产，只能按订货要求并根据具体的设计图制造的设备。国产非标准设备由于单件生产，无定型标准，所以无法获取市场交易价格，只能按其成本构成或相关技术参数估算其价格。常用的国产非标准设备计价方法有成本计算估价法、系列设备插入估价法、分部组合估价法、定额估价法等。但无论采用哪种方法，都应该使非标设备计价接近实际出厂价，并且计算方法要简便。成本计算估价法就是一种比较常用的估算非标准设备原价的方法。

按成本计算估价法，非标准设备的原价由以下各项构成：

1）材料费。材料费的计算公式为

$$材料费 = 材料净重 \times (1 + 加工损耗系数) \times 每吨材料综合价 \qquad (2-2)$$

2）加工费。加工费包括生产工人工资和工资附加费、燃料动力费、设备折旧费、车间经费等，其计算公式为

$$加工费 = 设备总质量(t) \times 设备每吨加工费 \qquad (2-3)$$

3）辅助材料费。辅助材料费包括焊条、焊丝、氧气、油漆、电石等费用，其计算公式为

$$辅助材料费 = 设备总重量 \times 辅助材料费指标 \qquad (2-4)$$

4）专用工具费。专用工具费按 1）~3）项之和乘以一定的百分比计算。

5）废品损失费。废品损失费按 1）~4）项之和乘以一定的百分比计算。

6）外购配套件费。外购配套件费按设备设计图所列的外购配套件的名称、型号、规格、数量、质量，根据相应的价格加运杂费计算。

7）包装费。包装费按以上 1）~6）项之和乘以一定的百分比计算。

8）利润。利润可按 1）~5）+7）项之和乘以一定的利润率计算。

9）税金。税金主要指增值税，计算公式为

$$增值税税额 = 当期销项税额 - 进项税额 \qquad (2-5)$$

$$当期销项税额 = 销售额 \times 适用增值税税率 \qquad (2-6)$$

式中，销售额为 1）~8）项之和。

10）非标准设备设计费。按国家规定的设计费收费标准计算。

综上所述，单台非标准设备原价可用下面的计算公式表达

单台非标准设备原价 = {[（材料费 + 加工费 + 辅助材料费）×（1 + 专用工具费率）×（1 + 废品损失费率）+ 外购配套件费]×（1 + 包装费率）- 外购配套件费}×（1 + 利润率）+ 销项税额 + 非标准设备设计费 + 外购配套件费 (2-7)

注：在用成本计算估价法计算非标准设备原价时，外购配套件费计取包装费，但不计取利润，非标准设备设计费不计取利润，增值税税额指销项税额。

[例 2-1] 某工厂采购一台国产非标准设备，制造厂生产该台设备所用材料费为 30 万元，加工费 3 万元，辅助材料费 5000 元，制造厂为制造该设备，在材料采购过程中发生进项增值税税额 3.5 万元。专用工具费率 1.5%，废品损失费率 10%，外购配套件费 5 万元，包装费率 1%，利润率 7%，增值税税率为 16%，非标准设备设计费 2 万元，求该国产非标准设备的原价。

解：专用工具费 =（30 + 3 + 0.5）万元 × 1.5% = 0.5025 万元

废品损失费 =（30 + 3 + 0.5 + 0.0525）万元 × 10% = 3.4 万元

包装费 =（30 + 3 + 0.5 + 0.5025 + 3.4 + 5）万元 × 1% = 0.424 万元

利润 =（30 + 3 + 0.5 + 0.5025 + 3.4 + 0.424）万元 × 7% = 2.648 万元

销项税额 =（30 + 3 + 0.5 + 0.5025 + 3.4 + 5 + 0.424 + 2.648）万元 × 16% = 7.28 万元

国产非标准设备的原价 =（30 + 3 + 0.5 + 0.5025 + 3.4 + 5 + 0.424 + 2.648 + 7.28 + 2）万元 = 54.7545 万元

2. 进口设备原价的构成与计算

进口设备的原价是指进口设备的抵岸价，即抵达买方边境港口或边境车站且交完关税等税费后形成的价格。进口设备抵岸价的构成与进口设备的交货类别有关。

（1）进口设备的交货类别　进口设备的交货类别可以分为内陆交货类、目的地交货类和装运港交货类。

1）内陆交货类，即卖方在出口国内陆的某个地点交货。在交货地点，卖方及时提交合同规定的货物和有关凭证，并负担交货前的一切费用和风险；买方按时接受货物，交付货款，负担接货后的一切费用和风险，并自行办理出口手续和装运出口。货物的所有权也在交货后由卖方转移给买方。

2）目的地交货类，即卖方在进口国的港口或内地交货，有目的港船上交货价、目的港船边交货价（FOS）和目的港码头交货价（关税已付）及完税后交货价（进口国的指定地点）等几种交货价。它们的特点是：买卖双方承担的责任、费用和风险是以目的地约定交货点为分界线，只有当卖方在交货点将货物置于买方控制下才算交货，才能向买方收取货款。这种交货类别对卖方来说承担的风险较大，在国际贸易中卖方一般不愿采用。

3）装运港交货类，即卖方在出口国装运港交货；主要有装运港船上交货价（FOB）（习惯称离岸价格），运费在内价（CFR）和运费、保险费在内价（CIF）（习惯称到岸价格）。它们的特点是：卖方按照约定的时间在装运港交货，只要卖方把合同规定的货物装船后提供货运单据便完成交货任务，可凭单据收回货款。

（2）进口设备抵岸价的构成与计算　在国际贸易中，较为广泛使用的交易价格术语有FOB、CFR 和 CIF。

FOB（Free On Board），意为装运港船上交货，也称为离岸价格。FOB 是指当货物在指定的装运港越过船舷时，卖方即完成交货义务。风险转移以在指定的装运港货物越过船舷时为分界点。费用划分与风险转移的分界点一致。

CFR（Cost and Freight），意为成本加运费，或称之为运费在内价。CFR 是指在装运港货物越过船舷卖方即完成交货，卖方必须支付将货物运至指定的目的港所需的运费和费用，但交货后货物灭失或损坏的风险，以及由于各种事件造成的任何额外费用，即由卖方转移到买方。与 FOB 价格相比，CFR 的费用划分与风险转移的分界点是不一致的。

CIF（Cost Insurance and Freight），意为成本加保险费、运费，习惯称到岸价格。CIF 是指卖方除负有与 CFR 相同的义务外，还应办理货物在运输途中最低险别的海运保险，并应支付保险费。如买方需要更高的保险险别，则需要与卖方明确地达成协议，或者自行做出额外的保险安排。除保险这项义务之外，买方的义务也与 CFR 相同。

进口设备的抵岸价可以按下式计算

$$进口设备的原价（抵岸价）=进口设备到岸价（CIF）+进口从属费 \tag{2-8}$$

1）到岸价

$$进口设备到岸价（CIF）=离岸价格（FOB）+国际运费+运输保险费$$
$$=运费在内价（CFR）+运输保险费 \tag{2-9}$$

设备 FOB 价分为原币货价和人民币货价，原币货价一般折算为美元表示，人民币货价按原币货价乘以外汇市场美元兑换人民币汇率中间价确定。FOB 价按有关生产厂商询价、报价、订货合同价计算。

$$国际运费=离岸价格（FOB）×运费费率 \tag{2-10}$$

或

$$国际运费=运量×单位运价 \tag{2-11}$$

式中，运费费率或单位运价有关部门或进出口公司的规定执行。

$$运输保险费 = \frac{离岸价格(FOB) + 国际运费}{1 - 保险费费率(\%)} \times 保险费费率(\%) \qquad (2-12)$$

2）进口从属费

$$进口从属费 = 银行财务费 + 外贸手续费 + 关税 + 增值税 +$$

$$消费税 + 海关监管手续费 + 进口车辆购置附加费 \qquad (2-13)$$

① 银行财务费一般是指中国银行的手续费，可按下式简化计算

$$银行财务费 = 离岸价格(FOB) \times 人民币外汇汇率 \times 银行财务费费率 \qquad (2-14)$$

② 外贸手续费是指按对外经济贸易部规定的外贸手续费率计取的费用，外贸手续费费率一般取 1.5%，其计算公式为

$$外贸手续费 = (离岸价格(FOB) + 国际运费 + 运输保险费) \times 外贸手续费费率 \qquad (2-15)$$

③ 关税是指由海关对进出国境或关境的货物和物品征收的一种税。其计算公式为

$$关税 = [离岸价格(FOB) + 国际运费 + 运输保险费] \times 人民币外汇汇率 \times 进口关税税率 \qquad (2-16)$$

④ 增值税是对从事进出口贸易的单位和个人，在进口商品报关进口后征收的税种。我国《增值税暂行条例》规定，进口应税产品均按组成计税价格和增值税税率直接计算应纳税额。其计算公式为

$$增值税 = [离岸价格(FOB) + 国际运费 + 运输保险费 + 关税 + 消费税] \times 增值税税率 \qquad (2-17)$$

⑤ 消费税是指仅对部分进口设备（如轿车、摩托车等）征收的一种税，计算公式为

$$消费税 = (到岸价格 + 关税)/(1 - 消费税税率) \times 消费税税率 \qquad (2-18)$$

⑥ 海关监管手续费是指海关对进口减税、免税、保税货物实施监督、管理、提供服务的手续费。对于全额征收进口减税的货物不计本项费用，计算公式为

$$海关监管手续费 = 到岸价 \times 海关监管手续费率 \qquad (2-19)$$

⑦ 进口车辆购置附加费是指对于购买的进口车辆需要缴纳的进口车辆附加费，计算公式如下

$$进口车辆购置附加费 = [到岸价 + 关税 + 消费税 + 增值税] \times 进口车辆购置附加费费率 \qquad (2-20)$$

[例2-2] 从某国进口设备，质量为1000t，装运港船上交货价为300万美元，运至国内某省会城市，国际海运费为200美元/t，国外海运保险费为3‰，银行财务税率为5‰，外贸手续费率为1.5%，减税税率为22%，消费税税率为10%，增值税税率为16%，1美元 = 6.8元人民币。对该设备原价进行估算。

解：进口设备离岸价格（FOB）= 300万美元×6.8人民币/美元 = 2040万元人民币

国际运费 = （200×1000×6.8÷10000）万元人民币 = 136万元人民币

海运保险费 = （2040+136）万元人民币÷（1-0.3%）×0.3% = 6.73万元人民币

到岸价格（CIF）= （2040+136+6.73）万元人民币 = 2182.73万元人民币

银行财务费 = 2040万元人民币×5‰ = 10.2万元人民币

外贸手续费 = 2182.3万元人民币×1.5% = 32.73万元人民币

关税 = 2182.73万元人民币×22% = 480.2万元人民币

消费税 = （2182.73+480.2）万元人民币÷（1-10%）×10% = 295.88万元人民币

增值税 = （2182.73+480.2+295.88）万元人民币×16% = 473.41万元人民币

进口从属费 = （10.2+32.73+480.2+295.88+473.41）万元人民币 = 1302.42万元人民币

进口设备原价 = （2182.73+1302.42）万元人民币 = 3475.15万元人民币

3. 设备运杂费的构成及计算

（1）设备运杂费的构成　设备运杂费是指设备从制造厂家交货地点至施工现场所发生的运费和装卸费、包装费、设备供销部门手续费、采购和仓库保管费、设备运杂费等。

1）运费和装卸费，是指由设备制造厂交货地点起至工地仓库（或施工组织设计指定的需要安装设备的堆放地点）止所发生的运费和装卸费。对于进口设备而言，运费和装卸费是由我国到岸港口或边境车站起至工地仓库（或施工组织设计指定的需安装设备的堆放地点）止所发生的运费和装卸费。

2）包装费是指在设备原价中未包括的，为运输而进行的包装支出的各项费用。

3）设备供销部门手续费，是指当货物不能从厂家直接购买而且必须通过设备供应商来供应时支付给设备供应商的一笔手续费。它按有关部门规定的统一费率计算。

4）采购和仓库保管费是指采购、验收、保管和收发设备所发生的各种费用，包括设备采购人员、保管人员和管理人员的工资、工资附加费、办公费、差旅交通费、设备供应部门办公和仓库所占固定资产使用费、工具用具使用费、劳动保护费、检验试验费等。这些费用可按主管部门规定的采购与保管费费率计算。

（2）设备运杂费的计算　设备运杂费按设备原价乘以设备运杂费费率计算，计算公式为

$$设备运杂费 = 设备原价 \times 设备运杂费费率 \qquad (2-21)$$

2.2.2　工器具及生产家具购置费的构成及计算

工器具及生产家具购置费，是指新建或扩建项目初步设计规定的，保证初期正常生产必须购置的没有达到固定资产标准的设备、仪器、工卡模具、器具、生产家具和备品备件等的购置费用。一般以设备购置费为计算基数，乘以相应的定额费率计算。

$$工器具及生产家具购置费 = 设备购置费 \times 定额费率 \qquad (2-22)$$

2.3　建筑安装工程费用的构成

按照《住房城乡建设部财政部关于印发〈建筑安装工程费用项目组成〉的通知》（建标[2013]44号）的规定，建筑安装工程费用项目可按费用构成要素组成划分为人工费、材料（包含工程设备，下同）费、施工机具使用费、企业管理费、利润、规费和税金；也可按工程造价形成划分为分部分项工程费、措施项目费、其他项目费、规费和税金。

2.3.1　按费用构成要素划分

建筑安装工程费按照费用构成要素划分为：人工费、材料（包含工程设备，下同）费、施工机具使用费、企业管理费、利润、规费和税金组成。其中人工费、材料费、施工机具使用费、企业管理费和利润包含在分部分项工程费、措施项目费、其他项目费中。建筑安装工程费用按费用构成要素划分如图2-2所示。

1. 人工费

人工费是指按工资总额构成规定，支付给从事建筑安装工程施工的生产工人和附属生产单位工人的各项费用。人工费的内容包括：

（1）计时工资或计件工资　计时工资或计件工资是指按计时工资标准和工作时间或对已做工作按计件单价支付给个人的劳动报酬。

（2）奖金　奖金是指对超额劳动和增收节支支付给个人的劳动报酬，如节约奖、劳动竞赛奖等。

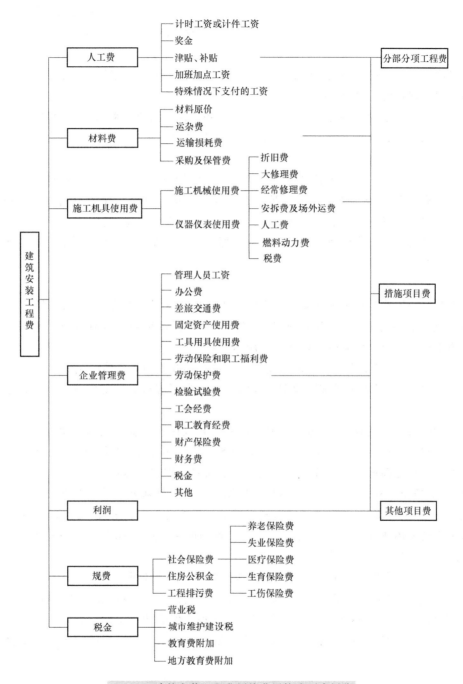

图 2-2　建筑安装工程费用按费用构成要素划分

（3）津贴、补贴　津贴、补贴是指为了补偿职工特殊或额外的劳动消耗和因其他特殊原因支付给个人的津贴，以及为了保证职工工资水平不受物价影响支付给个人的物价补贴，如流动施工津贴、特殊地区施工津贴、高温（寒）作业临时津贴、高空津贴等。

（4）加班加点工资　加班加点工资是指按规定支付的在法定节假日工作的加班工资和在法定日工作时间外延时工作的加点工资。

（5）特殊情况下支付的工资　特殊情况下支付的工资是指根据国家法律、法规和政策规定，因病、工伤、产假、计划生育假、婚丧假、事假、探亲假、定期休假、停工学习、执行国家或社会义务等原因按计时工资标准或计时工资标准的一定比例支付的工资。

2. 材料费

材料费是指施工过程中耗费的原材料、辅助材料、构配件、零件、半成品或成品、工程设备的费用。材料费的内容包括：

（1）材料原价　材料原价是指材料、工程设备的出厂价格或商家供应价格。

（2）运杂费　运杂费是指材料、工程设备自来源地运至工地仓库或指定堆放地点所发生的全部费用。

（3）运输损耗费　运输损耗费是指材料在运输装卸过程中不可避免的损耗。

（4）采购及保管费　采购及保管费是指为组织采购、供应和保管材料、工程设备的过程中所需要的各项费用，包括采购费、仓储费、工地保管费、仓储损耗。

工程设备是指构成或计划构成永久工程一部分的机电设备、金属结构设备、仪器装置及其他类似的设备和装置。

3. 施工机具使用费

施工机具使用费是指施工作业所发生的施工机械、仪器仪表使用费或其租赁费。

（1）施工机械使用费　施工机械使用费以施工机械台班耗用量乘以施工机械台班单价表示，施工机械台班单价应由下列七项费用组成：

1）折旧费，指施工机械在规定的使用年限内，陆续收回其原值的费用。

2）大修理费，指施工机械按规定的大修理间隔台班进行必要的大修理，以恢复其正常功能所需的费用。

3）经常修理费，指施工机械除大修理以外的各级保养和临时故障排除所需的费用，包括为保障机械正常运转所需替换设备与随机配备工具附具的摊销和维护费用，机械运转中日常保养所需润滑与擦拭的材料费用及机械停滞期间的维护和保养费用等。

4）安拆费及场外运费。安拆费指施工机械（大型机械除外）在现场进行安装与拆卸所需的人工、材料、机械和试运转费用以及机械辅助设施的折旧、搭设、拆除等费用；场外运费指施工机械整体或分体自停放地点运至施工现场或由一施工地点运至另一施工地点的运输、装卸、辅助材料及架线等费用。

5）人工费，指机上司机（司炉）和其他操作人员的人工费。

6）燃料动力费，指施工机械在运转作业中所消耗的各种燃料及水、电等费用。

7）税费，指按照国家规定应缴纳的车船使用税、保险费及年检费等。

（2）仪器仪表使用费　仪器仪表使用费是指工程施工所需使用的仪器仪表的摊销及维修费用。

4. 企业管理费

企业管理费是指建筑安装企业组织施工生产和经营管理所需的费用，内容包括：

（1）管理人员工资　该项费用是指按规定支付给管理人员的计时工资、奖金、津贴补贴、加班加点工资及特殊情况下支付的工资等。

（2）办公费　该项费用是指企业管理办公用的文具、纸张、账表、印刷、邮电、书报、办公软件、现场监控、会议、水电、烧水、集体取暖和降温（包括现场临时宿舍取暖和降温）等费用。

（3）差旅交通费　该项费用是指职工因公出差、调动工作的差旅费、住勤补助费，市内交通费和误餐补助费，职工探亲路费，劳动力招募费，职工退休、退职一次性路费，工伤人员就医路费，工地转移费以及管理部门使用的交通工具的油料、燃料等费用。

（4）固定资产使用费　该项费用是指管理和试验部门及附属生产单位使用的属于固定资产的房屋、设备、仪器等的折旧、大修、维修或租赁费。

（5）工具用具使用　该项费用是指企业施工生产和管理使用的不属于固定资产的工具、器具、家具、交通工具和检验、试验、测绘、消防用具等的购置、维修和摊销费。

（6）劳动保险和职工福利费　该项费用是指由企业支付的职工退职金、按规定支付给离休干部的经费，集体福利费、夏季防暑降温、冬季取暖补贴、上下班交通补贴等。

（7）劳动保护　该项费用是指企业按规定发放的劳动保护用品的支出，如工作服、手套、防暑降温饮料以及在有碍身体健康的环境中施工的保健费等。

（8）检验试验费　该项费用是指施工企业按照有关标准规定，对建筑以及材料、构件和建筑安装物进行一般鉴定、检查所发生的费用，包括自设实验室进行试验所耗用的材料等费用。不包括新结构、新材料的试验费，对构件做破坏性试验及其他特殊要求检验试验的费用和建设单位委托检测机构进行检测的费用，对此类检测发生的费用，由建设单位在工程建设其他费用中列支。但对施工企业提供的具有合格证明的材料进行检测不合格的，该检测费用由施工企业支付。

（9）工会经费　该项费用是指企业按《工会法》规定的全部职工工资总额比例计提的工会经费。

（10）职工教育经费　该项费用是指按职工工资总额的规定比例计提，企业为职工进行专业技术和职业技能培训，专业技术人员继续教育、职工职业技能鉴定、职业资格认定以及根据需要对职工进行各类文化教育所发生的费用。

（11）财产保险费　该项费用是指施工管理用财产、车辆等的保险费用。

（12）财务费　该项费用是指企业为施工生产筹集资金或提供预付款担保、履约担保、职工工资支付担保等所发生的各种费用。

（13）税金　该项费用是指企业按规定缴纳的房产税、车船使用税、土地使用税、印花税等。

（14）工程项目附加税费　该项费用是指国家税法规定的应计入建筑安装工程造价的城市维护建设税、教育费附加、地方教育费附加。

（15）其他　该项费用包括技术转让费、技术开发费、投标费、业务招待费、绿化费、广告费、公证费、法律顾问费、审计费、咨询费、保险费等。

5. 利润

利润是指施工企业完成所承包工程获得的盈利。

6. 规费

规费是指按国家法律、法规规定，由省级政府和省级有关权力部门规定必须缴纳或计取的费用，包括：

（1）社会保险费

1）养老保险费，是指企业按照规定标准为职工缴纳的基本养老保险费。

2）失业保险费，是指企业按照规定标准为职工缴纳的失业保险费。

3）医疗保险费，是指企业按照规定标准为职工缴纳的基本医疗保险费。

4）生育保险费，是指企业按照规定标准为职工缴纳的生育保险费。

5）工伤保险费，是指企业按照规定标准为职工缴纳的工伤保险费。

（2）住房公积金　该项费用是指企业按规定标准为职工缴纳的住房公积金。

其他应列而未列入的规费，按实际发生计取。

7. 税金

2016 年 5 月 1 日前，计入建筑工程造价中的税金包括营业税、城乡维护建设税、教育费附加以及地方教育附加。

2016 年 5 月 1 日起，我国建筑业全面推广"营改增"试点工作，将原计入建筑安装工程造价内的营业税取消，改征增值税，并将城市维护建设税、教育费附加以及地方教育附加并入管理费。

2017 年 7 月 1 日起，简并增值税税率有关政策正式实施，原销售或者进口货物适用 13% 税率的全部降至 11%，这个调整涉及农产品、天然气、食用盐、图书等 23 类产品。

2018 年 3 月 28 日，国务院常务会议决定从 2018 年 5 月 1 日起，将制造业等行业增值税税率从 17% 降至 16%，将交通运输、建筑、基础电信服务等行业及农产品等货物的增值税税率从 11% 降至 10%。2019 年 4 月 1 日后降为 9%。

税金计算详见 2.3.5 节。

2.3.2　按造价形成划分

建筑安装工程费按照工程造价形成划分为分部分项工程费、措施项目费、其他项目费、规费、税金。分部分项工程费、措施项目费、其他项目费包含人工费、材料费、施工机具使用费、企业管理费和利润。建筑安装工程费用按造价形成划分如图 2-3 所示。

1. 分部分项工程费

分部分项工程费是指各专业工程的分部分项工程应予列支的各项费用。

专业工程是指按现行国家计量规范划分的房屋建筑与装饰工程、仿古建筑工程、通用安装工程、市政工程、园林绿化工程、矿山工程、构筑物工程、城市轨道交通工程、爆破工程等各类工程。

分部分项工程是指按现行国家计量规范对各专业工程划分的项目，如房屋建筑与装饰工程划分的土石方工程、地基处理与边坡支护工程、桩基工程、砌筑工程、钢筋及钢筋混凝土工程等，详见图 2-3。

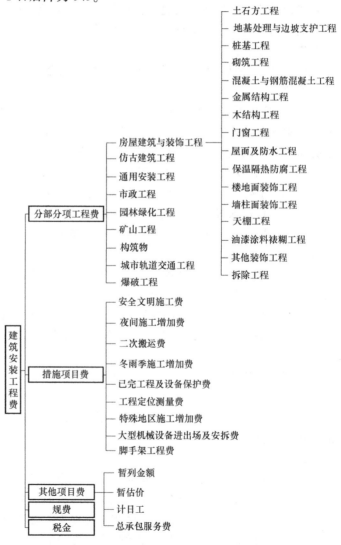

图 2-3　建筑安装工程费用按造价形成划分

各类专业工程的分部分项工程划分参照现行的国家或行业计量规范。

2．措施项目费

措施项目费是指为完成建设工程施工，发生于该工程施工前和施工过程中的技术、生活、安全、环境保护等方面的费用，内容包括：

（1）安全文明施工费

1）环境保护费，是指施工现场为达到环保部门要求所需要的各项费用。

2）文明施工费，是指施工现场文明施工所需要的各项费用。

3）安全施工费，是指施工现场安全施工所需要的各项费用。

4）临时设施费，是指施工企业为进行建设工程施工所必须搭设的生活和生产用的临时建筑物、构筑物和其他临时设施费用，包括临时设施的搭设、维修、拆除、清理费或摊销费等。

（2）夜间施工增加费　该项费用是指因夜间施工所发生的夜班补助费、夜间施工降效、夜间施工照明设备摊销及照明用电等费用。

（3）二次搬运费　该项费用是指因施工场地条件限制而发生的材料、构配件、半成品等一次运输不能到达堆放地点，必须进行二次或多次搬运所发生的费用。

（4）冬雨季施工增加费　该项费用是指在冬季或雨季施工需增加的临时设施、防滑、排除雨雪，人工及施工机械效率降低等费用。

（5）已完工程及设备保护费　该项费用是指竣工验收前，对已完工程及设备采取的必要保护措施所发生的费用。

（6）工程定位复测费　该项费用是指工程施工过程中进行全部施工测量放线和复测工作的费用。

（7）特殊地区施工增加费　该项费用是指工程在沙漠或其边缘地区、高海拔、高寒、原始森林等特殊地区施工增加的费用。

（8）大型机械设备进出场及安拆费　该项费用是指机械整体或分体自停放场地运至施工现场或由一个施工地点运至另一个施工地点，所发生的机械进出场运输及转移费用及机械在施工现场进行安装、拆卸所需的人工费、材料费、机械费、试运转费和安装所需的辅助设施的费用。

（9）脚手架工程费　该项费用是指施工需要的各种脚手架搭、拆、运输费用以及脚手架购置费的摊销（或租赁）费用。

措施项目及其包含的内容详见各类专业工程的现行国家或行业计量规范。

3．其他项目费

其他项目清单应包括暂列金额、暂估价、计日工和总承包服务费四项内容。

（1）暂列金额　该项费用是指建设单位在工程量清单中暂定并包含在工程合同价款中的款项。它用于施工合同签订时尚未确定或者不可预见的所需材料、工程设备、服务的采购，施工中可能发生的工程变更、合同约定调整因素出现时的工程价款调整以及发生的索赔、现场签证确认等的费用。

（2）暂估价　该项费用是指招标人在工程量清单中提供的用于支付必然发生但暂时不能确定价格的材料、工程设备的单价以及专业工程的金额。暂估价中的材料、工程设备暂估价应根据工程造价信息或参照市场价格估算；专业工程暂估价应分不同专业，按有关计价规定估算。

（3）计日工　该项费用是指在施工过程中，施工企业完成建设单位提出的施工图以外的零星项目或工作所需的费用。

（4）总承包服务费　该项费用是指总承包人为配合、协调建设单位进行的专业工程发包，对建设单位自行采购的材料、工程设备等进行保管以及施工现场管理、竣工资料汇总整理等服务所需的费用。

4. 规费和税金

规费和增值税的定义和内容同 2.3.1 节。

2.3.3　建筑安装工程费用参考计算方法

1. 费用构成要素参考计算方法

（1）人工费　人工费的计算有两种算法，其中第一种主要适用于施工企业投标报价时自主确定人工费，也是工程造价管理机构编制计价定额确定定额人工单价或发布人工成本信息的参考依据。其计算公式见式（2-23），日工资单价的组成见式（2-24）。

$$人工费 = \sum（工日消耗量 \times 日工资单价）\tag{2-23}$$

$$日工资单价 = \frac{生产工人平均月工资（计时、计件）+平均月\left（奖金+津贴补贴+\begin{array}{c}特殊情况下\\支付的工资\end{array}\right）}{年平均每月法定工作日}\tag{2-24}$$

人工费的第二种算法主要适用于工程造价管理机构编制计价定额时确定定额人工费，是施工企业投标报价的参考依据，其计算公式如下

$$人工费 = \sum（工程工日消耗量 \times 日工资单价）\tag{2-25}$$

日工资单价是指施工企业平均技术熟练程度的生产工人在每工作日（国家法定工作时间内）按规定从事施工作业应得的日工资总额。

工程造价管理机构确定日工资单价应通过市场调查、根据工程项目的技术要求，参考实物工程量人工单价综合分析确定，最低日工资单价不得低于工程所在地人力资源和社会保障部门所发布的最低工资标准的：普工 1.3 倍、一般技工 2 倍、高级技工 3 倍。

工程计价定额不可只列一个综合工日单价，应根据工程项目技术要求和工种差别适当划分多种日人工单价，确保各分部工程人工费的合理构成。

（2）材料费　材料费的计算公式如下

$$材料费 = \sum（材料消耗量 \times 材料单价）\tag{2-26}$$

$$材料单价 =（材料原价+运杂费）\times[1+运输损耗率（\%）]\times[1+采购保管费率（\%）]\tag{2-27}$$

工程设备费的计算公式如下

$$工程设备费 = \sum（工程设备量 \times 工程设备单价）\tag{2-28}$$

$$工程设备单价 =（设备原价+运杂费）\times[1+采购保管费率（\%）]\tag{2-29}$$

（3）施工机具使用费

1）自有施工机械使用费的计算公式如下

$$施工机械使用费 = \sum（施工机械台班消耗量 \times 机械台班单价）\tag{2-30}$$

机械台班单价=台班折旧费+台班大修费+台班经常修理费+台班安拆费及场外运费+台班人工费+台班燃料动力费+台班车船税费。

注：工程造价管理机构在确定计价定额中的施工机械使用费时，应根据《建筑施工机械台班费用计算规则》结合市场调查编制施工机械台班单价。施工企业可以参考工程造价管理机构发布的台班单价，自主

确定施工机械使用费的报价。

2）租赁施工机械使用费的计算公式如下

$$施工机械使用费 = \sum(施工机械台班消耗量 \times 机械台班租赁单价) \qquad (2\text{-}31)$$

3）仪器仪表使用费的计算公式如下

$$仪器仪表使用费 = 工程使用的仪器仪表摊销费 + 维修费 \qquad (2\text{-}32)$$

（4）企业管理费费率

1）以分部分项工程费为计算基础

$$企业管理费费率(\%) = \frac{生产工人年平均管理费}{年有效施工天数 \times 人工单价} \times \frac{人工费占分部分项}{工程费比例(\%)} \qquad (2\text{-}33)$$

2）以人工费和机械费合计为计算基础

$$企业管理费费率(\%) = \frac{生产工人年平均管理费}{年有效施工天数 \times (人工单价 + 每工日机械使用费)} \times 100\% \qquad (2\text{-}34)$$

3）以人工费为计算基础

$$企业管理费费率(\%) = \frac{生产工人年平均管理费}{年有效施工天数 \times 人工单价} \times 100\% \qquad (2\text{-}35)$$

式（2-33）适用于施工企业制订投标价时自主确定的管理费，是工程造价管理机构编制计价定额确定企业管理费的参考依据。

工程造价管理机构在确定计价定额中企业管理费时，应以定额人工费或（定额人工费 + 定额机械费）作为计算基数，其费率根据历年工程造价积累的资料，辅以调查数据确定，列入分部分项工程和措施项目中。

（5）利润

1）施工企业根据企业自身需求并结合建筑市场实际自主确定，列入报价中。

2）工程造价管理机构在确定计价定额中利润时，应以定额人工费或（定额人工费 + 定额机械费）作为计算基数，其费率根据历年工程造价积累的资料，并结合建筑市场实际确定，以单位（单项）工程测算，利润在税前建筑安装工程费的比例可按不低于5%且不高于7%的费率计算。利润应列入分部分项工程和措施项目中。

（6）规费　社会保险费和住房公积金应以定额人工费为计算基础，根据工程所在地省、自治区、直辖市或行业建设主管部门规定费率计算。

$$社会保险费和住房公积金 = \sum(工程定额人工费 \times 社会保险费和住房公积金费率) \qquad (2\text{-}36)$$

式中，社会保险费和住房公积金费率可以每万元发承包价的生产工人人工费和管理人员工资含量与工程所在地规定的缴纳标准综合分析取定。

（7）税金

1）"营改增"前（即2016年5月1日前），税金计算公式为

$$税金 = 税前造价 \times 综合税率(\%) \qquad (2\text{-}37)$$

综合税率计算如下：

① 纳税地点在市区的企业

$$综合税率（\%）= \frac{1}{1-3\%-(3\%\times7\%)-(3\%\times3\%)-(3\%\times2\%)}-1 \qquad (2-38)$$

② 纳税地点在县城、镇的企业

$$综合税率（\%）= \frac{1}{1-3\%-(3\%\times5\%)-(3\%\times3\%)-(3\%\times2\%)}-1 \qquad (2-39)$$

③ 纳税地点不在市区、县城、镇的企业

$$综合税率（\%）= \frac{1}{1-3\%-(3\%\times1\%)-(3\%\times3\%)-(3\%\times2\%)}-1 \qquad (2-40)$$

2）"营改增"后（即 2016 年 5 月 1 日（含）后），建筑业实施"营改增"后，2018 年 5 月 1 日之前适用 11% 的增值税税率，2018 年 5 月 1 日（含）之后适用 10% 的增值税税率。

2018 年 3 月 28 日，国务院常务会议决定从 2018 年 5 月 1 日起，将制造业等行业增值税税率从 17% 降至 16%，将交通运输、建筑、基础电信服务等行业及农产品等货物的增值税税率从 11% 降至 10%。2019 年 4 月 1 日后，该税率为 9%。

增值税的计税方法，包括一般计税方法和简易计税方法。一般纳税人适用一般计税方法，征收 10% 的增值税；小规模纳税人可选择简易计税方法征收 3% 的增值税。增值税的计算基础和计算方法详见 2.3.5 节。

2. 建筑安装工程计价参考公式

（1）分部分项工程费

$$分部分项工程费 = \sum（分部分项工程量\times综合单价） \qquad (2-41)$$

式中，综合单价包括人工费、材料费、施工机具使用费、企业管理费和利润以及一定范围的风险费用（下同）。

（2）措施项目费　国家计量规范规定应予计量的措施项目，其计算公式为

$$措施项目费 = \sum（措施项目工程量\times综合单价） \qquad (2-42)$$

国家计量规范规定不宜计量的措施项目计算方法如下：

1）安全文明施工费

$$安全文明施工费 = 计算基数\times安全文明施工费费率（\%） \qquad (2-43)$$

计算基数应为定额基价（定额分部分项工程费+定额中可以计量的措施项目费）、定额人工费或（定额人工费+定额机械费），其费率由工程造价管理机构根据各专业工程的特点综合确定。

2）夜间施工增加费

$$夜间施工增加费 = 计算基数\times夜间施工增加费费率（\%） \qquad (2-44)$$

3）二次搬运费

$$二次搬运费 = 计算基数\times二次搬运费费率（\%） \qquad (2-45)$$

4）冬雨季施工增加费

$$冬雨季施工增加费 = 计算基数\times冬雨季施工增加费费率（\%） \qquad (2-46)$$

5）已完工程及设备保护费

$$已完工程及设备保护费 = 计算基数\times已完工程及设备保护费费率（\%） \qquad (2-47)$$

上述 2）~5）项措施项目的计费基数应为定额人工费或（定额人工费+定额机械费），其费率由工程造价管理机构根据各专业工程特点和调查资料综合分析后确定。

（3）其他项目费

1）暂列金额由建设单位根据工程特点，按有关计价规定估算，施工过程中由建设单位掌握使用、扣除合同价款调整后如有余额，归建设单位。

2）计日工由建设单位和施工企业按施工过程中的签证计价。

3）总承包服务费由建设单位在招标控制价中根据总包服务范围和有关计价规定编制，施工企业投标时自主报价，施工过程中按签约合同价执行。

（4）规费和税金　建设单位和施工企业均应按照省、自治区、直辖市或行业建设主管部门发布标准计算规费和税金，不得作为竞争性费用。

2.3.4　建筑安装工程计价程序

建筑安装工程费用的计价应该按照当地的计价规定进行，招标控制价、投标价和结算价的计价程序见表 2-1~表 2-3。

表 2-1　建设单位工程招标控制价计价程序

工程名称：　　　　　　　　　　　标段：

序号	内　容	计算方法	金额/元
1	分部分项工程费	按计价规定计算	
1.1	人工费	分部分项人工费	
1.2	材料费	分部分项材料费+分部分项主材费+分部分项设备费	
1.3	施工机具使用费	分部分项机械费	
1.4	管理费	分部分项管理费	
1.5	利润	分部分项利润	
2	措施项目费	按计价规定计算	
2.1	其中:安全文明施工费	按规定标准计算	
3	其他项目费		
3.1	其中:暂列金额	按计价规定估算	
3.2	其中:专业工程暂估价	按计价规定估算	
3.3	其中:计日工	按计价规定估算	
3.4	其中:总承包服务费	按计价规定估算	
4	规费	按规定标准计算	
5	税金	(1+2+3+4-不列入计税范围的金额÷1.01-税后独立费)×税率	
招标控制价合计=1+2+3+4+5-不列入计税范围的金额÷1.01			

注：不列入计税范围的金额包括：甲供设备费、甲供材料费和甲供主材差。

表 2-2　施工企业工程投标价计价程序

工程名称：　　　　　　　　　　　标段：

序号	内　容	计算方法	金额/元
1	分部分项工程费	自主报价	
1.1	人工费	分部分项人工费	
1.2	材料费	分部分项材料费+分部分项主材费+分部分项设备费	
1.3	施工机具使用费	分部分项机械费	
1.4	管理费	分部分项管理费	
1.5	利润	分部分项利润	
2	措施项目费	自主报价	
2.1	其中:安全文明施工费	按规定标准计算	
3	其他项目费		
3.1	其中:暂列金额	按招标文件提供金额计列	

（续）

序号	内　　　容	计算方法	金额/元
3.2	其中:专业工程暂估价	按招标文件提供金额计列	
3.3	其中:计日工	自主报价	
3.4	其中:总承包服务费	自主报价	
4	规费	按规定标准计算	
5	税金	(1+2+3+4-不列入计税范围的金额÷1.01-税后独立费)×税率	
投标报价合计 = 1+2+3+4+5-不列入计税范围的金额÷1.01			

注：不列入计税范围的金额包括：甲供设备费、甲供材料费和甲供主材差。

表 2-3　竣工结算计价程序

工程名称：　　　　　　　　　　　　标段：

序号	汇总内容	计算方法	金额/元
1	分部分项工程费	按合同约定计算	
1.1	人工费	分部分项人工费	
1.2	材料费	分部分项材料费+分部分项主材费+分部分项设备费	
1.3	施工机具使用费	分部分项机械费	
1.4	管理费	分部分项管理费	
1.5	利润	分部分项利润	
2	措施项目	按合同约定计算	
2.1	其中:安全文明施工费	按规定标准计算	
3	其他项目		
3.1	其中:专业工程结算价	按合同约定计算	
3.2	其中:计日工	按计日工签证计算	
3.3	其中:总承包服务费	按合同约定计算	
3.4	索赔与现场签证	按发承包双方确认数额计算	
4	规费	按规定标准计算	
5	税金	(1+2+3+4-不列入计税范围的金额÷1.01-税后独立费)×税率	
竣工结算总价合计 = 1+2+3+4+5-不列入计税范围的金额÷1.01			

注：不列入计税范围的金额包括：甲供设备费、甲供材料费和甲供主材差。

2.3.5　"营改增"简介

1."营改增"概述

营业税改征增值税（以下简称"营改增"）是指以前缴纳营业税的应税项目改成缴纳增值税，只对产品或者服务的增值部分纳税，减少了重复纳税的环节。这是党中央、国务院根据经济社会发展新形势，从深化改革的总体部署出发做出的重要决策，目的是加快财税体制改革、进一步减轻企业赋税，调动各方积极性，促进服务业尤其是科技等高端服务业的发展，促进产业和消费升级、培育新动能、深化供给侧结构性改革。

2016 年 5 月 1 日前，营业税和增值税，是我国两大主体税种。营改增在全国大致经历了以下三个阶段。

1）方案制定阶段：2011 年，经国务院批准，财政部、国家税务总局联合下发营业税改增值税试点方案。

2）方案试点阶段：从 2012 年 1 月 1 日起，在上海交通运输业和部分现代服务业开展营业税改征增值税试点。自 2012 年 8 月 1 日起至年底，国务院将扩大"营改增"试点至 8 省市；2013 年 8 月 1 日，"营改增"范围已推广到全国试行，将广播影视服务业纳入试点范围。2014 年 1 月 1 日起，将铁路运输和邮政服务业纳入营业税改征增值税试点，至此交通运输业已全部缩入"营改增"范围。

3）全面推开阶段：2016 年 3 月 18 日召开的国务院常务会议决定，自 2016 年 5 月 1 日起，中国将全面推开"营改增"试点，将建筑业、房地产业、金融业、生活服务业全部纳入"营改增"试点，至此，营业税退出历史舞台，增值税制度将更加规范。这是自 1994 年分税制改革以来，财税体制的又一次深刻变革。

2018 年 3 月 28 日，国务院常务会议决定从 2018 年 5 月 1 日起，将制造业等行业增值税税率从 17% 降至 16%，将交通运输、建筑、基础电信服务等行业及农产品等货物的增值税税率从 11% 降至 10%。

2. "营改增"后造价计算的变化

1）"营改增"后将纳税从分为两种身份，即一般纳税人与小规模纳税人，不同的纳税人采用不同的计税方法。

一般纳税人是指应税行为的年应征增值税销售额（以下简称应税销售额）超过财政部和国家税务总局规定标准的纳税人，会计核算健全、能够准确提供税务资料的、并向主管税务机关申请一般纳税人资格登记。

小规模纳税人是指应税行为的年应征增值税（以下简称应税销售额）未超过规定标准的纳税人。年应税销售额超过规定标准的其他个人不属于一般纳税人。年应税销售额超过规定标准但不经常发生应税行为的单位和个体工商户可选择按照小规模纳税人纳税。

2）"营改增"后对不同纳税人采用两种计税方法：一般计税方法和简易计税方法。

① 一般计税方法基本概念。一般计税方法的应纳税额，是指当期销售额抵扣当期进项税额后的余额。应纳税额计算公式如下

$$应纳税额 = 当期销项税额 - 当期进项税额 \qquad (2-48)$$

销项税额是指纳税人发生纳税行为按照销售额和增值税税率计算并收取的增值税税额。销项税额计算公式如下

$$销项税额 = 销售额 \times 税率 \qquad (2-49)$$

进项税额是指纳税人购进货物、加工修理修配劳务、无形资产或者不动产，支付或者负担的增值税税额。

② 简易计税方法基本概念。简易计税方法的应纳税额是指按照销售额和增值税征收率计算的增值税税额，不得抵扣进项税额。应纳税额计算公式如下。

$$应纳税额 = 销售额 \times 征收率 \qquad (2-50)$$

3）"营改增"后计价依据的调整。"营改增"后计价依据也要相应地进行调整，调整原则是价税分离。

建筑业"营改增"后，工程造价按"价税分离"计价规则计算，具体要素价格符合增值税税率执行财税部门的相关规定。税前工程造价为人工费、材料费、施工机具使用费、企业管理费、利润和规费之和，各费用项目均以不包含增值税（可抵扣进项税额）的价格进行计算。

企业管理费包括预算定额的原组成内容，城市维护建设税、教育费附加以及地方教育费附加，"营改增"增加的管理费用等。

建筑安装工程费用的税金是指国家税法规定应计入建筑安装工程造价内的增值税销项税额。

4）工程项目计税方式的选择。

① 一般计税方式。《建筑工程施工许可证》注明的开工日期或未取得《建筑工程施工

许可证》的建筑工程承包合同注明的开工日期（以下简称"开工日期"）在 2016 年 5 月 1 日（含）之后的房屋建筑和市政基础设施工程（以下简称"建筑工程"）。

② 简易计税方式。除小规模纳税人可以采用简易计税方式外，一般纳税人在以下三种情况下也可以采用简易方法计税。

A. 一般纳税人以清包工方式提供的建筑服务。以清包工方式提供建筑劳务，是指施工方不采购建筑工程所需的材料或只采购辅助材料，并收取人工费、管理费或者其他费用的建筑服务。

B. 一般纳税人为甲供工程提供的建筑服务。甲供工程是指全部或部分设备、材料、劳力由工程发包方自行采购的建筑工程。

C. 一般纳税人为建筑工程老项目提供的建筑服务。建筑工程老项目是指以下几种情况：《建筑工程施工许可证》注明的开工日期在 2016 年 4 月 30 日前的建筑工程项目；未取得《建筑工程施工许可证》的，建筑工程承包合同注明的开工日期在 2016 年 4 月 30 日前的建筑工程项目。

3. 要素含税价与不含税价的关系

在建筑工程中所使用的材料、设备，在预算价格中是含税的，"营改增"后，为了计算增值税，要将材料、设备等的价格中的增值税扣除，就需要计算材料、设备的综合扣税率。综合扣税率的计算公式推导过程如下：

1）计算材料（扣除采保费后的）出厂单价

$$出厂单价（扣除采保费）=\frac{含税单价}{1+采保费率} \tag{2-51}$$

2）计算除税原价

$$除税原价=\frac{出厂单价}{1+增值税率}=\frac{含税单价}{(1+采保费率)(1+增值税税率)} \tag{2-52}$$

3）计算采保费

$$采保费=含税价格-出厂单价（扣除采保费）$$

$$=含税价格\left(1-\frac{1}{1+采保费率}\right)$$

$$=含税价格\times\frac{采保费率}{1+采保费率} \tag{2-53}$$

4）计算除税单价

$$除税单价=除税原价+采保费$$

$$=含税单价\left(\frac{1}{(1+采保费率)(1+增值税税率)}+\frac{采保费率}{1+采保费率}\right)$$

$$=含税单价\times\left(\frac{1+采保费率\times(1+增值税税率)}{(1+采保费率)(1+增值税税率)}\right) \tag{2-54}$$

5）计算增值税

$$增值税=含税单价-除税单价 \tag{2-55}$$

6）计算综合扣税率

$$综合扣税率=\frac{增值税}{除税单价}=\frac{含税单价-除税单价}{除税单价}=\frac{含税单价}{除税单价}-1$$

$$= \frac{(1+采保费率)(1+增值税税率)}{1+采保费率(1+增值税税率)} - 1$$

$$= \frac{增值税税率}{1+采保费率(1+增值税税率)} \quad (2-56)$$

在采保费率为 2% 时，不同增值税税率下的综合扣税率见表 2-4。

表 2-4　综合扣税率表

序号	1	2	3	4	5	6
增值税税率(%)	17	16	11	10	6	3
综合扣税率(%)	16.61	15.64	10.76	9.78	5.55	2.94

7）除税单价与含税单价之间的关系可以进一步简化为

$$除税价 = \frac{含税价}{1+综合扣税率} \quad (2-57)$$

[例 2-3]　设钢筋的含税价格是 4020 元，采保费率是 2%，增值税税率是 16%，试计算钢筋的除税单价。

解：出厂单价(扣除采保费) = 含税单价÷(1+采保费率) = 4020元÷(1+2%) = 3941.18元

采保费 = 含税价格 - 出厂单价 = 4020元 - 4020元÷(1+2%) = 78.82元

除税原价 = 出厂单价÷(1+增值税) = 3941.18元÷(1+16%) = 3397.57元

除税单价 = 除税原价 + 采保费 = 3397.57元 + 78.82元 = 3476.39元

如果改用综合扣税率计算则更为简单。

除税单价 = 4020 元÷1.1564 = 3476.31 元

由于综合扣税率计算时，保留小数点后两位，第三位四舍五入，计算结果稍有偏差，工程造价的计算结果不受影响。

2.4　工程建设其他费用的构成

工程建设其他费用是指从工程筹建起到工程竣工验收交付使用止的整个建设期间，除建筑安装工程费用和设备及工器具购置费用以外的，为保证工程建设顺利完成和交付使用后能够正常发挥效用而发生的各项费用。工程建设其他费用，大体可分为三类：第一类指固定资产其他费用；第二类指无形资产费用；第三类指其他资产费用。

2.4.1　固定资产其他费用

1. 建设管理费

建设管理费包括建设单位管理费、工程监理费。

（1）建设单位管理费　建设单位管理费是指建设单位（业主）为建设项目立项、筹建、建设、竣（交）验收、总结等工作所发生的管理费用，但不包括应计入设备、材料预算价格内的建设单位采购及保管设备、材料所需的费用。

费用内容包括：工作人员的基本工资、工资性补贴、施工现场津贴、社会保障费用（基本养老、基本医疗、失业、工伤保险）、住房公积金、职工福利费、工会经费、劳动保护费；办公费、会议费、差旅交通费、固定资产使用费（包括办公及生活房屋折旧、维修或租赁费，车辆折旧、维修、使用或租赁费，通信设备购置、使用费，测量、试验设备仪器折旧、维修或租赁费，其他设备折旧、维修或租赁费等）、零星固定资产购置费、招募生产工人费；技术图书资料费、职工教育经费、工程招标费（不含招标文件及标底或造价控制值编制费）；合同契约公证费、咨询费、法律顾问费；建设单位的临时设施费、完工清理费、竣（交）验收（含其他行业或部门要求的竣工验收费用）、各种税费（包括房产税、车船使用税、印花税等）；建设项目审计费、境内外融资费用（不含建设期贷款利息）、业务招待费、安全生产管理费和其他管理性开支。

由施工企业代建设单位（业主）办理"土地、青苗等补偿费"的工作人员所发生的费用，应在建设单位（业主）管理费项目中支付。当建设单位（业主）委托有资质的单位代理招标时，其代理费也应在建设单位（业主）管理费项目中支付。

按照《财政部关于印发〈基本建设财务管理规定〉的通知》（财建［2002］394号）的规定计算。

表 2-5　建设单位管理费费率表及算例

费率表			算 例		
序号	工程概算 /万元	费率 （%）	实际概算 /万元	计算式	管理费 /万元
1	1000 以下	1.5	1000	1000×0.015	15
2	1001～5000	1.2	5000	15+（5000-1000）×0.012	63
3	5001～10000	1.0	10000	63+（10000-5000）×0.01	113
4	10001～50000	0.8	50000	113+（50000-10000）×0.008	433
5	50001-100000	0.5	100000	433+（100000-50000）×0.005	683
6	100001-200000	0.2	200000	683+（200000-100000）×0.002	883
7	200000 以上	0.1	250000	883+（250000-200000）×0.001	933

（2）工程监理费　工程监理费是指依据国家有关机关规定和规程规范要求，工程建设项目法人委托工程监理机构对建设项目全过程实施监理所支付的费用，在建设工程总投资中属于工程建设其他费的部分。

工程监理费主要包括：工作人员的基本工资、工资性补贴、社会保障费用（基本养老、基本医疗、失业、工伤保险）、住房公积金、职工福利费、工会经费、劳动保护费；办公费、会议费、差旅交通费、固定资产使用费（包括办公及生活房屋折旧、维修或租赁费，车辆折旧、维修、使用或租赁费，通信设备购置、使用费，测量、试验、检测设备仪器折旧、维修或租赁费，其他设备折旧、维修或租赁费等）、零星固定资产购置费、招募生产工人费；技术图书资料费、职工教育经费、投标费用；合同契约公证费、咨询费、业务招待费；财务费用、监理单位的临时设施费、各种税费和其他管理性开支。

2014年7月，国家发展改革委发文放开了非政府投资项目的建设项目前期工作咨询、工程勘察设计、招标代理、工程监理、环境影响咨询服务收费，2015年2月11日，国家发改委印发了《关于进一步放开建设项目专业服务价格的通知》［2015］299号，从2015年3月1日起，放开现行实行政府指导价管理的政府投资和政府委托的以上五项咨询服务价格。目前，我国的工程监理费的取费实行市场价。

2. 可行性研究费

可行性研究费是指建设项目在建设前期因进行可行性研究工作而发生的费用，包括编制和评估项目建议书或预可行性研究报告、可行性研究报告所需的费用。可行性研究费的计算方法应依据前期研究委托合同计算，或按照可行性研究费的计算方法应依据前期研究委托合同，按照市场价确定。

3. 研究试验费

研究试验费是指为本建设项目提供或验证设计数据、资料进行必要的研究试验和按照设计规定在施工过程中必须进行试验、验证所需的费用，以及支付科技成果、先进技术的一次性技术转让费。但不包括：

① 应由科技三项费用（即新产品试制费、中间试验费和重要科学研究补助费）开支的项目。

② 应由施工辅助费开支的施工企业对建筑材料、构件和建筑物进行一般鉴定、检查所发生的费用及技术革新研究试验费。

③ 应由勘察设计费、勘察设计单位的事业费或基本建设投资中开支的项目。

4. 勘察设计费

勘察设计费是指对工程建设项目进行勘察设计所发生的费用。按其内容划分为：勘察费和设计费。

勘察费是指项目法人委托有资质的勘察机构按照勘察设计规范要求，对项目进行工程勘察作业以及编制相关勘察文件和岩土工程设计文件等所支付的费用。

设计费是指项目法人委托有资质的设计机构按照工程设计规范要求，编制建设项目初步设计文件、施工图设计文件、设计模型制作费、施工图预算、非标准设备设计文件、竣工图文件等，以及设计代表进行现场技术服务所支付的费用。

勘察设计费是建筑安装工程预算中其他费用的组成部分。此项费用应按市场价确定。

5. 环境影响评价费

环境影响评价费是指按照《中华人民共和国环境保护法》、《中华人民共和国环境影响评价法》等规定，为全面、详细评价本建设项目对环境可能产生的污染或造成的重大影响所需的费用。环境影响评价费包括编制环境影响报告书（含大纲）、环境影响报告表，以及对环境影响报告书（含大纲）、环境影响报告表等进行评估所需的费用。此项费用应按市场价确定。

6. 劳动安全卫生评价费

劳动安全卫生评价费是指按照劳动部《建设工程项目（工程）劳动安全卫生监察规定》和《建设工程项目（工程）劳动安全卫生预评价管理办法》的规定，为预测和分析建设工程项目存在的职业危险、危害因素的种类和危险危害程度，并提出先进、科学、合理可行的劳动安全卫生技术和管理对策所需的费用。劳动安全卫生评价费包括编制建设工程项目劳动安全卫生预评价大纲和劳动安全卫生预评价报告书以及为编制上述文件所进行的工程分析和环境现状调查等所需费用。

劳动安全卫生评价费依据劳动安全卫生预评价委托合同计列，或按照建设工程项目所在省（市、自治区）劳动行政部门规定的标准计算。

7. 场地准备及临时设施费

（1）场地准备及临时设施费的定义　场地准备及临时设施费是指建设场地准备费和建设单位临时设施费。

场地准备费是指建设项目为达到工程开工条件所发生的场地平整和对建设场地余留的有碍于施工建设的设施进行拆除清理的费用。

临时设施费是指为满足施工建设需要而供应到场地界区的、未列入工程费用的临时水、电、路、通信、燃气等其他工程费用和建设单位的现场临时建（构）筑物的搭设、维修、拆除、摊销或建设期间租赁费用，以及施工期间专用公路养护费、维修费以及施工期间专用公路养护费、维修费。

（2）场地准备及临时设施费的计算

1）场地准备及临时设施应尽量与永久性工程统一考虑。建设场地的大型土石方工程应进入工程费用中的总图运输费用中。

2）新建项目的场地准备和临时设施费应根据实际工程量估算，或按工程费用的比例计算。改扩建项目一般只计拆除清理费。

场地准备和临时设施费＝（建筑工程费用+安装工程费用）×费率+拆除清理费 （2-58）

参考费率取 0.5%~1.0%

3）发生拆除清理费时可按新建同类工程造价或主材费、设备费的比例计算。凡可回收材料的拆除工程采用以料抵工方式冲抵拆除清理费。

4）此项费用不包括已列入建筑安装工程费用中的施工单位临时设施费用。

8. 引进技术和进口设备其他费

引进技术和进口设备其他费是指本建设项目因引进技术和进口设备而发生的相关费用，主要包括以下费用：

（1）出国人员费用　出国人员费用是指为引进技术和进口设备派出人员在国外培训和进行设计联系，以及材料、设备检验等的差旅费、服装费、生活费等，一般按照设计规定的出国培训和工作的人数、时间、派往的国家，按财政部和外交部规定的临时出国人员费用开支标准进行计算。

（2）国外工程技术人员来华费用　它是指为引进国外技术和安装进口设备等聘用国外工程技术人员进行技术指导工作所发生的技术服务费、工资、生活补贴、差旅费、住宿费、招待费等，一般按照签订合同所规定的人数、期限和有关标准进行计算。

（3）技术引进费　技术引进费是指引进国外先进技术而支付的专利费、专有技术费、国外设计及技术资料费等，一般按照合同规定的价格进行计算。

（4）担保费　担保费是指国内金融机构为买方出具保函的担保费，一般按照有关金融机构规定的担保费率进行计算。

（5）分期或延期付款利息　分期或延期付款利息是指利用出口信贷引进技术或进口设备采取分期或延期付款的办法所支付的利息。

（6）进口设备检验鉴定费　进口设备检验鉴定费是指进口设备按规定必须交纳的商品检验部门的进口设备检验鉴定费，一般按照进口设备货价的百分比计算。

9. 工程保险费

（1）工程保险费的定义　工程保险费是指建设项目在建设期间根据需要实施工程保险所需的费用，包括以各种建筑工程及其在施工过程中的物料、机器设备为保险标的的建筑工程一切险，以安装工程中的各种机器、机械设备为保险标的安装工程一切险，以及机器损坏保险等。

工程保险费根据不同的工程类别，分别以其建筑、安装工程费乘以建筑、安装工程保险费率计算。民用建筑（住宅楼、综合性大楼）占建筑工程费的 2‰~4‰；其他建筑（工业厂房、仓库、道路、码头、水坝、隧道、桥梁、管道等）占建筑工程费的 3‰~6‰；安装工程（农业、工业、机械、电子、电器、纺织、矿山、石油、化学及钢铁工业、钢结构桥梁）占建筑工程费的 3‰~6‰。

（2）不赔偿范围

1）设计错误引起的损失和费用。

2）自然磨损、内在或潜在缺陷、物质本身变化、自燃、自热氧化、锈蚀、渗漏、鼠咬、虫蛀、大气（气候或气温）变化、水位变化或其他渐变原因造成的保险财产本身的损失和费用。

3）因原材料缺陷或工艺不善引起的保险财产本身的损失以及为换置、修理或矫正这些缺点错误所支付的费用。

4）非外力引起的机械或电气装置的本身损失，或施工用机具、设备、机械装置失灵造成的本身损失。

5）维修保养或正常检修的费用。

6）档案、文件、账簿、票据、现金、各种有价证券、图表资料及包装物料的损失。

7）盘点时发现的短缺。

8）领有公共运输行驶执照的，或已由其他保险予以保障的车辆、船舶和飞机的损失。

9）除非另有约定，在保险工程开始以前已经存在或形成的位于工地范围内或其周围的属于被保险人的财产的损失。

10）除非另有约定，在本保险单保险期限终止以前，被保险财产中已由工程所有人签发完工验收证书或验收合同或实际占有、使用或接收的部分。

（3）计算方式　工程保险费的计算方式有分别计算和一揽子计算两种方式。

1）分别计算是指对以下五种情况采用不同的费率进行承保。

① 对建筑工程所有人提供的物资、安装及其他指定分包项目、场地清理费、专业费用、工地内现有财产及被保险人的其他财产测算出总的费率，该费率为整个工期的一次性费率，其与总保险金额的乘积即为应收取的保险费。

② 施工用机器、设备的保险费率采用年费率。

③ 第三者责任保险费率也为工期费率，主要按每次事故赔偿限额计算。

④ 保证期保险费率也为工期费率，按总保险金额计算。

⑤ 因增加附加保障所加收的保险费，按附加保障所属的范畴，即物质损失或第三者责任，及其所要求的赔偿限额分别计算。

2）一揽子计算是对以上①、③、④、⑤项分别测算保险费之后，再相对于物质损失的总保险金额倒算出总的工期一次性费率。目前，在工程保险中大多采用这种计算方法。

10. 特殊设备安全监督检验费

特殊设备安全监督检验费是指在施工现场组装的锅炉及压力容器、压力管道、消防设备、燃气设备、电梯等特殊设备和设施，由安全监察部门按照有关安全监察条例和实施细则以及设计技术要求进行安全检验，应由建设工程项目支付的、向安全监察部门缴纳的费用。此项费用按照建设项目所在省（自治区、直辖市）安全监察部门的规定标准计算。无具体规定的，在编制投资估算和概算时可按受检设备现场安装费的比例估算。

11. 市政公用设施建设及绿化补偿费

市政公用设施建设及绿化补偿费是指使用市政公用设施的建设工程项目，按照项目所在地省级人民政府有关规定建设或缴纳的市政公用设施建设配套费用，以及绿化工程补偿费用。该项费用按工程所在地人民政府规定标准列计；不发生或按规定免征的项目不计取。

12. 联合试运转费

联合试运转费是指新建企业或新增加生产工艺过程的扩建企业在竣工验收前，按照设计规定的工程质量标准，进行整个生产线或装置的负荷或无负荷联合试运转所发生的费用支出大于试运转收入的亏损部分，不包括应由设备安装费用开支的单体试车费用以及在试验运转中暴露出来的因施工原因或设备缺陷等发生的处理费用。

不发生试运转费的工程或者试运转收入和支出可相互抵消的工程，不列此费用项目。

试运转支出包括试运转所需的原料、燃料、油料和动力的消耗费用，机械使用费用，低值易耗品及其他物品的费用和施工单位参加试运转人员的工资等以及专家指导开车费用等。试运转收入包括：试运转产品销售和其他收入。

2.4.2 无形资产费用

1. 无形资产的定义

无形资产费用是指建设投资中不形成固定资产的费用。例如，建设用地费、专利及专有技术使用费等根据国家财务管理有关规定，不应计入固定资产的建设费用。

无形资产费用是指将直接形成无形资产的建设投资，主要是专利权、非专利技术、商标权和商标等。

2. 无形资产的内容

无形资产包括社会无形资产和自然无形资产。其中，社会无形资产通常包括专利权、非专利技术、商标权、著作权、特许权、土地使用权等；自然无形资产包括不具实体物质形态的天然气等自然资源。

1）专利权　是指国家专利主管机关依法授予发明创造专利申请人对其发明创造在法定期限内所享有的专有权利，包括发明专利权、实用新型专利权和外观设计专利权。

2）非专利技术　也称专有技术，是指不为外界所知，在生产经营活动中应采用了的，不享有法律保护的，可以带来经济效益的各种技术和诀窍。

3）商标权　是指专门在某类指定的商品或产品上使用特定的名称或图案的权利。

4）著作权　是制作者对其创作的文学，科学和艺术作品依法享有的某些特殊权利。

5）特许权　又称经营特许权、专营权，指企业在某一地区经营或销售某种特定商品的权利或是一家企业接受另一家企业使用其商标、商号、技术秘密等的权利。

6）土地使用权　是指国家准许某企业在一定期间内对国有土地享有开发、利用、经营的权利（详见建设用地费）。

3. 建设用地费

任何一个建设项目都固定于一定地点与地面相连接，必须占用一定量的土地，也就必然要发生为获得建设用地而支付的费用，这就是土地使用费。它是指通过划拨方式取得土地使用权而支付的土地征用及迁移补偿费，或者通过土地使用权出让方式取得土地使用权而支付的土地使用权出让金。

（1）土地征用及迁移补偿费　土地征用及迁移补偿费，是指建设项目通过划拨方式取得土地使用权，依照《中华人民共和国土地管理法》等规定所支付的费用。其总和一般不得超过被征土地年产值的 20 倍，土地年产值则按该地被征用前三年的平均产量和国家规定的价格计算。其内容包括：

1）土地补偿费。征用耕地（包括菜地）的补偿标准，为该耕地年产值的 6~10 倍制定。征收无收益的土地，不予补偿。

2）青苗补偿费和被征用土地上的房屋、水井、树木等附着物补偿费。

3）安置补助费。征用耕地、菜地的，安置补助费为每个人口每亩年产值的 2~3 倍，每亩耕地最高不得超过其年产值的 10 倍。

4）缴纳的耕地占用税或城镇土地使用税、土地登记费及征地管理费等。在土地补偿费的 1%~4% 范围提取。

5）征地动迁费。

6）水利水电工程水库淹没处理补偿费。

（2）土地使用权出让金　土地使用权出让金，指建设项目通过土地使用权出让方式，取得有限期的土地使用权，依照《中华人民共和国城镇国有土地使用权出让和转让暂行条例》规定，支付的土地使用权出让金。明确国家是城市土地的唯一所有者，并分层次、有偿、有限期地出让、转让城市土地。城市土地的出让和转让可采用协议、招标、公开拍卖等方式。

1）协议方式适用于市政工程、公益事业用地以及需要减免地价的机关、部队用地和需要重点扶持、优先发展的产业用地。

2）招标方式适用于一般工程建设用地。

3）公开拍卖适用于盈利高的行业用地。

在有偿出让和转让土地时，政府对地价不作统一规定，但应坚持以下原则：

1）地价对目前的投资环境不产生大的影响。

2）地价与当地的社会经济承受能力相适应。

3）地价要考虑已投入的土地开发费用、土地市场供求关系、土地用途和使用年限。

关于政府有偿出让土地使用权的年限，各地可根据时间、区位等各种条件作不同的规定，一般可在 30~99 年。按照地面附属建筑物的折旧年限来看，以 50 年为宜。

土地有偿出让和转让，土地使用者和所有者要签约，明确使用者对土地享有的权利和对土地所有者应承担的义务。

1）有偿出让和转让使用权，要向土地受让者征收契税。

2）转让土地若有增值，要向转让者征收土地增值税。

3）在土地转让期间，国家要区别不同地段、不同用途向土地使用者收取土地占用费。

2.4.3　其他资产费用

其他资产费用是指建设投资中除形成固定资产和无形资产以外的部分，主要包括生产准备费及开办费。

1. 生产准备费及开办费的内容

生产准备费是指新建企业或新增生产能力的企业，为保证竣工交付使用进行必要的生产准备所发生的费用，属于工程建设其他费用，与未来企业生产经营有关。生产准备费的内容包括：

1）生产人员培训费，包括自行培训和委托其他单位培训的人员的工资、工资性补贴、职工福利费、差旅交通费、学习资料费、学习费、劳动保护费等。

2）生产单位提前进场参加施工、设备安装、调试等以及熟悉工艺流程及设备性能等人员的工资、工资性补贴、职工福利费、差旅交通费、劳动保护费等。

3）为保证初期正常生产（或营业、使用）所必需的生产办公、生活家具用具购置费。

4）为保证初期正常生产（或营业、使用）所必需的不够固定资产标准的生产工具、用具、器具购置费，但不包括备品、备件费。

开办费指企业在企业批准筹建之日起，到开始生产、经营（包括试生产、试营业）之日止的期间（即筹建期间）发生的费用支出，包括筹建期人员工资、办公费、培训费、差旅费、印刷费、注册登记费以及不计入固定资产和无形资产购建成本的汇兑损益和利息支出。

2. 生产准备及开办费的计算

生产准备费一般根据需要培训和提前进场人员的人数及培训时间按生产准备费指标进行估算得出。

新建项目按设计定员为基数计算，改扩建项目按新增设计定员为基数计算，也可采用综合的生产准备费指标进行计算，也可以按费用内容的分类指标计算。

办公和生活家具购置费的范围包括办公室、会议室、资料室、食堂、宿舍、招待所和幼儿园等家具和用具购置费。该项费用一般按照设计定员人数乘以相应的综合指标进行估算。改建、扩建工程项目所需的办公和生活家具购置费应低于新建项目。

$$生产准备费 = 设计定员 \times 生产准备费指标(元/人) \tag{2-59}$$

2.5 预备费、建设期贷款利息和铺底流动资金

2.5.1 预备费

预备费是指考虑建设期可能发生的风险因素而导致的建设费用增加的这部分内容。按照风险因素的性质划分，预备费又包括基本预备费和涨价预备费两大类型。

1. 基本预备费

基本预备费是指由于如下原因导致费用增加而预留的费用：

1）设计变更导致的费用增加。

2）不可抗力导致的费用增加。

3）隐蔽工程验收时发生的挖掘及验收结束时进行恢复所导致的费用增加。

基本预备费一般按照建筑工程费、设备安装工程费、设备购置费、工器具购置费及其他工程费之和乘以一个固定的费率计算。其中，费率往往由各行业或地区根据其项目建设的实际情况加以制定。

2. 涨价预备费

涨价预备费是指建设项目在建设期间内由于价格等变化引起工程造价变化的预测预留费用。费用内容包括：人工、材料、施工机械的价差费，建筑安装工程费及工程建设其他费用调整，利率、汇率调整等增加的费用。

价差预备费的计算方法，一般是根据国家规定的投资综合价格指数，按估算年份价格水平的投资额为基数，采用复利方法计算。具体计算详见第7章相关内容。

2.5.2 建设期贷款利息

建设期贷款利息包括向国内银行和其他非银行金融机构贷款、出口信贷、外国政府贷款、国际商业银行贷款以及在境内外发行的债券等在建设期间内应偿还的贷款利息。

建设期贷款利息实行复利计算。

建设期贷款根据贷款发放形式的不同，其利息计算公式有所不同。贷款发放形式一般有两种：一是贷款总额一次性贷出且利率固定；二是贷款总额是分年均衡（按比例）发放，利率固定；对于贷款总额一次性贷出且利率固定的贷款，按复利终值公式计算；分年均衡发放时的建设期贷款利息计算方法详见第7章相关内容。

2.5.3 铺底流动资金

铺底流动资金是指生产性建设工程项目为保证生产和经营正常进行，按规定应列入建设工程项目总投资的铺底流动资金，一般按流动资金的30%计算。

铺底流动资金是：短期日常营运现金，人工、购货、水、电、通信、膳食等开支。生产性建设项目总投资包括固定资产投资和包含铺底流动资金在内的流动资产投资两部分。根据国有商业银行的规定，新上项目或更新改造项目主必须拥有 30% 的自有流动资金，其余部分资金可申请贷款。另外，流动资金根据生产负荷投入，长期占用，全年计息。有关流动资金的估算方法参见第 7 章相关内容。

思考题与习题

1. 我国现行的建设项目总投资由哪些费用项目构成？

2. 世界银行和 FIDIC 的建设项目总投资由哪些费用项目构成？

3. 什么是设备？什么是材料？设备购置费包括哪些内容？如何计算？

4. 家具购置费是否列入设备购置费？

5. 建筑安装工程费用按费用构成要素划分为哪几部分？分别如何计算？

6. 建筑安装工程费用按造价形成可以划分为哪几部分？分别如何计算？

7. 建筑安装工程造价有 几个计价程序？

8. 工程建设其他费用由哪几个部分构成？分别包括哪些主要内容？

9. 什么是联合试运转费？单台设备安装后的调试费是否属于联合试运转费？

10. 场地准备费包括哪些内容？它与施工过程中的平整场地费是否重复？

11. 临时设施包括哪些内容？一般如何计算？

12. 什么是建设单位管理费？如何分段进行计算？

13. 引进技术和进口设备其他费用包括哪些内容？

14. 什么是预备费？包括几项内容？分别应该如何计算？

15. 什么是建设期贷款利息？应该如何计算？

16. 什么是铺底流动资金？它与流动资金的关系是怎样的？

第3章

工程计价依据

学习目标

了解工程定额的编制方法，熟悉工程计价依据的种类和适用范围，掌握工程定额的概念与原理，掌握计价定额的编制方法。

3.1 概述

3.1.1 工程计价依据的概念

工程计价依据的含义有广义与狭义之分。广义的工程计价依据是指从事建设工程造价管理所需要的各类基础资料的总称，狭义的工程计价依据是指用于计算和确定工程造价的各类基础资料的总称。由于影响工程造价的因素很多，每一项工程的造价都要根据工程的用途、类别、结构特征、建设标准、所在地区和坐落地点、市场价格信息，以及政府的产业政策、税收政策和金融政策等具体计算。因此，需要确定与上述各项因素相关的各种量化的定额或指标等，并将其作为计价的基础。计价依据除国家或地方法律规定的以外，一般以合同形式加以确定。

3.1.2 工程计价依据的分类

工程计价依据概括起来可以分为七大类16小类。

第一类，规范工程计价的依据：

1）国家标准，如《建设工程工程量清单计价规范》和各专业工程量计算规范。

第二类，计算设备数量和工程量的依据：

2）可行性研究资料。

3）初步设计、扩大初步设计、施工图、设计图和资料。

4）工程变更及施工现场签证。

5）工程量计算规范，如《建筑与装饰工程工程量计算规范》等。

第三类，计算分部分项工程人工、材料、机械台班消耗量及费用的依据：

6）工程定额，包括概算指标、概算定额、预算定额。

7）市场价格信息，包括人工单价、材料预算单价、机械台班单价等工程造价信息。

第四类，计算建筑安装工程费用的依据：

8）与计价定额配套的费用定额。

9）价格指数。

第五类，计算设备费的依据：

10）设备价格、运杂费率等。

第六类，计算工程建设其他费用的依据：

11）用地指标。

12）各项工程建设其他费用定额等。

第七类，计算造价相关的法规和政策：

13）包含在工程造价内的税种、税率。

14）与产业政策、能源政策、环境政策、技术政策和土地等资源利用政策有关的取费标准。

15）利率和汇率。

16）其他计价依据。

这些计价依据反映的均是一定时期的社会平均生产水平，它是建设管理科学化的产物，也是进行工程造价科学管理的基础。其中建设工程定额是工程计价的核心依据。

3.2 工程定额体系

按照我国工程计价依据的编制和管理权限的规定，目前我国已经形成了由国家、省、直辖市、自治区和行业部门的法律法规、部门规章相关政策文件以及标准、定额等相互支持、互为补充的工程计价依据体系。

3.2.1 工程定额概述

工程定额是在合理的劳动组织和合理地使用材料与机械的条件下，完成合格的单位建筑安装产品所需要用的劳动、材料、机具、设备以及有关费用的数量标准。

定额水平是规定在单位产品上消耗的劳动、机械和材料数量的多少，指按照一定施工程序和工艺条件下规定的施工生产中活劳动和物化劳动的消耗水平。它与社会生产力水平、操作人员的技术水平、机械化程度、新材料、新工艺、新技术的发展与应用、企业的管理水平、社会成员的劳动积极性有关。定额水平高意味着单位产量提高，消耗降低，单位产品的造价低。定额水平低则意味单位产量降低，消耗提高，单位产品的造价高。

工程定额是一个综合概念，是建设工程造价计价和管理各种定额的总称，可以按照不同的原则和方法对其进行分类。

3.2.2 工程定额的分类

新中国成立以来，建筑安装行业发展迅猛，在生产经营管理中，各类工程定额担负着重要作用。这些工程定额经过多次修订，已经形成一个由全国统一定额、地方定额、行业定额、企业定额等组成的较为完整的定额体系。这些定额同时也归属于工程经济标准化范畴。工程定额可按不同的标准进行划分，工程定额分类见表 3-1。

表 3-1 **工程定额分类**

序号	分类依据	定额种类		备 注
1	生产要素	劳动定额	时间定额	基本定额
			产量定额	
		材料消耗定额		
		机械台班定额	时间定额	
			产量定额	
2	编制程序和用途	工序定额		由劳动定额、材料消耗定额、机械台班定额组成
		施工定额		
		预算定额		
		综合预算定额		
		概算定额		
		概算指标		
		估算指标		

（续）

序号	分类依据	定额种类	备　注
3	制定单位和 执行范围	全国统一定额	
		行业定额	
		地区定额	
		企业定额	
4	投资费用 性质	直接费定额	由措施费定额、企业管理费定 额、规费、利润、税金组成
		建筑安装工程综合费用定额	
		工器具定额	
		工程建设其他费用定额	
5	专业性质	全国通用	
		行业通用	
		专业专用	

1. 按照定额反映的物质消耗内容分类

按照定额反映的物质消耗内容分类，可以把工程建设定额分为劳动消耗定额、机械消耗定额和材料消耗定额三种。

（1）劳动消耗定额　劳动消耗定额简称劳动定额，是完成一定的合格产品（工程实体或劳务）规定活劳动消耗的数量标准。为了便于综合和核算，劳动定额大多采用工作时间消耗量来计算劳动消耗的数量。所以，劳动定额主要表现形式是时间定额，但同时也表现为产量定额。

（2）机械消耗定额　我国机械消耗定额是以一台机械一个工作班为计量单位，所以机械消耗定额又称为机械台班定额。机械消耗定额是指为完成一定合格产品（工程实体或劳务）所规定的施工机械消耗的数量标准。机械消耗定额的主要表现形式是机械时间定额，但同时也以产量定额表现。

（3）材料消耗定额　材料消耗定额简称材料定额，是指完成一定合格产品所需消耗材料的数量标准。

材料是工程建设中使用的原材料、成品、半成品、构配件、燃料以及水、电等动力资源的统称。材料作为劳动对象构成工程的实体，需用数量很大，种类繁多。所以材料消耗量多少，消耗是否合理，不仅关系到资源的有效利用，影响市场供求状况，而且对建设工程的项目投资、建筑产品的成本控制都起着决定性影响。材料消耗定额，在很大程度上可以影响材料的合理调配和使用。在产品生产数量和材料质量一定的情况下，材料的供应计划和需求都会受材料定额的影响。重视和加强材料定额管理，制定合理的材料消耗定额，是组织材料的正常供应，保证生产顺利进行，合理利用资源，减少积压和浪费的必要前提。

2. 按照定额的编制程序和用途分类

按照定额的编制程序和用途分类，可以把工程建设定额分为施工定额、预算定额、概算定额、概算指标、投资估算指标。

（1）施工定额　这是施工企业（建筑安装企业）组织生产和加强管理在企业内部使用的一种定额，属于企业生产定额。它由劳动定额、机械定额和材料定额三个相对独立的部分组成。为适应组织生产和管理的需要，施工定额的项目划分很细，是工程建设定额中分项最细、定额子目最多的一种定额，也是工程建设定额中的基础性定额。在预算定额的编制过程中，施工定额的劳动、机械、材料消耗的数量标准，是计算预算定额中劳动、机械、材料消耗数量标准的重要依据。

（2）预算定额　这是在编制施工图预算时，计算工程造价和计算工程中劳动、机械台班、材料需要量使用的一种定额。预算定额是一种计价性的定额，在工程建设定额中占有很重要的地位。从编制程序看，预算定额是概算定额的编制基础。

（3）概算定额　这是编制扩大初步设计概算时，计算和确定工程概算造价，计算劳动、机械台班、材料需要量所使用的定额。它的项目划分粗细与扩大初步设计的深度相适应。它一般是预算定额的综合扩大。

（4）概算指标　这是在三阶段设计的初步设计阶段编制工程概算，计算和确定工程的初步设计概算造价，计算劳动、机械台班、材料需要量时所采用的一种定额。这种定额的设定和初步设计的深度相适应，一般是在概算定额和预算定额的基础上编制的，比概算定额更加综合扩大。概算指标是控制项目投资的有效工具，它所提供的数据也是计划工作的依据和参考。

（5）投资估算指标　它是在项目建议书和可行性研究阶段编制投资估算、计算投资需要量时使用的一种定额。它非常概略，往往以独立的单项工程或完整的工程项目为计算对象。它的概略程度与可行性研究阶段相适应。投资估算指标往往根据历史的预、决算资料和价格变动等资料编制，但其编制基础仍然离不开预算定额、概算定额。

上述定额关系比较见表 3-2。

表 3-2　定额关系比较表

项　　目	施工定额	预算定额	概算定额	概算指标	投资估算指标
对象	工序	分项工程	扩大的分项工程	整个建筑物或构筑物	独立的单项工程或完整的工程项目
用途	编制施工预算	编制施工图预算	编制扩大初步设计概算	编制初步设计概算	编制投资估算
项目划分	最细	细	较粗	粗	很粗
定额水平	平均先进	平均先进	平均先进	平均先进	平均先进
定额性质	生产性定额	计价性定额			

3. 按照投资的费用性质分类

可以把工程建设定额分为建筑工程定额、设备安装工程定额、建筑安装工程费用定额、工器具定额以及工程建设其他费用定额等。

（1）建筑工程定额　建筑工程定额是建筑工程的施工定额、预算定额、概算定额和概算指标的统称。建筑工程，一般理解为房屋和构筑物工程，具体包括一般土建工程、电气工程（动力、照明、弱电）、卫生技术（水、暖、通风）工程、工业管道工程、特殊构筑物工程等。广义上它也被理解为除房屋和构筑物外还包含其他各类工程，如道路、铁路、桥梁、隧道、运河、堤坝、港口、电站、机场等工程。在我国统计年鉴中，对于固定资产投资构成的划分就是根据这种理解设计的。广义的建筑工程概念几乎等同于土木工程的概念。从这一概念出发，建筑工程在整个工程建设中占有非常重要的地位。根据资料统计，在我国的固定资产投资中，建筑工程和安装工程的投资占 60% 左右。因此，建筑工程定额在整个工程建设定额中是一种非常重要的定额。在定额管理中占有突出的地位。

（2）设备安装工程定额　设备安装工程定额是安装工程施工定额、预算定额、概算定额和概算指标的统称。设备安装工程是对需要安装的设备进行定位、组合、校正、调试等工作的工程。在工业项目中，机械设备安装和电气设备安装工程占有重要地位。因为生产设备大多要安装后才能运转，不需要安装的设备很少。在非生产性的建设项目中，由于社会生活和城市设施的日益现代化，设备安装工程量不断增加，所以设备安装工程定额也是工程建设定额中重要部分。

设备安装工程定额和建筑工程定额是两种不同类型的定额。一般都要分别编制，各自独立。但是设备安装工程和建筑工程是单项工程的两个有机组成部分，在施工中它们之间有时间连续性也有作业的搭接和交叉，需要统一安排、互相协调。在这个意义上，通常把建筑和安装工程作为一个施工过程来看待，即建筑安装工程。所以在通用定额中，有时把建筑工程定额和安装工程定额合二为一，称为建筑安装工程定额。

（3）建筑安装工程费用定额的内容　建筑安装工程费用定额除包括建设工程费用的构成外，还主要包含三部分内容。

1）工程类别的划分标准。单层工业建筑分别按照檐高和跨度来划分；多层工业建筑按照檐高和建筑面积来划分；民用建筑按照檐高、建筑面积和层数来划分；构筑物按照高度和（或）容积来划分；大型机械吊装工程按照檐高和跨度来划分；桩基工程按桩长来划分；土石方工程按开挖容量或填方容量来划分等。工程类别划分标准见表3-3。

表3-3　工程类别划分标准

项　目		单位	一类	二类	三类
工业建筑	单层	檐口高度 m	≥20	≥16	<16
		跨度 m	≥24	≥18	<18
	多层	檐口高度 m	≥30	≥18	<18
		建筑面积 m²	≥8000	≥5000	<5000
民用建筑	住宅	檐口高度 m	≥62	≥34	<34
		建筑面积 m²	≥10000	≥6000	<6000
		层数 层	≥22	≥12	<12
	公用建筑	檐口高度 m	≥56	≥30	<30
		建筑面积 m²	≥10000	≥6000	<6000
		层数 层	≥18	≥10	<10
构筑物	烟囱	混凝土结构高度 m	≥100	≥50	<50
		砖结构高度 m	≥50	≥30	<30
	水塔	高度 m	≥40	≥30	<30
		容积 m³	≥80	≥60	<60
	筒仓	高度 m	≥30	≥20	<20
	贮池	容积（单体）m³	≥2000	≥1000	<1000
大型机械吊装工程		檐口高度 m	≥20	≥16	≥9
		跨度 m	≥24	≥18	<16
桩基础工程		预制混凝土、钢板桩长 m	≥30	≥20	<20
		灌注混凝土桩长 m	≥50	≥30	<30
单独土石方工程 大型土石方工程		开挖或填充、土石方容量 m³	≥10000	≥5000	<5000

2）工程费用取费标准及有关规定，主要包括企业管理费和利润的取费标准及有关规定、措施项目取费标准及有关规定、其他项目取费标准及有关规定、规费和税金项目的取费规定及有关规定。

3）工程造价的计价程序，详见2.3.4节。

（4）工器具定额　工器具定额是为新建或扩建项目投产运转首次配置的工器具数量标

准。工具和器具，是指按照有关规定不够固定资产标准但起劳动手段作用的工具、器具和生产用家具。

（5）工程建设其他费用定额　工程建设其他费用定额是独立于建筑安装工程、设备和工器具购置之外的其他费用开支的标准。工程建设的其他费用的发生和整个项目的建设密切相关。它一般要占项目总投资的 10% 左右。其他费用定额是按各项独立费用分别制定的，以便合理控制这些费用的开支。

4. 按照专业性质分类

工程建设定额分为全国通用定额、行业通用定额和专业专用定额三种。全国通用定额是指在部门间和地区间都可以使用的定额；行业通用定额系指具有专业特点的行业部门内可以通用的定额；专业专用定额是指特殊专业的定额，只能在指定范围内使用。

5. 按照主编单位和管理权限分类

工程建设定额可分为全国统一定额、行业统一定额、地区统一定额、企业定额和补充定额五种。

1）全国统一定额是由国家建设行政主管部门综合全国工程建设中技术和施工组织管理情况编制而成的，并在全国范围内执行的定额，如全国统一安装工程定额。

2）行业统一定额是考虑到各行业部门专业工程技术特点，以及施工生产和管理水平编制的。一般是只在本行业和相同专业性质的范围内使用的专业定额，如矿井建设工程定额、铁路建设工程定额。

3）地区统一定额包括省、自治区、直辖市定额。地区统一定额主要是考虑地区性特点和全国统一定额水平做适当调整补充编制的。

4）企业定额是指由施工企业考虑本企业具体情况，参照国家、部门或地区定额的水平制定的定额。企业定额只在企业内部使用，是企业素质的一个标志。企业定额水平一般应高于国家现行定额，才能满足生产技术发展、企业管理和市场竞争的需要。

5）补充定额是指随着设计、施工技术的发展现行定额不能满足需要的情况下，为了补充缺项所编制的定额。补充定额只能在指定的范围内使用，可以作为以后修订定额的基础。

3.2.3　工程定额的特点

1. 科学性

工程建设定额的科学性包括两重含义。一重含义是指工程建设定额和生产力发展水平相适应，反映出工程建设中生产消费的客观规律。另一重含义是指工程建设定额管理在理论、方法和手段上适应现代科学技术和信息社会发展的需要。

工程定额的科学性，首先表现在用科学的态度制定定额，尊重客观实际，力求定额水平合理；其次表现在制定定额的技术方法上；第三，表现在定额制定和贯彻的一体化。

2. 系统性

工程建设定额是相对独立的系统。它是由多种定额结合而成的有机的整体。它的结构复杂、层次鲜明、目标明确。

工程建设定额的系统性是由工程建设的特点决定的。按照系统论的观点，工程建设就是庞大的实体系统。工程建设定额是为这个实体系统服务的。因而工程建设本身的多种类、多层次就决定了以它为服务对象的工程建设定额的多种类、多层次。从整个国民经济来看，进行固定资产生产和再生产的工程建设是由多项工程集合的整体，其中包括农林水利、轻纺、机械、煤炭、电力、石油、冶金、化工、建材工业、交通运输、邮电工程，以及商业物资、科学教育文化、卫生体育、社会福利和住宅工程等。这些工程的建设都有严格的项目划分，如建设项目、单项工程、单位工程、分部分项工程；在计划和实施过程中有严密的逻辑阶段，如规划、可行性研究、设计、施工、竣工交付使用以及投入使用后的维修。与此相适应，必然形成工程建设定额的多种类、多层次。

3. 统一性特点

工程建设定额的统一性体现在：从其影响力和执行范围来看，有全国统一定额、地区统一定额和行业统一定额等；从定额的制定、颁布和贯彻使用来看，有统一的程序、统一的原则、统一的要求和统一的用途。

工程建设定额的统一性，主要是由国家对经济发展的计划的宏观调控职能决定的。为了使国民经济按照既定的目标发展，就需要借助于某些标准、定额、参数等，对工程建设进行规划、组织、调节、控制。而这些标准、定额、参数必须在一定范围内是一种统一的尺度，才能实现上述职能，才能利用它对项目的决策、设计方案、投标价、成本控制进行比较和评价。

4. 指导性

工程建设定额的指导性的客观基础是定额的科学性。只有科学的定额才能正确指导客观的交易行为。工程定额的指导性体现在以下两个方面：一方面，工程定额作为国家各地区和行业颁布的指导性依据，可以规范建筑市场的交易行为，在具体的建设产品定价过程中也可以起到相应的参考性作用，同时统一定额还可以作为政府投资项目定价以及投资控制的重要依据；另一方面，在现行的工程量清单计价方式下，体现交易双方自主定价的特点，投标人报价的主要依据是企业定额，但企业定额的编制和完善仍离不开统一定额的指导。

5. 群众性与实践性

制定定额与执行定额的过程都有广泛的群众性。定额的制定来源于广大工人群众的施工生产活动，是在广泛听取群众意见并在群众直接参与的基础上，通过广泛的测定、大量数据的综合分析、研究实际生产中的有关数据与资料而制定出来的。因此它具有广泛的群众性。同时由于制定定额的基础资料广泛地来源于实践，定额又广泛地运用于实践，因此它具有实践性。

6. 稳定性与时效性

工程建设定额中的任何一种都是一定时期技术发展和管理水平的反映，因而在一段时间内都表现出稳定的状态。稳定的时间有长有短，一般在 5~10 年。保持定额的稳定性是维护定额的权威性所必需的，更是有效地贯彻定额所必需的。如果某种定额处于经常修改变动之中，那么必然造成执行中的困难和混乱，使人们感到没有必要去认真对待它，很容易导致定额权威性的丧失。工程建设定额的不稳定也会给定额的编制工作带来极大的困难。但是工程建设定额的稳定性是相对的。当生产力向前发展了，定额就会与已经发展了的生产力不相适应。这样，这原有的作用就会逐步减弱以致消失，需要重新编制或修订。

3.3 建筑工程定额消耗量的确定

3.3.1 建筑安装工程施工工作研究

1. 施工过程及其分类

对施工过程的研究，首先是对施工过程进行分类，并对施工过程的组成及其各组成部分的相互关系进行分析。施工过程就是在建设工地范围内进行的生产过程。按不同的分类标准，施工过程可以分成不同的类型。按施工的性质不同，可以分为建筑过程和安装过程。按操作方法不同，可以分为手工操作过程、机械化过程和人机并作过程（半机械化过程）。按施工过程劳动分工的特点不同，可以分为个人完成的过程、工人班组完成的过程和施工队完成的过程。按施工过程组织上的复杂程度不同，可以分为工序、工作过程和综合工作过程。

（1）工序　工序是组织上分不开和技术上相同的施工过程。工序的主要特征是：工人编制、工作地点、施工工具和材料均不发生变化。如果其中有一个因素发生了变化，就意味着从一个工序转入了另一个工序。从施工的技术操作和组织的观点看，工序是工艺方面最简单的施工过程。例如，生产工人在工作面上砌筑砖墙的生产过程，一般可以划分成铺砂浆、砌砖、刮灰缝等工序；现场使用混凝土搅拌机搅拌混凝土的生产过程，一般可以划分成将材料装入料斗、提升料斗、将材料装入搅拌机鼓筒、开机拌和及料斗返回等工序；钢筋工程一般可以划分成调直、除锈、切断、弯曲、运输和绑扎等工序。

工序又可以分为更小的组成部分操作和动作。操作是一个动作接一个动作的组合，如钢筋剪切可以划分为到钢筋堆放处取钢筋、把钢筋放到作业台上、操作钢筋剪切机、取下剪切完的钢筋等操作。动作是由每一个操作分解的一系列连续的针对劳动对象所做出的举动，如到钢筋堆放处取钢筋，可以划分为走到钢筋堆放处、弯腰、抓取钢筋、直腰、回到作业台等动作。而动作又是由很多动素组成的，动素是人体动作的分解。施工工序的组成如图3-1所示。

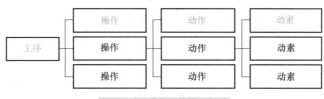

图 3-1　施工工序的组成

将一个施工过程分解成一系列工序是为了分析、研究各工序在施工过程中的必要性和合理性。测定每个工序的工时消耗，分析各工序之间的关系及其衔接时间，最后测定工序上的时间消耗标准。一般来说，测定定额只分解到工序为止。

（2）工作过程　工作过程是由同一工人或同一工人班组所完成的在技术操作上相互有机联系的工序的总和，其特点是在此过程中生产工人的编制不变、工作地点不变，而材料和工具则可以发生变化。例如，同一组生产工人在工作面上进行铺砂浆、砌砖、刮灰缝等工序的操作，从而完成砌筑砖墙的生产任务。在此过程中，生产工人的编制不变、工作地点不变，而材料和工具则发生了变化，由于铺砂浆、砌砖、刮灰缝等工序是砌筑砖墙这一生产过程不可分割的组成部分，它们在技术操作上紧密地联系在一起，所以这些工序共同构成一个工作过程。再如，现场生产工人进行装料入斗、提升料斗、材料入鼓、开机拌和及料斗返回等工序的操作，从而完成使用混凝土搅拌机搅拌混凝土这一生产过程。所以，上述这些工序共同构成一个工作过程。从施工组织的角度看，工作过程是组成施工过程的基本单元。

（3）综合工作过程　综合工作过程是同时进行的、在施工组织上有机地联系在一起的、最终能获得一种产品的工作过程的总和，其范围可大到整个工程或小到某个构件，例如，混凝土构件现场浇筑的生产过程是由搅拌、运送、浇捣及养护混凝土等一系列工作过程组成的；钢筋混凝土梁、板等构件的生产过程是由模板工程、钢筋工程和混凝土工程等一系列工作过程组成的；建筑物土建工程是由土方工程、钢筋混凝土工程、砌筑工程、装饰工程等一系列工作过程组成的。

施工过程的工序或其组成部分，如果以同样次序不断重复，并且每经一次重复都可以生产同一种产品，则称为循环的施工过程。反之，若施工过程的工序或其组成部分不是以同样的次序重复，或者生产出来的产品各不相同，这种施工过程则称为非循环的施工过程。

在施工过程分类的基础上，对某个工作过程的各个组成部分之间存在的相互关系进行分析，目的是全面地确定工作过程各组成部分在工艺逻辑和组织逻辑上的相互关系，为时间测量创造条件。

施工过程的研究需采用适当的研究方法，对被研究的施工过程展开系统的、逐项的分析，记录和考察，研究，以求得在现有设备技术条件下改进落后和薄弱的工作环节，获得更有效、更经济的施工程序和方法。

2. 工作时间分类

（1）工人工作时间消耗的分类　工人在工作班延续时间内消耗的工作时间按其消耗的性质分为两大类：必需消耗的时间和损失时间。工人工作时间的分类如图 3-2 所示。

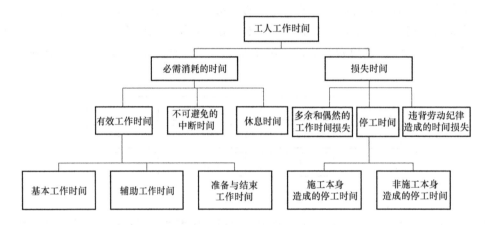

图 3-2　工人工作时间的分类

1）必需消耗的时间是工人在正常施工条件下，为完成一定数量的合格产品所必需消耗的时间，它是制定定额的主要根据。必需消耗的时间包括有效工作时间、不可避免的中断时间和休息时间。

有效工作时间是从生产效果来看与产品生产直接有关的时间消耗，其中包括基本工作时间、辅助工作时间、准备与结束工作时间。

基本工作时间是工人完成基本工作所消耗的时间，是完成一定产品的施工工艺过程所消耗的时间。基本工作时间所包括的内容依据工作性质而各不相同。例如，砖瓦工的基本工作时间包括：砌砖拉线时间、铲灰浆时间、砌砖时间、校验时间；抹灰工的基本工作时间包括：准备工作时间、润湿表面时间、抹灰时间、抹平抹光时间。工人操纵机械的时间也属基本工作时间。基本工作时间的长短和工作量大小成正比。

辅助工作时间是为保证基本工作能顺利完成所做的辅助性工作所消耗的时间。例如：施工过程中工具的校正和小修，机械的调整、搭设小型脚手架等所消耗的工作时间等。在辅助工作时间里，不能使产品的形状大小、性质或位置发生变化。辅助工作时间的结束，往往是基本工作时间的开始。辅助工作一般是手工操作。但在半机械化的情况下，辅助工作是在机械运转过程中进行的，这时不应再计辅助工作时间的消耗。辅助工作时间的长短与工作量大小有关。

准备与结束工作时间是执行任务前或任务完成后所消耗的工作时间。例如：工作地点、劳动工具和劳动对象的准备工作时间；工作结束后的整理工作时间等。准备和结束工作时间的长短与所担负的工作量大小无关，但往往和工作内容有关。所以，这项时间消耗又分为班内的准备与结束工作时间和任务的准备与结束工作时间。班内的准备与结束工作时间包括：工人每天从工地仓库领取工具、检查机械、准备和清理工作地点的时间；准备安装设备的时间；机器开动前的观察和试车的时间；交接班时间等。任务的准备与结束工作时间与每个工作日交替无关，但与具体任务有关。例如，接受施工任务书，研究施工详图，接受技术交底，领取完成该任务所需的工具和设备，以及验收交工等工作所消耗的时间。

不可避免的中断时间是由于施工工艺特点所引起的工作中断所消耗的时间。例如，汽车驾驶员在等待汽车装货、卸货时消耗的时间；安装工等待起重机吊预制构件的时间。与施工过程工艺特点有关的工作中断时间应作为必需消耗的时间，但应尽量缩短此项时间消耗。与工艺特点无关的工作中断时间是由于劳动组织不合理引起的，属于损失时间。

休息时间是工人在施工过程中为恢复体力所必需的短暂休息和生理需要的时间消耗。这种时间是为了保证工人精力充沛地进行工作，应作为必需消耗的时间。休息时间的长短和劳动条件有关。劳动繁重紧张、劳动条件差（高温），休息时间需要长一些。

2）损失时间。损失时间是与产品生产无关，但与施工组织和技术上的缺点有关，与工人或机械在施工过程的个人过失或某些偶然因素有关的时间消耗。损失时间一般不能作为正常的时间消耗因素，在制定定额时一般不加以考虑。损失时间包括多余和偶然工作、停工、违背劳动纪律所引起的时间损失。

多余和偶然工作的时间损失，包括多余工作引起的时间损失和偶然工作引起的时间损失两种情况。多余工作是工人进行了任务以外的而又不能增加产品数量的工作，如对质量不合格的墙体返工重砌，对已磨光的水磨石进行多余的磨光等。多余工作的时间损失，一般是由于工程技术人员和工人的差错而引起的修补废品和多余加工造成的，不是必需消耗的时间。偶然工作是工人在任务外进行的工作，但能够获得一定产品的工作，如抹灰工不得不补上偶然遗留的墙洞等。从偶然工作的性质看，不应考虑它是必需消耗的时间，但由于偶然工作能获得一定产品，拟定定额时可适当考虑。

停工时间是工作班内停止工作造成的时间损失。停工时间按其性质可分为施工本身造成的停工时间和非施工本身造成的停工时间两种。施工本身造成的停工时间是由于施工组织不善、材料供应不及时、工作面准备工作做得不好、工作地点组织不良等情况引起的停工时间。非施工本身造成的停工时间是由于气候条件以及水源、电源中断引起的停工时间。

施工本身造成的停工时间在拟定定额时不应计算，非施工本身造成的停工时间应给予合理的考虑。

违反劳动纪律造成的工作时间损失，是指工人在工作班内的迟到早退、擅自离开工作岗位、工作时间内聊天或办私事等造成的时间损失。由于个别工人违反劳动纪律而影响其他工人无法工作的时间损失也包含在内。此项时间损失不应允许存在，定额中不能考虑。

（2）机械工作时间消耗的分类 机械工作时间的消耗也分为必需消耗的时间和损失时间，如图3-3所示。

1）机械必须消耗的工作时间。机械必需消耗的工作时间，包括有效工作时间、不可避免的无负荷工作时间和不可避免的中断时间三项消耗。

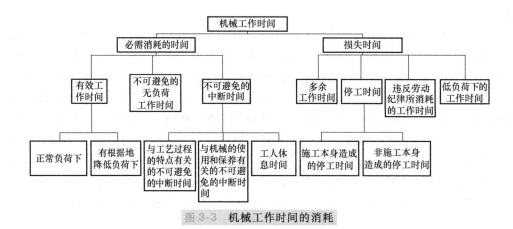

图 3-3 机械工作时间的消耗

① 有效工作时间包括正常负荷下、有根据地降低负荷下的工作时间。

正常负荷下的工作时间，是机械在与机械说明书规定的计算负荷相符的情况下进行工作的时间。

有根据地降低负荷下的工作时间，是在个别情况下机械由于技术上的原因在低于其计算负荷下工作的时间。例如，汽车运输重量轻而体积大的货物时，不能充分利用汽车的载重吨位；起重机吊装轻型结构时，不能充分利用其起重能力，因而低于其计算负荷。

② 不可避免的无负荷工作时间，是由施工过程的特点和机械结构的特点造成的机械无负荷工作时间。例如，载重汽车在工作班时间的单程"放空车"；筑路机在工作区末端调头等。

③ 不可避免的中断工作时间，是与工艺过程的特点、机械的使用和保养有关的不可避免的中断时间和工人休息时间。

与工艺过程的特点有关的不可避免中断时间，有循环的和定期的两种。循环的不可避免中断，是在机械工作的每一个循环中重复一次，如汽车装货和卸货时的停车；定期的不可避免中断，是经过一定时期重复一次，如把灰浆泵由一个工作地点转移到另一工作地点时的工作中断。

与机械的使用和保养有关的不可避免的中断时间，是由于工人进行准备与结束工作或辅助工作时，机械停止工作而引起的中断工作时间。

工人休息时间。要注意的是，应尽量利用与工艺过程有关的和与机械有关的不可避免的中断时间进行休息，以充分利用工作时间。

2）损失的工作时间。在损失的工作时间中，包括多余工作时间、停工时间和违反劳动纪律所消耗的工作时间。

① 机械的多余工作时间，是机械进行任务内和工艺过程内未包括的工作而延续的时间。例如，搅拌机搅拌灰浆超过规定而多延续的时间；工人没有及时供料而使机械空运转的时间。

② 机械的停工时间，按其性质也可分为施工本身造成和非施工本身造成的停工。前者是由于施工组织的不好而引起的停工现象，如由于未及时供给机器水、电、燃料而引起的停工；后者是由于气候条件所引起的停工现象，如暴雨时压路机的停工。

③ 违反劳动纪律所消耗的工作时间损失，是指由于工人迟到早退或擅离岗位等原因引起的机械停工时间。

④ 低负荷下的工作时间，是由于工人或技术人员的过错所造成的施工机械在降低负荷的情况下工作的时间。例如，工人装车的砂石数量不足、工人装入碎石机轧料口中的石块数量不够引起的汽车和碎石机在降低负荷的情况下工作所延续的时间。此项工作时间不能完全作为必需消耗时间，不能作为计算时间定额的基础。

3.3.2　时间消耗测定方法

1. 计时观察法的概念及工作

（1）计时观察法的含义和步骤　计时观察法，是研究工作时间消耗的一种技术测定方法，在机械水平不太高的建筑施工中得到较为广泛的采用。它以研究工时消耗为对象，以观察测量为手段，通过密集抽样等技术进行直接的时间研究。这种方法以现场观察为主要技术手段，所以也称为现场观察法。

（2）计时观察法的具体用途

1）取得编制施工的劳动定额和机械定额所需要的基础资料和技术根据。

2）研究先进工作法和先进技术操作对提高劳动生产率的具体影响，并应用和推广先进工作法和先进技术操作。

3）研究减少工时消耗的潜力。

4）研究定额执行情况，包括研究大面积、大幅度超额和达不到定额的原因，积累资料、反馈信息。

计时观察法的特点是能够把现场工时消耗情况和施工组织技术条件联系起来加以考察。

（3）计时观察前的准备工作

1）确定需要进行计时观察的施工过程。计时观察之前的第一个准备工作，是研究并确定哪些施工过程需要进行计时观察。对于需要进行计时观察的施工过程要列出详细的目录，拟订工作进度计划，制订组织技术措施，并组织编制定额的专业技术队伍，按计划认真开展工作。在选择观察对象时，必须注意所选择的施工过程完全符合正常的施工条件。

所谓正常的施工条件，是指绝大多数企业和施工队、组，在合理组织施工的条件下所处的施工条件。

2）对施工过程进行预研究。对于已确定的施工过程的性质应进行充分的研究、目的是为了正确地安排计时观察和收集可靠的原始资料。研究的方法是：全面地对各个施工过程及其所处的技术组织条件进行实际调查和分析，以便设计正常的（标准的）施工条件和分析研究测时数据。主要有以下几项主要工作。

① 熟悉与该施工过程有关的现行技术规范和技术标准等文件和资料。

② 了解新采用的工作方法的先进程度，了解已经得到推广的先进施工技术和操作，了解施工过程存在的技术组织方面的缺点和由于某些原因造成的混乱现象。

③ 注意系统地收集完成定额的统计资料和经验资料，以便与计时观察所得的资料进行对比分析。

④ 把施工过程划分为若干个组成部分（一般划分到工序）。施工过程划分的目的是便于计时观察。如果计时观察法的目的是研究先进工作法，或是分析影响劳动生产率提高或降低的因素，则必须将实施过程划分到操作以至动作。

⑤ 确定定时点和施工过程产品的计量单位。所谓定时点，即是上下两个相衔接的组成部分之间的分界点。确定定时点，对于保证计时观察的精确性是不容忽略的因素。确定产品计量单位，要能具体地反映产品的数量，并具有最大限度的稳定性。

3）选择观察对象。所谓观察对象，就是对其进行计时观察的完成该施工过程的工人。所选择的建筑安装工人，应具有与技术等级相符的工作技能和熟练程度，所承担的工作与其技术等级相符，同时应该能够完成或超额完成现行的施工劳动定额。

4）调查所测定施工过程的影响因素。影响施工过程的因素主要有技术因素、组织因素和自然因素。例如，产品和材料的特征（规格、质量、性能等）；工具和机械性能、型号；劳动组织和分工；施工技术说明（工作内容、要求等）并附施工简略图和工作地点平面图。

5）其他准备工作。此外，必须准备好必要的用具和表格。如测时用的秒表或电子计时器，测量产品数量的工器具，记录和整理测时资料用的各种表格等。如果有条件且有必要，还可配备电影摄像和电子记录设备。

2. 计时观察法的种类

对施工过程进行观察、测时，计算实物和劳动产量，记录施工过程所处的施工条件和确定影响工时消耗的因素，是计时观察法的三项主要内容和要求，计时观察法的种类较多，最主要的有三种，如图3-4所示。

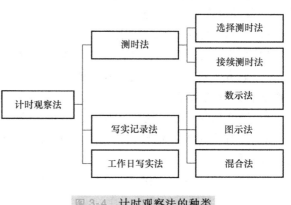

图 3-4 计时观察法的种类

（1）测时法 主要用于测定定时重复的循环工作的工时消耗，是精确度比较高的一种计时观察法，测时法的精度可达 0.2~15s。测时法只用于测定施工过程中循环组成部分的工作时间消耗，不研究工人休息、准备与结束即其他非循环的工作时间。测时法根据具体测时手段不同分为选择测时法和接续测时法，其中接续测时法比选择测时法准确、完善，但观察技术也较之复杂。需要的观察次数与要求的算术平均值精确度及数列的稳定系数有关。

（2）写实记录法 写实记录法是一种研究各种性质的工作时间消耗的方法。按记录时间的方法不同分为数示法、图示法和混合法。

数示法的特征是用数字记录工时消耗，是三种中精确度最高的，其精度可达 5s，可以同时对两个工人进行观察，适用于组成部分少而且比较稳定的施工过程；图示法可对 3 个以内的工人进行观察；混合法适用于 3 个以上工人工作时间的集体记录。

与确定测时法的观察次数相同，为保证写实记录法的数据可靠性，需要确定写实记录法的延续时间。延续时间的确定，是指在采用写实记录法中任何一种方法进行测定时，对每个被测施工过程或同时测定两个以上施工过程所需的总延续时间的确定。确定延续时间必须注意：

1）所测施工过程的广泛性和经济价值。

2）已经达到的功效水平的稳定程度。

3）同时测定不同类型施工过程的数目。

4）被测定的工人人数。

5）测定完成产品的可能次数。

（3）工作日写实法 工作日写实法，是一种研究整个工作班内的各种工时消耗的方法。运用工作日写实法主要有两个目的，一是取得编制定额的基础资料；二检查定额的执行情况，找出缺点，改进工作。

当用于第一个目的时，工作日写实的结果要获得观察对象在工作班内工时消耗的全部情况，以及产品数量和影响工时消耗的影响因素。其中工时消耗应该按工时消耗的性质分类记录。在这种情况下，通常需要测定 3~4 次。

当用于第二个目的时，通过工作日写实应该做到：查明工时损失量和引进工时损失的原因，制订消除工时损失，改善劳动组织和工作地点组织的措施，查明熟练工作是否能发挥自己的专长，确定合理的小组编制和合理的小组分工；确定机器在时间利用和生产率方面的情况，找出使用不当的原因，制定改善机器使用情况的技术组织措施，计算工人或机器完成定额的实际百分比和可能百分比。在这种情况下，通常需要测定 1~3 次。工作日写实法与测时法、写实记录法相比较，具有技术简便、费力不多、应用面广和资料全面的优点，在我国是一种采用较广的编制定额的方法。

工作日写实法缺点：由于有观察人员在场，即使在观察前做了充分准备，仍不免在工时利用上有一定的虚假性；工作日写实法的观察工作量较大、费时较多，费用较高。

工作日写实法，利用写实记录表记录观察资料。记录时间时不需要将有效工作时间分为各个组成部分，只需划分适合技术水平和不适合于技术水平两类。但是工时消耗还需按性质分类记录。

3.3.3 劳动定额

劳动定额是指在一定的生产技术和组织条件下，为生产一定数量的产品或完成一定量的工作所规定的劳动消耗量的标准。劳动定额有工时定额和产量定额两种形式。

1. 工时定额

时间定额是指在一定的生产技术和生产组织条件下，某工种、某种技术等级的工人小组或个人，完成单位合格产品所消耗的工作时间。时间定额以工日为单位，每个工日工作时间按现行制度规定为：潜水作业 6h，隧道作业 7h，其余均为 8h。

计算公式为

$$单位产品的时间定额 = \frac{完成一定数量的产品所需消耗工日数}{完成合格产品的数量} \qquad (3-1)$$

用于个人时可表示如下

$$单位产品的时间定额（工日） = 1/每工的产量$$

用于班组时可表示如下

$$单位产品的时间定额（工日） = 班组成员工日数总和/班组完成产品数量总和$$

2. 产量定额

单位时间的产量定额是指在一定的生产技术和生产组织条件下，某工种技术等级的工人小组或个人，在单位时间内（工日）所完成合格产品的数量。其计算方法如下

$$单位时间的产量定额 = \frac{完成合格产品的数量}{完成一定数量的产品所需消耗工日数} \qquad (3-2)$$

用于个人时可表达为

$$单位时间的产量定额 = 1/单位产品时间定额$$

用于班组时可表达为

$$单位时间的产量定额 = 班组完成产品数量总和/班组成员工日数总和$$

时间定额与产量定额是互为倒数的关系。

3. 劳动定额的编制

编制人工定额主要包括拟定正常的施工条件以及拟定定额时间两项工作，但拟定定额时间的前提是对工人工作时间按其消耗性质进行分类研究。

拟定施工的正常条件，就是要规定执行定额时应该具备的条件，正常条件若不能满足，则可能达不到定额中的劳动消耗量标准。因此，正确拟定施工的正常条件有利于定额的实施。拟定施工的正常条件包括：拟定施工作业的内容；拟定施工作业的方法；拟定施工作业地点的组织；拟定施工作业人员的组织等。

拟定施工作业的定额时间，是在拟定基本工作时间、辅助工作时间、准备与结束工作时间、不可避免的中断时间，以及休息时间的基础上编制的。

上述各项时间是以时间研究为基础，通过时间测定方法，得出相应的观测数据，经加工整理计算后得到的。计时测定的方法有许多种，如测时法、写实记录法、工作日写实法等。

$$定额时间 = 基本工作时间 + 辅助工作时间 + 准备与结束时间 +$$
$$不可避免的中断时间 + 休息时间 \tag{3-3}$$

3.3.4 材料消耗定额

1. 材料消耗定额的概念

材料消耗定额简称材料定额，它是指在节约和合理使用材料的条件下，生产单位生产合格产品所需要消耗一定品种规格的材料、半成品、配件和水、电、燃料等的数量标准，包括材料的使用量和必要的工艺性损耗及废料数量。在我国的建设成本构成中，材料费的比例占60%左右。制定材料消耗定额，主要就是为了利用定额这个经济杠杆，对物资消耗进行控制和监督，达到降低物耗和工程成本的目的。

2. 材料消耗定额的组成

材料消耗定额指标的组成，按其使用性质、用途和用量大小划分为四类。

1）主要材料，指直接构成工程实体的材料。

2）辅助材料，指直接构成工程实体，但比例较小的材料。

3）周转性材料又称工具性材料，指施工中多次使用但是不构成工程实体的材料。例如，模板、钢拱架、轻型钢轨、焊管、脚手架、跳板以及钢、木支撑等。

4）零星材料，指用量小、不便于计算的材料。

材料消耗定额指示的组成根据材料消耗的性质划分为必须消耗的材料和损失的材料两大类。

1）必须消耗的材料是指在合理使用材料的条件下，生产单位合格产品所必须消耗的材料，包括直接用于建筑和安装的材料、不可避免的施工废料、不可避免的材料损耗。必须消耗的材料属于施工正常消耗，是确定材料消耗定额的基本数据。其中，直接用于建筑和安装的材料，编制材料净用量定额；不可避免的施工废料和材料损耗，编制材料损耗定额。

2）损失的材料是指施工中不合理的消耗，在确定材料消耗定额消耗量时一般不加以考虑。

定额材料消耗量，既包括构成产品实体净用的材料数量，又包括施工场内运输及操作过程不可避免的损耗量。

即 $$总消耗量 = 净用量 + 损耗量$$

令 $$损耗率 = 损耗量 / 总消耗量 \times 100\%$$

则 $$总消耗量 = 净用量 / (1 - 损耗率) \tag{3-4}$$

为了简化计算，预算定额中采用如下公式

$$损耗率 = 损耗量 / 净用量 \times 100\%$$

$$总消耗量 = 净用量 \times (1 + 损耗率) \qquad (3-5)$$

所以，制定材料消耗定额，关键是确定净用量和损耗率。

3. 确定材料消耗定额的基本方法

常用的制定方法有：观测法、试验法、统计法和计算法。

（1）观测法　观测法是对施工过程中实际完成产品的数量进行现场观察、测定，再通过分析整理和计算确定建筑材料消耗定额的一种方法。

这种方法最适宜制定材料的损耗定额。因为只有通过现场观察、测定，才能正确区别哪些属于不可避免的损耗；哪些属于可以避免的损耗。

用观测法制定材料的消耗定额时，所选用的观测对象应符合下列要求：

1）建筑物应具有代表性。

2）施工方法符合操作规范的要求。

3）建筑材料的品种、规格、质量符合技术、设计的要求。

被观测对象在节约材料和保证产品质量等方面有较好的成绩。

（2）试验法　试验法是通过专门的仪器和设备在实验室内确定材料消耗定额的一种方法。

这种方法适用于能在实验室条件下进行测定的塑性材料和液体材料（如混凝土、砂浆、沥青玛蹄脂、油漆涂料及防腐材料等）。例如，可测定出混凝土的配合比，然后计算出每 $1m^3$ 混凝土中的水泥、砂、石、水的消耗量。由于在实验室内比施工现场具有更好的工作条件，所以能更深入、详细地研究各种因素对材料消耗的影响，从中得到比较准确的数据。但是，在实验室中无法充分估计出施工现场中某些外界因素对材料消耗的影响。因此，要求实验室条件尽量与施工过程中的正常施工条件一致，同时在测定后用观察法进行审核和修正。

（3）统计法　统计法是指在施工过程中，对分部分项工程所拨发的各种材料数量、完成的产品数量和竣工后的材料剩余数量，进行统计、分析、计算，来确定材料消耗定额的方法。

这种方法简便易行，不需组织专人观测和试验，但应注意统计资料的真实性和系统性，要有准确的领退料统计数字和完成工程量的统计资料。统计对象也应加以认真选择，并注意和其他方法结合使用，以提高所拟定额的准确程度。

（4）计算法　计算法是根据施工图和其他技术资料，用理论公式计算出产品的材料净用量，从而制定出材料的消耗定额。

这种方法主要适用于块状、板状、卷筒状产品（如砖、钢材、玻璃、油毡等）的材料消耗定额。例如，每 m^3 一砖墙砖的净用量为

$$砖数 = \frac{1}{(砖宽 + 灰缝) \times (砖厚 + 灰缝)} \times \frac{1}{砖长} \qquad (3-6)$$

又如，每 m^3 一砖墙砖的净用量为

$$砖数 = \left[\frac{1}{(砖长 + 灰缝) \times (砖厚 + 灰缝)} + \frac{1}{(砖宽 + 灰缝) \times (砖厚 + 灰缝)} \right] \times \frac{1}{砖长 + 砖宽 + 灰缝}$$

$$(3-7)$$

砖砌体中砖的净用量公式可以归结为

$$砖的净用量（块）= \frac{2 \times 墙厚的砖数}{墙厚 \times （砖长+灰缝） \times （砖厚+灰缝）} \tag{3-8}$$

式中，墙厚取值为：半砖墙 0.115m，一砖墙 0.24m，一砖半墙 0.365m。

砌筑砂浆的净用量可以计算如下

$$每 m^3 砌体的砂浆净用量=1-砖净用量 \times 单块砖的体积（m^3） \tag{3-9}$$

4. 施工周转材料消耗定额的确定

周转性材料消耗量定额即在施工过程中多次使用、周转的工具性材料在合理的劳动组织和合理地使用材料和机械的条件下，预先规定完成单位合格产品所消耗数量的标准。

定额中周转材料消耗量指标的表示，应当用一次使用量和摊销量两个指标表示。一次使用量是指周转材料在不重复使用时的一次使用量，供施工企业组织施工用；摊销量是指周转材料退出使用，应分摊到每一计量单位的结构构件的周转材料消耗量，供施工企业成本核算或投标报价使用。

在编制周转材料消耗定额时，应根据多次使用分次摊销的办法确定。为了使周转材料的周转次数确定接近合理，应根据工程类型和使用条件，采用各种测定手段进行实地观察，结合有关的原始记录、经验数据加以综合取定。

周转性材料消耗一般与下列四个因素有关：

1）第一次制造时的材料消耗（一次使用量）。

2）每周转使用一次材料的损耗（第二次使用时需要补充）。

3）周转使用次数。影响周转次数的主要因素有以下几个方面：

① 材质及功能。例如，金属制的周转材料比木制的周转次数多 10 倍或 100 倍。

② 使用条件的好坏。

③ 施工速度的快慢。

④ 对周转材料的保管、保养和维修的好坏。

对于任何一种周转材料，要确定出最佳的周转次数，是十分不容易的。

4）周转材料的最终回收及其回收折价。周转材料的一次使用量和摊销量可参照以下公式进行计算。

$$一次使用量=材料净用量 \times （1-材料损耗率） \tag{3-10}$$

$$材料摊销量=一次使用量 \times 摊销系数 \tag{3-11}$$

$$摊销系数=周转使用系数- \frac{（1-损耗率） \times 回收价值率}{周转次数} \times 100\% \tag{3-12}$$

$$周转使用系数= \frac{（周转次数-1） \times 损耗率}{周转次数} \times 100\% \tag{3-13}$$

$$回收价值率= \frac{一次使用量 \times （1-损耗率）}{周转次数} \times 100\% \tag{3-14}$$

3.3.5 机械消耗定额

1. 机械台班消耗定额的概念

机械台班消耗定额，是指施工机械在正常施工条件下完成单位合格产品所必需的工作时间，它反映了合理地、均衡地组织作业和使用机械时，该机械在单位时间内的生产效率。

机械台班定额又称机械台班使用定额，由于其表现形式的不同，可分为机械时间定额和机械产量定额两种。

（1）机械时间定额　机械时间定额是指在合理劳动组织与合理使用机械的条件下，完成单位合格产品必需消耗的时间。机械时间定额以"台班"或"台时"为单位。

（2）机械产量定额　机械产量定额是指在合理劳动组织和合理使用机械的条件下，某种机械在一个台班的时间内所必须完成的合格产品的数量。

机械时间定额和机械产量定额之间是互为倒数的关系。

（3）机械和人工共同工作时的人工定额

由于机械必须由人工小组配合，所以完成单位合格产品的时间定额应包括人工时间定额，即

$$单位产品人工时间定额 = 小组成员工日数总和 / 台班产量 \tag{3-15}$$

2. 机械台班消耗定额的编制

（1）拟定正常施工条件　拟定正常施工条件包括工作地点的合理组织，施工机械作业方法的拟定，确定配合机械作业的施工小组的组织，以及机械工作班制度等。

（2）确定机械净工作效率　确定出机械纯工作 1h 的正常生产率。机械纯工作 1h 的正常生产率就是在正常的施工组织条件下，具有必需的知识和技能的工人操作机械 1h 的生产率。根据机械工作特点的不同，分为循环动作的机械和连续动作的机械。

1）对于循环动作机械，确定机械纯工作 1h 正常生产率的公式如下

$$\frac{机械一次循环的}{正常延续时间} = \sum \frac{循环各组成部分}{正常延续时间} - 交叠时间 \tag{3-16}$$

$$机械纯工作 1h 循环次数 = \frac{60 \times 60(s)}{一次循环的正常延续时间} \tag{3-17}$$

$$\frac{机械工作 1h}{正常生产率} = \frac{机械纯工作 1h}{正常循环次数} \times \frac{一次循环}{生产的产品数量} \tag{3-18}$$

2）对于连续动作机械，确定机械纯工作 1h 正常生产率，要结合机械的类型和结构特征以及工作过程的特点来进行，其计算公式如下

$$\frac{连续动作的机械}{\substack{纯工作 1h \\ 正常生产率}} = \frac{工作时间内生产的产品数量}{工作时间(h)} \tag{3-19}$$

工作时间内的产品数量和工作时间的消耗，要通过多次现场观察和机械说明书来取得数据。

（3）确定正常利用系数　正常利用系数是指机械在施工作业班内对作业时间的利用率，是考虑了在生产中各种不可避免的停歇时间（如加燃料、换班、中间休息等时间）和不可避免的无负荷工作时间之后实际台班工作时间与机械工作班时间的比值。

$$机械利用系数 = 工作班净工作时间 / 一个工作班延续时间(8h) \tag{3-20}$$

$$施工机械台班产量定额 = 机械生产率 \times 工作班延续时间 \times 机械利用系数 \tag{3-21}$$

$$施工机械时间定额 = 1 / 施工机械台班产量定额 \tag{3-22}$$

（4）拟定工人定额时间　工人定额时间是指配合施工机械作业的工人小组的工作时间的总和。

$$工人小组定额时间 = 施工机械时间定额 \times 工人小组的人数 \tag{3-23}$$

3.4 预算定额

3.4.1 预算定额的概念

1. 预算定额的定义

预算定额是在单位工程基本结构要素中的劳动力、材料和机械数量上的消耗标准，是计算建筑安装产品价格的基础。所谓工程基本结构要素，就是通常所说的分项工程和结构构件。预算定额按工程基本构造要素规定劳动力、材料和机械的消耗数量，以满足编制施工图预算、确定和控制工程造价的要求。

预算定额有时也被称为单位估价表、计价定额等。

2. 预算定额的性质

预算定额属于计价定额。预算定额是工程建设中一项重要的技术经济指标，它反映了在完成单位分项工程消耗的活劳动和物化劳动的数量限制。这种限度最终决定着单项工程和单位工程的成本和造价。编制施工图预算时，需要按照施工图和工程量计算规则计算工程量，还需要借助于某些可靠的参数计算人工、材料和机械（台班）的消耗量，并在此基础上计算出资金的需要量和建筑安装工程的价格。在我国，现行的工程建设概算、预算制度规定，通过编制概算和预算确定造价。概算定额、概算指标、预算定额等为计算人工、材料、机械（台班）的耗用量、提供统一的可靠的参数。同时，现行制度还赋予了概算、预算定额和费用定额以相应的权威性。这些定额和指标成为建设单位和施工企业之间建立经济关系的重要基础。

3. 预算定额的作用

1）预算定额是编制施工图预算、确定和控制建筑安装工程造价的基础。施工图预算是施工图设计文件之一，是控制和确定建筑安装工程造价的必要手段。编制施工图预算，除设计文件决定的建设工程的功能、规模、尺寸和文字说明是计算分部分项工程量和结构构件数量的依据外，预算定额是确定一定计量单位工程人工、材料、机械消耗量的依据，也是计算分项工程单价的基础。

2）预算定额是对设计方案进行技术经济比较、技术经济分析的依据。设计方案在设计工作中居于中心地位，设计方案的选择要满足功能、符合设计规范，既要技术先进又要经济合理。根据预算定额对方案进行技术经济分析和比较，是选择经济合理设计方案的重要方法。对设计方案进行比较，主要是通过定额对不同方案所需人工、材料和机械台班消耗量等进行比较。这种比较可以判明不同方案对工程造价的影响。对于新结构、新材料的应用和推广，也需要借助预算定额进行技术分项和比较，从技术与经济的结合方面考虑普遍采用的可能性和效益。

3）预算定额是施工企业进行经济活动分项的参考依据。实行经济核算的根本目的，是用经济的方法促使企业在保证质量和工期的条件下，用较少的劳动消耗取得预定的经济效果。目前，我国的预算定额决定着企业的收入，企业必须以预算定额作为评价企业工作的重要标准。企业可根据预算定额对施工中的劳动、材料、机械的消耗情况进行具体的分析，提供对比数据以便找出低工效、高消耗的薄弱环节及其原因。以便实现经济效益的增长，由粗放型向集约型转变，促进企业提高在市场上的竞争的能力。

4）预算定额是编制标底、投标报价的基础。在深化改革中，在市场经济体制下，预算定额作为编制招标控制价的依据和施工企业报价的基础的作用仍将存在，这是由于它本身的科学性和权威性决定的。

5）预算定额是编制概算定额和估算指标的基础。概算定额和估算指标是在预算定额基础上经综合扩大编制的，也需要利用预算定额作为编制依据，这样做可以节省编制工作中的人力、物力和时间，收到事半功倍的效果，还可以使概算定额和概算指标在水平上与预算定额一致，以避免造成执行中的不一致。

4. 预算定额的种类

1）按专业性质分，预算定额有建筑工程预算定额和安装工程预算定额两大类。建筑工程预算定额按适用对象又分为房屋建筑工程预算定额、市政工程预算定额、铁路工程预算定额、公路工程预算定额、房屋修缮工程预算定额、矿山井巷预算定额等。安装工程预算定额按适用对象又分为电气设备安装工程预算定额、机械设备安装工程预算定额、通信设备安装工程预算定额、化学工业设备安装工程预算定额、工业管道安装工程预算定额、工艺金属结构安装工程预算定额、热力设备安装工程预算定额等。

2）从管理权限和执行范围分，预算定额可分为全国统一定额、行业统一定额和地区统一定额等。全国统一定额由国务院建设行政主管部门制定发布；行业统一定额由国务院行业主管部门制定发布；地区统一定额由省、自治区、直辖市建设行政主管部门制定发布。

3）预算定额按物资要素区分为劳动定额、材料消耗定额和机械定额，但它们互相依存形成一个整体，作为预算定额的组成部分，各自不具有独立性。

5. 预算定额的编制原则、依据和步骤

（1）预算定额的编制原则

1）按社会平均水平确定预算定额的原则。按照"在现有的社会正常的生产条件下，在社会平均的劳动熟练程度和劳动强度下制造某种使用价值所需要的劳动时间"来确定定额水平。所以预算定额的平均水平，是在正常的施工条件、合理的施工组织和工艺条件、平均劳动熟练程度和劳动强度下，完成单位分项工程基本构造要素所需的劳动时间。

预算定额的水平以施工定额水平为基础。预算定额中包含了更多的可变因素，需要保留合理的幅度差。预算定额是平均水平，施工定额是平均先进水平，所以预算定额水平要相对低一些。

2）简明适用原则。编制预算定额贯彻简明适用原则是对执行定额的可操作性便于掌握而言的。

3）坚持统一性和差别性相结合原则。所谓统一性，就是从培育全国统一市场规范计价行为出发。所谓差别性，就是在统一性的基础上，各部门和省、自治区、直辖市主管部门可以在自己的管辖范围内，根据本部门和地区的具体情况，制定部门和地区性定额、补充性制度和管理办法。

（2）预算定额编制依据

1）现行劳动定额和施工定额。

2）现行设计规范、施工及验收规范、质量评定标准和安全操作规程。

3）具有代表性的典型工程施工图及有关标准图。

4）新技术、新结构、新材料和先进的施工方法等。

5）有关科学试验、技术测定的统计、经验资料。

6）现行的预算定额、材料预算价格及有关文件规定等。

（3）预算定额的编制步骤

1）准备工作阶段。拟定编制方案；抽调人员根据专业需要划分编制小组和综合组。

2）收集资料阶段。普遍收集资料；专题座谈会；收集现行规定、规范和政策法规资料；收集定额管理部门积累的资料；专项查定及试验。

3）定额编制阶段。确定编制细则；确定定额的项目划分和工程量计算规则；定额人工、材料、机械台班耗用量的计算、复核和测算。

4）定额报批阶段。审核定稿；预算定额水平测算。

5）修改定稿、整理资料阶段。印发征求意见；修改整理报批；撰写编制；立档、成卷。

3.4.2 预算定额的编制方法

1. 预算定额编制中的主要工作

1）确定预算定额的计量单位。主要是根据分部分项工程的形体和结构构件特征及其变化确定。预算定额的计量单位关系到预算工作的繁简和准确性。因此，要正确地确定各分部分项工程的计量单位。一般依据以下建筑结构构件的形体特点确定：

① 凡建筑结构构件的断面有一定形状和大小，但是长度不定时，可按长度以延长米为计量单位，如踢脚板、楼梯栏杆、木装饰条、管道线路安装等。

② 凡建筑结构构件的厚度有一定规格，但是长度和宽度不定时，可按面积以 m^2 为计量单位，如地面、楼面、墙面和顶棚面抹灰等。

③ 凡建筑结构构件的长度、厚（高）度和宽度都变化时，可按体积以 m^3 为计量单位，如土方、钢筋混凝土构件等。

④ 钢结构由于重量与价格差异很大，形状又不固定，采用重量以 t 为计量单位。

⑤ 凡建筑结构没有一定规格，而其构造又较复杂时，可按个、台、座、组为计量单位，如卫生洁具安装、铸铁水斗等。

2）按典型设计图和资料计算工程数量。

3）确定预算定额各项目人工、材料和机械台班消耗指标；确定预算定额中人工、材料、机械台班消耗指标时，必须首先按施工定额的分项逐项计算出消耗量，然后再按预算定额的项目加以综合。但是这种综合不是简单的合并和相加，而需要在综合过程中增加两种定额间的水平差。

4）编制定额表及拟定有关说明。

2. 人工工日消耗量的计算

预算定额中的人工消耗量，是指为完成该定额单位分项工程所需要的人工数量，分为基本用工和其他用工。人工的工日数可以有两种确定方法。一种是以劳动定额为基础确定；另一种是以现场观测的资料为基础计算。

（1）基本用工 基本用工指完成单位合格产品所必需消耗的技术工种用工。按技术工种相应劳动定额工时定额计算，以不同工种列出定额工日。基本用工包括：

1）完成定额计量单位的主要用工，按综合取定的工程量和相应劳动定额进行计算。

$$基本用工 = \sum（综合取定的工程量×劳动定额）\tag{3-24}$$

2）按劳动定额规定应增加计算的用工量。

3）基本用工指完成单位合格产品所必需消耗的技术工种用工数量，按相应技术工种劳动定额中的工时定额计算，以不同工种列出定额工日数量。

（2）其他用工 其他用工包括超运距用工、辅助用工、人工幅度差。

1) 超运距用工。超运距用工是指预算定额的平均水平运距超过劳动定额规定水平运距部分。

$$超运距 = 预算定额取定运距 - 劳动定额已包括的运距 \qquad (3-25)$$

2) 辅助用工。辅助用工是指技术工种劳动定额内不包括而在预算定额内又必须考虑的用工。

$$辅助用工 = \sum(材料加工数量 \times 相应的加工劳动定额) \qquad (3-26)$$

3) 人工幅度差。人工幅度差是指在劳动定额作业时间之外在预算定额应考虑的在正常施工条件下所发生的各种工时损失。内容如下：

各工种间的工序搭接及交叉作业互相配合或影响所发生的停歇用工；施工机械在单位工程之间转移及临时水电线路移动所造成的停工；质量检查和隐蔽工程验收工作的影响；班组操作地点转移用工；工序交接时对前一工序不可避免的修整用工；施工中不可避免的其他零星用工。

$$人工幅度差 = (基本用工 + 辅助用工 + 超运距用工) \times 人工幅度差系数 \qquad (3-27)$$

人工幅度差系数一般为 10%~15%。在预算定额中，人工工日的消耗量可表示为

$$人工消耗量 = (基本用工 + 超运距用工 + 辅助用工) \times (1 + 人工幅度差系数) \qquad (3-28)$$

3. 材料消耗量的计算

材料消耗量是指在正常施工条件下完成单位合格产品所必需消耗的材料数量，按用途划分为主要材料、辅助材料、周转性材料和零星材料。材料消耗量由材料的净用量与损耗量所构成的。

材料损耗量是指在正常施工条件下不可避免的材料损耗，如工地仓库、现场堆放地点或施工现场加工地点到施工操作地点的运输损耗，施工操作地点的堆放损耗及施工操作过程中的损耗等，但不包括二次搬运和规格改装的加工损耗。场外运输损耗包含在材料预算价格内。

预算定额中材料消耗量的确定方法与施工定额中材料消耗量的确定方法相同，但是预算定额中材料的损耗率与施工定额中的损耗率不同，预算定额中的损耗范围比施工定额中的损耗范围更广，必须考虑整个施工现场范围内材料堆放、运输、制备及施工操作过程中的损耗。

4. 机械台班消耗量的计算

预算定额中的机械台班消耗量是指在正常的施工条件下，生产单位合格产品（分部分项工程或构件）必需消耗的某种规格型号的施工机械的台班数量。

（1）根据施工定额确定机械台班消耗量的计算　这种方法是指施工定额中机械台班产量加上机械台班幅度差计算预算定额的机械台班消耗量。机械台班幅度差是指在施工定额中所规定的范围内没有包括，而在实际施工中又不可避免产生的影响机械或使机械停歇的时间。其内容包括以下几点：

1) 施工机械转移工作面及配套机械相互影响损失的时间。

2) 在正常施工条件下，机械在施工中不可避免的工作间歇。

3) 工程开工或收尾时工作量不饱满所损失的时间。

4) 检查工程质量影响机械操作的时间。

5) 临时停机、停电影响机械操作的时间。

6) 机械维修引起的停歇时间。

预算定额的机械台班消耗量=施工定额机械耗用台班×(1+机械台班幅度差系数)

$$(3-29)$$

大型机械幅度差系数的取值：土方机械一般为 25%，打桩机械一般为 33%，吊装机模一般为 30%。砂浆、混凝土搅拌机由于按小组配用，以小组产量计算机械台班产量，不另增加机械幅度差。其他分部工程如钢筋加工、木材、水磨石等各项专用机械的幅度差为 10%。

（2）以现场测定资料为基础确定机械台班消耗量　若遇到施工定额缺项，则需要依据单位时间完成的产量来确定机械台班消耗量。

5. 预算定额单价的确定

预算定额单价是指根据定额规定的实物消耗量指标、地区造价管理部门统计的平均价格，计算并确定的人工费、材料费和机械费之和，简称预算单价或预算基价。

有些地方为了适应工程量清单计价的要求，将管理费和利润加入到预算单价中形成了综合单价。

3.4.3　预算定额的组成

1. 预算定额的组成内容

（1）预算定额总说明

1）预算定额的适用范围、指导思想及目的作用。

2）预算定额的编制原则、主要依据及上级下达的有关定额修编文件。

3）使用本定额必须遵守的规则及适用范围。

4）定额所采用的材料规格、材质标准，允许换算的原则。

5）定额在编制过程中已经包括及未包括的内容。

6）各分部工程定额的共性问题的有关统一规定及使用方法。

（2）工程量计算规则　工程量是核算工程造价的基础，是分析建筑工程技术经济指标的重要数据，是编制计划和统计工作的指标依据。必须根据国家有关规定，对工程量的计算做出统一的规定。

（3）分部工程说明

1）分部工程所包括的定额项目内容。

2）分部工程各定额项目工程量的计算方法。

3）分部工程定额内综合的内容及允许换算和不得换算的界限及其他规定。

4）使用本分部工程允许增减系数范围的界定。

（4）分项工程定额表头说明

1）在定额项目表表头上方说明分项工程工作内容。

2）本分项工程包括的主要工序及操作方法。

（5）定额项目表

1）分项工程定额编号（子目号）。有的定额采用分部分项顺序编号（即三符号法），如 1-2-1，表示该分项是定额的第一个分部中第二个分项的第一个子项目；有的定额采用分部工程顺序编号（即两符号法），如 1-3 表示该分项是定额的第一个分部的第三个子项目；还有的定额采用全册顺序编号，如 1，2，…。预算定额项目的排列详见 3.4.3 节的 2. 预算定额项目的排列。

2）分项工程定额名称。

3）预算价值（基价）。该项包括：人工费、材料费、机械费。

4）人工表现形式。该项包括工日数量、工日单价。

5）材料（含构配件）表现形式。材料栏内一系列主要材料和周转使用材料名称及消耗数量。次要材料一般都以其他材料形式以金额"元"或占主要材料的比例表示。

6）施工机械表现形式。机械栏内有两种列法：一种是列主要材料和周转使用材料名称及消耗数量，一种是列主要机械名称规格和数量，次要机械以其他机械费形式以金额"元"或占主要机械的比例表示。

7）预算定额的基价。人工工日单价、材料价格、机械台班单价均以预算价格为准。

8）说明和附注。在定额表下方说明应调整、换算的内容和方法。

2. 预算定额项目的排列

预算定额项目应根据建筑结构和施工程序等，按章、节、项目、子项目等顺序进行排列。分部工程为章，是将结构工程中结构性质相近、材料大致相同的施工对象结合在一起。目前各省、市、自治区现行的建筑工程预算定额手册是根据国家的有关规定，结合本地区的具体情况，将单位工程按其结构部位、工种和使用材料的不同等因素，划分为若干个分部工程（章）。例如，某省现行建筑工程预算定额分为 24 个分部工程：土石方工程，边坡支护与地基处理工程，桩基础工程，砌筑工程，钢筋工程，混凝土工程，钢结构工程，构件运输和安装工程，木结构工程，屋面及防水工程，保湿、隔热、防腐工程，场区道路及排水工程，楼地面工程，墙面、柱面工程，天棚工程，门窗工程，油漆、涂料、裱糊工程，其他零星工程，建筑物超高增加费用，脚手架工程，模板工程，施工排水、降水，建筑工程垂直运输，场内二次搬运。

分部工程又可按工程性质、工程内容、施工方法、使用材料类别等，分成若干分项工程。分项工程在预算定额中称为"节"。例如，某省现行建筑工程预算定额第 4 章砌体工程，分为砌砖、砌石、构筑物和基础垫层四节。

分项工程（节）可再按工程性质、规格、材料类别等，分成若干项目。例如，砌砖工程分为砖基础、砖柱，砌块墙、多孔砖墙，砖砌外墙，砖砌内墙，空斗墙、空花墙，填充墙、墙面砌贴砖，墙基防潮及其他等项目。

项目还可以按照材料类别、规格以及建筑构造等再细分为若干子项目。例如，砖砌外墙又分 M5 混合砂浆 1 砖外墙、M7.5 水泥砂浆 1 砖外墙等子项目。

3. 预算定额的表现形式

预算定额一般采用量价分离的表现形式。每一个定额子目既以实物消耗量的形式反映定额编制当年的资源消耗水平，又按编制年份某一地区的价格水平，以价目表的形式反映当时的生产力水平，以适应工程建设管理的需要。

为了使用的方便，目前，大部分地区的预算定额采用量价合一的方式，即在同一项定额子目上，既有定额实物消耗量，也有按照编制年份某一地区的价格水平计算得出的该项目的预算单价。

表 3-4 所示为《××省建筑与装饰工程计价定额》（2014 版）中砖砌外墙项目预算定额示例，表 3-5 所示为现浇混凝土构件钢筋预算定额示例，表 3-6 为现浇商品混凝土泵送构件预算定额示例，表 3-7 所示为普通木窗框、扇制作安装预算定额示例。其中，管理费按人工与机械费之和的 25% 计算，利润按人工与机械费用之和的 12% 计算，基价是人工费、材料费与机械费三项之和，综合单价是人工费、材料费、机械费、管理费和利润五项费用之和。

表 3-4　砖砌外墙项目预算定额示例

工作内容：1. 清理地槽、递砖、调制砂浆、砌砖。

　　　　　2. 砌砖过梁、砌平拱、模板制作、安装、拆除。

　　　　　3. 安放预制过梁板、垫块、木砖（计量单位：m³）。

定额编号			4-33		4-34		4-35		4-36	
项　目	单位	单价	1/2 砖外墙		3/4 砖外墙		1 砖外墙		1 砖弧形外墙	
			标准砖							
			数量	合计	数量	合计	数量	合计	数量	合计
基价（综合单价）		元	417.42(469.90)		412.76(464.26)		396.53(442.66)		425.09(477.59)	
其中	人工费	元	136.94		133.66		118.90		136.12	
	材料费	元	275.57		273.58		271.87		283.21	
	机械费	元	4.91		5.52		5.76		5.76	
	管理费	元	35.46		34.80		31.17		35.47	
	利润	元	17.02		16.70		14.96		17.03	
	二类工	工日	82	1.67	136.94	1.63	133.66	1.45	118.90	1.66	136.12
材料	04135500 标准砖 240mm×115mm×53mm	百块	42.00	5.60	235.2	5.43	228.06	5.36	225.12	5.63	236.46
	04010611 水泥 32.5 级	kg	0.31			0.3	0.09	0.3	0.09	0.3	0.09
	80050104 混合砂浆 M5	m³	193.00					0.234	45.16	0.234	45.16
	80050105 混合砂浆 M7.5	m³	195.20	0.199	38.84	0.225	43.92				
	31150101 水	m³	4.70	0.112	0.53	0.109	0.51	0.107	0.5	0.107	0.5
	其他材料费	元			1		1		1		1
99050503	灰浆搅拌机 拌筒容量 200L	台班	122.64	0.04	4.91	0.045	5.52	0.047	5.76	0.047	5.76

表 3-5　现浇混凝土构件钢筋预算定额示例

工作内容：钢筋制作、绑扎、安装、焊接固定、浇捣混凝土时钢筋维护（计量单位：t）。

定额编号			5-1		5-2		5-3	
项　目	单位	单价	现浇混凝土构件钢筋					
			直径（mm）					
			φ12 以内		φ25 以内		φ25 以外	
			数量	合计	数量	合计	数量	合计
基价（综合单价）		元	5113.77(5470.72)		4774.34(4998.87)		4669.77(4852.68)	
其中	人工费	元	885.60		523.98		431.32	
	材料费	元	4149.06		4167.49		4175.4	
	机械费	元	79.11		82.87		63.05	
	管理费	元	241.18		151.71		123.59	
	利润	元	115.77		72.82		59.32	
	二类工	工日	82.00	10.80	885.60	6.39	523.98	5.26	431.32
材料	01010100 钢筋　综合	t	4020.00	1.02	4100.40	1.02	4100.40	1.02	4100.40
	03570237 镀锌铁丝 22#	kg	5.5	6.85	37.68	1.95	10.73	0.87	4.79
	03410205 电焊条 J422	kg	5.80	1.86	10.79	9.62	55.80	12.00	69.6
	31150101 水	m³	4.7	0.04	0.19	0.12	0.56	0.13	0.61
机械	99170307 钢筋调直机　直径 40mm	台班	33.63	0.001	0.03				
	99091925 电动卷扬机（单筒慢速）牵引力 50kN	台班	154.65	0.308	47.63	0.119	18.4		
	99170507 钢筋切断机直径 40mm	台班	43.93	0.113	4.96	0.096	4.22	0.09	3.95
	99170707 钢筋弯曲机直径 40mm	台班	23.93	0.458	10.96	0.196	4.69	0.13	3.11
	99250304 交流弧焊机容量 30kVA	台班	90.97	0.131	11.92	0.489	44.48	0.485	44.12
	99250707 对焊机容量 75kVA	台班	131.86	0.027	3.56	0.084	11.08	0.09	11.87

表 3-6　**现浇商品混凝土泵送构件预算定额示例**

工作内容：购入商品混凝土、泵送、浇捣、养护（计量单位：m^3）。

定额编号				6-193		6-194		6-195	
项目		单位	单价	基础梁		单梁、框架梁、连续梁		异形梁、挑梁	
				数量	合计	数量	合计	数量	合计
基价（综合单价）		元		422.59（454.74）		444.56（469.25）		446.68（471.97）	
其中	人工费	元		24.60		45.92		47.56	
	材料费	元		377.19		377.84		378.32	
	机械费	元		20.80		20.80		20.80	
	管理费	元		20.80		16.68		17.09	
	利润	元		11.35		8.01		8.20	
	二类工	工日	82	0.3	24.6	0.56	45.92	0.58	47.56
材料	80212105	预拌混凝土（泵送型）C30	m^3	362.00	1.02	369.24	1.02	369.24	1.02	369.24
	02090101	塑料薄膜	m^2	0.80	1.05	0.84	1.27	1.02	1.23	0.98
	31150101	水	m^3	4.7	1.46	6.86	1.56	7.33	1.67	7.85
		泵管摊销费	元			0.25		0.25		0.25
机械	99052107	混凝土振捣器 插入式	台班	11.87	0.114	1.35	0.114	1.35	0.114	1.35
	99051304	混凝土输送泵车 输送量 60m^3/h	台班	1767.77	0.011	19.45	0.011	19.45	0.011	19.45

表 3-7　**普通木窗框、扇制作安装预算定额示例**

工作内容：1. 制作窗框、窗扇、刷防腐油。

2. 安装窗框、窗扇、装配五金零件、安装玻璃、嵌玻璃密封胶（计量单位：10m^2）。

定额编号				16-57		16-58		16-59		16-60	
项目		单位	单价	无腰单扇玻璃窗							
				框制作		框安装		扇制作		扇安装	
				数量	合计	数量	合计	数量	合计	数量	合计
基价（综合单价）		元		896.70（975.46）		131.94（174.71）		391.12（425.04）		347.48（406.29）	
其中	人工费	元		195.50		115.60		79.90		158.95	
	材料费	元		683.84		16.34		299.46		188.53	
	机械费	元		17.36				11.76			
	管理费	元		53.22		28.90		22.92		39.74	
	利润	元		25.54		13.87		11.00		19.07	
	一类工	工日	85	2.30	195.50	1.36	115.60	0.94	79.90	1.87	158.95
材料	05030600	普通木成材	m^3	1600.00	0.355	568.00			0.184	294.40		
	05250402	木砖与拉条	m^3	1500.00	0.049	73.50	0.007	10.5				
	06010102	平板玻璃 3mm	m^2	24.00							6.25	150.00
	03510705	铁钉 70mm	kg	4.20	0.27	1.13	1.39	5.84			0.03	0.13
	12413523	乳胶	kg	8.50	0.22	1.87			0.36	3.06		
	11590914	硅酮密封胶	L	80.00							0.48	38.40
	12060318	清油 C01-1	kg	16.00	0.06	0.96			0.09	1.44		
	12030107	油漆溶剂油	kg	14.00	0.02	0.28			0.04	0.56		
	12060334	防腐油	kg	6.00	6.35	38.10						
机械		木工机械	元			17.36				11.76		

3.4.4　预算定额的应用

1. 定额的选套方法

由于预算定额是编制施工图预算的基础资料，因此在选用定额项目时，要认真阅读定额的总说明、分部分项说明、分节说明和附注内容,要明确定额的适用范围,定额考虑的因素和有关问题的规定以及定额中的用语和符号的含义,如定额中凡注有"×××以内"或"×××以下"者均包括其本身在内,而"×××以外"或"×××以上"者均不包括其本身在内等。要正确理解、熟记建筑面积和各分部分项的工程量计算规则,并注意分项工程(或结构构件)的工程量计量单位要与定额单位相一致,做到准确地套用定额项目;一定要明确定额的换算范围,能够应用定额附录资料,熟练地进行定额换算和调整,在选套定额项目时,可能会遇到下列几种情况。

(1)直接套用定额子目 当施工图的分部分项工程内容与所选套的定额子目内容一致时,应直接套用定额项目。当施工图的分部分项工程内容与所选套的定额子目内容不一致,但定额规定又不允许换算时,应直接套用定额项目。要查阅、选套定额项目和确定单位工程价值时,绝大多数工程项目属于这种情况。选套定额项目的步骤和方法如下:

1)根据设计的分部分项工程内容,从定额目录中查出该分部分项工程所在定额中的页数及其部位。

2)判断设计的分部分项工程内容与定额规定的工程内容是否一致,当完全一致时(或虽然不一致,但定额规定不允许换算调整)时,即可直接套用定额基价。

3)将定额编号和定额基价(其中包括人工费、材料费和施工机械使用费)填入预算表内,建筑工程预算表的形式见表 3-8。

表 3-8 **建筑工程预算表**

序号	定额编号	分部分项工程名称	工程量		价值/元		其中					
			单位	数量	基价	金额	人工费		材料费		机械费	
							单价	金额	单价	金额	单价	金额

4)确定分部分项工程或结构构件预算价值,一般可按下式进行计算

$$\begin{matrix} \text{分项工程} \\ \text{(或结构构件)} \\ \text{预算价值} \end{matrix} = \begin{matrix} \text{分项工程} \\ \text{(或结构构件)} \\ \text{工程量} \end{matrix} \times \text{相应定额基价} \qquad (3-30)$$

[例 3-1] 试根据表 3-4 中的内容,确定采用 M5 混合砂浆,砌筑 $120m^3$ 的 1 砖厚标准砖外墙的预算价值。

解:查表 3-4 可知,该分项的定额编号为 4-35,基价为 396.53 元/m^3。

该分项的预算价值 = 396.53 元/m^3 × $120m^3$ = 47583.60 元。

该工程 1 砖标准砖外墙的预算价值见表 3-9 序号 1 行。

(2)套用换算后定额项目 当施工图设计的分部分项工程内容与所选套的相应定额项目内容不完全一致时,若定额规定允许换算,则应在定额规定范围内进行换算,套用换算后的定额基价。当采用换算后定额基价时,应在原定额编号后右下角注明"换"字,以示区别。

(3)套用补充定额项目 当施工图中的某些分部分项工程,采用的是新材料、新工艺和新结构,这些项目还未列入建筑工程预算定额手册中或定额手册中缺少某类项目,也没有相类似的定额供参照时,为了确定其预算价值,就必须制定补充定额。当采用补充定额时,应在定额编号内填写一个"补"字,以示区别。

2. 定额基价的换算

在确定某一分项工程或结构构件单位预算价值时，当施工图的项目内容与套用的相应定额项目内容不完全一致，但定额规定允许换算时，则应按定额规定的范围、内容和方法进行换算。使得预算定额规定的内容和施工图设计的内容一致的换算（或调整）过程，称为预算定额的换算（或调整）。

建筑工程预算定额总说明和有关分部工程说明中规定，某些分项工程或结构构件的材料品种、规格改变和数量增减，砂浆或混凝土强度等级不同，使用施工机械种类、型号不同，运距增加、定额增加系数等，都允许换算或调整。下面仅就编制单位工程施工图预算时最常用的几种换算方法，简要叙述如下。

（1）砂浆的换算 由于砂浆的强度等级不同而引起的砌筑工程或抹灰工程相应定额基价的变动，必须进行换算。其换算的实质是单价的换算。在换算过程中，砂浆消耗量不变，仅调整定额规定的砂浆品种或强度等级不同的预算价格。换算的步骤和方法如下：

1）从砂浆配合比表中找出设计的分项工程项目与其相应定额规定不相符并需要进行换算的不同品种、强度等级的两种砂浆每 m^3 的单价。

2）计算两种不同强度等级砂浆单价的价差。

3）从定额项目表中查出完成定额计量单位该分项工程需要进行换算的砂浆定额消耗量，以及该分项工程的定额基价。

4）计算该分项工程换算后的定额基价，通常可用下式进行计算

$$\genfrac{}{}{0pt}{}{换算后的}{定额基价} = \genfrac{}{}{0pt}{}{换算前的}{定额基价} \pm \left(\genfrac{}{}{0pt}{}{应换算的砂浆}{定额用量} \times \genfrac{}{}{0pt}{}{两种不同砂浆}{的单价价差} \right) \qquad (3\text{-}31)$$

5）计算分项工程换算后的预算价值。通常可用下式进行计算

$$\genfrac{}{}{0pt}{}{分项工程或结构构件}{换算后的预算价值} = \left(\genfrac{}{}{0pt}{}{分项工程或结构}{构件工程量} \times \genfrac{}{}{0pt}{}{相应换算后}{的定额基价} \right) \qquad (3\text{-}32)$$

6）注明换算后的定额编号，即在定额编号的右下角注上"换"字。

[例3-2] 试利用表3-4中的数据，计算用 M7.5 的水泥砂浆砌筑的 1 砖厚标准砖外墙 80m³ 的预算价值。

解：查表3-4可知，1砖厚标准砖外墙的定额编号为4-35，M7.5水泥砂浆和M5混合砂浆的单价分别为 182.23 元/m³ 和 193 元/m³，两种砂浆单价的价差为 10.77 元/m³；每 m³ 砌体消耗的砂浆数量为 0.234m³，按 M5 混合砂浆确定的基价为 396.53 元。

换算后的定额基价 = 396.53 元 − 10.77 元/m³ × 0.234m³ = 394.01 元

使用 M7.5 水泥砂浆砌筑的一砖标准砖外墙的预算价值 = (394.01×80) 元 = 31520.79 元

换算后的定额编号应写为 4-35换。

该工程 1 砖标准砖外墙的预算价值见表 3-9 序号 2 行。

（2）混凝土的换算 由混凝土的强度等级、种类不同而引起定额基价的变动可以进行换算，在换算过程中，混凝土消耗量不变，仅调整不同混凝土的预算价格。因此，混凝土的换算实质上是预算单价的换算或调整。其换算的步骤与方法和砂浆的换算相同。换算后的定额基价一般可按下式进行计算。

$$换算后的定额基价 = 换算前的定额基价 \pm (应换算的混凝土定额用量 \times$$
$$两种不同强度等级或种类混凝土单价价差) \qquad (3\text{-}33)$$

（3）木制门窗的换算 木结构分部及门窗分部说明中规定，凡是定额中的普通门窗、

组合窗、天窗的框（扇）断面与设计规定不同时，木材用量可按设计断面与定额断面比例进行换算，相应的定额基价也应进行调整。其换算的步骤和方法如下：

1）根据施工图设计的分项工程内容，从相应的建筑工程定额中查出该门窗框（扇）的定额断面、定额材积和定额基价。

2）根据设计的门窗框（扇）的断面、定额断面、定额材积，计算换算后的木材体积。可按下式进行计算

$$\frac{\text{换算后的}}{\text{木材材积}}=\frac{\text{设计断面（加刨光损耗）}}{\text{定额断面}}\times\text{定额材积} \tag{3-34}$$

3）从建筑工程预算定额附录《材料预算价格》表中查出相应木材的单价。

4）计算换算后的定额基价，可按下式进行计算

$$\frac{\text{换算后的}}{\text{定额基价}}=\frac{\text{换算前的}}{\text{定额基价}}\pm\left(\frac{\text{换算后的}}{\text{木材体积}}-\frac{\text{换算前的}}{\text{定额体积}}\right)\times\text{相应木材单价} \tag{3-35}$$

5）计算该门窗框（扇）换算后的预算价值，可按下式进行计算

$$\frac{\text{换算后的}}{\text{预算价值}}=\frac{\text{换算后的}}{\text{定额基价}}\times\text{门窗框（扇）的工程量} \tag{3-36}$$

6）在换算后的定额编号的右下角加"换"字。

[例3-3] 某工程有762m²的普通木窗框和扇的制作安装工程量，设计要求窗扇立挺的毛断面为75mm×45mm，试计算换算后窗扇的材积、定额基价和预算价值。定额取定断面为65mm×45mm。

解：从表3-7中查出，每10m²普通木窗的窗扇制作定额材积为0.184m³，定额基价为391.12元，普通木成材的预算价格为1600元/m³，定额编号为16-59。

计算换算后的木材材积如下

$$\frac{\text{换算后的}}{\text{木材材积}}=\frac{75mm\times45mm}{65mm\times45mm}\times0.184m^3=0.21m^3$$

计算换算后的定额基价如下

每10m²普通木窗扇材差=(0.21-0.184)m³×1600元/m³=41.6元

换算后每10m²普通木窗的材料费=299.46元/(10m²)+41.6元/(10m²)=341.06元/(10m²)

换算后每10m²普通木窗的定额基价=391.12元/(10m²)+41.6元/(10m²)=432.72元/(10m²)

计算普通窗扇制作的预算价值如下

$$432.72\text{元}/(10m^2)\times762m^2\div10=32973.26\text{元}$$

换算后的定额编号为16-59换。

该工程窗扇的预算价值见表3-9序号3行。

定额允许换算的项目是多种多样的，除以上介绍的几种常见的换算以外，还有由于材料的品种、规格发生了变化而引起的定额换算，由于砌筑、浇筑或抹灰等厚度发生变化而引起的定额换算等。这些换算可以参照以上介绍的换算方法灵活应用。

表 3-9　[例 3-1]~[例 3-3] 的预算价值表

定额编号	分部分项工程名称	工程量		价值/元		其中					
		单位	数量	基价	金额	人工费		材料费		机械费	
						单价	金额	单价	金额	单价	金额
4-35	1 砖外墙标准砖	m³	120	396.53	47583.6	118.9	14268	271.87	32624.4	5.76	691.2
4-35换	1 砖外墙标准砖	m³	80	394.59	31567.2	118.9	9512	269.93	21594.4	5.76	460.8
16-59换	无腰单扇玻璃窗扇制作	10m²	76.2	432.72	32973.26	79.90	6088.38	341.06	25988.77	11.76	896.11

3.5　概算定额与概算指标

3.5.1　概算定额的概念及作用

1. 概算定额的概念

概算定额是在预算定额的基础上根据有代表性的通用设计图和标准图等资料，以主要工序为准，综合相关工序，进行综合、扩大和合并而成的定额。

概算定额是编制扩大初步设计概算时计算和确定扩大分项工程的人工、材料、机械台班耗用量（或货币量）的数量标准。它是预算定额的综合扩大。

概算定额是由预算定额项目综合而成的。例如，挖土方综合为一个项目，不再按一、二、三、四类土划分。砖基础概算定额项目，就是以砖基础项目为主，综合了平整场地、挖地槽、铺设垫层、砌筑基础、铺设防潮层、回填土方及运土等预算定额中的分项工程项目。

概算定额与预算定额的相同之处在于，它们都是以建（构）筑物各个结构部分和分部分项工程为单位表示的，内容都包括人工、材料和施工机械台班使用量定额三个基本部分，并列有基价。概算定额表达的主要内容、主要方式及基本使用方法都与预算定额相似。

概算定额与预算定额的不同之处在于，项目划分和综合扩大程度的差异，同时概算定额主要用于设计概算的编制。由于概算定额综合了若干分项工程的预算定额，因此，概算工程量计算和概算表的编制要比编制施工图预算简化一些。

2. 概算定额的作用

概算定额的作用体现在以下几个方面：

1）概算定额是扩大初步设计阶段编制设计概算和技术设计阶段编制修正概算的依据。

2）概算定额是对设计项目进行技术经济分析和比较的基础资料之一。

3）概算定额是编制建设项目主要材料计划的参考依据。

4）概算定额是控制施工图预算的依据。

5）概算定额是编制概算指标的依据。

3.5.2　概算定额的编制原则、编制依据和编制步骤

1. 概算定额的编制原则

概算定额的编制原则，一般包括以下几项内容：

1）概算定额的编制深度要适应设计的要求。

2）在概算定额编制过程中，应使概算定额与预算定额之间留有余地，即两者之间存在一定的允许幅度差，一般应控制在 5% 以内，这样才能使设计概算起到控制施工图预算的作用。

3）为了稳定概算定额水平，统一考核和简化计算工作量，并考虑到扩大初步设计图的

深度条件，概算定额的编制尽量不要高估算。

2. 概算定额的编制依据

由于概算定额使用的范围不同，概算定额的编制依据也略有不同，一般包括以下几种：

1）现行的预算定额。

2）具有代表性的标准设计图和其他设计资料。

3）现行的人工工资标准、材料预算价格和机械台班预算价格及其他的价格资料等。

3. 概算定额的编制步骤

概算定额的编制一般分三阶段进行，即准备工作阶段、编制初稿阶段和审查定稿阶段。

（1）准备工作阶段　该阶段的主要工作是确定编制机械和人员组成，进行调查研究，了解现行概算定额的执行情况和存在的问题，明确编制定额的项目。在此基础上，制定出编制方案和确定概算定额项目。

（2）编制初稿阶段　该阶段根据制定的编制方案和确定的定额项目，收集和整理各种数据，对各种资料进行深入细致的测算和分析，确定各项目的消耗指标，最后编制出定额初稿。

该阶段要测算概算定额水平。内容包括两个方面：新编概算定额与原概算定额的水平测算，概算定额与预算定额的水平测算。概算定额与预算定额水平之间应有一定的幅度差，该幅度差一般控制在5%以内。

（3）审查定稿阶段　该阶段要组织有关部门讨论定额初稿，在听取合理意见的基础上进行修改。最后将修改稿报请上级主管部门审批。

3.5.3　概算定额的内容

1. 概算定额的组成与形式

根据专业特点和地区特点编制的概算定额册的内容基本上由文字说明、定额项目表和附录三个部分组成。

文字说明部分包括总说明和各章节的说明。在总说明中，主要对编制的依据、用途、适用范围、工程内容、有关规定、取费标准和概算造价计算方法等进行阐述。在各章节说明中，包括分部工程量的计算规则、说明、定额项目的工程内容等。

概算定额项目一般按以下两种方法划分：一是按工程结构划分，一般是按土石方、基础、墙、梁板柱、门窗、楼地面、屋面、装饰、构筑物等工程结构划分。二是按工程部位（分部）划分，一般是按基础、墙体、梁柱、楼地面、屋盖、其他工程部位等划分，如基础工程中包括了砖、石、混凝土基础等项目。

定额项目表是概算定额手册的主要内容，由若干分节定额组成。各节定额有工程内容、定额表及附注说明组成。定额项目表的表现形式与预算定额相同，此处不再举例。

附录主要包括机械台班单价、主要材料预算价格、混凝土和砂浆配比等内容。

2. 概算定额应用规则

概算定额与预算定额一样，在应用时应遵循一定的规则，大致有以下几点：

1）符合概算定额规定的应用范围。

2）工程内容、计量单位及综合程度应与概算定额一致。

3）必要的调整和换算应严格按定额的文字说明和附录进行。

4）避免重复计算和漏项。

5）参考预算定额的应用规则。

3.5.4 概算指标的概念及作用

1. 概算指标的概念

概算指标是以每 $100m^2$ 建筑面积、每 $1000m^3$ 建筑体积或每座构筑物为计算单位，规定人工、材料、机械及造价的定额指标。概算指标是概算定额的扩大与合并，它是以整个房屋或构筑物为对象，以更为扩大的计量单位来编制的，也包括劳动力、材料和机械台班定额三个基本部分。实际上，概算指标还可以用 m^2、元、km 等作为计量单位。

概算定额与概算指标都是在初步设计阶段用来编制设计概算的基础资料，两者的区别可以从以下几方面来理解：

1) 编制对象不同。概算定额是以定额计量单位的扩大分项工程或扩大结构构件为对象编制的，概算指标是以扩大计量单位（面积或体积）的建筑安装工程为对象编制的。

2) 确定消耗量指标的依据不同。概算定额以现行的预算定额为基础，通过计算综合确定出各种消耗量指标，而概算指标中各种消耗量指标的确定主要来源于各种预算或结算资料。

3) 综合程度不同。概算定额比预算定额综合性强，概算指标比概算定额综合性强。

4) 适用条件不同。概算定额适用于设计深度较深，已经达到能计算扩大分项工程工程量的程度，概算指标适用于设计深度较浅，只要达到已经明确结构特征的程度。

5) 使用方法不同。使用概算定额编制概算书时需要先计算扩大分项工程的工程量，再与概算单价相乘来计算概算直接费，使用概算指标编制概算书时只需要计算拟建工程的建筑面积（或体积），再与单位面积（或体积）的概算指标值相乘来计算概算直接费。

2. 概算指标的作用

概算指标的作用体现在以下三个方面：

1) 概算指标是基本建设管理部门编制投资估算、编制基本建设计划和估算主要材料用量计划的依据。

2) 概算指标是设计单位编制初步设计概算和选择设计方案的依据。

3) 概算指标是考核基本建设投资效果的依据。

3.5.5 概算指标的编制原则、编制依据和编制步骤

1. 概算指标的编制原则

1) 按平均水平确定概算指标的原则。

2) 概算指标的内容和表现形式要贯彻简明适用的原则。

3) 概算指标的编制依据必须具有代表性。

2. 概算指标的编制依据

概算指标的编制依据大致有以下几种：

1) 近期的设计标准、通用设计和有代表性的设计资料。

2) 现行概算定额及补充定额和补充单位估价表。

3) 材料预算价格、施工机械台班预算价格、人工工资标准。

4) 国家颁发的建筑标准、设计和施工规范及其他有关规范。

5) 国家或地区颁发的工程造价指标。

6) 工程结算资料。

7) 国家或地区颁发的有关提高建筑经济效果和降低造价方面的文件。

3. 概算指标的编制步骤

概算指标的编制一般分三个阶段进行：

1）准备阶段，主要是收集图样资料、制定编制项目、编制概算指标的有关方针、政策和技术性问题。

2）编制阶段，主要是选定图样，并根据图样资料计算工程量和编制单位工程预算书，以及按照编制方案确定的指标项目对人工及主要材料消耗指标、填写概算指标的表格。

3）审核定案及审批。概算指标初步确定后要进行审查、比较、并在必要的调整之后，报相关国家授权机关审批。

3.5.6 概算指标的内容

1. 概算指标的组成

概算指标的主要内容包括文字说明和列表两大部分。文字说明包括总说明和分册说明，主要说明概算指标的编制依据、适用范围、使用方法等。列表包括示意图、结构特征、经济指标、构造内容及工程量指标四个部分。其中，示意图部分说明工程的结构形式，工业项目中还应表示出吊车规格等技术参数；结构特征部分详细说明主要工程的结构形式、层高、层数和建筑面积等；经济指标部分说明该项目每 $100m^2$ 或每座构筑物的造价指标，以及其中土建、水暖、电器照明等单位工程的造价；构造内容及工程量指标部分说明该工程项目各分部分项工程的构造内容，相应计量单位的工程量指标，以及人工、材料消耗指标。

2. 概算指标的表现形式

根据具体内容的表示方法，概算指标分为综合概算指标和单项概算指标两种形式。

（1）综合概算指标　综合概算指标是按照工业或民用建筑及其结构类型而制定的概算指标。综合概算指标的概括性较大，其准确性、针对性不如单项概算指标。

（2）单项概算指标　单项概算指标是指为某种建筑物或构筑物而编制的概算指标。单项概算指标的针对性较强，故指标中对工程结构形式要作介绍。只要工程项目的结构形式及工程内容与单项指标中的工程概况相吻合，编制出的设计概算就比较准确。

3.6 估算指标

3.6.1 投资估算指标的概念及作用

1. 投资估算指标的概念

投资估算指标，是在编制项目建议书、可行性研究报告和编制设计任务书阶段进行投资估算、计算投资需要量时使用的一种定额。它具有较强的综合性、概括性，往往以独立的单项工程或完整的工程项目为计算对象。它的概略程度与可行性研究阶段相适应。

2. 投资估算指标的作用

投资估算指标的作用主要有以下几个方面：

1）工程建设投资估算指标是编制建设项目建议书、可行性研究报告等前期工作阶段投资估算的依据，也可以作为编制固定资产长远规划投资额的参考。

2）投资估算指标为完成项目建设的投资估算提供依据和手段，它在固定资产的形成过程中起着投资预测、投资控制、投资效益分析的作用，是合理确定项目投资的基础。

3）投资估算指标中的主要材料消耗量也是一种扩大材料消耗量指标，可以作为计算建设项目主要材料消耗量的基础。

4）估算指标的正确制定对于提高投资估算的准确度、合理评估建设项目、正确决策具有重要意义。

3.6.2 估算指标的编制原则、编制依据与编制步骤

1. 投资估算指标的编制原则

投资估算指标属于项目建设前期进行估算投资的技术经济指标，它不但要反映实施阶段的静态投资，还必须反映项目建设前期和交付使用期内发生的动态投资。以投资估算指标为依据编制的投资估算，包含项目建设的全部投资额。这就要求投资估算指标比其他各种计价定额具有更大的综合性和概括性。因此，投资估算指标的编制工作除应遵循一般定额的编制原则外，还必须坚持下述原则：

1）投资估算指标项目的确定，应考虑以后几年编制建设项目建议书和可行性研究报告的需要。

2）投资估算指标的分类、项目划分、项目内容、表现形式等要结合各专业的特点，并且要与项目建议书、可行性研究报告的编制深度相适应。

3）投资估算指标的编制内容、典型工程的选择，必须遵循国家的有关建设方针政策，符合国家技术发展方向，贯彻国家高科技政策和发展方向，使指标的编制既能反映现实的高科技成果、反映正常建设条件下的造价水平，也能适应今后若干年的科技发展水平。坚持技术上先进、可行和经济上合理的原则，力争以较少的投入获得最大的投资效益。

4）投资估算指标的编制要反映不同行业、不同项目和不同工程的特点，投资估算指标要适应项目前期工作深度的需要，还要具有更大的综合性。投资估算指标要密切结合行业特点，项目建设的特定条件，在内容上既要贯彻指导性、准确性和可调性的原则，还要有一定的深度和广度。

5）投资估算指标的编制要体现国家对固定资产投资实施间接调控作用的特点。要贯彻"能分能合、有粗有细、细算粗编"的原则，使投资估算指标能满足项目建议书和可行性研究各阶段的要求，既能反映一个建设项目的全部投资及其构成，又能反映组成建设项目投资的各个单项工程投资，做到既能综合使用，又能个别分解使用。对于占投资比例大的建筑工程工艺设备，要做到有量、有价，根据不同结构形式的建筑物列出每 100m^2 的主要工程量和主要材料量，还要列出主要设备的规格、型号、数量。同时，要以编制年度为基期计价，进行必要的调整、换算等。若设计方案、选场条件、建设实施阶段发生变化，应便于对影响投资的项目做出相应的调整；也便于对现有企业实行技术改造和改、扩建项目投资估算的需要，扩大投资估算指标的覆盖面，使投资估算能够根据建设项目的具体情况合理准确地编制。

6）投资估算指标的编制要贯彻静态和动态相结合的原则。要充分考虑在市场经济条件下，由于建设条件、实施时间、建设期限等因素的不同，以及建设期的动态因素（即价格、建设期利息、固定资产投资方向调节税及涉外工程的汇率等因素）的变动，导致指标的量差、价差、利息差、费用差等动态因素对投资估算的影响，对上述动态因素给予必要的调整办法和调整参数，尽可能减少这些动态因素对投资估算准确度的影响，使指标具有较强的实用性和可操作性。

2. 投资估算指标的编制依据

编制投资估算指标除参照概预算定额外，主要根据历史的预算、决算资料和价格变动等资料，其编制依据主要有以下几点：

1）主要工程项目、辅助工程项目及其他各单项工程的建设内容及工程量。

2）专门机构发布的建设工程造价及费用构成、估算指标、计算方法，以及其他有关估

算文件。

3）专门机构发布的建设工程其他费用计算办法和费用标准，以及政府部门发布的物价指数。

4）已建同类工程项目的投资档案资料。

5）影响工程项目投资的动态因素，如利率、汇率、税率等。

3. 投资估算指标的编制步骤

投资估算指标的编制工作，涉及建设项目的产品规模、产品方案、工艺流程、设备选型、工程设计和技术经济等各个方面，既要考虑到现阶段技术状况，又要展望近期技术发展趋势和设计动向，从而可以指导以后建设项目的实践。投资估算指标的编制应当成立专业齐全的编制小组，编制人员应具备较高的专业素质，并应制订一个包括编制原则、编制内容、指标的层次相互衔接、项目划分、表现形式、计量单位、计算、复核、审查程序等内容的编制方案或编制细则，以便编制工作有章可循。投资估算指标的编制一般分为三个阶段进行。

（1）收集整理资料阶段　收集整理已建成或正在建设的，符合现行技术政策和技术发展方向、有可能重复采用的、有代表性的工程设计施工图、标准设计以及相应的竣工决算或施工图预算资料等。这些资料是编制工作的基础，收集的资料越广泛，反映出的问题越多，编制工作考虑的内容越全面，就越有利于提高投资估算指标的实用性和覆盖面。同时，对调查收集到的资料要选择占投资比例大、相互关联多的项目进行认真的分析整理，由于已建成或正在建设的工程的设计意图、建设时间和地点、资料的基础等不同，相互之间的差异很大，需要去粗取精、去伪存真地加以整理，才能重复利用。将整理后的数据资料按项目划分栏目加以归类，按照编制年度的现行定额、费用标准和价格，调整成编制年度的造价水平及相互比例。

（2）平衡调整阶段　由于调查收集的资料来源不同，虽然经过一定的分析整理，但难免会由于设计方案、建设条件和建设时间上的差异带来某些影响，使数据失准或漏项等，必须对有关资料进行综合平衡调整。

（3）测算审查阶段　测算是将新编的指标和选定工程的概预算在同一价格条件下进行比较，检验量差的偏离程度是否在允许偏差的范围之内，若偏差过大，则要查找原因，进行修正，以保证指标的确切、实用。测算同时也是对指标编制质量进行一次系统的检查，应由专人进行，以保持测算口径的统一，在此基础上组织有关专业人员予以全面审查定稿。

由于投资估算指标的计算工作量非常大，在现阶段计算机已经广泛普及的条件下，应尽可能应用电子计算机进行投资估算指标的编制工作。

3.6.3　估算指标的内容

投资估算指标是确定和控制建设项目全过程各项投资支出的技术经济指标，其范围涉及建设前期、建设实施期和竣工验收交付使用期等各个阶段的费用支出，内容因行业不同而各异，一般可分为建设项目综合指标、单项工程指标和单位工程指标三个层次。

1. 建设项目综合指标

建设项目综合指标是指按规定应列入建设项目总投资的从立项筹建开始至竣工验收交付使用的全部投资额，包括单项工程投资、工程建设其他费用和预备费等。

建设项目综合指标一般以项目的综合生产能力单位投资表示，如"元/t""元/kW"，或以使用功能表示，如医院项目用"元/床"等表示。

2. 单项工程指标

单项工程指标是指按规定应列入能独立发挥生产能力或使用效益的单项工程内的全部投资额，包括建筑工程费，安装工程费，设备、工器具及生产家具购置费和其他费用。单项工程一般划分原则如下：

（1）主要生产设施　主要生产设施是指直接参加生产产品的工程项目，包括生产车间或生产装置。

（2）辅助生产设施　辅助生产设施是指为主要生产车间服务的工程项目，包括集中控制室、中央实验室、机修、电修、仪器仪表修理及木工（模板）等车间，原材料、半成品、成品及危险品等仓库。

（3）公用工程　公用工程包括给水排水系统（给水排水泵房、水塔、水池及全厂给水排水管网）、供热系统（锅炉房及水处理设施、全厂热力管网）、供电及通信系统（变配电所、开关所及全厂输电、电信线路）以及热电站、热力站、煤气站、空压站、冷冻站、冷却塔和全厂管网等。

（4）环境保护工程　环境保护工程包括废气、废渣、废水等处理和综合利用设施及全厂性绿化。

（5）总图运输工程　总图运输工程包括厂区防洪、围墙大门、传达及收发室、汽车库、消防车库、厂区道路、桥涵、厂区码头及厂区大型土石方工程。

（6）厂区服务设施　厂区服务设施包括厂部办公室、厂区食堂、医务室、浴室、哺乳室、自行车棚等。

（7）生活福利设施　生活福利设施包括职工医院、住宅、生活区食堂、俱乐部、托儿所、幼儿园、子弟学校、商业服务点以及与之配套的设施。

（8）厂外工程　厂外工程包括水源工程、厂外输电、输水、排水、通信、输油等管线以及公路、铁路专用线等。

单项工程指标一般以单项工程生产能力单位投资，如"元"或其他单位表示。如：变配电站："元/（kV·A）"；锅炉房："元/蒸汽吨"；供水站："元/m"；办公室、仓库、宿舍、住宅等房屋则依据不同结构形式以"元/m²"表示等。

3. 单位工程指标

单位工程指标按规定应列入能独立设计、施工的工程项目的费用，即建筑安装工程费用。

单位工程指标一般以如下方式表示：房屋区别不同结构形式以"元/m²"表示；道路区别不同结构层、面层以"元/m"表示；水塔区别不同结构层、容积以"元/座"表示；管道区别不同材质、管径以"元/m"表示等。

3.7　工程造价信息的管理

3.7.1　工程造价信息概述

1. 工程造价信息的概念

工程造价信息是一切有关工程造价的特征、状态及其变动的消息的组合。在工程承包和发包市场和工程建设过程中，工程造价总是在不停地运动、变化着，并呈现出种种不同特征。人们对工程承发包市场和工程建设过程中工程造价的变化，是通过工程造价信息来认识和掌握的。

工程造价信息具有区域性、多样性、专业性、系统性、动态性和季节性的特点。

2. 工程造价信息的种类

工程造价信息多种多样，根据稳定性、兼容性、可扩展性和综合实用性原则，对工程造价信息的分类大致如下：从形式划分，可以分为文件式工程造价信息和非文件式工程造价信息；从时态上划分，可分为过去的工程造价信息，现在的工程造价信息和未来的工程造价信息；按传递方向划分，可以分为横向传递的工程造价信息和纵向传递的工程造价信息；按反映面划分，分为宏观工程造价信息和微观工程造价信息；按稳定程度划分，可以分为固定工程造价信息和流动工程造价信息。

3. 工程造价信息包括的内容

从广义上说，所有对工程造价的确定和控制过程起作用的资料都可以称为工程造价信息。但最能体现信息动态性变化特征，并且在工程价格的市场机制中起重要作用的工程造价信息主要包括以下三类：价格信息、已完工程信息和指数三大部分。

（1）价格信息　价格信息包括各种建筑材料、装修材料、安装材料、人工工资、施工机械等的最新市场价格。这些信息是比较初级的，一般没有经过系统的加工处理，也可以称其为数据。在材料价格信息的发布中，应披露材料类别、规格、单价、供货地区、供货单位以及发布日期等信息。机械价格信息包括设备买卖市场价格信息和设备租赁市场价格信息两部分。相对而言，后者对于工程计价更为重要。人工价格信息又分为建筑工程实物工程量人工价格信息和建筑工种人工成本信息两类。

（2）已完工程信息　已完或在建工程的各种造价信息，也可称为是工程造价资料。它可以为拟建工程或在建工程造价提供依据。其中，建设项目和单项工程造价资料包括：对造价有主要影响的技术经济条件，主要的工程量、主要的材料量和主要设备的名称、型号、规格、数量等，投资估算、概算、预算、竣工决算及造价指数等；其他资料主要包括：有关新材料、新工艺、新设备、新技术分部分项工程的人工工日，主要材料用量，机械台班用量。单位工程造价资料包括工程的内容、建筑结构特征、主要工程量、主要材料的用量和单价、人工工日和人工费以及相应的造价。

（3）指数　指数主要是指根据原始价格信息加工整理得到的各种工程造价指数。工程造价指数是反映一定时期的工程造价相对于某一固定时期的工程造价变化程度的比值或比率。它反映了报告期与基建期相比的价格变动趋势，是调整工程造价价差的依据。

按照工程范围、类别、用途可将指数划分为单项价格指数和综合造价指数。其中，单项价格指数是分别反映各类工程的人工、材料、施工机械及主要设备报告期价格对基期价格的变化程度的指标，如人工费价格指数、主要材料价格指数、施工机械台班价格指数；综合造价指数是综合反映各类项目或单项工程人工费、材料费、施工机械使用费和设备费等报告期价格对基期价格变化而影响工程造价程度的指标，它是研究造价总水平变化趋势和程度的主要依据，如建筑安装工程造价指数、建设项目或单项工程造价指数、建筑安装工程直接费造价指数、其他直接费及间接费造价指数、工程建设其他费用造价指数等。

按造价资料期限长短可将指数划分为时点造价指数、月指数、季指数和年指数。其中，时点造价指数是不同时点（如2017年8月1日0时与上一年同一时点）价格对比计算的相对数；月指数是不同月份价格对比计算的相对数；季指数是不同季度价格对比计算的相对数；年指数是不同年度价格对比计算的相对数。

按不同基数可将指数划分为定基指数和环比指数。其中，定基指数是各时期价格与某固定时期的价格对比后编制的指数；环比指数是各时期价格都以其前一期价格为基础计算的造价指数，例如，与上月对比计算的指数为月环比指数。

3.7.2　工程造价信息管理现状

我国的工程造价信息一般由各地市的工程造价管理协会统一发布。随着互联网的发展，住房与城乡建设部标准定额研究所专门建立了中国建设工程造价信息网，汇总发布各地造价信息，指导行业的发展，30 多个省级工程造价管理机构也开通了建设工程造价信息网站。

现阶段，各省市工程造价信息网站发布的信息基本包含政策法规、行业动态、价格信息、造价指标指数、计价依据、招标投标信息、造价工作者的资质管理，有些网站还包含招聘信息、造价咨询企业资质等信息。

除了通过网站发布最新的造价信息外，部分省市的工程造价管理协会还印发了工程造价信息杂志，该类杂志以月刊为主，主要发布价格信息，还配合以行业动态分析。

虽然工程造价协会发布的信息类型基本能覆盖工程项目参与各方对造价信息的需求，但是也存在着信息滞后、信息的深度不够、指导效果不理想、共享率低、行业信息化程度低、数据存储分散等问题。

工程造价管理的发展方向是全要素、全过程、全方位和全团队的模式，要实现"四全"造价管理，就必须对工程造价信息进行网络化共享。行业信息的有效收集、分析、发布、获取的全部网络化，有能力的网络化信息供应商将在整个工程造价行业中扮演至关重要的角色。这些供应商的网站可以搜集各地的材料价格行情，分析各地的造价指标，为建筑市场的行情提供走势预测，为所有的行业用户提供工程造价的参考。如广材网是广联达软件股份有限公司旗下的建筑工程造价行业材料价格查询平台；造价通是国内规模较大且较为权威的建设工程造价信息服务平台，它可查询较全面的建材市场价、参考价及供应商信息，提供材料询价服务；除此之外还有蓝光建材价格平台软件等。

有些工程造价信息网络供应商还建立了云平台，实现了云存储。造价信息管理部门构建了混合云，将信息分类储存，针对保密等级设置不同级别的访问权限，将基础性的人力资源、材料、机械的价格、指数、行业政策法规等信息储存在公有云上，供更多人免费访问。公有云的开放性既解决了存储空间的问题，也方便造价人员查询、发布造价信息，加速了信息的流动和更新。典型工程的各项成本信息和具有高附加值的特殊信息存放在私有云内，并设置更高的门槛，用户可以通过共享有价值的信息或通过付费方式来获取这部分信息的查询权限。私有云设置的高门槛一方面能激励企业在不泄露商业机密的基础上分享自己的工程实例，另一面为造价咨询部门提供了更多、更丰富的信息，为行业的发展提供更有深度、更科学的数据和资料。

造价信息管理部门利用云端的基础数据借助一定的数学方法分析出更有深度和价值的信息，如行业报告、经济合理的设计指标、拟建项目的成本分析策划等，并提供有偿服务，在保障信息发布体系正常运转的基础上，促进造价管理部门转变服务职能，与市场化的发展模式相适应。

不同类型的数据库信息的存储规则、数据形式的差异较大，要实现多个数据库之间的数据快速分析、挖掘，借助数理分析、神经网络等挖掘算法实现挖掘任务。将挖掘到的信息与同样建立在云端的信息通过发布平台衔接，实现信息的高效快速发布。

随着身份认证、网上支付等技术的不断成熟，电子商务已经得到全面的应用。目前很多的工程招标与投标已经转移到网络平台，软件系统能够自动监测网上的信息，用户可以通过网络获取招标信息和中标结果。网络化的电子招投标环境有助于工程造价行业的公平竞争，使行业用户的交易成本大幅降低。建筑材料的采购和交易也将全部实现电子化，所有的企业都将体会到电子商务的高效。

思考题与习题

1. 简述工程造价计价依据的分类。

2. 什么是工程定额？工程定额有哪些分类？

3. 什么是定额水平？什么是平均水平？什么是平均先进水平？

4. 施工定额、预算定额的定额水平有何不同？

5. 工程定额的特点有哪些？

6. 什么是施工过程？施工过程是如何分类的？

7. 什么是工序、工作过程和综合工作过程？

8. 工人工作时间包括哪些内容？

9. 机械工作时间包括哪些内容？

10. 时间消耗的测定方法有哪些？

11. 什么是劳动定额？它的表现形式有几种？它们之间的关系是怎样的？

12. 什么是材料消耗定额，它由哪些部分构成？

13. 确定材料消耗的基本方法有哪些？

14. 如何确定周转材料的定额消耗量？

15. 什么是机械台班定额？

16. 如何确定机械和人工共同工作时的人工定额？

17. 什么是预算定额？它的性质包括哪些？

18. 预算定额的种类有哪些？

19. 预算定额的编制原则有哪些？

20. 预算定额的实物消耗量与施工定额中的实物消耗量之间的关系是怎样的？

21. 如何确定预算定额的单价？

22. 预算定额册由哪几部分组成？

23. 一般如何确定预算定额中定额项目的排列顺序？

24. 预算定额的表现形式有哪几种，一般怎样表示？

25. 如何套用预算定额子目？

26. 如何对定额单位进行调整或换算？定额项目换算后如何表示？

27. 什么是概算定额？什么是概算指标？两者的区别与联系是什么？

28. 什么是估算指标？估算指标的内容包括哪些？

29. 什么是工程造价信息？工程造价信息的种类有哪些？工程造价信息包括哪些内容？

第4章

建 筑 面 积

学习目标

了解建筑面积的概念与作用，熟悉计算建筑面积的范围，掌握不计算建筑面积的范围。

4.1 建筑面积的概念与作用

4.1.1 建筑面积的概念

建筑面积，也称为建筑展开面积，是指建筑物（包括墙体及附属于建筑物的室外阳台、雨篷、檐廊、室外走廊、室外楼梯等）所形成的各层楼地面面积的总和。建筑面积包括使用面积、辅助面积和结构面积。使用面积是指建筑物各层平面布置中可直接为生产或生活使用的净面积总和。居室净面积在民用建筑中，也称为居住面积。辅助面积是指建筑物各层平面布置中用于辅助生产或生活的净面积的总和，如居住建筑中的楼梯、走道、厕所、厨房等。使用面积与辅助面积的总和称为有效面积。结构面积是指建筑物各层平面布置中的墙体、柱等结构所占面积的总和。

在我国大陆地区，与建筑面积有关的法规有《商品房销售面积计算及公用建筑面积分摊规则》及 GB/T 50353—2013《建筑工程建筑面积计算规范》。在我国香港地区，建筑面积及使用面积的计算必须遵循香港测量师学会发布的《量度作业守则》。在我国台湾省区，建筑面积及使用面积的计算必须遵循《建筑技术规则》，其中容积管制部分是关于容积率和建筑面积的规范。

建筑面积与其他面积的计算公式为

$$建筑面积 = 有效面积 + 结构面积 = 使用面积 + 辅助面积 + 结构面积$$
$$= 结构面积 + 辅助面积 + 套内使用面积$$

4.1.2 建筑面积的分类

建筑面积有以下几种分类方法：

（1）依据对建筑物建筑面积的组成部分划分 依据建筑面积的组成，可将建筑面积分为地上建筑面积和地下建筑面积。

$$总的建筑面积 = 地上建筑面积 + 地下建筑面积$$

这些术语是为了描述独幢建筑物的总的建设规模，以及地上部分建筑规模的量和地下部分建筑规模的量。这些概念主要出现在《国有土地使用权出让合同》中土地出让金的计算依据、《建设工程规划许可证》中建设项目的建筑规模的审批情况说明、项目竣工验收后进行房屋的初始登记必须做的《房屋测绘成果技术报告书》中等多个环节。

（2）依据是否产生经济效益划分 依据是否产生收益，可将建筑面积分为可收益的建筑面积、无收益的建筑面积、必须配套的建筑面积（无收益部分）。建筑物通过出售、转让、置换、租赁、投入运营等方式可产生经济收益，经常在估算房地产的买卖价格、租赁价格、抵押价值、保险价值、课税价值等时，需要依据房地产（或建筑物）的可收益部分、无收益部分和必须配套部分的建筑面积综合分析判断最终价值。

（3）按建筑物内使用功能不同划分　依据使用功能可将建筑面积分为居住功能的建筑面积、商业功能的建筑面积、办公功能的建筑面积、工业功能的建筑面积、配套功能的建筑面积、人防功能的建筑面积。这种分类的主要目的是使其能更好地满足人们生产或生活的不同需求。当然，不同的使用功能的使用目的及其所产生的经济效益并不同。

（4）按成套房屋建筑面积构成划分　成套房屋的建筑面积可分为套内建筑面积和分摊的共有公用建筑面积。

$$成套房屋的建筑面积 = 套内建筑面积 + 分摊的共有公用建筑面积$$

房屋的套内建筑面积和分摊的共有公用建筑面积就是房屋权利人所有的总的建筑面积，也是房屋在权属登记时的两大要素。房屋的套内建筑面积是指房屋的权利人单独占有使用的建筑面积，它由套内房屋使用面积、套内墙体面积、套内阳台建筑面积三部分组成。

分摊的共有公用建筑面积是指房屋的权利人应该分摊的各产权业主共同占有或共同使用的那部分建筑面积，内容包括电梯井、管道井、楼梯间、垃圾道、变电室、设备间、公共门厅、过道、地下室、值班警卫室等，以及为整幢服务的公共用房和管理用房的建筑面积，以水平投影面积计算。

共有建筑面积还包括套与公共建筑之间的分隔墙，以及外墙（包括山墙）水平投影面积的一半。独立使用的地下室、车棚、车库，为多幢服务的警卫室、管理用房，以及作为人防工程的地下室通常不计入共有建筑面积。

共有公用建筑面积的处理原则：产权各方有合法权属分割文件或协议的，按文件或协议规定执行；无产权分割文件或协议的，按相关房屋的建筑面积比例进行分摊。

4.1.3　建筑面积的作用

建筑面积与使用面积及使用率计算有直接关系。因国家或地区不同，建筑面积的定义和量度标准未必一致。建筑面积是建设工程领域一个重要的技术经济指标，其作用表现在以下几个方面：

1）建筑面积是确定建设规划的重要指标。根据项目立项批准文件所核准的建筑面积是初步设计的重要控制指标。对于国家投资的项目，施工图的建筑面积不得超过初步设计的5%，否则必须重新报批。

2）建筑面积是评价设计方案的重要依据，是确定各项技术经济指标的基础，是一项重要的宏观经济指标。在一定时期内，完成建筑面积的数量，也体现出一个国家的工农业生产发展状况、人民生活的条件和文化生活设施发展的程度。

3）建筑面积是计算有关分项工程量的依据。计算出建筑面积之后，利用这个基数就可以计算地面抹灰、室内填土、地面垫层、平整场地、脚手架工程等项目的预算价格。建筑面积作为结构工程量的计算基础非常重要，其确定是一项需要认真对待和细心计算的工作，任何粗心大意都会造成计算上的错误，不但会造成结构工程量计算上的偏差，也会直接影响概预算造价的准确性，造成人力、物力和建设资金的浪费及大量建筑材料的积压。

4）建筑面积是选择概算指标和编制概算的主要依据。

5）建筑面积与使用面积、辅助面积、结构面积之间存在着一定的比例关系。设计人员在进行建筑或结构设计时，应在计算建筑面积的基础上再分别计算出结构面积、有效面积及平面系数、土地利用系数等技术经济指标。有了建筑面积，才有可能计算单位建筑面积的技术经济指标。

6）建筑面积的计算对于建筑施工企业实行内部经济承包责任制、投标价、编制施工组织设计、配备施工力量、成本核算及物资供应等都具有重要的意义。

4.2 建筑面积的计算

我国的《建筑面积计算规则》最初是在 20 世纪 70 年代制定的，之后根据需要进行了多次修订。1982 年，国家经济委员会基本建设办公室（82）经基设字 58 号印发了《建筑面积计算规则》，对 20 世纪 70 年代制定的《建筑面积计算规则》进行了修订。1995 年，建设部发布 GJDGZ—101—1995《全国统一建筑工程预算工程量计算规则》（土建工程），其中含"建筑面积计算规则"，它是对 1982 年的《建筑面积计算规则》的修订。

建设部和国家质量技术监督局发布的《房产测量规范》以及《住宅设计规范》中有关建筑面积的计算均依据的是《建筑面积计算规则》。随着我国建筑市场发展，建筑的新结构、新材料、新技术和新的施工方法层出不穷。为了解决建筑技术的发展产生的建筑面积计算问题，使建筑面积的计算更加科学合理，完善和统一建筑面积的计算范围和计算方法，对建筑市场发挥更大的作用，2005 年建设部对《建筑面积计算规则》进行了修订，并将《建筑面积计算规则》改为 GB/T 50353—2005《建筑工程建筑面积计算规范》。

在总结 GB/T 50353—2005 实施情况的基础上，本着不重算、不漏算的原则，住房与城乡建设部对建筑面积的计算范围和计算方法又进行了修改统一和完善，于 2013 年 12 月 19 日，发布中华人民共和国住房和城乡建设部公告（第 269 号），批准了《建筑工程建筑面积计算规范》为国家标准，编号为 GB/T 50353—2013，自 2014 年 7 月 1 日起实施。GB/T 50353—2013 主要包括总则、术语、计算建筑面积的规定、规范用词说明和条文说明五个部分。GB/T 50353—2005 同时废止。GB 55031—2022《民用建筑通用规范》于 2023 年 3 月 1 日起实施，现行工程建设标准中有关规定与该规范不一致的，以该规范为准。

4.2.1 计算建筑面积的范围

建筑物的建筑面积应按自然层外墙结构外围水平面积之和计算。结构层高在 2.20m 及以上的，应计算全面积；结构层高在 2.20m 以下的，应计算 1/2 面积。[⊖]结构层高示意图如图 4-1 所示。当外墙结构在一个层高范围内不等厚时，以楼地面结构标高处的外围水平面积计算，如图 4-2 所示。

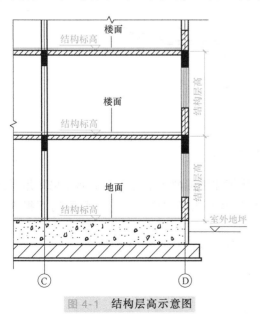

图 4-1　结构层高示意图

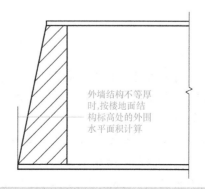

图 4-2　结构墙体层高范围内不等厚时的处理

⊖ 《民用建筑通用规范》规定：结构层高在 2.20m 以下的，不计算面积。后文学习时，须注意按现行规范计算面积。

[例 4-1]　某单层建筑物外墙轴线尺寸如图 4-3 所示，墙厚均为 240mm，轴线坐中，试计算该建筑物的建筑面积。

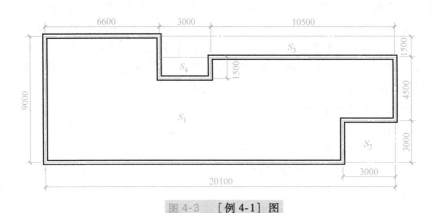

图 4-3　[例 4-1]图

解：建筑面积计算的基本方法是面积分割法，对于矩形面积的组合图形，可先按最大的长、宽尺寸计算出基本部分的面积，然后将多余的部分逐一扣除。在计算扣除部分面积时，注意轴线尺寸的运用。本题的建筑面积计算如下

$$S = S_1 - S_2 - S_3 - S_4 = (20.34 \times 9.24 - 3 \times 3 - 13.5 \times 1.5 - 2.76 \times 1.5)\,\text{m}^2 = 154.552\,\text{m}^2$$

[例 4-2]　某五层建筑物的各层建筑面积相同，底层外墙尺寸如图 4-4 所示，墙厚均为 240mm，试计算该建筑物的建筑面积（轴线坐中）。

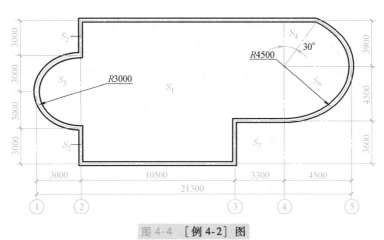

图 4-4　[例 4-2]图

解：当平面图形中含有圆弧形、三角形、梯形等非矩形的图形时，基本部分仍按矩形计算，而非矩形部分单独计算，然后再加（或减）到基本图形的面积上。本题采用面积分割法计算如下：

②、④轴线间矩形面积 $S_1 = 13.8\text{m} \times 12.24\text{m} = 168.912\text{m}^2$

$S_2 = 3\text{m} \times 0.12\text{m} \times 2 = 0.72\text{m}^2$

扣除面积 $S_3 = 3.6\text{m} \times 3.18\text{m} = 11.448\text{m}^2$

三角形面积 $S_4 = 0.5 \times 4.02\text{m} \times 2.31\text{m} = 4.643\text{m}^2$

半圆面积 $S_5 = 3.14 \times 3.12^2 \times 0.5 = 15.283\text{m}^2$

扇形面积 $S_6 = 3.14 \times 4.62^2 \times 150°/360° = 27.926\text{m}^2$

总建筑面积

$$S = (S_1 + S_2 - S_3 + S_4 + S_5 + S_6) \times 5$$
$$= (168.912 + 0.72 - 11.448 + 4.643 + 15.283 + 27.926)\text{m}^2 \times 5$$
$$= 1030.18\text{m}^2$$

建筑物内设有局部楼层时，对于局部楼层的二层及以上楼层，有围护结构的应按其围护结构外围水平面积计算，无围护结构的应按其结构底板水平面积计算，且结构层高在2.20m及以上的计算全面积，结构层高在2.20m以下的计算1/2面积。建筑物内的局部楼层如图4-5所示。

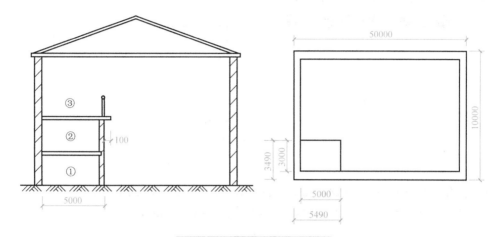

图4-5　建筑物内的局部楼层

[例4-3]　试计算图4-6所示的局部二层房屋的建筑面积，墙厚240mm。

解：底层建筑面积 $S_1 = 18.24\text{m} \times 8.04\text{m} = 146.65\text{m}^2$

局部二层建筑面积 $S_2 = (6\text{m} + 0.24\text{m}) \times (3\text{m} + 0.24\text{m}) = 20.22\text{m}^2$

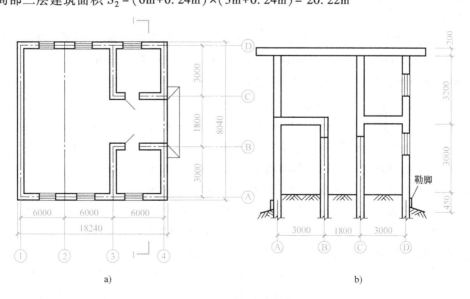

a)　　　　　　　　　　　　　　　　　b)

图4-6　[例4-3]图（墙厚240mm）

a）平面图　b）剖面图

该房屋的建筑面积 $S=S_1+S_2=146.65\text{m}^2+40.44\text{m}^2=187.09\text{m}^2$

[例4-4] 求图4-7所示单层工业厂房高跨部分及低跨部分的建筑面积。

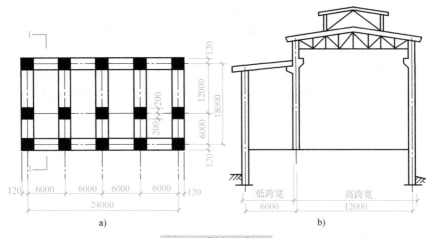

图4-7 [例4-4]图

a) 平面图　b) 剖面图

解：

高跨部分的建筑面积 $S_1=(24\text{m}+2\times0.12\text{m})\times(12\text{m}+0.12\text{m}+0.2\text{m})=298.64\text{m}^2$

低跨部分的建筑面积 $S_2=(24\text{m}+2\times0.12\text{m})\times(12\text{m}+6\text{m}+2\times0.12\text{m})-S_1$

$$=442.14\text{m}^2-298.64\text{m}^2$$

$$=143.5\text{m}^2$$

或　　$S_2=(24\text{m}+2\times0.12\text{m})\times(6\text{m}-0.2\text{m}+0.12\text{m})=143.5\text{m}^2$

对于形成建筑空间的坡屋顶，结构净高在2.10m及以上的部位应计算全面积；结构净高在1.20m及以上至2.10m以下的部位应计算1/2面积；结构净高在1.20m以下的部位不应计算建筑面积。

[例4-5] 某坡屋顶下建筑空间的尺寸如图4-8所示，建筑物长50m，计算其建筑面积。

解：全面积部分的面积　$S_1=50\text{m}\times(15\text{m}-1.5\text{m}\times2-1.0\text{m}\times2)=500\text{m}^2$

1/2面积部分的面积　$S_2=50\text{m}\times1.5\text{m}\times2\times1/2=75\text{m}^2$

合计建筑面积　$S=S_1+S_2=500\text{m}^2+75\text{m}^2=575\text{m}^2$

[例4-6] 试计算图4-9所示的坡屋顶的建筑面积，房屋的长度为24m。

解：首先计算坡屋顶结构净高分别为1.2m和2.1m时，距坡角的距离。

结构净高为1.20m时，距坡角的距离=$1.20\text{m}\times3.6\text{m}/3.5\text{m}=1.23\text{m}$

结构净高为2.10m时，距坡角的距离=$2.10\text{m}\times3.6\text{m}/3.5\text{m}=2.16\text{m}$

计算全面积的宽度=$(3.6\text{m}-2.16\text{m})\times2=2.88\text{m}$,面积为$24\text{m}\times2.88\text{m}=69.12\text{m}^2$

计算半面积的宽度=$(2.16\text{m}-1.23\text{m})\times2=1.86\text{m}$,面积为$24\text{m}\times1.86\text{m}/2=22.32\text{m}^2$

该坡屋顶的建筑面积=$69.12\text{m}^2+22.32\text{m}^2=91.44\text{m}^2$

对于场馆看台下的建筑空间，结构净高在2.10m及以上的部位应计算全面积；结构净高在1.20m及以上至2.10m以下的部位应计算1/2面积；结构净高在1.20m以下的部位不应计算建筑面积。室内单独设置的有围护设施的悬挑看台，应按看台结构底板水平投影面积计算建筑面积。有顶盖无围护结构的场馆看台应按其顶盖水平投影面积的1/2计算面积。

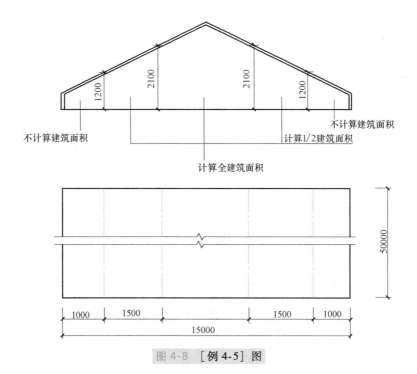

图 4-8 [例 4-5] 图

地下室、半地下室应按其结构外围水平面积计算。结构层高在 2.20m 及以上的，应计算全面积；结构层高在 2.20m 以下的，应计算 1/2 面积。

出入口外墙外侧坡道有顶盖的部位，应按其外墙结构外围水平面积的 1/2 计算面积。

建筑物架空层及坡地建筑物吊脚架空层，应按其顶板水平投影计算建筑面积。结构层高在 2.20m 及以上的，应计算全面积；结构层高在 2.20m 以下的，应计算 1/2 面积。吊脚架空层如图 4-10 所示。

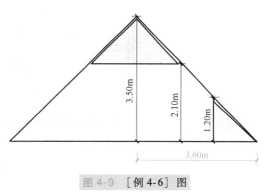

图 4-9 [例 4-6] 图

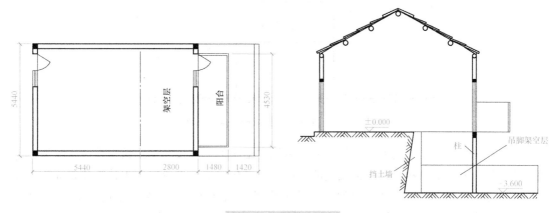

图 4-10 吊脚架空层

[例 4-7]　计算图 4-10 所示的吊脚架空层的建筑面积。

解：$S = 5.44\text{m} \times 2.8\text{m} = 15.23\text{m}^2$

建筑物的门厅、大厅应按一层计算建筑面积，门厅、大厅内设置的走廊应按走廊结构底板水平投影面积计算建筑面积。结构层高在 2.20m 及以上的，应计算全面积；结构层高在 2.20m 以下的，应计算 1/2 面积。门厅、大厅内设置的走廊如图 4-11 所示。

对于建筑物间的架空走廊，有顶盖和围护结构的，应按其围护结构外围水平面积计算全面积，如图 4-12 所示；无围护结构、有围护设施的，应按其结构底板水平投影面积计算 1/2 面积，如图 4-13 所示。

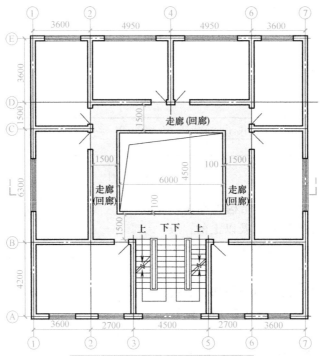

图 4-11　门厅、大厅内设置的走廊

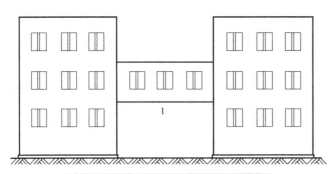

图 4-12　有顶盖和围护结构的架空走廊

对于立体书库、立体仓库、立体车库，有围护结构的，应按其围护结构外围水平面积计算建筑面积；无围护结构、有围护设施的，应按其结构底板水平投影面积计算建筑面积。无结构层的应按一层计算，有结构层的应按其结构层面积分别计算。结构层高在 2.20m 及以上的，应计算全面积；结构层高在 2.20m 以下的，应计算 1/2 面积。

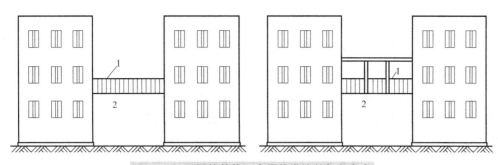

图 4-13　无围护结构、有围护设施的架空走廊

有围护结构的舞台灯光控制室，应按其围护结构外围水平面积计算。结构层高在 2.20m 及以上的，应计算全面积；结构层高在 2.20m 以下的，应计算 1/2 面积。舞台灯光控制室如图 4-14 所示。

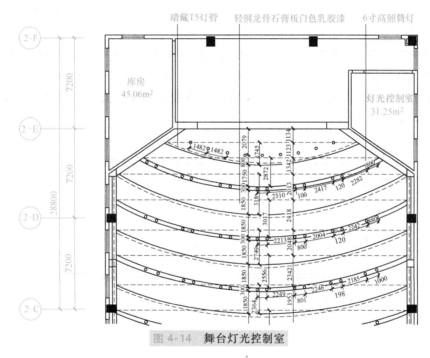

图 4-14　舞台灯光控制室

注：1 寸 = 0.033m。

附属在建筑物外墙的落地橱窗，应按其围护结构外围水平面积计算。结构层高在 2.20m 及以上的，应计算全面积；结构层高在 2.20m 以下的，应计算 1/2 面积。

窗台与室内楼地面高差在 0.45m 以下且结构净高在 2.10m 及以上的凸（飘）窗，应按其围护结构外围水平面积计算 1/2 面积。

[例 4-8]　某个能计算建筑面积的凸（飘）窗平面尺寸如图 4-15 所示，试计算

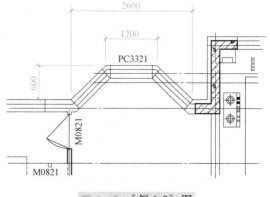

图 4-15　[例 4-8] 图

其建筑面积。

解：$S = \left[\dfrac{1}{2} \times (1.2m + 2.6m) \times 0.6m\right] \times \dfrac{1}{2} = 0.57m^2$

有围护设施的室外走廊（挑廊），应按其结构底板水平投影面积计算 1/2 面积；有围护设施（或柱）的檐廊，应按其围护设施（或柱）外围水平面积计算 1/2 面积。

门斗应按其围护结构外围水平面积计算建筑面积，结构层高在 2.20m 及以上的，应计算全面积；结构层高在 2.20m 以下的，应计算 1/2 面积。

门廊应按其顶板的水平投影面积的 1/2 计算建筑面积；有柱雨篷（没有出挑宽度的限制，也不受跨越层数的限制）的，应按其结构板水平投影面积的 1/2 计算建筑面积；无柱雨篷（其结构板不能跨层）的结构外边线至外墙结构外边线的宽度在 2.10m 及以上的，应按雨篷结构板的水平投影面积的 1/2 计算建筑面积。出挑宽度，是指雨篷结构外边线至外墙结构外边线的宽度，弧形或异形时，取最大宽度。

设在建筑物顶部的、有围护结构的楼梯间、水箱间、电梯机房等，结构层高在 2.20m 及以上的应计算全面积；结构层高在 2.20m 以下的，应计算 1/2 面积。

围护结构不垂直于水平面的楼层，应按其底板面的外墙外围水平面积计算。结构净高在 2.10m 及以上的部位，应计算全面积；结构净高在 1.20m 及以上至 2.10m 以下的部位，应计算 1/2 面积；结构净高在 1.20m 以下的部位，不应计算建筑面积。围护结构不垂直于水平面的楼层如图 4-16 所示。

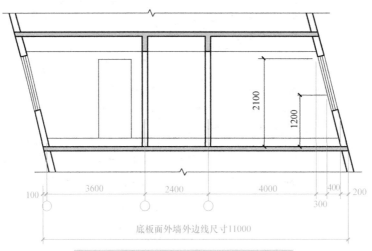

图 4-16　围护结构不垂直于水平面的楼层

[例 4-9]　某高层建筑标准层剖面如图 4-16 所示，建筑物宽 10m，计算其建筑面积。

解：$S = (0.1 + 3.6 + 2.4 + 4 + 0.2)\ m \times 10m + 0.3m \times 10m \times 0.5 = 103m^2 + 1.5m^2 = 104.5m^2$

或 $S = 11m \times 10m - 0.4m \times 10m - 0.3m \times 10m \times 0.5 = 104.5m^2$

建筑物的室内楼梯、电梯井、提物井、管道井、通风排气竖井、烟道，应并入建筑物的自然层计算建筑面积。有顶盖的采光井（包括建筑物中的采光井和地下室采光井）应按一层计算面积，结构净高在 2.10m 及以上的，应计算全面积；结构净高在 2.10m 以下的，应计算 1/2 面积。采光井如图 4-17 所示。

室外楼梯应并入所依附建筑物自然层，并应按其水平投影面积的 1/2 计算建筑面积。室外楼梯如图 4-18 所示。

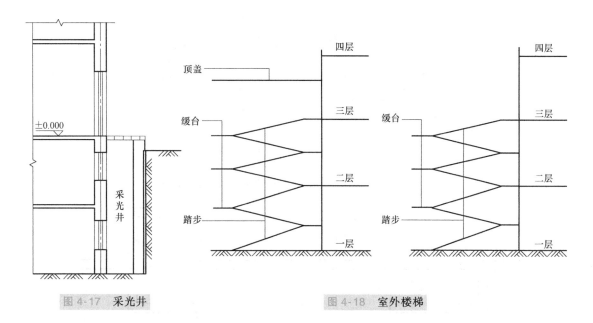

图 4-17 采光井 图 4-18 室外楼梯

阳台建筑面积应按围护设施外表面所围空间水平投影面积的 1/2 计算；当阳台封闭时，应按其外围护结构外表面所围空间的水平投影面积计算。

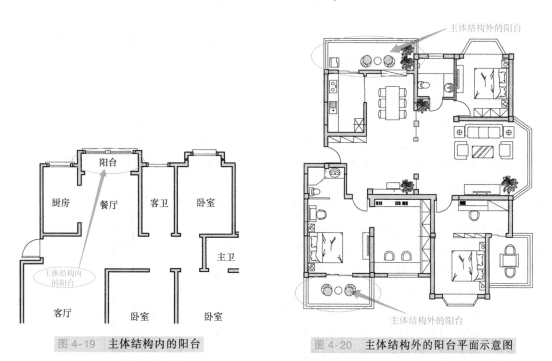

图 4-19 主体结构内的阳台 图 4-20 主体结构外的阳台平面示意图

[例 4-10] 试计算图 4-22 所示的三种阳台的建筑面积。

解：$S_{挑阳台} = 3.3\text{m} \times 1\text{m} \times 0.5 = 1.65\text{m}^2$

$S_{凹阳台} = 2.7\text{m} \times 1.2\text{m} = 3.24\text{m}^2$

$S_{半挑半凹阳台} = (3 \times 1 \div 2 + 2.52 \times 1.2)\text{m}^2 = 4.52\text{m}^2$

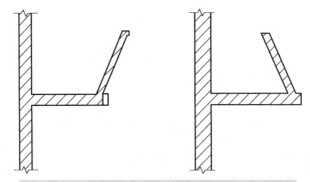

图 4-21　主体结构外的阳台底板结构计算尺寸示意图

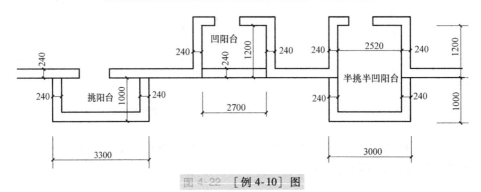

图 4-22　［例 4-10］图

有顶盖无围护结构的车棚、货棚、站台、加油站、收费站等，应按其顶盖水平投影面积的 1/2 计算建筑面积。顶盖下有能够计算建筑面积的其他建筑物时另行计算建筑面积。

以幕墙作为围护结构的建筑物，应按幕墙外边线计算建筑面积。

建筑物的外墙外保温层，应按其保温材料的水平截面积计算，并计入自然层建筑面积。外墙外保温层如图 4-23 所示。建筑物外墙外侧有保温隔热层的，保温隔热层以保温材料的净厚度乘以外墙结构外边线长度按建筑物的自然层计算建筑面积，其外墙外边线长度不扣除门窗和建筑物外已计算建筑面积构件（如阳台、室外走廊、门斗、落地橱窗等部件）所占长度。当建筑物外已计算建筑面积的构件（如阳台、室外走廊、门斗、落地橱窗等部件）有保温隔热层时，其保温隔热层也不再计算建筑面积。外墙是斜面的按楼面楼板处的外墙外边线长度乘以保温材料的净厚度计算。外墙外保温以沿高度方向满铺为准，当外墙外保温铺设高度未达到全部高度时（不包括阳台、室外走廊、门斗、落地橱窗、雨篷、飘窗等），不计算建筑面积。保温隔热层的建筑面积是以保温隔热材料的厚度来计算的，不包含抹灰层、防潮层、保护层（墙）、粘结层的厚度。

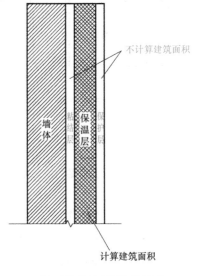

图 4-23　外墙外保温层

与室内相通的变形缝，应按其自然层合并在建筑物建筑面积内计算。对于高低联跨的建筑物，当高低跨内部连通时，其变形缝应计算在低跨面积内。

对于建筑物内的设备层、管道层、避难层等有结构层的楼层，结构层高在 2.20m 及以上的，应计算全面积；结构层高在 2.20m 以下的，应计算 1/2 面积。

4.2.2 不计算建筑面积的范围

与建筑物内不相连通的建筑部件，如依附于建筑物外墙外不与户室开门连通，起装饰作用的敞开式挑台（廊）、平台，以及不与阳台相通的空调室外机搁板（箱）等设备平台部件。

骑楼（如图 4-24 左中的区域 1 所示）、过街楼（如图 4-24 右中的区域 1 所示）底层的开放公共空间和建筑物通道（如图 4-24 中的区域 2 所示）。

图 4-24 骑楼和过街楼

舞台及后台悬挂幕布和布景的天桥、挑台等，如图 4-25 所示。

露台、露天游泳池、花架、屋顶的水箱及装饰性结构构件。

建筑物内的操作平台、上料平台、安装箱和罐体的平台。

勒脚、附墙柱（非结构柱）、垛、台阶、墙面抹灰、装饰面、镶贴块料面层、装饰性幕墙，主体结构外的空调室外机搁板（箱）、构件、配件，挑出宽度在 2.10m 以下的无柱雨篷和顶盖高度达到或超过两个楼层的无柱雨篷。

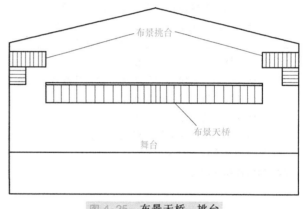

图 4-25 布景天桥、挑台

窗台与室内地面高差在 0.45m 以下且结构净高在 2.10m 以下的凸（飘）窗，窗台与室内地面高差在 0.45m 及以上的凸（飘）窗。

室外爬梯、室外专用消防钢楼梯。

无围护结构的观光电梯。

建筑物以外的地下人防通道、独立的烟囱、烟道、地沟、油（水）罐、气柜、水塔、贮油（水）池、贮仓、栈桥等构筑物。

思考题与习题

思 考 题

1. 如何确定建筑物的层高？如何确定结构净高？
2. 应该如何理解建筑空间？
3. 如何计算下部为砌体、上部为彩钢板围护的建筑物的建筑面积？

4. 如何确定地下室、半地下室的出入口的边界？

5. 当地下室、半地下室的外墙为变截面时，应如何计算其建筑面积？

6. 如何计算有中间分隔层的书库、货架的建筑面积？

7. 应该如何计算双层看台的建筑面积？

8. 如何计算悬挑式橱窗的建筑面积？

9. 凸窗计算建筑面积的条件是什么？

10. 围护结构与围护设施有什么区别？

11. 檐廊计算建筑面积的必备条件是什么？

12. 雨篷的种类有哪些？分别满足哪些条件才能计算建筑面积？

13. 如何确定弧形或异形雨篷的出挑宽度？

14. 门廊有哪些种类？如何计算其建筑面积？

15. 如何计算围护结构不垂直于水平面的建筑物的建筑面积？

16. 建筑物的室内楼梯包括哪几种？计算建筑面积时都有哪些规定？

17. 当室内公共楼梯间两侧的楼层层数不一致时，应该如何计算其建筑面积？

18. 如何计算室内公共楼梯间的建筑面积？跃层和复式楼层计算建筑面积时有何区别？

19. 采光井的种类有哪些？计算建筑面积时有何区别？

20. 无永久性顶盖的室外楼梯如何计算建筑面积？

21. 阳台的基本属性有哪些？阳台的种类有哪些？应该如何分别计算其建筑面积？

22. 如何判断阳台处于主体结构内还是主体结构外？

23. 与阳台相通的花池是否应该计算建筑面积？

24. 阳台的一半在主体结构内，一半在主体结构外，如何计算其建筑面积？

25. 与阳台相通的设备平台是否应该计算建筑面积？

26. 如何计算变形缝的建筑面积？

27. 如何区分室外台阶与室外楼梯？如何计算建筑面积？

28. 如何计算平顶建筑的建筑面积？

29. 如何计算坡屋顶建筑的建筑面积？

30. 如何计算外墙外保温层的建筑面积？

31. 如何计算幕墙的建筑面积？

32. 如何计算柱的建筑面积？

习　题

1. 图 4-26 所示为某建筑标准层平面图，已知墙厚 240mm，层高 3.0m，求该建筑物标准层的建筑面积。

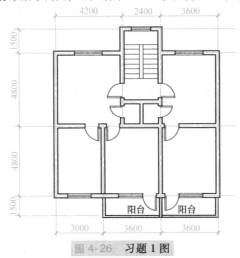

图 4-26　习题 1 图

2. 图 4-27 所示为某两层建筑物的底层（图 4-27a）和二层平面图（图 4-27b），已知墙厚 240mm，层高 2.90m，分别求出该建筑物底层和二层的建筑面积。

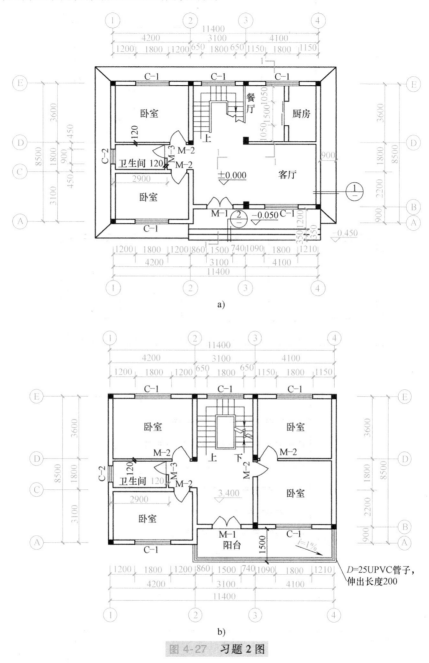

图 4-27　习题 2 图

3. 试计算图 4-28 所示的二层建筑物的建筑面积。

4. 试计算图 4-29 所示的货台的建筑面积。

5. 试计算图 4-30 所示的货棚的建筑面积。

6. 试计算图 4-31 所示的站台的建筑面积。

7. 已知墙厚 240mm，层高 3.0m，试计算图 4-32 所示的标准层的建筑面积。

8. 试计算图 4-33 所示的坡屋顶的建筑面积。

9. 已知某单层房屋的平面图和剖面图如图 4-34 所示，试计算其建筑面积。

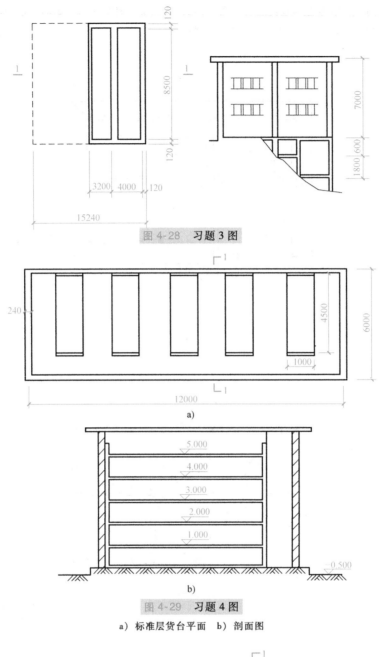

图 4-28 习题 3 图

图 4-29 习题 4 图

a）标准层货台平面　b）剖面图

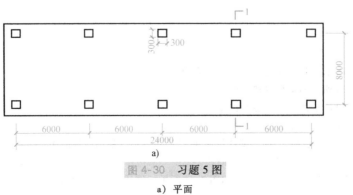

图 4-30 习题 5 图

a）平面

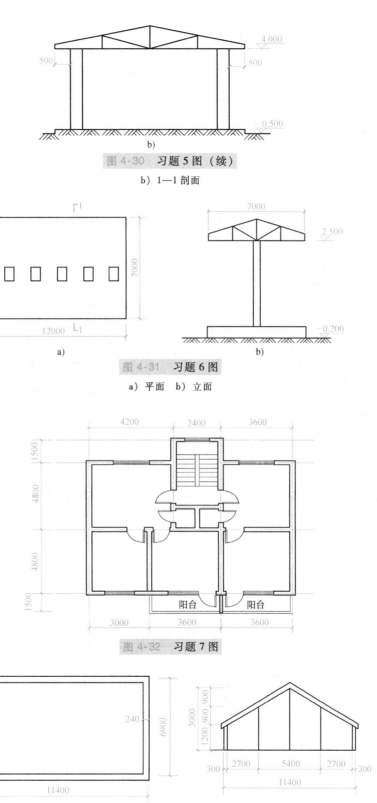

图 4-30　习题 5 图（续）

b）1—1 剖面

图 4-31　习题 6 图

a）平面　b）立面

图 4-32　习题 7 图

图 4-33　习题 8 图

a）平面　b）坡屋顶立面

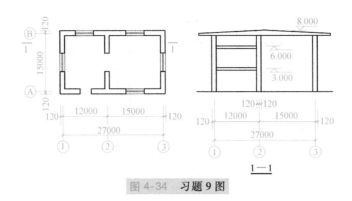

图 4-34 习题 9 图

10. 试计算图 4-35 所示的突出屋面有围护结构的屋顶电梯间和楼梯间的建筑面积。

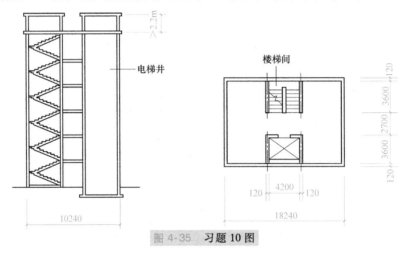

图 4-35 习题 10 图

11. 试计算图 4-36 所示的某建筑物的一层平面的建筑面积（墙厚均为 240mm）。

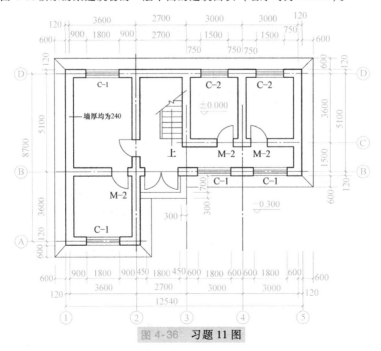

图 4-36 习题 11 图

12. 某建筑物的一层平面如图 4-37 所示，试计算其建筑面积。

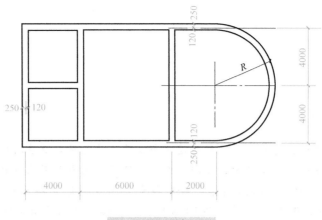

图 4-37　习题 12 图

第 5 章

定额工程量计算

学习目标

了解定额工程量的概念与作用，熟悉建筑与装饰工程定额工程量的计算规则等。

所谓定额工程量是施工工程量，受施工方法、环境、地质等影响较大，一般包括实体工程中实际用量和损耗量，是根据预算定额工程量计算规则计算得出的工程量。下面就以《江苏省建筑与装饰工程计价定额》（2014 版）为例，按照施工的顺序逐项介绍定额工程量的计算规则与方法。

5.1 土（石）方工程

5.1.1 基本概念与项目划分

土木工程中常见的土石方工程有场地平整、基坑（槽）与管沟开挖、路基开挖、人防工程开挖、地坪填土、路基填筑以及基坑回填。土石方工程有面广、量大、劳动繁重、施工条件复杂等特点。在施工过程中，土石方有以下几种分类方法：

1) 按照土方的坚硬程度和开挖难易程度分为：一、二类土（也称普通土），三类土（也称坚土），四类土（也称沙砾坚土）；按照石方的坚硬程度分为：软岩、较软岩、较硬岩和坚硬岩。

2) 按照开挖方式分为：人工土石方、机械土石方。

3) 按照施工过程分为：平整场地、开挖土方（槽、坑、土方、山坡切土）、石方工程、土石方运输、土方回填、打夯、碾压等。

4) 按照所开挖土方的含水量或所在的地层分为：干土与湿土。

5) 按照土方施工过程中采取的措施分为：放坡与支挡土板。

在本定额分部中，土石方工程分为人工土石方和机械土石方两大工程。

人工土石方工程分为人工挖一般土方，人工挖基槽土方，人工挖基坑土方，挖淤泥、流沙，支挡土板，人工、人力车运土、石方（碴），人工平整场地、打底夯、回填，人工挖石方，人工打眼爆破石方，人工清理槽、坑、地面石方等分项。

机械土石方分为推土机推土，铲运机运土，挖掘机挖一般土方，挖掘机挖沟槽，挖掘机挖基坑，支撑下挖土，装运机铲松散土、自装自运土，自卸汽车运土，机械平整场地、碾压，机械打眼爆破石方，推土机推碴，挖土机挖碴，自卸汽车运碴等分项。

5.1.2 计算工程量前应确定的资料

1) 土壤及岩石类别的确定。土石方工程中土壤及岩石类别的划分，依据工程勘察资料与表 5-1 和表 5-2 对照确定。

2) 干湿土的划分标准。干土与湿土的划分应以地质勘查资料为准，无资料时以地下常水位为准：常水位以上为干土，常水位以下为湿土。采用人工降低地下水位时，干、湿土的划分仍以地下常水位为准。

表 5-1　土壤分类表

土壤分类	土壤名称	开挖方法
一、二类土	粉土、砂土（粉砂、细砂、中砂、粗砂、砾砂）、粉质黏土、弱盐渍土、中盐渍土、软土（淤泥质土、泥炭、泥炭质土）、软塑红黏土、冲填土	用锹，少许用镐、条锄开挖。机械能全部直接铲挖满载者
三类土	黏土、碎石土（圆砾、角砾）混合土、可塑红黏土、硬塑红黏土、强盐渍土、素填土、压实填土	主要用镐、条锄，少许用锹开挖。机械须部分刨松才能铲挖满载者或可直接铲挖但不能满载者
四类土	碎石土（卵石、碎石、漂石、块石）、坚硬红黏土、超盐渍土、杂填土	全部用镐、条锄挖掘、少许用撬棍挖掘。机械须普遍刨松才能铲挖满载者

表 5-2　岩石分类表

岩石分类		代表性岩石	开挖方法
极软岩		1. 全风化的各种岩石 2. 各种半成岩	部分用手凿工具，部分用爆破法开挖
软质山石	软岩	1. 强风化的坚硬岩或较硬岩 2. 中等风化—强风化的较软岩 3. 未风化—微风化的页岩、泥岩、泥质砂岩等	用风镐和爆破法开挖
	较软岩	1. 中等风化—强风化的坚硬岩或较硬岩 2. 未风化—微风化的凝灰岩、千枚岩、泥灰岩、砂质泥岩等	用爆破法开挖
硬质山石	较硬岩	1. 微风化的坚硬岩 2. 未风化—微风化的大理岩、板岩、石灰岩、白云岩、钙质砂岩等	用爆破法开挖
	坚硬岩	未风化—微风化的花岗岩、闪长岩、辉绿岩、玄武岩、安山岩、片麻岩、石英岩、石英砂岩、硅质砾岩、硅质石灰岩等	用爆破法开挖

3）土方、沟槽、基坑挖（填）起止标高、施工方法及运距。

4）岩石开凿、爆破方法、石碴清运方法及运距。

5）其他有关资料。

5.1.3　土方工程一般计算规则

1）土方体积，以挖凿前的天然密实体积（单位：m³）为准，若按虚方计算，按表 5-3 进行折算。

表 5-3　土方体积折算表

虚方体积	天然密实体积	夯实后体积	松填体积
1.00	0.77	0.67	0.83
1.20	0.92	0.80	1.00
1.30	1.00	0.87	1.08
1.50	1.15	1.00	1.25

注：虚方指未经碾压、堆积时间不长于 1 年的土壤。

2）石方体积，均以挖掘前的天然密实体积为准计算工程量，如需折算时，按表 5-4 进行换算。

3）挖土以设计室外地坪标高为起点，深度按图示尺寸计算。基础土方大开挖后再挖地槽、地坑，其深度应以大开挖后土面至槽底、坑底标高计算。

4）按不同的土壤类别、挖土深度、干湿土分别计算工程量。

5）在同一槽、坑内或沟内有干、湿土时，应分别计算，但使用定额时，按槽、坑或沟的全深计算。

表 5-4 石方体积折算系数表

石方类别	天然密实体积	虚方体积	松填体积	码方
石方	1.0	1.54	1.31	—
块石	1.0	1.75	1.43	1.67
砂夹石	1.0	1.07	0.94	—

6）桩间挖土不扣除桩的体积。

5.1.4 土方工程量计算规则

1. 平整场地

平整场地是指建筑物场地挖、填土方厚度在 300mm 以内及找平。如果±300mm 以内全部是挖方或填方，应套用挖土方及运土子目；挖填方厚度超过±300mm 时，按场地填方平衡竖向布置另行计算，套用相应挖填方子目。推土机推土或铲运机铲土，推土区土层平均厚度小于 300mm 时，其推土机台班乘以系数 1.25，铲运机台班乘以系数 1.17。

按竖向布置进行大型挖填或回填土时，不得再计算平整场地的工程量。

平整场地工程量按建筑物外墙外边线每边各加 2m，以面积计算。其计算如下

$$S_{平} = S_{底} + L_{外} \times 2 + 16 \qquad (5-1)$$

式中，$S_{平}$ 为平整场地的工程量（m^2）；$S_{底}$ 为建筑物底层的面积（m^2）；$L_{外}$ 为建筑物外边线的周长（m）。

值得说明的是，建筑物外墙外边线从建筑物地上部分、地下室部分整体考虑，以垂直投影最外边的外墙外边线为准。当地上首层外墙在外时，以地上首层外墙外边线为准（见图 5-1a）；当地下室外墙在外时，以地下室外墙外边线为准（见图 5-1b）；当局部地上首层外墙在外、局部地下室外墙在外时（外墙外边线有交叉），则以最外边的外墙外边线为准（见图 5-1c、d）。

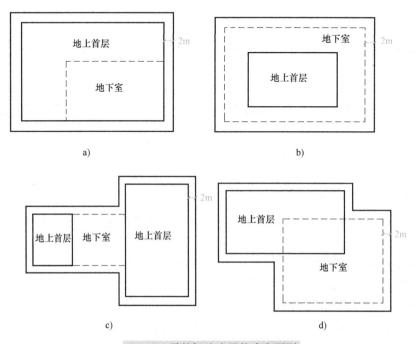

图 5-1 平整场地边界的确定原则

[例 5-1]　某建筑物的底层平面如图 5-2 所示，若墙厚为 240mm，试计算其人工平整场地的工程量。

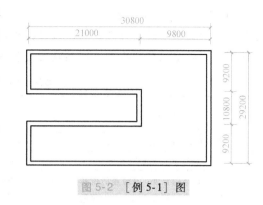

图 5-2　[例 5-1] 图

解：$S_底 = (30.8+0.24)\text{m} \times (29.2+0.24)\text{m} -$
$21\text{m} \times (10.8-0.24)\text{m} = 692.06\text{m}^2$

$L_外 = (30.8+0.24)\text{m} \times 2 + (29.2+0.24)\text{m} \times$
$\qquad 2 + 21\text{m} \times 2 = 162.96\text{m}$

$S_平 = 692.06\text{m}^2 + 162.96\text{m} \times 2\text{m} + 16\text{m}^2$
$\qquad = 1033.98\text{m}^2$

2. 沟槽工程量计算

1）沟槽是指底宽≤7m 且底长>3 倍底宽的土方开挖。套用定额计价时，应根据底宽的不同，分别按底宽 3~7m、3m 以内，套用对应的定额子目。

2）沟槽工程量按沟槽长度乘以沟槽截面面积计算。

沟槽长度：外墙按图示基础中心线长度计算，内墙按图示基础底宽加工作面宽度之间净长度计算。

沟槽宽按设计宽度加基础施工所需工作面宽度计算。突出墙面的附墙烟囱、垛等体积并入沟槽土方工程量内。

3）挖沟槽、基坑、一般土方需放坡时，以施工组织设计规定计算。施工组织设计无明确规定时，放坡高度和比例按表 5-5 计算。

4）基础施工所需工作面宽度按表 5-6 的规定计算。

表 5-5　放坡高度和比例确定表

土壤类别	放坡深度规定 /m	高与宽之比			
		人工挖土	机械挖土		
			坑内作业	坑上作业	顺沟槽在坑上作业
一、二类土	超过 1.20	1：0.5	1：0.33	1：0.75	1：0.5
三类土	超过 1.50	1：0.33	1：0.25	1：0.67	1：0.33
四类土	超过 2.0	1：0.25	1：0.10	1：0.33	1：0.25

注：1. 沟槽、基坑中土类别不同时，分别按其土壤类别、放坡比例以不同土类别厚度分别计算。

　　2. 计算放坡时，在交接处的重复工程量不扣除。原槽、坑作为基础垫层时，放坡自垫层上表面开始计算。

表 5-6　基础施工所需工作面宽度表

基础材料	每边各增加工作面宽度/mm
砖基础	200
浆砌毛石、条石基础	150
混凝土基础垫层支模板	300
混凝土基础支模板	300
基础垂直面做防水层	1000（防水层面）

5）沟槽、基坑需支挡土板时，挡土板面积按槽、坑边实际支挡板面积计算。

坑边实际支挡板面积=每块挡板的最长边×挡板的最宽边之积

支挡土板无论满支撑挡土板（密撑）、间隔支撑挡土板（疏撑），均按定额执行，实际施工中材料不同均不调整。

6）管沟土方按 m³ 计算，管沟按图示中心线长度计算，不扣除各类井的长度，井的土方并入；沟底宽度设计有规定的，按设计规定，设计未规定的，按管道结构宽度加工作面宽度计算。管沟施工每侧所需工作面宽度见表 5-7。

表 5-7　管沟施工每侧所需工作面宽度计算表

管道材质	管道结构宽度/mm			
	≤ 500	≤ 1000	≤ 2500	> 2500
混凝土及钢筋混凝土管道/mm	400	500	600	700
其他材质管道/mm	300	400	500	600

注：1. 管道结构宽度：有管座的按基础外缘，无管座的按管道外径。

2. 按上表计算管道沟土方工程量时，各种井类及管道接口等处需加宽增加的土方量不另行计算；底面积大于 20m² 的井类，其增加的土方量并入管沟土方内计算。

7）挖沟槽分为以下五种类型。

① 不放坡、不支挡土板的示意图，如图 5-3 所示。

其工程量计算公式为

$$V = H(a+2c)L \qquad (5-2)$$

式中，V 为体积（m³）；H 为沟槽深度（m）；a 为基础垫层宽度（m）；c 为工作面宽度（m）；L 为沟槽长度（m）。

② 由垫层下表面起坡，如图 5-4 所示。

其工程量计算公式为

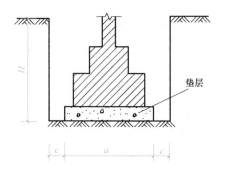

图 5-3　不放坡、不支挡土板示意图

$$V = H(a+2c+kH)L \qquad (5-3)$$

式中，k 为放坡系数。

③ 由垫层上表面起坡，如图 5-5 所示。

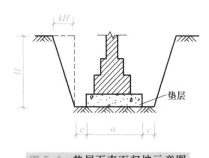

图 5-4　垫层下表面起坡示意图

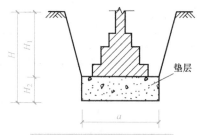

图 5-5　从垫层上表面起坡

其工程量计算公式为

$$V = L[(a+2c+kH_1)H_1+(a+2c)H_2] \qquad (5-4)$$

式中，H_1 为垫层上表面至室外地坪上表面的距离（m）；H_2 为垫层厚度（m）；H 为沟槽深度（m），$H = H_1 + H_2$，其他符号代表的意义同上。

④ 双面支挡土板，如图 5-6 所示。

其工程量计算公式为

$$V = H(a+2c+0.2)L \qquad (5-5)$$

式中，各个符号代表的意义同上。

⑤ 一面放坡、一面支挡土板，如图 5-7 所示。

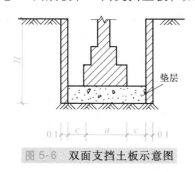

图 5-6　双面支挡土板示意图

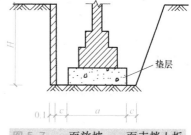

图 5-7　一面放坡、一面支挡土板

其工程量计算公式为

$$V = H(a + 2c + 0.1 + 0.5kH)L \qquad (5-6)$$

3. 基坑工程量计算

所谓基坑是指底长小于等于 3 倍底宽且底面面积小于等于 150m² 的土方开挖工程。套用定额计价时，应根据底面积的不同，分别按底面积 20～150m²、20m² 以内，套用对应的定额子目。

1）挖基坑的情况。独立基础、设备基础等挖地坑或挖土方工程，一般有矩形和圆形两种形状；每种形状又分为放坡、不放坡和支挡土板三种类型。

① 矩形基坑示意如图 5-8 所示。

其工程量计算公式为

$$V = (a + 2c + kH)(b + 2c + kH)H + \frac{1}{3}k^2H^3 \qquad (5-7)$$

式中，各符号的意义与前相同。

② 圆形基坑示意如图 5-9 所示。

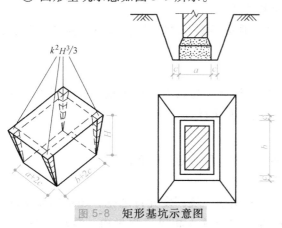

图 5-8　矩形基坑示意图

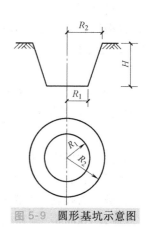

图 5-9　圆形基坑示意图

其工程量计算公式为

$$V = \frac{1}{3}\pi(R_1^2 + R_2^2 + R_1R_2)H \qquad (5-8)$$

式中，R_1 为坑底半径（m），$R_1 = R + c$；R_2 为坑口半径（m），$R_2 = R_1 + kH_1$；R 为坑底垫层或基底半径（m）。

2）放坡和支挡土板时，计算工程量的规定同沟槽工程量的计算规定。

4. 一般土方

一般土方是指除沟、槽、基坑以外的土方开挖，即沟槽底宽 7m 以上，基坑底面积 150m² 以上，按挖一般土方计算。

1）定额中机械土方按三类土取定。若实际土壤类别不同，定额中机械台班量乘以表 5-8 中的系数。

表 5-8　土壤系数表

项　目	三类土	一、二类土	四类土
推土机推土方	1.00	0.84	1.18
铲运机铲运土方	1.00	0.84	1.26
行式铲运机铲运土方	1.00	0.86	1.09
挖掘机挖土方	1.00	0.84	1.14

2）土、石方体积均按天然密实体积（自然方）计算；用推土机、铲运机推、铲未经压实的堆积土，按三类土定额项目乘以系数 0.73。

3）推土机推土、石，铲运机运土重车上坡时，若坡度大于 5%，运距按坡度区段斜长乘以表 5-9 中的系数确定。

表 5-9　坡度系数表

坡度(%)	10 以内	15 以内	20 以内	25 以内
系数	1.75	2.00	2.25	2.50

4）机械挖土方工程量，按机械实际完成工程量计算。机械挖不到的、用人工修边坡、整平的土方工程量按人工挖一般土方定额（最多不得超过挖方量的 10%），人工乘以系数 2。机械挖土石方单位工程量小于 2000m³ 或在桩间挖土石方，按相应定额乘以系数 1.10。

5）机械挖土均以天然湿度土壤为准，含水率达到或超过 25% 时，人工、机械定额乘以系数 1.15；含水率超过 40% 时另行计算。

6）支撑下挖土定额适用于有横支撑的深基坑开挖。

7）挖掘机在垫板上作业时，其人工、机械乘以系数 1.25，垫板铺设所需的人工、材料、机械消耗另行计算。

5. 桩间挖土

桩间挖土是指桩（不分材质和成桩方式）顶设计标高以下及桩顶设计标高以上 0.50m 范围内的挖土。桩间挖土按打桩后坑内挖土相应定额执行。

5.1.5　石方工程量计算规则

1）石方工程的沟、槽、基坑的划分标准按土方工程的划分标准执行。

2）人工凿岩石按施工图图示尺寸以体积计算。

3）爆破岩石按施工图图示尺寸以体积计算；基槽、坑深度允许超挖，超挖的深度规定如下：软质岩 200mm；硬质岩 150mm。超挖部分岩石并入相应工程量内。爆破后的清理、修整执行人工清理定额。需要注意的是，超挖的工程量与工作面宽度不得重复计算。

爆破石方定额是按炮眼法松动爆破编制的，不分明炮或闷炮，若实际采用闷炮法爆破的，其覆盖保护材料另行计算。

爆破石方定额是按电雷管导电起爆编制的，若采用火雷管起爆，雷管数量不变，需进行单价换算，扣除胶质导线，但应另外增加导火索长度（导火索长度按每个雷管 2.12m 计算）。

爆破石方定额已综合了不同开挖深度、坡面开挖、放炮找平因素，若设计规定爆破有粒径要求，需增加的人工、材料、机械应由甲乙双方协商处理。

5.1.6　土方回填工程量计算规则

回填土区分夯填、松填以体积（单位：m³）计算。

1）基槽、坑回填土工程量等于挖土体积减去设计室外地坪以下埋设的体积（包括基础垫层、柱、墙基础及柱等）。

2）室内回填土工程量按主墙间净面积乘以填土厚度计算，不扣除附垛及附墙烟囱等体积。

3）管道沟槽回填工程量，以挖方体积减去管外径所占体积计算。管外径小于或等于500mm 时，不扣除管道所占体积。管外径超过 500mm 时，按表 5-10 中的规定扣除。

表 5-10　**管道体积扣除表**　　　　　（单位：m³/m 管长）

管道名称	管道公称直径/mm				
	≥600	≥800	≥1000	≥1200	≥1400
钢管	0.21	0.44	0.71	—	—
铸铁管、石棉水泥管	0.24	0.49	0.77	—	—
混凝土、钢筋混凝土、预应力混凝土管	0.33	0.60	0.92	1.15	1.35

4）余土外运、缺土内运工程量按下式计算，计算结果正值为余土外运，负值为缺土内运。

$$运土工程量＝挖土工程量－回填土工程量 \qquad (5\text{-}9)$$

运余松土或挖堆积期在一年以内的堆积土，除按运土方定额执行外，另增加挖一类土的定额项目（工程量按实方计算，若为虚方，则按表 5-3 折算成实方）。取自然土回填时，按土壤类别执行挖土定额。

自卸汽车运土，对道路的类别及自卸汽车吨位已分别进行综合计算。自卸汽车运土，按正铲挖掘机挖土考虑，若为反铲挖掘机装车，则自卸汽车运土台班量乘以系数 1.10；若为拉铲挖掘机装车，自卸汽车运土台班量乘以系数 1.20。装载机装原状土，需由推土机破土时，另增加推土机推土项目。

5.1.7　土石方运输工程量计算规则

1）机械土、石方运距按下列规定计算：

推土机推距：按挖方区重心至回填区重心之间的直线距离计算。

铲运机运距：按挖方区重心至卸土区重心加转向距离 45m 计算。

自卸汽车运距：按挖方区重心至填土区（或堆放地点）重心的最短距离计算。

2）建筑场地原土碾压以面积计算，填土碾压按施工图图示填土厚度以体积计算。

[例 5-2]　某建筑物的基础平面和剖面图如图 5-10 所示。二类土，人工挖土，余土运距为 100m，无地下水。混凝土垫层体积为 14.68m³，工作面宽 300mm，砖基础体积37.3m³，地面垫层、面层厚度共计 85mm。试计算土方工程量。

解：（1）计算基数，设外墙中心线长度为 $L_中$，内墙净长线长度为 $L_内$，内墙基槽净长为 $L_{内槽净}$

$$L_中＝(11.4+0.06×2+9.9+0.06×2)\text{m}×2＝43.08\text{m}$$

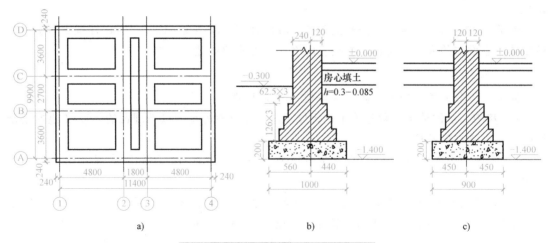

图 5-10 某建筑物基础平面和剖面图

a) 平面图　b) 外墙剖面　c) 内墙剖面

$L_{内} = (4.8-0.12×2)\text{m}×4+(9.9-0.12×2)\text{m}×2 = 37.56\text{m}$

垫层工作面宽度为 0.3m。

$L_{内槽净} = (4.8-0.44-0.45-0.6)\text{m}×4+(9.9-0.44-0.44-0.6)\text{m}×2 = 30.08\text{m}$

（2）计算挖地槽土方工程量

挖土深度 $H = 1.4\text{m}-0.3\text{m} = 1.1\text{m}$

查表 5-5 可知，本基槽挖土不需要放坡。

外墙基槽断面面积 $S_{外} = (1+2×0.3)\text{m}×1.1\text{m} = 1.76\text{m}^2$

内墙基槽断面面积 $S_{内} = (0.9+2×0.3)\text{m}×1.1\text{m} = 1.65\text{m}^2$

地槽挖土工程量 $= 1.76\text{m}^2×43.08\text{m}+1.65\text{m}^2×30.08\text{m} = 125.45\text{m}^3$

（3）计算回填土工程量

基槽回填土工程量 $= 125.45\text{m}^3-37.3\text{m}^3-14.68\text{m}^3 = 73.47\text{m}^3$

房心回填土工程量 $= (11.4-0.12×2)\text{m}×(9.9-0.12×2)\text{m}-37.56\text{m}×0.24\text{m})×(0.3-0.085)\text{m} = 21.24\text{m}^3$

回填土总量 $= 73.47\text{m}^3+21.24\text{m}^3 = 94.71\text{m}^3$

（4）计算余土外运工程量

余土外运工程量 $= 125.45\text{m}^3-94.71\text{m}^3 = 30.74\text{m}^3$

5.2 地基处理与边坡支护工程

5.2.1 基本概念与项目划分

地基处理一般是指用于改善支承建筑物的地基（土或岩石）的承载能力或抗渗能力所采取的工程技术措施，主要为了提高建筑物和设备的基础下的受力层的强度和稳定性。

地基处理主要分为基础工程措施和岩土加固措施。地基加固的方法很多，如孔内深层强夯桩法、换土法、碾压法、强夯法、爆炸压密、砂井、预压砂井（堆载预压砂井及真空预压砂井）、振冲法、灌浆、高压喷射灌浆等。

边坡支护是指为保证边坡及其环境的安全，对边坡采取的支挡、加固与防护措施。常用的支护结构形式有：重力式挡墙、扶壁式挡墙、悬臂式支护、板肋式或格构式锚杆挡墙支护、排桩式锚杆挡墙支护、锚喷支护等。

本定额中列出的地基处理及边坡支护项目适用于一般工业与民用建筑工程的常用项目。地基处理按强夯法加固地基、深层搅拌桩和粉喷桩、高压旋喷桩、灰土挤密桩、压密注浆等列项。基坑与边坡支护按基坑锚喷护壁，斜拉锚桩成孔，钢管支撑，打、拔钢板桩等列项。

5.2.2　计算准备工作

1. 地基处理方面需要确定的因素

1）地基处理的方法（强夯法、深层搅拌桩、粉喷桩、高压旋喷桩、灰土挤密桩或压密注浆）。

2）采用强夯法处理地基时，夯击能的大小以及每点的击数。

3）采用深层搅拌桩是单轴、双轴还是三轴，搅拌与喷浆的次数，空搅的深度以及水泥掺入比。

4）采用水泥粉喷桩的水泥掺入比。

5）采用高压旋喷桩时，是单重管、双重管还是三重管。

6）灰土挤密桩的桩长。

2. 基坑与边坡支护方面需要确定的因素

1）成孔的土质、深度及的角度。

2）注浆的压力、注浆材料，是初次注浆还是再次注浆。

3）喷射混凝土护壁的厚度以及喷射混凝土的配合比。

4）钢筋网片中钢筋的直径、网距，是否有镀锌钢丝网片等。

5）是有围檩钢管支撑，还是无围檩钢管支撑以及支撑的天数。

6）钢板桩的桩长，打入的地层是土还是岩石。

5.2.3　工程量计算规则

1. 地基处理

1）采用强夯法加固地基的，以夯锤底面面积计算，并根据设计要求的夯击能量和每点夯击数执行相应定额。

强夯法加固地基是在天然地基土上或在填土地基上进行作业的，不包括强夯前的试夯工作和费用。若设计要求试夯，可按设计要求另行计算。

2）用深层搅拌桩、粉喷桩加固地基的，按设计长度另加 500mm（设计有规定的按设计要求）乘以设计截面面积，以 m^3 计算（重叠部分面积不得重复计算），群桩间的搭接不扣除。

深层搅拌桩不分桩径大小，执行相应子目。设计水泥量不同可换算，其他不调整。

深层搅拌桩（三轴除外）和粉喷桩是按"四搅二喷"施工编制的，若设计为"二搅一喷"，定额人工、机械乘以系数 0.7；若设计为"六搅三喷"，定额人工、机械乘以系数 1.4。

3）高压旋喷桩钻孔长度按自然地面至设计桩底标高的长度计算，喷浆按设计加固桩的截面面积乘以设计桩的长度，以体积计算。高压旋喷桩的浆体材料用量可按设计含量调整。

4）灰土挤密桩按设计图示尺寸以桩长计算（包括桩尖）。

5）压密注浆钻孔按设计长度计算。注浆工程量按以下方式计算：设计图纸注明加固土体体积的，按注明的加固体积计算；设计图纸按布点形式显示土体加固范围的，则按两孔间距的一半作为扩散尺寸，以布点边线加扩散半径形成计算平面，计算注浆体积；如果设计图纸上注浆点在钻孔灌注桩之间，按两注浆孔距的一半作为每孔的扩散半径，以此圆柱体体积计算。压密注浆的浆体材料用量可按设计含量调整。

6）换填垫层适用于软弱地基的换填材料加固，按"砌筑工程"相应子目执行。

2. 基坑与边坡支护

1）基坑锚喷护壁成孔、斜拉锚桩成孔及孔内注浆按设计图示尺寸以长度计算。护壁喷射混凝土按设计图示尺寸以面积计算。

斜拉锚桩是指深基坑围护中，锚接围护桩体的斜拉桩。

2）土钉支护、钉土锚杆按设计图示尺寸以长度计算。挂钢筋网按设计图示以面积计算。

3）基坑钢管支撑以坑内的钢立柱、支撑、围檩、活络接头、法兰盘、预埋铁件的合并质量计算。

基坑钢管支撑为周转摊销材料，其场内运输、回库保养均已包含在内。支撑处需挖运土方、围檩与基坑护壁的填充混凝土未包含在内，应按实际发生情况另行计算。场外运输按金属Ⅲ类构件计算。

4）打、拔钢板桩按设计钢板桩质量计算。当打、拔钢板桩单位工程打桩工程量小于50t 时，人工、机械乘以系数1.25。当场内运输超过300m 时，应按相应构件运输子目执行，并扣除打桩子目中的场内运输费。

5）若发生混凝土支撑，按"混凝土工程"相应混凝土构件定额执行。

6）采用桩进行地基处理时，按"桩基础工程"相应子目执行。

5.3 桩基础工程

5.3.1 基本概念与项目划分

桩基础是一种古老的地基处理方式，建于隋朝的郑州超化寺塔和建于五代的杭州湾海堤工程采用的都是桩基础。按施工方法不同，桩可分为预制桩和灌注桩。预制桩是将事先在工厂或施工现场制成的桩，用不同沉桩方法沉入地基；灌注桩工程是直接在设计桩位开孔，然后在孔内浇灌混凝土而成。

本分部定额按打桩工程和灌注桩工程列项。打桩工程分为打桩、接桩、送桩和截桩等分项；灌注桩工程分为钻孔灌注混凝土桩，灌注砂桩，灌注碎石桩，灌注砂、石桩，打孔夯扩灌注混凝土桩，灌注桩后注浆，人工挖孔桩，人工凿桩头、截断桩，泥浆运输等分项。

本定额中所列项目适用于一般工业与民用建筑工程的桩基础，不适用于支架上、室内打桩。

5.3.2 计算准备工作

1. 预制桩需要确定的因素

1）工程地点的土壤（岩石）级别，参照土石方工程中土壤与岩石的分类标准执行。

2）预制桩的材料种类、截面形状、是否为试桩以及拟采用的打桩机械。

3）打预制桩的斜度以及地面的坡度。

4）预制桩的场内运输距离。

5）打预制桩、送桩后场地隆起土的清除、清孔及填桩孔的处理。

6）设计桩长、预制桩长度、接桩次数、截桩长度以及送桩长度。

2. 灌注桩需要确定的因素

1）桩孔的成孔方式，是土孔还是岩孔。

2）使用的是现场搅拌的混凝土还是商品混凝土。

3）设计桩长、空沉管长度。

4）打孔沉管灌注桩所用的材料种类以及采用的方式是单打还是复打。

5）打孔夯扩灌注混凝土桩是一次夯扩还是二次夯扩，是否使用预制混凝土桩尖。

6）人工挖孔桩的深度以及岩石种类。

5.3.3 工程量计算规则

1. 打桩

1）打预制钢筋混凝土桩的体积，按设计桩长（包括桩尖，不扣除桩尖虚体积）乘以桩截面面积计算；管桩（空心方桩）的空心体积应扣除，管桩（空心方桩）的空心部分设计要求灌注混凝土或其他填充材料时，其工程量应另行计算。

定额中土壤级别已综合考虑，执行中不换算。子目中的桩长度是指桩尖及接桩后的总长度。

定额中打桩机的类别、规格执行中不换算。打桩机及为打桩机配套的施工机械的进（退）场费和组装、拆卸费用，另按实际进场机械的类别、规格计算。

打试桩可按相应定额项目的人工、机械乘以系数 2，试桩期间的停置台班结算时应按实际情况调整。

预制钢筋混凝土桩的制作费，另按相关章节规定计算。

当单位工程的打（灌注）桩工程量小于表 5-11 规定数量时，其人工、机械（包括送桩）按相应定额项目乘以系数 1.25。

表 5-11 单位打桩工程工程量表

项　　目	工程量/m³
预制钢筋混凝土方桩	150
预制钢筋混凝土离心管桩(空心方桩)	50
打孔灌注混凝土桩	60
打孔灌注砂桩、碎石桩、砂石桩	100
钻孔灌注混凝土桩	60

定额中的子目以打直桩为准，若打斜桩，斜度在 1∶6 以内，按相应定额项目人工、机械乘以系数 1.25；若斜度大于 1∶6，按相应定额项目人工、机械乘以系数 1.43。

地面打桩坡度以小于 15° 为准，若打桩坡度大于 15° 按相应定额项目人工、机械乘以系数 1.15。若在基坑内（基坑深度大于 1.15m）打桩或在地坪上打坑槽内（坑槽深度大于 1.0m）桩，按相应定额项目人工、机械乘以系数 1.11。

打桩（包括方桩、管桩）定额子目已包括 300m 内的场内运输费，实际超过 300m 时，应按相应构件运输定额执行，并扣除定额内的场内运输费。

定额中不包括打桩、送桩后场地隆起土的清除、清孔及填桩孔的处理（包括填的材料），现场实际发生时，应另行计算。

因设计修改需在桩间补打桩时，补打桩按相应打桩定额子目人工、机械乘以系数 1.15。

2）接桩。接桩是指由于一根桩的长度达不到设计规定的深度，所以需要将预制桩一根一根地连接起来继续向下打，直至打入设计的深度为止。将前一根桩的顶端与后一根桩的下端连接在一起的方法通常有焊接法、法兰螺栓连接法和硫黄胶泥锚接法。其工程量按每个接头计算。

电焊接桩钢材用量，设计与定额不同时，按设计用量乘以系数 1.05 调整，人工、材料、机械消耗量不变。

3）送桩。在打桩时，由于打桩架底盘离地面有一定的距离，不能将桩打入地面以下设计位置，而需要用打桩机和送桩机将预制桩共同送入土中，这一过程称为送桩。其工程量按送桩长度（自桩顶面至自然地坪另加 500mm）乘以桩截面面积以体积计算。

4）截桩。桩基础施工时，由于各种原因使得打桩后的桩顶面的实际标高大于设计顶面标高，就需要将多余部分截掉，这个过程称为截桩，其工程量按截断预制方（管）桩的根数计算。

截桩后露出的桩端部钢筋与底板或承台钢筋焊接应按相应定额执行。

基坑内钢筋混凝土支撑需截断时，按截断桩定额执行。

[例 5-3] 某工程采用 C25 钢筋混凝土预制方桩，要求打入地坪下 1m 处，二类土，单根桩长 20m（包括桩尖），总根数为 100 根，每根桩分两节预制，桩截面尺寸为 400mm×400mm。试计算其打桩工程量。

解：打桩工程量 = 0.4m×0.4m×20m×100 = 320m³

送桩工程量 = 0.4m×0.4m×(0.5+1)m×100 = 24m³

接桩工程量 = (2-1)个×100 = 100个

2. 灌注桩

1）泥浆护壁钻孔灌注桩。钻孔灌注桩分为钻孔和混凝土灌注两个工序，其工程量分别计算。

① 钻土孔与钻岩石孔工程量应分别计算。土与岩石地层分类详见"土壤分类表"（表 5-1）和"岩石分类表"（表 5-2）。钻土孔以自然地面至岩石表面的深度乘以设计桩截面面积所得体积计算；钻岩石孔以入岩深度乘以桩截面面积所得体积计算。

钻孔灌注桩钻土孔含极软岩时，钻入岩石以软岩为准（见表 5-2），当钻入较软岩时，人工、机械乘以系数 1.15，当钻入较硬岩以上岩石时，应另行调整人工、机械用量。

钻孔灌注桩的钻孔深度是按桩的长度在 50m 内综合编制的，对于超过 50m 的桩，钻孔人工、机械应乘以系数 1.10。人工挖孔灌注混凝土桩的挖孔深度是按桩的长度在 15m 内综合编制的，对于超过 15m 的桩，挖孔人工、机械应乘以系数 1.20。

② 混凝土灌入量以设计桩长（含桩尖长）加上一个直径的长度（设计有规定的，按设计要求）乘以桩截面面积所得体积计算，其工程量 V 可以表达为

$$V = 桩径^2×\pi/4×(桩长+直径)×根数 \tag{5-10}$$

地下室基础超灌高度按现场具体情况另行计算。

各种灌注桩中的材料用量预算暂按表 5-12 内的充盈系数和操作损耗计算，结算时充盈系数按打桩记录灌入量进行调整，操作损耗不变。

表 5-12 灌注桩充盈系数及操作损耗率表

项目名称	充盈系数	操作损耗率(%)
打孔沉管灌注混凝土桩	1.20	1.50
打孔沉管灌注砂(碎石)桩	1.20	2.00
打孔沉管灌注砂石桩	1.20	2.00
钻孔灌注混凝土桩(土孔)	1.20	1.50
钻孔灌注混凝土桩(岩石孔)	1.10	1.50
打孔沉管夯扩灌注混凝土桩	1.15	2.00

各种灌注桩中设计钢筋笼时，按相应定额执行。

设计混凝土强度等级或砂、石级配与定额取定不同，应按设计要求调整材料，其他不变。

③ 泥浆外运的体积按钻孔的体积计算。

2）长螺旋或钻盘式钻机钻孔灌注桩的单桩体积，按设计桩长（含桩尖）另加 500mm（设计有规定，按设计要求）再乘以螺旋外径或设计截面面积，以体积计算。其工程量 V 可用下式表示

$$V = 桩径^2 \times \pi/4 \times (桩长 + 0.5) \times 根数 \tag{5-11}$$

3）打孔沉管、夯扩灌注桩。

① 灌注混凝土、砂、碎石桩使用活瓣桩尖时，单打、复打桩体积均按设计桩长（包括桩尖）另加 250mm（设计有规定，按设计要求）乘以标准管外径，以面积计算。使用预制钢筋混凝土桩尖时，单打、复打桩体积均按设计桩长（不包括预制桩尖）另加 250mm 乘以标准管外径，以体积计算。

② 打孔、沉管灌注桩空沉管部分，按空沉管的实体积计算。

③ 夯扩桩体积分别按每次设计夯扩前投料长度（不包括预制桩尖）乘以标准管内径面积计算，最后管内灌注混凝土按设计桩长另加 250mm 乘以标准管外径体积计算。

$$V = 桩径^2 \times \pi/4 \times (桩长 + 0.25) \times 根数 \tag{5-12}$$

④ 打孔灌注桩、夯扩桩使用预制钢筋混凝土桩尖的，桩尖个数另列项目计算，单打桩、复打的桩尖按单打、复打次数之和计算，桩尖费用另计。

打孔沉管灌注桩分单打桩和复打桩，第一次按单打桩定额执行，在单打的基础上再次打，按复打桩定额执行。打孔夯扩灌注桩一次夯扩执行一次夯扩定额，再次夯扩时，应执行两次夯扩定额，最后在管内灌注混凝土到设计高度按一次夯扩定额执行。使用预制钢筋混凝土桩尖时，钢筋混凝土桩尖另加，定额中活瓣桩尖摊销费应扣除。

4）桩底注浆的注浆管、声测管埋设按打桩前的自然地坪标高至设计桩底标高的长度另加 0.2m，按长度计算。桩侧注浆的注浆管埋设按打桩前的自然地坪标高至设计桩侧注浆位置另加 0.2m，按长度计算。

注浆管埋设定额按桩底注浆考虑，若设计采用侧向注浆，则人工和机械乘以系数 1.2。

灌注桩后注浆的注浆管、声测管埋设，若遇注浆管、声测管的材质、规格不同时，可以换算，其余不变。

5）灌注桩后注浆按设计注入水泥用量，以质量计算。

6）人工挖孔灌注混凝土桩中挖井坑土、挖井坑岩石、砖砌井壁、混凝土井壁、井壁内灌注混凝土均按图示尺寸，以体积计算。若设计要求超灌，应另行增加超灌工程量。

7）凿灌注混凝土桩头。桩基础施工时，为了保证桩头质量一般都要高出桩顶标高。以灌注桩为例，因为在灌注混凝土时，桩底的沉渣和泥浆中沉淀的杂质会在混凝土表面形成一定厚度（一般称为浮浆），当混凝土凝固以后，就要将超灌部分凿除，将桩顶标高以上的主筋（钢筋）露出来，经桩基检测合格后，进行承台的施工。这个过程称为截桩。截桩的方式一般分为人工破桩头和机械破桩头。其工程量按凿灌注混凝土桩头的体积计算。

凿出后的桩端部钢筋与底板或承台钢筋焊接应按相应定额执行。

[例 5-4] 图 5-11 所示为某预制钢筋混凝土桩现浇承台基础，试计算桩基础的制作、运输、打桩、送桩的定额工程量（共 30 个）。

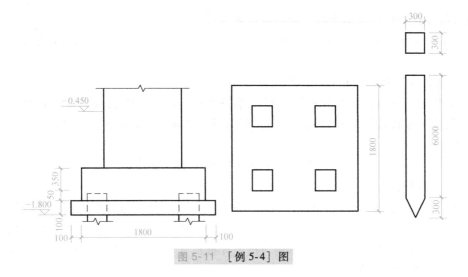

图 5-11　[例 5-4]　图

解：打桩工程量 = 制作工程量 = 运输工程量

单桩长度 = 6m+0.3m = 6.3m

单桩体积 = 0.3m×0.3m×6.3m = 0.567m³

打桩工程量 = 0.567m³×4×30m = 68.04m³

送桩工程量 = 0.3m×0.3m×(1.8-0.45-0.1-0.05+0.5)m×4×30 = 18.36m³

5.4　砌筑工程

5.4.1　基本概念与项目划分

砌体工程是指在建筑工程中使用普通黏土砖、承重黏土空心砖、蒸压灰砂砖、粉煤灰砖、各种中小型砌块和石材等材料进行砌筑的工程，包括砌砖、石、砌块及轻质墙板等内容。

定额中分为砌砖、砌石、基础垫层。其中，砌砖分为砖基础、砖柱，砌块墙、多孔砖墙，砖砌外墙，砖砌内墙、空斗墙、空花墙、填充墙、墙面砌贴砖，基础防潮层及其他分项。

砌石分为毛石基础、护坡、墙身，方整石墙、柱、台阶，荒料毛石加工等分项。

基础垫层分为灰土、炉渣、道碴、碎石、碎砖、毛石、砂、碎石和砂混合垫层分项。

5.4.2　计算工程量前应确定的资料

1. 砌体的种类及材料的品种、规格

首先根据设计图纸分清基础、墙和柱，若为墙则要分清是框架间墙、填充墙、空花墙、空斗墙，还是围墙等；其次分清砌体材料以及材料的规格品种。砖、砌块规格表见表 5-13。

表 5-13　砖、砌块规格表　　　　（单位：mm）

砖名称	长×宽×高
标准砖	240×115×53
七五配砖	190×90×40
KP1 多孔砖	240×115×90
多孔砖	240×240×115　240×115×115
KM1 空心砖	190×190×90　190×90×90
三孔砖	190×190×90

（续）

砖名称	长×宽×高
六孔砖	190×190×140
九孔砖	190×190×190
页岩模数多孔砖	240×190×90　240×140×90 240×90×90　190×120×90
普通混凝土小型空心砌块（双孔）	390×190×190
普通混凝土小型空心砌块（单孔）	190×190×190　190×190×90
粉煤灰硅酸盐砌块	880×430×240　580×430×240 430×430×240　280×430×240
加气混凝土块	600×240×150　600×200×250　600×100×250

2. 墙体的厚度

有时图样上标注的墙体厚度与计算厚度不一致，所以要掌握各种砌体的计算厚度。

3. 基础与墙身的划分

墙体的材料常用的有砖墙、石墙和砖石围墙，基础与墙身的划分规定如下：

1）砖墙：基础与墙（柱）身使用同一种材料时，以设计室内地面为界（有地下室者，以地下室室内设计地面为界），以下为基础，以上为墙（柱）身。基础与墙（柱）身使用不同材料时，位于设计室内地面高度 300mm 以内时（$h \leqslant 300$），以不同材料为分界线；位于高度 300mm 以外时（$h > 300$），以设计室内地面为分界线。基础与墙身的划分如图 5-12 所示。

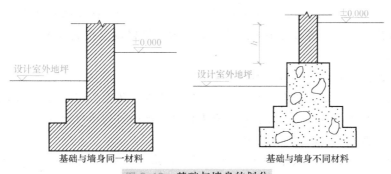

图 5-12　基础与墙身的划分

2）石墙：外墙以设计室外地坪为界，内墙以设计室内地面为界，以下为基础，以上为墙身。

3）砖石围墙：砖石围墙以设计室外地坪为分界线，以下为基础，以上为墙身。

4. 内墙和外墙

计算与内墙和外墙相关的工程量时，长度和高度的计算规定不同，所以要认真区分确定后再进行计算。

5. 砂浆的品种

要根据设计说明核对并确认砌筑砂浆的品种是混合砂浆、水泥砂浆还是专用砂浆。

6. 垫层的材料

要根据设计说明认真查看垫层的材料，包括：灰土、炉渣、道碴、碎石、碎砖、毛石、砂、碎石和砂混合物。

5.4.3 工程量计算规则及定额子目选用

1. 墙体的工程量计算

除特殊情况外，墙体的工程量一般按设计图示尺寸以体积进行计算。

计算墙体工程量时，应扣除门窗、洞口、嵌入墙内的钢筋混凝土柱、梁、圈梁、挑梁、过梁及凹进墙内的壁龛、管槽、暖气槽、消火栓箱所占体积，不扣除梁头、板头、檩头、垫木、木楞头、沿缘木、木砖、门窗走头、石墙内加固钢筋、木筋、铁件、钢管及单个面积不大于 0.3 m^2 的孔洞所占的体积。凸出墙面的腰线、挑檐、压顶、窗台线、虎头砖、门窗套的体积也不增加。凸出墙面的砖垛并入墙体体积内计算。附墙烟囱、通风道、垃圾道按其外形体积并入所依附的墙体体积计算，不扣除每个横截面面积在 0.1 m^2 以内的孔洞体积。墙体体积的计算公式可以表述为

$$V = (墙长 \times 墙高 - 门窗洞口等的面积) \times 墙厚 + 应并入的体积 - 应扣除的体积 \quad (5-13)$$

（1）墙体计算厚度的规定 标准砖墙体厚度计算表见表 5-14，使用非标准砖的其他砌体的厚度应按所用材料的实际规格和设计厚度计算，当设计厚度与实际规格不同时，按实际规格计算。

表 5-14 标准砖墙体厚度计算表

砖墙计算厚度/mm	1/4	1/2	3/4	1	$1\frac{1}{2}$	2	$2\frac{1}{2}$	3
标准砖	53	115	180	240	365	490	615	740

建筑图上墙体厚度往往标注为 200mm 或 100mm，而多孔砖、空心砖等砖块、砌块的实际厚度多为 190mm 或 90mm。计算工程量时，墙厚度按砌块、砖块的厚度计算，而不是按照建筑图的标注尺寸计算。各种砖砌体的砖、砌块的计算厚度是按表 5-13 编制的，规格不同时，可以换算。

砌体使用配砖与定额不同时，不做调整。

标准砖墙不分清水墙、混水墙及艺术形式复杂程度。砖碹、砖过梁、砖圈梁、腰线、砖垛、砖挑檐、附墙烟囱等因素已综合在定额内计算，不得另列项目计算。

阳台砖隔断按相应的内墙定额执行。

除标准砖墙外，定额中其他品种砖弧形墙其弧形部分每 m^3 砌体按相应定额人工增加 15%，砖增加 5%，其他不变。

对于砌块墙、多孔砖墙，窗台虎头砖、腰线、门窗洞边接茬用标准砖已包含在定额内。

门窗洞口侧预埋混凝土块，定额中已综合考虑。实际施工不同时，不做调整。

砌砖、砌块定额中已包括门、窗框与砌体的原浆勾缝，砌筑砂浆强度等级应按设计规定分别套用。

砖砌挡土墙以顶面宽度以相应墙厚按内墙定额执行；顶面宽度超过一砖时，按砖基础定额执行。

砖砌体内的钢筋加固及转角、内外墙的搭接钢筋，按设计图示钢筋长度乘以单位理论质量计算，执行"砌体、板缝内加固钢筋"子目。

根据施工方法的不同，蒸压加气混凝土砌块墙可分为普通砂浆砌筑加气混凝土砌块墙（指主要靠普通砂浆或专用砌筑砂浆黏结的加气混凝土砌块，砂浆灰缝厚度不超过 15mm）和薄层砂浆砌筑加气混凝土砌块墙（指使用专用黏结砂浆和专用铁件连接的加气混凝土砌块，砂浆灰缝一般 3~4mm）。定额分别按蒸压加气混凝土砌块和蒸压砂加气混凝土砌块列入

子目，实际砌块种类与定额不同时，可以替换。

（2）关于墙身、墙基和垫层长度的计算规定

1）外墙：墙身、墙基和垫层长度按外墙中心线长度计算。

2 内墙：墙身长度按净长计算，墙基按内墙基最上一步净长度计算，基础长度示意图如图 5-13 所示，基础垫层按内墙基础垫层净长计算。

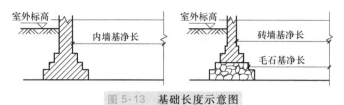

图 5-13　基础长度示意图

3）弧形墙：按中心线处长度计算。

为了简化墙垛工程量的计算，把墙垛增加的断面面积折算成等墙厚的长度，简称为折加长度，其表达式为

$$墙垛的折加长度 = \frac{墙垛的断面面积}{墙厚} \tag{5-14}$$

（3）墙身高度计算规定　设计中有明确的设计高度时以设计高度计算，未明确时按下列规定计算。

1）外墙：坡（斜）屋面无檐口天棚的外墙如图 5-14 所示，算至屋面板底；坡（斜）屋面有屋架且室内外均有天棚的外墙如图 5-15 所示，算至屋架下弦底另加 200mm；坡（斜）屋面有屋架且室内外无天棚的外墙如图 5-16 所示，算至屋架下弦另加 300mm，出檐宽度超过 600mm 时按实砌高度计算；有现浇钢筋混凝土平板楼层的外墙如图 5-17 所示，算至平板底面。

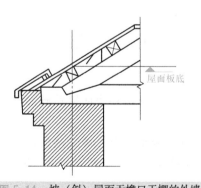

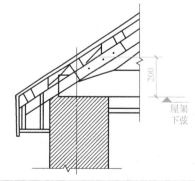

图 5-14　坡（斜）屋面无檐口天棚的外墙　　图 5-15　坡（斜）屋面有屋架且室内外均有天棚的外墙

2）内墙：位于屋架下弦的内墙，算至屋架下弦底；无屋架有天棚的内墙如图 5-18 所示，算至天棚底另加 100mm，有钢筋混凝土楼板隔层的内墙，算至楼板底；钢筋混凝土楼板隔层下的内墙如图 5-19 所示，算至梁底。

3）女儿墙：从屋面板上表面算至女儿墙顶面（如有混凝土压顶时算至压顶下表面），如图 5-20 所示。

4）内外山墙：按其平均高度计算，如图 5-21 所示。

5）围墙：高度算至混凝土压顶下表面，围墙柱并入围墙体积内。

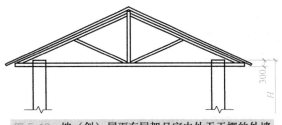

图 5-16 坡（斜）屋面有屋架且室内外无天棚的外墙

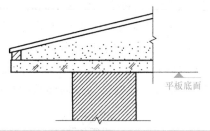

图 5-17 有现浇钢筋混凝土平板楼层的外墙

图 5-18 无屋架有天棚的内墙

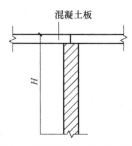

图 5-19 钢筋混凝土楼板隔层下的内墙

图 5-20 女儿墙

图 5-21 山墙

（4）框架间墙　不分内外墙，按墙体净尺寸以体积计算。框架外表面镶贴砖部分，按零星砌砖子目计算。

（5）空斗墙　按设计图示尺寸以空斗墙外形体积计算。墙角、内外墙交接处、门窗洞口立边、窗台砖、屋檐处的实砌部分体积，并入空斗墙体积内。空斗墙的窗间墙、窗台下、楼板下、梁头下等的实砌部分，按零星砌砖定额计算。

空斗墙中门窗立边、门窗过梁、窗台、墙角、檩条下、楼板下、踢脚板部分和屋檐处的实砌砖已包括在定额内，不得另列项目计算。空斗墙中遇有实砌钢筋砖圈梁及单面附墙垛时，应另列项目按零星砌砖定额执行。

（6）空花墙　按设计图示尺寸以空花部分的外形体积计算，不扣除空洞部分体积。若空花墙外有实砌墙，其实砌部分应以体积另列项目计算。

（7）围墙　按设计图示尺寸以体积计算，其围墙附墙垛、围墙柱及砖压顶应并入墙身体积内；砖围墙上有混凝土花格、混凝土压顶时，混凝土花格及压顶应按混凝土相应子目计算。

砖砌围墙设计为空斗墙、砌块墙时，应按相应定额执行，其基础与墙身除定额注明外应分别套用定额。

（8）填充墙　按设计图示尺寸以填充墙外形体积计算，其实砌部分及填充料已包括在定额内，不另行计算。

（9）钢筋砖过梁　加气混凝土、硅酸盐砌块、小型空心砌块墙砌体中设计钢筋砖过梁时，应另行计算，套用零星砌砖定额。

零星砌砖是指砖砌门墩、房上烟囱、地垄墙、水槽、水池脚、垃圾箱、台阶面上矮墙、花台、煤箱、垃圾箱、容积在 $3m^3$ 内的水池、大小便槽（包括踏步）、阳台栏板等砌体。

（10）毛石墙、方整石墙　按图示尺寸以体积计算。方整石墙单面出垛并入墙身工程量内，双面出墙垛按柱计算。标准砖镶砌门、窗口立边、窗台虎头砖、钢筋砖过梁等按实砌砖体积另列项目计算，套用零星砌砖定额。

2. 基础工程量计算规则

基础大放脚 T 形接头处重叠部分以及嵌入基础的钢筋，铁件、管道、基础防水砂浆防潮层、通过基础单个面积在 $0.3m^2$ 以内孔洞所占的体积不扣除，靠墙暖气沟的挑檐不增加基础工程量。附墙垛基础宽出部分的体积并入所依附的基础工程量。其计算公式为

$$V = 基础长度 \times 基础断面面积 + 应增加的体积 - 应扣除的体积 \qquad (5-15)$$

砖基础受刚性角的限制，需在基础底部做成逐步放阶的形式，俗称大放脚。根据断面形式大放脚分为等高式大放脚和间歇式大放脚。等高式大放脚是每二皮砖一收，每次收进 1/4 砖长加灰缝 $(240+10)mm \div 4 = 62.5mm$。间隔式大放脚是"二皮一收"与"一皮一收"相间隔，每次收进 1/4 砖长加灰缝。砖基础大放脚示意图如图 5-22 所示。

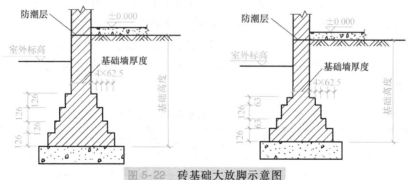

图 5-22　砖基础大放脚示意图

表 5-15　等高式大放脚基础折算高度表

大放脚层数	各种墙基厚度的折算高度/m						增加断面面积/m²
	0.115	0.180	0.240	0.365	0.490	0.615	
1	0.137	0.088	0.066	0.043	0.032	0.026	0.01575
2	0.411	0.263	0.197	0.129	0.096	0.077	0.04725
3	0.822	0.525	0.394	0.259	0.193	0.154	0.09450
4	1.370	0.875	0.656	0.432	0.321	0.256	0.15750
5	2.054	1.313	0.984	0.647	0.482	0.384	0.23625
6	2.876	1.838	1.378	0.906	0.675	0.538	0.33075
7	3.835	2.450	1.838	1.208	0.900	0.717	0.44100
8	4.930	3.150	2.363	1.553	1.157	0.922	0.56700
9	6.163	3.938	2.953	1.942	1.446	1.152	0.70875
10	7.533	4.813	3.609	2.373	1.768	1.409	0.86625

表 5-16　间歇式大放脚折算高度表

大放脚层数	各种墙基厚度折算高度/m						增加断面面积/m²
	0.115	0.180	0.240	0.365	0.490	0.615	
1	0.317	0.088	0.066	0.043	0.032	0.026	0.01575
2	0.342	0.219	0.164	0.108	0.080	0.064	0.03938
3	0.685	0.438	0.328	0.216	0.161	0.128	0.07875
4	1.096	0.700	0.525	0.345	0.257	0.205	0.12600
5	1.643	1.050	0.788	0.518	0.386	0.307	0.18900
6	2.260	1.444	1.083	0.712	0.530	0.423	0.25988
7	3.013	1.925	1.444	0.949	0.707	0.563	0.34650
8	3.835	2.450	1.838	1.208	0.900	0.717	0.44100
9	4.793	3.063	2.297	1.510	1.125	0.896	0.55125
10	5.821	3.719	2.789	1.834	1.366	1.088	0.66938

为了简化砖基础大放脚工程量的计算，可将大放脚断面面积折算成相等墙基厚度的高度（简称折算高度），其计算见式（5-16），每种规格的等高式大放脚和间歇式大放脚墙基折算高度见表 5-15 和表 5-16。

$$折算高度 = \frac{大放脚断面面积}{墙基宽度} \tag{5-16}$$

基础的断面面积可以表达为

$$基础的断面面积 = 墙基厚度 \times (基础高度 + 折算高度) \tag{5-17}$$

3. 砖柱工程量计算规则

砖柱按设计图示尺寸以体积计算，扣除混凝土及钢筋混凝土梁垫、梁头、板头所占体积。砖柱基础、柱身不分断面，均以设计体积计算，柱身、柱基础工程量合并套用砖柱定额。柱基础与柱身砌体品种不同时，应分开计算并分别套用相应定额。

为了简化砖柱基础工程量的计算，柱基础四边的大放脚体积也可以折算成折算高度，等高式（标准砖）砖柱基础大放脚四边折算高度见表 5-17，间歇式（标准砖）砖柱基础大放脚四边折算高度见表 5-18。

表 5-17　等高式（标准砖）砖柱基础大放脚四边折算高度

矩形砖柱断面	断面尺寸/m	断面面积/m²	大放脚层数（每层二皮砖）							
			一层	二层	三层	四层	五层	六层	七层	八层
			每个柱基四边的折算高度/m							
1×1	0.24×0.24	0.0576	0.168	0.564	1.271	2.344	3.502	5.858	8.458	11.70
1×1.5	0.24×0.365	0.0876	0.126	0.444	0.969	1.767	2.863	4.325	6.195	8.501
1×2	0.24×0.49	0.1176	0.112	0.378	0.821	1.477	2.389	3.581	5.079	6.935
1×2.5	0.24×0.615	0.1476	0.104	0.337	0.733	1.312	2.10	3.133	4.423	6.011
1.5×1.5	0.365×0.365	0.1332	0.099	0.333	0.724	1.306	2.107	3.158	4.483	6.124
1.5×2	0.365×0.49	0.1789	0.087	0.279	0.606	1.089	1.734	2.581	3.646	4.956
1.5×2.5	0.365×0.615	0.2245	0.079	0.251	0.535	0.952	1.513	2.242	3.154	4.266
1.5×3	0.365×0.74	0.2701	0.07	0.229	0.488	0.862	1.369	2.017	2.824	3.805
2×2	0.49×0.49	0.2401	0.074	0.234	0.501	0.889	1.415	2.096	2.95	3.986
2×2.5	0.49×0.615	0.3014	0.063	0.206	0.488	0.773	1.225	1.805	2.532	3.411
2×3	0.49×0.74	0.3626	0.059	0.186	0.397	0.698	1.099	1.616	2.256	3.02
2×3.5	0.49×0.865	0.4239	0.057	0.175	0.368	0.642	1.009	1.48	2.06	2.759
2.5×2.5	0.615×0.615	0.3782	0.056	0.179	0.38	0.668	1.055	1.549	2.14	2.881
2.5×3	0.615×0.74	0.4551	0.052	0.163	0.343	0.599	0.941	1.377	1.92	2.572
2.5×3.5	0.615×0.865	0.532	0.047	0.150	0.316	0.515	0.861	1.257	1.746	2.332
3×3	0.74×0.74	0.5476	0.046	0.146	0.301	0.533	0.836	1.222	1.804	2.266

表 5-18　间隔式（标准砖）砖柱基大放脚四边折算高度

矩形砖柱断面	断面尺寸/m	断面面积/m²	大放脚层数(二皮砖和一皮砖间隔)						
			二层	三层	四层	五层	六层	七层	八层
			每个柱基四边的折算高度/m						
1×1	0.24×0.24	0.0576	0.488	1.075	1.896	3.108	4.675	6.720	9.208
1×1.5	0.24×0.365	0.0876	0.370	0.815	1.437	2.315	3.451	4.912	6.687
1×2	0.24×0.49	0.1176	0.321	0.689	1.203	1.924	2.843	4.026	5.452
1×2.5	0.24×0.615	0.1476	0.285	0.613	1.065	1.698	2.488	3.501	4.718
1.5×1.5	0.365×0.365	0.1332	0.284	0.668	1.063	1.703	2.511	3.556	4.815
1.5×2	0.365×0.49	0.1789	0.236	0.506	0.880	1.396	2.049	2.890	3.889
1.5×2.5	0.365×0.615	0.2245	0.212	0.451	0.771	1.220	1.781	2.496	3.347
1.5×3	0.365×0.74	0.2701	0.192	0.411	0.699	1.103	1.599	2.235	2.983
2×2	0.49×0.49	0.2401	0.198	0.418	0.717	1.141	1.666	2.319	3.130
2×2.5	0.49×0.615	0.3014	0.173	0.369	0.624	0.986	1.434	2.001	2.608
2×3	0.49×0.74	0.3626	0.159	0.333	0.583	1.162	1.281	1.784	2.374
2×3.5	0.49×0.865	0.4239	0.146	0.308	0.518	0.812	1.172	1.628	2.162
2.5×2.5	0.615×0.615	0.3782	0.152	0.320	0.539	0.856	1.228	1.710	2.277
2.5×3	0.615×0.74	0.4551	0.136	0.287	0.483	0.757	1.092	1.515	2.015
2.5×3.5	0.615×0.865	0.5320	0.127	0.264	0.443	0.692	0.995	1.378	1.827
3×3	0.74×0.74	0.5476	0.123	0.257	0.431	0.672	0.967	1.358	1.775

若采用砖柱基四周大放脚折算高度表示，则

$$大放脚体积＝断面面积×折算高度$$

4. 其他砌体工程量计算规则

1）砖砌地下室墙身及基础按设计图示以体积计算，内、外墙身工程量合并计算按相应内墙定额执行。墙身外侧面砌贴砖按设计厚度以体积计算。

2）墙基防潮层按墙基顶面水平宽度乘以长度以面积计算，有附墙垛时将其面积并入墙基内。

3）砖砌台阶按水平投影面积以面积计算。

4）毛石、方整石台阶均以图示尺寸按体积计算，毛石台阶按毛石基础定额执行。

毛石是指无规则的乱毛石，方整石是指已加工好的，有面、有线的商品方整石（方整石砌体不得再套用打荒、錾凿、剁斧定额）。

毛石、方整石零星砌体按窗台下墙相应定额执行，人工乘以系数 1.10。毛石地沟、水池按窗台下石墙定额执行。毛石、方整石围墙按相应墙定额执行。砌筑圆弧形基础、墙（含砖、石混合砌体），人工按相应定额乘以系数 1.10，其他不变。

5）墙面、柱、底座、台阶的剁斧以设计展开面积计算。

6）砖砌地沟沟底与沟壁工程量合并以体积计算。

7）毛石砌体打荒、錾凿、剁斧按砌体裸露外表面积计算（錾凿包括打荒，剁斧包括打荒、整凿，打荒、錾凿、剁斧不能同时列入）。

8）基础垫层按设计图示尺寸以 m³ 计算。

整板基础下垫层采用压路机碾压时，人工乘以系数 0.9，垫层材料乘以系数 1.15，增加光轮压路机（8t）0.022 台班，同时扣除定额中的电动夯实机台班（已有压路机的子目除外）。

混凝土垫层应另行执行混凝土工程相应子目。

5. 定额子目选用注意事项

1）定额在编制时是按一定的工艺做法为基础的，如砌块墙既可以采用普通砂浆砌筑，也可以采用专用砂浆砌筑，采用不同的砂浆砌筑时砂浆的厚度是不同的，对材料的要求也不同，当砌筑砂浆较薄时，还需要专用连接件，所以在套用定额时要注意区分工艺做法。

2）定额编制时除考虑工艺做法外，有时还要区分所处的环境和位置。例如，同样是砌块墙，有时是处于卫生间、厨房、浴室等多水房间，有时也可能处于卧室、办公室等无水房间；当其处于有水房间时一般其下方会有混凝土止水台，所以在套用时还要看其下方是否有混凝土止水台。

[例 5-5]　某建筑物的基础平面和剖面如图 5-10 所示。试计算砖基础和混凝土垫层的工程量。

解：

（1）计算基数，设外墙中心线长度为 $L_{中}$，内墙净长线长度为 $L_{内}$，混凝土垫层长度为 $L_{内垫层}$。

$$L_{中} = (11.4+0.06\times2+9.9+0.06\times2)\,\mathrm{m}\times2 = 43.08\,\mathrm{m}$$

$$L_{内} = (4.8-0.12\times2)\,\mathrm{m}\times4+(9.9-0.12\times2)\,\mathrm{m}\times2 = 37.56\,\mathrm{m}$$

$$L_{内垫层} = (4.8-0.44-0.45)\,\mathrm{m}\times4+(9.9-0.44\times2)\,\mathrm{m}\times2 = 33.68\,\mathrm{m}$$

（2）计算砖基础工程量

解法一：$V_{外砖基}$ = 墙厚×（基础高度+折加高度）×$L_{中}$

$\qquad\quad = 0.365\,\mathrm{m}\times(1.2+0.259)\,\mathrm{m}\times43.08\,\mathrm{m}$

$\qquad\quad = 22.94\,\mathrm{m}^3$

$\qquad V_{内砖基}$ = 墙厚×（基础高度+折加高度）×$L_{内}$

$\qquad\quad = 0.24\,\mathrm{m}\times(1.2+0.394)\,\mathrm{m}\times37.56\,\mathrm{m}$

$\qquad\quad = 14.37\,\mathrm{m}^3$

$\qquad V_{砖基} = 22.94\,\mathrm{m}^3+14.37\,\mathrm{m}^3 = 37.31\,\mathrm{m}^3$

解法二：$V_{外砖基}$ = 外墙基础断面面积×$L_{中}$

$\qquad\quad = (0.365\times1.2+0.126\times0.0625\times6\times2)\,\mathrm{m}^2\times43.08\,\mathrm{m} = 22.94\,\mathrm{m}^3$

$\qquad V_{内砖基}$ = 内墙基础断面面积×$L_{内}$

$\qquad\quad = (0.24\times1.2+0.126\times0.0625\times6\times2)\,\mathrm{m}^2\times37.56\,\mathrm{m} = 14.37\,\mathrm{m}^3$

$\qquad V_{砖基} = 22.94\,\mathrm{m}^3+14.37\,\mathrm{m}^3 = 37.31\,\mathrm{m}^3$

（3）计算混凝土垫层工程量

$$V_{垫层} = 1\times0.2\times43.08\,\mathrm{m}^3+0.9\times0.2\times33.68\,\mathrm{m}^3 = 14.68\,\mathrm{m}^3$$

[例 5-6]　某三层建筑物平面、剖面、基础断面图如图 5-23 所示（室外楼梯未画出），标准砖基础采用 M5 水泥砂浆砌筑，基础垫层采用 C15 混凝土，标准砖墙采用 M5 混合砂浆砌筑，标准砖的规格为 240mm×115mm×53mm，各层均设有圈梁，梁高 180mm，梁宽同墙厚；采用钢筋砖过梁，高 120mm，宽同墙厚；C-1 尺寸为：1500mm×1800mm，M-1 尺寸为：1200mm×2500mm，M-2 尺寸为：900mm×2000mm，板厚 120mm；女儿墙设置钢筋混凝土压顶，高 200mm，宽同墙厚。试根据图 5-23 计算基础垫层、砖基础和墙体的工程量。

解：（1）基数计算

外墙的中心线长 = $(3.6\times3+5.8)\,\mathrm{m}\times2 = 33.2\,\mathrm{m}$

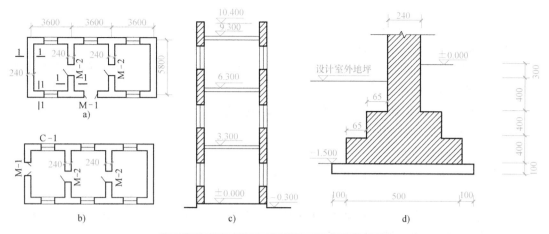

图 5-23 某建筑物平面、剖面、基础断面图

a）一层平面图　b）二层、三层平面图　c）剖面图　d）1—1 断面

内墙基的净长 = (5.8-0.37)m×2 = 10.86m

内墙净长 = (5.8-0.24)m×2 = 11.12m

内墙垫层净长线 = (5.8-0.7)m×2 = 10.2m

外墙高度 = 10.4m-0.18×3m-0.2m = 9.66m

内墙高度 = 9.3m-0.18×3m = 8.76m

外墙门窗洞口面积 = 1.2m×2.5m×3+1.5m×1.8m×17 = 54.9m²

内墙门洞面积 = 0.9m×2m×6 = 10.8m²

（2）垫层混凝土工程量计算

$$V_{垫层} = (33.2+10.2)m×0.7m×0.1m = 3.04m^3$$

（3）砖基础工程量计算

$V_{基础} = (33.2m+10.86m)×(0.5m×0.4m+(0.5m-0.065m×2)×0.4m)+(33.2+11.12)m×$

　　　$0.24m×0.7m$

　　$= 44.06m^2×(0.2+0.148)m+44.32m×0.24m×0.7m$

　　$= 15.333m^3+7.446m^3$

　　$= 22.78m^3$

（4）砖墙工程量计算

钢筋砖过梁的体积并入砖体积内计算。

$$V_{外墙} = (33.2m×9.66m-54.9m^2)×0.24m = 63.79m^3$$

$$V_{内墙} = (11.12m×8.76m-10.8m^2)×0.24m = 20.79m^3$$

5.5　钢筋工程

5.5.1　基本概念与项目划分

　　钢筋是指钢筋混凝土用和预应力钢筋混凝土用钢材，其横截面为圆形，有时为带有圆角的方形，包括光圆钢筋（俗称线材和圆钢）、带肋钢筋（俗称螺纹钢）。钢筋的种类很多，通常按轧制外形、直径大小、力学性能、生产工艺、在结构中的作用进行分类：

1. 按轧制外形分

1）光面钢筋：Ⅰ级钢筋（Q235 钢筋）均轧制为光面圆形截面，供应形式有盘圆，直径不大于 10mm，长度为 6~12m。

2）带肋钢筋：有螺旋形、人字形和月牙形三种，一般Ⅱ级和Ⅲ级钢筋轧制成人字形，Ⅳ级钢筋轧制成螺旋形及月牙形。

3）钢线（分低碳钢丝和碳素钢丝两种）及钢绞线。

4）冷轧扭钢筋：经冷轧并冷扭成型。

2. 按直径大小分

钢丝（直径为 3~5mm）、细钢筋（直径为 6~10mm）、粗钢筋（直径大于 22mm）。

3. 按力学性能分

Ⅰ级钢筋，HPB300；Ⅱ级钢筋 HRB335、HRBF335；Ⅲ级钢筋 HRB400、HRBF400、RRB400；Ⅳ级钢筋 HRB500、HRBF500。

4. 按生产工艺分

热轧钢筋、冷轧钢筋、冷拉钢筋，还有Ⅳ级钢筋经热处理而成的热处理钢筋，其强度比热轧钢筋、冷轧钢筋和冷拉钢筋的强度更高。

5. 按在结构中的作用分

受压钢筋、受拉钢筋、架立钢筋、分布钢筋、箍筋等。

配置在钢筋混凝土结构中的钢筋，按其作用可分为下列几种：

1）受力筋——承受拉应力、压应力的钢筋。

2）箍筋——承受一部分斜拉应力，并固定受力筋的位置，多用于梁和柱内。

3）架立筋——用以固定梁内钢箍的位置，构成梁内的钢筋骨架。

4）分布筋——用于屋面板、楼板内，与板的受力筋垂直布置，将承受的重力均匀地传给受力筋，并固定受力筋的位置，以及抵抗热胀冷缩所引起的温度变形。

5）其他——因构件构造要求或施工安装需要而配置的构造筋，如腰筋、预埋锚固筋等。目前常用的钢筋有热轧光圆钢筋（俗称圆钢）、热轧带肋钢筋（俗称螺纹钢）、冷轧扭钢筋、冷拔低碳钢丝。其中以前两者应用最广泛，后两者一般用在高强度混凝土中。

圆钢有两种，分别标识为 HPB235/HPB300，HPB235 基本不用了，一般采用的直径为 6.5mm、8mm、10mm、12mm，以 6.5mm 和 8mm 最为常用，一般用作箍筋。

螺纹钢常见标识是 HRB335、HRB400 等，一般采用的直径为 12~22mm 的偶数、25mm、28mm、32mm、40mm、50mm。更粗的螺纹钢一般出现在大体积混凝土工程中，不常用；直径在 25mm 以下的螺纹钢最为常用；砖混结构中常用直径 16mm 以下的螺纹钢。

钢筋工程定额分为现浇构件钢筋、预制构件钢筋、预应力构件钢筋和其他项目。

现浇构件钢筋分为现浇混凝土构件钢筋、冷轧带肋钢筋、成型冷轧扭钢筋、钢筋笼、桩内主筋与底板钢筋焊接项目。

预制构件钢筋分为现场预制混凝土构件钢筋、加工厂预制混凝土构件钢筋、点焊钢筋网片等项目。

预应力构件钢筋分为先张法、后张法钢筋，后张法钢丝束，钢绞线束钢筋项目。

其他钢筋分为砌体、板缝内加固钢筋，铁件制作、安装，地脚螺栓制作，端头螺杆螺母制作，电渣压力焊，（镦粗）直螺纹接头，冷压套筒接头，混凝土内植拉结筋，弯曲成型钢筋场外运输项目。

5.5.2　计算准备工作

1）确定要计算的钢筋所属的钢筋混凝土构件的施工方式或类型，如现浇构件、预制构件、预应力构件，或其他项目。

2）根据设计图分清所用钢筋的规格和型号，如冷轧带肋钢筋、冷拔钢丝，或冷轧扭钢筋。

3）根据施工过程分清是否为植筋，是现场制作还是加工厂制作，是绑扎还是焊接成型，以及接头的类型。

4）确定预制构件是现场预制还是加工厂预制。

5）确定预应力构件采用的是先张法还是后张法，是采用钢丝束还是钢绞线束、是有黏结还是无黏结。

6）根据招标文件确定相关材料的供应方式。

5.5.3　工程量计算一般计算规定

1）钢筋工程应区别现浇构件、预制构件、加工厂预制构件、预应力构件、点焊网片等以及不同规格（不分品种），分别按设计展开长度（展开长度、保护层、搭接长度应符合规范规定）乘以单位理论质量计算。

钢筋工程内容包括：除锈、平直、制作、绑扎（点焊）、安装，以及浇灌混凝土时维护钢筋用工。

钢筋制作、绑扎需拆分者，制作按 45%、绑扎按 55% 折算。

钢筋、铁件在加工厂制作时，由加工厂至现场的运输费应另列项目计算。在现场制作的不计算此项费用。铁件是指质量在 50kg 以内的铁质预埋件。

预制构件点焊钢筋网片已综合考虑不同直径点焊在一起的因素，当点焊钢筋直径粗细比在两倍以上时，其定额工日按该构件中主筋的相应子目乘以系数 1.25，其他不变（主筋是指网片中最粗的钢筋）。

管桩与承台连接所用钢筋和钢板分别按钢筋笼和铁件执行。

2）计算钢筋工程量时，搭接长度按规范规定计算。当梁、板（包括整板基础）$\phi 8$ 以上的通筋未设计搭接位置时，预算书暂按 9m 一个双面电焊接头考虑，结算时应按钢筋实际定尺长度调整搭接个数，搭接方式按已审定的施工组织设计确定。

钢筋搭接所耗用的电焊条、电焊机、铅丝和钢筋余头损耗已包含在定额内，设计图注明的钢筋接头长度以及未注明的钢筋接头按规范的搭接长度应计入设计钢筋用量中。

3）先张法预应力构件中的预应力和非预应力筋工程量应合并按设计长度计算，按预应力筋相应项目执行。

后张法预应力筋与非预应力筋分别计算，分别套用定额。后张法钢筋的锚固是按钢筋帮条焊 V 形垫块编制的，当采用其他方法锚固时应另行计算。

预应力筋设计要求人工时效处理时，应另行计算。非预应力筋不包括冷加工，设计要求冷加工时应另行处理。

预应力筋按设计图规定的预应力筋预留孔道长度，区别不同锚具类型，分别按下列规定计算：

① 低合金钢筋两端采用螺杆锚具时，预应力筋长度按预留孔道长度减少 350mm，螺杆另行计算。

② 低合金钢筋一端采用墩头插片，另一端采用螺杆锚具时，预应力筋长度按预留孔道

长度计算。

③ 低合金钢筋一端采用墩头插片，另一端采用帮条锚具时，预应力筋长度按预留孔道长度增加150mm，两端均用帮条锚具时，预应力筋长度按共增加300mm计算。

④ 低合金钢筋采用后张混凝土自锚时，预应力筋长度按预留孔道长度增加350mm计算。

⑤ 低合金钢筋（钢绞线）采用JM、XM、QM型锚具，孔道长度不大于20m时，钢筋长度按预留孔道长度增加1m计算，孔道长度大于20m时，钢筋长度按预留孔道长度增加1.8m计算。

⑥ 碳素钢丝采用锥形锚具，孔道长度不大于20m时，钢丝束长度按孔道长度增加1m计算，孔道长度大于20m时，钢丝束长度按孔道长度增加1.8m计算。

⑦ 碳素钢丝采用镦头锚具时，钢丝束长度按孔道长度增加0.35m计算。

4）电渣压力焊、直螺纹、冷压套管挤压等接头以"个"计算。预算书中，底板、梁暂按9m长一个接头的50%计算；柱按自然层每根钢筋1个接头计算。结算时应按钢筋实际接头个数计算。

粗钢筋接头采用电渣压力焊、直螺纹、套管接头等接头者，应分别执行钢筋接头定额。计算了钢筋接头的不能再计算钢筋搭接长度。

5）地脚螺栓制作、端头螺杆螺母制作按设计尺寸以质量计算。

6）植筋按设计数量以根数计算。

7）桩顶部破碎混凝土后主筋与底板钢筋焊接分别分为灌注桩、方桩（离心管桩、空心方桩按方桩算）以桩的根数计算。每根桩端焊接钢筋根数不调整。

8）在加工厂制作的铁件（包括半成品铁件）、已弯曲成型钢筋的场外运输以质量计算。各种砌体内的钢筋加固分为绑扎和不绑扎两种情况，以质量计算。

9）混凝土柱中埋设的钢柱，其制作、安装应按相应的钢结构制作、安装定额执行。

10）基础中的钢支架、铁件的计算：

① 基础中，多层钢筋的型钢支架、垫铁、撑筋、马凳等按已审定的施工组织设计合并用量计算，按金属结构的钢平台、走道等按定额执行。现浇楼板中设置的撑筋按已审定的施工组织设计用量与现浇构件钢筋用量合并计算。

② 铁件按设计尺寸以质量计算，不扣除孔眼、切肢、切角、切边的质量。在计算不规则或多边形钢板质量时均以矩形面积计算。

③ 预制柱上钢牛腿按铁件以质量计算。

11）后张法预应力钢丝束、钢绞线束按设计图预应力筋的结构长度（即孔道长度）加操作长度之和乘以钢材单位理论质量计算（无黏结钢绞线封油包塑的质量不计算）。

后张法预应力钢丝束、钢绞线束不分单跨、多跨以及单向双向布筋，当构件长在60m以内时，均按定额执行。

定额中预应力筋按直径5mm碳素钢丝或直径15~15.24mm钢绞线编制，采用其他规格时另行调整。

定额按一端张拉考虑，当两端张拉时，有黏结锚具基价乘以系数1.14，无黏结锚具乘以系数1.07。使用转角器张拉的锚具定额人工和机械乘以系数1.1。

无黏结钢绞线束以净重计量。若以毛重（含封油包塑的重量）计量，按净重与毛重之比1：1.08进行换算。

当钢绞线束用于地面预制构件时，应扣除定额中张拉平台摊销费。

单位工程后张法预应力钢丝束、钢绞线束平均每层结构设计用量在 3t 以内，且设计总用量在 30t 以内时，定额人工及机械台班有黏结张拉的乘以系数 1.63；无黏结张拉的乘以系数 1.80。

预应力钢丝束、钢绞线束的操作长度按下列规定计算：

① 钢丝束采用镦头锚具时，不论一端张拉或两端张拉，均不增加操作长度（即结构长度等于计算长度）。

② 钢丝束采用锥形锚具时，一端张拉为 1.0m，两端张拉为 1.6m。

③ 有黏结钢绞线采用多根夹片锚具时，一端张拉为 0.9m，两端张拉为 1.5m。

④ 无黏结预应力钢绞线采用单根夹片锚具时，一端张拉为 0.6m，两端张拉为 0.8m。

⑤ 使用转角器（变角张拉工艺）张拉操作长度应在定额规定的结构长度及操作长度基础上另外增加操作长度：无黏结钢绞线每个张拉端增加 0.6m，有黏结钢绞线每个张拉端增加 1.0m。

⑥ 特殊张拉的预应力筋，其操作长度应按实际计算。

12）当曲线张拉时，后张法预应力钢丝束、钢绞线计算长度可按直线长度乘以下列系数确定：当梁高在 1.5m 内时，乘以系数 1.015；当梁高在 1.5m 以上时，乘以系数 1.025；10m 以内跨度的梁，当矢高 650mm 以上时，乘以系数 1.02。

13）张法预应力钢丝束、钢绞线锚具，按设计规定所穿钢丝或钢绞线的孔数计算（每孔均包括张拉端和固定端的锚具），波纹管按设计图示以延长米计算。

5.5.4 钢筋长度计算规定

钢筋的长度可以按照下式进行计算

$$构件钢筋长度 = 构件长度 - 保护层厚度 + 钢筋增加长度 \qquad (5-18)$$

1）构件长度。按构件图示长度计算。

2）保护层厚度。当设计有规定时构件受力钢筋的保护层厚度按设计规定取值；设计没有规定时，可按表 5-19 取值。

表 5-19　受力钢筋保护层最小厚度　（单位：mm）

环境级别	板　墙	梁　柱
一	15	20
二 a	20	25
二 b	25	35
三 a	30	40
三 b	40	50

注：1. 混凝土强度等级不大于 C25 时，表中保护层厚度应增加 5mm。
　　2. 混凝土基础宜设置混凝土垫层，其受力钢筋的保护层厚度应从垫层表面算起，且不应小于 40mm。

3）钢筋增加长度。钢筋增加长度包括钢筋弯钩增加长度、弯起增加长度、钢筋搭接增加长度、钢筋锚固增加长度等。

钢筋弯钩增加长度应根据钢筋弯钩形状、弯弧内直径（弯心直径）、弯后平直段长度来确定，如图 5-24 所示，图中 d 为钢筋直径。变形（螺纹）钢筋及分布筋一般不加弯钩。

弯起钢筋增加长度应根据弯起的角度和弯起的高度计算求出。弯起角度越小，斜边长度 S_w 与底边长度 L_w 之差就越小，弯起钢筋的增加长度就越小。

常见的弯起钢筋的角度有 30°、45°、60°，如图 5-25 所示。

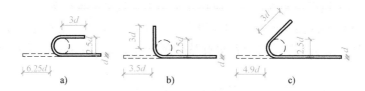

图 5-24　钢筋弯钩形式及增加长度

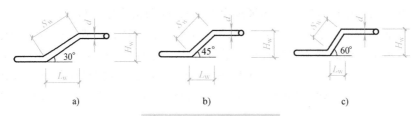

图 5-25　弯起钢筋示意图

a) 30°弯起　b) 45°弯起　c) 60°弯起

4）受拉钢筋的基本锚固长度 l_{ab} 见表 5-20。

表 5-20　基本锚固长度表

钢筋种类	混凝土强度等级								
	C20	C25	C30	C35	C40	C45	C50	C55	C60
HPB300	$39d$	$34d$	$30d$	$28d$	$25d$	$24d$	$23d$	$22d$	$21d$
HRB335、HRBF335	$38d$	$33d$	$29d$	$27d$	$25d$	$23d$	$22d$	$21d$	$21d$
HRB400、HRBF400、RRB400	—	$40d$	$35d$	$32d$	$29d$	$28d$	$27d$	$26d$	$25d$
HRB500、HRBF500	—	$48d$	$43d$	$39d$	$36d$	$34d$	$32d$	$31d$	$30d$

5）受拉钢筋锚固长度修正系数见表 5-21。

表 5-21　受拉钢筋锚固长度修正系数

锚固条件		ζ_a	备　注
带肋钢筋的公称直径大于 25		1.10	
环氧树脂涂层带肋钢筋		1.25	—
施工过程中易受扰动的钢筋		1.10	
锚固保护层厚度	3d	0.8	中间时按内插值，
	5d	0.7	d 为锚固钢筋直径

6）受拉钢筋锚固长度 l_a 和抗震锚固长度 l_{ae}，可按表 5-22 的公式计算得出。受拉钢筋锚固长度和抗震锚固长度分别见表 5-23 和表 5-24。

7）搭接增加长度。纵向受拉钢筋的搭接长度 l_l 可按表 5-25 取值。纵向受拉钢筋抗震搭接长度 l_{le} 可按表 5-25 的注 8 取值。

表 5-22　受拉钢筋锚固长度 l_a 和抗震锚固长度 l_{ae}

非抗震	抗震	说　明
$l_a = l_{ae}$	$l_{ae} = \zeta_{ae} l_a$	1. 不能小于 200 2. 锚固长度修正系数按表 5-21 所示系数取用,当多于一项时可按乘积算,但不应小于 0.6 3. ζ_{ae} 为抗震锚固长度修正系数,一、二级抗震等级取 1.15,三级抗震等级取 1.05,四级抗震等级取 1.0

表 5-23　受拉钢筋锚固长度表

钢筋种类	混凝土强度等级																
	C20	C25		C30		C35		C40		C45		C50		C55		C60	
	d<25	d<25	d>25	d<25	d>25	d<25	d>25	d<25	d>25	d<25	d>25	d<25	d>25	d<25	d>25	d<25	d>25
HPB300	39d	34d	—	30d	—	28d	—	25d	—	24d	—	23d	—	22d	—	21d	—
HRB335、HRBF335	38d	33d	—	29d	—	27d	—	25d	—	23d	—	22d	—	21d	—	21d	—
HRB400、HRBF400、RRB400	—	40d	44d	35d	39d	32d	35d	29d	32d	28d	31d	27d	30d	26d	29d	25d	28d
HRB500、HRBF500	—	48d	53d	43d	47d	39d	43d	36d	40d	34d	37d	32d	35d	31d	34d	30d	33d

表 5-24　受拉钢筋抗震锚固长度表

钢筋种类	抗震等级	混凝土强度等级																
		C20	C25		C30		C35		C40		C45		C50		C55		C60	
		d<25	d<25	d>25	d<25	d>25	d<25	d>25	d<25	d>25	d<25	d>25	d<25	d>25	d<25	d>25	d<25	d>25
HPB300	一、二级	45d	39d	—	35d	—	32d	—	29d	—	28d	—	26d	—	25d	—	24d	—
HPB300	三级	41d	36d	—	32d	—	29d	—	26d	—	25d	—	24d	—	23d	—	22d	—
HRB335、HRBF335	一、二级	44d	38d	—	33d	—	31d	—	29d	—	26d	—	25d	—	24d	—	24d	—
HRB335、HRBF335	三级	40d	35d	—	30d	—	28d	—	26d	—	24d	—	23d	—	22d	—	22d	—
HRB400、HRBF400、RRB400	一、二级	—	46d	51d	40d	45d	37d	40d	33d	37d	32d	36d	31d	35d	30d	33d	29d	32d
HRB400、HRBF400、RRB400	三级	—	42d	46d	37d	41d	34d	37d	30d	34d	29d	33d	28d	32d	27d	30d	26d	29d
HRB500、HRBF500	一、二级	—	55d	61d	49d	54d	45d	49d	41d	46d	39d	43d	37d	40d	36d	39d	35d	38d
HRB500、HRBF500	三级	—	50d	56d	50d	49d	41d	45d	38d	42d	36d	39d	34d	37d	33d	35d	32d	35d

注：1. 当为环氧树脂涂层带肋钢筋时，系数应乘以 1.25。
　　2. 当纵向受拉钢筋在施工过程中易受扰动时，表中系数应乘以 1.1。
　　3. 当锚固长度范围内受力钢筋周边保护层厚度为 3d、5d（d 为锚固钢筋的直径）时，数据可分别乘以 0.8、0.7；中间时按内插值。
　　4. 当纵向受拉普通钢筋上述长度修正系数（注 1～注 3）多于一项时，可按连乘计算。
　　5. 受拉钢筋的锚固长度或抗震锚固长度不得小于 200mm。
　　6. 四级抗震时，抗震锚固长度与锚固长度相同。
　　7. 当锚固钢筋的保护层厚度不大于 5d 时，锚固钢筋长度内应设置横向构造钢筋，其直径不应小于 d/4（d 为锚固钢筋的最大直径）；对梁、柱等构件间距不应大于 5d，对板、墙构件间距不应大于 10d，且均不应大于 100mm（d 为锚固钢筋的最小直径）。

表 5-25　纵向受拉钢筋的搭接长度

钢筋种类	同一区段内搭接百分率(%)	混凝土强度等级																
		C20	C25		C30		C35		C40		C45		C50		C55		C60	
		d<25	d<25	d>25	d<25	d>25	d<25	d>25	d<25	d>25	d<25	d>25	d<25	d>25	d<25	d>25	d<25	d>25
HPB300	<25	47d	41d	—	36d	—	34d	—	30d	—	29d	—	28d	—	26d	—	25d	—
HPB300	50	55d	48d	—	42d	—	39d	—	35d	—	34d	—	32d	—	31d	—	29d	—
HPB300	100	62d	54d	—	48d	—	45d	—	40d	—	38d	—	37d	—	35d	—	34d	—
HRB335、HRBF335	<25	46d	40d	—	35d	—	32d	—	30d	—	28d	—	26d	—	25d	—	25d	—
HRB335、HRBF335	50	53d	46d	—	41d	—	38d	—	35d	—	32d	—	31d	—	29d	—	29d	—
HRB335、HRBF335	100	61d	53d	—	46d	—	43d	—	40d	—	37d	—	35d	—	34d	—	34d	—
HRB400、HRBF400、RRB400	<25	—	48d	53d	42d	47d	38d	42d	35d	38d	34d	37d	32d	36d	31d	35d	30d	34d
HRB400、HRBF400、RRB400	50	—	56d	62d	49d	55d	45d	49d	41d	45d	39d	43d	38d	42d	36d	41d	35d	39d
HRB400、HRBF400、RRB400	100	—	54d	70d	56d	62d	51d	56d	46d	51d	45d	50d	43d	48d	42d	46d	40d	45d
HRB500、HRBF500	<25	—	58d	64d	52d	56d	47d	52d	43d	48d	41d	44d	38d	42d	37d	41d	36d	40d
HRB500、HRBF500	50	—	67d	74d	60d	66d	55d	60d	50d	56d	48d	52d	45d	49d	43d	48d	42d	46d
HRB500、HRBF500	100	—	77d	85d	69d	75d	62d	69d	58d	64d	54d	59d	51d	56d	50d	54d	48d	53d

注：1. 表中数值为纵向受拉钢筋绑扎搭接接头的搭接长度。
　　2. 两根不同直径钢筋搭接时，表中 d 取较细钢筋直径。
　　3. 当为环氧树脂涂层带肋钢筋时，表中数值尚应乘以 1.25。
　　4. 当纵向受拉钢筋在施工过程中易受扰动时，表中系数应乘以 1.1。
　　5. 当搭接长度范围内纵向受力钢筋周边保护层厚度为 3d 或 5d（d 为搭接钢筋的直径）时，表中数据可分别乘以 0.8、0.7，中间时按内插值。
　　6. 当上述修正系数（注 3～注 5）多于一项时，可按连乘计算。
　　7. 任何情况下，搭接长度不应小于 300mm。
　　8. 纵向受拉钢筋抗震搭接长度的取值根据抗震等级乘以以下修正系数并取整：当抗震等级为一级或二级时取 1.15；当抗震等级为三级时取 1.05；当抗震等级为四级时取 1.0。

5.5.5 梁平法钢筋计算

建筑结构施工图平面整体表示设计方法（简称平法）是把结构构件的尺寸和配筋等，按照平面整体表示法制图规则，整体在各类构件的结构平面布置图上直接表达，再与标准构造详图相配合，即构成一套新型完整的结构设计。平法的推广应用是我国结构施工图表示方法的一次重大改革。

自平法推广以来，先后推出 96G101、00G101、03G101-1、11G101、16G101 共五套图集，最新版 22G101-1 从 2022 年 5 月 1 日起正式执行。下面以梁平法为例介绍钢筋的计算方法。

1. 梁平法钢筋标注

梁平法施工图是在平面布置图上采用平面注写的方式或截面注写的方式表达。

平面注写方式，是在梁平面布置图上，分别在不同编号的梁中各选一根梁，在其上注写截面尺寸和配筋具体数值的方式来表达梁平法施工图。

梁的平面注写包括集中标注与原位标注，梁配筋平法与截面法的比较如图 5-26 所示。

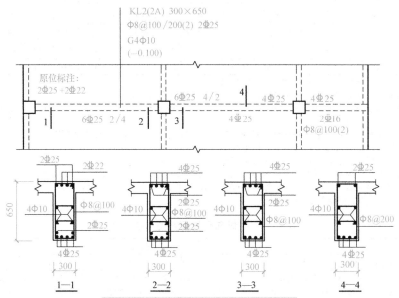

图 5-26 梁配筋平法与截面法的比较

集中标注表达梁的通用数值，原位标注表达梁的特殊数值。当集中标注中的某项数值不适用于梁的某部位时，则将该项数值原位标注。施工中，原位标注优先于集中标注，如图 5-27 所示。

（1）梁的集中标注 梁的集中标注体现以下五项信息，如图 5-28 所示：

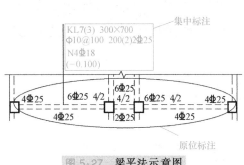

图 5-27 梁平法示意图

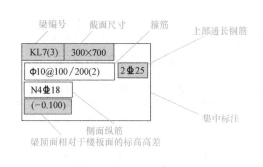

图 5-28 梁平法标注解释

1）梁编号、梁截面尺寸。该项为必须注写值。梁的编号见表 5-26。当梁为等截面梁时，用 $b×h$ 表示；当梁为竖向加腋梁时，用 $b×h$　$GYC_1×C_2$ 表示，其中 C_1 为腋长，C_2 为腋高；当梁为水平加腋梁时，用 $b×h$　$PYC_1×C_2$ 表示，其中 C_1 为腋长，C_2 为腋宽，加腋部分应在平面中绘制；当有悬挑梁且根部和端部的高度不同时，用斜线分隔根部与端部的高度值，即为 $b×h_1/h_2$。

表 5-26　梁的编号

梁类型	代号	序号	跨数及是否带有悬挑
楼层框架梁	KL	XX	（XX）、（XXA）或（XXB）
楼层框架扁梁	KBL	XX	（XX）、（XXA）或（XXB）
屋面框架梁	WKL	XX	（XX）、（XXA）或（XXB）
框支梁	KZL	XX	（XX）、（XXA）或（XXB）
托柱转换梁	TZL	XX	（XX）、（XXA）或（XXB）
非框架梁	L	XX	（XX）、（XXA）或（XXB）
悬挑梁	XL	XX	（XX）、（XXA）或（XXB）
井字梁	JZL	XX	（XX）、（XXA）或（XXB）

注：1.（XXA）为一端有悬挑，（XXB）为两端有悬挑，悬挑不计入跨数。

2. 楼层框架扁梁节点核心区代号 KBH。

3. 非框架梁 L、井字梁 JZL 表示端支座为铰接；当非框架梁 L、井字梁 JZL 端支座上部纵筋为充分利用钢筋的抗拉强度时，在梁代号后加"g"。

2）箍筋。钢筋级别、直径、加密区及非加密区、肢数。该项为必须注写值，箍筋加密区与非加密区的不同间距及肢数需用"/"分隔；当梁箍筋为同一种间距及肢数时，则不需用"/"分隔；当加密区与非加密区的箍筋肢数相同时，则将肢数注写一次；箍筋肢数应写在括号内。如 $\phi10@100/200$（4），$\phi8@100$（4）/150（2）。

当抗震结构中的非框架梁、悬挑梁、井字梁，及非抗震结构中的各类梁采用不同的箍筋间距及肢数时，也用"/"将其分隔开来。注写时，先注写梁支座端部的箍筋（包括箍筋的箍数、钢筋级别、直径、间距与肢数），在"/"后注写梁跨中部分的箍筋间距及肢数。如：$13\phi10@150/200$（4），$18\phi12@150$（4）/200（2）。

3）梁上下通长筋和架立筋。梁上部通长筋或架立筋配置（通长筋为相同或不同直径采用搭接连接、机械连接或对焊接连接的钢筋），该项为必须注写值。当同排纵筋中既有通长筋又有架立筋时，应用"+"将通长筋和架立筋相连。注写时须将角部纵筋写在加号的前面，架立筋写在加号后面的括号内，以示不同直径及与通长筋的区别。当全部采用架立筋时，则将其写入括号内，如 2 ϕ 22+（4 ϕ 12），2 ϕ 22+4 ϕ 20 。

当梁的上部纵筋和下部纵筋为全跨相同，且多数跨配筋相同时，此项可加注下部纵筋的配筋值，用分号"；"将上部与下部纵筋的配筋值分隔开来，少数跨不同者，按原位标注处理，如 3 ϕ 22；3 ϕ 20。

4）梁侧面纵筋（构造腰筋及抗扭腰筋）。梁侧面纵向构造钢筋或受扭钢筋配置，该项为必须注写值。当梁腹板高度 h_W ≥ 450mm 时，须配置纵向构造钢筋，以大写字母 G 开头，接续注写配置在梁两个侧面的总配筋值，且对称配置，如 G4ϕ12。配置受扭纵向钢筋时，以大写字母 N 开头，接续注写配置在梁两个侧面的总配筋值，且对称配置，如 N6 ϕ 22。

当为梁侧面构造钢筋时，其搭接与锚固长度可取为 15d；当为梁侧面受扭纵向钢筋时，其搭接长度为 l_1 或 l_{1E}（抗震）；其锚固长度与方式同框架梁下部钢筋。

5）梁顶面标高高差。该项为选注值。梁顶面标高高差，系指相对于结构层楼面标高的高差值，对于位于结构夹层的梁，则指相对于结构夹层楼面标高的高差有高差时，须将其写入括号内，无高差时不注。

（2）梁的原位标注　梁原位标注的内容包括梁支座上部纵筋（该部位含通长筋在内的所有纵筋）、梁下部纵筋、附加箍筋或吊筋、集中标注不适合于某跨处标注的数值，如图5-29所示。

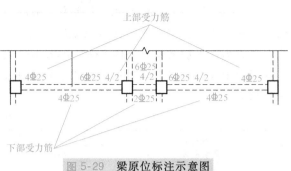

图 5-29　梁原位标注示意图

1）梁支座上部纵筋，该部位含通长筋在内的所有纵筋，常见的有以下几种符号：

"／"分隔——当上部纵筋多于一排时，用斜线"／"将各排纵筋自上而下分开。

"＋"相连——当同排纵筋有两种直径时，用"＋"将两种直径的纵筋相连，注写时将角部纵筋写在前面。

缺省标注——当梁中间支座两边的上部纵筋不同时，须在支座两边分别标注；当梁中间支座两边的上部纵筋相同时，可仅在支座的一边标注配筋值，另一边省去不注，如 6 Φ 25 4／2，2 Φ 25＋2 Φ 22。

2）梁下部纵筋，在标注中常见的有以下几种符号：

"／"分隔——当下部纵筋多于一排时，用斜线"／"将各排纵筋自上而下分开。

"＋"相连——当同排纵筋有两种直径时，用"＋"将两种直径的纵筋相连，注写时角筋写在前面。

"－"不入支座——当梁下部纵筋不全部伸入支座时，将梁支座下部纵筋减少的数量写在括号内。例 6 Φ 25 2(－2)／4，2 Φ 25＋3 Φ 22(－2)／5 Φ 25。

当梁的集中标注中已注写了梁上部和下部均为通长筋的纵筋值时，则不需要在梁的下部重复做原位标注。当设置竖向加腋梁时，加腋部位下部斜纵筋应在支座下部以 Y 开头注写在括号里，如图 5-30 所示。当设置水平加腋梁时，水平加腋内上下部斜纵筋应在加腋支座上部以 Y 开头注写在括号内，上下部斜纵筋之间用"／"分隔，如图 5-31 所示。当多跨梁的集中标注中已经注明加腋，而该梁某跨的根部却不需要加腋时，则应在该跨原位标注等截面的 $b×h$，以修正集中标注中的加腋信息。

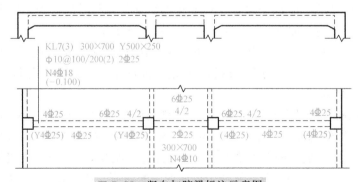

图 5-30　竖向加腋梁标注示意图

2. 梁支座纵筋的长度规定

1）为了方便施工，框架梁的所有支座和非框架梁（不包括井字梁）的中间支座上部纵

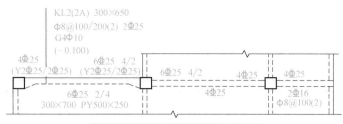

图 5-31　水平加腋梁标注示意图

筋的延伸长度 a_0 在标准构造详图中统一取值为：第一排非通长筋及与跨中直径不同的通长筋从柱（梁）边起延伸至 $l_n/3$ 位置；第二排非通长筋延伸至 $l_n/4$ 位置。l_n 的取值规定为：对于端支座，l_n 为本跨的净跨值；对于中间支座，l_n 为支座两边较大一跨的净跨值。

　　2）悬挑梁（包括其他类型梁的悬挑部分）上部第一排纵筋延伸至梁端头并下弯，第二排延伸至 $3l/4$ 位置，l 为自柱（梁）边算起的悬挑净长。当具体工程中需将悬挑梁中的部分上部筋从悬挑梁根部开始斜向弯下时，应由设计者另加注明。

　　3）当梁（不包括框支梁）下部纵筋不全部伸入支座时，不伸入支座的梁下部纵筋的截断点距支座边的距离取 $0.1l_{ni}$，i 为对应跨的序号。梁下部纵筋不伸入支座示意图如图 5-32 所示。

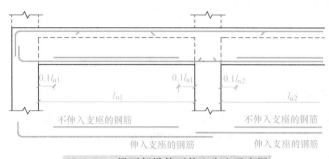

图 5-32　梁下部纵筋不伸入支座示意图

　　4）非框架梁、井字梁的上部纵向钢筋在端支座的锚固要求：当设计按铰接时，平直段伸至端支座对边后弯折，且平直段长度 $\geqslant 0.35l_{ab}$，弯折段长度为 $15d$；当充分利用钢筋的抗拉强度时，直段伸至端支座对边后弯折，且平直段长度 $\geqslant 0.6l_{ab}$，弯折段长度为 $15d$。设计者应该在平法施工图中注明采用何种构造，当多数采用同种构造时，可在图注中统一写明，并将少数不同之处在图中注明。

　　5）非抗震设计时，对于框架梁下部纵向钢筋在中间支座的锚固长度，构造详图中按计算中充分利用钢筋的抗拉强度考虑。当计算中不利用该钢筋的强度时，其伸入支座的锚固长度对于带肋钢筋为 $12d$，对于光面钢筋为 $15d$。

　　6）非框架梁下部纵向钢筋在中间支座和端支座的锚固长度，构造详图中规定对于带肋钢筋为 $12d$，对于光面钢筋为 $15d$。

　　7）当非框架梁配有受扭纵向钢筋时，梁纵筋锚入支座的长度为 l_a，当端支座直锚长度不足时，可伸至端支座对边后弯折，且平直段长度 $\geqslant 0.6l_{ab}$，弯折段长度为 $15d$。

　　[例 5-7]　某工程的楼层框架梁配筋示意图如图 5-33 所示。已知柱截面尺寸为 400mm×400mm；结构抗震等级为一级；C30 混凝土；钢筋接头百分率为 50%。试计算各种钢筋的长度及工程量。

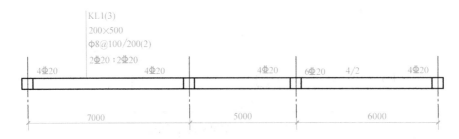

图 5-33　某工程的楼层框架梁配筋示意图

解：该梁中有上部通长筋、下部通长筋、上部支座钢筋和箍筋。

由于端节点的做法不同，所以钢筋的计算方法也有细微区别，本例按图 5-34 所示的构造进行计算。

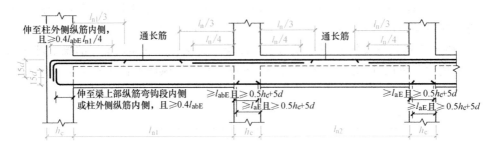

图 5-34　楼层框架梁纵向钢筋构造

上部通长筋共有两根。

单根长度 =（支座宽度-20+弯折长度）+净长+（支座宽度-20+弯折长度）

　　　　 =（400-20+15×20）mm+（7000+5000+6000-2×200）mm+（400-20+15×20）mm

　　　　 = 680mm+17600mm+680mm

　　　　 = 18960mm

两根的总长度 = 18960mm×2 = 37920mm

下部通长钢筋采用遇支座断开的方式，所以各跨要分别计算。

首跨下部通长钢筋有两根。

单根长度 =（支座宽度-20+弯折长度）+净长+右锚固长度

　　　　 =（400-20+15×20）mm+（7000-2×200）mm+40×20

　　　　 = 680mm+6600mm+800mm

　　　　 = 8080mm

两根的总长度 = 8080mm×2 = 16160mm

第二跨下部通长钢筋两根。

单根长度 = 左锚固长度+净跨长+右锚固长度

　　　　 = 40×20mm+（5000-2×200）mm+40×20mm

　　　　 = 800mm+4600mm+800mm

　　　　 = 6200mm

两根的总长度 = 6200mm×2 = 12400mm

末跨下部通长钢筋两根。

单根长度＝左锚固长度+净跨长+（右支座宽度-20+弯折长度）

$\quad$＝40×20mm+（6000-2×200）mm+（400-20+15×20）mm

$\quad$＝800mm+5600mm+680mm

$\quad$＝7080mm

两根的总长度＝7080mm×2＝14160mm

第一跨左支座有四根钢筋，其中包括两根通长钢筋，所以只计算其余两根。

单根长度＝（左支座宽度-20+弯折长度）+右伸长值

$\quad$＝（400-20+15×20）mm+（7000-2×200）mm/3

$\quad$＝680mm+2200mm

$\quad$＝2880mm

两根的总长度＝2880mm×2＝5760mm

第二跨左支座也有四根钢筋，其中包括两根通长钢筋，所以只计算其余两根。

单根长度＝2×max（第一跨净长，第二跨净长）/3+支座宽度

$\quad$＝2×6600mm/3+400mm

$\quad$＝4400mm+400mm

$\quad$＝4800mm

两根的总长度 ＝4800mm×2＝9600mm

第二跨右支座有四根钢筋，第三跨左支座有六根钢筋，其中四根与第二跨右支座的钢筋相同在第一排，剩余两根在第二排。因此，第三跨左支座第一排计算两根，第二排计算两根，且第二排的钢筋只需要满足长度即可。

第三跨左支座第一排钢筋单根长度

$\quad$＝2×max｛第二跨净长，第三跨净长｝/3+支座宽度

$\quad$＝2×5600mm/3+400mm

$\quad$＝3734mm+400mm

$\quad$＝4134mm

两根的总长度＝4134mm×2＝8268mm

第三跨左支座第二排钢筋单根长度

$\quad$＝锚固长度+右伸长值

$\quad$＝（40×20）mm+5600mm/4

$\quad$＝2200mm

两根的总长度 ＝2200mm×2＝4400mm

末跨右支座钢筋长度＝左伸长值+（右支座宽度-20+弯折长度）

$\quad$＝（6000-2×200）mm/3+（400-20+15×20）mm

$\quad$＝1867mm+680mm

$\quad$＝2547mm

两根的总长度＝2547mm×2＝5094mm

B20 钢筋的单位长度质量为 2.47kg/m，故

受力纵筋的总质量＝2.47kg/m×（37920+16160+12400+14160+5760+9600+8268+4400+

$\quad$5094）mm÷10^6＝0.281t

箍筋的计算分为加密区和非加密区，加密区的长度与构件的抗震等级有关，一级为 $2h$，

其他等级为 1.5h，h 为梁的截面高度，所以该框架梁加密区长度为 1000mm。首根箍筋距柱边的距离为 50mm，加密区箍筋的根数计算时向上取整+1，非加密区箍筋的根数计算是向上取整−1。

每跨每端加密区内箍筋的根数为：（1000−50）mm/100mm/根+1＝11根

首跨非加密区的长度为（7000−400−2×1000）mm＝4600mm

箍筋根数为 4600mm/200mm/根−1 根＝22 根

第二跨非加密区的长度为（5000−2×200−2×1000）mm＝2600mm

箍筋根数为 2600mm/200mm/根−1 根＝12 根

第三跨非加密区的长度为（6000−2×200−2×1000）mm＝3600mm

箍筋根数为 3600mm/200mm/根−1 根＝17 根

单根箍筋的长度为 2×[（200−2×20）+（500−2×20）+11.9×8]mm＝1430.4mm

箍筋的总长度＝1430.4mm×（6×11+22+12+17）＝167356.8mm

A8 钢筋的单位长度质量为 0.395kg/m，故

箍筋的总质量＝0.395kg/m×167356.8mm÷10^6＝0.066t

5.6 混凝土工程

5.6.1 基本概念与项目划分

混凝土结构是以混凝土为主制作的结构，包括素混凝结构、钢筋混凝土结构和预应力混凝土结构等。和其他材料的结构相比，混凝土结构整体性好，可浇筑成为一个整体；可模性好，可浇筑成各种形状和尺寸的结构；耐久性和耐火性好，工程造价和维护费用低。

混凝土的分类方法很多，按表观密度分为重混凝土（干表观密度大于 2600kg/m³）、普通混凝土（干表观密度为 1950~2600kg/m³）、轻混凝土（干表观密度小于 1950kg/m³）；按混凝土在工程中的用途不同可分为结构混凝土、水工混凝土、海工混凝土、道路混凝土、防水混凝土、补偿收缩混凝土、装饰混凝土、耐热混凝土、耐酸混凝土、防辐射混凝土等；按混凝土的抗压强度可分为低强混凝土、中强混凝土、高强混凝土及超高强混凝土等；按每立方米混凝土中水泥用量（C）分为贫混凝土（C≤170kg/m³）和富凝土（C≥230kg/m³）；按掺加的其他辅助材料分为粉煤灰混凝土、纤维混凝土、硅灰混凝土、磨细高炉矿渣混凝土、硅酸盐混凝土等；按生产和施工方法不同分为现场搅拌混凝土、现场集中搅拌混凝土、预拌（商品）混凝土、泵送混凝土、非泵送混凝土、喷射混凝土、压力灌浆混凝土（预填骨料混凝土）、挤压混凝土、离心混凝土、真空吸水混凝土、碾压混凝土等。

定额中混凝土构件分为自拌混凝土构件、商品混凝土泵送构件、商品混凝土非泵送构件三部分。泵送混凝土构件的定额中已综合考虑了输送泵车台班，布管、拆管及人工费、泵管摊销费、冲洗费。泵送构件的泵送高度定额中是按 30m 以内进行编制的，当输送高度超过 30m 时，要对输送泵车的台班数量进行调整。当输送高度超过 30m 时，输送泵车台班（含30m）乘以 1.10；输送高度超过 50m 时，输送泵车台班（含50m）乘以 1.25；输送高度超过 100m 时，输送泵车台班（含100m）乘以 1.35；输送高度超过 150m 时，输送泵车台班（含 150m）乘以 1.45；输送高度超过 200m 时，输送泵车台班（含200m）乘以 1.55。

无论是现场搅拌混凝土还是商品混凝土，当现场集中搅拌混凝土时，其配合比按现场集中搅拌混凝土配合比执行，混凝土搅拌楼的费用另行计算。

现浇构件包括垫层、基础、柱、梁、墙、板和其他构件。常见的基础类型包括条形基

础、高杯基础、满堂基础、独立基础（桩承台）和设备基础；常见的柱分为矩形柱、圆形、多边形柱、异形柱（L 形柱、T 形柱、十字形柱）和构造柱；常见的梁包括基础梁、地坑支撑梁、单梁、框架梁、连续梁、异形梁、挑梁、圈梁、过梁、拱形梁；常见的墙有挡土墙和地下室墙、地面以上直（圆）形墙、后浇带墙、电梯井壁、大钢模板墙、滑模板墙；板包括有梁板、无梁板、平板、拱板、后浇板带、空心楼板、现浇空心楼板内筒芯；其他现浇构件分为楼梯、挑檐、雨篷、阳台、地沟、栏板、扶手、门框、天沟、檐沟竖向挑板、压顶、台阶、小型构件。

预制构件按照预制地点的不同分为在现场预制和在加工厂预制，常见的预制构件包括桩、柱、梁、屋架、板和其他预制构件。桩又分为方桩、板桩；柱分为矩形柱、工形柱、双肢柱、格构柱；梁分为矩形梁、托架梁、拱形梁、异形梁、过梁、吊车梁（T 形吊车梁、鱼腹式吊车梁）、风道梁；屋架分为拱形屋架、梯形屋架、组合屋架、薄腹屋架、三角屋架、锯齿形屋架、门式刚架；板分为平板、隔断板、槽形板、大型屋面板、天窗端壁板；其他构件分为天窗架、支撑腹杆、天窗上下档、烟道、通风道、楼梯段、楼梯斜梁、楼梯踏步板、镂空花格窗、花格芯、栏杆芯、小型混凝土构件等。

小型混凝土构件指单体体积在 0.05m³ 以内的定额未列出的构件。

一般情况下，混凝土粗骨料最大粒径不得超过截面最小尺寸的 1/4，且不得大于钢筋最小净间距的 3/4。对混凝土实心板，骨料的最大粒径不宜超过板厚的 1/3，且不的超过40mm。在定额中各种混凝土石子粒径按表 5-27 规定取定的，当设计有规定时按设计规定进行配合比的换算。

表 5-27　混凝土构件石子粒径表

石子粒径	构 件 名 称
5~16mm	预制板类构件、预制小型构件
5~31.5mm	现浇构件：矩形柱（构造柱除外）、圆柱、多边形柱（L 形、T 形、十字形柱除外）、框架梁、单梁、连续梁、地下室防水混凝土墙
	预制构件：柱、梁、桩
5~20mm	除以上构件外均用此粒径
5~40mm	基础垫层、各种基础、道路、挡土墙、地下室墙、大体积混凝土

5.6.2　计算准备工作

由前一节可以得知，混凝土的工程项目繁多，所以在计算工程量前需要明确以下资料。

1）构件是基础、柱、梁、墙、板、圈梁、过梁、楼梯、雨篷，还是其他构件。

2）构件是现浇构件、预制构件，还是预应力构件。

3）采用的混凝土的类别是现场搅拌、现场预拌还是商品混凝土并确定采用混凝土的强度等级。

4）泵送商品混凝土的泵送高度。

5）构件的截面形状及尺寸。

6）根据招标文件确定相关材料的供应方式。

5.6.3　现浇混凝土工程量计算规则

除另有规定者外，混凝土工程量均按图示尺寸以体积计算。不扣除构件内钢筋、支架、螺栓孔、螺栓、预埋件及墙、板中不大于 0.3m² 的孔洞所占的体积。留洞所增加的工、料不再另计费用。

1. 混凝土基础垫层

混凝土基础垫层是指砖、石、混凝土、钢筋混凝土等基础下的混凝土垫层，其工程量按图示尺寸以体积计算，不扣除伸入承台基础的桩头所占的体积。如果厚度在150mm以内按垫层定额执行，如果厚度超过150mm按混凝土基础相应定额执行。

1）外墙基础垫层长度按外墙中心线长度计算。

2）内墙基础垫层长度按内墙基础垫层净长计算。

2. 基础

混凝土基础按图示尺寸以体积计算，不扣除伸入承台基础的桩头所占的体积。

如果毛石基础中毛石的掺量与定额含量（15%）不同，可按比例换算毛石、混凝土的数量，其余不变。

（1）条形基础长度 常见的条形基础的形式有梯形、阶梯形和矩形，如图5-35所示。

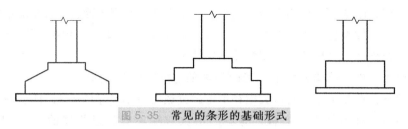

图5-35 常见的条形的基础形式

外墙下条形基础按外墙中心线长度，内墙下条形基础按基底、有斜坡的按斜坡间的中心线长度、有梁部分按梁净长计算，独立柱基间条形基础按基底净长计算。

[例5-8] 试计算如图5-36所示的混凝土条形基础的工程量（平面图中的尺寸为墙体的中心线间的距离）。

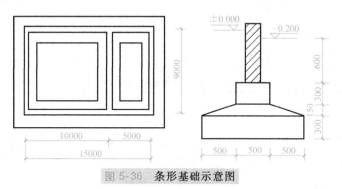

图5-36 条形基础示意图

解：（1）外墙下的基础长度按外墙中心线长度计算，内墙基的长度分为三个部分，底部按基底的净长、中间坡形按有坡部分的中心线长度计算，顶部按净长计算。相应原基数如下：

外墙中心线长 $L_{中}=(15+9)\text{m}\times2=48\text{m}$

底部立方体 $L_{内基底净}=9\text{m}-1.5\text{m}=7.5\text{m}$

有坡部分 $L_{内坡中}=9\text{m}-0.25\times2\text{m}-0.5\text{m}=8.0\text{m}$

顶部 $L_{内顶净}=9\text{m}-0.5\text{m}=8.5\text{m}$

（2）分别计算各部分的体积

外墙下的基础体积 $V_{外}=(1.5\times0.3+0.5\times0.3+(0.5+1.5)\times0.15/2)\text{m}^2\times48\text{m}=36\text{m}^3$

内墙下底部基础体积 $V_{底} = 1.5\text{m} \times 0.3\text{m} \times 7.5\text{m} = 3.375\text{m}^3$

内墙下斜坡部分基础体积 $V_{斜} = (0.5 + 1.5)\text{m} \times 0.15\text{m}/2 \times 8\text{m} = 1.2\text{m}^3$

内墙下基础顶部体积 $V_{顶} = 0.3\text{m} \times 0.5\text{m} \times 8.5\text{m} = 1.275\text{m}^3$

基础总体积 $V = 36\text{m}^3 + 3.375\text{m}^3 + 1.2\text{m}^3 + 1.275\text{m}^3 = 41.85\text{m}^3$

（2）有梁条形混凝土基础 有梁条形混凝土基础的梁高与梁宽之比在 4：1 以内的，按有梁式条形基础计算（条形基础梁高是指梁底部到上部的高度）。超过 4：1 时，其基础底按无梁式条形基础计算，上部按墙计算。

（3）满堂（板式）基础 满堂（板式）基础如图 5-37 所示，有梁式（包括反梁）、无梁式应分别计算，仅带有边肋者，按无梁式满堂基础套用定额。

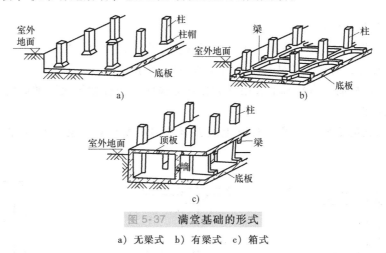

图 5-37 满堂基础的形式

a）无梁式 b）有梁式 c）箱式

（4）设备基础 除块体设备基础以外，其他类型设备基础分别按基础、梁、柱、板、墙等有关规定计算，套用相应的定额。

（5）独立柱基、桩承台 独立柱基、桩承台如图 5-38 所示，按图示尺寸以体积计算至基础扩大顶面。

（6）杯形基础 杯形基础如图 5-39 所示套用独立柱基定额。杯口外壁高度大于杯口外长边的杯形基础，套"高颈杯形基础"定额。

3. 柱

混凝土柱的工程量按图示断面尺寸乘以柱高以体积计算，应扣除构件内型钢体积。依附柱上的牛腿（见图 5-40）和升板的柱帽，并入相应柱身体积计算。

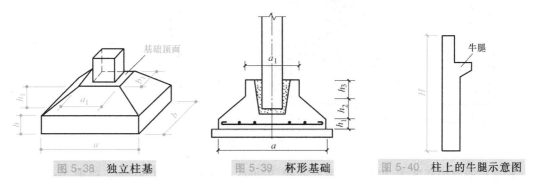

图 5-38 独立柱基　　　　图 5-39 杯形基础　　　　图 5-40 柱上的牛腿示意图

L 形、T 形、十字形柱，按 L 形、T 形、十字形柱相应定额执行。当两边之和超过 2000mm，按直形墙相应定额执行。L 形、T 形、十字形柱边长（h_c 和 b_f）如图 5-41 所示。

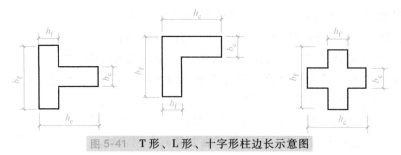

图 5-41　T 形、L 形、十字形柱边长示意图

柱高按下列规定确定：

1）有梁板的柱高，应自柱基上表面（或楼板上表面）至上一层楼板上表面之间的高度计算，不扣除板厚，有梁板的柱高示意图如图 5-42 所示。

2）无梁板的柱高，自柱基上表面（或楼板上表面）至柱帽下表面的高度计算，无梁板的柱高示意图如图 5-43 所示。

3）有预制板的框架梁柱高自柱基上表面至柱顶高度计算，框架梁的柱高示意图如图 5-44 所示。

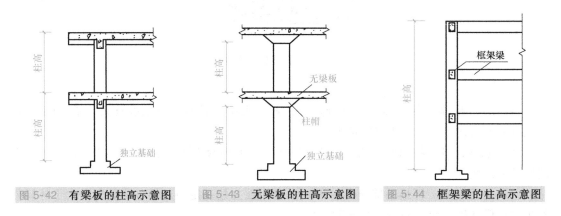

图 5-42　有梁板的柱高示意图　　图 5-43　无梁板的柱高示意图　　图 5-44　框架梁的柱高示意图

4）构造柱按全高计算，与砖墙嵌接部分的混凝土体积并入柱身体积计算，构造柱示意图如图 5-45 所示。

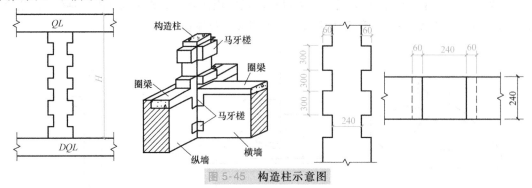

图 5-45　构造柱示意图

构造柱的咬槎高度为 300mm，纵向间距 300mm，马牙宽度为 60mm，如图 5-45 所示。常见构造柱的断面形式一般有四种，即 L 形、T 形、十字形交叉和一字形如图 5-46 所示。

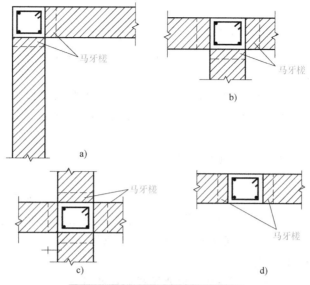

图 5-46 构造柱工程量计算图示

a) L 形转角 b) T 形接头 c) 十字形交叉 d) 一字形

为方便计算，马牙咬槎的宽度按全高的平均宽度 30mm 计算。若构造柱两个方向的尺寸分别为 a 和 b，则构造柱的计算断面面积则为

$$F = ab + 0.03an_1 + 0.03bn_2 = ab + 0.03(an_1 + bn_2) \qquad (5-19)$$

式中，F 为构造柱计算断面面积；n_1、n_2 为构造柱上下、左右的咬接边数。

按式（5-19）计算后，四种形式的构造柱计算断面面积如表 5-28 所示。

表 5-28 **构造柱计算断面面积**

构造柱形式	咬接边数		柱断面面积/m²	计算断面面积/ m²
	n_1	n_2		
L 形	1	1		0.072
T 形	1	2	0.24×0.24	0.0792
十字形	2	2		0.0864
一字形	0	2		0.072

4. 梁

梁的工程量按图示断面尺寸乘以梁的长度以体积计算。依附于梁、板、墙（包括阳台梁、圈过梁、挑檐板、混凝土栏板、混凝土墙外侧）上的混凝土线条（包括弧形线条）按小型构件定额执行（梁、板、墙宽算至线条内侧）。现浇挑梁的工程量按挑梁计算，其压入墙身部分按圈梁计算；挑梁与单、框架梁连接时，其挑梁的工程量应并入相应梁内计算。花篮梁二次浇捣部分的工程量执行圈梁定额。

梁长按下列规定确定：

1）梁与柱连接时，梁长算至柱侧面。

2）主梁与次梁连接时，次梁长算至主梁侧面。伸入砖墙内的梁头、梁垫体积并入梁体积计算。

3）圈梁、过梁应分别计算，过梁长度按图示尺寸，图样未明确表示时，按门窗洞口外围宽度另加 500mm 计算。平板与砖墙上混凝土圈梁相交时，圈梁高度应算至板底面。

5. 板

板按图示面积乘以板厚以体积计算（梁板交接处不得重复计算），不扣除单个面积 0.3m² 以内的柱、垛以及孔洞所占的体积，应扣除构件中压形钢板所占的体积，应并入伸入墙内的板头体积。其中：

1）有梁板按梁（包括主、次梁）、板体积之和计算，有后浇板带时，后浇板带（包括主、次梁）应扣除。厨房、卫生间墙下设计有素混凝土防水坎时，工程量并入板内，执行有梁板定额。

2）无梁板按板和柱帽之和以体积计算。

3）平板是指四边搁置在墙上的板，其工程量按体积计算。

4）现浇挑檐、天沟与板（包括屋面板、楼板）连接时，以外墙面为分界线，与圈梁（包括其他梁）连接时，以梁外边线为分界线。外墙边线以外或梁外边线以外为挑檐、天沟。天沟底板与侧板工程量应分别计算，底板按板式雨篷以板底水平投影面积计算，侧板按天沟、檐沟竖向挑板以体积计算。

5）飘窗的上下挑板按板式雨篷以板底水平投影面积计算。

6）预制板缝宽度在 100mm 以上的现浇板缝按平板计算。

7）后浇墙、板带（包括主、次梁）按设计图示尺寸以体积计算。

8）现浇混凝土空心楼板混凝土按图示面积乘以板厚以体积计算，单位 m³，其中空心管、箱体及空心部分的体积扣除。

9）现浇混凝土空心楼板内筒芯按设计图示中心线长度计算；无机阻燃型箱体按设计图示数量计算。

6. 墙

墙的工程量按图示尺寸以体积计算，应扣除门、窗洞口、后浇墙带及 0.3m² 以上的孔洞体积。其中：外墙按图示中心线乘以墙高、墙厚以体积计算；内墙按净长乘以墙高、墙厚以体积计算；单面墙垛的突出部分并入墙体体积计算；双面墙垛（包括墙）按柱计算；弧形墙按弧线长度乘以墙高、墙厚以体积计算；梯形断面墙按上口与下口的平均宽度计算。墙高按下列规定确定：

1）墙与梁平行重叠，墙高算至梁顶面；当设计梁宽超过墙宽时，梁、墙分别按相应定额计算。

2）墙与板相交，墙高算至板底面。

3）屋面混凝土女儿墙按直（圆）形墙以体积计算。

在使用定额时还要注意，现浇柱、墙定额中，均已按规范规定综合考虑底部按 1:2 的比例铺垫水泥砂浆的用量。

如果室内净高超过 8m，则相应项目的人工应按以下规定进行调整：室内净高超过 8m 的现浇柱、梁、墙、板（各种板）的人工工日分别乘以下列系数：净高在 12m 以内乘以 1.18；净高在 18m 以内乘以 1.25。

7. 整体楼梯

包括休息平台、平台梁、斜梁及楼梯梁，按水平投影面积计算，不扣除宽度在 500mm 以内的楼梯井，伸入墙内部分不另行增加，楼梯与楼板连接时，楼梯算至楼梯梁外侧面。当现浇楼板无楼梯梁连接时，以楼梯的最后一个踏步边缘加 300mm 为界。圆弧形楼梯包括圆弧形梯段、圆弧形边梁及与楼板连接的平台，按楼梯的水平投影面积计算。

8. 阳台、雨篷

按伸出墙外的板底水平投影面积计算，伸出墙外的牛腿不另计算。

9. 阳台、檐廊栏杆

阳台、檐廊栏杆的轴线柱、下嵌、扶手以扶手的长度按延长米计算。混凝土栏板、竖向挑板以体积计算。栏板的斜长，如果图样有规定时按规定取值，无规定时，按水平长度乘以系数 1.18 计算。地沟底、壁应分别计算，沟底按基础垫层定额执行。

10. 预制钢筋混凝土框架的梁、柱现浇接头

按设计断面以体积计算，套用"柱接柱接头"定额。

11. 台阶

按水平投影以面积计算，设计混凝土用量超过定额含量时，应调整。台阶与平台的分界线以最上层台阶的外口增加 300mm 宽度为准，台阶宽度以外部分并入地面工程量计算。

12. 空调板

按板式雨篷以板底水平投影面积计算。

[例 5-9] 现浇钢筋混凝土单层厂房如图 5-47 所示，屋面板顶面标高 5.0m，柱基础顶面标高 -0.5m，Z3 柱的截面尺寸为 300mm×400mm，Z4 柱的截面尺寸为 400mm×500mm，Z5 柱的截面尺寸为 300mm×400mm；梁、板、柱均采用 C25 泵送商品混凝土。试计算混凝土的工程量。

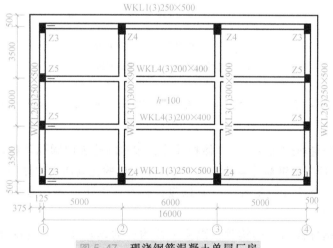

图 5-47 现浇钢筋混凝土单层厂房

解：（1）柱工程量

Z3　$0.3\text{m}×0.4\text{m}×(5+0.5)\text{m}×4 = 2.64\text{m}^3$

Z4　$0.4\text{m}×0.5\text{m}×(5+0.5)\text{m}×4 = 4.4\text{m}^3$

Z5　$0.3\text{m}×0.4\text{m}×(5+0.5)\text{m}×4 = 2.64\text{m}^3$

合计：$2.64\text{m}^3+4.4\text{m}^3+2.64\text{m}^3 = 9.68\text{m}^3$

（2）有梁板工程量

WKL1　$(16-0.175×2-0.4×2)\text{m}×0.25\text{m}×(0.5-0.1)\text{m}×2 = 2.97\text{m}^3$

WKL2　$(10-0.275×2-0.4×2)\text{m}×0.25\text{m}×(0.5-0.1)\text{m}×2 = 1.73\text{m}^3$

WKL3　$(10-0.375×2)\text{m}×0.3\text{m}×(0.9-0.1)\text{m}×2 = 4.44\text{m}^3$

WKL4　$(16-0.175×2-0.3×2)\text{m}×0.2\text{m}×(0.4-0.1)\text{m}×2 = 1.81\text{m}^3$

板　　$(16+0.125\times2)\text{m}\times(10+0.125\times2)\text{m}\times0.1\text{m}=16.66\text{m}^3$

扣减柱的工程量　$0.3\text{m}\times0.4\text{m}\times8\times0.1\text{m}+0.4\text{m}\times0.5\text{m}\times4\times0.1\text{m}=0.18\text{m}^3$

合计　$2.97\text{m}^3+1.73\text{m}^3+4.44\text{m}^3+1.81\text{m}^3+16.66\text{m}^3-0.18\text{m}^3=27.43\text{m}^3$

（3）挑檐工程量

$$(16+0.5\times2)\text{m}\times(10+0.5\times2)\text{m}\times0.1\text{m}-16.66\text{m}^3=2.04\text{m}^3$$

[例 5-10]　试求如图 5-48 所示的钢筋混凝土板式楼梯的工程量。已知墙厚为 240mm，TL 截面尺寸为 250mm×400mm，楼层梁 LL1 的截面尺寸为 250mm×400mm，楼梯采用 C25 泵送商品混凝土。

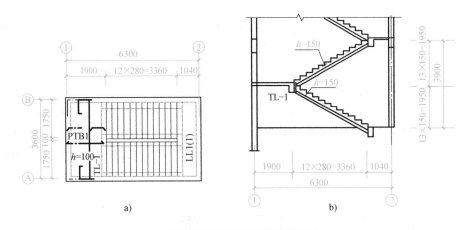

图 5-48　楼梯工程量计算示例

a）楼梯结构平面图　b）楼梯剖面图

解：楼梯工程量 $=(3.6-0.12\times2)\text{m}\times(3.36+1.9-0.12+0.25)\text{m}=18.11\text{m}^2$

5.6.4　现场、加工厂预制混凝土工程量计算规则

1）混凝土工程量均按图示尺寸以体积计算，扣除圆孔板内圆孔体积，不扣除构件内钢筋、铁件、后张法预应力钢筋灌浆孔及板内 0.3m^2 以内的孔洞所占的体积。

2）预制桩按桩全长（包括桩尖）乘以设计桩断面面积（不扣除桩尖虚体积）以体积计算。

3）混凝土与钢杆件组合的构件，混凝土按构件的体积计算，钢拉杆按"金属结构工程"中相应子目执行。

4）镂空混凝土花格窗、花格芯按外形面积计算。

5）天窗架、端壁、檩条、支撑、楼梯、板类及厚度在 50mm 以内的薄型构件按设计图加定额规定的场外运输、安装损耗以体积计算。

在使用定额时需要注意以下几点：

1）现场预制构件，若在加工厂制作，混凝土配合比按加工厂配合比计算，加工厂构件及商品混凝土改在现场制作，混凝土配合比按现场配合比计算，其工料、机械台班不调整。

2）加工厂预制构件其他材料费中已综合考虑掺入早强剂的费用，现浇构件和现场预制构件未考虑使用早强剂费用，设计中需使用时，可以另行计算早强剂增加的费用。

3）加工厂预制构件采用蒸汽养护时，立窑、养护池养护费用另行计算。

5.7 金属结构工程

5.7.1 基本概念与项目划分

金属结构工程中的主要构件包括：地脚螺栓、钢柱、钢梁、钢屋架、钢桁架、钢托架、钢网架、钢吊车梁、制动梁、制动桁架、柱间支撑、水平支撑、隔撑、系杆、拉条、屋面檩条、墙面檩条、门框、天沟、屋面板、采光板、墙面板、收边板、落水管、铝合金窗、卷帘门、上吊车梯、屋面检修梯等。主要施工工序包括制作与安装。

定额中除按构件种类列项外，每种构件又分为多个类型。例如，钢柱制作分为型钢柱与钢管柱，型钢柱又分为一般型钢柱与箱型钢柱，均按每根钢柱的质量分别列项。

钢屋架、钢托架、钢桁架、每榀质量不同分别列项，其中单榀质量小于 0.5t 的屋架为轻钢屋架；网架制作按球节点的连接方法与材料不同分为焊接空心球节点、螺栓球节点、不锈钢球节点网架。

钢梁、钢吊车梁制作又分为一般型钢梁与箱型钢梁，均按每根钢柱的质量大小不同分别列项。

钢支撑分为柱间钢支撑、屋架钢支撑、圆钢剪刀撑、钢管支撑（水平系杆）、单式角钢隔撑；檩条分为型钢檩条、轻钢檩条（C 型和 Z 型）。

钢平台分为平台和走道，均以板式为主；钢梯子分为踏步式、爬式、螺旋式；钢拉杆分为型钢为主栏杆、钢管为主栏杆、圆（方）钢为主栏杆和花式栏杆。

钢拉杆制作分为屋架钢拉杆制作和轻钢檩条钢拉杆制作；钢漏斗制作分为方形和圆形两种；型钢制作分为钢板焊接成 H 形、T 形钢构件制作、钢板天沟制作、成品型钢次梁制作。

钢屋架、钢桁架、钢托架现场制作平台摊销按构件单件质量大小不同分项。

其他构件分为钢盖板预制安装、零星钢构件制作（指质量 50kg 以内的其他零星铁件制作）、U 型爬梯预制安装、晒衣架预制安装、钢木大门骨架制作、龙骨钢骨架制作，以及型钢表面的除锈。

5.7.2 计算准备工作

1）根据定额的项目划分明确构件的类型。

2）根据设计说明确定钢材的种类、规格型号及除锈要求。

3）根据球节点的连接方式及材料区分网架的类型。

4）区分一般屋架和轻型屋架、铁件等。

5）确定各个构件所在的位置或所属的母构件。

6）根据招标文件确定相关材料的供应方式。

5.7.3 工程量计算规则

1）不论在专业加工厂、附属企业加工厂，或现场制作金属结构，均按图示钢材尺寸以质量计算，不扣除孔眼、切肢、切角、切边的质量，电焊条、铆钉、螺栓、紧定螺钉等质量不计入工程量。计算不规则或多边形钢板时，以其外接矩形面积乘以厚度再乘以单位理论质量计算。

执行定额时要注意以下几点：

① 钢构件的制作除已注明外，均包括现场内（工厂内）的材料运输、下料、加工、组装及成品堆放等全部工序和刷一遍防锈漆，均未包括焊缝无损探伤（如：X 光透视、超声

波探伤、磁粉探伤、着色探伤等），亦未包括探伤固定支架制作和被检工件的退磁。现场制作需搭设操作平台，其平台摊销费按定额相应项目执行。加工点至安装点的构件运输，除购入构件外另按构件运输定额相应项目计算。

② 所有构件的制作均按焊接编制的，局部制作用螺栓或铆钉连接，不做调整。

③ 金属结构制作定额中钢材品种按普通钢材为标准，若用锰钢等低合金钢，其制作人工乘以系数1.1。

④ 弧形构件（不包括螺旋式钢梯、圆形钢漏斗、钢管柱）的制作人工、机械乘以系数1.2。

⑤ 天窗挡风架、柱侧挡风板、挡雨板支架制作均按挡风架定额执行。

2）实腹柱、钢梁、吊车梁、H型钢、T型钢构件按图示尺寸计算，其中钢梁、吊车梁腹板及翼板宽度按图示尺寸每边增加8mm计算。

3）钢柱制作工程量包括依附于柱上的牛腿及悬臂梁的质量；制动梁的制作工程量包括制动梁、制动桁架、制动板质量；墙架的制作工程量包括墙架柱、墙架梁及连接杆件质量，轻钢结构中的门框、雨篷的梁柱按墙架定额执行。

劲性混凝土柱、梁、板内，用钢板、型钢焊接而成的H型钢柱、T型钢柱、梁等构件，按H型钢构件和T型钢构件制作定额执行，截面由单根成品型钢构成的构件按成品型钢构件制作定额执行。

4）钢平台、走道的计算应包括楼梯、平台、栏杆，钢梯子的计算应包括踏步、栏杆。栏杆是指平台、阳台、走廊和楼梯的单独栏杆。

5）钢漏斗制作工程量，矩形按图示分片，圆形按图示展开尺寸，并依钢板宽度分段计算，每段均以其上口长度（圆形以分段展开上口长度）与钢板宽度按矩形计算，依附漏斗的型钢并入漏斗质量计算。

钢漏斗、晒衣架、钢盖板等制作、安装一体的定额项目中已包括安装费，但未包括场外运输。角钢、圆钢焊制的入口截流沟篦盖的制作、安装，按设计质量执行钢盖板制作、安装定额。

6）轻钢檩条以设计型号和规格按质量计算，檩条间的C型钢、薄壁槽钢、方钢管、角钢撑杆、窗框并入轻钢檩条内计算。

薄壁方钢管、薄壁槽钢、成品H型钢檩条及车棚等小间距钢管、角钢槽钢等单根型钢檩条的制作，按C、Z型轻钢檩条制作执行。由双C、双［（槽钢）、双L型钢之间断续焊接或通过连接板焊接的檩条，由圆钢或角钢焊接成片形、三角形截面的檩条按型钢檩条制作定额执行。

7）套在轻钢檩条的圆钢拉杆上作为撑杆用的钢管，其质量并入轻钢檩条钢拉杆计算。轻钢檩条拉杆按檩条钢拉杆定额执行，木屋架、钢筋混凝土组合屋架拉杆按屋架钢拉杆执行。檩条间圆钢钢拉杆定额中的螺母质量、圆钢剪刀撑定额中的花篮螺栓、螺栓球网架定额中的高强度螺栓质量不计入工程量，但应按设计用量对定额含量进行调整。

8）金属构件中的剪力栓钉安装，按设计套数执行"构件运输及安装工程"相应子目。

9）网架制作中螺栓球按设计球径、锥头按设计尺寸计算质量，高强度螺栓、紧定螺钉的质量不计算工程量，设计用量与定额含量不同时应调整；空心焊接球矩形下料余量定额已考虑，按设计质量计算；不锈钢网架球按设计质量计算。

网架中的焊接空心球、螺栓球、锥头等热加工已含在网架制作工作内容中，不锈钢球按成品半球焊接考虑。

10）机械喷砂、抛丸除锈的工程量同相应构件制作的工程量。

钢结构表面喷砂与抛丸除锈定额按照 Sa2 级考虑。如果设计要求为 Sa2.5 级，定额乘以系数 1.2；如果设计要求为 Sa3 级，定额乘以系数 1.4。

5.7.4　钢材的理论质量计算方法

各种规格钢材的每 m 质量均可从型钢表中查得，或由下列公式计算：

扁钢、钢板、钢带 $G=0.00785×$宽×高

方钢 $G=0.00785×$边长

圆钢、线材、钢丝 $G=0.00617×$直径^2

钢管 $G=0.02466×$壁厚×（外径−壁厚）

以上公式中 G 为每 m 长度质量，其他计算单位均为 mm。

[例 5-11]　某工程钢屋架如图 5-49 所示，试计算钢屋架的工程量。

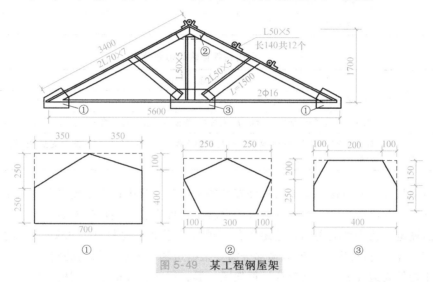

图 5-49　某工程钢屋架

解：（1）∟70×7 等边角钢的理论质量为 7.398kg/m，∟50×5 等边角钢的理论质量为 3.77kg/m，φ16 钢筋理论质量为 1.58kg/m。

上弦质量 $=3.4m×2×2×7.398kg/m=100.61kg$

下弦质量 $=5.6m×2×1.58kg/m=17.70kg$

立杆质量 $=1.7m×3.77kg/m=6.41kg$

斜撑质量 $=1.5m×2×2×3.77kg/m=22.62kg$

檩托质量 $=0.14m×12×3.77kg/m=6.33kg$

小计：型钢的工程量为 $100.61kg+17.70kg+6.41kg+22.62kg+6.33kg=153.67kg$

（2）8mm 厚钢板的理论质量为 $(0.00785×8×10^6)g/m^2=62.8kg/m^2$

多边形钢板按矩形计算面积：

① 号连接板的质量 $=2×0.7m×0.5m×62.8kg/m^2=43.96kg$

② 号连接板的质量 $=0.5m×0.45m×62.8kg/m^2=14.13kg$

③ 号连接板的质量 $=0.4m×0.3m×62.8kg/m^2=7.54kg$

小计：钢板的工程量为：$43.96kg+14.13kg+7.54kg=65.63kg$

合计：钢屋架工程量＝153.67kg+65.63kg＝219.3kg

5.8 构件运输及安装工程

5.8.1 项目划分

由于构件的种类繁多，大小各异，运输过程中所用的运输机械也各不相同，因此，定额中将各类构件的运输及安装工程进行了分类，其中混凝土构件运输类别划分为四类，见表5-29；金属构件运输类别划分为三类，见表5-30。

表 5-29 **混凝土构件运输类别划分表**

类 别	项 目
Ⅰ类	各类屋架、桁架、托架、梁、柱、桩、薄腹梁、风道梁
Ⅱ类	大型屋面板、槽形板、肋形板、天沟板、空心板、平板、楼梯、檩条、阳台、门窗过梁、小型构件
Ⅲ类	天窗架、端壁板、挡风架、侧板、上下挡、各种支撑
Ⅳ类	装配式内外墙板、楼顶板、大型墙板

表 5-30 **金属构件运输类别划分表**

类 别	项 目
Ⅰ类	钢柱、钢梁、屋架、托架梁、防风桁架
Ⅱ类	吊车梁、制动梁、钢网架、型(轻)钢檩条、钢拉杆、盖板、垃圾出灰门、笼子、爬梯、平台、扶梯、烟囱紧固箍
Ⅲ类	墙架、挡风架、天窗架、不锈钢网架、组合檩条、钢支撑、上下挡、轻型屋架、滚动支架、悬挂支架、管道支架、零星金属构件

构件运输与安装分为构件运输与构件安装两个部分，其中构件运输又分为混凝土构件运输、钢构件运输和门窗运输；构件安装分为混凝土构件安装和钢构件安装。

构件运输定额按构件类别和运输距离分列项目，但最大运距只为45km，运输距离超过45km时装车、卸车执行定额，但运输部分需要根据市场价格进行协商确定。

混凝土构件安装分为柱，框架柱、框架梁，梁，屋架，天窗架、端壁、桁条、支撑、大型板、墙板、楼板、楼梯及其他，构件接头灌缝等项目。

小型构件安装包括：沟盖板、通气道、垃圾道、楼梯踏步板、隔断板以及单体体积小于0.1m³的构件安装。

金属构件安装分为钢柱、钢梁，钢吊车，钢屋架拼装，钢屋架，钢天窗架拼装、安装，钢托架、钢桁架，钢挡风架、墙架，钢檩条，屋架、柱间钢支撑，钢平台、操作台、扶梯，网架，铸铁篦盖等项目。

轻钢屋架是指钢屋架单榀质量在0.5t以下者。

5.8.2 计算准备工作

1）根据设计图确定构件的类别及所属的运输类别。

2）根据定额规定确定构件的场外运输损耗率、场内运输损耗率和安装损耗率。

3）根据招标文件或投标文件的规定确定构件的场外运输距离。

5.8.3 工程量计算规则

1）构件运输、安装工程量计算方法与构件制作工程量的计算方法相同（即运输、安装工程量＝制作工程量）。但某些内构件由于在运输、安装过程中易发生损耗，工程量按表

5-31 中规定计算。

表 5-31　预制钢筋混凝土构件场内运输、场外运输及安装损耗率

名　　称	场外运输（%）	场内运输（%）	安装（%）
天窗架、端壁、桁条、支撑、踏步板、板类及厚度在 50mm 内的薄型构件	0.8	0.5	0.5

制作、场外运输工程量＝设计工程量×1.018

安装工程量＝设计工程量×1.01

2）加气混凝土板（块），硅酸盐块运输每 m^3 折合钢筋混凝土构件体积 $0.4m^3$，按 Ⅱ 类构件运输计算。

3）木门窗运输按门窗洞口的面积（包括框、扇在内）以 $100m^2$ 计算，带纱扇另增加洞口面积的 40% 计算。

4）构件场外运输距离由构件堆放地（或构件加工厂）至施工现场的实际距离确定。定额综合考虑了城镇、现场运输道路的等级，以及上下坡等各种因素，不得因道路条件不同而调整定额。构件运输过程中，若遇道路、桥梁限载而发生的加固、拓宽和公安交通管理部门的保安护送以及沿途发生的过路、过桥等费用，应另行处理。构件场外运输距离在 45km 以上时，除装车、卸车外，其运输分项不执行本定额，根据市场价格协商确定。

5）构件安装场内运输按下列规定执行：

① 现场预制构件已包括机械回转半径 15m 以内的翻身就位。若受现场条件限制混凝土构件不能就位预制，运距在 150m 以内，每 m^3 构件另加场内运输人工 0.12 工日，材料 4.10 元，机械 29.35 元。

② 加工厂预制构件安装，定额中已考虑运距在 500m 以内的场内运输。

③ 金属构件安装定额工作内容中未包括场内运输费的，若发生，单件在 0.5t 以内、运距在 150m 以内的，每 t 构件另加场内运输人工 0.08 工日，材料 8.56 元，机械 14.72 元；单件在 0.5t 以上的金属构件按定额的相应项目执行。

④ 场内运距如超过以上规定时，应扣减上列费用，另按 1km 以内的构件运输定额执行。

6）矩形构件、工形构件、空格形构件、双肢柱、管道支架预制钢筋混凝土构件安装，均按混凝土柱安装相应定额执行。钢柱安装在混凝土柱上（或混凝土柱内），其人工、吊装机械乘以系数 1.43。混凝土柱安装后，若有钢牛腿或悬臂梁与其焊接，钢牛腿或悬臂梁执行钢墙架安装定额，钢牛腿执行铁件制作定额。钢管柱安装执行钢柱定额，其中人工乘以系数 0.5。

预制钢筋混凝土柱、梁通过焊接形成的框架结构，其柱安装按框架柱计算，梁安装按框架梁计算，框架梁与柱的接头现浇混凝土部分按"混凝土工程"相应项目另行计算。预制柱、梁一次制作成型的框架按连体框架柱梁定额执行。预制钢筋混凝土多层柱安装，第一层的柱按柱安装定额执行，第二层及第二层以上的按柱接柱定额执行。单（双）悬臂梁式柱按门式刚架定额执行。预制构件安装后接头灌缝工程量均按预制钢筋混凝土构件实际体积计算，柱与柱基的接头灌缝按单根柱的体积计算。

7）组合屋架安装，以混凝土实际体积计算，钢拉杆部分不另计算。钢屋架单榀质量在 0.5t 以下者，按轻钢屋架子目执行。钢网架安装定额按平面网格结构编制，若设计为球壳、筒壳或其他曲面状，其安装定额人工乘以系数 1.2。

8）成品铸铁地沟盖板安装，按盖板铺设水平面积计算，定额是按盖板厚度 20mm 计算的，若厚度不同，人工含量按比例调整。角钢、圆钢焊制的入口截流沟篦盖制作、安装，按设计质量执行"金属构件制作安装"相应定额。

9）构件安装工作需要搭设的脚手架，按脚手架定额规定计算。

10）混凝土构件安装是按履带式起重机、塔式起重机编制的，若施工组织设计需使用轮胎式起重机或汽车式起重机，经建设单位认可后，可按履带式起重机相应项目套用，其中人工、吊装机械乘以系数 1.18；轮胎式起重机或汽车起重机的起重吨位，套用履带式起重机相近的起重吨位，并换算台班单价。

11）金属构件中轻钢檩条拉杆的安装按螺栓考虑，其余构件拼装或安装均按电焊考虑，设计用连接螺栓，其连接螺栓按设计用量另行计算（人工不再增加），电焊条、电焊机应相应扣除。

12）单层厂房屋盖系统构件若必须在跨外安装，按相应构件安装定额中的人工、吊装机械台班乘以系数 1.18。用塔式起重机安装不乘此系数。

13）履带式起重机（汽车式起重机）安装点高度以 20m 内为准，超过 20m 且在 30m 内的，人工、吊装机械台班（子目中起重机小于 25t 者应调整到 25t）乘以系数 1.20；超过 30m 且在 40m 内的，人工、吊装机械台班（子目中起重机小于 50t 者应调整到 50t）乘以系数 1.40；超过 40m 的，按实际情况另行处理。

定额子目内既列有"履带式起重机（汽车式起重机）"又列有"塔式起重机"的，可根据不同的垂直运输机械选用；选用卷扬机（带塔）施工的，套用"履带式起重机（汽车式起重机）"定额子目；选用塔式起重机施工的，套"塔式起重机"定额子目。

5.9 木结构工程

5.9.1 基本概念与项目划分

木结构就是用木材制成的结构，主要构件有柱、梁、檩条、椽子、屋架、屋面木基层、木楼梯、木门窗、木大门等。在定额中分为厂库房大门、特种门和木结构两大部分。其中厂房和库房大门分为企口木板大门、错口木板大门、钢木大门、全板钢大门；特种门分为冷藏库门、冷藏冻结间门、防火门、保温门、变电室门、隔音门扇、成品门扇、围墙钢大门，同时按照标准图集用量列出了各种门的五金件的参考用量；木结构分为木屋架、屋面木基层、木柱、木梁、木楼梯。

定额中的各个项目用到的木材均以一类、二类木种为准，采用其他木材时人工和机械根据定额要求进行调整。木材木种划分见表 5-32。

表 5-32　**木材木种划分**

一类	红松、水桐木、樟子松
二类	白松、杉木(方杉、冷杉)、杨木、铁杉、柳木、花旗松、椴木
三类	青松、黄花松、秋子木、马尾松、东北榆木、柏木、苦楝木、梓木、黄菠萝木、椿木、楠木(桢南、润楠)、柚木、樟木、山毛榉、栓木、白木、芸香木、枫木
四类	栎木(柞木)、檀木、色木、槐木、荔木、麻栎木(麻栎、青刚栎)、桦树、荷木、水曲柳、柳桉木、华北榆木、核桃楸、克隆木、门格里斯木

5.9.2 计算准备工作

1）确定各构件所属的类别以及各构件中附属的零配件。

2）根据设计说明确定各构件使用的木材品种。

3）根据招标文件确定相关材料的供应方式。

5.9.3 工程量计算规则

1）门制作、安装工程量按门洞口面积计算。无框厂库房大门、特种门按设计门扇外围面积计算。均以一类、二类木种为准，若采用三类、四类木种（见表 5-32），木门制作人工和机械费乘以系数 1.3，木门安装人工乘以系数 1.15，其他项目人工和机械费乘以系数 1.35。

定额中注明的木材断面或厚度均以毛料为准，若设计图注明的断面或厚度为净料时，应增加断面刨光损耗：一面刨光加 3mm，两面刨光加 5mm。

厂库房大门的钢骨架制作已包含在子目中，其上轨、下轨及滑轮等，按五金件表相应项目执行。

2）木屋架的制作安装工程量，按以下规定计算：

① 木屋架不论圆木、方木，其制作安装均按设计断面以体积计算单位 m³，分别套相应子目，其后配长度及配制损耗已包含在子目内不另外计算（游沿木、风撑、剪刀撑、水平撑、夹板、垫木等木料并入相应屋架体积内）。

② 圆木屋架刨光时，圆木按直径增加 5mm 计算，方木刨光时，一面刨光加 3mm，两面刨光加 5mm；附属于屋架的夹板、垫木等已并入相应的屋架制作项目中，不另行计算，与屋架连接的挑檐木、支撑等工程量并入屋架体积计算。圆木屋架连接的挑檐木、支撑等为方木时，方木部分按矩形檩木计算。气楼屋架、马尾折角和正交部分的半屋架应并入相连接的整榀屋架体积计算。

3）檩木按体积计算，单位 m³，简支檩木长度按设计图示中距增加 200mm 计算，若两端出山，檩条长度算至博风板。连续檩条的长度按设计长度计算，接头长度按全部连续檩木的总体积的 5% 计算。檩条托木已包括在子目内，不另行计算。

4）屋面木基层按屋面斜面积计算，不扣除附墙烟囱、风道、风帽底座和屋顶小气窗所占的面积，小气窗出檐与木基层重叠部分亦不增加，气楼屋面的屋檐突出部分的面积并入计算。

5）封檐板（见图 5-50）按图示檐口外围长度计算，博风板（见图 5-51）按水平投影长度乘屋面坡度系数 C 后，单坡加 300mm，双坡加 500mm 计算。

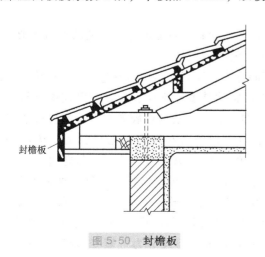

图 5-50　封檐板

图 5-51　博风板

6）木楼梯（包括休息平台和靠墙踢脚板）按水平投影面积计算，不扣除宽度300mm以内的楼梯井，伸入墙内部分的面积亦不另行计算。

7）木柱、木梁制作安装均按设计断面竣工木料以体积计算，单位 m^3，其后备长度及配置损耗已包含在子目内。

定额是按已成型的两个切断面规格料编制的，两个切断面以前的锯缝损耗按以下规定应另外计算：由方板材改制成定额规格木材的出材率按91%计算（所购置方板材＝定额用量×1.0989），圆木改制成方板材的出材率及加工费另行计算。

5.10 屋面与防水工程

5.10.1 项目划分

屋面结构层以上的构造分为保温与防水两大部分，本节只介绍屋面防水部分及平面、立面防水工程。平面、立面防水是指楼地面及墙面的防水，分为涂刷、砂浆、粘贴卷材三部分，既适用于建筑物（包括地下室）又适用于构筑物。

屋面及防水工程分为屋面防水、平面立面及其他防水、伸缩缝、止水带和屋面排水。

屋面防水按材料分为瓦、卷材、刚性材料、涂膜四部分；平面立面防水按材料分为涂刷油类、防水砂浆、粘贴卷材纤维三类；伸缩缝按伸缩缝和盖缝列项；屋面排水按材料分为PVC管排水、铸铁管排水和玻璃钢管排水。

瓦屋面根据瓦的形状分为一般瓦、蝴蝶瓦、波形瓦，根据材料分为黏土瓦、水泥彩瓦、陶土波形瓦、彩色金属波形瓦、玻璃钢波形瓦，根据位置分为铺瓦、脊、封山瓦、檐口花边、檐口滴水；彩钢夹心板屋面根据板厚列项；彩钢复合板分为面板和底板；单层彩钢板屋面分为屋脊、天沟、泛水、包墙转角和山头。

卷材屋面按材料分为SBS改性沥青防水卷材、APP改性沥青防水卷材、自粘聚酯胎卷材、氯化聚乙烯防水卷材、PVC卷材、高聚物改性沥青防水卷材、高分子防水卷材等；按照铺贴方式分为热熔满铺法、热熔条铺法、热熔点铺法、热熔空铺法以及冷粘法；根据施工的铺贴层数分为单层、双层和多层。

屋面找平层、刚性材料防水屋面按做法包括有分格缝和无分格缝两种；按材料分为细石混凝土和水泥砂浆。

涂膜屋面分为屋面满涂、塑料油膏贴玻璃纤维布、APP冷胶贴无纺布和塑料油膏嵌板缝。

涂刷油类按油的品种分为冷底子油、氰凝防水涂料、石油沥青、石油沥青玛碲脂、聚氨酯防水涂料、聚合物水泥、丙烯酸和水泥基渗透结晶材料。

粘贴卷材纤维根据卷材和粘贴材料的不同分为石油沥青粘贴沥青卷材、玛碲脂粘贴沥青卷材、APP粘结剂粘贴沥青卷材、APP粘结剂粘贴玻璃纤维布、沥青粘贴玻璃纤维布、玛碲脂粘贴玻璃纤维布、氯化聚乙烯-橡胶共混卷材、三元乙丙橡胶卷材、再生橡胶卷材、水乳型再生橡胶沥青聚酯布、改性沥青卷材、氯丁橡胶防水和聚氯乙烯胶泥；按作法分为"二毡三油""二布三涂""一布三胶"和"二布六胶"；按位置分为平面与立面。

伸缩缝根据位置不同分为平面伸缩缝与立面伸缩缝；根据材料不同分为油浸麻丝、木丝板、玛碲脂、麻刀石灰、建筑油膏、沥青砂浆、聚氯乙烯胶泥、聚氨酯、硅酮和丙烯酸酯。

盖缝根据位置不同分为平面盖缝与立面盖缝，根据材料不同分为木板盖面、铁皮盖面、铝合金板盖面、彩钢板盖面、不锈钢板盖面；楼地面变形缝分为抗震变形缝与非抗震变形缝，按缝宽不同分为 50mm 以内盖缝和 50mm 以外盖缝，按材料不同分为钢板、铝板、硬塑料板、花纹硬橡胶板等。

止水带分为地下室底板止水带、墙止水带，伸缩缝处止水带，按材料分为钢板、紫铜片、橡胶（塑料）、氯丁橡胶片和贴玻璃纤维布止水片等。

PVC 管排水分为水落管、水斗和阳台通水落管；根据直径大小分为 A50、A75、A110、A160 和 A200 五种。

铸铁管排水分为铸铁落水管和落水斗，不锈钢落水管和落水斗；根据直径大小分为 A100 和 A150 两种。

玻璃钢管排水分为落水管、檐沟、水斗和落水口。

5.10.2　工程量计算规则

1）瓦屋面按图示尺寸的水平投影面积乘以屋面坡度延长系数 C（见表 5-33）计算（瓦出线已包含在内），不扣除房上烟囱、风帽底座、风道、屋面小气窗、斜沟等所占的面积，屋面小气窗的出檐部分也不增加。屋面参数示意图如图 5-52 所示。

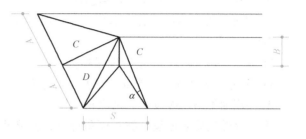

图 5-52　屋面参数示意图

注：1. 两坡排水屋面面积为屋面水平投影面积乘以延长系数 C。
　　2. 四坡排水屋面斜脊长度 = $A \times D$（当 $S = A$ 时）。
　　3. 沿山墙泛水长度 = $A \times C$。

2）瓦屋面的屋脊、蝴蝶瓦的檐口花边、滴水应另列项目按延长米计算；四坡屋面斜脊长度按下图中的 B 乘以隔延长系数 D（见表 5-33）以延长米计算；瓦穿钢丝、钉铁钉、水泥砂浆粉挂瓦条按每 $10m^2$ 斜面积计算。

表 5-33　屋面坡度延长系数表

坡度比例 B/S	角度 α	延长系数 C	隔延长系数 D
1/1	45°	1.4142	1.7321
1/1.5	33°40′	1.2015	1.5620
1/2	26°34′	1.1180	1.5000
1/2.5	21°48′	1.0770	1.4697
1/3	18°26′	1.0541	1.4530

注：屋面坡度大于 45°时，按设计斜面积计算。

当瓦材规格与定额不同时，瓦的数量可以换算，其他不变。换算公式

$$换算后瓦的数量 = \frac{10m^2}{瓦有效长度 \times 瓦有效宽度} \times 1.025 \qquad (5-20)$$

式中　1.025 为操作损耗。

3）彩钢夹芯板、彩钢复合板屋面按设计图示尺寸以面积计算，支架、槽铝、角铝等均包含在定额内。

4）彩板屋脊、天沟、泛水、包角、山头按设计长度以延长米计算，堵头已包含在定额内。

5）卷材屋面工程量按以下规定计算：

① 卷材屋面按图示尺寸的水平投影面积乘以规定的坡度系数计算，但不扣除房上烟囱，

风帽底座、风道、屋面小气窗和斜沟所占的面积。女儿墙、伸缩缝、天窗等处的弯起高度按图示尺寸计算，并入屋面工程量；如图样无规定时，伸缩缝、女儿墙的弯起高度按 250mm 计算，天窗弯起高度按 500mm 计算，并入屋面工程量；檐沟、天沟按展开面积并入屋面工程量。

② 油毡卷材屋面包括刷冷底子油一遍，但不包括天沟、泛水、屋脊、檐口等处的附加层，其附加层应按设计尺寸和层数另行计算。

③ 其他卷材屋面已包括附加层，不另行计算；收头、接缝材料已列入定额。

④ 高聚物、高分子防水卷材粘贴，实际使用的粘结剂与本定额不同，单价可以换算，其他不变。

⑤ 各种卷材的防水层均已包括刷冷底子油一遍和平面、立面交界处的附加层工料在内。

6）屋面刚性防水按设计图示尺寸以面积计算，不扣除房上烟囱、风帽底座、风道等所占的面积。

7）屋面涂膜防水工程量计算同卷材屋面。

8）平面、立面防水工程量按以下规定计算：

① 涂刷油类防水按设计涂刷面积计算。

② 防水砂浆防水按设计抹灰面积计算，扣除凸出地面的构筑物、设备基础及室内铁道所占的面积，不扣除附墙垛、柱、间壁墙、附墙烟囱及 0.3m² 以内孔洞所占面积。

③ 粘贴卷材、布类：

A. 平面：建筑物地面、地下室防水层按主墙（承重墙）间净面积计算，扣除凸出地面的构筑物、柱、设备基础等所占的面积，不扣除附墙垛、间壁墙、附墙烟囱及 0.3m² 以内孔洞所占的面积。与墙间连接处高度在 300mm 以内者，按展开面积计算并入平面工程量内，超过 300mm 时，按立面防水层计算。

B. 立面：墙身防水层按设计图示尺寸以面积计算，扣除立面孔洞所占面积（0.3m² 以内孔洞不扣）。

C. 构筑物防水层按设计图示尺寸以面积计算，不扣除 0.3m² 以内孔洞面积。

9）伸缩缝、盖缝、止水带按延长米计算，外墙伸缩缝在墙内、外双面填缝者，工程量应按双面计算。伸缩缝、盖缝项目中，除已注明规格可调整外，其余项目均不调整。

10）屋面排水工程量按以下规定计算：

① 玻璃钢、PVC、铸铁水落管、檐沟，均按图示尺寸以延长米计算。水斗、女儿墙弯头、铸铁落水口（带罩），均按只计算。

② 阳台 PVC 管通水落管按只计算。每只阳台出水口至水落管中心线斜长按 1m 计算（内含两只 135°弯头，一只异径三通）。

[例 5-12] 某四坡水屋面平面如图 5-53 所示，设计屋面坡度 0.5，屋面铺水泥彩瓦，计算瓦屋面的斜面积、斜脊长、正脊长。

图 5-53 某屋面平面图

解：查表 5-33 屋面坡度延长系数表，当坡度系数为 0.5 时，延长系数 C = 1.118，隔延长系数 D = 1.5。

屋面的斜面积 = (50+0.6×2)m×(18+0.6×2)m×1.118 = 1099.04m²

单面脊斜长 = 9.6m×1.5 = 14.4m

斜脊总长 = 14.4×4 = 56.6m

正脊总长 = (50+0.6×2)m-9.6×2m = 32m

[例 5-13]　某一层建筑物平面如图 5-54 所示。M$_1$门的尺寸为 1.0m×2.0m，M$_2$门的尺寸为 0.9m×2.0m，C$_1$窗的尺寸为 1.5m×1.5m，窗台高 1m，地面刷 2.0mm 厚聚氨酯防水涂料，周边上翻 300mm，求地面防水层工程量。

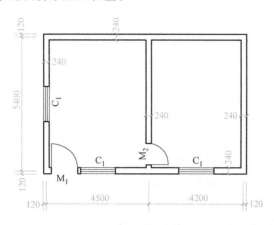

图 5-54　某一层建筑物平面图

解：地面水平面面积 S_1 = (4.5-0.24+4.2-0.24) m×(5.4-0.24) m = 8.22m×5.16m

$= 42.42m^2$

地面防水层上翻 S_2 = [(4.5-0.24+4.2-0.24)×2+(5.4-0.24)×4-(1+0.9×2)]m×0.3m

= (8.22×2+5.16×4-2.8)m×0.3m = 10.28m^2

地面防水工程量 = 42.42m^2+10.28m^2 = 52.7m^2

5.11　保温隔热与防腐工程

5.11.1　项目划分

保温隔热工程按工程所在部分分为屋面、楼地面、墙、柱、顶棚及其他保温隔热工程；按保温材料分为沥青玻璃棉毡、沥青矿渣棉毡、玻璃棉、矿棉、水泥珍珠岩块、沥青珍珠岩块、加气混凝土块、现浇水泥珍珠岩、JQK 复合轻质保温隔热砖、聚苯乙烯挤塑板、聚苯乙烯模压板、软木、聚氨酯硬泡体、R.E 保温隔热材料等。

防腐工程分为整体面层防腐工程，平面砌块料面层防腐工程，池、沟槽砌块料防腐工程，耐酸防腐涂料防腐工程。

整体面层按材料分为砂浆、混凝土、胶泥面层、玻璃钢面层；按隔离层分为沥青胶泥、沥青胶泥卷材、沥青胶泥玻璃布、冷底子油等。

平面砌块料、沟槽砌块料按面层材料分为瓷砖、瓷板、铸石板、耐酸浸渍砖、花岗岩板；按粘结材料和勾缝材料分为树脂类胶泥、钠水玻璃胶泥、硫黄胶泥、耐酸沥青胶泥等。

耐酸防腐涂料按涂刷基层分为混凝土面耐酸防腐涂料、抹灰面耐酸防腐涂料、金属面耐酸防腐涂料；按涂料种类分为过氯乙烯漆、沥青漆、漆酚树脂漆、酚醛树脂漆、氯磺化聚乙烯漆、聚氨酯漆、聚苯乙烯涂料、氯化橡胶等。按涂刷的遍数分列项目。

5.11.2　工程量计算规则

1. 保温隔热工程量

1）屋面保温隔热层工程量按隔热材料净厚度（不包括胶结材料厚度）乘以设计图示面积按体积计算。当不同部位设计要求坡度、厚度、材质不同时，应分别计算，具体如下：

① 无女儿墙时，算到外墙皮。

$$V_{保温} = S_{屋盖} \times 保温层平均厚度 \tag{5-21}$$

$$V_{找坡} = S_{屋盖} \times 找坡层平均厚度 + S_{檐沟} \times 檐沟找坡层平均厚度 \tag{5-22}$$

② 有女儿墙时，算到女儿墙内侧。

$$V_{保温、找坡} = (S_{屋盖} - S_{女儿墙}) \times 保温、找坡层平均厚度 \tag{5-23}$$

③ 屋面设有天沟时，应扣除天沟部分。

2）地坪隔热层，按围护结构墙体内净面积计算，不扣除 $0.3m^2$ 以内孔洞所占的面积。保温隔热工程定额项目用于地面时，增加电动夯实机 0.04 台班/m^3。

3）顶棚保温层：软木、聚苯乙烯泡沫板铺贴平顶以图示长乘以宽乘以厚的体积计算。

4）外墙聚苯乙烯挤塑板外保温、外墙聚苯颗粒保温砂浆、屋面架空隔热板、保温隔热砖、保温隔热瓦、顶棚保温（沥青贴软木除外）层，按设计图示尺寸以面积计算。外墙聚苯颗粒保温系统，根据设计要求套用相应的工序。

[例 5-14]　某一层建筑物平面如图 5-54 所示，层高为 3.6m，板厚为 0.1m，室内外高差 0.3m。M_1 门的尺寸为 1.0m×2.0m，M_2 门的尺寸为 0.9m×2.0m，C_1 窗的尺寸为 1.5m×1.5m，窗台高 1m，外墙采用外墙外保温方式，同时做地面和顶棚保温，保温层均为 30mm 厚的聚苯乙烯挤塑板。试计算保温层的工程量。

顶棚 $V_1 = (4.5 - 0.24 + 4.2 - 0.24)m \times (5.4 - 0.24)m \times 0.03m$

$\qquad = 8.22m \times 5.16m \times 0.03m$

$\qquad = 1.27m^3$

地面 $V_2 = V_1 + 0.9m \times 0.24m \times 0.03m = 1.27m^3 + 0.03m^3 = 1.30m^3$

外墙面 $V_3 = [(4.5 + 4.2 + 0.24 + 5.4 + 0.24) \times 2 \times (3.6 + 0.3) - 1 \times 2 - 1.5 \times 1.5 \times 3]m^2 \times 0.03m$

$\qquad = (14.58 \times 2 \times 3.9 - 2 - 6.75)m^2 \times 0.03m = 3.15m^3$

5）墙体隔热：外墙按隔热层中心线，内墙按隔热层净长乘以图示尺寸的高度（当图样未注明高度时，下部由地坪隔热层起算，带阁楼时算至阁楼板顶面；无阁楼时则算至檐口）及厚度，以体积计算，应扣除冷藏门洞口和管道穿墙洞口所占的体积。

6）门口周围的隔热部分，按图示部位分别套用墙体或地坪的相应子目，以体积计算。

7）软木、泡沫塑料板铺贴柱帽、梁面，以设计图示尺寸按体积计算。

8）梁头、管道周围及其他零星隔热工程，均按设计尺寸以体积计算，套用柱帽、梁面定额。

9）池槽隔热层按设计图示池槽保温隔热层的长、宽及厚度以体积计算，其中池壁按墙面计算，池底按地面计算。

10）包柱隔热层，按设计图示柱的隔热层中心线的展开长度乘以图示尺寸高度及厚度以体积计算。

2. 防腐工程量

1）防腐工程项目应区分防腐材料的种类及厚度，按设计图示尺寸以面积计算，应扣除凸出地面的构筑物、设备基础所占的面积。砖垛等凸出墙面部分按展开面积计算，并入墙面防腐工程量。

2）踢脚板按设计图示尺寸以面积计算，应扣除门洞所占的面积，并相应增加侧壁展开的面积。

3）平面砌筑双层耐酸块料时，按单层面积乘以系数 2.0 计算。

4）防腐卷材接缝附加层收头等工料，已计入定额，不另行计算。

5.11.3　定额使用说明

1）外墙聚苯颗粒保温系统，根据设计要求套用相应的工序。

2）凡保温、隔热工程用于地面时，增加电动夯实机 0.04 台班/m³。

3）整体面层和平面砌块料面层，适用于楼地面、平台的防腐面层。整体面层厚度、砌块料面层的规格、结合层厚度、灰缝宽度、各种胶泥、砂浆、混凝土的配合比，设计与定额不同应换算，但人工、机械不变。块料贴面结合层厚度、灰缝宽度取定见表 5-34。

表 5-34　块料贴面结合层厚度、灰缝宽度取定表

块料类型	粘结、勾缝材料	结合层厚度/mm	灰缝宽度/mm
瓷砖、瓷板、铸石板	树脂胶泥、树脂砂浆	6	3
	水玻璃胶泥、水玻璃砂浆	6	4
	硫黄胶泥、硫黄砂浆	6	5
花岗岩及其他条石	各类胶泥和砂浆	15	8

4）块料面层以平面砌为准，立面砌时按平面砌的相应子目人工乘以系数 1.38，踢脚板人工乘以系数 1.56，块料乘以系数 1.01，其他不变。

5）浇捣混凝土的项目需立模时，按混凝土垫层项目的含模量计算，按条形基础定额执行。

5.12　厂区道路及排水工程

5.12.1　基本概念与项目划分

道路是指供各种无轨车辆和行人通行的基础设施；按其使用特点分为公路、城市道路、乡村道路、厂矿道路、林业道路、考试道路、竞赛道路、汽车试验道路、车间通道以及学校道路等，我国古代有驿道。

厂矿道路是为工厂、矿山、油田、港口、仓库等企业服务的道路，分为厂外道路、厂内道路和露天矿山道路。厂外道路为厂矿企业与公路、城市道路、车站、港口、原料基地、其他厂矿企业等衔接的对外道路；或本企业分散的厂（场）区、居住区等之间的联络道路或通往本企业外部各辅助设施的道路。厂内道路为厂（场）区、库区、站区、港区等的内部道路。露天矿山道路为矿区范围内采矿场与卸车点之间、厂（场）区之间的道路；或通往附属厂、辅助设施的道路。

本节要介绍的是一般工业与民用建筑物所在的厂区或住宅小区内的道路、广场及排水。

道路按照组成分为路基和路面两部分。按施工工序分为路床整理、路肩边沟砌筑、道路垫层铺设、面层铺设和伸缩缝的切割。路床分为新路床和旧路床；路肩边沟按材料分为砖、毛石、乱毛石；道路垫层按材料分为片石、道砟和三七灰土；路面面层按材料分为混凝土、预制混凝土块、石油沥青等，其中预制混凝土块分为预制块、方格砖、广场砖（有图案、

无图案）和彩色道板；路牙（沿）分为混凝土路牙、路沿。

厂区和道路排水系统包括排水井、排水池、检查井、PVC 排水管和其他设施。砌筑井池的材料包括混凝土和砖；井（池）分为井底、井壁、井顶；井盖和井座的材料有成品混凝土、铸铁和钢纤维等。

定额中除按照材料、施工过程进行项目划分外，排水系统中砖砌窨井分为方形窨井、圆形窨井；砖砌窨井以 1.5m 为界，按不同深度分为 1.5m 以下砖砌窨井和 1.5m 以上砖砌窨井。混凝土排水管铺设以承插式混凝土管水泥浆接口、PVC 排水管铺设以 U-PVC 塑料管承插粘结按不同管径列项。各种检查井分为矩形和圆形检查井，也可分为雨水井和污水井，雨水井分为流槽式和落底式，每种类型均按标准设计图样进行编制列项。

5.12.2　工程量计算规则

1）整理路床、路肩和道路垫层、面层，均按设计图示尺寸以面积计算，不扣除窨井所占的面积。

定额中未包括的土方，应按土方分部的相应子目执行。停车场、球场、晒场的垫层，按道路相应子目执行，压路机台班乘以系数 1.20。

2）路牙（沿）以延长米计算。

3）钢筋混凝土井（池）底、壁、顶和砖砌井（池）壁，不分厚度以实体积计算，当池壁与排水管连接的壁上孔洞的排水管径在 300mm 以内时，所占的壁体积不予扣除；当排水管径超过 300mm 时，应予扣除。所有井（池）壁孔洞上部砖碹已包含在定额内，不另行计算。井（池）底、壁抹灰合并计算。

检查井综合定额中挖土、回填土、运土项目，应按"土石方分部"的相应子目执行。

4）路面伸缩缝、锯缝、嵌缝均按延长米计算。

5）混凝土、PVC 排水管按不同管径分别按延长米计算，长度按两井间的净长度计算。管道铺设不论用人工还是机械均执行本定额。

5.13　楼地面工程

5.13.1　基本概念与项目划分

楼地面按构造分为垫层、找平层和整体面层、块料面层和木地板。

本节介绍的内容除楼地面以外，还包括与楼地面相连的栏板、栏杆及明沟等。

垫层根据材料不同分为灰土（不同配比）、砂、砂石、碎石、碎砖和混凝土。其中灰土又按不同配比分别列项。

找平层按材料分为水泥砂浆找平层、沥青砂浆找平层和细石混凝土找平层。其中水泥砂浆找平层又按其所在的基层分为在硬基层上和在填充材料上；沥青砂浆和细石混凝土找平层又按基本厚度和每增加 5mm 分别列项。

面层分为整体面层、块料面层和木地板。

整体面层按材料分为无砂、水泥砂浆、水泥砂浆豆石、钢屑水泥砂浆、复合砂浆、环氧树脂、水磨石与抗静电地面，按部位分为楼地面、楼梯面、台阶面、踢脚板。

块料面层按材料分为石材、缸砖、马赛克、凹凸假麻石块，地砖、橡胶板、塑料板、玻璃面层，按图案的繁简分为多色简单图案（石材块料面板局部切除并分色镶贴成折线图案者称"简单图案镶贴"和复杂图案（石材块料面板切除分色镶贴成弧线形图案者称"复杂图案镶贴")。按粘结材料分为干硬性水泥、水泥砂浆和干粉型粘结剂，按块料的大小分为 $0.1m^2$ 以下、$0.4m^2$ 以下、$0.4m^2$ 以上几种。另外还包括在切割石材面上、石材板缝、水磨石面上、踏步面上镶嵌铜条，在石材面上嵌金刚砂、缸砖、马赛克、青铜板等项目。

木地板按构造分为铺设木楞、龙骨和地板，按地板种类分为硬木平（企）口地板、硬木免漆免刨地板、复合木地板、硬木拼花地板、硬木地板砖、抗静电活动地板（包括木质土板、铝质地板、钢质地板），踢脚板按材料分为硬木踢脚板、成品铝塑板踢脚板、成品不锈钢镜面踢脚板、成品木踢脚板，另外还包括楼地面地毯、楼梯地毯、旧木地板机械磨光等项目。

扶手根据材质不同分为铝合金、不锈钢、木质和塑料楼梯扶手和靠墙扶手；栏板分为半玻璃、全玻璃钢化玻璃栏板，半玻璃有机玻璃栏板；栏杆分为不锈钢管栏杆、铝合金栏杆、型钢栏杆、木栏杆。

明沟分为混凝土明沟、标准砖明沟和八五砖明沟。

5.13.2　工程量计算规则

（1）地面垫层　按室内主墙间的净面积乘以设计厚度以 m^3 计算，应扣除凸出地面的构筑物、设备基础、室内铁道、地沟等所占的体积，不扣除柱、垛、间壁墙、附墙烟囱及面积在 $0.3m^2$ 以内孔洞所占的体积，门洞、空圈、暖气包槽、壁龛的开口部分不增加工程量。

（2）整体面层、找平层　按主墙间净空面积以 m^2 计算，应扣除凸出地面建筑物、设备基础、地沟等所占的面积，不扣除柱、垛、间壁墙、附墙烟囱及面积在 $0.3m^2$ 以内的孔洞所占的面积，门洞、空圈、暖气包槽、壁龛的开口部分不增加工程量。看台台阶、阶梯教室地面整体面层按展开后的净面积计算。地面嵌金属条按延长米计算。

整体面层子目中包括基层与装饰面层。整体面层楼地面项目，不包括踢脚板工料；找平层砂浆设计厚度不同，按每增加或减少 5mm 找平层进行调整。粘结层砂浆厚度与定额不符时，按设计厚度调整。地面防潮层按相应子目执行。

水磨石面层定额项目已包括酸洗打蜡工料，若设计不做酸洗打蜡，应扣除定额中的酸洗打蜡材料费及人工（0.51 工日/$10m^2$）。

（3）块料面层

1）块料面层（不包括踢脚板），按图示尺寸实铺面积以 m^2 计算，应扣除凸出地面的构筑物、设备基础、柱、间壁墙等不做面层的部分，$0.3m^2$ 以内的孔洞面积不扣除。门洞、空圈、暖气包槽、壁龛的开口部分的工程量并入相应的面层内计算。地面嵌金属条按延长米计算。

2）多色简单、复杂图案镶贴石材块料面板，按镶贴图案的矩形面积计算。成品拼花石材铺贴按设计图案的面积计算。计算简单、复杂图案之外的面积，扣除简单、复杂图案面积时，按矩形面积扣除。"简单图案镶贴"和"复杂图案镶贴"应分别套用定额。

石材块料面板镶贴及切割费用已包含在定额内，但石材磨边未包含在内。设计磨边者按相应子目执行。

石材块料面板镶贴不分品种、拼色，均执行相应子目，包括镶贴一道墙四周的镶边线（阴、阳角处含 45°角），设计有两条或两条以上镶边者，按相应子目人工乘以系数 1.10（工程量按镶边的工程量计算），矩形分色镶贴的小方块仍按定额执行。

实际发生石材块料面板地面成品保护时，不论采用何种材料进行保护，均按相应子目执行。

［例 5-15］　某一层建筑物平面如图 5-54 所示，层高为 3.6m，板厚为 0.1m，室内外高差 0.3m。M_1 门的尺寸为 $1.0m\times2.0m$，M_2 门的尺寸为 $0.9m\times2.0m$，门框中心线与墙体中心线重合，门框宽度为 60mm；C_1 窗的尺寸为 $1.5m\times1.5m$，窗台高 1m。试分别计算水泥砂浆

地面工程量、水泥砂浆踢脚板工程量、地砖地面的工程量和成品地砖踢脚板的工程量。

解：（1）水泥砂浆地面和踢脚板的工程量

水泥砂浆地面 $S_1 = (4.5-0.24+4.2-0.24)m \times (5.4-0.24)m$

$\qquad = 8.22m \times 5.16m$

$\qquad = 42.42m^2$

水泥砂浆踢脚板 $L_1 = (4.5-0.24+4.2-0.24)m \times 2+(5.4-0.24)m \times 4$

$\qquad = 8.22m \times 2+5.16m \times 4$

$\qquad = 37.08m$

（2）地砖地面和踢脚板工程量

地砖地面 $S_2 = (4.5-0.24+4.2-0.24)m \times (5.4-0.24)m+(1+0.9)m \times 0.24m$

$\qquad = 8.22m \times 5.16m+1.9m \times 0.24m$

$\qquad = 42.88m^2$

地砖踢脚板 $L_2 = (4.5-0.24+4.2-0.24)m \times 2+(5.4-0.24)m \times 4-1-0.9m \times 2+0.09m \times 6$

$\qquad = 8.22m \times 2+5.16m \times 4-1.8m+0.54m = 35.82m$

（4）楼梯和台阶

1）楼梯整体面层按楼梯的水平投影面积以 m^2 计算，包括踏步、踢脚板、中间休息平台、踢脚板、梯板侧面及堵头。楼梯井宽在200mm以内者不扣除，超过200mm者，应扣除其面积。楼梯间与走廊连接的，应算至楼梯梁的外侧。水泥砂浆、水磨石楼梯不包括楼梯底抹灰（楼梯底抹灰另按相应子目执行）；楼梯块料面层、按展开实铺面积以 m^2 计算，踏步板、踢脚板、休息平台、堵头工程量应合并计算。

螺旋形、圆弧形楼梯贴块料面层按相应子目的人工乘以系数1.20，块料面层材料乘以系数1.10，其他不变。现场锯割石材块料面板粘贴在螺旋形、圆弧形楼梯面，按实际情况另行处理。

2）台阶（包括踏步及最上一步踏步口外延300mm）整体面层按水平投影面积以 m^2 计算；块料面层按展开（包括两侧）实铺面积以 m^2 计算。

3）防滑条按延长米计算。定额中楼梯、台阶均不包括防滑条，设计用防滑条者按相应子目执行。

（5）踢脚板

1）水泥砂浆、水磨石踢脚板按延长米计算，其洞口、门口长度不予扣除，洞口、门口、垛、附墙烟囱等侧壁不增加工程量。

2）块料面层踢脚板按图示尺寸按实贴踢脚板长度，以延长米计算，门洞扣除，侧壁另加。

踢脚板高度按150mm编制，当设计高度不同时，整体面层不调整，块料面层按比例调整，其他不变。

（6）地板、地毯　楼地面铺设木地板、地毯以实铺面积计算。楼梯地毯压辊安装以套计算。

（7）扶手、栏杆、栏板　栏杆、扶手、扶手下托板均按扶手的延长米计算，楼梯踏步部分的栏杆与扶手应按水平投影长度乘以系数1.18。

扶手、栏杆、栏板适用于楼梯、走廊及其他装饰栏杆、栏板、扶手，栏杆定额项目中包括弯头的制作、安装。设计栏杆、栏板的材料、规格、用量与定额不同，可以调整。定额中栏杆、栏板与楼梯踏步的连接是按预埋件焊接考虑。设计用膨胀螺栓连接时，每10m另外增加人工0.35工日，M10×100膨胀螺栓10只，铁件1.25kg，合金钢钻头0.13只，电锤0.13台班。

（8）斜坡、散水、明沟　斜坡、散水、槎牙均按水平投影面积以 m² 计算，明沟按图示尺寸以延长米计算。明沟与散水连在一起，明沟按宽 300mm 计算，其余为散水，散水、明沟应分开计算。散水、明沟应扣除踏步、斜坡、花台等的长度。

斜坡、散水、明沟按《室外工程》（苏 J08—2006）编制，均包括挖（填）土、垫层、砌筑、抹面。采用其他图集时，材料含量可以调整，其他不变。

5.14　墙、柱面工程

5.14.1　项目划分

1. 基本概念

墙、柱面工程分为墙面、柱面、梁面装饰。按装饰材料分为抹灰、块料、幕墙、木装修和其他。

墙、柱的抹灰及镶贴块料面层所取定的抹灰分层厚度及砂浆种类见表 5-35。设计砂浆品种、厚度与定额不同均应调整。砂浆用量按比例调整。外墙面砖基层刮糙处理，若基层处理设计采用保温砂浆，此部分砂浆作相应换算，其他不变。

表 5-35　**抹灰分层厚度及砂浆种类表**　　　　　　（单位：mm）

a. 一般抹灰厚度			底层		中层		面层		总厚度
项　　目			砂浆	厚度	砂浆	厚度	砂浆	厚度	
纸筋石灰砂浆	墙面	砖墙	石灰砂浆 1:3	8	石灰砂浆 1:3	7	纸筋石灰砂浆	2.5	17.5
		混凝土墙	混合砂浆 1:3:9	7	石灰砂浆 1:3	7	纸筋石灰砂浆	2.5	16.5
		轻质墙	混合磁盘浆 1:1:6	8	混合砂浆 1:3:9	8	纸筋石灰砂浆	2.5	18.5
		钢丝网墙	石灰砂浆 1:3	8	石灰砂浆 1:3	8	纸筋石灰砂浆	2.5	18.5
		毛石墙	石灰砂浆 1:3	22	石灰砂浆 1:3	8	纸筋石灰砂浆	2.5	32.5
		零星项目	石灰砂浆 1:3	8	石灰砂浆 1:3	7	纸筋石灰砂浆	2.5	17.5
	柱梁面	砖柱 多边形圆形	石灰砂浆 1:3	8	石灰砂浆 1:3	7	纸筋石灰砂浆	2.5	17.5
		砖柱 矩形	石灰砂浆 1:3	8	石灰砂浆 1:3	7	纸筋石灰砂浆	2.5	17.5
		混凝土柱梁 多边形圆形	混合砂浆 1:3:9	7	石灰砂浆 1:3	7	纸筋石灰砂浆	2.5	16.5
		混凝土柱梁 矩形	混合砂浆 1:3:9	7	石灰砂浆 1:3	7	纸筋石灰砂浆	2.5	16.5
水泥砂浆	墙面	砖、混凝土墙	水泥砂浆 1:3	12	—		水泥砂浆 1:2.5	8	20
		毛坯刮糙内墙	水泥砂浆 1:3	9	—		水泥砂浆 1:3	6	15
		轻质墙	水泥砂浆 1:3	15	—		水泥砂浆 1:2	10	25
		毛石墙	水泥砂浆 1:3	25	—		水泥砂浆 1:2	10	35
		钢丝网墙	水泥砂浆 1:3	14	—		水泥砂浆 1:2	6	20
		零星及其他项目	水泥砂浆 1:3	12	—		水泥砂浆 1:2	8	20
		混凝土装饰线条	水泥砂浆 1:3	12	—		水泥砂浆 1:2.5	8	20

（续）

a. 一般抹灰厚度

项目			底层		中层		面层		总厚度
			砂浆	厚度	砂浆	厚度	砂浆	厚度	
水泥砂浆	柱梁面	砖砌	水泥砂浆1:3	12	—	—	水泥砂浆1:2.5	8	20
		混凝土	水泥砂浆1:3	12	—	—	水泥砂浆1:2.5	8	20
	阳台雨篷	上表面	水泥砂浆1:3	15	—	—	水泥砂浆1:2	10	25
		下表面	水泥砂浆1:0.3:3	8	—	—	纸筋灰浆	3	11
		侧面	水泥砂浆1:3	12	—	—	水泥砂浆1:2.5	8	20
混合砂浆	墙面 砖墙	外墙	混合砂浆1:1:6	12	—	—	混合砂浆1:1:6	8	20
		内墙	混合砂浆1:1:6	15	—	—	混合砂浆1:0.3:3	5	20
		毛坯刮糙	混合砂浆1:1:6	15					15
	混凝土墙	外墙	混合砂浆1:1:6	12	—	—	混合砂浆1:1:6	8	20
		内墙	混合砂浆1:1:6	15	—	—	混合砂浆1:0.3:3	5	20
	轻质墙		混合砂浆1:1:6	15	—	—	混合砂浆1:0.3:3	5	20
	毛石墙		混合砂浆1:1:6	25	—	—	混合砂浆1:1:3	10	35
	钢丝网墙		混合砂浆1:1:6	14	—	—	混合砂浆1:1:4	6	20
	零星项目		混合砂浆1:1:6	12	—	—	混合砂浆1:1:4	8	20
	其他项目		混合砂浆1:1:6	15	—	—	混合砂浆1:0.3:3	5	20
	装饰线条		混合砂浆1:1:6	8	—	—	混合砂浆1:1:4	7	15
	柱梁面	砖砌	混合砂浆1:1:6	15	—	—	混合砂浆1:0.3:3	5	20
		混凝土	混合砂浆1:1:6	15	—	—	混合砂浆1:0.3:3	5	20
水泥白石屑浆	墙裙墙面	砖、混凝土	水泥砂浆1:3	12	—	—	水泥白石屑浆	8	20

b. 装饰抹灰厚度

项目		底层		面层		总厚度
		砂浆	厚度	砂浆	厚度	
水刷石	墙面、墙裙	水泥砂浆1:3	12	水泥白石子浆1:2	10	22
	柱、梁面	水泥砂浆1:3	12	水泥白石子浆1:2	10	22
	挑檐、天沟、腰线、栏杆、扶手	水泥砂浆1:3	12	水泥白石子浆1:2	10	22
	窗台线、门窗套、压顶	水泥砂浆1:3	12	水泥白石子浆1:2	10	22
	遮阳板、栏板	水泥砂浆1:3	12	水泥白石子浆1:2	10	22
	阳台、雨篷 平面	水泥砂浆1:2	12	水泥砂浆1:2	8	20
	底面	混合砂浆1:0.3:3	8	纸筋石灰砂浆	3	11
	侧面	水泥砂浆1:3	12	水泥白石子浆1:2	10	22
干粘石	墙面、墙裙	水泥砂浆1:3	12	水泥砂浆1:3	6	18
	柱、梁面	水泥砂浆1:3	12	水泥砂浆1:3	6	18
	挑檐、天沟、腰线、栏杆、扶手	水泥砂浆1:3	12	水泥砂浆1:3	6	18
	窗台线、门窗套、压顶	水泥砂浆1:3	12	水泥砂浆1:3	6	18
	遮阳板、栏板	水泥砂浆1:3	12	水泥砂浆1:3	6	18
	阳台、雨篷 平面	水泥砂浆1:2	12	水泥砂浆1:2	8	20
	底面	混合砂浆1:0.3:3	8	纸筋石灰砂浆	3	11
	侧面	水泥砂浆1:3	12	水泥砂浆1:3	6	18
斩假石	墙面、墙裙	水泥砂浆1:3	12	水泥白石屑浆1:2	10	22
	柱、梁面	水泥砂浆1:3	12	水泥白石屑浆1:2	10	22
	零星项目	水泥砂浆1:3	12	水泥白石屑浆1:2	10	22
水泥珍珠岩	砖墙面	水泥珍珠岩1:8	23	纸筋石灰砂浆	2	25
	混凝土墙面	水泥珍珠岩1:8	26	纸筋石灰砂浆	2	28

（续）

c. 镶贴块料面层厚度

项目		底层		粘结层		总厚度
		砂浆	厚度	砂浆	厚度	
瓷砖	墙面、墙裙	水泥砂浆 1:3	12	混合砂浆 1:0.1:2.5	6	18
	柱面及零星项目	水泥砂浆 1:3	12	混合砂浆 1:0.1:2.5	6	18
外墙釉面砖	墙面、墙裙	水泥砂浆 1:3	10	混合砂浆 1:0.2:2	10	20
	零星项目	水泥砂浆 1:3	10	混合砂浆 1:0.2:2	10	20
陶瓷锦砖	墙面、墙裙	水泥砂浆 1:3	12	混合砂浆 1:1:2	3	15
	柱面及零星项目	水泥砂浆 1:3	12	混合砂浆 1:1:2	3	15
纸板饰面砖	墙面、墙裙	水泥砂浆 1:3	10	混合砂浆 1:0.2:2	10	20
	柱面及零星项目	水泥砂浆 1:3	12	混合砂浆 1:0.2:2	8	20
劈离砖	墙面	水泥砂浆 1:3	12	混合砂浆 1:0.2:2	8	20
玻璃马赛克	墙面、墙裙	水泥砂浆 1:3	12	混合砂浆 1:1:2	3	15
	柱面及零星项目	水泥砂浆 1:3	12	混合砂浆 1:1:2	3	15
假麻石块	墙面、墙裙	水泥砂浆 1:3	12	混合砂浆 1:1:2	6	18
	柱面及零星项目	水泥砂浆 1:3	12	混合砂浆 1:1:2	6	18
金属面砖	墙面、墙裙	水泥砂浆 1:3	10	混合砂浆 1:0.2:2	10	20
拼接花岗岩	墙面	水泥砂浆 1:3	10	水泥砂浆 1:2	10	20
大理石	砖墙面	水泥砂浆 1:3	15	水泥砂浆 1:2	5	20
	混凝土墙面	水泥砂浆 1:3	15	水泥砂浆 1:2	5	20
	零星项目	水泥砂浆 1:3	15	水泥砂浆 1:2	5	20

d. 顶棚装饰厚度

项目			底层		中层		面层		总厚度
			砂浆	厚度	砂浆	厚度	砂浆	厚度	
混凝土顶棚	纸筋灰浆面	现浇	混合砂浆 1:0.3:3	8	—	—	纸筋石灰浆	3	11
		预制	混合砂浆 1:0.3:3	7	混合砂浆 1:1:6	7	纸筋石灰浆	3	17
	水泥砂浆面	现浇	水泥砂浆 1:3	6	—	—	水泥砂浆 1:2.5	6	12
		预制	水泥砂浆 1:3	6	—	—	水泥砂浆 1:2.5	6	12
	混合砂浆面	现浇	混合砂浆 1:0.3:3	6	—	—	混合砂浆 1:0.3:3	6	12
		预制	混合砂浆 1:0.3:3	6	—	—	混合砂浆 1:0.3:3	6	12
钢板网顶棚	混合砂浆	二遍	混合砂浆 1:2:1	15	—	—	纸筋石灰浆	2	17
		三遍	混合砂浆 1:2:1	3	混合砂浆 1:1:6	6	纸筋石灰浆	2	11
板条顶棚	石灰砂浆	三遍	石灰砂浆	8	石灰砂浆 1:2.5	7	纸筋石灰浆	2.5	17.5

注：本表仅指砂浆厚度，各类块料面层厚度另外增加块料面层 5mm、大理石花岗岩板 25mm。

2. 项目划分

抹灰分为一般抹灰和装饰抹灰。一般抹灰，按质量标准不同分为普通抹灰、中级抹灰和高级抹灰；按照抹灰砂浆材料的材质不同分为石膏砂浆、水泥砂浆、保温砂浆、抗裂砂浆、混合砂浆和其他砂浆；按抹灰的部位分为内外墙、柱、梁面、阳台、雨篷及其他构件；按抹灰的基层分为砖墙、混凝土墙、加气混凝土墙及轻质板墙。装饰抹灰分为水刷石、干粘石、斩假石、嵌缝及其他项目。

块料面层按材料不同分为镶贴瓷砖、外墙釉面砖、金属面砖、陶瓷锦砖、凹凸假麻石、波形面砖、文化石、石材块料面板。其中镶贴瓷砖分为小规格瓷砖和大规格瓷砖，小规格瓷砖按水泥砂浆粘贴和干粉型粘结剂镶贴列项，分为墙面、柱面、梁面、零星面粘贴；大规格面砖（800mm×800mm 以上）按膨胀螺栓干挂、钢丝网挂贴、钢筋网挂贴、型钢龙骨干挂；外墙釉面砖分为外墙面和零星面粘贴；陶瓷锦砖和凹凸假麻石分为墙面、柱面、梁面与零星面粘贴；文化石分为墙面和零星项目粘贴；石材块料面板分为粘贴、挂贴和背拴。

幕墙分为隐框、半隐框、明框铝合金幕墙，单元式玻璃幕墙板块制作、单元板块安装，嵌槽式、挂式、点式、拉索点式全玻璃幕墙，铝单板和铝塑板铝板幕墙，幕墙与建筑物的封边，包括自然层的连接、顶边与侧边。

木装修及其他按构造分为龙骨与面层。面层按材料分为细木工板、胶合板、木质切片、成品多层木质板、成品多层复合装饰面板、不锈钢镜面板、铝塑板、软（硬）包合成革、软（硬）包布艺、墙毡、玻璃、硬木板、竹片、石膏板面、超细玻璃棉、水泥压力板、塑料扣板、铝合金扣板、岩棉吸音板、轻质多孔网塑夹芯板墙、GRC 板，彩钢夹芯板；龙骨按材料分为木龙骨、轻钢龙骨、铝合金龙骨、金属龙骨，按构造分为骨架、大龙骨、中龙骨和小龙骨。

彩钢夹芯板墙按厚度列项，单层彩板包角、包边、窗台泛水、内衬按展开宽度列项。

5.14.2 工程量计算规则

1. 内墙面抹灰

1）内墙面抹灰面积应扣除门窗洞口和空圈所占的面积，不扣除踢脚线、挂镜线、0.3m² 以内的孔洞和墙与构件交接处的面积；洞口侧壁和顶面抹灰不增加工程量。垛的侧面抹灰面积应并入内墙面工程量内计算，不扣除间壁所占的面积。内墙面抹灰长度，以主墙间的图示净长计算，其高度按实际抹灰高度确定。外墙内表面的抹灰按内墙面抹灰子目执行。高在 3.60m 以内的围墙抹灰按内墙面相应子目执行。砌块墙面的抹灰按混凝土墙面相应子目执行。

抹灰高度的计算分为以下几种情况：

① 无墙裙的，以室内地面或楼面至天棚底面之间的距离计算。

② 有墙裙的，以墙裙上平面至天棚底面之间的距离计算。

内墙抹灰面积计算公式为

$$内墙抹灰面积 S = 内墙净长×高-内墙门窗洞口面积-0.3m² 以上洞口面积+$$
$$内山尖+内墙垛侧壁面积-墙裙面积 \tag{5-24}$$

内墙裙抹灰面积计算公式为

$$内墙裙抹灰面积 S = 墙裙周长×墙裙高度-门窗面积+垛侧壁面积 \tag{5-25}$$

2）石灰砂浆、混合砂浆粉刷中已包括水泥护角线，不另行计算。

3）柱和单梁的抹灰按结构展开面积计算，柱与梁或梁与梁接头的面积不予扣除。砖墙中平墙面的混凝土柱、梁等的抹灰（包括侧壁）应并入墙面抹灰工程量计算。凸出墙面的混凝土柱、梁面（包括侧壁）抹灰工程量应单独计算，按相应子目执行。

4）厕所、浴室隔断的抹灰工程量，按单面垂直投影面积乘以系数 2.3 计算。

在圆弧形内墙面、内梁面抹灰，按相应子目人工乘以系数 1.18（工程量按其弧形面积计算）。

2. 外墙抹灰

1）外墙面抹灰面积按外墙面的垂直投影面积计算，应扣除门窗洞口和空圈所占的面积，不扣除 0.3m² 以内的孔洞面积。门窗洞口、空圈的侧壁、顶面及垛等的抹灰，应按结构展开面积并入墙面抹灰计算。外墙面不同品种砂浆抹灰，应分别计算按相应子目执行。

若外墙保温材料品种不同，可根据相应子目进行换算调整。地下室外墙粘贴保温板，可参照相应子目，材料可换算，其他不变。柱梁面粘贴复合保温板可参照墙面执行。砌块墙面的抹灰按混凝土墙面相应子目执行。

① 外墙抹灰长度按外墙外边线的总和（$L_{外}$）计算。

② 外墙面抹灰高度（h）按图 5-55 所示计算。

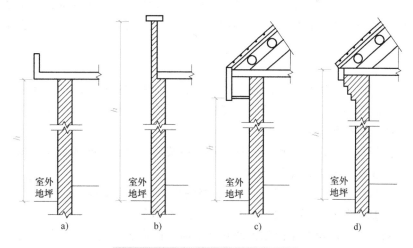

图 5-55 外墙抹灰高度取值示意图

a）平顶有挑檐 b）无挑檐 c）檐口天棚 d）无檐口天棚

平屋面有挑檐天沟者，算到檐口天棚下皮，见图 5-55a。

无挑檐天沟者，一般有女儿墙，算到压顶下皮，见图 5-55b。

坡屋面带檐口天棚者，应算至檐口天棚下皮，见图 5-55c。

坡屋面无檐口天棚者，应算至屋面板下皮，见图 5-55d。

外墙裙抹灰面积 S 计算公式可以表达为

$$S = L_{外} \times h + 外山尖面积 - 门窗洞口面积 - 0.3 \text{m}^2 \text{ 以上洞口面积} +$$
$$附墙柱侧壁面积 - 外墙裙所占面积 \tag{5-26}$$

外墙裙抹灰面积计算公式可以表达为

$$外墙裙抹灰面积 S_{墙裙} = (L_{外} - \sum 门洞宽) \times 墙裙高 - \sum 墙裙顶面以下窗所占面积 -$$
$$台阶所占面积 + 附墙柱侧面面积 \tag{5-27}$$

2）外墙窗间墙与窗下墙均抹灰，以展开面积计算，按外墙抹灰相应子目执行。窗间墙单独抹灰或镶贴块料面层，按相应人工乘以系数 1.15。

单独圈梁抹灰（包括门、窗洞口顶部）按腰线子目执行，附着在混凝土梁上的混凝土线条抹灰按混凝土装饰线条抹灰子目执行。

3）挑檐、天沟、腰线、扶手、单独门窗套、窗台线、压顶等，均以结构尺寸展开面积计算。窗台线与腰线连接时，并入腰线计算。

4）外窗台抹灰长度，当设计图无规定时，可按窗洞口宽度两边共加 20cm 计算。窗台展开宽度，一砖墙按 36cm 计算，每增加半砖宽则累计增加 12cm。单独圈梁抹灰（包括门、窗洞口顶部）、附着在混凝土梁上的混凝土装饰线条抹灰均以展开面积以 m² 计算。

5）阳台、雨篷抹灰按水平投影面积计算。定额中已包括顶面、底面、侧面及牛腿的全部抹灰面积。阳台栏杆、栏板、垂直遮阳板抹灰另列项目计算。栏板以单面垂直投影面积乘以系数 2.1。

6）水平遮阳板顶面、侧面抹灰按其水平投影面积乘系数 1.5，板底面积并入天棚抹灰内计算。

7）勾缝按墙面垂直投影面积计算，应扣除墙裙、腰线和挑檐的抹灰面积，不扣除门、窗套、零星抹灰和门、窗洞口等面积，垛的侧面、门窗洞侧壁和顶面的面积不增加工程量。

在圆弧形外墙面、外梁面抹灰，按相应子目人工乘以系数 1.18（工程量按其弧形面积计算）。

3. 挂、贴块料面层

1）内、外墙面、柱梁面、零星项目镶贴块料面层均按块料面层的建筑尺寸（各块料面层+粘贴砂浆厚度=25mm）面积计算。门窗洞口面积扣除，侧壁、附垛贴面应并入墙面工程量。内墙面腰线花砖按延长米计算。

石材块料面板设计要求磨边或墙、柱面贴石材装饰线条者，按相应子目执行。设计线条重叠数次，套用相应"装饰线条"数次。

2）窗台、腰线、门窗套、天沟、挑檐、盥洗槽、池脚等块料面层镶贴，均以建筑尺寸的展开面积（包括砂浆及块料面层厚度）按零星项目计算。

门窗洞口侧边、附墙垛等小面粘贴块料面层时，门窗洞口侧边、附墙垛等规格小于块料原规格并需要裁剪的块料面层项目，可套用柱、梁、零星项目。

3）挂、贴石材块料面板的工程量按面层的建筑尺寸（包括干挂空间、砂浆、板厚度）展开面积计算。

4）石材圆柱面按石材面外围周长乘以柱高（应扣除柱墩、帽高度）以 m² 计算。石材柱墩、柱帽按石材圆柱面外围周长乘其高度以 m² 计算。圆柱腰线按石材圆柱面外围周长计算。

在圆弧形墙面、梁面挂贴、干挂石材块料面板，按相应子目人工乘以系数 1.18（工程量按其弧形面积计算）。块料面层中带有弧边的石材损耗，应按实调整，每 10m² 弧形部分，切贴人工增加 0.6 工日，合金钢切割片 0.14 片，石料切割机 0.6 台班。

5）内外墙贴面砖的规格与定额取定规格不符，数量应按下式确定

$$实际数量 = \frac{10m^2 \times (1+相应损耗率)}{(砖长+灰缝) \times (砖宽+灰缝)} \qquad (5\text{-}28)$$

4. 墙、柱木装饰及柱包不锈钢镜面

1）墙、墙裙、柱（梁）面：木装饰龙骨、衬板、面层及粘贴切片板按净面积计算，并扣除门、窗洞口及 0.3m² 以上的孔洞所占的面积，附墙垛及门、窗侧壁并入墙面工程量内计算。骨架、衬板、基层、面层均应分开计算。

设计木墙裙的龙骨与定额间距、规格不同时，应按比例换算木龙骨含量。

单独门、窗套按相应子目计算。柱、梁按展开宽度乘以净长计算。

木饰面子目的木基层，设计要求刷防火涂料时，按相应子目执行。

装饰面层设计有墙裙压顶线、压条、踢脚线、门窗贴脸等装饰线时，应按相应子目执行。

2）不锈钢镜面、各种装饰板面均按展开面积计算。若地面天棚面有柱帽、柱脚，则高度应从柱脚上表面至柱帽下表面计算。柱帽、柱脚按面层的展开面积以 m² 计算，套用柱

帽、柱脚子目。

3）幕墙以框外围面积计算。幕墙与建筑顶端、两端的封边按图示尺寸以 m² 计算，自然层的水平隔离与建筑物的连接按延长米计算（连接层包括上、下镀锌钢板）。幕墙上下设计有窗者，计算幕墙面积时，不扣除窗面积，但每 10m² 窗面积另外增加人工 5 工日，增加的窗料及五金按实计算（幕墙上铝合金窗不再另外计算）。其中：全玻璃幕墙以结构外边按玻璃（带肋）展开面积计算，支座处隐藏部分玻璃合并计算。

幕墙材料品种、含量，设计要求与定额不同时应调整，但人工、机械不变。所有干挂石材、面砖、玻璃幕墙、金属板幕墙子目中不含钢骨架、预埋（后置）件的制作安装费，另按相应子目执行。

玻璃车边费用按市场加工费另行计算。

不锈钢、铝单板等装饰板块折边加工费及成品铝单板折边面积应计入材料单价，不另行计算。网塑夹芯板之间设置加固方钢立柱、横梁时，应根据设计要求按相应子目执行。成品装饰面板现场安装，需做龙骨、基层板时，套用墙面相应子目。

[例 5-16]　某一层建筑物平面、1—1 剖面如图 5-56 所示，混凝土楼板厚 0.15m，外墙面为混凝土墙面，外墙面贴石材，内墙面抹混合砂浆，女儿墙内侧面抹水泥砂浆，门窗均居中安装，框宽度 110mm。试计算内墙面、女儿墙 内侧面和外墙面石材的工程量。

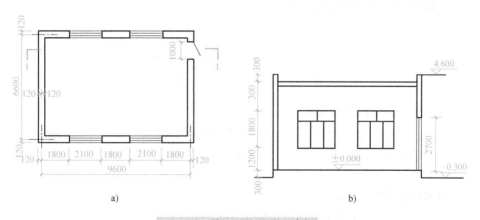

图 5-56　某一层建筑物示意图

解：（1）计算内墙面的抹灰工程量

内墙面抹灰量

$S_1 = [(9.6-0.24)m \times 2 + (6.6-0.24)m \times 2] \times (1.2+1.8+1.3-0.15)m - 1m \times 2.7m - 2.1m \times 1.8m \times 4$

$= (9.36 \times 2 + 6.36 \times 2)m \times 4.15m - 2.7m^2 - 15.12m^2$

$= 112.66m^2$

（2）计算外墙面的大理石工程量

外墙面贴石材量

$S_2 = (9.6+6.6+0.24 \times 2+0.05 \times 2)m \times 2 \times (0.3+1.2+1.8+1.3+0.3)m - 1m \times 2.7m - 2.1m \times 1.8m \times 4$

$= 16.78m \times 2 \times 4.9m - 2.7m^2 - 15.12m^2$

$= 146.62m^2$

门窗侧面宽度 $= (0.24-0.11)m/2 = 0.065m$

门窗侧面贴石材量 $S_3 = (0.065+0.025)m \times [(2.7 \times 2+1)m + (2.1 \times 2+1.8 \times 2)m \times 4]$

$$= 0.09 \text{m} \times (6.4 + 7.8 \times 4) \text{m}$$
$$= 3.38 \text{m}^2$$

（3）女儿墙内侧面抹灰工程量

$$S_4 = 0.3 \text{m} \times (9.6 + 0.24 + 6.6 + 0.24) \text{m} \times 2$$
$$= 0.3 \text{m} \times 33.36 \text{m}$$
$$= 10.00 \text{m}^2$$

[例5-17] 某房屋的平面图和剖面图如图5-57所示。门窗均居中安装，框宽度为110mm，不考虑台阶。计算外墙及挑檐立面贴外墙面砖的工程量。

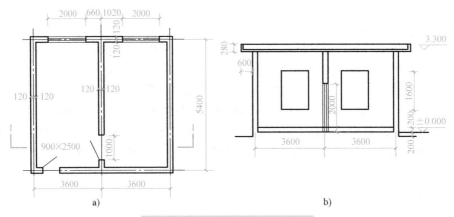

图 5-57 某房屋平面图、剖面图
a）平面图 b）1—1剖面图

解：（1）外封面贴砖工程量

$$S_1 = (7.2 + 0.24 + 5.4 + 0.24) \text{m} \times 2 \times (3.3 + 0.2) \text{m} - 0.9 \text{m} \times 2.5 \text{m} - 2 \text{m} \times 1.6 \text{m} \times 2$$
$$= 13.08 \text{m} \times 2 \times 3.5 \text{m} - 2.25 \text{m}^2 - 6.4 \text{m}^2$$
$$= 82.91 \text{m}^2$$

（2）门窗侧面贴砖工程量

$$S_2 = 0.065 \text{m} \times [(0.9 + 2.5 \times 2) + (2 + 1.6) \times 2 \times 4] \text{m}$$
$$= 0.065 \text{m} \times (5.9 + 7.2 \times 4) \text{m}$$
$$= 2.26 \text{m}^2$$

（3）挑檐立面贴砖工程量

$$S_3 = (7.2 + 0.24 + 0.6 \times 2 + 5.4 + 0.24 + 0.6 \times 2) \text{m} \times 2 \times 0.28 \text{m}$$
$$= 8.67 \text{m}^2$$

5.15 天棚工程

5.15.1 基本概念与项目划分

天棚分为无吊顶的天棚和有吊顶的天棚。无吊顶的天棚一般为抹灰天棚；有吊顶的天棚按构造分为天棚龙骨、天棚面层和饰面。

1. 龙骨尺寸取定

一般情况下，木龙骨、金属龙骨的尺寸按面层龙骨的方格尺寸取定，其龙骨断面的取定见表5-36。

表 5-36　　龙骨断面的取定　　　　　　　　　　（单位：mm）

龙骨类型		上人型	不上人型	搁在墙上	吊在混凝土板下
木龙骨	大			50×70	50×40
	中			50×50	50×40
U 型轻钢龙骨	大	60×27×1.5	50×15×1.2		
	中	50×20×0.5	50×20×0.5		
	小	25×20×0.5	25×20×0.5		
T 型铝合金龙骨	轻钢大龙骨	60×27×1.5	45×15×1.2		
	T 型主龙骨	20×35×0.8	20×35×0.8		
	T 型副龙骨	20×22×0.6	20×22×0.6		

注：木龙骨为断面尺寸，轻钢龙骨和铝合金龙骨的尺寸为高×宽×厚。

当设计与定额不符时，应按设计的长度用量加下列损耗调整定额的含量：木龙骨 6%；轻钢龙骨 6%；铝合金龙骨 7%。

2. 项目划分

本分部定额项目包括天棚龙骨、天棚面层及饰面和天棚抹灰外，还包括雨篷、采光天棚、天棚检修道等。

天棚抹灰分为抹灰面层、贴缝及装饰线三部分。其中，抹灰面层按基层材质分为预制混凝土板、现浇混凝土板、钢板网和板条四种；按抹灰砂浆的种类分为纸筋石灰砂浆、混合砂浆、石膏砂浆四种；按抹灰的遍数分为二遍和三遍两种。天棚面装饰线分为三道线以内和五道线以内。

天棚龙骨按材料分为方木龙骨、轻钢龙骨、铝合金轻钢龙骨、铝合金方板龙骨、铝合金条板龙骨和天棚吊筋；根据龙骨的搁置方式，按搁在墙上或混凝土梁上、吊在混凝土楼板下，搁在墙上或梁上的按跨度列项，吊在混凝土楼板下的方木龙骨按面层规格列项；按是否允许上人分为上人型和不上人型，按面板规格列项；铝合金条板龙骨天棚按中型和轻型列项；天棚吊筋分为吊筋和全丝杆天棚吊筋按不同长度列项。

天棚的骨架基层分为简单型、复杂型两种：简单型是指每间面层在同一标高的平面上。复杂型是指每一间面层不在同一标高平面上，其高差大于等于 100mm，且必须满足不同标高的少数面积占该间面积的 15% 以上。

天棚面层及饰面按材料分为夹板面层、纸面石膏板面层、切片板面层、铝合金方板面层、铝合金条板面层、铝塑板面层、矿棉板面层和其他面层。其中安装在木龙骨上的夹层面板分为平面、分缝和凹凸三项；纸面石膏板天棚面层分为安装在 U 型轻钢龙骨和 T 型铝合金龙骨上两种，安装在 U 型龙骨上时又分为平面与凹凸两项；贴在夹板基层上的普通切片板分为平面与凹凸两项；铝合金方板面层分为浮搁式和嵌入式两项；铝合金条板面层分为闭缝和开缝两项；铝塑板面层分为贴在基层板下和搁在龙骨上两项；矿棉板分为嵌入式、贴在基层板下、搁在 T 型铝合金龙骨上三项；其他面层分为搁在龙骨上和钉在龙骨上的铝合金微孔方板天棚、贴在基层板上的防火板面层、水泥压力板面层、吸音板面层、竹片面层、板条面层、薄板面层、钢板网面层、塑料扣板面层、金属饰面板面层、镜面玻璃面层、木方格吊顶天棚、搁放型灯片。

雨篷包括铝合金扣板雨篷和钢化夹胶玻璃雨篷。其中铝合金扣板雨篷分为铝栅假天棚、雨篷底吊铝骨架铝条天棚和铝合金扣板雨篷三项。

玻璃采光天棚分为铝结构和钢结构玻璃采光天棚两项。

天棚检修道分为固定检修道和活动走道板两项。

5.15.2 工程量计算规则

1）天棚面层、龙骨与吊筋应分开计算，按设计套用相应子目。

① 天棚饰面的面积按净面积计算，不扣除间壁墙、检修孔、附墙烟囱、柱垛和管道所占的面积，但应扣除独立柱、0.3m² 以上的灯饰面积（不扣除石膏板、夹板天棚面层的灯饰的面积）与天棚连接的窗帘盒面积，不扣除整体金属板中间开孔的灯饰的面积。

天棚中假梁、折线、叠线等圆弧形、拱形、特殊艺术形式的天棚饰面，均按展开面积计算。

天棚每间以在同一平面上为准，设计有圆弧形、拱形时，按其圆弧形、拱形部分的面积：圆弧形面层人工按其相应子目乘以系数 1.15 计算，拱形面层的人工按相应子目乘以系数 1.5 计算。

木质骨架及面层的上表面，设计要求刷防火漆时，应按相应子目计算。

胶合板面层在现场钻吸音孔时，按钻孔板部分的面积，每 10m² 增加人工 0.64 工日计算。

天棚面层中回光槽按相应子目执行。

② 天棚龙骨的面积按主墙间的水平投影面积计算。圆弧形、拱形的天棚龙骨应按其弧形或拱形部分的水平投影面积计算，套用复杂型子目，龙骨用量按设计进行调整，人工和机械按复杂型天棚子目乘以系数 1.8。

③ 钢、木龙骨天棚基层的天棚龙骨吊筋按每 10m² 龙骨面积套用相应子目计算；全丝杆的天棚吊筋按主墙间的水平投影面积计算。

④ 上人型天棚吊顶检修道应按设计分别套用固定型和活动型定额。

2）铝合金扣板雨篷、钢化夹胶玻璃雨篷均按水平投影面积计算。

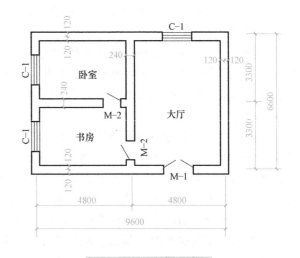

图 5-58 某房间平面图

[例 5-18] 某房间平面图如图 5-58 所示，大厅、卧室吊顶采用装配式 U 型轻钢龙骨、钙塑板面层不上人型，书房顶采用装配式 T 形铝合金龙骨，铝塑板面层不上人型，单层结构。试计算龙骨和面层工程量。

解：（1）轻钢龙骨、钙塑板面层工程量

$$S = (4.8-0.24)\text{m} \times (3.3-0.24)\text{m} + (4.8-0.24)\text{m} \times (6.6-0.24)\text{m} = 42.95\text{m}^2$$

（2）铝合金龙骨铝塑板面层工程量

$$S = (4.8-0.24)\text{m} \times (3.3-0.24)\text{m} = 13.95\text{m}^2$$

（3）天棚面抹灰。

① 天棚面抹灰按主墙间天棚的水平面积计算，不扣除间壁墙、垛、柱、附墙烟囱、检查洞、通风洞、管道等所占的面积。

② 密肋梁、井字梁、带梁天棚抹灰面积，按展开面积计算，并入天棚抹灰工程量。斜天棚抹灰按斜面积计算。

③ 天棚抹面为小圆角的，定额中已包括人工，材料、机械按附注增加。天棚抹面带装饰线的，其线分别按三道线以内或五道线以内，以延长米计算（线角的道数以每一个凸出的阳角为一道线）。

④ 楼梯底面、水平遮阳板底面和檐口天棚，并入相应的天棚抹灰工程量内计算。混凝土楼梯、螺旋楼梯的底板为斜板时，按其水平投影面积（包括休息平台）乘以系数 1.18，底板为锯齿形时（包括预制踏步板），按其水平投影面积乘以系数 1.5 计算。

天棚面的抹灰按中级抹灰考虑，所取定的砂浆品种、厚度详见表 5-35。设计砂浆的品种（纸筋石灰浆除外）、厚度与定额不同时应按比例调整，但人工数量不变。

5.16 门窗工程

5.16.1 基本概念与项目划分

1. 基本概念

工业与民用建筑中所用的门窗分类方法较多，一般有以下几种分类方法：

1）按材质分：铝合金窗、木窗、铝木窗、断桥隔热铝合金窗、钢窗、塑钢窗、彩钢窗、PVC 塑料窗。

2）按用途分：常用木门、门连窗、纱门、阁楼门、壁橱门、厕浴门、厂库房大门、防火门、隔音门、冷藏门、保温门、射线防护门、变电室门、防盗门等。常用的有木窗、橱窗、门连窗、工业组合窗、天窗、屋顶小气窗、木百叶窗、纱窗、防盗窗等。

3）按开启方式分：平开门、推拉门、折叠门、自由门、上翻门、转门、卷帘门等。固定窗、平开窗、上悬窗、中悬窗、下悬窗、推拉窗、内开内倒窗、折叠窗、提拉窗等。

4）按立面形式划分，木门按立面形式可分为：胶合板门、拼板门、镶板门、半玻璃门、全玻璃门、百叶门、自由门等。木窗按立面形式可分为：普通单层玻璃窗、双层玻璃窗、一玻一纱木窗、三层木窗（百叶扇、纱扇、玻璃扇）、三角形木窗、半圆形木窗、圆形木窗等。

5）按来源不同分：购入成品与现场（或加工厂）制作。

6）按综合基价列项划分，是为了计算价格的方便，将不同来源、材质或构造形式的门窗，以定额单价或综合单价的形式进行计价的一种方法，多用于计价定额中。下面将以这种形式进行介绍。

2. 项目划分

本分部分为购入构件成品安装、铝合金门窗制作安装、木门窗框扇制作安装、装饰木门扇、门窗五金配件安装五节。

购入成品安装分为门、窗和纱窗。按材质分为铝合金、塑钢、方钢管、不锈钢、彩板、木和玻璃；门按开启方式分为地弹簧门、推拉门、平开门、旋转门、电动伸缩门、自动门和卷帘门，按开启的动力分为电动（电子感应）和手动，按构成分为门框与门扇；窗分为推拉窗、固定窗、平开窗、悬窗、百叶窗和防盗窗；卷帘门分为铝合金、鱼鳞状、不锈钢管彩钢卷帘门，甲乙级防火卷帘门以及电动卷帘门附件安装；成品木门分为实拼夹板门、镶板造型门、木制全百叶门和门框安装。

铝合金门窗制作安装包括门、窗、无框玻璃门窗、门窗框包不锈钢板。其中门分为普通铝型材和断桥隔热铝合金型材地弹门、无框全玻璃地弹门、平开门、推拉门；窗分为平开窗、悬窗、铝合金推拉窗、固定窗、百叶窗；无框玻璃门扇分为钢化玻璃开启门、固定门、窗，带夹侧亮子钢化玻璃固定门窗；门框包不锈钢板分为细木工板基层和冷轧板基层门框，窗框只列了木工板基层窗框。

木门窗框扇制作安装分为普通木窗、纱窗扇、工业木窗、木百叶窗、无框窗扇、圆形窗、半玻璃木门、镶板门、胶合板门、企口板门、纱门窗、全玻璃自由门、半截百叶门以及木门窗框、扇包镀锌铁皮等。各种门均包括门框与门扇制作安装。其中，门窗扇分为单扇、双扇和多扇门窗。门窗扇按几何形状分为矩形、圆形、半圆形和多边形门窗，按构造形式分为有腰与无腰。镶板门按冒头数分为五冒头和三冒头镶板门。定额根据构造形式、几何形状、扇数等的组合分别列项。例如，普通木窗分为无腰单扇玻璃窗框制作、框安装、扇制作、扇安装，有腰单扇玻璃窗框制作、框安装、扇制作、扇安装，无腰双扇玻璃窗框 制作、框安装、扇制作、扇安装，有腰双扇玻璃窗框制作、框安装、扇制作、扇安装，无腰多扇玻璃窗框制作、框安装、扇制作、扇安装，有腰多扇玻璃窗框制作、框安装、扇制作、扇安装等。

装饰木门扇包括细木工板实心门扇、其他木门扇、门扇上包金属软包面。其中细木工板实心门扇按所贴面层分为贴双面普通切片板、双面普通花式切片板、普通对花拼贴切片板和木材面贴切片板；其他木门扇按所贴面层分为切片板门、防火板门、PVC浮雕塑面板门、夹板门上包双面不锈钢板，按形式分为硬木推拉门扇、硬木折叠门、硬木百叶门；门扇上包金属软包面按所包面数分为单面包和双面包，按所贴材料分为不锈钢面和软包面。

门窗五金配件安装按不同材质和五金类型列项，分为门窗特殊五金、铝合金门窗五金配件、木门窗五金配件。门窗特殊五金包括地弹簧、闭门器、不锈钢曲夹、门（屏风）上轨、执手锁、插销、铰链、门吸或门阻、防盗链、门视器、弹簧合页、全金属管子拉手、橱门抽屉拉手等；铝合金窗五金配件按扇数及开启方式列项，分为双扇推拉窗、三扇推拉窗、四扇推拉窗、单扇平开或上悬窗；木门窗五金配件按扇数及有无腰等列项，分类无腰单扇、有腰单扇、无腰双扇、有腰双扇、无腰多扇、有腰多扇普通木窗安装和纱窗扇安装，无腰单扇、有腰单扇、无腰双扇、有腰双扇半截玻璃门、镶板门、胶合板门、企口板门、纱门安装，无腰双扇和有腰双扇全玻璃自由门安装。

5.16.2 工程量计算规则

1）购入成品的各种铝合金门窗安装工程量，按门窗洞口面积以 m² 计算；购入成品的木门扇安装，按购入门扇的净面积计算。

购入构件成品安装门窗单价中，已包括玻璃及一般五金及其安装费用；地弹簧、门夹、管子、拉手等特殊五金及安装人工应按"门、窗配件安装"的相应子目执行。

2）现场铝合金门窗扇制作、安装工程量按门窗洞口面积以 m² 计算。

铝合金门窗制作、安装是按在构件厂制作、现场安装编制的，但构件厂至现场的运输费用应按当地交通部门的规定运费执行（运费不进入取费基价）。

铝合金门窗制作型材分为普通铝合金型材和断桥隔热铝合金型材两种，应按设计分别套用相应子目。各种铝合金型材含量的取定定额仅为暂定。设计型材的含量与定额不符，应按设计用量加6%制作损耗调整。

铝合金门窗的五金工程量应按"门、窗五金配件安装"另列项目计算。

门窗框与墙或柱的连接是按镀锌铁脚、尼龙膨胀螺钉连接考虑的，若设计不同，定额中的铁脚、螺栓应扣除，另外增加其他连接件的工程量。

3）各种卷帘门按实际制作面积计算，卷帘门上有小门时，其卷帘门工程量应扣除小门面积。卷帘门上的小门按扇计算，卷帘门上电动提升装置以套计算，手动装置的材料、安装人工已包含在定额内，不另增加。

4）无框玻璃门按其洞口面积计算。无框玻璃门中，部分为固定门扇、部分为开启门扇时，工程量应分开计算。无框门上带亮子时，其亮子与固定门扇合并计算。

5）门窗框上包不锈钢板均按不锈钢板的展开面积以 m^2 计算，木门扇上包金属面或软包面均以门扇净面积计算。无框玻璃门上亮子与门扇之间的钢骨架横撑（外包不锈钢板），按横撑包不锈钢板的展开面积计算。

6）门窗扇包镀锌铁皮按门窗洞口面积以 m^2 计算；门窗框包镀锌铁皮、钉橡皮条、钉毛毡按图示门窗洞口尺寸以延长米计算。

7）木门窗框、扇制作、安装工程量按以下规定计算：

① 各类木门窗（包括纱门、纱窗）制作、安装工程量均按门窗洞口面积以 m^2 计算。

② 连门窗的工程量应分别计算，套用相应门、窗定额，窗的宽度算至门框外侧。

③ 普通窗上部带有半圆窗的工程量应按普通窗和半圆窗分别计算，其分界线以普通窗和半圆窗之间的横框上边线为分界线。

④ 无框窗扇按扇的外围面积计算。

木门窗制作定额均以一类、二类木种为准，若采用三、四类木种，分别乘以下系数：木门、窗制作人工和机械费乘以系数 1.30；木门、窗安装人工乘以系数 1.15。木材木种划分见表 5-32。

所用木材规格是按已成型的两个切断面规格料编制的，如果实际施工时是以板材或其他形式的木材改制成定额规格木材，则要按相应的出材率进行折算。

定额中注明的木材断面或厚度均以毛料为准，设计图注明的断面或厚度为净料时，应增加断面刨光损耗：一面刨光加 3mm，两面刨光加 5mm，圆木按直径增加 5mm。

定额中门、窗框扇断面除注明者均按苏 J73—2《木窗图集》常用项目的Ⅲ级断面编制。设计框、扇断面与定额不同时，应按比例换算。框料以边立框断面为准（框裁口处为钉条者，应加贴条断面），扇料以主挺断面为准。换算公式如下

$$实际用量 = \frac{设计断面面积 \times (净料加刨光损耗)}{定额断面面积} \times 相应子目材积 \qquad (5-29)$$

木门窗制作安装的五金配件按"门窗五金配件安装"相应子目执行，安装人工已包含在相应定额内。"门窗五金配件安装"子目中，五金规格、品种与设计不符时应调整。设计门、窗的玻璃品种、厚度与定额不符时，单价应调整，数量不变。

门窗制作过程中涉及的钢骨架或者铁件的制作安装，另行套用相应子目。

木质送风口、回风口的制作、安装按百叶窗定额执行。

[例 5-19] 某工程安装塑钢门窗如图 5-59 所示，门洞口尺寸为 1.8m×2.4m，窗洞口尺寸为 1.5m×2.1m，窗扇的高度为 1.5m，带纱窗。试计算门窗及纱窗的工程量。

解：塑钢门工程量 = 1.8m×2.4m = 4.32m²

塑钢窗工程量 = 1.5m×2.1m = 3.15m²

塑钢纱窗工程量 = 1.5m×1.5m/2 = 1.13m²

[例 5-20] 某工程电动卷帘门如图 5-60 所示，计算卷帘门的安装工程量。

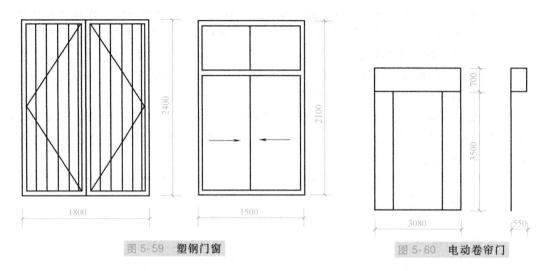

图 5-59　塑钢门窗　　　　　　　图 5-60　电动卷帘门

解：电动卷帘门工程量为

$$S = 3.08\text{m} \times (3.5+0.7)\text{m} + 0.55\text{m} \times 0.7\text{m} \times 2 + 3.08\text{m} \times (0.55 \times 2 + 0.7)\text{m} = 19.25\text{m}^2$$

5.17　油漆、涂料与裱糊工程

5.17.1　基本概念与项目划分

油漆的种类较多，常用的有调和漆、磁漆、清漆、聚氨酯漆、硝基清漆、丙烯酸清漆、乳胶漆、地板漆、黑板漆、防锈漆、银粉漆、沥青漆、防腐油等。

常用的涂料有防火涂料、外墙涂料、喷涂、浮雕喷涂料等。浮雕喷涂料有"小点"和"大点"之分，小点指点面积在 1.2cm^2 以下的浮雕喷涂料；大点指点面积在 1.2cm^2 及以上的浮雕喷涂料。

常用的镶贴或裱糊材料有金（银）箔、铜（铝）箔、墙纸、金属墙纸、墙布等。

常用的油漆涂料的基层有木材面、金属面和抹灰面。

定额中按油漆涂料的基层分为木材面、金属面和抹灰面油漆。油漆、涂料分项定额按照油漆的基层、部位、构件、种类及涂刷遍数列项。如木材面调和漆按底油一遍、刮腻子、调和漆二遍以及每增加一遍调和漆列项，列出的构件有单层木门、单层木窗、扶手、踢脚线和其他木材面。

抹灰面乳胶漆定额编制时根据现行工艺，将墙面封油刮腻子、清油封底、乳胶漆涂刷分列子目，已包括再次找补腻子的工料。

金属面油漆项目，已经包括钉眼刷防锈漆的人工、材料并综合了各种油漆的颜色，设计油漆颜色与定额不符时，人工、材料均不调整。

裱糊墙纸饰面定额子目中也已包括再次找补腻子的工料。

裱贴饰面根据裱贴的部位、镶贴材料以及补贴图案的复杂程度列项。

5.17.2　工程量计算规则

1. 天棚、墙、柱、梁面的喷（刷）涂料和抹灰面乳胶漆

工程量按实喷（刷）面积计算，但不扣除 0.3m^2 以内的孔洞的面积。

当设计要求的喷涂户数与定额不同时，可按每增减一遍相应子目执行。石膏板面套用抹灰面定额。

彩色聚氨酯漆已经综合考虑不同色彩的因素，均按定额执行。

2. 木材面油漆

各种木材面的油漆工程量按构件的工程量乘以相应系数计算，其具体系数见表 5-37～表 5-41。

1）套用单层木门定额的项目工程量乘以表 5-37 中对应系数。

表 5-37　套用单层木门定额工程量系数表

项目名称	系　数	工程量计算方法
单层木门	1.00	
带上亮子木门	0.96	
双层(一玻一纱)木门	1.36	
单层全玻璃门	0.83	
单层半玻璃门	0.90	
不包括门套的单层木扇	0.81	按洞口面积计算
凹凸线条几何图案造型单层木门	1.05	
木百叶门	1.50	
半木百叶门	1.25	
厂库房木大门、钢木大门	1.30	
双层(单裁口)木门	2.00	

注：1. 门、窗贴脸、披水条、盖口条的油漆已包含在相应定额内，不予调整。

　　2. 双扇木门按相应单扇木门项目乘以系数 0.9。

　　3. 厂库房木大门、钢木大门上的钢骨架、零星铁件油漆已包含在系数内，不另行计算。

2）套用单层木窗定额的项目工程量乘以表 5-38 中对应系数。

表 5-38　套用单层木窗定额工程量系数表

项目名称	系数	工程量计算方法
单层玻璃窗	1.00	
双层(一玻一纱)窗	1.36	
双层(单裁口)窗	2.00	
三层(二玻一纱)窗	2.60	
单层组合窗	0.83	按洞口面积计算
双层组合窗	1.13	
木百叶窗	1.50	
不包括窗套的单层木窗扇	0.81	

3）套用木扶手定额的项目工程量乘以表 5-39 中对应系数。

表 5-39　套用木扶手定额工程量系数表

项目名称	系数	工程量计算方法
木扶手(不带托板)	1.00	
木扶手(带托板)	2.60	
窗帘盒(箱)	2.04	
窗帘棍	0.35	按延长米计算
装饰线条宽小于 150mm	0.35	
装饰线条宽大于 150mm	0.52	
封檐板、顺水板	1.74	

4）套用其他木材面定额的项目工程量乘以表 5-40 下列系数。

5）套用木墙裙定额的项目工程量乘以表 5-41 中对应系数。

171

表 5-40　**套用其他木材面定额工程量系数表**

项目名称	系数	工程量计算方法
纤维板、木板、胶合板顶棚	1.00	长×宽
木方格吊顶顶棚	1.20	
鱼鳞板墙	2.48	
暖气罩	1.28	
木间壁木隔断	1.90	外围面积 长(斜长)×高
玻璃间壁露明墙筋	1.65	
木栅栏、木栏杆(带扶手)	1.82	
零星木装修	1.10	展开面积

表 5-41　**套用木墙裙定额工程量系数表**

项目名称	系数	工程量计算方法
木墙裙	1.00	净长×高
有凹凸、线条几何图案的木墙裙	1.05	

6) 踢脚线按延长米计算,若踢脚线与墙裙油漆材料相同,应合并在墙裙工程量中。

7) 橱、台、柜工程量计算按展开面积计算。零星木装修、梁、柱饰面按展开面积计算。

8) 窗台板、筒子板(门、窗套),不论有无拼花图案和线条均按展开面积计算。

9) 套用木地板定额的项目工程量乘以表 5-42 中对应系数。

表 5-42　**套用木地板定额工程量系数表**

项目名称	系数	工程量计算方法
木地板	1.00	长×宽
木楼梯(不包括底面)	2.30	水平投影面积

3. 抹灰面、构件面油漆、涂料、刷浆

1) 抹灰面的油漆、涂料、刷浆的工程量等于抹灰的工程量。

2) 混凝土板底、预制混凝土构件仅油漆、涂料、刷浆的工程量按表 5-43 中所列方法计算,套抹灰面按相应子目执行。

表 5-43　**套抹灰面定额工程量计算表**

项目名称		系数	工程量计算方法
槽形板、混凝土折板底面		1.30	长×宽
有梁板底(含梁底、侧面)		1.30	
混凝土板式楼梯底(斜板)		1.18	水平投影面积
混凝土板式楼梯底(锯齿形)		1.50	
混凝土花格窗、栏杆		2.00	长×宽
遮阳板、栏板		2.10	长×宽(高)
混凝土预制构件	屋架、天窗架	40m²	每 m³ 构件
	柱、梁、支撑	12m²	
	其他	20m²	

4. 金属面油漆

1) 套用单层钢门窗定额的项目工程量乘以表 5-44 中对应系数。

2) 其他金属面油漆,按构件油漆部分表面积计算。

3) 套用金属面定额的项目:原材料每 m 质量在 5kg 以内的为小型构件,防火涂料用量乘以系数 1.02,人工乘以系数 1.1;网架上刷防火涂料时,人工乘以系数 1.4。

表 5-44　套用单层钢门窗定额工程量计算表

项目名称	系数	工程量计算方法
单层钢门窗	1.00	洞口面积
双层钢门窗	1.50	
单钢门窗带纱门窗扇	1.10	
钢百叶门窗	2.74	
半截百叶门	2.22	
满钢门或包铁皮门	1.63	
钢折叠门	2.30	框（扇）外围面积
射线防护门	3.00	
厂库房平开门、推拉门	1.70	
间壁	1.90	长×宽
平板屋面	0.7	斜长×宽
瓦垄板屋面	0.89	
镀锌铁皮排水、伸缩缝盖板	0.78	展开面积
吸气罩	1.63	水平投影面积

5. 刷防火涂料计算规则

1）隔墙、护壁木龙骨按其面层正立面投影面积计算。

2）柱木龙骨按其面层外围面积计算。

3）天棚龙骨按其水平投影面积计算。

4）木地板中木龙骨及木龙骨带毛地板按地板面积计算。

5）隔墙、护壁、柱、天棚面层及木地板刷防火涂料，执行其他木材面刷防火涂料相应子目。

6）裱贴饰面按设计图示尺寸以面积计算。

[例 5-21]　如图 5-61 所示为双层（一玻一纱）木窗，洞口尺寸为 1.5m×2.1m，共 11 樘，设计为刷润油粉一遍，刮腻子，刷调和漆一遍，磁漆二遍，试计算木窗油漆工程量。

解：查表 5-38，双层（一玻一纱），按单面洞口面积计算，系数为 1.36。

木窗油漆工程量为 1.5m×2.1m×1.36×11 = 47.12m²

[例 5-22]　建筑物平面示意图如图 5-62 所示，该建筑物内墙裙高 1.5m，窗台高 1m，墙裙为胶合板，刷调和漆 5 遍，单层全玻璃木门尺寸为 1.0m×2.1m，窗框厚度为 110mm；一玻一纱钢窗尺寸为 1.8m×1.5m，门窗内侧面宽度均为 120mm。试计算墙裙及门窗油漆工程量。

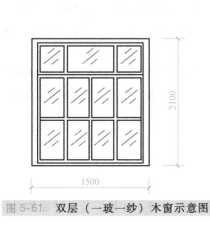

图 5-61　双层（一玻一纱）木窗示意图

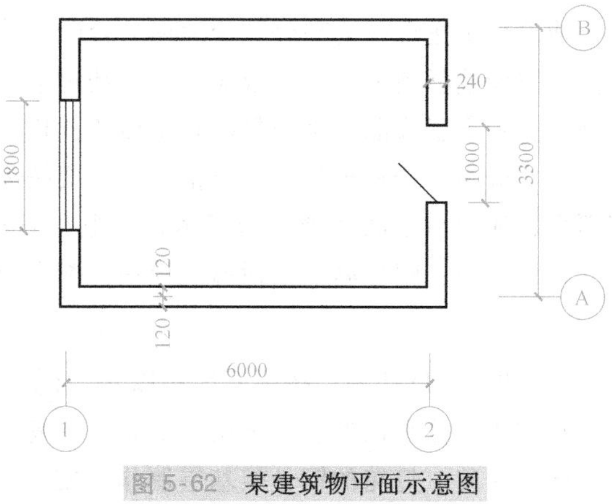

图 5-62　某建筑物平面示意图

解：查表 5-41 得，木墙裙的系数为 1。

墙裙油漆工程量 = [(6-0.24+3.3-0.24)×2-1+0.12×2] m×1.5m-(1.8-0.065×2) m× (1.5-1) m = 24.48m²

查表 5-37 得，单层木门的系数为 0.83。

门油漆工程量 = 1m×2.1m×0.83 = 1.743m²

查表 5-44 得，双层钢门窗（一玻一纱）系数为 1.50。

钢窗的油漆工程量 = 1.8m² + 1.5×1.5m² = 4.05m²

5.18 其他装饰工程

5.18.1 基本概念与项目划分

常见的其他装饰工程包括招牌、灯箱面层，美术字安装，压条、装饰条线，镜面玻璃，卫生间配件，门窗套，木窗台板，暖气罩，天棚面零星项目，灯带、灯槽，窗帘盒，窗帘、窗帘轨道，隔断，柜类、货架，还包括成品保护和石材面防护等。

招牌、灯箱面层常用的材料包括有机玻璃、灯箱布、镀锌钢板、铝塑板，定额中的有机玻璃、灯箱布、镀锌钢板、挂装铝塑板、细木工板基层上贴铝塑板分别列项。

美术字常用的材料包括有机玻璃（亚克力）、金属字，美术字安装按材料和大小列项。

常见的成品木装饰线条材料包括木质、不锈钢、橡塑、石膏和 GRC；其中成品木装饰线条按宽度、位置、花式和曲线列项；金属装饰条按阴阳角线、凹槽线、成品不锈钢板线条、墙面嵌金属装饰条列项；橡塑和石膏线条分别各列一个子目；GRC 装饰线条安装套用石膏线条装饰子目。

石材装饰线按边的形状（圆形边、倒角边、异形边、镜框线）列项；石材磨边分为 45° 斜边、一阶半圆、指甲圆；墙地砖分为 45° 倒角磨边抛光和胶合板刨边 45°角；镜面玻璃按有无基层列项。

卫生间配件按不锈钢浴帘杆、浴缸拉手、毛巾架以及石材洗漱台列项；门窗套、窗台板按材料分为切片板、饰面板、木工板列项；木盖板按形状（方形、圆形）列项；暖气罩按幕墙式和明式列项；顶棚零星项目按灯盘、角花、检修孔、格式灯孔、筒灯孔列项；灯带、灯槽按平顶灯带、回光灯槽列项。

窗帘盒按明、暗窗帘盒列项；窗帘按面料品种、窗帘形式、布置方向列项。

石材面刷防护剂按水性石材防护剂列项。

成品保护按保护的部分分为地面、台阶、幕墙、门窗，按保护面层分为石材、木材、铝合金；隔断按材料分为铝合金玻璃、不锈钢玻璃、铝合金板、玻璃砖、木骨架三夹板、塑钢列项，另列出了成品卫生间隔断和小便斗挡板。

柜类分为不锈钢柜台、宝笼柜台；货架按大小分为六种类型，收银台按形状分为矩形和圆弧形；还列出了酒吧台、酒吧吊柜、吧台石材面板、吧台背柜、嵌入式木壁柜、附墙矮柜、附墙书柜、附墙酒柜、附墙衣柜和隔断木衣柜等。

5.18.2 工程量计算规则

1）招牌、灯箱面层按展开面积以 m² 计算。

招牌不区分平面型、箱体型、简单型、复杂型。

各类招牌、灯箱的钢骨架基层制作、安装套用相应子目，按 t 计量。若设计涂刷油漆、防火漆，按油漆相应子目套用，但要扣除定额中包含的一遍防锈漆。

招牌、灯箱内灯具未包含在内，另列项目计算。

2）招牌字安装均按成品安装考虑，不区分字体，按每个字面积小于 $0.2m^2$，大于 $0.2m^2$、小于 $0.5m^2$，大于 $0.5m^2$ 三个子目划分，字不论安装在何种墙面或其他部位，均按字的个数计算。

3）单线木压条、木花式线条、木曲线条、金属装饰条及多线木装饰条、石材线等安装均按外围延长米计算。

装饰线条安装为线条成品安装，定额均以安装在墙面上为准。设计安装在顶棚面层时，按以下规定执行（但墙、顶交界处的角线除外）：钉在木龙骨基层上人工按相应定额乘以系数 1.34；钉在钢龙骨基层上，人工按相应子目乘以系数 1.68；钉木装饰线条图案，人工乘以系数 1.50（钉在木龙骨基层上）及 1.80（钉在钢龙骨基层上）。设计装饰线条成品规格与定额不同时应换算，但含量不变。

石材装饰线条均按成品安装考虑。石材装饰线条的磨边、异型加工等均包含在成品线条的单价中，不另行计算。

4）石材及块料磨边、胶合板刨边、打硅酮密封胶，均按延长米计算。

石材磨边是按在工厂无法加工而必须在现场制作加工考虑的，实际由外单位加工的应另行计算。

5）门窗套、筒子板按面层展开面积计算。窗台板按 m^2 计算。当图样未注明窗台板长度时，可按窗框外围两边共加 100mm 计算：窗口凸出墙面的宽度按抹灰面另加 30mm 计算。

6）暖气罩按外框投影面积计算。

7）窗帘盒及窗帘轨按延长米计算，若设计图样未注明尺寸，可按洞口尺寸加 30cm 计算。

8）窗帘装饰布。

① 窗帘布、窗纱布、垂直窗帘的工程量按展开面积计算。

② 水波窗幔帘按延长米计算。

9）石膏浮雕灯盘、角花按个数计算，检修孔、灯孔、开洞按个数计算，灯带按延长米计算，灯槽按中心线延长米计算。

10）石材防护剂按实际涂刷面积计算，防护剂的品种与定额不同时，单价可以调整，其他不变。成品保护层按相应子目工程量计算，保护层的材料不同不得换算，实际施工中未覆盖的不得计算成品保护。石材的镜面处理另行计算。台阶、楼梯按水平投影面积计算。

11）卫生间配件。

① 石材洗漱台板工程量按展开面积计算。

② 浴帘杆按数量以每 10 支计算、浴缸拉手及毛巾架按数量以每 10 副计算。

③ 无基层成品镜面玻璃、有基层成品镜面玻璃，均按玻璃外围面积计算。镜框线条另计。

12）隔断的计算。

① 半玻璃隔断是指上部为玻璃隔断，下部为其他墙体，其工程量按半玻璃设计边框外边线以 m^2 计算。

② 全玻璃隔断是指其高度自下横档底算至上横档顶面，宽度按两边立框外边以 m^2 计算。

③ 玻璃砖隔断按玻璃砖格式框外围面积计算。

④ 浴厕木隔断，其高度自下横档底算至上横档顶面以 m² 计算。门扇面积并入隔断面积内计算。

⑤ 钢隔断按框外围面积计算。

13）货架、柜橱类均以正立面的高（包括脚的高度在内）乘以宽以 m³ 计算。收银台以个计算，其他以延长米为单位计算。

货柜、柜类面板上需要拼花或饰面板上贴其他材料的花饰、造型艺术品，应另行计算。

5.19　建筑物超高增加费

建筑物超高增加费是指建筑物设计室外地面至檐口的高度（不包括女儿墙、屋顶水箱、突出屋面的电梯间、楼梯间等的高度）超过 20m 或建筑物超过 6 层时，人工降效、除垂直运输机械外的机械降效费用、高压水泵摊销、上下联络通信等所需费用。

5.19.1　项目划分

本分部定额分为建筑物超高费和单独装饰工程超高人工降效系数两部分。其中，建筑物超高费按檐口高度列项，单独装饰工程超高人工降效按建筑物高度分段列项。

5.19.2　工程量计算规则

1. 建筑物超高费

建筑物超高费以檐高超过 20m 或层数超过 6 层部分的建筑面积计算。

建筑物檐高超过 20m，但其最高一层或其中一层楼面未超过 20m 且在 6 层以内时，则该楼层在 20m 以上部分的超高费，每超过 1m（不足 0.1m 按 0.1m 计算）按相应定额的 20% 计算。

建筑物 20m 或 6 层以上楼层，当层高超过 3.6m 时，层高每增高 1m（不足 0.1m 按 0.1m 计算），层高超高费按相应定额的 20% 计取。

同一建筑物中有 2 个或 2 个以上的不同檐口高度时，应分别按不同高度竖向切面的建筑面积套用定额。

单层建筑物（无楼隔层者）高度超过 20m，其超过部分除构件安装按"构件运输与安装"的规定执行外，另再按本分部相应项目计算每增高 1m 的层高超高费。

2. 单独装饰工程超高人工降效

单独装饰工程超高人工降效，以檐口高度超过 20m 或层数超过 6 层部分的工日分段计算。

"高度"和"层数"，只要其中一个指标达到规定，即可套用该项目。

当同一个楼层中的楼面和天棚不在同一计算段内，以天棚面标高段为准计算。

5.20　脚手架工程

5.20.1　基本概念与项目划分

脚手架指施工现场为工人操作并解决垂直和水平运输而搭设的各种支架，用在外墙、内部装修或层高较高无法直接施工的地方，或者用于施工人员上下干活或外围安全网围护及高空安装构件等。脚手架通常使用竹、木、钢管或合成材料等制作。脚手架除在建筑工程中经常使用外，在广告业、市政、交通路桥、矿山等部门也被广泛使用。

常用的脚手架有砌筑脚手架、外墙镶贴（挂贴）脚手架、现浇混凝土脚手架、抹灰脚手架、满堂脚手架、悬挑脚手架、吊篮、高压线防护架、斜道、烟囱、水塔、电梯井字架、构件吊装脚手架等。这类脚手架称为单项脚手架。将砌墙脚手架、运料斜坡、上料平台、金属卷扬机架、一般装饰和外墙抹灰脚手架等按照建筑面积进行分摊编制的定额，称为综合脚手架定额。

单项脚手架适用于单独地下室、装配式和多（单）层工业厂房、仓库、独立的展览馆、体育馆、影剧院、礼堂、饭堂（包括附属厨房）、锅炉房、檐高未超过 3.60m 的单层建筑、超过 3.60m 高的屋顶构架、构筑物和单独装饰工程等。综合脚手架适用于除此之外的所有单位工程。

综合脚手架不区分结构类型按建筑物檐高及层高分别列项。

砌墙脚手架分为内架、外架，外架又分为单排外架和双排外架。

外墙镶（挂）贴脚手架是指用于单独外装饰工程的脚手架，其中双排脚手架按高度列项，吊篮按使用费和安拆费列项。

斜道按高度列项。

满堂脚手架按基本层和增加层列项。

满堂支撑架适用于架体顶部承受钢结构、钢筋混凝土等施工载荷，对支撑构件起支撑平台作用的扣件式脚手架。

抹灰脚手架按层高列项。单层轻钢厂房脚手架按安装的构件种类及墙板的层数列项。电梯井字架按搭设高度列项。

5.20.2 工程量计算规则

1. 综合脚手架工程量计算规则

综合脚手架按建筑面积计算。单位工程中不同层高的建筑面积应分别计算。

单位工程在执行综合脚手架时，遇到下列情况应另列项目计算，以下项目不再计算超过 20m 单项脚手架材料增加费。

1）各种基础自设计室外地面起深度超过 1.50m（砖基础至大方脚砖基底面、钢筋混凝土基础至垫层上表面），同时混凝土条形基础底宽超过 3m、满堂基础或独立柱基（包括设备基础）混凝土底面积超过 $16m^2$ 的应计算砌墙、混凝土浇捣脚手架。砖基础以垂直面积按单项脚手架中里架子、混凝土浇捣按相应满堂脚手架定额执行。

2）层高超过 3.60m 的钢筋混凝土框架柱、梁、墙混凝土浇捣脚手架按单项定额规定计算。

3）独立柱、单梁、墙高度超过 3.60m 混凝土浇捣脚手架按单项定额规定计算。

4）施工现场需搭设高压线防护架、金属过道防护棚脚手架时按单项定额规定执行。

5）屋面坡度大于 45°时，屋面基层、盖瓦的脚手架费用应另行计算。

6）未计算到建筑面积内的室外柱、梁等，其高度超过 3.60m 时，应另按单项脚手架的相应定额计算。

7）地下室的综合脚手架按檐高在 12m 以内的综合脚手架的相应定额乘以系数 0.5 执行。

8）檐高 20m 以下采用悬挑脚手架的可计取悬挑脚手架增加费用，20m 以上悬挑脚手架增加费已包含在脚手架超高材料增加费中。

2. 单项脚手架工程量计算规则

1) 凡砌筑高度超过 1.5m 的砌体均需计算脚手架工程量。

2) 砌墙脚手架均按墙面（单面）垂直投影面积以 m^2 计算。

3) 计算脚手架时，不扣除门、窗洞口、空圈、车辆通道、变形缝等所占的面积。

4) 同一建筑物高度不同时，按建筑物的竖向不同高度分别计算工程量。

单项脚手架适用于综合脚手架以外的檐高在 20m 以内的建筑物，突出主体建筑物屋顶的女儿墙、电梯间、楼梯间、水箱等不计入檐口高度。前后檐高不同，按平均高度计算。檐高在 20m 以上的建筑物，脚手架除按定额计算外，其超过部分所需增加的脚手架加固措施等费用，均按超高脚手架材料增加费子目执行。电梯井执行相应定额子目。

除高压线防护架外，均按扣件式钢管脚手架编制，实际施工中不论使用何种脚手架材料，均按本分部定额执行。

当采用型钢悬挑脚手架时，除计算脚手架费用外，应计算外架子悬挑脚手架增加费。

3. 砌筑脚手架工程量计算规则

1) 外墙脚手架按外墙外边线长度（若外墙有挑阳台，则每个阳台计算一个侧面宽度，计入外墙面长度，两户阳台连在一起的也只算一个侧面）乘以外墙高度以 m^2 计算。外墙高度指室外设计地坪至檐口（或女儿墙上表面）高度，坡屋面至屋面板下（或椽子顶面）墙中心高度，墙算至山尖 1/2 处的高度。

建筑物外墙设计采用幕墙装饰，不需要砌筑墙体，根据施工方案需搭设外围防护脚手架的，且幕墙施工不利用外防护，应按砌墙脚手架相应子目另外计算防护脚手架费。

2) 内墙脚手架以内墙净长乘以内墙净高计算。有山尖时，高度算至山尖 1/2 处；有地下室时，高度自地下室室内地坪算至墙顶面。

3) 当砌体高度小于 3.60m 时，套用里脚手架；当高度大于 3.60m 时，套用外脚手架定额。

4) 山墙自设计室外地坪至山尖 1/2 处的高度超过 3.60m 时，该整个外山墙按相应外脚手架计算，内山墙按单排外架子计算。

5) 独立砖（石）柱高度在 3.60m 以内时，脚手架以柱的结构外围周长乘以柱高计算，执行砌墙脚手架里架子；柱高超过 3.60m 时，以柱的结构外围周长加 3.6m 乘以柱高计算，按砌墙脚手架外架子（单排）执行。

6) 砌石墙到顶的脚手架，工程量按砌墙相应脚手架乘以系数 1.50。

7) 外墙脚手架包括一面抹灰脚手架在内，另一面墙可计算抹灰脚手架。

8) 砖基础自设计室外地坪至垫层（或混凝土基础）上表面的深度超过 1.50m 时，按相应砌墙脚手架执行。

9) 突出屋面部分的烟囱，高度超过 1.50m 时，其脚手架按外围周长加 3.60m 乘以实砌高度按 12m 内单排外脚手架计算。

4. 外墙镶（挂）贴脚手架工程量计算规则

1) 外墙镶（挂）贴脚手架工程量计算规则同砌筑脚手架中的外墙脚手架。

2) 吊篮脚手架按装修墙面垂直投影面积以 m^2 计算（计算高度从室外地坪至设计高度）。安拆费按施工组织设计或实际数量确定。

5. 现浇钢筋混凝土脚手架工程量计算规则

1) 钢筋混凝土基础自设计室外地坪至垫层上表面的深度超过 1.50m，同时带形基础底宽超过 3.0m、独立基础或满堂基础及大型设备基础的底面积超过 $16m^2$ 的混凝土浇捣脚手架应按槽、坑土方规定放工作面后的底面积计算，按满堂脚手架相应定额乘以系数 0.3 计算脚手架费用。使用泵送混凝土者，混凝土浇捣脚手架不得计算。

2）现浇钢筋混凝土独立柱、单梁、墙高度超过 3.6m 应计算浇捣脚手架。柱的浇捣脚手架以柱的结构周长加 3.6m 乘以柱高计算；梁的浇捣脚手架按梁的净长乘以地面（或楼面）至梁顶面的高度计算；墙的浇捣脚手架以墙的净长乘以墙高计算。套用柱、梁、墙混凝土浇捣脚手架定额。

3）层高超过 3.60m 的钢筋混凝土框架柱、墙（楼板、屋面板为现浇板）所增加的混凝土浇捣脚手架费用，以框架轴线水平投影面积计算，按满堂脚手架相应子目乘以系数 0.3 执行；层高超过 3.60m 的钢筋混凝土框架柱、梁、墙（楼板、屋面板为预制空心板）所增加的混凝土浇捣脚手架费用，以框架轴线水平投影面积计算，按满堂脚手架相应子目乘以系数 0.4 执行。

6. 贮仓脚手架工程量计算规则

不分单筒或贮仓组，高度超过 3.60m，均按外边线周长乘以设计室外地坪至贮仓上口之间高度以 m^2 计算。高度在 12m 内，套用双排外脚手架定额，乘以系数 0.7 执行；高度超过 12m 套用 20m 内双排外脚手架用乘以系数 0.7 执行（包括外表面抹灰脚手架）。贮仓内表面抹灰按抹灰脚手架工程量计算规则执行。

7. 抹灰脚手架工程量计算规则

1）钢筋混凝土单梁、柱、墙按以下规定计算脚手架：

① 单梁：以梁净长乘以地坪（或楼面）至梁顶面高度计算。

② 柱：以柱结构外围周长加 3.6m 乘以柱高计算。

③ 墙：以墙净长乘以地坪（或楼面）至板底高度计算。

2）墙面抹灰：以墙净长乘以净高计算。

3）当有满堂脚手架可以利用时，不再计算墙、柱、梁面抹灰脚手架。

4）当天棚抹灰高度在 3.60m 以内时，按天棚抹灰面（不扣除柱、梁所占的面积）以 m^2 计算。

高度在 3.60m 以内的墙面、天棚、柱、梁抹灰（包括钉间壁墙、钉天棚）用的脚手架费用套用 3.60m 以内的抹灰脚手架定额。当室内（包括地下室）净高超过 3.60m 时，天棚需抹灰（包括钉天棚）应按满堂脚手架计算，其内墙抹灰不再计算脚手架工程量。高度在 3.60m 以上的内墙面抹灰（包括钉间壁），当无满堂脚手架可以利用时，可按墙面垂直投影面积计算抹灰脚手架工程量。

建筑物室内天棚面层净高在 3.60m 内，吊筋与楼层的连接点高度超过 3.60m 时，应按满堂脚手架相应定额综合单价乘以系数 0.60 计算。

墙、柱梁面刷浆、油漆的脚手架按抹灰脚手架相应定额乘以系数 0.10 计算。室内天棚净高超过 3.60m 的板下勾缝、刷浆、油漆可另行计算一次脚手架费用，按满堂脚手架相应项目乘以系数 0.10 计算。

天棚、柱、梁、墙面不抹灰但满刮腻了时，脚手架工程量同抹灰脚手架。

8. 满堂脚手架工程量计算规则

天棚抹灰高度超过 3.60m，按室内净面积计算满堂脚手架工程量，不扣除柱、垛、附墙烟囱所占的面积。

1）本层：高度在 8m 以内计算基本层。

2）增加层：高度超过 8m，每增加 2m，计算一层增加层，见下式

$$增加层数 = \frac{室内净高（m）-8}{2}$$

(5-30)

增加层数计算结果保留整数，小数在 0.6 以内舍去，在 0.6 以上进位。

3）满堂脚手架高度以室内地坪面（或楼面）至天棚面或屋面板的底面为准（斜的天棚或屋面板按平均高度计算）。当室内挑台栏板外侧共享空间的装饰无满堂脚手架利用时，按地面（或楼面）至顶层栏板顶面高度乘以栏板长度以 m² 计算，套用相应抹灰脚手架定额。

满堂脚手架不适用于满堂扣件式钢管支撑架（简称满堂支撑架），满堂支撑架应按搭设方案计价。

9. 其他脚手架工程量计算规则

1）外架子悬挑脚手架增加费按悬挑脚手架部分的垂直投影面积计算。

2）单层轻钢厂房脚手架柱梁、屋面瓦等水平结构安装按厂房水平投影面积计算，墙板、门窗、雨篷等竖向结构安装按厂房垂直投影面积计算。厂房内土建、装饰工作脚手架，在实际发生时执行相关子目。

构件吊装脚手架费用按表 5-45 执行，单层轻钢厂房钢构件吊装脚手架执行单层轻钢厂房钢结构施工用脚手架，不再执行表 5-45。

表 5-45　构件吊装脚手架费用表

混凝土构件/m³				钢构件/t			
柱	梁	屋架	其他	柱	梁	屋架	其他
1.58	1.65	3.20	2.30	0.70	1.00	1.5	1.00

3）高压线防护架按搭设长度以延长米计算。

4）金属过道防护棚按搭设水平投影面积以 m² 计算。

5）电梯井脚手架根据不同高度以座计算。当结构施工搭设的电梯井脚手架延续至电梯设备安装使用时，套用安装用电梯井脚手架时应扣除定额中的人工及机械。

6）高度超过 3.60m 的贮水（油）池，其混凝土浇捣脚手架工程量按外壁周长乘以池的壁高以 m² 计算，按池壁混凝土浇捣脚手架项目执行，抹灰者按抹灰脚手架另行计算。

7）满堂支撑架搭设和拆除按脚手钢管质量计算；使用费（包括搭设、使用和拆除的时间，不计算现场囤积和转运的时间）按脚手钢管质量和使用天数计算。

8）瓦屋面坡度大于 45°时，屋面基层、盖瓦的脚手架费用应另按实计算。

10. 檐高超过 20m 脚手架材料增加费

脚手架定额是按建筑物檐高在 20m 以内编制的。檐高超过 20m 时应计算脚手架材料增加费。檐高超过 20m 脚手架材料增加费内容包括脚手架使用周期延长摊销费、脚手架加固费。

（1）综合脚手架材料增加费计算规则

1）檐高超过 20m 的建筑物，应按其超过部分的建筑面积计算。

2）层高超过 3.6m，每增高 0.1m 按增高 1m 的比例换算（不足 0.1m 按 0.1m 计算），按相应项目执行。

3）建筑物檐高超过 20m，但其最高一层或其中一层楼面未超过 20m 时，则该楼层在 20m 以上部分仅能计算每增高 1m 的增加费。

4）同一建筑物中有 2 个或 2 个以上的不同檐口高度时，应分别按不同高度竖向切面的建筑面积套用相应子目。

5）单层建筑物（无隔层者）高度超过 20m，其超过部分除构件安装按"构件运输及安装"的规定执行外，再按本分部定额相应项目计算脚手架材料增加费。

（2）单项脚手架材料增加费计算规则 单项脚手架檐高超过 20m 时，脚手材料增加费按下列规定计算：

1）檐高超过 20m 的建筑物，应根据脚手架计算规则按全部外墙脚手架面积计算。

2）同一建筑物中有 2 个或 2 个以上的不同檐口高度时，应分别按不同高度竖向切面的外脚手架面积套用相应子目。

[例 5-23] 某现浇钢筋混凝土框架结构如图 5-63 所示，设计室外地坪标高为-0.3m，柱截面尺寸为 0.6m×0.6m，柱顶标高为 3.6m，试计算其混凝土浇捣脚手架工程量。

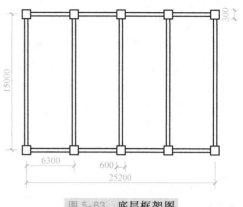

图 5-63 底层框架图

解：该层层高为 3.9m，故应计算混凝土浇捣脚手架，并按满堂脚手架的 30% 计算费用。

工程量 $S = 25.2\text{m} \times 15\text{m} = 378\text{m}^2$

5.21 模板工程

5.21.1 基本概念与项目划分

建筑模板是一种临时性支护结构，它按设计要求制作，使混凝土结构、构件按规定的位置、几何尺寸成形，保持其位置正确，并承受建筑模板自重及作用在其上的外部载荷。进行模板工程的目的，是保证混凝土工程质量与施工安全、加快施工进度和降低工程成本。

建筑模板是混凝土浇筑成形的模壳和支架，按材料品种分为复合木模板、竹模板、钢模板、玻璃钢模板、铝模板、塑料模板等。建筑模板按施工工艺条件可分为现浇混凝土模板、预组装模板、大模板、跃升模板、滑升模板等；按使用场合分为现浇构件模板、现场预制构件模板、加工厂预制构件模板；按结构构件种类分为混凝土基础、桩、柱、梁、板、墙、楼梯、挑檐、雨篷、阳台、台阶、栏板、地沟、池槽、檐沟、压顶、门框、小型构件等。

模板工作内容包括清理、场内运输、安装、刷隔离剂、浇灌混凝土时模板维护、拆模、集中堆放、场外运输。木模板包括制作（预制构件包括刨光、现浇构件不包括刨光），组合钢模板、复合木模板包括装箱。

现浇构件模板按组合钢模板配钢支撑、复合木模板配钢支撑编制列项。预制构件模板按构件不同，分别以组合钢模板、复合木模板、木模板、定型钢模板、长线台钢拉模、加工厂预制构件配混凝土地模、现场预制构件配砖胎模、长线台配混凝土地胎模编制列项。

5.21.2 工程量计算规则

1. 现浇混凝土及钢筋混凝土模板

现浇混凝土及钢筋混凝土模板工程量除另有规定者外，均按混凝土与模板的接触面积计算。使用含模量计算模板接触面积者，其工程量等于构件体积乘以相应项目含模量（含模量详见各地定额附录）。按设计图计算模板接触面积或使用混凝土含模量折算模板面积，两种方法仅能使用其中一种,不得混用。使用含模量者,竣工结算时模板面积不得调整。

(1) 基础 混凝土满堂基础底板面积在 1000m² 内,若使用含模量计算模板面积,基础有砖侧模时,应另外增加砖侧模的费用,同时扣除相应的模板面积(总量不得超过总含模量);混凝土满堂基础底板面积超过 1000m² 时,按混凝土接触面积计算。

条形基础、设备基础若遇圆弧形,除按相应定额的复合模板执行外,其人工、复合木模板乘以系数 1.30,其他不变。

(2) 柱 柱支模净高是指楼层板顶面至上层板底面之间的高度,当无地下室时底层的柱支模净高是指设计室外地面至上层板底面之间的高度。

柱的支模高度以净高在 3.6m 以内为准,净高超过 3.6m 的构件其钢支撑、零星卡具及模板人工分别乘以表 5-46 中的系数。

表 5-46　构件净高超过 3.6m 增加系数表

增加内容	净高	
	净高≤5m	5m<净高≤8m
独立柱、梁、板钢支撑及零星卡具	1.10	1.30
框架柱(墙)、梁、板钢支撑及零星卡具	1.07	1.15
模板人工(不分框架和独立柱梁板)	1.30	1.60

注:轴线未形成封闭框架的柱、梁、板称为独立柱、梁、板。

劲性混凝土柱模板按现浇柱定额执行。砖侧模分不同厚度,按砌筑面积计算。

(3) 墙 钢筋混凝土墙上单孔面积在 0.3m² 以内的孔洞不予扣除,洞侧壁模板的工程量不另行增加,但突出墙面的侧壁模板应相应增加。单孔面积在 0.3m² 以外的孔洞应予扣除,洞侧壁模板面积并入墙、板模板工程量计算。墙上单面附墙柱、暗梁、暗柱并入墙内工程量计算,双面附墙柱按柱计算,后浇墙、板带的工程量不扣除。

设计 T 形、L 形、十字形柱,两边之和在 2000mm 内按 T 形、L 形、十字形柱相应子目执行,其余按直形墙相应定额执行。T 形、L 形、十字形柱边的确定如图 5-41 所示。

墙的支模净高以整板基础板顶面(或反梁顶面)至上层板底面、楼层板顶面至上层板底面之间的距离。当支模净高 3.6m 时,墙的支模净高按表 5-46 进行调整。

(4) 梁、板 钢筋混凝土梁板上单孔面积在 0.3m² 以内的孔洞不予扣除,洞侧壁模板不另增加工程量,但突出墙面的侧壁模板应相应增加工程量。单孔面积在 0.3m² 以外的孔洞应予扣除,洞侧壁模板面积并入墙、板模板工程量计算。

有梁板的梁板工程量合计按板子目执行。砖墙基上条形混凝土防潮层模板按圈梁定额执行。其他梁的模板分别套用相应定额子目。

有梁板中的弧形梁模板按弧形梁定额执行(含模量等于肋形板含模量),弧形板部分的模板按板定额执行。

梁、板支模净高是指楼层板顶面至上层板底面之间的高度,当无地下室时底层支模净高是指设计室外地面至上层板底面之间的高度,当支模净高 3.6m 时按表 5-46 进行调整。

飘窗上下挑板、空调板按板式雨篷模板定额执行。混凝土线条按小型构件定额执行。

现浇有梁板、无梁板、平板设计底面不抹灰者,增加模板缝贴胶带纸人工 0.27 工日/10m²。

(5) 楼梯 整体直形楼梯包括楼梯段、中间休息平台、平台梁、斜梁及楼梯与楼板连接的梁,按水平投影面积计算,不扣除宽度小于 500mm 的楼梯井,伸入墙内部分不另行增加工程量。

圆弧形楼梯按楼梯的水平投影面积计算（包括圆弧形梯段、休息平台、平台梁、斜梁及楼梯与楼板连接的梁）。

现浇楼梯设计底面不抹灰者，增加模板缝贴胶带纸人工 0.27 工日/10m²。

（6）构造柱　外露构造柱均应按图示外露部分计算面积（锯齿形，则按锯齿形最宽面计算模板宽度），构造柱与墙接触面不计算模板面积。

（7）现浇混凝土雨篷、阳台、水平挑板　按图示挑出墙面以外板底尺寸的水平投影面积计算（附在阳台梁上的混凝土线条不计算水平投影面积），挑出墙外的牛腿及板边模板已包含在内。复式雨篷挑口内侧净高超过 250mm 时，其超过部分按竖向挑板定额计算（超过部分的含模量按天沟含模量计算）。

现浇雨篷及阳台，设计底面不抹灰者，增加模板缝贴胶带纸人工 0.27 工日/10m²。

（8）后浇带　后浇板带模板、支撑增加费，工程量按后浇板带按设计长度以延长米计算。

楼板后浇带以延长米计算（整板基础的后浇带不包含在内）。

地下室后浇墙带的模板应按已审定的施工组织设计另行计算，不扣除混凝土墙体模板含量。整板基础后浇带铺设热镀锌钢丝网，按实铺面积计算。

（9）其他构件　设备螺栓套孔或设备螺栓分别按不同深度以个计算；二次灌浆按实灌体积计算。

预制混凝土板间或边补现浇板缝，缝宽在 100mm 以上者，模板工程量按平板定额计算。

栏杆按扶手长度计算，栏板竖向挑板按模板接触面积计算。扶手、栏板的斜长按水平投影长度乘以系数 1.18 计算。栏板、地沟若有圆弧形，除按相应定额的复合模板执行外，其人工、复合木模板乘以系数 1.30，其他不变。

现浇圆弧形构件除定额已注明者外，均按垂直圆弧形的面积计算。

2. 现场预制钢筋混凝土构件模板

1）现场预制构件模板工程量，除另有规定者外，均按模板接触面积以 m² 计算。若使用含模量计算模板面积者，其工程量等于构件体积乘以相应项目的含模量。砖地模费用已包含在定额含量中，不再另行计算。

2）镂空花格窗、花格芯按外围面积计算。

3）预制桩不扣除桩尖虚体积。

4）若加工厂预制构件有此子目，而现场预制无此子目，实际在现场预制时，模板工程量按加工厂预制模板子目执行。若现场预制构件有此子目，加工厂预制构件无此子目，实际在加工厂预制时，模板工程量按现场预制模板子目执行。

3. 加工厂预制构件的模板

1）除镂空花格窗、花格芯外，混凝土构件体积一律按施工图的几何尺寸以实体积计算，空腹构件应扣除空腹体积。

2）镂空花格窗、花格芯按外围面积计算。

5.22　施工排水、降水

5.22.1　基本概念与项目划分

施工排水主要是排出地表水，基坑、基槽积水（地下水的涌入、雨水积聚等造成），可采取截水沟、集水坑、人工清理等方式；施工降水主要是指基础工作面在地下水位以下，为了施工而采取的降水措施，可以为帷幕、降水井等方式。

人工土方施工排水是在人工开挖湿土、淤泥、流砂等施工过程中发生的机械排放地下水费用。强夯法加固地基坑内排水费是指井点坑内的积水排抽台班费用。

基坑排水是指开挖位于地下常水位以下的基坑底面积超过 150m²（两个条件同时具备）的土方后，在基础或地下室施工期间所发生的排水包干费用（不包括±0.00 以上有设计要求待框架、墙体完成以后再回填基坑土方期间的排水）。

井点降水法适用于降水深度在 6m 以内的项目。井点降水使用时间按施工组织设计确定。井点降水材料使用摊销量中已包含井点拆除时材料的损耗量。井点间距根据地质和降水要求由施工组织设计确定，一般轻型井点管间距为 1.2m。

土方定额已包含机械土方工作面中的排水费，但不包括地下水位以下的施工排水费用，若发生此项费用，应依据施工组织设计规定，另行计算排水人工、机械费用。

施工排水按人工挖湿土、淤泥、流砂施工排水，基坑、地下室排水，强夯法加固地基坑内排水按夯击能列项。

轻型井点、简易井点、深井、管井施工降水按安装、使用和拆除列项。

5.22.2　工程量计算规则

1）人工土方施工排水不分土壤类别、挖土深度，按挖湿土工程量以 m³ 计算。

2）人工挖淤泥、流砂施工排水按挖淤泥、流砂工程量以 m³ 计算。

3）基坑、地下室排水按土方基坑的底面积以 m² 计算。

4）强夯法加固地基坑内排水，按强夯法加固地基工程量以 m² 计算。

5）井点降水 50 根为一套，累计根数不足一套者按一套计算，井点使用定额单位为套·天，一天按 24h 计算。井管的安装、拆除以"根"计算。

6）深井管井降水安装、拆除按"座"计算，使用按"座·天"计算，一天按 24h 计算。

5.23　建筑物垂直运输工程

5.23.1　基本概念与项目划分

垂直运输费指现场所用材料、机具从地面运至相应高度以及人员上下工作面等所发生的运输费用。垂直运输机械主要包括卷扬机、塔式超重机和施工电梯。

建筑物檐口高度是指设计室外地坪至檐口滴水的高度，突出主体建筑物顶的女儿墙、电梯间、楼梯间、水箱等不计入檐口高度；"层数"指地面以上建筑物的层数，地下室、地面以上部分净高小于 2.1m 的半地下室不计入层数。

垂直运输费的工作内容包括调整后的《江苏省建设工程费用定额》中的国家工期定额内完成单位工程全部工程项目所需的垂直运输机械台班，不包括机械的场外运输、一次安装、拆卸、路基铺垫和轨道铺拆、施工塔式起重机与电梯基础、施工塔式起重机和电梯与建筑物连接等的费用。

本分部定额垂直运输按结构形式和运输机械分列项目，其中地上部分按檐口高度列项，单独地下室工程按地下室层数列项。单独装饰工程按垂直运输高度列项。

5.23.2　工程量计算规则

1）建筑物垂直运输机械台班用量，区分不同结构类型、檐口高度（层数）按国家工期定额套用单项工程工期以日历天计算。

定额项目划分是以建筑物檐口高度、层数两个指标界定的，只要其中一个指标达到定额规定，即可套用该定额子目。

一个工程出现两个或两个以上檐口高度（层数），使用同一台垂直运输机械时，定额不作调整；使用不同垂直运输机械时，应依照国家工期定额分别计算。

当建筑物垂直运输机械数量与定额不同时，可按比例调整定额含量。建筑物垂直运输定额按卷扬机施工配 2 台卷扬机，塔式起重机施工配 1 台塔式起重机 1 台卷扬机（施工电梯）考虑。当仅采用塔式起重机施工，不采用卷扬机时，塔式起重机台班含量按卷扬机台班含量取定，扣除卷扬机定额含量。

垂直运输高度小于 3.6m 的单层建筑物、单独地下室和围墙，不计算垂直运输机械台班。

预制混凝土平板、空心板、小型构件的吊装机械费用已包含在定额中。

现浇框架是指柱、梁、板全部为现浇的钢筋混凝土框架结构。若部分现浇、部分预制，则按现浇框架乘以系数 0.96。

柱、梁、墙、板构件全部现浇的钢筋混凝土框筒结构、框剪结构按现浇框架执行，筒体结构按剪力墙（滑模施工）执行。

预制屋架的单层厂房，无论柱为预制还是现浇，均按预制排架定额计算。

单独地下室工程项目定额工期按不含打桩工期自基础挖土开始计算。多幢房屋下有整体连通地下室时，上部房屋分别套用对应单项工程工期定额，整体连通地下室按单独地下室工程执行。

在计算定额工期时，不扣除未承包施工的打桩、挖土等的工期。

混凝土构件，使用泵送混凝土浇筑者，卷扬机施工定额台班乘以系数 0.96；塔式起重机施工定额中的塔式起重机台班含量乘以系数 0.92。

采用履带式、轮胎式、汽车式起重机（除塔式起重机外）吊（安）装预制大型构件的工程，除按本分部规定计算垂直运输费外，另按"构件运输与安装"有关规定计算构件吊（安）装费。

2）单独装饰工程垂直运输机械台班，区分不同施工机械、垂直运输高度、层数、按定额工日分别计算。

3）施工塔式起重机、电梯基础，塔式起重机及电梯与建筑物连接件，按施工塔式起重机及电梯的不同型号以"台"计算。

5.24 材料二次搬运

5.24.1 基本概念与项目划分

施工工程中所使用的多种建材，包括成品和半成品构件，一般应按施工组织设计要求，运送到施工现场指定的地点堆积，但有些工地因遇到施工场地狭小，或因交通道路条件较差使得运输车辆难以直接到达指定地点，需要通过小车或人力进行第二次或多次的转运。

二次搬运费是指现场堆放材料有困难，材料不能直接运到单位工程周边需再次中转，建设单位不能按正常合理的施工组织设计提供材料、构件堆放场地和临时设施用地的工程而发生的二次搬运费用。

分部定额按机动翻斗车、单（双）轮车分别列项，其中机动翻斗车分为人装自卸、机装自卸两种，根据运输材料的不同种类按照基本运距和超运距分别列项；单（双）轮车根据运输的不同材料按照基本运距和超运距分别列项。

5.24.2 工程量计算规则

1）砂子、石子、毛石、块石、炉渣、矿渣、石灰膏按堆积原方计算。

2）混凝土构件及水泥制品按实体积计算。

3）玻璃按标准箱计算。

4）其他材料按表中计量单位计算。

计算水平运距时，以取料中心点为起点，以材料堆放中心为终点。超运距增加运距不足整数者，进位取整计算。已考虑运输道路 15% 以内的坡度，坡度超过 15% 时应另行处理。松散材料运输不包括做方，但要求堆放整齐。如需做方者，应另行处理。机动翻斗车最大运距为 600m，单（双）轮车最大运距为 120m，超过时，应另行处理。

思考题与习题

思 考 题

1. 什么是平整场地？如何确定其边线？

2. 什么是基槽、基坑和一般土方？挖土深度的起点是哪里？

3. 干土和湿土的划分标准是什么？

4. 同一槽（坑）内既有干土又有湿土，套用定额时，如何确定挖土深度？

5. 同一槽（坑）内有不同种类的土层时，如何确定放坡系数？

6. 各类土壤的放坡深度起点各是多少？

7. 各种基础材料的工作面宽度是多少？

8. 土壤、岩石的类别是如何划分的？没有勘探报告时应如何识别？

9. 一侧支挡土板时，挡土板的计算厚度是多少？

10. 如何计算平整场地工程量？

11. 如何计算挖内墙和外墙地槽工程量？

12. 如何计算挖基坑工程量？

13. 如何计算一般土方工程量？

14. 什么是地基处理，地基处理的方法有哪些？

15. 什么是边坡支护，边坡支护的方法有哪些？

16. 如何计算强夯法地基处理的工程量？强夯定额中是否包括试夯的费用？

17. 如何计算深层搅拌桩、粉喷桩加固地基的工程量？

18. 如何计算高压旋喷桩的钻孔长度和喷浆工程量？

19. 计算打、拔钢板桩的工程量时应注意哪些事项？

20. 如何计算土钉支护与挂钢筋网工程量？

21. 预制桩和灌注桩工程分别有哪些分项工程？

22. 打桩工程量满足何种条件时，其中的人工和机械需要乘以系数 1.25？

23. 地面打桩的坡度的基准角度为多少？

24. 打桩子目中包括的场内运距为多少？

25. 接桩的方法有哪几种？如何计算其工程量？

26. 什么是送桩，如何计算其工程量？

27. 截桩与凿混凝土桩头有何区别？如何计算它们的工程量？

28. 泥浆钻孔灌注桩应计算哪些工程量，分别如何计算？

29. 如何计算夯扩桩的工程量？

30. 基础与墙身的划分界限是怎样规定的？

31. 砌体的厚度是怎样规定的？

32. 墙体的高度、长度是怎样规定的？

33. 如何计算砌体基础的工程量？

34. 如何计算砖柱的工程量？

35. 计算砌块墙的工程量时为什么要区分其所处的位置与环境？

36. 如何计算钢筋和植筋的工程量？

37. 梁的集中标注和原位标注分别包括哪些内容？

38. 第一排支座钢筋的断点与支座边缘的距离是如何规定的？

39. 边支座钢筋的锚固应该满足哪些条件？

40. 梁底部钢筋在中间支座中的锚固应该满足哪些条件？

41. 混凝土基础与垫层是如何划分的？

42. L 形、T 形、十字形柱满足什么条件时执行直形墙的定额？

43. 条形基础带有梁时，何时按有梁条形基础定额执行，何时按无梁条形基础定额执行？有梁条形基础的梁高是如何规定的？

44. 混凝土的柱高是如何规定的？

45. 花篮梁的二次浇捣部分应套用哪种构件的定额？卫生间墙下设置的素混凝土防水坎应执行哪种构件的定额？

46. 天沟的工程量应该如何计算，分别套用哪种构件的定额？

47. 飘窗的上下挑板、空调板应该如何计算工程量和套用定额？

48. 带有墙垛的混凝土墙体计算工程量和套用定额时应注意哪些问题？

49. 墙上有梁时计算工程量时应注意哪些问题？

50. 计算楼梯、阳台、雨篷的工程量时应计算哪些量？应套用哪些定额？

51. 满足何种条件的钢屋架可以套用轻型钢屋架定额？

52. 钢梁、吊车梁腹板及翼板工程量如何计算？

53. 木结构图样中如果注明的构件尺寸为净料，刨光损耗是如何规定的？

54. 当设计未规定伸缩缝、女儿墙和天窗等处卷材防水的弯起高度时，其弯起高度应如何计算？

习　　题

1. 某基坑采用三轴搅拌桩做为止水帷幕，设计桩长 15m，桩半径 850mm，桩轴距（圆心距）600mm，如图 5-64 所示。试求一次成桩的工程量。

2. 某工程中木门框的净尺寸为 105mm×67mm，试计算该门框的断面面积。

3. 某工程采用由钢板焊接面成的工字形梁，截面为 H600mm×200mm×12mm×18mm，单根长度为 4.5m，试计算其定额工程量。

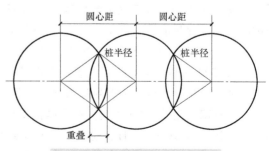

图 5-64　三轴搅拌桩成桩示意图

第 6 章

清单工程量计算

学习目标

了解建设工程工程量清单计价规范的演变过程及各专业工程工程量计量规范的产生过程，熟悉工程量清单的五大要素及项目特征的描述原则，掌握建筑与装饰工程相关的清单工程量计算规则，掌握措施项目和其他项目清单的编制方法。

6.1 工程量清单简介

6.1.1 清单计价规范简介

进入 21 世纪以来，我国的建设行业突飞猛进，随着与国际市场的接轨，工程项目管理体制也经受着重大的考验，工程造价管理模式不断演进，工程造价计价方式更是经历了三次重大的变革：工程造价从传统的定额计价转变为清单计价 GB 50500—2003《建设工程工程量清单计价规范》，2008 年更新为 GB 50500—2008，2013 年更新为 GB 50500—2013，这是我国工程造价面临的四次革新。

按照我国工程造价管理改革的要求，我国本着国家宏观调控、市场竞争形成价格的原则，总结了我国建设工程工程量清单计价试点工作的经验，并借鉴了国外工程量清单计价的做法。根据《中华人民共和国招标投标法》、建设部令第 107 号《建筑工程施工发包与承包计价管理办法》，2003 年 2 月 17 日，我国首部工程量清单计价规范 GB 50500—2003《建设工程工程量清单计价规范》发布，自 2003 年 7 月 1 日起实施。

此规范包括正文和附录两大部分，其中正文包括总则、术语、工程量清单编制、工程量清单计价、工程量清单及其计价格式等；附录包括 A、B、C、D、E 五个附录，其中附录 A 为建筑工程工程量清单项目及计算规则，适用于工业与民用建筑物和构筑物工程。附录 B 为装饰装修工程工程量清单项目及计算规则，适用于工业与民用建筑物和构筑物的装饰装修工程。附录 C 为安装工程工程量清单项目及计算规则，适用于工业与民用安装工程。附录 D 为市政工程工程量清单项目及计算规则，适用于城市市政建设工程。附录 E 为园林绿化工程工程量清单项目及计算规则，适用于园林绿化工程。

GB 50500—2003 实施以后，建设部等相关部门针对工程建设领域发生的与工程造价密切相关的事件相继出台了一系列政策文件。例如：为了整治由于阴阳合同导致的工程款拖欠问题，国务院决定从 2003 年起，在全国范围内开展清理拖欠工程款、清理拖欠农民工工资的活动；2003 年 10 月 15 日，建设部、财政部印发了《建筑安装工程费用项目组成》（建标〔2003〕206 号），提出了措施费和规费的概念；为解决"清欠"中的法律依据问题，最高人民法院于 2004 年 9 月 29 日发布了《关于审理建设工程施工合同纠纷案件适用法律问题的解释》（法释〔2004〕14 号）；财政部、建设部于 2004 年 10 月 20 日印发了《建设工程价款结算暂行办法》（财建〔2004〕369 号）；2004 年，建设部标准定额司委托中国建设工程造价管理协会组织煤炭、建材、冶金、有色、化工等五个专业委员会，编制了 GB 50500—

2003 的附录 F "矿山工程工程量清单项目及计算规则"，建设部于 2005 年 2 月 17 日以计价规范局部修订的形式发布第 313 号公告，自 2005 年 6 月 10 日实施；2005 年 6 月 7 日，建设部印发了《建筑工程安全防护、文明施工措施费用及使用管理规定》（建办［2005］89号）；2006 年 11 月 22 日，建设部印发了《关于开展建筑工程实物工程量与建筑工种人工成本信息测算和发布工作的通知》（建办标函［2006］765 号）；2006 年 12 月 8 日，财政部、国家安全生产监督管理总局印发《高危行业企业安全生产费用财务管理暂行办法》（财企［2006］478 号），规定"建筑施工企业提取的安全费用列入工程造价，在竞标时，不得删减"；2007 年 4 月，建设部批准发布了由水利部组织编制的国家标准 GB 50501—2007《水利工程工程量清单计价规范》，该项工作的顺利完成，为专业工程清单项目和计算规则的编制提供了良好示范；2007 年 11 月 1 日，国家发展改革委、财务部、建设部等九部委联合颁布第 56 号令，在发布的《标准施工招标文件》中，规定了新的通用合同规定，该合同条款对工程变更的估价原则、暂列金额、计日工、暂估价、价格调整、计量与支付、预付款、工程进度款、竣工结算、索赔、争议的解决都有明确的定义和相应的规定。

针对以上出现的各项问题及相应的政策，从 2006 年初开始，原建设部通过调查研究、总结经验，针对施行中存在的问题广泛征求意见，反复修改、审查，完成了对 GB 50500—2003 的修订工作。住房和城乡建设部与国家质量监督检验检疫总局联合发布 GB 50500—2008《建设工程工程量清单计价规范》，2008 年 12 月 1 日起施行。该规范包括正文和六个附录，附录分别为：附录 A 建筑工程工程量清单项目及计算规则、附录 B 装饰装修工程工程量清单项目及计算规则、附录 C 安装工程工程量清单项目及计算规则、附录 D 市政工程工程量清单项目及计算规则、附录 E 园林绿化工程工程量清单项目及计算规则、附录 F 矿山工程工程量清单项目及计算规则。

之后，随着工程定额测定费的取消、《中华人民共和国社会保险法》颁布实施、地方教育附加的《开征和中华人民共和国建筑法》的实施，这些规费、税金方面的政策变化，标志着全国范围内社会保险制度的统一，各地区社会保险机制建成并逐渐完善，经过近年的实施，改变规费的计价方式已经成熟。

为及时总结我国实施工程量清单计价以来的实践经验和理论研究新成果，顺应市场要求，在新时期统一建设工程工程量清单的编制和计价行为，按照"政府宏观调控、部门动态监管、企业自主报价、市场形成价格"的要求，遵循"加强过程控制、注重管理程序""倡导伙伴关系、明确责任划分""针对行业热点、增强可执行性""立足国内实践、融合国际惯例""注重资料积累、强化知识管理"的五大原则，住房和城乡建设部及时对 GB 50500—2008 进行了全方面修改、补充和完善。修订后的 GB 50500—2013《建设工程工程量清单计价规范》于 2012 年 12 月 25 日发布，2013 年 4 月 1 日起施行。

GB 50500—2013 不仅较好地解决了 GB 50500—2008 执行以来存在的主要问题，而且对清单编制和计价的执导思想进行了深化，在"政府宏观调控、部门动态监管、企业自主报价、市场形成价格"的基础上，规定了合同价款约定、合同价款调整、合同价款中期支付、竣工结算支付以及合同解除的价款结算与支付、合同价款争议的解决方法，展现了加强市场监管的措施，强化了清单计价的执行力度。

GB 50500—2013 更加有利于工程量清单计价的全面推广，更加有利于规范工程建设参与各方的计价行为，更加有利于营造公开、公平、公正的市场竞争环境，是政府加强宏观管理转变工作职能的有效途径，是快速实现与国际通行惯例接轨的重要手段，是进一步推动我国工程造价改革迈上新台阶的里程碑。这版规范的出台，标志着我国工程价款管理迈入全过程精细化管理的时代，工程价款管理向集约型管理、科学化管理、全过程管理、重在前期管理的方向发展。

GB 50500—2013 将 GB 50500—2008 中的六个附录从原规范中剥离出来，调整为九个专业的工程量计算规范，形成了以《建设工程工程量清单计价规范》为母规范，九大专业工程量计算规范与其配套使用的工程量清单计价体系。各专业工程量计算规范的代码、名称和标准编号见表 6-1。

表 6-1　工程量计算规范的代码、名称和标准编号

代码	名　称	标准编号
01	房屋建筑与装饰工程工程量计算规范	GB 50854—2013
02	仿古建筑工程工程量计算规范	GB 50855—2013
03	通用安装工程工程量计算规范	GB 50856—2013
04	市政工程工程量计算规范	GB 50857—2013
05	园林绿化工程工程量计算规范	GB 50858—2013
06	矿山工程工程量计算规范	GB 50859—2013
07	构筑物工程工程量计算规范	GB 50860—2013
08	城市轨道交通工程工程量计算规范	GB 50861—2013
09	爆破工程工程量计算规范	GB 50862—2013

GB 50500—2013 包括正文、附录、用词说明和条文说明四个部分，其中正文共分 16 章，包括 58 节，共 328 个条文；附录部分包括 11 个附录，见表 6-2。

为了与国际惯例接轨，进一步完善工程造价机制，借鉴一些专业工程实行全费用单价的经验，2014 年 9 月 30 日，住房和城乡建设部在《关于进一步推进工程造价管理改革的指导意见》（建标〔2014〕142 号）中提出"推行工程量清单全费用综合单价"的要求，为了适应这项要求，13 规范的个别条文进行了修改，将规费和税金纳入综合单价中，与规费和税金相关的表格也做了相应的修改。

表 6-2　建设工程工程量清单计价规范的正文和附录组成

组成	章	名　称	节数	条数
正文	1	总则	1	7
	2	术语	1	52
	3	一般规定	4	18
	4	工程量清单编制	6	19
	5	招标控制价	3	21
	6	投标报价	2	13
	7	合同价款约定	2	5
	8	工程计量	3	15
	9	合同价款调整	15	58
	10	合同价款中期支付	3	24
	11	竣工结算支付	6	35
	12	合同解除的价款结算与支付	1	4
	13	合同价款争议的解决	5	19
	14	工程造价鉴定	3	19
	15	工程计价资料与档案	2	13
	16	工程计价表格	1	6
合　计			58	328

（续）

组成	章	名　称	节数	条数
附录	附录 A	物价变化合同价款调整方法	2	
	附录 B	工程计价文件封面	5	
	附录 C	工程计价文件扉页	5	
	附录 D	工程计价总说明	1	
	附录 E	工程计价汇总表	6	
	附录 F	分部分项工程和措施项目计价表	4	
	附录 G	其他项目计价表	9	
	附录 H	规费、税金项目计价表	1	
	附录 J	工程计量申请（核准）表	1	
	附录 K	合同价款支付申请（核准）表	5	
	附录 L	主要材料、工程设备一览表	3	

建筑业实现"营改增"后，原来的计税方法发生根本变化，因此，采用包含税金的全费用单价才能适应"营改增"后的计价需要。

6.1.2　工程量清单简介

1. 工程量清单的概念

工程量清单是指载明建设工程分部分项工程项目、措施项目、其他项目的名称和相应数量以及规费项目和税金项目内容等的明细清单。分为招标工程量清单和已标价工程量清单两种。

招标工程量清单是指招标人依据 GB 50500—2013《建设工程工程量清单计价规范》（以下简称《计价规范》）、国家标准、招标文件、设计文件以及施工现场实际情况编制的，随招标文件发布供投标报价的工程量清单。招标工程量清单应由具有编制能力的招标人或受其委托，具有相应资质的工程造价咨询人或招标代理人编制。招标工程量清单必须作为招标文件的组成部分，其准确性和完整性由招标人负责。招标工程量清单是工程量清单计价的基础，应作为编制招标控制价、投标报价、计算工程量、工程索赔等的依据之一。本书以招标工程量清单的编制为例进行介绍。

已标价工程量清单是指构成合同文件组成部分的投标文件中已标明价格，经算术性错误修正（若有）且承包人已确认的工程量清单，包括对它的说明和相应表格。

2. 工程量清单的作用

作为招标文件的重要组成部分，工程量清单最基本的功能是作为信息的载体，为潜在的投标者提供必要的信息。其主要作用如下：

1）为投标者提供公开、公平、公正的投标环境。

2）是招标控制投标报价编制的统一基础，为询标、评标奠定了基础。

3）全面反映了投标报价的要求，体现了招标人要求投标人完成的工程项目及工程数量。

4）是工程计量、支付工程款、调整合同价款、办理竣工结算以及工程索赔的重要依据。

3. 工程量清单的特点

（1）强制性　强制性主要表现在以下两个方面：一是《计价规范》是由建设主管部门按照国家标准要求批准颁布，规定全部使用国有资金或以国有资金投资为主的大中型建设项目工程应按工程量清单计价的规定执行；二是明确工程量清单是招标文件的重要组成部分，且招标人在编制工程量清单时必须遵守"五个统一"的要求。

（2）实用性　工程量清单项目名称及计算规则的项目名称表现的是工程实体项目，项目名称清晰，工程量计算规则简洁明了；列有项目特征和工作内容，易于在编制工程量清单时确定项目名称和进行清单组价、计价。

（3）竞争性　一方面，在使用工程量清单计价时，在规定的措施项目中，投标人具体采用什么措施由投标人根据企业的施工组织设计等确定，给企业留下了竞争空间；另一方面，人工、材料、机械没有规定具体的消耗量，这就将工程消耗量定额中的人工、材料、机械的价格、利润和管理费全面放开，投标人可以根据企业定额和市场价格信息进行自主报价，体现各企业在价格上的竞争力。

（4）通用性　采用工程量清单计价与国际惯例接轨，符合工程量计算方法标准化、工程量计算规则统一化、工程造价确定市场化的要求。

4. 招标工程量清单的编制依据

1）《计价规范》和相关专业工程的国家《计量规范》（见表6-1）。

2）国家或省级、行业建设主管部门颁发的计价依据和办法。

3）建设工程设计文件。

4）与建设工程有关的标准、规范、技术资料。

5）拟定的招标文件。

6）施工现场情况、工程特点及常规施工方案。

7）其他相关资料。

6.2　招标工程量清单的内容

招标工程量清单由招标工程量清单封面、扉页、总说明、分部分项工程量清单、措施项目工程量清单、其他项目工程量清单、规费项目清单和税金工程量清单组成。

6.2.1　招标工程量清单封面

招标工程量清单封面见表6-3。

表 6-3　**招标工程量清单封面**

_____工程
招标工程量清单
招标人：
（单位盖章）
造价咨询人：
（单位盖章）
年　月　日
封-1

6.2.2　招标工程量清单扉页

招标工程量清单扉页如表6-4所示。

6.2.3　招标工程量清单总说明

招标工程量清单总说明包括以下几项内容：

1）工程概况。主要包括建设规模、工程特征、计划工期、施工现场实际情况、交通运输情况、自然地理条件、环境保护要求等。

2）工程招标和分包范围。

3）工程量清单编制依据。

表 6-4　招标工程量清单扉页

　　　　　　　　　　　　　　　　　　　　　　　　　　　　　工程

招标工程量清单

招标人：＿＿＿＿＿＿＿＿＿＿＿＿＿＿　　　　造价咨询人：＿＿＿＿＿＿＿＿＿＿＿＿

　　　　　　（单位盖章）　　　　　　　　　　　　　　（单位资质专用章）

法定代表人　　　　　　　　　　　　　　　　法定代表人

或其授权人：＿＿＿＿＿＿＿＿＿＿＿＿　　　或其授权人：＿＿＿＿＿＿＿＿＿＿＿＿

　　　　　　（签字或盖章）　　　　　　　　　　　　　（签字或盖章）

编制人：＿＿＿＿＿＿＿＿＿＿＿＿＿　　　　复核人：＿＿＿＿＿＿＿＿＿＿＿＿＿

　　　　（造价人员签字盖专用章）　　　　　　　　（造价工程师签字盖专用章）

编制时间：　　年　　月　　日　　　　　复核时间：　　年　　月　　日

4）工程质量、材料、施工等的特殊要求。

5）招标人自行采购材料的名称、规格型号、数量等。

6）其他项目清单中招标人部分的（包括暂列金额、专业工程暂估价等）金额数量。

7）其他需要说明的问题。

6.2.4　分部分项工程量清单

分部分项工程量清单应载明项目编码、项目名称、项目特征描述、计量单位和工程量。分部分项工程量清单应根据相关工程现行国家《计量规范》规定的项目编码、项目名称、项目特征描述、计量单位和工程量计算规则进行编制。编制时应避免错项、漏项，分部分项工程量清单见表 6-5。

表 6-5　分部分项工程量清单

工程名称：　　　　　　　　　标段：　　　　　　　　　第　页　共　页

序号	项目编码	项目名称	项目特征描述	计量单位	工程数量

分部分项工程量清单为不可调整的闭口清单，投标人对招标人提供的分部分项工程量清单必须逐一报价，对清单所列内容不允许做任何的改动。投标人如果认为清单内容不妥或有遗漏，只能通过质疑的方式由清单编制人做统一的修改，并将修改后的工程量清单以书面形式通知所有投标人。

1. 项目编码

工程量清单项目编码，应采用 12 位阿拉伯数字表示，1～9 位应按附录的规定设置，10～12 位应根据拟建工程的工程量清单项目名称和项目特征设置，同一招标工程的项目编码不得有重码。例如，一个标段或合同段的工程含有三个不同的单位工程，每一单位工程中都有项目特征相同的实心砖墙砌体，在工程量清单中又需反映三个不同单位工程的实心砖砌体工程量时，则第一个单位工程的实心砖墙的项目为 010401003001，则第二个单位工程的实心砖墙的项目为 010401003002，第三个单位工程的实心砖墙的项目为 010401003003，并分别列出各单位工程的实心砖墙的工程量。工程量清单项目编码的结构分为五个级别，如图 6-1 所示。

例如，实心砖墙的工程量清单项目编码为 010401003001，第 1、2 位"01"代表建筑与装饰工程，第 3、4 位"04"代表砌筑工程，第 5、6 位"01"代表第一节砖砌体工程，第

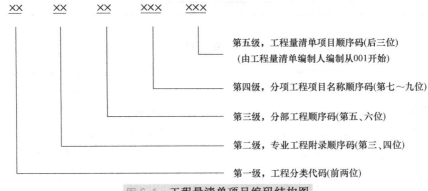

图 6-1 工程量清单项目编码结构图

7~9 位的"003"代表实心砖墙分项工程，第 10~12 位的"001"代表是本工程中实心砖砌体分项工程中的第一个。

编制工程量清单时出现计量规范中未包括的项目，编制人应做补充，并报省级或行业工程造价管理机构备案，省级或行业工程造价管理机构应汇总报住房和城乡建设部标准定额研究所。补充项目的编码由专业计量规范的顺序代码、B 和三位阿拉伯数字组成，并应从 ××B001 起顺序编制，同一招标工程的项目的编码不得重复。补充项目的工程量清单需附有补充项目的名称、项目特征、计量单位、工程量计算规则、工作内容。

2. 项目名称

工程量清单的项目名称原则上根据工程量计算规范中给定的项目名称，结合设计、以形成的工程实体或主要分项工程的名称来确定。

3. 项目特征

项目特征是指构成分部分项工程量清单项目自身价值的本质特征。项目特征用来表述项目名称的实质内容，用于区分同一清单条目下各个具体的清单项目。它是区分清单项目、确定综合单价的前提，是履行合同义务的基础。由于项目特征直接影响工程实体的自身价值，关系到综合单价的准确确定，因此项目特征的描述，应根据《计量规范》项目特征的要求，结合技术规范、标准图集、施工图按照工程结构、使用材质及规格或安装位置等予以详细表述和说明。由于种种原因，对同一项目特征的描述，不同的人会有所不同。

尽管如此，体现项目特征的区别和对报价有实质影响的内容必须描述，即凡是涉及正确计量计价的、涉及结构要求的、涉及施工难易程度的、涉及材质要求的必须描述。对规范中没有项目特征要求的项目也必须描述。

对项目特征或计量计价没有实质影响的、应由投标人根据施工方案确定的、应由投标人根据当地材料确定的、应由施工措施解决的内容可不描述。

对于无法准确描述的施工图、标准图，标注明确的可以不详细描述。

本章后续各节按规范列出了每个项目的项目特征，并按上述原则对于项目特征描述进行说明。如果同一个项目特征多次出现在不同的分部分项中，则仅在初次出现的分部分项中对该项目特征描述进行介绍。

另外，由于各地定额的编制情况不同，本书在项目描述时结合《江苏省建筑与装饰工程计价定额》（2014 版），对某些清单项目的项目特征进行了增加，增加的项目特征，添加在相应清单项目的项目特征中，并以蓝色标出。

清单编制人应该高度重视分部分项工程量清单项目特征的描述，不描述、描述不清均会导致在施工合同履约过程中产生分歧，导致纠纷、索赔。

4. 计量单位

工程量清单的计量单位应按附录中规定的计量单位确定。

值得说明的是，附录中有两个或两个以上计量单位的，应结合拟建工程的实际情况，确定其中一个为计量单位，同一工程项目的计量单位应一致。

以质量计算的项目，计量单位为"t"或"kg"。

以体积计算的项目，计量单位为"m^3"。

以面积计算的项目，计量单位为"m^2"。

以长度计算的项目，计量单位为"m"。

以数量单位计算的项目，单位为个、件、套、块、樘、组、台等。

以整体数量计算的项目，计量单位为系统、项等。

5. 工程数量

清单的工程数量必须根据设计图和工程量计算规则正确计算，除另有说明外，所有清单项目的工程量应以实体工程量为准，并以完成后的净值计算。同一清单项目的计量单位应在同一建设工程中保持一致。因此，如果某清单项目有两种或两种以上的计算方法和计量单位时，只能选择其中一种计算方法和相应的计量单位。

计量单位的精确度遵循如下规定：

当以"t"为计量单位时应保留小数点后三位数字，第四位四舍五入。

以"m""m^2""m^3""kg"为单位时，应保留小数点后两位数字，第三位小数四舍五入。

以"个""件""根""组""系统"等为单位时，应取整数。

6.2.5 措施项目清单

措施项目清单应根据相关工程现行国家计量规范的规定编制。措施项目清单应根据拟建工程的实际情况列项。对于附录中已经列出了项目编码、项目名称、项目特征、计量单位、工程量计算规则的项目，应按分部分项工程的规定执行；附录中仅列出项目编码、项目名称，未列出项目特征、计量单位和工程量计算规则的项目，编制工程量清单时，应按附录中措施项目规定的项目编码、项目名称确定；补充的不能计量的措施项目，需附有补充项目的名称、工作内容及包含范围。

6.2.6 其他项目清单

其他项目清单应包括暂列金额、暂估价、计日工和总承包服务费四项内容。若出现上述四项之外的项目，应根据工程实际情况补充。

6.2.7 规费项目清单

规费是指根据省级政府或省级有关权力部门规定必须缴纳的，应计入建筑安装工程造价的费用。规费项目清单应包括工程排污费、社会保障费（包括养老保险费、失业保险费、医疗保险费）、住房公积金、工伤保险；若出现以上四条中未列的项目，应根据省级政府或省级有关权力部门的规定列项。

6.2.8 税金项目清单

税金项目详见本书 2.3.1 节。

6.3　土石方工程（编码 0101 附录 A）

土石方工程在清单项目中分为土方工程、石方工程和土石方回填三个部分，适用于建筑物和构筑物的土石方开挖及回填。

土和岩石的类别划分标准，沟槽、基坑、一般土方的划分标准，土方体积折算系数、石方体积折算系数、放坡系数、基础施工工作面宽度、管沟施工工作面宽度、土方体积的计算假设、干湿土的划分等均与计价定额规定相同，这里不再赘述。由于施工放坡、留设基础施工工作面、支挡土板而多出的工程量是否计入清单工程量内，则要以当地的规定为准。

6.3.1　土方工程（编码 010101）

土方工程分为平整场地，挖一般土方，挖沟槽土方，挖基坑土方，冻土开挖，挖淤泥、流沙和管沟土方七个项目。

1. 平整场地（编码 010101001）

1）适用范围：建筑场地厚度在±300mm 以内的挖、填、运、找平。

2）工程量计算规则：按设计图示尺寸以建筑物首层面积计算。

计算示例可以参照第 5 章［例 5-1］。

3）项目特征：包括土壤类别、弃土运距、取土运距。

土壤类别不同、弃土、取土的运距不同，完成该项工程施工的价格就不同，因而清单编制人在项目特征栏进行详细的描述，对于投标人准确进行报价是至关重要的。

当±300mm 以内全部是挖方或填方，需要外运或借土回填时，应该描述弃土运距或取土运距，这部分土方应包含在平整场地的报价中。

当土壤类别不能准确划分时，招标人可注明为综合，由投标人根据地勘报告决定报价。弃、取土运距也可以不描述，但应注明由投标人根据施工现场实际情况自行考虑，决定报价。

当场地按竖向布置进行大面积开挖并且开挖深度超过 300mm 时，不再计算平整场地工程量，而是按一般开挖土方项目进行列项。

厚度超过 300mm 的山坡切土也按一般开挖土方列项。

4）工作内容：土方挖填、场地找平、运输。定额工程量计算规则要求外放 2m，所以两种计算规则得到的工程量是不同的，计算工程量时要高度重视。在投标报价实践中，有些投标人按清单工程量来套用定额并报价，这是一种错误的做法。正确的做法是，根据定额工程量计算规则重新计算工程量，按定额工程量套用定额并报价，这样可以将施工比清单多的部分在报价中体现出来。

值得说明的是，每一个清单项目均有项目特征和工作内容，但这二者是不同性质的内容。项目特征必须描述，因为它讲的是工程实体特征，直接影响工程的价值；工作内容无须描述，因为它讲的是操作程序，即使不描述，承包商也必须完成。

以平整场地为例，无论是否描述工作内容，承包商必须完成与场地平整相关的所有工作，如涉及的土方挖填、场地找平，多出的土方外运或缺少的土方内运等项工作。而项目特征中的土壤类别、弃（取）土运距则影响该分项工程的价值，所以必须描述。

2. 挖一般土方（编码 010101002）

1）适用范围：适用于−300mm ~ +300mm 以外的竖向布置挖土或山坡切土，以及超出基槽、基坑范围的均为一般挖土方。

2）工程量计算规则：按设计图示尺寸以体积计算，计量单位 m³。其计算式为

$$V = 挖土平均厚度 \times 挖土平面面积 \qquad (6-1)$$

式中，挖土平均厚度应按自然地面测量标高至设计地坪标高间的平均厚度确定，如果地面起伏变化大，不能提供平均厚度时应提供方格网法或断面法施工设计。

竖向土方、山坡切土的开挖深度应按基础垫层底表面标高至交付施工现场场地标高确定，未交付施工场地标高时，应按自然地面标高确定。

3）项目特征：土壤类别、挖土深度、弃土运距。

项目特征中的挖土深度必须描述，而土壤类别和弃土运距可参考前面相关内容处理。

4）工作内容：排地表水、土方开挖、围护（挡土板）、支撑、基底钎探、运输。

前已述及，工作内容在工程量清单中可以不描述，但报价时必须包括此项费用。不能因为清单项目特征中未描述而向建设单位索赔。

5）与定额计算规则的区别：挖一般土（石）方、基坑土（石）方、沟槽土（石）方放坡与工作面增加的挖土（石）方量是否计入清单工程量，应以当地的清单工程量计算规则为准。

3. 挖沟槽土方（编码 010101003）

1）适用范围：底宽≤7m，底长>3 倍底宽的土方开挖。

2）工程量计算规则：按设计图示尺寸以基础垫层底面积乘以挖土深度以体积计算，计量单位为 m³。

$$V = 基础垫层长 \times 基础垫层宽 \times 挖土深度 \qquad (6-2)$$

式中，挖土深度以自然地坪到沟槽底的垂直深度计算。当自然地坪标高不明确时，可采用室外设计地坪标高计算；当沟槽深度不同时，应分别计算。

在清单工程量计算规则中，实体工程量不考虑采取施工安全措施而产生的增加工作面或超出的土方开挖量。在编制工程量清单时，应按各省、自治区、直辖市或行业建设主管部门的规定实施。

3）项目特征：土壤类别、挖土深度、弃土运距（垫层宽度、垫层长度、底宽）。

4）工作内容：排地表水、土方开挖、围护（挡土板）、支撑、基底钎探、运输。

通过沟槽土方工程量计算公式可以看出，如果要达到只看工程量清单、不查看图样就可进行报价的要求，应增加垫层宽度、垫层长度两项项目特征。

通过第五章定额工程量的计算规则的学习得知，沟槽定额分为宽度在 3m 以内和 3~7m 两个子目，建议在描述项目特征时增加底宽的描述。

因此，在编制沟槽土方工程量清单时，建议条形基础按不同底宽和深度分别列项。

4. 挖基坑土方（编码 010101004）

1）适用范围：底长≤3 倍底宽且底面积≤150m² 的土方开挖。

2）工程量计算规则：房屋建筑按设计图示尺寸以基础垫层底面积乘以挖土深度以体积计算，计量单位为 m³。方形基坑的工程量计算公式为

$$V = abH \qquad (6-3)$$

式中，a 为垫层或基础底面一边宽度（m）；b 为垫层或基础底面另一边宽度（m）；H 为挖土深度（m）。

圆形基坑工程量计算公式为

$$V = \pi R^2 H \qquad (6-4)$$

式中，R 为坑底垫层或基底半径（m）；H 为挖土深度（m）。

挖土深度的计算同沟槽挖土深度的计算。如果考虑施工过程中的放坡、支挡土板以及增加的工作面宽度，则可以参照第 5 章中相关计算公式进行计算。报价时不但要包括增加土方的挖土费用，还应该包括增加土方的运输费用。

3）项目特征：土壤类别、挖土深度、弃土运距、垫层宽度、垫层长度、底面积。

4）工作内容：排地表水、土方开挖、围护（挡土板）、支撑、基底钎探、运输。

通过第 5 章定额工程量计算规则的学习，得知基坑定额分为底面积在 20m² 以内和底面积 2～150m² 两个子目。为了达到套用定额的准确性，建议在项目特征中增加底面积一项。

通过基坑土方工程量计算公式可以看到，如果要达到只看工程量清单、不查看图样就可进行报价的要求，应增加垫层宽度、垫层长度两项项目特征。

因此，在编制基坑土方工程量清单时，建议独立基础按不同深度、边长或底面积分别列项。

5. 冻土开挖（编码 010101005）

1）适用范围：适用温度在 0℃ 以下且含冰的土体开挖。这类土按冬夏季是否冻融交替分为季节性冻土和永冻土两类。

2）工程量计算：按设计图示尺寸开挖面积乘以厚度以体积计算，计量单位为 m³。

3）项目特征：冻土厚度、弃土运距。

4）工作内容：爆破、开挖、清理、运输。

6. 挖淤泥、流砂（编码 010101006）

1）适用范围：适用于基础开挖过程中遇到的淤泥和流砂的开挖和清理。

2）工程量计算：按设计图示位置、界限以体积计算，计量单位为 m³。

3）项目特征：挖掘深度、弃淤泥、流砂距离。

4）工作内容：开挖、运输。

7. 挖管沟土方（编码 010101007）

1）适用范围：适用于管道（给水排水、工业、电力、通信）、光（电）缆沟（包括：人孔桩、接口坑）及连接井（检查井）等土方开挖、回填。

2）工程量计算。

① 按设计图示以管道中心线长度计算，计量单位为 m。

② 按设计图示管底垫层面积乘以挖土深度计算；无管底垫层按管外径的水平投影面积乘以挖土深度计算，计量单位为 m³。

3）项目特征：土壤类别、管外径、挖沟深度、回填要求、垫层宽度、垫层长度。

4）工作内容：排地表水、土方开挖、围护（挡土板）、支撑、运输、回填。

从此项的适用范围来看，检查井的挖土工程量应该综合在挖管沟土方工程量内。

6.3.2 石方工程（编码 010102）

石方工程分为挖一般石方、挖沟槽石方、挖基坑石方、基底摊座和管沟石方五个项目。

1. 挖一般石方（编码 010102001）

1）适用范围：适用于挖沟槽石方、基坑石方以外的石方开挖。

2）工程量计算：按设计图示尺寸以体积计算，计量单位为 m³。

3）项目特征：岩石类别、开凿深度、弃碴运距。

弃碴运距可以不描述、，但应注明由投标人根据施工现场实际情况自行考虑，决定报价。

4）工作内容：排地表水、凿石、运输。

2. 挖沟槽石方（编码 010102002）

1）适用范围：适用于底宽≤7m，底长>3 倍底宽的石方开挖。

2）工程量计算：按设计图示尺寸沟槽底面积乘以挖石深度以体积计算，计量单位为 m^3。

3）项目特征：岩石类别、开凿深度、弃碴运距。

4）工作内容：排地表水、凿石、运输。

3. 挖基坑石方（编码 010102003）

1）适用范围：适用于底长≤3 倍底宽、底面积≤150m^3 的石方开挖。

2）工程量计算：按设计图示尺寸基坑底面积乘以挖石深度以体积计算，计量单位为 m^3。

3）项目特征：岩石类别、开凿深度、弃碴运距。

4）工作内容：排地表水、凿石、运输。

4. 基底摊座（编码 010102004）

1）适用范围：适用于开挖爆破后，在需要设置的基底进行的凿石找平。

2）工程量计算：按设计图示尺寸以展开面积计算，计量单位为 m^2。

3）项目特征：岩石类别、开凿深度、弃碴运距。

4）工作内容：排地表水、凿石、运输。

5. 管沟石方（编码 010102005）

1）适用范围：适用于管道（给水排水、工业、电力、通信）、电缆沟及连接井（检查井）等。

2）工程量计算。

① 按设计图示以管道中心线长度计算，计量单位为 m。

② 按设计图示截面面积乘以长度以体积计算，计量单位为 m^3。

3）项目特征：岩石类别、管外径、挖沟深度。

4）工作内容：排地表水、凿石、回填。

6.3.3 回填（编码 010103）

回填分为回填方、余土弃置、缺方内运三个项目。填方密实度要求，在无特殊要求情况下，项目特征可描述为满足设计和规范的要求。填方材料品种可以不描述，但应注明由投标人根据设计要求验方后方可填入，并符合相关工程的质量规范要求。填方粒径要求，在无特殊要求情况下，项目特征可以不描述。

1. 回填方（编码 010103001）

1）适用范围：适用于场地回填、室内回填，当现场无余土时，还适用于在他处挖土或买土以及指定范围内的土方运输。

2）工程量计算：按设计图示尺寸以体积计算，计量单位为 m^3。

用于场地回填时以回填面积乘以平均回填厚度计算；用于室内回填时，以主墙间面积乘以回填厚度计算，不扣除间隔墙；用于基础回填时，以挖方体积减去自然地坪以下埋设的基础体积（包括基础垫层及其他构筑物）进行计算。

3）项目特征：密实度要求、填方材料品种、填方粒径要求、填方来源、运距。

4）工作内容：运输、回填、压实。

2. 余土弃置（编码 010103002）

1）适用范围：适用于现场挖出的土方回填后还有余量，需要外运的情况。

2）工程量计算：按挖方清单项目工程量减去利用回填方体积（正数）计算，计量单位为 m^3。

3）项目特征：废弃料品种、运距。

4）工作内容：在余方点装料，运输至弃置点。

3. 缺方内运（编码 010103003）

1）适用范围：适用于施工现场内挖出的土方不能满足回填的要求的数量时，需要从场外运入施工现场的情况。

2）工程量计算：按挖方清单项目工程量减利用回填方体积（负数）计算，计量单位为 m^3。

3）项目特征：填方料品种、运距。

4）工作内容：取料点装料运输至缺方点。

[例 6-1]　试编制例 5-2 中如图 5-10 所示的基础土方工程量清单（不考虑基础施工增加的工作面宽度）。

解：（1）计算基数，设外墙中心线长度为 $L_{中}$，内墙净长线长度为 $L_{内}$，内墙基槽净长为 $L_{内槽净}$。

$$L_{中}=(11.4+0.06×2+9.9+0.06×2)m×2=43.08m$$

$$L_{内}=(4.8-0.12×2)m×4+(9.9-0.12×2)m×2=37.56m$$

垫层工作面宽度为 0.3m。

$$L_{内槽净}=(4.8-0.44-0.45)m×4+(9.9-0.44-0.44)m×2=33.68m$$

（2）计算挖地槽土方工程量

挖土深度 $H=1.4m-0.3m=1.1m$

查表 5-5 可知，本基槽挖土不需要放坡。

外墙基槽断面面积 $S_{外}=1×1.1m^2=1.1m^2$

内墙基槽断面面积 $S_{内}=0.9×1.1m^2=0.99m^2$

外墙地槽挖土工程量（挖沟槽土方）$=1.1m^2×43.08m=47.39m^3$

内墙地槽挖土工程量（挖沟槽土方）$=0.99m^2×33.68m=33.34m^3$

地槽挖土总工程量 $=47.39m^3+33.34m^3=80.73m^3$

（3）计算回填土工程量

基槽回填土 $=80.73m^3-37.3m^3-14.68m^3=28.75m^3$

房心回填土 $=[(11.4-0.12×2)×(9.9-0.12×2)-37.56×0.24]m^2×(0.3-0.085)m=21.24m^3$

回填土总量 $=28.75m^3+21.24m^3=49.99m^3$

（4）计算余土外运工程量

余土外运工程量（余土弃置）$=80.73m^3-49.99m^3=30.74m^3$

该工程不考虑工作面时挖基础土方的工程量清单见表 6-6。

表 6-6　挖基础土方工程量清单

序号	项目编码	项目名称	项目特征	计量单位	工程数量
1	010101003001	挖沟槽土方	1. 土方类别:二类土 2. 挖土深度:1.1m 3. 垫层宽度:1m 4. 垫层长度:43.08m 5. 弃土运距:3km	m^3	47.39

（续）

序号	项目编码	项目名称	项目特征	计量单位	工程数量
2	010101003002	挖沟槽土方	1. 土方类别：二类土 2. 挖土深度：1.1m 3. 垫层宽度：0.9m 4. 垫层长度：33.68m 5. 弃土运距：3km	m³	33.34
3	010103001001	基槽回填土	1. 密实度要求：满足设计要求 2. 填方来源、运距：3km	m³	28.75
4	010103001002	房心回填土	1. 密实度要求：满足设计要求 2. 填方来源、运距：3km	m³	21.24
5	010103002001	余土弃置	1. 废弃料品种 2. 运距：3km	m³	30.74

6.4 地基处理与边坡支护工程（编码 0102 附录 B）

6.4.1 地基处理（编码 010201）

地基处理包括换填垫层、铺设土工合成材料、预压地基、强夯地基、振冲密实（不填料）、振冲桩（填料）、砂石桩、水泥粉煤灰碎石桩（CFG 桩）、深层搅拌桩、粉喷桩、夯实水泥土桩、高压喷射注浆桩、石灰桩、灰土（土）挤密桩、柱锤冲扩桩、注浆地基、褥垫层 17 个项目。

复合地基的检测费用按国家相关取费标准单独计算，不在本清单项目中。

各类桩若采用泥浆护壁成孔，工作内容包括土方、废泥浆外运；若采用沉管灌注成孔，工作内容包括桩尖制作、安装。弃土（不含泥浆）清理、运输按土石方分部中相关项目编码列项。

1. 换填垫层（编码 010201001）

1）工程量计算：按设计图示尺寸以体积计算，计量单位为 m³。

2）项目特征：材料种类及配比、压实系数、掺加剂品种。

材料品种及配比、掺加剂品种影响报价必须进行描述，而压实系数可参考回填土方中密实度要求进行描述。

3）工作内容：分层铺填，碾压、振密或夯实，材料运输。

2. 铺设土工合成材料（编码 010201002）

1）工程量计算：按设计图示尺寸以面积计算，计量单位为 m²。

2）项目特征：部位、品种、规格。

3）工作内容：挖填锚固沟、铺设、固定、运输。

3. 预压地基（编码 010201003）

1）工程量计算：按设计图示尺寸以加固面积计算，计量单位为 m³。

2）项目特征：排水竖井种类、断面尺寸、排列方式、间距、深度，预压方法，预压荷载、时间，砂垫层厚度。这四项内容均需要描述。

由于排水竖井的种类较多，要描述采用哪种排水竖井，如砂井、碎石排水井、塑料排水板等。预压的方法也较多，也应详细描述采用哪种预压方法，如堆载预压、真空预压、降水预压等。

3）工作内容：设置排水竖井、盲沟、滤水管，铺设砂垫层、密封膜，堆载、卸载或抽气设备安拆、抽真空，材料运输。

4. 强夯地基（编码 010201004）

1）工程量计算：按设计图示尺寸以加固面积计算，计量单位为 m³。

2）项目特征：夯击能量、夯击遍数、地耐力要求、夯填材料种类。

夯击能是指夯锤重量与落锤高度的乘积，一般以 t·m 计算。

在描述夯击遍数的同时，还要描述夯点的夯击次数。

夯击能和夯击遍数是根据地耐力要求，经过强夯试验后得出的，所以地耐力可以不描述。

如果只对原地基进行处理，而不充填其他材料，则夯填材料可以不描述。如果需要对地面进行充填，则必须描述充填材料的种类。

3）工作内容：铺设夯填材料、强夯、夯填材料运输。

5. 振冲密实（不填料）（编码 010201005）

1）工程量计算：按设计图示尺寸以加固面积计算，计量单位为 m³。

2）项目特征：地层情况、振密深度、孔距。

除描述振密深度和孔距外，地层情况按土壤与岩石分类的规定，并根据岩土工程勘察报告按单位工程各地层所占比例（包括数值范围）进行描述。对无法准确描述的地层情况，可注明由投标人根据岩土工程勘察报告自行决定报价。

3）工作内容：振冲加密、泥浆运输。

6. 振冲桩（填料）（编码 010201006）

1）工程量计算。

① 按设计图示尺寸以桩长计算，计量单位为 m。

② 按设计桩截面乘以桩长以体积计算，计量单位为 m³。

根据同一工程中计量单位应一致的原则，在同一工程中只能选择其中一种计算方式和相应的计量单位。这一原则也适用于其他分部分项工程。

2）项目特征：地层情况，空桩长度、桩长，桩径，填充材料种类。

在描述项目特征时，桩长应包括桩尖，空桩长度＝孔深－桩长，孔深为自然面至设计桩底的深度。

3）工作内容：振冲成孔、填料、振实，材料运输，泥浆运输。

7. 砂石桩（编码 010201007）

1）工程量计算。

① 按设计图示尺寸以桩长（包括桩尖）计算，计量单位为 m。

② 按设计桩截面面积乘以桩长（包括桩尖）以体积计算，计量单位为 m³。

2）项目特征：地层情况，空桩长度、桩长，桩径，成孔方法，材料种类、级配。

成孔方法常见的有振动沉管、锤击沉管或冲击成孔，要描述具体采用哪一种。

砂石的种类和级配情况是影响工程造价的主要因素，必须进行描述。

3）工作内容：成孔，填充、振实，材料运输。

8. 水泥粉煤灰碎石桩（CFG 桩）（编码 010201008）

1）工程量计算：按设计图示尺寸以桩长（包括桩尖）计算，计量单位为 m。

2）项目特征：地层情况，空桩长度、桩长，桩径，成孔方法，混合料强度等级。

成孔方法要根据实际使用情况进行描述。常用的 CFG 桩施工工艺包括长螺旋钻孔、管内泵压混合料成桩；振动沉管灌注成桩和长螺旋钻孔灌注成桩。

3）工作内容：成孔，混合料制作、灌注、养护。

9. 深层搅拌桩（编码 010201009）

1）工程量计算：按设计图示尺寸以桩长计算，计量单位为 m。

2）项目特征：地层情况，空桩长度、桩长，桩截面尺寸，水泥强度等级、掺量。

3）工作内容：预搅下钻、水泥浆制作、喷浆搅拌提升成桩、材料运输。

4）工程量计算规则的比较。

清单工程量的桩长 = 设计桩长

定额工程量的桩长 = 设计桩长 + 500mm

这就会造成清单工程量与定额工程量的不同，在清单计价时要特别注意。

10. 粉喷桩（编码 010201010）

1）工程量计算：按设计图示尺寸以桩长计算，计量单位为 m。

2）项目特征：地层情况，空桩长度、桩长，桩径，粉体种类、掺量，水泥强度等级、石灰粉要求。

3）工作内容：预搅下钻、喷粉搅拌、提升成桩、材料运输。

4）工程量计算规则的比较。

清单工程量的桩长 = 设计桩长

定额工程量的桩长 = 设计桩长 + 500mm。这就会造成清单工程量与定额工程量的不同，在清单计价时要特别注意。

11. 夯实水泥土桩（编码 010201011）

1）工程量计算：按设计图示尺寸以桩长（包括桩尖）计算，计量单位为 m。

2）项目特征：地层情况，空桩长度、桩长，桩径，成孔方法，水泥强度等级，混合料配比。

3）工作内容：成孔、夯底，水泥土拌合、填料、夯实，材料运输。

12. 高压喷射注浆桩（编码 010201012）

1）工程量计算：按设计图示尺寸以桩长计算，计量单位为 m。

2）项目特征：地层情况，空桩长度、桩长，桩截面，注浆类型、方法，水泥强度等级。

高压喷射注浆类型包括旋喷、摆喷、定喷，高压喷射注浆方法包括单管法、双重管法、三重管法。

3）工作内容：成孔，水泥浆制作、高压喷射注浆，材料运输。

4）工程量计算规则的比较。清单工程量按长度计算，定额工程量按体积计算。在清单计价时要特别注意。

13. 石灰桩（编码 010201013）

1）工程量计算：按设计图示尺寸以桩长（包括桩尖）计算，计量单位为 m。

2）项目特征：地层情况，空桩长度、桩长，桩径，成孔方法，掺和料种类、配合比。

3）工作内容：成孔，混合料制作、运输、夯填。

14. 灰土（土）挤密桩（编码 010201014）

1）工程量计算：按设计图示尺寸以桩长（包括桩尖）计算，计量单位为 m。

2）项目特征：地层情况，空桩长度、桩长，桩径，成孔方法，灰土级配。

3）工作内容：成孔，灰土拌和、运输、填充、夯实。

15. 柱锤冲扩桩（编码 010201015）

1）工程量计算：按设计图示尺寸以桩长计算，计量单位为 m。

2）项目特征：地层情况，空桩长度、桩长，桩径，成孔方法，桩体材料种类、配合比。

3）工作内容：安装、拔除套管，冲孔、填料、夯实，桩体材料制作、运输。

16. 注浆地基（编码 010201016）

1）工程量计算。

① 按设计图示尺寸以钻孔深度计算，计量单位为 m。

② 按设计图示尺寸以加固体积计算，计量单位为 m^3。

2）项目特征：地层情况，空钻深度、注浆深度，注浆间距，浆液种类及配比，注浆方法，水泥强度等级。

3）工作内容：成孔，注浆导管制作、安装，浆液制作、压浆，材料运输。

17. 褥垫层（编码 010201017）

1）工程量计算。

① 按设计图示尺寸以铺设面积计算，计量单位为 m^2。

② 按设计图示尺寸以体积计算，计量单位为 m^3。

2）项目特征：厚度，材料品种及比例。

本项有两种不同的计算方法和计量单位，在项目特征描述时根据所选用的计算方法和计量单位做针对性的描述。如果按面积计量，则必须描述厚度；如果按体积计量，则可不描述厚度。

3）工作内容：材料拌和、运输、铺设、压实。

[例 6-2] 某场地采用强夯法进行地基处理，夯点布置如图 6-2 所示，夯击能为 400t·m，每坑 6 击，要求第一遍和第二遍按设计的分隔点夯击，第三遍为低锤满夯。试计算其清单工程量。

解：按强夯法地基计算其工程量，即以设计力求尺寸加固面积计算。

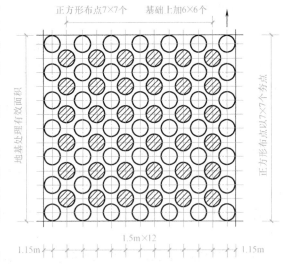

图 6-2 某场地地基夯击点布置图

$$S = (1.5 \times 12 + 2.3) m \times (1.5 \times 12 + 2.3) m = 412.09 m^2$$

其工程量清单见表 6-7。

表 6-7 强夯地基工程量清单

项目编码	项目名称	项 目 特 征	计量单位	工程数量
010201004001	强夯地基	1. 夯击能量：400t·m 2. 夯击遍数：3 遍，每坑 6 击，第一遍和第二遍按设计的分隔点夯击，第三遍为低锤满夯	m^2	412.09

6.4.2 基坑与边坡支护 （编码 010202）

基坑与边坡支护分为地下连续墙，咬合灌注桩，圆木桩，预制钢筋混凝土板桩，型钢桩，钢板桩，预应力锚杆、锚索，其他锚杆、土钉、喷射混凝土、水泥砂浆、混凝土支撑，钢支撑 11 个项目。

地下连续墙和喷射混凝土的钢筋网及咬合灌注桩的钢筋笼制作、安装，按"混凝土与钢筋混凝土工程"中相关项目编码列项。本分部未列的基坑与边坡支护的排桩按"桩基工程"中相关项目编码列项。水泥土墙、坑内加固按"地基处理"相关项目编码列项。砖、石挡土墙、护坡按"砌筑工程"中相关项目编码列项。混凝土挡土墙按"混凝土与钢筋混凝土工程"中相关项目编码列项。弃土（不含泥浆）清理、运输按附录 A "土石方工程"中相关项目编码列项。

1. 地下连续墙 （编码 010202001）

地下连续墙适用于各种导墙施工的复合型地下连续墙工程。作为深基础支护结构的地下连续墙，应列入措施项目清单，在分部分项工程量清单中不反映此项目。

1）工程量计算：按设计图示的墙中心线长度乘以厚度乘以槽深，以体积计算，计量单位为 m^3。

2）项目特征：地层情况，导墙类型、截面形状，墙体厚度，成槽深度，混凝土类别、强度等级，接头形式。

地下连续墙施工均应设置导墙，导墙形式有预制及现浇两种，预制导墙有钢导墙和混凝土导墙；现浇导墙形状有 "L" 形或倒 "L" 形。

地下连续墙施工中单元槽段的连接接头一般可分为两大类，一类是施工接头，即浇筑地下连续墙时两相邻单元墙段的纵向连接接头；另一类是结构接头，即已竣工的地下连续墙在水平向与其他构件（内部结构的楼板、柱、梁、底板等）连接的接头。

常用的施工接头有接头管（又称锁口管）接头、接头箱接头和隔板式接头。

常用的结构接头有直接连接接头和间接接头两种。其中，间接接头一般有预埋钢筋直（锥）螺纹接头法、预埋连接钢板法以及预埋剪力块法三种方法。

接头形式的描述要根据项目的实际情况进行描述。

3）工作内容：导墙挖填、制作、安装、拆除，挖土成槽、固壁、清底置换，混凝土制作、运输、灌注、养护，接头处理，土方、废泥浆外运，打桩场地硬化及泥浆池、泥浆沟施工。

2. 咬合灌注桩 （编码 010202002）

1）工程量计算。

① 按设计图示尺寸以桩长计算，计量单位为 m。

② 按设计图示数量计算，计量单位为"根"。

2）项目特征：地层情况，桩长，桩径，混凝土类别、强度等级，部位。

3）工作内容：成孔、固壁，混凝土制作、运输、灌注、养护，套管压拔，土方、废泥浆外运，打桩场地硬化及泥浆池、泥浆沟。

3. 圆木桩 （编码 010202003）

1）工程量计算。

① 按设计图示尺寸以桩长（包括桩尖）计算，计量单位为 m。

② 按设计图示数量计算，计量单位为"根"。

2）项目特征：地层情况、桩长、材质、尾径、桩倾斜度。

3）工作内容：工作平台搭拆，桩机竖拆、移位，桩靴安装，沉桩。

4. 预制钢筋混凝土板桩（编码 010202004）

1）工程量计算。

① 按设计图示尺寸以桩长（包括桩尖）计算，计量单位为 m。

② 按设计图示数量计算，计量单位为"根"。

2）项目特征：地层情况，送桩深度、桩长，桩截面，混凝土强度等级。

工作内容：工作平台搭拆，桩机竖拆、移位，沉桩，接桩。

5. 型钢桩（编码 010202005）

1）工程量计算。

① 按设计图示尺寸以质量计算，计量单位为 t。

② 按设计图示数量计算，计量单位为"根"。

2）项目特征：地层情况或部位，送桩深度、桩长，规格型号，桩倾斜度，防护材料种类，是否拔出。

3）工作内容：工作平台搭拆，桩机竖拆、移位，打（拔）桩，接桩，刷防护材料。

6. 钢板桩（编码 010202006）

1）工程量计算。

① 按设计图示尺寸以质量计算，计量单位为 t。

② 按设计图示的墙中心线长度乘以桩长以面积计算，计量单位为 m^2。

2）项目特征：地层情况、桩长、板桩厚度。

3）工作内容：工作平台搭拆，桩机竖拆、移位，打（拔）钢板桩。

7. 预应力锚杆、锚索（编码 010202007）

1）工程量计算

① 按设计图示尺寸以钻孔深度计算，计量单位为 m。

② 按设计图示数量计算，计量单位为"根"。

2）项目特征：地层情况，锚杆（索）类型、部位，钻孔深度，钻孔直径，杆体材料品种、规格、数量，浆液种类、强度等级。

3）工作内容：钻孔、浆液制作、运输、压浆，锚杆、锚索制作、安装，张拉锚固，锚杆、锚索施工平台搭设、拆除。

8. 其他锚杆、土钉（编码 010202008）

其他锚杆是指不施加预应力的土层锚杆和岩石锚杆。置入方法包括钻孔置入、打入或射入等。

1）工程量计算。

① 按设计图示尺寸以钻孔深度计算，计量单位为 m。

② 按设计图示数量计算，计量单位为"根"。

2）项目特征：地层情况，钻孔深度，钻孔直径，置入方法，杆体材料品种、规格、数量，浆液种类、强度等级。

3）工作内容：钻孔、浆液制作、运输、压浆，锚杆、土钉制作、安装，锚杆、土钉施工平台搭设、拆除。

9. 喷射混凝土、水泥砂浆（编码 010202009）

1）工程量计算：按设计图示尺寸以面积计算，计量单位为 m^2。

2）项目特征：部位，厚度，材料种类，混凝土（砂浆）类别、强度等级。

3）工作内容：修整边坡，混凝土（砂浆）制作、运输、喷射、养护，钻排水孔、安装排水管，喷射施工平台搭设、拆除。

10. 混凝土支撑（编码 010202010）

1）工程量计算：按设计图示尺寸以体积计算，计量单位为 m^3。

2）项目特征：部位、混凝土强度等级。

3）工作内容：模板（支架或支撑）制作、安装、拆除、堆放、运输及清理模内杂物、刷隔离剂等，混凝土制作、运输、浇筑、振捣、养护。

若在措施项目清单中不编制现浇混凝土模板项目清单，即表示现浇混凝土模板项目不单列，则现浇混凝土工程项目的综合单价中应包括模板工程费用。若单独列出了模板项目的措施清单，则该项目工作内容中包括的模板工程内容，报价时不包含在此项中。

11. 钢支撑（编码 010202011）

1）工程量计算：按设计图示尺寸以质量计算，不扣除孔眼质量，焊条、铆钉、螺栓等不另增加质量，计量单位为 m^2。

2）项目特征：部位，钢材品种、规格，探伤要求。

3）工作内容：支撑、铁件制作（摊销、租赁），支撑、铁件安装，探伤，刷漆，拆除，运输。

6.5 桩基工程（编码 0103 附录 C）

6.5.1 打桩（编码 010301）

打桩分为预制钢筋混凝土方桩、预制钢筋混凝土管桩、钢管桩、截（凿）桩头四项。打桩项目包括成品桩购置费，如果用现场预制桩，应包括现场预制的所有费用。打试验桩和打斜桩应按相应项目编码单独列项，并应在项目特征中注明试验桩或斜桩（斜率）。桩基础的承载力检测、桩身完整性检测等费用按国家相关取费标准单独计算，不在本清单项目中。

1. 预制钢筋混凝土方桩（编码 010301001）

1）工程量计算。

① 按设计图示尺寸以桩长（包括桩尖）计算，计量单位为 m。

② 按设计图示数量计算，计量单位为"根"。

2）项目特征：地层情况，送桩深度、桩长，桩截面尺寸，桩倾斜度，混凝土强度等级，购入桩的单根长度，根数。

值得说明的是，桩长是桩的设计长度，为了考虑接桩和截桩，除描述桩长外，还应该描述成品桩的单根长度。如果购入桩的单根长度不同，可描述为范围值，同时还要描述每种长度的根数。根据设计桩长和单根购入桩的长度计算出每根桩的接头个数及接头总数。如果购入单桩组合后超过设计桩长时，顺便将截桩头的工程量计算出来。

计价时除包括打桩和送桩的费用外，还应将接桩的费用包含进去。

桩截面尺寸、混凝土强度等级、桩类型等可直接用标准图代号或设计桩型进行描述。

3）工作内容：工作平台搭拆、桩机竖拆、移位，沉桩，接桩，送桩。

需要指出的是，该项工程的工作内容中包括接桩，虽然在项目特征中无此项描述，编标人在报价时也一定要将此项内容的费用包含进去，因为这是打桩必须完成的工作之一，不能因为在项目特征中未描述而不做报价或做完后进行索赔。

2. 预制钢筋混凝土管桩（编码 010301002）

1）工程量计算。

① 按设计图示尺寸以桩长（包括桩尖）计算，计量单位为 m。

② 按设计图示数量计算，计量单位为"根"。

2）项目特征：地层情况，送桩深度、桩长、桩外径、壁厚，桩倾斜度，混凝土强度等级，填充材料种类，防护材料种类，成品桩的单根长度，根数。

预制钢筋混凝土管桩的项目特征描述和计价方法与预制钢筋混凝土方桩相同。

3）工作内容：工作平台搭拆，桩机竖拆、移位，沉桩，接桩，送桩，填充材料、刷防护材料。

3. 钢管桩（编码 010301003）

1）工程量计算。

① 按设计图示尺寸以质量计算，计量单位为 t。

② 按设计图示数量计算，计量单位为"根"。

2）项目特征：地层情况，送桩深度、桩长，材质，管径、壁厚，桩倾斜度，填充材料种类，防护材料种类，成品桩的单根长度，根数。

钢管桩的项目特征描述和计价方法与预制钢筋混凝土方桩相同。

3）工作内容：工作平台搭拆，桩机竖拆、移位，沉桩，接桩，送桩，切割钢管、切割盖帽，管内取土，填充材料、刷防护材料。

4. 截（凿）桩头（编码 010301004）

1）工程量计算。

① 按设计桩截面面积乘以桩头长度以体积计算，计量单位为 m³。

② 按设计图示数量计算，计量单位为"根"。

2）项目特征：桩头截面面积、高度，混凝土强度等级，有无钢筋。

3）工作内容：截桩头，凿平，废料外运。

6.5.2 灌注桩（编码 010302）

灌注桩分为泥浆护壁成孔灌注桩、沉管灌注桩、干作业成孔灌注桩、挖孔桩土（石）方、人工挖孔灌注桩、钻孔压浆桩和桩底注浆七个项目。

泥浆护壁成孔灌注桩是指在泥浆护壁条件下成孔，采用水下灌注混凝土的桩。其成孔方法包括冲击钻成孔、冲抓锥成孔、回旋钻成孔、潜水钻成孔、泥浆护壁旋挖成孔等。

沉管灌注桩的沉管方法包括锤击沉管法、振动沉管法、振动冲击沉管法、内夯沉管法等。

干作业成孔灌注桩是指不用泥浆护壁和套管护壁的情况下，用钻机成孔后，下钢筋笼、灌注混凝土的桩，适用于地下水位以上的土层使用。其成孔方法包括螺旋钻成孔、螺旋钻成孔扩底、干作业旋挖成孔等。

桩基础的承载力检测、桩身完整性检测等费用按国家相关取费标准单独计算，不在本清单项目中。

混凝土灌注桩的钢筋笼制作、安装，按附录 E（混凝土与钢筋混凝土）中相关项目编码列项。

1. 泥浆护壁成孔灌注桩（编码 010302001）

1）工程量计算。

① 按设计图示尺寸以桩长（包括桩尖）计算，计量单位为 m。

② 按不同截面在桩长范围内以体积计算，计量单位为 m^3。

③ 按设计图示数量计算，计量单位为"根"。

2）项目特征：地层情况，空桩长度、桩长，桩径，成孔方法，护筒类型、长度，混凝土类别、强度等级。

项目特征中的桩长应包括桩尖，空桩长度＝孔深－桩长，孔深为自然地面至设计桩底的深度。

项目特征中的桩截面（桩径）、混凝土强度等级、桩类型等可直接用标准图代号或设计桩型进行描述。

3）工作内容：护筒埋设，成孔、固壁，混凝土制作、运输、灌注、养护，土方、废泥浆外运，打桩场地硬化及泥浆池、泥浆沟施工。

4）工程量计算规则比较。

清单工程量中的桩长＝设计桩长

定额工程量中的桩长＝设计桩长+直径(单位:m)

清单工程量与定额工程量的计算规则的不同，导致二者的工程量有差异。多出清单工程量的部分定额工程量，其费用要在综合单价中考虑。

这也提醒编标（包括招标控制价、标底和投标价）人，虽然编标时清单工程量不允许改变，但一定要根据定额工程量计算规则重新计算后再进行组价。类似的清单项目还包括沉管灌注桩、干作业成孔桩等。

项目特征中未描述而工作内容中包括的相关费用（如土方、废泥浆外运，打桩场地硬化及泥浆池、沟的施工费用），编标人在报价时也应该将这些项目的费用包含进去。

2. 沉管灌注桩（编码 010302002）

1）工程量计算。

① 按设计图示尺寸以桩长（包括桩尖）计算，计量单位为 m。

② 按不同截面在桩上范围内以体积计算，计量单位为 m^3。

③ 按设计图示数量计算，计量单位为"根"。

2）项目特征：地层情况，空桩长度、桩长，复打长度，桩径，沉管方法，桩尖类型，混凝土类别、强度等级。

3）工作内容：打（沉）拔钢管，桩尖制作、安装，混凝土制作、运输、灌注、养护。

4）计算量计算规则比较。

清单工程量的桩长＝设计桩长

定额工程量的桩长＝设计桩长+250mm

3. 干作业成孔灌注桩（编码 010302003）

1）工程量计算。

① 按设计图示尺寸以桩长（包括桩尖）计算，计量单位为 m。

② 按不同截面在桩上范围内以体积计算，计量单位为 m^3。

③ 按设计图示数量计算，计量单位为"根"。

2）项目特征：地层情况，空桩长度、桩长，桩径，扩孔直径、高度，成孔方法，混凝土类别、强度等级。

3）工作内容：成孔、扩孔，混凝土制作、运输、灌注、振捣、养护。

4）计算量计算规则比较。

$$清单工程量的桩长 = 设计桩长$$

$$定额工程量的桩长 = 设计桩长 + 500mm$$

4. 挖孔桩土（石）方（编码 010302004）

1）工程量计算：按设计图示的桩截面面积乘以挖孔深度以 m^3 计算，计量单位为 m^3。

2）项目特征：土（石）类别，挖孔深度，弃土（石）运距。

3）工作内容：排地表水，挖土、凿石，基底钎探，运输。

5. 人工挖孔灌注桩（编码 010302005）

1）工程量计算。

① 按桩芯混凝土体积计算，计量单位为 m^3。

② 按设计图示数量计算，计量单位为"根"。

2）项目特征：桩芯长度，桩芯直径、扩底直径、扩底高度，护壁厚度、高度，护壁混凝土类别、强度等级，桩芯混凝土类别、强度等级。

值得说明的是，人工挖孔桩的护壁材料，若采用砖砌体，则需要将"护壁混凝土类别、强度等级"换成"砖的种类和砌筑砂浆强度等级"。

3）工作内容：护壁制作，混凝土制作、运输、灌注、振捣、养护。

6. 钻孔压浆桩（编码 010302006）

1）工程量计算。

① 按设计图示尺寸以桩长计算，计量单位为 m。

② 按设计图示数量计算，计量单位为"根"。

2）项目特征：地层情况，空钻长度、桩长，钻孔直径，水泥强度等级。

3）工作内容：钻孔、下注浆管、投放骨料、浆液制作、运输、压浆。

7. 桩底注浆（编码 010302007）

1）工程量计算：按设计图示以注浆孔数计算，计量单位为"孔"。

2）项目特征：注浆导管材料、规格，注浆导管长度，单孔注浆量，水泥强度等级。

3）工作内容：注浆导管制作、安装，浆液制作、运输、压浆。

6.6 砌筑工程（编码 0104 附录 D）

砌体工程分为砖砌体、砌块砌体、石砌体和垫层四项。

6.6.1 砖砌体（编码 010401）

砖砌体工程分为砖基础（编码 010401001），砖砌挖孔桩护壁（编码 010401002），实心砖墙（编码 010401003），多孔砖墙（编码 010401004），空心砖墙（编码 010401005），空斗墙（编码 010401006），空花墙（编码 010401007），填充墙（编码 010401008），实心砖柱（编码 010401009），多孔砖柱（编码 010401010），砖检查井（编码 010401011），零星砌砖（编码 010401012），砖散水、地坪（编码 010401013），砖地沟、明沟（编码 010401014）14 个项目。

砖砌体内钢筋加固，应按"混凝土与钢筋混凝土"中相关项目编码列项。砖砌体勾缝按"楼地面装饰工程"中相关项目编码列项。

标准砖墙的厚度取值规定同本书"5.4 砌筑工程"。

1. 砖基础

砖基础项目适用于各种类型砖基础,如:柱基础、墙基础、管道基础等。

基础与墙(柱)身的划分界限同本书"5.4 砌筑工程"。

1)工程量计算:按设计图示尺寸以体积计算,计量单位为 m^3。

包括附墙垛基础宽出部分的体积,扣除地梁(圈梁)、构造柱所占的体积,不扣除基础大放脚 T 形接头处的重叠部分及嵌入基础内的钢筋、铁件、管道、基础砂浆防潮层和单个面积 $\leqslant 0.3m^2$ 的孔洞所占体积,靠墙暖气沟的挑檐不增加工程量。

基础长度:外墙按外墙中心线长度,内墙按内墙净长度计算。

2)项目特征:砖品种、规格、强度等级,基础类型,砂浆强度等级,防潮层材料种类。

3)工作内容:砂浆制作、运输,砌砖,防潮层铺设,材料运输。

2. 砖砌挖孔桩护壁

1)工程量计算:按设计图示尺寸以体积计算,计量单位为 m^3。

2)项目特征:砖品种、规格、强度等级,砂浆强度等级。

3)工作内容:砂浆制作、运输,砌砖,材料运输。

3. 实心砖墙、多孔砖墙、空心砖墙

1)工程量计算:按设计图示尺寸以体积计算,计量单位为 m^3。

扣除门窗洞口、过人洞、空圈、嵌入墙内的钢筋混凝土柱、梁、圈梁、挑梁、过梁及凹进墙内的壁龛、管槽、暖气槽、消火栓箱所占的体积,不扣除梁头、板头、檩头、垫木、木楞头、沿椽木、木砖、门窗走头、砖墙内加固钢筋、木筋、铁件、钢管及单个面积 $\leqslant 0.3m^2$ 的孔洞所占的体积。凸出墙面的腰线、挑檐、压顶、窗台线、虎头砖、门窗套的体积亦不增加。凸出墙面的砖垛并入墙体体积内计算。

墙长度的取值规定:外墙按中心线、内墙按净长计算。

墙高度的取值规定:

① 外墙:斜(坡)屋面无檐口天棚者算至屋面板底;有屋架且室内外均有天棚者算至屋架下弦底,另加 200mm;无天棚者算至屋架下弦底,另加 300mm,出檐宽度超过 600mm 时按实砌高度计算;与钢筋混凝土楼板隔层者算至板顶;平屋顶算至钢筋混凝土板底。

② 内墙:位于屋架下弦者,算至屋架下弦底;无屋架者算至天棚底,另加 100mm;有钢筋混凝土楼板隔层者算至楼板顶;有框架梁时算至梁底。

③ 女儿墙:从屋面板上表面算至女儿墙顶面(有混凝土压顶时算至压顶下表面)。

④ 内、外山墙:按平均高度计算。

框架间墙不分内外墙按墙体净尺寸以体积计算。

砖围墙以设计室外地坪为界,以下为基础,以上为墙身。围墙高度算至压顶上表面(有混凝土压顶时算至压顶下表面),围墙柱并入围墙体积内。

框架外表面的镶贴砖部分,按零星项目编码列项。

附墙烟囱、通风道、垃圾道、应按设计图示尺寸以体积(扣除孔洞所占体积)计算并入所依附的墙体体积内。当设计规定孔洞内需抹灰时,应按"楼地面装饰工程"中零星抹灰项目编码列项。

2)项目特征:砖品种、规格、强度等级,墙体类型,砂浆强度等级、配合比。

3）工作内容：砂浆制作、运输，砌砖，刮缝，砖压顶砌筑，材料运输。

关于项目特征与工作内容的关系，再进一步说明如下：

砖砌体的实心砖墙，按照《计量规范》"项目特征"栏的规定，必须描述砖的品种是页岩砖还是粉煤灰砖；描述砖的规格是标准砖还是非标砖，是非标砖就应注明规格尺寸；描述砖的强度等级是 MU10、MU15 还是 MU20，因为砖的品种、规格、强度等级直接关系到砖的价值；必须描述墙体的厚度是一砖（240mm）还是一砖半（370mm）等；描述墙体类型是混水墙，还是清水墙，若为清水墙，是双面还是单面；描述是一斗一卧围墙还是单丁全斗墙等，因为墙体的厚度、类型直接影响砌砖的工效以及砖、砂浆的消耗量。必须描述是否勾缝，是原浆还是加浆勾缝；若是加浆勾缝，还须注明砂浆配合比。还必须描述砌筑砂浆的强度等级是 M5、M7.5 还是 M10 等，因为不同强度等级、不同配合比的砂浆，其价值是不同的。这些描述均不可少，因为其中任何一项都影响综合单价的确定。

《计量规范》中"工作内容"中的砂浆制作、运输，砌砖、砌块、勾缝、砖压顶砌筑、材料运输不必描述，因为即使不描述这些工程内容，承包商也必然要操作这些工序，完成最终验收的砖砌体工程。

还需要说明，《计量规范》在"实心砖墙"的"项目特征"及"工作内容"栏内均包含勾缝，但两者的性质不同，"项目特征"栏的勾缝体现的是实心砖墙的实体特征，而"工作内容"栏内的勾缝表述的是操作工序或称操作行为。因此，如果需要勾缝，就必须在"项目特征"中描述，而不能以"工作内容"中有而不描述，否则将视为清单项目漏项，可能在施工中引起索赔。

4. 空斗墙

1）工程量计算：按设计图示尺寸以空斗墙外形体积计算，计量单位为 m³。墙角、内外墙交接处、门窗洞口立边、窗台砖、屋檐处的实砌部分体积并入空斗墙体积内。

空斗墙的窗间墙、窗台下、楼板下、梁头下等的实砌部分，按零星砌砖项目编码列项。

2）项目特征：砖品种、规格、强度等级，墙体类型，砂浆强度等级、配合比，填充料种类。

3）工作内容：砂浆制作、运输，砌砖，装填充料，刮缝，材料运输。

值得说明的是，工作内容中包括装填充料，而项目特征中未描述此项。如果设计要求空斗墙的空心部分需要填充碎砖、炉渣、泥土或草泥等，则在项目特征中必须进行描述。因此，建议此项的"项目特征"增加"填充料种类"这个特征项。

5. 空花墙

"空花墙"项目适用于各种类型的空花墙，使用混凝土花格砌筑的空花墙，实砌墙体与混凝土花格应分别计算，混凝土花格按混凝土及钢筋混凝土中预制构件相关项目编码列项。

1）工程量计算：按设计图示尺寸以空花部分外形体积计算，不扣除空洞部分体积，计量单位为 m³。

2）项目特征：砖品种、规格、强度等级，墙体类型，砂浆强度等级、配合比。

3）工作内容：砂浆制作、运输，砌砖，装填充料，刮缝，材料运输。

空花墙的花格部分一般不进行填充，所以"工作内容"中的"装填充料"可以不描述。

6. 填充墙

1）工程量计算：按设计图示尺寸以填充墙外形体积计算，计量单位为 m³。

2）项目特征：砖品种、规格、强度等级，墙体类型，填充材料种类及厚度砂浆强度等级、配合比，填充材料种类。

3）工作内容：砂浆制作、运输，砌砖，装填充料，刮缝，材料运输。

填充墙这个名称在不同的场合有不同的意义，如 GB 50203—2011《砌体结构工程施工质量验收规范》中一般称框架间的墙体为填充墙，因为它不承受外部荷载，只承受其自身的重力。《计量规范》中的填充墙，从它包括的工作内容来看，应为在墙体中间填充了保温隔热等材料的墙体，这一点也可以通过填充墙的消耗定额中包括的矿（炉）渣等验证。如果填充墙内需要填充材料，需要在项目特征中进行说明。建议增加"填充材料种类"特征项。

7. 实心砖柱、多孔砖柱

1）工程量计算：按设计图示尺寸以体积计算。扣除混凝土及钢筋混凝土梁垫、梁头、板头所占体积，计量单位为 m^3。

2）项目特征：砖品种、规格、强度等级，柱类型，砂浆强度等级、配合比。

3）工作内容：砂浆制作、运输，砌砖，刮缝，材料运输。

工程量计算规则比较：在清单工程量计算时，柱基与柱身的工程量分开计算；定额工程量计算时要求合并计算。对于同一种材料的柱基与柱身而言，虽然不影响报价的准确性，但是为了保持清单计量规范的合理性，柱基与柱身要分别列项计算。

8. 砖检查井

1）工程量计算：按设计图示数量计算，计量单位为"座"。

2）项目特征：井截面、深度，砖品种、规格、强度等级，垫层材料种类、厚度，底板厚度，井盖安装，混凝土强度等级，砂浆强度等级，防潮层材料种类。

3）工作内容：土方挖、运，砂浆制作、运输，铺设垫层，底板混凝土制作、运输、浇筑、振捣、养护，砌砖，刮缝，井池底、壁抹灰，抹防潮层，回填，材料运输。

检查井内的爬梯按"金属结构工程"中相关项目编码列项；井、池内的混凝土构件按混凝土及钢筋混凝土预制构件编码列项。

与定额工程量计算规则比较可以发现，两种计算规则的计量单位不同。编制工程量清单时，只需要按照图样数个数即可，而报价时则要根据定额工程量的计算规则要求，对井底、井壁和井盖施工中涉及的分项工程分别列项，并分别计算各自的工程量，如井壁计算体积，井壁抹灰计算面积，井盖及底座计算套数等。

该分项工程的工作内容包括土方挖运，但是，土方工程中的"挖管沟土方"分项工程也适用于检查井的土方开挖与回填。检查井土方挖运只能列项计算一次，不能重复列项计算。

9. 零星砌砖

零星砌体包括台阶、台阶挡墙、梯带、锅台、炉灶、蹲台、池槽、池槽腿、砖胎模、花台、花池、楼梯栏板、阳台栏板、地垄墙、面积 ≤ $0.3m^2$ 的孔洞填塞等。

1）工程量计算。

① 按设计图示尺寸截面积乘以长度计算，计量单位为 m^3。

② 按设计图示尺寸水平投影面积计算，计量单位为 m^2。

③ 按设计图示尺寸长度计算，计量单位为 m。

④ 按设计图示数量计算，计量单位为"个"。

砖砌锅台与炉灶可按外形尺寸以"个"计算，砖砌台阶可按水平投影面积以 m^2 计算，小便槽、地垄墙可按长度计算、其他工程按 m³ 计算。

2）项目特征：零星砌砖名称、部位，砖品种、规格、强度等级，砂浆强度等级、配合比。

3）工作内容：砂浆制作、运输，砌砖，刮缝，材料运输。

10. 砖散水、地坪

1）工程量计算：按设计图示尺寸以面积计算，计量单位为 m²。

2）项目特征：砖品种、规格、强度等级，垫层材料种类、厚度，散水、地坪厚度，面层种类、厚度，砂浆强度等级。

当施工图设计标注做法见标准图集时，应在"项目特征"描述中注明标注图集的编码、页号及节点大样。

3）工作内容：土方挖、运、填，地基找平、夯实，铺设垫层，砌砖散水、地坪，抹砂浆面层。

11. 砖地沟、明沟

1）工程量计算：按设计图示以中心线长度计算，计量单位为 m。

2）项目特征：土方挖、运、填，铺设垫层，底板混凝土制作、运输、浇筑、振捣、养护，砌砖，刮缝、抹灰，材料运输。

当施工图设计标注做法见标准图集时，应注明标注图集的编码、页号及节点大样。

3）工作内容：砖品种、规格、强度等级，沟截面尺寸，垫层材料种类、厚度，混凝土强度等级，砂浆强度等级。

6.6.2 砌块砌体（编码 010402）

砌块砌体分为砌块墙（编码 010402001）和砌块柱（编码 010402002）两个项目。

砌体内加筋、墙体拉结的制作、安装，应按"混凝土与钢筋混凝土"中相关项目编码列项。砌块排列应上、下错缝搭砌，如果搭错缝长度不能满足规定的压搭要求，应采取压砌钢筋网片的措施，具体构造要求按设计规定。当设计无规定时，应注明由投标人根据工程实际情况自行考虑。当砌体垂直灰缝宽>30mm 时，采用 C20 细石混凝土灌实。灌注的混凝土应按"混凝土与钢筋混凝土"中相关项目编码列项。

1. 砌块墙

1）工程量计算：同砖砌体。

2）项目特征：砌块品种、规格、强度等级，墙体类型，砂浆强度等级，工艺做法，混凝土止水台。

3）工作内容：砂浆制作、运输，砌砖、砌块，勾缝，材料运输。

下面以砌块墙定额为例说明砌块墙的项目特征存在的不完善之处。砌块墙对应的定额子目如图 6-3 所示。

在计算清单工程量时，只描述计量规范中给出的项目特征，是不能满足报价编制人（包括招标控制价编制人和投标价编制人）直接套用定额并报价的要求的。这是因为砌块墙的定额是区分不同工艺做法和所处环境的。如果不区分施工工艺和所处环境，报价时就只能"望单兴叹"，不知选用哪一个定额子目。

由此可见，如果计算工程量时未区分施工工艺和所处环境，而是只按砌块墙的品种、规格、强度等级、墙体类型和砂浆强度等级对工程量进行汇总，分别列出清单项目，那么，无论选用哪一个定额子目均不严谨，给报价人带来了麻烦，且为今后结算留下了索赔隐患。因

▲ 砌砖、砌块
  ☐ [4-5]粉煤灰硅酸盐砌块(M5混合砂浆)
  ☐ [4-6](M5混合砂浆) 普通砂浆砌筑加气砼砌块墙 100厚 (用于无水房间、底无砼坎台)
  ☐ [4-7](M5混合砂浆) 普通砂浆砌筑加气砼砌块墙 200厚 (用于无水房间、底无砼坎台)
  ☐ [4-8](M5混合砂浆) 普通砂浆砌筑加气砼砌块墙 200厚以上 (用于无水房间、底无砼坎台)
  ☐ [4-9](M5混合砂浆) 普通砂浆砌筑加气砼砌块墙 100厚 (用于多水房间、底有砼坎台)
  ☐ [4-10](M5混合砂浆) 普通砂浆砌筑加气砼砌块墙 200厚 (用于多水房间、底有砼坎台)
  ☐ [4-11](M5混合砂浆) 普通砂浆砌筑加气砼砌块墙 200厚以上 (用于多水房间、底有砼坎台)
  ☐ [4-12]薄层砂浆砌筑加气砼砌块墙 100厚
  ☐ [4-13]薄层砂浆砌筑加气砼砌块墙 120厚
  ☐ [4-14]薄层砂浆砌筑加气砼砌块墙 150厚
  ☐ [4-15]薄层砂浆砌筑加气砼砌块墙 200厚

图 6-3　砌块墙对应的定额子目

此，在描述工程量清单的项目特征时，除按计量规范附录中给出的项目特征项进行描述外，还应该根据当地计价定额的有关规定进行补充和完善。以本项为例，建议在项目特征描述中增加工艺做法和有无混凝土止水台两项内容。工艺做法一般可以在建筑设计说明或结构设计说明中找到，再结合有无混凝土止水台来综合判定选用的砌块墙定额子目。

2. 砌块柱

1）工程量计算：按设计图示尺寸以体积计算，计量单位为 m^3。扣除混凝土及钢筋混凝土梁垫、梁头、板头所占体积。

2）项目特征：砖品种、规格、强度等级，墙体类型，砂浆强度等级。

3）工作内容：砂浆制作、运输，砌砖、砌块，勾缝，材料运输。

4）工程量计算规则比较同砖柱、多孔砖柱。

6.6.3 石砌体（编码 010403）

石砌体分为石基础（编码 010403001），石勒脚（编码 010403002），石墙（编码 010403003），石挡土墙（编码 010403004），石柱（编码 010403005），石栏杆（编码 010403006），石护坡（编码 010403007），石台阶（编码 010403008），石坡道（编码 010403009），石地沟，明沟（编码 010403010）十个项目。

石基础、石勒脚、石墙的划分：

石基础项目适用于各种规格（粗料石、细料石等）、各种材质（砂石、青石等）和各种类型（柱基、墙基、直形、弧形等）基础。

石勒脚、石墙项目适用于各种规格（粗料石、细料石等）、各种材质（砂石、青石、大理石、花岗石等）和各种类型（直形、弧形等）勒脚和墙体。

石挡土墙项目适用于各种规格（粗料石、细料石、块石、毛石、卵石等）、各种材质（砂石、青石、石灰石等）和各种类型（直形、弧形、台阶形等）挡土墙。

石柱项目适用于各种规格、各种石质、各种类型的石柱。

石栏杆项目适用于无雕饰的一般石栏杆。

石护坡项目适用于各种石质和各种石料（粗料石、细料石、片石、块石、毛石、卵石等）。

石台阶项目包括石梯带（垂带），不包括石梯膀，石梯膀应按石挡土墙项目编码列项。

在描述这些项目的特征时，当施工图设计标注做法见标准图集时，应注明标注图集的编码、页号及节点大样。

1. 石基础

1）工程量计算：同砖基础。

2）项目特征：石料种类、规格，基础类型，砂浆强度等级。

3）工作内容：砂浆制作、运输，吊装，砌石，防潮层铺设，材料运输。

2. 石勒脚

1）工程量计算：按设计图示尺寸以体积计算，计量单位为 m^3，扣除单个面积>0.3m^2 的孔洞所占的体积。

2）项目特征：石料种类、规格，石表面加工要求，勾缝要求，砂浆强度等级、配合比。

3）工作内容：砂浆制作、运输，吊装，砌石，石表面加工，勾缝，材料运输。

3. 石墙

1）工程量计算：同砖墙。

2）项目特征：石料种类、规格，石表面加工要求，勾缝要求，砂浆强度等级、配合比。

3）工作内容：砂浆制作、运输，吊装，砌石，石表面加工，勾缝，材料运输。

4. 石挡土墙

1）工程量计算：按设计图示尺寸以体积计算，计量单位为 m^3。

2）项目特征：石料种类、规格，石表面加工要求，勾缝要求，砂浆强度等级、配合比。

3）工作内容：砂浆制作、运输，吊装，砌石，变形缝、泄水孔、压顶抹灰，滤水层，勾缝，材料运输。

5. 石柱

1）工程量计算：按设计图示尺寸以体积计算，计量单位为 m^3。

2）项目特征：石料种类、规格，石表面加工要求，勾缝要求，砂浆强度等级、配合比。

3）工作内容：砂浆制作、运输，吊装，砌石，石表面加工，勾缝，材料运输。

6. 石栏杆

1）工程量计算：按设计图示以长度计算，计量单位为 m。

2）项目特征：石料种类、规格，石表面加工要求，勾缝要求，砂浆强度等级、配合比。

3）工作内容：砂浆制作、运输，吊装，砌石，石表面加工，勾缝，材料运输。

7. 石护坡

1）工程量计算：按设计图示尺寸以体积计算，计量单位为 m^3。

2）项目特征：垫层材料种类、厚度，石料种类、规格，护坡厚度、高度，石表面加工要求，勾缝要求，砂浆强度等级、配合比。

3）工作内容：砂浆制作、运输，吊装，砌石，石表面加工，勾缝，材料运输。

8. 石台阶

1）工程量计算：按设计图示尺寸以体积计算，计量单位为 m^3。

2）项目特征：垫层材料种类、厚度，石料种类、规格，护坡厚度、高度，石表面加工要求，勾缝要求，砂浆强度等级、配合比。

3）工作内容：铺设垫层，石料加工，砂浆制作、运输，砌石，石表面加工，勾缝，材料运输。

9. 石坡道

1）工程量计算：按设计图示以水平投影面积计算，计量单位为 m²。

2）项目特征：垫层材料种类、厚度，石料种类、规格，护坡厚度、高度，石表面加工要求，勾缝要求，砂浆强度等级、配合比。

3）工作内容：铺设垫层，石料加工，砂浆制作、运输，砌石，石表面加工，勾缝，材料运输。

10. 石地沟、明沟

1）工程量计算：按设计图示以中心线长度计算，计量单位为 m。

2）项目特征：沟截面尺寸，土壤类别、运距，垫层材料种类、厚度，石料种类、规格，石表面加工要求，勾缝要求，砂浆强度等级、配合比。

3）工作内容：土方挖、运，砂浆制作、运输，铺设垫层，砌石，石表面加工，勾缝，回填，材料运输。

6.6.4 垫层（编码 010404）

本节中的垫层是指除混凝土材料之外的所有材料的垫层的总称，且只列垫层（编码010404001）一个项目。

1）工程量计算：按设计图示尺寸以立方米计算，计量单位为 m³。

2）项目特征：垫层材料种类、配合比、厚度。

3）工作内容：垫层材料的拌制，垫层铺设，材料运输。

6.7 混凝土及钢筋混凝土工程（编码 0105 附录 E）

混凝土与钢筋混凝土工程分为现浇混凝土基础、现浇混凝土柱、现浇混凝土梁、现浇混凝土墙、现浇混凝土板、现浇混凝土楼梯、现浇混凝土其他构件和后浇带；预制混凝土柱、梁，预制混凝土屋架，预制混凝土板，预制混凝土楼梯和其他预制构件；钢筋工程、螺栓和铁件。

对于预制混凝土构件或预制钢筋混凝土构件，当施工图设计标注做法见标准图集时，项目特征注明标准图集的编码、页号及节点大样即可。

现浇或预制混凝土构件和钢筋混凝土构件，不扣除构件内钢筋、螺栓、预埋件、张拉孔道所占体积，但应扣除劲性骨架的型钢所占体积。

6.7.1 现浇混凝土基础（编码 010501）

混凝土基础分为垫层（编码 010501001）、带形基础（编码 010501002）、独立基础（编码 010501003）、满堂基础（编码 010501004）、桩承台基础（编码 010501005）和设备基础（编码 010501006）六个项目。

垫层是指厚度在 150mm 以内的混凝土垫层；带形基础分为带肋带形基础和不带肋带形基础，当带肋带形基础的梁（肋）高 h 与梁（肋）宽 b 之比在 4∶1 以内时，按带肋带形基础计算。当其梁（肋）宽之比超过 4∶1 时，带形基础底板按无梁式计算，以上部分按钢筋混凝土墙计算。满堂基础一般有板式（也叫无梁式）满堂基础、梁板式（也叫片筏式）满堂基础和箱型满堂基础三种形式。板式满堂基础的板，梁板式满堂基础的梁和板等，套用满堂基础定额，而其上的墙、柱则套用相应的墙柱定额。箱式满堂基础中柱、梁、墙、板按现浇混凝土柱、梁、墙、板相关项目分别编码列项；箱式满堂基础底板按现浇混凝土满堂基础项目列项。

框架式设备基础中柱、梁、墙、板分别按现浇混凝土柱、梁、墙、板相关项目编码列项；基础部分按现浇混凝土基础相关项目编码列项。

1. 垫层、带形基础、独立基础、满堂基础、桩承台基础

1）工程量计算：按设计图示尺寸以体积计算，计量单位为 m³。不扣除构件内钢筋、预埋件和伸入承台基础的桩头所占体积。

2）项目特征：混凝土种类，混凝土强度等级，是否泵送。

混凝土种类指清水混凝土、彩色混凝土等，在同一地区既使用预拌（商品）混凝土、且允许现场搅拌混凝土时，也应注明。在使用商品混凝土时是否采用泵送也要进行说明。

若使用抗渗混凝土，除包括强度等级的信息外，还应该包括抗渗等级信息。

若为毛石混凝土基础，项目特征还应描述毛石所占比例。

在不单独编制模板项目清单时还要描述基础的平面形状，如是否为圆形等。

3）工作内容：模板及支撑制作、安装、拆除、堆放、运输及清理模内杂物、刷隔离剂等，混凝土制作、运输、浇筑、振捣、养护。

2. 设备基础

1）工程量计算：同带形基础。

2）项目特征：混凝土种类，混凝土强度等级，灌浆材料及其强度等级。

在不单独编制模板的项目清单中还要描述基础的平面形状，如是否为圆形等。

3）工作内容：同带形基础。

6.7.2 现浇混凝土柱（编码 010502）

现浇混凝土柱分为矩形柱（编码 010502001）、构造柱（编码 010502002）和异形柱（编码 010502003）三个项目。

如果采用泵送混凝土，在项目特征中要描述混凝土的泵送高度。

1. 矩形柱、构造柱

1）工程量计算：按设计图示尺寸以体积计算，计量单位为 m³。不扣除构件内钢筋，预埋件所占体积。型钢混凝土柱扣除构件内型钢所占体积。

柱高：

① 有梁板的柱高，应自柱基上表面（或楼板上表面）至上一层楼板上表面之间的高度计算。

② 无梁板的柱高，应自柱基上表面（或楼板上表面）至柱帽下表面之间的高度计算。

③ 框架柱的柱高：应自柱基上表面至柱顶高度计算。

④ 构造柱按全高计算，嵌接墙体部分（马牙槎）并入柱身体积。

⑤ 依附柱上的牛腿和升板的柱帽，并入柱身体积计算。

2）项目特征：混凝土种类，混凝土强度等级，泵送高度，室内净高。

如果采用现场搅拌混凝土则要描述室内净高。

当不单独编制模板清单时，还应描述柱子的支撑净高度和截面周长。

使用泵送商品混凝土时的泵送高度定额是按泵送高度 30m 以内进行编制的，如果泵送高度超过 30m，就要对定额中的机械含量进行调整，泵送商品混凝土泵送高度定额换算表见

表 6-8。

表 6-8 **泵送商品混凝土泵送高度定额换算表**

序号	调整内容
1	泵送高度超过 30m,机械[99051304(混凝土输送泵车)]含量×1.1
2	泵送高度超过 50m,机械[99051304(混凝土输送泵车)]含量×1.25
3	泵送高度超过 100m,机械[99051304(混凝土输送泵车)]含量×1.35
4	泵送高度超过 150m,机械[99051304(混凝土输送泵车)]含量×1.45
5	泵送高度超过 200m,机械[99051304(混凝土输送泵车)]含量×1.55

如果在编制工程量清单时未将混凝土柱按照不同的泵送高度进行区分,定额的调整换算就无法进行,进而造成报价不准确。

使用现场搅拌混凝土定额时的室内净高是按室内净高 8m 以内编制的,室内净高超过8m 时就要对工作中的人工进行相应的调整和换算,见表 6-9。

表 6-9 **现场搅拌混凝土人工换算表**

序号	调 整 内 容
1	室内净高在 12m 以内,人工×1.18
2	室内净高在 18m 以内,人工×1.25

类似的清单项目还包括混凝土墙。

因此,在编制工程量清单时,要注意按当地计价定额的要求进行相应项目特征的描述。

3)工作内容:模板及支架(撑)制作、安装、拆除、堆放、运输及清理模内杂物、刷隔离剂等,混凝土制作、运输、浇筑、振捣、养护。

2. 异形柱

1)工程量计算:同矩形柱。

2)项目特征:柱形状,混凝土种类,混凝土强度等级,泵送高度,室内净高。

3)工作内容:同矩形柱。

6.7.3 现浇混凝土梁 (编码 010503)

现浇混凝土梁分为基础梁(编码 010503001)、矩形梁(编码 010503002)、异形梁(编码 010503003)、圈梁(编码 010503004)、过梁(编码 010503005)和弧形、拱形梁(编码 010503006)六项。

如果采用泵送混凝土,则在"项目特征"中要描述混凝土的泵送高度。

1)工程量计算:按设计图示尺寸以体积计算,计量单位为 m^3。不扣除构件内钢筋、预埋件所占的体积,伸入墙内的梁头、梁垫并入梁体积。型钢混凝土梁扣除构件内型钢所占的体积。

梁长按如下规定取值:

① 梁与柱连接时,梁长算至柱侧面。

② 主梁与次梁连接时,次梁长算至主梁侧面。

2)项目特征:混凝土种类,混凝土强度等级,泵送高度、室内净高,梁的坡度。

如果采用现场搅拌混凝土,则要描述室内净高;若为斜梁,则要描述梁的坡度。

当不单独编制模板清单时,还应描述梁的支撑净高度。

在实际工程中,带有一定坡度的梁是经常遇到的,如果带有坡度的梁也只按《计量规范》附录中给出的项目特征进行描述，而不描述梁的坡度、泵送高度或室内净高，则会给后期的定额换算带来麻烦，甚至使之无法进行，梁定额换算列表见表 6-10。

表 6-10　梁定额换算列表

序号	换算项目	换 算 内 容
1	梁坡度	大于 10°时，人工×1.1
2	泵送高度	同表 6-8
3	室内净高	同表 6-9

3）工作内容：模板及支架（撑）制作、安装、拆除、堆放、运输及清理模内杂物、刷隔离剂等，混凝土制作、运输、浇筑、振捣、养护。

注意事项：结构设计图中的梁，在计算工程量时要注意区别对待。例如，某工程图样上名称为 KL1（5）的框架梁，共有五跨，如果所有跨的周边均有板与其相连，则全部按有梁板计算工程量；如果所有跨的周边均无板与其相连，则全部按梁来计算工程量；周边有板与其相连的各跨应按有梁板计算工程量；周边无板与其相连的各跨应按梁来计算工程量。这样才能保证工程量计算的准确性。

6.7.4　现浇混凝土墙（编码 010504）

现浇混凝土墙分为直形墙（编码 010504001）、弧形墙（编码 010504002）、短肢剪力墙（编码 010504003）和挡土墙（编码 010504004）四个项目。

墙肢截面的最大长度与厚度之比≤6 的剪力墙，按短肢剪力墙项目列项。

L 形、Y 形、T 形、十字形、Z 形、一字形等短肢剪力墙的单肢中心线长≤0.4m，按柱项目列项。

如果采用泵送混凝土，在项目特征中要描述混凝土的泵送高度。

1）工程量计算：按设计图示尺寸以体积计算。计量单位为 m^3。不扣除构件内钢筋、预埋件所占体积，扣除门窗洞口及单个面积>0.3m^2 的孔洞所占体积，墙垛及突出墙面部分并入墙体体积计算。

2）项目特征：混凝土种类，混凝土强度等级，泵送高度，室内净高。

如果采用现场搅拌混凝土则要描述室内净高。当不单独编制模板清单时，还应描述墙的支撑净高度。

3）工作内容：同混凝土梁。

工程量计算规则比较：对于突出墙面的双面墙垛，两种计算规则是不相同的。当工程中有双面墙垛时，定额工程量和清单工程量就会出现差异，编制工程量清单时要特别注意。建议将双面墙垛（含墙）部分的工程量单独列项，以方便招标控制价或投标价的编制。

6.7.5　现浇混凝土板（编码 010505）

现浇混凝土板分为有梁板（编码 010505001），无梁板（编码 010505002），平板（编码 010505003），拱板（编码 010505004），薄壳板（编码 010505005），栏板（编码 010505006），天沟（檐沟）、挑檐板（编码 010505007），雨篷、悬挑板、阳台板（编码 010505008）和其他板（编码 010505009）九个项目。

现浇挑檐、天沟板、雨篷、阳台与板（包括屋面板、楼板）连接时，以外墙外边线为分界线；与圈梁（包括其他梁）连接时，以梁外边线为分界线。外边线以外为挑檐、天沟、雨篷或阳台。

如果采用泵送混凝土，则在项目特征中要描述混凝土的泵送高度。

1. 有梁板、平板

与框架梁（包括主梁、次梁）或密肋梁浇筑在一起的板按有梁板列项，支撑在圈梁或墙上的板按平板列项。

1）工程量计算：按设计图示尺寸以体积计算，计量单位为 m³。不扣除构件内钢筋、预埋件及单个面积≤0.3m² 的柱、垛以及孔洞所占的体积。压形钢板混凝土楼板扣除构件内压形钢板所占的体积。有梁板（包括主、次梁与板）按梁、板体积之和计算，无梁板按板和柱帽的体积之和计算，各类板伸入墙内的板头并入板体积内，薄壳板的肋、基梁并入薄壳体积内计算。

2）项目特征：混凝土种类，混凝土强度等级，泵送高度，室内净高，板的坡度，板底是否为锯齿形。

当不单独编制模板清单时，还应描述现浇有梁板、无梁板、平板地面是否抹灰和板的支撑净高度。

目前，檐高 30m 以上的工程随处可见，高大空间的工程也不罕见；有些工程（如阶梯教室、体育馆看台等）的板底为锯齿形，有些工程的板底是倾斜的，而有梁板和平板定额是以板的倾角在 10° 以内、板底为平面进行编制的。使用泵送商品混凝土是以泵送高度 30m 以内进行编制的，使用现场搅拌混凝土是以室内净高 8m 以内进行编制的。对于超过以上条件的定额项目，如果不在项目特征中描述清楚，则编标人无法区分各种情况下的工程量，也就无法准确套用定额子目或对定额子目进行调整换算。有梁板、平板定额换算系数见表6-11。

因此，在编制工程量清单时，如果采用现场搅拌混凝土，则要描述室内净高。若梁板或平板为斜板，则要描述板的坡度或倾角；若板底为锯齿形底板如看台或阶梯教室等时，则要描述板底为锯齿形。

对于同类型的清单项目，后面只列出建议增加的项目特征项，不再进行解释。

表 6-11　有梁板、平板定额换算系数表

序号	换算项目	换 算 内 容
1	倾斜度	坡度大于 10°，人工×1.03
2	板底形状	锯齿形底板，人工×1.1
3	泵送高度	同表 6-8

3）工作内容：同混凝土梁。

2. 无梁板、拱板、薄壳板、栏板

1）工程量计算：同有梁板。

2）项目特征：混凝土类别，混凝土强度等级，泵送高度。

3）工作内容：同混凝土梁。

遇圆形或弧形栏板时，还要描述栏板的形状。

3. 天沟（檐沟）、挑檐板，其他板

1）工程量计算：按设计图示尺寸以体积计算，计量单位为 m³。

2）项目特征：部位，混凝土类别，混凝土强度等级，泵送高度。

天沟（檐沟）、挑檐板的名称，完全可以在计算天沟工程量时将名称改为"天沟"，而在计算檐沟工程量时，将名称改为"檐沟"，计算挑檐板时将名称改为"挑檐板"。如果不

修改项目名称，则建议在项目特征中增加"部位"以示区别。

3）工作内容：同混凝土梁。

注意事项：由于定额中对于天沟（檐沟）、挑檐板的工程量计算规则不同，所以，在计算清单工程量时要将底板和侧板分开计算，并在项目特征中进行说明。

4. 雨篷、悬挑板、阳台板

1）工程量计算：按设计图示尺寸以墙外部分体积计算，包括伸出墙外的牛腿和雨篷反挑檐的体积，计量单位为 m^3。

2）项目特征：混凝土类别，混凝土强度等级，泵送高度，水平投影面积。

当不单独编制模板清单时，还应描述雨篷及阳台地面是否抹灰。

3）工作内容：同混凝土梁。

注意事项：与定额工程量计算规则比较发现，两种计算规则的计量单位不同，清单工程量计量单位为 m^3，而定额工程量计量单位为 m^2。计算工程量时一定要引起高度重视。

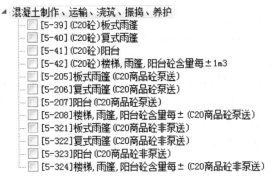

混凝土制作、运输、浇筑、振捣、养护
- [5-39]（C20砼）板式雨篷
- [5-40]（C20砼）复式雨篷
- [5-41]（C20砼）阳台
- [5-42]（C20砼）楼梯，雨篷，阳台砼含量每±1m3
- [5-205]板式雨篷（C20商品砼泵送）
- [5-206]复式雨篷（C20商品砼泵送）
- [5-207]阳台（C20商品砼泵送）
- [5-208]楼梯，雨篷，阳台砼含量每±（C20商品砼泵送）
- [5-321]板式雨篷（C20商品砼非泵送）
- [5-322]复式雨篷（C20商品砼非泵送）
- [5-323]阳台（C20商品砼非泵送）
- [5-324]楼梯，雨篷，阳台砼含量每±（C20商品砼非泵送）

图 6-4　楼梯、雨篷、阳台混凝土用量调整定额

雨篷和阳台的混凝土消耗量定额分别以一定折算板厚进行编制，所以还编制了混凝土用量调整定额，如图 6-4 中的定额子目 5-42、定额子目 5-208 和定额子目 5-324 所示。

套用定额时，不但要套用雨篷、阳台板定额，还要套用"楼梯、雨篷、阳台板混凝土含量每±1m³"这项混凝土含量调整定额。需要注意的是，混凝土含量调整定额工程量按设计用量增加 1.5% 的损耗后与定额含量之差计算。差值为正则增加，差值为负则调减少。

《江苏省建筑与装饰工程计价定额》（2014 版）规定，采用商品泵送混凝土时，每 $10m^2$ 水平投影面积的雨篷、阳台板的混凝土含量如下：板式雨篷 $0.919m^3$，复式雨篷 $1.116m^3$，阳台 $1.608m^3$。

除雨篷、阳台板外，悬挑板的种类较多，如飘窗的上下挑板、空调室外机搁板等。建议将悬挑板的名称具体化，以方便核对工程量。

雨篷、悬挑板、阳台板的名称，完全可以在计算雨篷工程量时将名称改为"雨篷"，而在计算悬挑板工程量时，将名称改为"悬挑板"，计算阳台板时，将名称改为"阳台板"。如果不修改项目名称，则建议在项目特征中增加"部位"以示区别。

由于定额中将雨篷分为板式雨篷和复式雨篷，因此在编制工程量清单时应分别列项。可以采取两种处理方式，一种是直接修改项目名称为"板式雨篷"或"复式雨篷"；另一种是在项目特征中增加雨篷类型（板式雨篷或复式雨篷）进行说明。

为了免去编标人重新计算定额工程量的麻烦，达到不看图样而能直接报价的目的，建议计算清单工程量时，将水平投影面积和体积都计算出来，将体积填入工程量栏，将水平投影面积填入工程量特征栏。另外，建议在项目特征中增加"水平投影面积"特征项。

在遇到阳台时还要按当地计价定额的规定，按阳台列项或按有梁板列项。如《江苏省建筑与装饰工程计价定额》规定：如果阳台挑出宽度在 1.8m 以内，则按阳台列项计算工程量并套用阳台的相应定额；如果挑出宽度超过 1.8m，则按有梁板列项计算工程量并执行有梁板定额。

[例 6-3]　某工程的雨篷长 1800mm，宽 1000mm，水平板厚 100mm，反挑檐高度 200mm，反挑檐板厚 70mm，采用商品泵送混凝土进行施工。试计算该雨篷的清单工程量、定额工程量以及混凝土含量调整定额工程量。

解：该雨篷的定额工程量，按水平投影面积计算：1.8m×1m = 1.8m²

该雨篷的清单工程量，按体积计算

$$1.8m×1m×0.1m+0.07m×0.2m×(1×2+1.8-0.07×2)m = 0.23m^3$$

该雨篷的混凝土含量调整定额工程量为

$$0.23m^3×1.015-(1.116×1.8/10)m^3 = 0.033m^3$$

套用的定额子目为 6-216 和定额子目 6-218，工程量分别为 1.8m² 和 0.033m³。

6.7.6　现浇混凝土楼梯（编码 010506）

现浇混凝土楼梯分为直形楼梯（编码 010506001）和弧形楼梯（010506002）两个项目。整体楼梯（包括直形楼梯、弧形楼梯）的水平投影面积包括休息平台、平台梁、斜梁和楼梯的连接梁。当整体楼梯与现浇楼板无楼梯梁连接时，以楼梯的最后一个踏步边缘加 300mm 为界。

1）工程量计算

① 按设计图示尺寸以水平投影面积计算。不扣除宽度≤500mm 的楼梯井，伸入墙内的部分不计算，计量单位为 m²。

② 按设计图示尺寸以体积计算，计量单位为 m³。

2）项目特征：混凝土种类，混凝土强度等级，泵送高度，体积。

3）工作内容：同混凝土梁。

注意事项：楼梯的混凝土消耗量定额是以一定折算板厚进行编制，所以还编制了混凝土用量调整定额，如图 6-4 中的定额子目 5-42、定额子目 5-208 和定额子目 5-324 所示。

套用定额时，不但要套用楼梯定额，还要套用"楼梯、雨篷、阳台板混凝土含量每±1m³"这项混凝土含量调整定额，调整的方法同阳台，定额混凝土含量可通过查看当地计价定额获得。《江苏省建筑与装饰工程计价定额》（2014 版）规定，采用商品泵送混凝土时，直形楼梯每 10m² 水平投影面积的混凝土含量为 2.07m³，圆、弧形楼梯每 10m² 水平投影面积的混凝土含量为 2.21m³。

楼梯的定额工程量的计量单位为 m²，清单工程量的计量单位可以选 m²，也可以选 m³。

理论上无论采用哪个计量单位，将工程量计算出来，即完成了任务。如果按体积计算清单工程量，则可以满足以上套用定额的要求；如果按面积计算清单工程量，则不能满足套用定额的要求。

为了免去编标人重新计算定额工程量的麻烦，达到不看图样就能直接报价的目的，建议计算清单工程量时，将水平投影面积和体积都计算出来，将水平投影面积填入工程量栏，将体积填入工程量特征栏。另外，建议在项目特征中增加"体积"特征项。

当不单独编制模板清单时，还应描述楼梯地面是否抹灰。

6.7.7　现浇混凝土其他构件（编码 010507）

现浇混凝土其他构件分为散水、坡道（编码 010507001），电缆沟、地沟（编码 010507002），台阶（编码 010507003），扶手、压顶（编码 010507004），化粪池底（编码

010507005)、化粪池壁（编码 010507006）、化粪池顶（编码 010507007）、检查井底（编码 010507008）、检查井壁（编码 010507009）、检查井顶（编码 010507010）和其他构件（编码 010507011）共 11 个项目。

如果采用泵送混凝土，在项目特征中要描述混凝土的泵送高度。

1. 散水、坡道

1）工程量计算：按设计图示尺寸以面积计算，计量单位为 m^2。不扣除单个面积 ≤0.3m^2 的孔洞所占面积。

2）项目特征：部位、垫层材料种类、厚度，面层厚度，混凝土种类，混凝土强度等级，变形缝填塞材料种类。

在描述散水的项目特征时，若为室内家庭装修则要注明；在描述坡道的项目特征时，表面是否槎牙也需要描述。

3）工作内容：夯实地基，铺设垫层，模板及支撑制作、安装、拆除、堆放、运输及清理模内杂物、刷隔离剂等，混凝土制作、运输、浇筑、振捣、养护，变形缝填塞。

编制建议：在编制工程量清单时，对于计量规范附录中给出的项目名称，也可以根据项目的具体情况进行修改。例如在计算散水工程量时将名称改为"散水"，而在计算坡道工程量时，将名称改为"坡道"，而没有必要一定按照规范附录的要求写成"散水、坡道"。如果不修改项目名称，则建议在项目特征中增加"部位"以示区别。编制者可以根据自己的习惯灵活运用。

2. 电缆沟、地沟

1）工程量计算：按设计图示以中心线长计算，计量单位为 m。

2）项目特征：土壤类别，沟截面净空尺寸，垫层材料种类、厚度，混凝土种类，混凝土强度等级，防护材料种类，泵送高度。

当不单独编制模板项目清单时，还要描述地沟的形状是否为圆形。

3）工作内容：挖填、运土石方，铺设垫层，模板及支撑制作、安装、拆除、堆放、运输及清理模内杂物、刷隔离剂等，混凝土制作、运输、浇筑、振捣、养护，刷防护材料。

注意事项：与定额工程量计算规则比较发现，定额工程量计量单位为 m^3，而清单工程量计量单位为 m，计算工程量时要特别注意。

3. 台阶

架空式混凝土台阶，按现浇楼梯列项计算。

1）工程量计算。

① 按设计图示尺寸水平投影面积计算，计量单位为 m^2。

② 按设计图示尺寸以体积计算，计量单位为 m^3。

2）项目特征：踏步高宽比，混凝土种类，混凝土强度等级，泵送高度。

3）工作内容：模板及支撑制作、安装、拆除、堆放、运输及清理模内杂物、刷隔离剂等，混凝土制作、运输、浇筑、振捣、养护。

编制建议：计算台阶的清单工程量时，建议同时计算其水平投影面积和体积。套用定额时，当设计混凝土用量超过定额含量时，按设计用量增加 1.5% 损耗进行调整。调整方法同雨篷，定额混凝土含量可通过查看当地计价定额获得。《江苏省建筑与装饰工程计价定额》（2014 版）规定，采用商品泵送混凝土时，每 $10m^2$ 水平投影面积的台阶混凝土含量为 1.638m^3。

4. 扶手、压顶

1）工程量计算：

① 按设计图示的延长米计算，计量单位为 m。

② 按设计图示尺寸以体积计算，计量单位为 m³。

2）项目特征：断面尺寸，混凝土种类，混凝土强度等级，泵送高度。

3）工作内容：同台阶。

在编制工程量清单时，对于计量规范附录中给出的项目名称，也可以根据项目的具体情况进行修改。例如，在计算扶手工程量时可以将名称改为"扶手"，而在计算压顶工程量时，可以将名称改为"压顶"，而没有必要一定按照规范附录的要求写成"扶手、压顶"。如果不修改项目名称，则建议在项目特征中增加"部位"以示区别。

编制建议：扶手定额工程量计量单位为 m，压顶定额工程量的计量单位为 m³，计算工程量时建议采用与定额一致的计量单位。

5. 化粪池底、化粪池壁、化粪池顶、检查井底、检查井壁、检查井顶

1）工程量计算：按设计图示尺寸以体积计算，计量单位为 m³。不扣除构件内钢筋、预埋铁件所占体积。

2）项目特征：混凝土强度等级，防水、抗渗要求。

采用标准图集时，要标明标准图集的页码和大样图号。

3）工作内容：同台阶。

6. 其他构件。现浇混凝土小型池槽、垫块、门框等，应按其他构件项目编码列项。

1）工程量计算：按设计图示尺寸以体积计算，计量单位为 m³。不扣除构件内钢筋、预埋件所占体积。

2）项目特征：构件的类型，构件规格，部位，混凝土种类，混凝土强度等级，泵送高度。

3）工作内容：同台阶。

6.7.8 后浇带（编码 010508）

后浇带（编号 010508001）适用于基础筏板、剪力墙、梁、板等所有混凝土构件的后浇带。

1）工程量计算：按设计图示尺寸以体积计算，计量单位为 m³。

2）项目特征：部位、混凝土种类、混凝土强度等级。

3）工作内容：模板及支架（撑）制作、安装、拆除、堆放、运输及清理模内杂物、刷隔离剂等，混凝土制作、运输、浇筑、振捣、养护及混凝土交接面、钢筋等的清理。

项目特征描述时，建议增加"部位"以示区别。

6.7.9 预制混凝土柱（编码 010509）、预制混凝土梁（编码 010510）

预制混凝土柱分为矩形柱（编码 010509001）和异形柱（编码 010509002）两个项目。

预制混凝土梁分为矩形梁（编码 010510001）、异形梁（编码 010510002）、过梁（编码 010510003）、拱形梁（编码 010510004）、鱼腹式吊车梁（编码 010510005）、其他梁（编码 010510006）六个项目。

1）工程量计算。

① 按设计图示尺寸以体积计算，计量单位为 m³。不扣除构件内钢筋、预埋铁件所占

体积。

② 按设计图示尺寸以数量计算，计量单位为"根"。

2）项目特征：部位，柱类型，起重机械，是否能就位预制，焊接方式，图代号，单件体积，安装高度，混凝土强度等级，砂浆（细石混凝土）强度等级、配合比。

以根计量的构件的项目特征，必须描述单根体积。

定额工程量的计量单位为 m^3，如果以根计量，还需要计算体积。

下面以矩形混凝土预制柱为例，说明计量规范中给出的项目特征项不够完善的理由及应该增加的项目特征项。

预制混凝土矩形柱制作定额是按普通矩形柱、能够就位预制、使用履带式起重机进行安装进行编制的，如果是围墙柱，则允许对人工进行调整；如果不能就位预制，则允许对相关的人工、材料和机械进行调整；如果使用轮胎式或汽车式起重机进行吊装，则允许对人工和含量进行调整，预制矩形柱定额换算项目表见表 6-12。

表 6-12　预制矩形柱定额换算项目表

序号	环节	换算项目	换　算　内　容
1	制作	部位	若为围墙柱，按矩形柱定额人工×1.4
2	安装	柱类型	遇双肢柱、空格柱，人工×1.2，履带式起重机含量×1.2
		不能就位预制	材料费+4.1元，机械费+29.35元，人工含量+0.12工日
		起重机械	使用轮胎式起重机或汽车式起重机，人工×1.18，起重机含量×1.18

柱的接头方式、定额根据起重机械的不同，分为钢筋焊和钢板焊。

因此，描述矩形预制柱的项目特征时，建议增加"部位""柱类型""起重机械""是否能就位预制"和"焊接方式"五个特征项。

在描述预制混凝土梁时，可按计量规范给出的参考特征进行描述，无须增加其他项目。

由于起重机械、焊接方式和构件是否能就位预制和施工组织设计有关，所以在编制工程量清单和招标控制价时，可以按构件能就位预制、使用塔式起重机吊装、使用钢筋焊接头方式考虑；工程竣工后再按实际情况进行工程结算。

其他分项工程项目特征的描述，在本书中只给出分析结果，分析过程请读者结合当地定额的规定自行完成。

3）工作内容：构件安装，砂浆制作、运输，接头灌缝、养护。

6.7.10　预制混凝土屋架（编码 010511）

预制混凝土屋架分为折线型屋架（编码 010511001）、组合屋架（编码 010511002）、薄腹屋架（编码 010511003）、门式刚架屋架（编码 010511004）和天窗架屋架（编码 010511005）五个项目。

实际工程中的三角形屋架应按折线型屋架项目编码列项。

1）工程量计算。

① 按设计图示尺寸以体积计算，计量单位为 m^3。不扣除构件内钢筋、预埋铁件所占体积。

② 按设计图示尺寸以数量计算，计量单位为"榀"。

2）项目特征：图代号，单件体积，安装高度，混凝土强度等级，砂浆（细石混凝土）强度等级、配合比，是否能就位预制，起重机械，跨内（外）安装。

以榀计量的构件的项目特征，必须描述单件体积。

3）工作内容：模板制作、安装、拆除、堆放、运输及清理模内杂物、刷隔离剂等，混凝土制作、运输、浇筑、振捣、养护，构件运输、安装，砂浆制作、运输，接头灌缝、养护。

定额工程量的计量单位为 m^3，如果以榀计量，还需要计算体积。

单层厂房构件的定额编制是以能就位预制、使用履带式起重机吊装、在跨内安装进行编制的，如果不能满足以上各项条件，则要对相关的人工和机械进行调整。建议增加"是否能就位预制""起重机械"和"跨内（外）安装"三个特征项。

由于构件是否能就位预制、使用何种起重设备、是否必须在跨外安装均和施工组织设计有关，所以在编制工程量清单和招标控制价时，可以按构件能就位预制、使用履带式起重机吊装、跨内安装方式考虑；工程竣工后再按实际情况进行工程结算。

6.7.11　预制混凝土板（编码 010512）

预制混凝土板分为平板（编码 010511001）、空心板（编码 010511002）、槽形板（编码 010511003）、网架板（编码 010511004）、折线板（编码 010511005）、带肋板（编码 010511006）、大型板（编码 010511007）和沟盖板、井盖板、井圈（编码 010511008）八个项目。

不带肋的预制遮阳板、雨篷板、挑檐板、拦板等，应按平板项目编码列项。预制 F 形板、双 T 形板、单肋板和带反挑檐的雨篷板、挑檐板、遮阳板等，应按带肋板项目编码列项。预制大型墙板、大型楼板、大型屋面板等，应按大型板项目编码列项。

1. 平板、空心板、槽形板、网架板、折线板、带肋板、大型板

1）工程量计算。

① 按设计图示尺寸以体积计算，计量单位为 m^3。不扣除构件内钢筋、预埋铁件及单个面积≤300mm×300mm 的孔洞所占体积，扣除空心板空洞体积。

② 按设计图示尺寸以数量计算，计量单位为"块"。

2）项目特征：图代号，单件体积，安装高度，混凝土强度等级，砂浆（细石混凝土）强度等级、配合比。

以块（套）计量的构件的项目特征，必须描述单件体积。

定额工程量的计量单位为 m^3，如果以块计量，还需要计算体积。

对于平板、空心板、槽形板、肋形板，其项目特征建议增加"能否就位预制""起重机械""电焊焊接"三个特征项。

对于大型板，其项目特征建议增加"跨度"特征项。

3）工作内容：模板制作、安装、拆除、堆放、运输及清理模内杂物、刷隔离剂等，混凝土制作、运输、浇筑、振捣、养护，构件运输、安装，砂浆制作、运输，接头灌缝、养护。

2. 沟盖板、井盖板、井圈

1）工程量计算。

① 按设计图示尺寸以体积计算，计量单位为 m^3。不扣除构件内钢筋、预埋铁件所占的体积。

② 按设计图示尺寸以数量计算，计量单位为"块（套）"。

2）项目特征：单件体积，安装高度，混凝土强度等级，砂浆强度等级、配合比。

以块（套）计量的构件的项目特征，必须描述单件体积。

定额工程量的计量单位为 m^3，如果以块（套）计量，还需要计算体积。

3）工作内容：模板制作、安装、拆除、堆放、运输及清理模内杂物、刷隔离剂等，混凝土制作、运输、浇筑、振捣、养护，构件运输、安装，砂浆制作、运输，接头灌缝、养护。

6.7.12 预制混凝土楼梯（编码 010513）

预制混凝土楼梯（编码 010513001）只列一个项目。

以块计量的构件的项目特征，必须描述单件体积。

1）工程量计算

① 按设计图示尺寸以体积计算，计量单位为 m^3。不扣除构件内钢筋、预埋铁件所占的体积，扣除空心踏步板空洞体积。

② 按设计图示数量计算，计量单位为"段"。

2）项目特征：楼梯类型，单件体积，混凝土强度等级，砂浆（细石混凝土）强度等级，能否就位预制，起重机械。

定额工程量的计量单位为 m^3，如果以块计量，还需要计算体积。

由于构件是否能就位预制、使用何种起重设备均与施工组织设计有关，所以在编制工程量清单和招标控制价时，可以按构件能就位预制、使用履带式起重机吊装考虑；工程竣工后再按实际情况进行工程结算。

3）工作内容：模板制作、安装、拆除、堆放、运输及清理模内杂物、刷隔离剂等，混凝土制作、运输、浇筑、振捣、养护，构件运输、安装，砂浆制作、运输，接头灌缝、养护。

6.7.13 其他预制构件（编码 010514）

其他预制构件分为垃圾道、通风道、烟道（编码 010514001）、其他构件（编码 010514002）和水磨石构件（编码 010514003）三个项目。

预制钢筋混凝土小型池槽、压顶、扶手、垫块、隔热板、花格等，应按其他构件项目编码列项。

以块、根计量的构件的项目特征，必须描述单件体积。

1. 垃圾道、通风道、烟道

1）工程量计算。

① 按设计图示尺寸以体积计算，计量单位为 m^3。不扣除构件内钢筋、预埋铁件及单个面积≤300mm×300mm 的孔洞所占的体积，扣除烟道、垃圾道、通风道的孔洞所占体积。

② 按设计图示尺寸以面积计算，计量单位为 m^2。不扣除构件内钢筋、预埋铁件及单个面积≤300mm×300mm 的孔洞所占的面积。

③ 按设计图示尺寸以数量计算，计量单位为"根"。

2）项目特征：单件体积（单根长度）、混凝土强度等级、砂浆强度等级。

3）工作内容：模板制作、安装、拆除、堆放、运输及清理模内杂物、刷隔离剂等，混凝土制作、运输、浇筑、振捣、养护，构件运输、安装，砂浆制作、运输，接头灌缝、养护。

编制建议：在编制工程量清单时，对于计量规范附录中给出的项目名称，也可以根据项目的具体情况进行修改。比如，可以在计算垃圾道工程量时将名称改为"垃圾道"，在计算通风道工程量时，将名称改为通风道，在计算烟道工程量时，将名称改为"烟道"。

烟道定额工程量的计量单位为 m，而清单中没有与其一致的计量单位，所以在计算工程量时，建议清单工程量计量单位选用"根"，而在项目特征中增加"单根长度"特征项，或将特征项"单件体积"修改成"单根长度"。

通风道、垃圾道的定额工程量计量单位为 m^3，计算工程量时所用的计量单位尽量与定额计量单位相同。

2. 其他构件

1）工程量计算：同垃圾道。

2）项目特征：单件体积、构件的类型、混凝土强度等级、砂浆强度等级。

3）工作内容：模板制作、安装、拆除、堆放、运输及清理模内杂物、刷隔离剂等，混凝土制作、运输、浇筑、振捣、养护，构件运输、安装，砂浆制作、运输，接头灌缝、养护。

3. 水磨石构件

1）工程量计算：同垃圾道。

2）项目特征：构件的类型，单件体积，水磨石面层厚度，混凝土强度等级，水泥石子浆配合比，石子品种、规格、颜色，酸洗、打蜡要求。

3）工作内容：构件安装，砂浆制作、运输，接头灌缝、养护，酸洗、打蜡。

6.7.14 钢筋工程（编码 010515）

钢筋工程分为现浇构件钢筋（编码 010515001）、预制构件钢筋（编码 010515002）、钢筋网片（编码 010515003）、钢筋笼（编码 010515004）、先张法预应力钢筋（编码 010515005）、后张法预应力钢筋（编码 010515006）、预应力钢丝（编码 010515007）、预应力钢绞线（编码 010515008）、支撑钢筋（铁马）（编码 010515009）和声测管（编码 010515010）十个项目。

1. 现浇构件钢筋、预制构件钢筋、钢筋网片、钢筋笼

1）工程量计算：按设计图示钢筋（网）长度（面积）乘以单位理论质量计算，计量单位为 t。

2）项目特征：钢筋种类、规格，建筑物层高，构筑物种类。

3）工作内容：钢筋制作、运输，钢筋（网、笼）安装，焊接（绑扎）。

钢筋的制作、绑扎定额是按层高小于等于 3.6m 编制的，当建筑物层高超过 3.6m 或用于构筑物时，人工、机械需要进行相应调整，钢筋定额调整表见表 6-13。

表 6-13　钢筋定额调整表

序号	调整项目	调整内容
1	层高超过 3.6m 时	在 8m 以内，人工×1.03 在 12m 以内，人工×1.08 在 12m 以上，人工×1.13
2	构筑物钢筋	烟囱烟道，人工×1.7，机械×1.7 水塔、水箱，人工×1.7，机械×1.7 矩形贮仓，人工×1.25，机械×1.25 圆形贮仓，人工×1.5，机械×1.5 栈桥通廊，人工×1.2，机械×1.2 水池、油池，人工×1.2，机械×1.2

建议描述用于建筑物现浇构件钢筋的项目特征时，增加"建筑物层高"，描述用于构筑物钢筋的项目特征时增加"构筑物种类"。

注意事项：现浇构件中伸出构件的锚固钢筋应并入钢筋工程量内。除设计（包括规范规定）标明的搭接外，其他施工搭接不计算工程量，在综合单价中综合考虑。

2. 先张法预应力钢筋

1）工程量计算：按设计图示钢筋长度乘以单位理论质量计算，计量单位为 t。

2）项目特征：钢筋种类、规格，锚具种类，构筑物种类。

3）工作内容：钢筋制作、运输，钢筋张拉。

先张法预应力钢筋定额是按用于一般建筑工程编制的，当用于构筑物时相应的人工和机械调整见表 6-13 第 2 项。

建议描述先张法预应力钢筋的项目特征时，增加"构筑物种类"特征项。

3. 后张法预应力钢筋、预应力钢丝、预应力钢绞线

1）工程量计算：按设计图示钢筋（丝束、绞线）长度乘以单位理论质量计算，计量单位为 t。

① 低合金钢筋两端均采用螺杆锚具时，钢筋长度按孔道长度减 0.35m 计算，螺杆另行计算。

② 低合金钢筋一端采用镦头插片、另一端采用螺杆锚具时，钢筋长度按孔道长度计算，螺杆另行计算。

③ 低合金钢筋一端采用镦头插片、另一端采用帮条锚具时，钢筋增加 0.15m 计算；两端均采用帮条锚具时，钢筋长度按孔道长度增加 0.3m 计算。

④ 低合金钢筋采用后张混凝土自锚时，钢筋长度按孔道长度增加 0.35m 计算。

⑤ 低合金钢筋（钢绞线）采用 JM、XM、QM 型锚具，孔道长度≤20m 时，钢筋长度增加 1m 计算，孔道长度>20m 时，钢筋长度增加 1.8m 计算。

⑥ 碳素钢丝采用锥形锚具，孔道长度≤20m 时，钢丝束长度按孔道长度增加 1m 计算，孔道长度>20m 时，钢丝束长度按孔道长度增加 1.8m 计算。

⑦ 碳素钢丝采用镦头锚具时，钢丝束长度按孔道长度增加 0.35m 计算。

2）项目特征。后张法预应力钢筋描述：钢筋种类、规格，钢丝种类、规格，钢绞线种类、规格，锚具种类，砂浆强度等级，构筑物种类。

预应力钢丝（钢绞线）描述：钢筋种类、规格，钢丝种类、规格，钢绞线种类、规格，锚具种类，砂浆强度等级，是否两端张拉，是否使用转角器，楼层。

建议描述后张法预应力钢筋的项目特征时，增加"构筑物种类"特征项。理由同先张法预应力钢筋。

预应力钢丝、预应力钢绞线定额是按一端张拉和不使用转角器的条件编制的，如果采用两端张拉或使用转角器，或者每层钢丝或钢绞线用量大于 3t 且小于 30t，那么人工和机械应做相应的调整。因此描述它们的项目特征时，建议增加"是否两端张拉"、"是否使用转角器"和"楼层"三项特征项。

3）工作内容：钢筋、钢丝、钢绞线制作、运输，钢筋、钢丝、钢绞线安装，预埋管孔道铺设，锚具安装，砂浆制作、运输，孔道压浆、养护。

4. 支撑钢筋（铁马）

1）工程量计算：按钢筋长度乘以单位理论质量计算，计量单位为 t。

2）项目特征：钢筋种类，规格。

3）工作内容：钢筋制作、焊接、安装。

注意事项：在编制工程量清单时，现浇构件中固定位置的支撑钢筋、双层钢筋用的铁马的工程数量可为暂估量，结算时按现场签证数量计算。

5. 声测管

1）工程量计算：按设计图示尺寸质量计算，计量单位为 t。

2）项目特征：材质、规格型号。

3）工作内容：检测管截断、封头，套管制作、焊接，定位、固定。

6.7.15　螺栓、铁件（编码 010516）

螺栓、铁件分为螺栓（编码 010516001）、预埋铁件（编码 010516002）和机械连接（编码 010516003）三个项目。

编制工程量清单时，如设计未明确，其工程数量可为暂估量，实际工程量按现场签证数量计算。

1. 螺栓

1）工程量计算：按设计图示尺寸以质量计算，计量单位为 t。

2）项目特征：螺栓种类、规格。

3）工作内容：螺栓制作、运输，螺栓安装。

2. 预埋铁件

1）工程量计算：按设计图示尺寸以质量计算，计量单位为 t。

2）项目特征：钢材种类、规格、铁件尺寸。

3）工作内容：铁件制作、运输，铁件安装。

注意事项：如果管桩与桩承台连接需要使用铁件，建议将其单独列出，并注明为"接桩角钢套"。

3. 机械连接

1）工程量计算：按数量计算，计量单位为"个"。

2）项目特征：连接方式、螺纹套筒种类、规格。

3）工作内容：钢筋套丝、套筒连接。

6.8　金属结构工程（编码 0106 附录 F）

金属结构工程分为钢网架，钢屋架、钢托架、钢桁架、钢桥架，钢柱，钢梁，钢板楼板、墙板，钢构件和金属制品七个部分。

项目特征中的螺栓种类指普通或高强螺栓，防火要求指耐火极限。

值得说明的是，清单工程量计算的是净量，不包括金属构件的下料损耗；定额工程量为包括下料损耗在内的总量。这些损耗包括金属构件的切边、切角损耗，不规则或多边形钢板下料损耗，钢梁或吊车梁的腹板和翼板的下料损耗等。因此，在计算工程量时要引起高度重视。

6.8.1　钢网架（编码 010601）

钢网架只列出钢网架（编码 010601001）一个项目。

1）工程量计算：按设计图示尺寸以质量计算，计量单位为 t。不扣除孔眼的质量，焊条、铆钉、螺栓等不另外增加质量。

2）项目特征：钢材品种、规格，网架节点形式、连接方式，网架跨度、安装高度，探伤要求，防火要求，杆件形状，除锈等级。

钢网架定额是按杆件形状为直线形、除锈等级为 Sa2 级编制的，如果设计杆件形状为弧形或除锈等级为 Sa2.5 级、Sa3 级，则允许调整相应人工、机械和子目单价。所以，在编制工程量清单时，当有弧形杆件或除锈要求不为 Sa2 级时，要单独列项编制。

建议描述钢网架的项目特征时，增加"杆件形状"和"除锈等级"两项特征项。

3）工作内容：拼装、安装、探伤、补刷油漆。

6.8.2 钢屋架、钢托架、钢桁架、钢桥架（编码 010602）

本节分为钢屋架（编码 010602001）、钢托架（编码 010602002）、钢桁架（编码 010602003）和钢桥架（编码 010602004）四个项目。

1. 钢屋架

1）工程量计算。

① 按设计图示数量计算以榀计量。

② 按设计图示尺寸以质量计算，计量单位为 t。不扣除孔眼的质量，焊条、铆钉、螺栓等不另外增加质量。

2）项目特征：钢材品种、规格，单榀质量，屋架跨度、安装高度，螺栓种类，探伤要求，防火要求，杆件形状，除锈等级。

以榀计量，按标准图设计的应注明标准图代号，按非标准图设计的项目特征必须描述单榀屋架的质量。

3）工作内容：拼装、安装、探伤、补刷油漆。

2. 钢托架、钢桁架

1）工程量计算：按设计图示尺寸以质量计算，计量单位为 t。不扣除孔眼的质量，焊条、铆钉、螺栓等不另外增加质量。

2）项目特征：钢材品种、规格，单榀质量，安装高度，螺栓种类，探伤要求，防火要求，杆件形状，除锈等级。

3）工作内容：拼装、安装、探伤、补刷油漆。

3. 钢桥架

1）工程量计算：按设计图示尺寸以质量计算，计量单位为 t。不扣除孔眼的质量，焊条、铆钉、螺栓等不另外增加质量。

2）项目特征：桥类型，钢材品种、规格，单榀质量，安装高度，螺栓种类，探伤要求，杆件形状，除锈等级。

3）工作内容：拼装、安装、探伤、补刷油漆。

6.8.3 钢柱（编码 010603）

钢柱分为实腹钢柱（编码 010603001）、空腹钢柱（编码 010603002）和钢管柱（编码 010603003）三个项目。

型钢混凝土柱浇筑钢筋混凝土，其混凝土和钢筋应按"混凝土及钢筋混凝土"工程中相关项目编码列项。

1. 实腹钢柱、空腹钢柱

1）工程量计算：设计图示尺寸以质量计算，计量单位为 t。不扣除孔眼的质量，焊条、铆钉、螺栓等不另外增加质量，依附在钢柱上的牛腿及悬臂梁等并入钢柱工程量内。

2) 项目特征：柱类型，钢材品种、规格，单根柱质量，螺栓种类，探伤要求，防火要求，柱形状，除锈等级。

实腹钢柱类型指十字形、T 形、L 形、H 形钢柱等，空腹钢柱类型指箱形钢柱、格构钢柱等。

3) 工作内容：拼装、安装、探伤、补刷油漆。

2. 钢管柱

1) 工程量计算：按设计图示尺寸以质量计算，计量单位为 t。不扣除孔眼部分的质量，焊条、铆钉、螺栓等不另外增加质量，钢管柱上的节点板、加强环、内衬管、牛腿等并入钢管柱工程量内。

2) 项目特征：钢材品种、规格，单根柱质量，螺栓种类，探伤要求，防火要求，除锈等级。

3) 工作内容：拼装、安装、探伤、补刷油漆。

6.8.4 钢梁（编码 010604）

钢梁分为钢梁（编码 010604001）和钢吊车梁（编码 010604002）两个项目。型钢混凝土梁浇筑钢筋混凝土，其混凝土和钢筋应按"混凝土及钢筋混凝土"工程中相关项目编码列项。

1. 钢梁

1) 工程量计算：按设计图示尺寸以质量计算，计量单位为 t。不扣除孔眼的质量，焊条、铆钉、螺栓等不另增加质量，制动梁、制动板、制动桁架、车挡并入钢吊车梁工程量内。

2) 项目特征：梁类型，钢材品种、规格，单根质量，螺栓种类，安装高度，探伤要求，防火要求，梁形状，除锈等级。

梁类型指 H 形、L 形、T 形、箱形、格构式等。

3) 工作内容：拼装，安装，探伤，补刷油漆。

2. 钢吊车梁

1) 工程量计算：按设计图示尺寸以质量计算，计量单位为 t。不扣除孔眼的质量，焊条、铆钉、螺栓等不另增加质量，制动梁、制动板、制动桁架、车挡并入钢吊车梁工程量内。

2) 项目特征：钢材品种、规格，单根质量，螺栓种类，安装高度，探伤要求，防火要求，梁形状，除锈等级。

3) 工作内容：拼装、安装、探伤、补刷油漆。

6.8.5 钢板楼板、墙板（编码 010605）

本节分为钢板楼板（编码 010605001）和钢板墙板（编码 010605002）两个项目。

1. 钢板楼板

1) 工程量计算：按设计图示尺寸以铺设水平投影面积计算，计量单位为 m^2。不扣除单个面积 ≤0.3m^2 的柱、垛及孔洞所占的面积。

2) 项目特征：钢材品种、规格，钢板厚度，螺栓种类，防火要求。

3) 工作内容：拼装、安装、探伤、补刷油漆、除锈等级。

压型钢板楼板按钢板楼板项目编码列项。

钢板楼板上浇筑钢筋混凝土，其混凝土和钢筋应按《计量规范》附录E"混凝土及钢筋混凝土"工程中相关项目编码列项。

2. 钢板墙板

1）工程量计算：按设计图示尺寸以铺挂展开面积计算，计量单位为 m^2。不扣除单个面积≤0.3 ㎡的梁、孔洞所占的面积，包角、包边、窗台泛水等不另外增加面积。

2）项目特征：钢材品种、规格，钢板厚度、复合板厚度，螺栓种类，复合板夹心材料种类、层数、型号、规格，防火要求，除锈等级。

3）工作内容：拼装、安装、探伤、补刷油漆。

6.8.6 钢构件（编码010606）

钢构件分为钢支撑、钢拉条（编码010606001），钢檩条（编码010606002），钢天窗架（编码010606003），钢挡风架（编码010606004），钢墙架（编码010606005），钢平台（编码010606006），钢走道（编码010606007），钢梯（编码010606008），钢护栏（编码010606009），钢漏斗（编码010606010），钢板天沟（编码010606011），钢支架（编码010606012）和钢零星构件（编码010606013）13个项目。

1. 钢支撑、钢拉条

1）工程量计算：按设计图示尺寸以质量计算，计量单位为 t。不扣除孔眼的质量，焊条、铆钉、螺栓等不另外增加质量。

2）项目特征：钢材品种、规格，构件类型，安装高度，螺栓种类，探伤要求，防火要求，杆件形状，除锈等级。

钢支撑、钢拉条类型可分为单式、复式。

3）工作内容：拼装、安装、探伤、补刷油漆。

2. 钢檩条

1）工程量计算：同钢支撑。

2）项目特征：钢材品种、规格，构件类型，单根质量，安装高度，螺栓种类，探伤要求，防火要求，杆件形状，除锈等级。

钢檩条类型有型钢式檩条、格构式檩条。

3）工作内容：拼装、安装、探伤、补刷油漆。

3. 钢天窗架

1）工程量计算：同钢支撑。

2）项目特征：钢材品种、规格，单榀质量，安装高度，螺栓种类，探伤要求，防火要求，杆件形状，除锈等级。

3）工作内容：拼装、安装、探伤、补刷油漆。

4. 钢挡风架、钢墙架

钢墙架项目包括墙架柱、墙架梁和连接杆件。

1）工程量计算：同钢支撑。

2）项目特征：钢材品种、规格，单榀质量，螺栓种类，探伤要求，防火要求，杆件形状，除锈等级。

3）工作内容：拼装、安装、探伤、补刷油漆。

5. 钢平台、钢走道

1）工程量计算：同钢支撑。

2）项目特征：钢材品种、规格，螺栓种类，防火要求，杆件形状，除锈等级。

3）工作内容：拼装、安装、探伤、补刷油漆。

6. 钢梯

1）工程量计算：同钢支撑。

2）项目特征：钢材品种、规格，钢梯形式，螺栓种类，防火要求，杆件形状，除锈等级。

3）工作内容：拼装、安装、探伤、补刷油漆。

7. 钢护栏

1）工程量计算：同钢支撑。

2）项目特征：钢材品种、规格，防火要求，杆件形状，除锈等级。

3）工作内容：拼装、安装、探伤、补刷油漆。

8. 钢漏斗、钢板天沟

1）工程量计算：按设计图示尺寸以质量计算，计量单位为 t。不扣除孔眼的质量，焊条、铆钉、螺栓等不另外增加质量，依附漏斗或天沟的型钢并入漏斗或天沟工程量内。

2）项目特征：钢材品种、规格，漏斗、天沟形式，安装高度，探伤要求，除锈等级。钢漏斗形式有方形钢漏斗、圆形钢漏斗；天沟形式有矩形沟或半圆形沟。

3）工作内容：拼装、安装、探伤、补刷油漆。

9. 钢支架

1）工程量计算：按设计图示尺寸以质量计算，计量单位为 t。不扣除孔眼的质量，焊条、铆钉、螺栓等不另外增加质量。

2）项目特征：钢材品种、规格，安装高度，防火要求，杆件形状，除锈等级。

3）工作内容：拼装、安装、探伤、补刷油漆。

10. 零星钢构件

1）工程量计算：按设计图示尺寸以质量计算，计量单位为 t。不扣除孔眼的质量，焊条、铆钉、螺栓等不另外增加质量。

2）项目特征：构件名称，钢材品种、规格，构件形状，除锈等级。

3）工作内容：拼装、安装、探伤、补刷油漆。

加工铁件等小型构件，应按零星钢构件项目编码列项。

6.8.7　金属制品（编码 010607）

金属制品分为成品空调金属百页护栏（编码 010607001）、成品栅栏（编码 010607002）、成品雨篷（编码 010607003）、金属网栏（编码 010607004）、砌块墙钢丝网加固（编码 010607005）和后浇带金属网（编码 010607006）六个项目。

1. 成品空调金属百页护栏

1）工程量计算：按设计图示尺寸以框外围展开面积计算，计量单位为 m^2。

2）项目特征：材料品种、规格，边框材质。

3）工作内容：安装、校正、预埋铁件及安装螺栓。

2. 成品栅栏

1）工程量计算：按设计图示尺寸以框外围展开面积计算，计量单位为 m^2。

2）项目特征：材料品种、规格，边框及立柱型钢品种、规格。

3）工作内容：安装、校正、预埋铁件、安装螺栓及金属立柱。

3. 成品雨篷

1）工程量计算。

① 按设计图示接触边以长度计算，计量单位为 m。

② 按设计图示尺寸以展开面积计算，计量单位为 m²。

2）项目特征：材料品种、规格，雨篷宽度，晾衣杆品种、规格，有无角钢骨架。

由于成品雨篷定额是按使用角钢骨架进行编制的，如果设计不使用角钢骨架要对定额进行相应的调整。因此，建议描述项目特征时增加"有无角钢骨架"特征项。

3）工作内容：安装、校正、预埋铁件及安装螺栓。

4. 金属网栏

1）工程量计算：按设计图示尺寸以框外围展开面积计算，计量单位为 m²。

2）项目特征：材料品种、规格，边框及立柱型钢品种、规格。

3）工作内容：安装、校正、安装螺栓及金属立柱。

5. 砌块墙钢丝网加固、后浇带金属网

1）工程量计算：按设计图示尺寸以面积计算，计量单位为 m²。

2）项目特征：材料品种、规格，加固方式。

3）工作内容：铺贴、铆固。

6.9 木结构工程（编码 0107 附录 G）

木结构分为木屋架（编码 010701）、木构件（编码 010702）和屋面木基层（编码 010703）三个部分。

6.9.1 木屋架（编码 010701）

木屋架分为木屋架（编码 010701001）和钢木屋架（编码 010701002）两个项目。带气楼的屋架和马尾、折角以及正交部分的半屋架，按相关屋架相目编码列项项目特征中屋架的跨度应以上、下弦中心线两交点之间的距离计算；以榀计量，按标准图设计，项目特征必须标注标准图代号。

值得说明的是，清单工程量计算的是净量，不包括木构件的下料损耗；定额工程量为包括下料损耗在内的总量。这些损耗包括木构件的刨光损耗，连续檩木的接头损耗等。因此，在计算工程量时要引起重视。

1. 木屋架

1）工程量计算。

① 按设计图示数量计算，计量单位为"榀"。

② 按设计图示的规格尺寸以体积计算，计量单位为 m³。

2）项目特征：跨度，材料品种、规格，刨光要求，拉杆及夹板种类，防护材料种类。

3）工作内容：制作、运输、安装、刷防护材料。

2. 钢木屋架

1）工程量计算：按设计图示数量计算，计量单位为"榀"。

2）项目特征：跨度，木材品种、规格，刨光要求，钢材品种、规格，防护材料种类。

3）工作内容：制作、运输、安装、刷防护材料。

6.9.2 木构件（编码 010702）

木构件分为木柱（编码 010702001）、木梁（编码 010702002）、木檩（编码

010702003）、木楼梯（编码 010702004）和其他木构件（编码 010702005）五个项目。

1. 木柱、木梁

1）工程量计算：按设计图示尺寸以体积计算，计量单位为 m^3。

2）项目特征：构件规格尺寸、木材种类、刨光要求、防护材料种类。

3）工作内容：制作、运输、安装、刷防护材料。

2. 木檩

1）工程量计算。

① 按设计图示尺寸以体积计算，计量单位为 m^3。

② 按设计力求尺寸以长度计算，计量单位为 m。

2）项目特征：构件规格尺寸、木材种类、刨光要求、防护材料种类。

以 m 计量时，项目特征必须描述构件规格尺寸。

3）工作内容：制作、运输、安装、刷防护材料。

3. 木楼梯

1）工程量计算：按设计图示尺寸以水平投影面积计算，计量单位为 m^2。不扣除宽度 ≤300mm 的楼梯井，伸入墙内的部分不计算。

2）项目特征：楼梯形式、木材种类、刨光要求、防护材料种类。

3）工作内容：制作、运输、安装、刷防护材料。

木楼梯的栏杆（栏板）、扶手，应按"其他装饰工程"中的相关项目编码列项。

4. 其他木构件

1）工程量计算。

① 按设计图示尺寸以体积计算，计量单位为 m^3。

② 按设计图示尺寸以长度计算，计量单位为 m。

2）项目特征：构件名称、构件规格尺寸、木材种类、刨光要求、防护材料种类。

3）工作内容：制作、运输、安装、刷防护材料

6.9.3　屋面木基层（编码 010703）

本节只列出屋面木基层（编码 010703001）一个项目。

1）工程量计算：按设计图示尺寸以斜面积计算，计量单位为 m^2。不扣除房上烟囱、风帽底座、风道、小气窗、斜沟等所占的面积。小气窗的出檐部分不增加面积。

2）项目特征：椽子断面尺寸及椽距，刨光要求，望板材料的种类、厚度，防护材料的种类。

定额是按椽子不刨光来编制的，如果设计需要对椽子进行刨光，可以对人工进行调整。所以，建议在编制工程量清单时增加椽子的"刨光要求"特征项。

3）工作内容：椽子制作、安装，望板制作、安装，顺水条和挂瓦条制作、安装，刷防护材料。

6.10　门窗工程（编码 0108 附录 H）

门窗工程中的门分为木门，金属门，金属卷帘（闸）门，厂库房大门、特种门和其他门五个部分；窗分为木窗，金属窗，门窗套，窗台板，窗帘、窗帘盒、窗帘轨五个部分。

以樘计量时，项目特征必须描述洞口尺寸，没有洞口尺寸的必须描述门框或扇外围尺

寸，以 m² 计量时，项目特征可不描述洞口尺寸及框、扇的外围尺寸。

以 m² 计量时，无设计图示洞口尺寸的，按门框、扇外围以面积计算。

6.10.1　木门（编码 010801）

木门分为木质门（编码 010801001）、木质门带套（编码 010801002）、木质连窗门（编码 010801003）、木质防火门（编码 010801004）、木门框（编码 010801005）和门锁安装（编码 010801006）六个项目。

木质门应区分镶板木门、企口木板门、实木装饰门、胶合板门、夹板装饰门、木纱门、全玻璃门（带木质扇框）、木质半玻璃门（带木质扇框）等项目，分别编码列项。

木门五金应包括：折页、插销、门碰珠、弓背拉手、搭扣、木螺丝、弹簧折页（自动门）、管子拉手（自由门、地弹门）地弹簧（地弹门）、角铁、门轧头（地弹门、自由门）等。

单独制作安装木门框按木门框项目编码列项。

1. 木质门、木质连窗门、木质防火门

1）工程量计算。

① 按设计图示数量计算，计量单位为"樘"。

② 按设计图示洞口尺寸以面积计算，计量单位为 m²。

2）项目特征：门代号及洞口尺寸，框、扇断面尺寸，材质，镶嵌玻璃品种、厚度，特殊五金，有腰或无腰，扇数。

对于木门而言，定额是根据当地门窗标准图集按一类、二类木材进行编制的，如果图样中标注了代号，则门的种类就确定了；如果图样中未指定具体的图集编号，则要注明门框、门扇的断面尺寸。如果设计要求使用三类、四类木材，则要注明木材的品种。所以描述门的项目特征时，建议增加"框、扇断面尺寸"和"材质"两个特征项。

在对木门进行报价时，除考虑干燥损耗、刨光损耗外，还应该考虑门的走头增加的体积。

由于门的种类很多，按门的形式分，有带亮子门，不带亮子门，带纱门，不带纱门，单扇门，多扇门，半百叶门，全百叶门，半玻璃门，全玻璃门，半自动门，全自动门，带门框门，不带门框门等，从开启方式区分，有平开门、推拉门、折叠门等。所以在描述门的项目特征时应尽量齐全。

对于防火门，由于其特殊功能的需要，要求其保持常闭状态，一般需要安装闭门器等特殊五金，所以在描述项目特征时，应将这些特殊五金进行说明，建议增加"特殊五金"特征项。

3）工作内容：门安装、玻璃安装、五金安装。

2. 木质门带套

1）工程量计算。

① 按设计图示数量计算，计量单位为"樘"。

② 按设计图示洞口尺寸以面积计算，计量单位为 m²，不包括门套的面积。

2）项目特征：门代号及洞口尺寸，框、扇断面尺寸，材质，镶嵌玻璃的品种、厚度，特殊五金，有腰或无腰，扇数。

3）工作内容：门安装、玻璃安装、五金安装。

3. 木门框

1）工程量计算。

① 按设计图示数量计算，计量单位为"樘"。

② 按设计图示洞口尺寸以面积计算，计量单位为 m^2。

2）项目特征：门代号及洞口尺寸，框截面尺寸，材质，防护材料种类。

3）工作内容：木门框制作、安装，运输，刷防护材料。

防护材料分为防火、防腐、防虫、防潮、耐磨、耐老化等材料，在项目特征中要描述清楚。

4. 门锁安装。

1）工程量计算：按设计图示数量计算，计量单位为"个"或"套"。

2）项目特征：锁品种、锁规格。

3）工作内容：安装。

6.10.2　金属门（编码 010802）

金属门分为金属（塑钢）门、彩板门、钢质防火门和防盗门四个项目。

金属门应区分金属平开门、金属推拉门、金属地弹门、全玻璃门（带金属扇框）、金属半玻璃门（带扇框）等项目，分别编码列项。

铝合金门五金包括：插销、滑轮、铰链拉杆、风撑、地弹簧、门锁、拉手、门插、门铰、螺丝等。

其他金属门五金包括 L 型执手插锁（双舌）、执手锁（单舌）、门轨头、地锁、防盗门机、门眼（猫眼）、门碰珠、电子锁（磁卡锁）、闭门器、装饰拉手等。

1. 金属（塑钢）门（编码 010802001）

1）工程量计算：

① 按设计图示数量计算，计量单位为"樘"。

② 按设计图示洞口尺寸以面积计算，计量单位为 m^2。

2）项目特征：门代号及洞口尺寸，门框或扇外围尺寸，门框、扇材质，玻璃品种、厚度。

3）工作内容：门安装、五金安装、玻璃安装。

2. 彩板门（编码 010802002）

1）工程量计算。

① 按设计图示数量计算，计量单位为"樘"。

② 按设计图示洞口尺寸以面积计算，计量单位为 m^2。

2）项目特征：门代号及洞口尺寸，门框或扇外围尺寸。

3）工作内容：门安装、五金安装、玻璃安装。

3. 钢质防火门（编码 010802003）

1）工程量计算。

① 按设计图示数量计算，计量单位为"樘"。

② 按设计图示洞口尺寸以面积计算，计量单位为 m^2。

2）项目特征：门代号及洞口尺寸，门框或扇外围尺寸，门框、扇材质。

3）工作内容：门安装、五金安装、玻璃安装。

4. 防盗门 （编码 010802004）

1） 工程量计算。

① 按设计图示数量计算，计量单位为 "樘"。

② 按设计图示洞口尺寸以面积计算，计量单位为 m²。

2） 项目特征：门代号及洞口尺寸，门框或扇外围尺寸，门框、扇材质。

3） 工作内容：门安装、五金安装。

6.10.3　金属卷帘（闸）门（编码 010803）

金属卷帘（闸）门分为金属卷帘（闸）门（编码 010803001）和防火卷帘（闸）门两个项目。

1） 工程量计算。

① 按设计图示数量计算，计量单位为 "樘"。

② 按设计图示洞口尺寸以面积计算，计量单位为 m²。

2） 项目特征：门代号及洞口尺寸，门材质，启动装置品种、规格。

3） 工作内容：门运输、安装，启动装置、活动小门、五金安装。

6.10.4　厂库房大门、特种门（编码 010804）

厂库房大门、特种门分为木板大门（编码 010804001）、钢木大门（编码 010804002）、全钢板大门（编码 010804003）、防护铁丝门（编码 010804004）、金属格栅门（编码 010804005）、钢质花饰大门（编码 010804006）和特种门（编码 010804007）七个项目。

在描述门的项目特征时，还应描述门的开启方式（如推拉或平开等）。

1. 木板大门、钢木大门、全钢板大门

1） 工程量计算。

① 按设计图示数量计算，计量单位为 "樘"。

② 按设计图示洞口尺寸以面积计算，计量单位为 m²。

2） 项目特征：门代号及洞口尺寸，门框或扇外围尺寸，门框、扇材质，五金种类、规格，防护材料种类。

3） 工作内容：门（骨架）制作、运输，门、五金配件安装，刷防护材料。

2. 防护铁丝门

1） 工程量计算。

① 按设计图示数量计算，计量单位为 "樘"。

② 按设计图示门框或扇以面积计算，计量单位为 m²。

2） 项目特征：门代号及洞口尺寸，门框或扇外围尺寸，门框、扇材质，五金种类、规格，防护材料种类。

3） 工作内容：门（骨架）制作、运输，门、五金配件安装，刷防护材料。

3. 金属格栅门

1） 工程量计算。

① 按设计图示数量计算，计量单位为 "樘"。

② 按设计图示洞口尺寸以面积计算，计量单位为 m²。

2） 项目特征：门代号及洞口尺寸，门框或扇外围尺寸，门框、扇材质，启动装置的品种、规格。

3） 工作内容：门安装，启动装置、五金配件安装。

4. 钢质花饰大门

1）工程量计算。

① 按设计图示数量计算，计量单位为"樘"。

② 按设计图示门框或扇以面积计算，计量单位为 m^2。

2）项目特征：门代号及洞口尺寸，门框或扇外围尺寸，门框、扇材质。

3）工作内容：门安装、五金配件安装。

5. 特种门

特种门应区分冷藏门、冷冻间门、保温门、变电室门、隔音门、防射线门、人防门、金库门等项目，分别编码列项。

1）工程量计算。

① 按设计图示数量计算，计量单位为"樘"。

② 按设计图示洞口尺寸以面积计算，计量单位为 m^2。

2）项目特征：门代号及洞口尺寸，门框或扇外围尺寸，门框、扇材质，保温层厚度。

对于冷藏库、冷藏冻结间的门樘和门扇，其项目特征还要描述保温层的厚度。建议增加"保温层厚度"特征项。

3）工作内容：门安装、五金配件安装。

6.10.5 其他门（编码 010805）

其他门分为平开电子感应门（编码 010805001）、旋转门（编码 010805002）、电子对讲门（编码 010805003）、电动伸缩门（编码 010805004）、全玻自由门（编码 010805005）、镜面不锈钢饰面门（编码 010805006）复合材料门（编码 010805007）七个项目。

1. 平开电子感应门、旋转门、电子对讲门、电动伸缩门

1）工程量计算。

① 按设计图示数量计算，计量单位为"樘"。

② 按设计图示洞口尺寸以面积计算，计量单位为 m^2。

2）项目特征：门代号及洞口尺寸，门框或扇外围尺寸，门材质，玻璃品种、厚度，启动装置的品种、规格，电子配件品种、规格。

3）工作内容：门安装，启动装置、五金、电子配件安装。

2. 全玻自由门

1）工程量计算。

① 按设计图示数量计算，计量单位为"樘"。

② 按设计图示洞口尺寸以面积计算，计量单位为 m^2。

2）项目特征：门代号及洞口尺寸，门框或扇外围尺寸，框材质，玻璃品种、厚度。

3）工作内容：门安装、五金安装。

3. 镜面不锈钢饰面门、复合材料门

1）工程量计算。

① 按设计图示数量计算，计量单位为"樘"。

② 按设计图示洞口尺寸以面积计算，计量单位为 m^2。

2）项目特征：门代号及洞口尺寸，门框或扇外围尺寸，框、扇材质，玻璃品种、厚度。

3）工作内容：门安装、五金安装。

6.10.6 木窗（编码 010806）

木窗分为木质窗（编码 010806001），木飘（凸）窗（编码 010806002），木橱窗（编码 010806003）和木纱窗（编码 010806004）四个项目。

木质窗应区分木百叶窗、木组合窗、木天窗、木固定窗、木装饰空花窗等项目，分别编码列项。木窗五金包括：折页、插销、风钩、木螺丝、滑轮滑轨（推拉窗）等。

在描述项目特征时，还应描述窗的开启方式（如平开、推拉、上悬或中悬）以及窗的形状（如矩形或异形）等。

工程量计算和项目特征描述应该注意的问题与木门相同，不再赘述。

1. 木质窗

1）工程量计算。

① 按设计图示数量计算，计量单位为"樘"。

② 按设计图示洞口尺寸以面积计算，计量单位为 m²。

2）项目特征：窗代号及洞口尺寸，框、扇尺寸，材质，玻璃品种、厚度。

3）工作内容：窗安装，五金、玻璃安装。

2. 木飘（凸）窗

1）工程量计算。

① 按设计图示数量计算，计量单位为"樘"。

② 按设计图示尺寸以框外围展开面积计算，计量单位为 m²。

2）项目特征：窗代号，框截面及外围展开面积，玻璃品种、厚度，防护材料种类。

3）工作内容：窗制作、运输、安装，五金、玻璃安装，刷防护材料。

3. 木橱窗

1）工程量计算，同木飘（凸）窗。

2）项目特征同木质窗。

3）工作内容同木质窗。

4. 木质纱窗

1）工程量计算。

① 按设计图示数量计算，计量单位为"樘"。

② 按框的外围尺寸以面积计算，计量单位为 m²。

2）项目特征：窗代号及框的外围尺寸，窗纱材料品种、规格。

3）工作内容：窗安装，五金安装。

6.10.7 金属窗（编码 010807）

金属窗分为金属（塑钢、断桥）窗（编码 010807001）、金属防火窗（编码 010807002）、金属百叶窗（编码 010807003）、金属纱窗（编码 010807004）、金属格栅窗（编码 010807005）、金属（塑钢、断桥）橱窗（编码 010807006）、金属（塑钢、断桥）飘（凸）窗（编码 010807007）和彩板窗（编码 010807008）、复合材料窗（编码 010807009）九个项目。

金属窗应区分金属组合窗、防盗窗等项目，分别编码列项。

金属窗中铝合金窗五金应包括：卡锁、滑轮、铰拉、执手、拉把、拉手、风撑、角码、牛角制等。其他金属窗五金包括：折页、螺丝、执手、卡锁、风撑、滑轮滑轨（推拉窗）等。

1. 金属（塑钢、断桥）窗、金属防火窗

1）工程量计算。

① 按设计图示数量计算，计量单位为"樘"。

② 按设计图示洞口尺寸以面积计算，计量单位为 m^2。

2）项目特征：窗代号及洞口尺寸，框、扇材质，玻璃品种、厚度，扇数。

考虑到窗扇安装时需要的五金配件与扇数有关，建议描述其项目特征时，增加"扇数"特征项。

3）工作内容：窗安装，五金、玻璃安装。

2. 金属百叶窗

1）工程量计算。

① 按设计图示数量计算，计量单位为"樘"。

② 按设计图示洞口尺寸以面积计算，计量单位为 m^2。

2）项目特征：窗代号及洞口尺寸，框、扇材质，扇数。

3）工作内容：窗安装、五金安装。

3. 金属纱窗

1）工程量计算。

① 按设计图示数量计算，计量单位为"樘"。

② 按框的外围尺寸以面积计算，计量单位为 m^2。

2）项目特征：窗代号及洞口尺寸，框材质，窗纱材料品种、规格，扇数。

3）工作内容：窗安装、五金安装。

4. 金属格栅窗

1）工程量计算。

① 按设计图示数量计算，计量单位为"樘"。

② 按设计图示洞口尺寸以面积计算，计量单位为 m^2。

2）项目特征：窗代号及洞口尺寸，框外围尺寸，框、扇材质（，扇数）。

3）工作内容：窗安装、五金安装。

5. 金属（塑钢、断桥）橱窗

1）工程量计算。

① 按设计图示数量计算，计量单位为"樘"。

② 按设计图示尺寸以框外围展开面积计算，计量单位为 m^2。

2）项目特征：窗代号，框外围展开面积，框、扇材质，玻璃品种、厚度，防护材料种类，扇数。

3）工作内容：窗制作、运输、安装，五金、玻璃安装，刷防护材料。

6. 金属（塑钢、断桥）飘（凸）窗

1）工程量计算。

① 按设计图示数量计算，计量单位为"樘"。

② 按设计图示尺寸以框外围面积计算，计量单位为 m^2。

2）项目特征：窗代号，框外围展开面积，框、扇材质，玻璃品种、厚度，扇数。

3）工作内容：窗安装，五金、玻璃安装。

7. 彩板窗、复合材料窗

1）工程量计算。

① 按设计图示数量计算，计量单位为"樘"。

② 按设计图示洞口尺寸或框外围以面积计算，计量单位为 m²。

2）项目特征：窗代号及洞口尺寸，框外围尺寸，框、扇材质，玻璃品种、厚度，扇数。

3）工作内容：窗安装，五金、玻璃安装。

6.10.8 门窗套（编码 010808）

门窗套分为木门窗套（编码 010808001）、木筒子板（编码 010808002）、饰面夹板筒子板（编码 010808003）、金属门窗套（编码 010808004）、石材门窗套（编码 010808005）、门窗木贴脸（编码 010808006）和成品木门窗套（编码 010808007）七个项目。

在描述项目特征时，以樘计量时必须描述洞口尺寸、门窗套展开宽度；以平方米计量时可不描述洞口尺寸、门窗套展开宽度；以米计量时，必须描述门窗套展开宽度、筒子板及贴脸宽度。

1. 木门窗套

1）工程量计算。

① 按设计图示数量计算，计量单位为"樘"。

② 按设计图示尺寸以展开面积计算，计量单位为 m²。

③ 按设计图示中心以延长米计算，计量单位为 m。

2）项目特征：窗代号及洞口尺寸，门窗套展开宽度，基层材料种类，面层材料品种、规格，线条品种、规格，防护材料种类。

3）工作内容：清理基层，立筋制作、安装，基层板安装，面层铺贴，线条安装，刷防护材料。

2. 木筒子板

1）工程量计算：同木门窗套。

2）项目特征：筒子板宽度，基层材料种类，面层材料品种、规格，线条品种、规格，防护材料种类。

3）工作内容：同木门窗套。

3. 饰面夹板筒子板

1）工程量计算：同木门窗套。

2）项目特征：筒子板宽度，基层材料种类，面层材料品种、规格，线条品种、规格，防护材料种类。

3）工作内容：同木门窗套。

4. 金属门窗套

1）工程量计算：同木门窗套。

2）项目特征：窗代号及洞口尺寸，门窗套展开宽度，基层材料种类，面层材料品种、规格，防护材料种类。

3）工作内容：清理基层，立筋制作、安装，基层板安装，面层铺贴，刷防护材料。

5. 石材门窗套

1）工程量计算规则：同木门窗套。

2）项目特征：窗代号及洞口尺寸，门窗套展开宽度，粘结层厚度、砂浆配合比，面层材料品种、规格，线条品种、规格。

3）工作内容：清理基层，立筋制作、安装，基层抹灰，面层铺贴，线条安装。

6. 门窗木贴脸

1）工程量计算。

① 按设计图示数量计算，计量单位为"樘"。

② 按设计图示中心以延长米计算，计量单位为 m。

2）项目特征：门窗代号及洞口尺寸，贴脸板宽度，防护材料种类。

3）工作内容：贴脸板安装。

7. 成品木门窗套

1）工程量计算：同木门窗套。

2）项目特征：门窗代号及洞口尺寸，门窗套展开宽度，门窗套材料品种、规格。

3）工作内容：清理基层，立筋制作、安装，板安装。

6.10.9　窗台板（编码 010809）

窗台板分为木窗台板（编码 010809001）、铝塑窗台板（编码 010809002）、金属窗台板（编码 010809003）和石材窗台板（编码 010809004）四个项目。

1. 木窗台板、铝塑窗台板、金属窗台板

1）工程量计算：按设计图示尺寸以展开面积计算，计量单位为 m^2。

2）项目特征：基层材料种类，窗台面板材质、规格、颜色，防护材料种类。

3）工作内容：基层清理，基层制作、安装，窗台板制作、安装，刷防护材料。

2. 石材窗台板

1）工程量计算：按设计图示尺寸以展开面积计算，计量单位为 m^2。

2）项目特征：粘结层厚度、砂浆配合比，窗台板材质、规格、颜色。

3）工作内容：基层清理，抹找平层，窗台板制作、安装。

6.10.10　窗帘、窗帘盒、轨（编码 010810）

本节分为窗帘（编码 010810001），木窗帘盒（编码 010810002），饰面夹板、塑料窗帘盒（编码 010810003），铝合金窗帘盒（编码 010810004）和窗帘轨（编码 010810005）五个项目。

1. 窗帘

1）工程量计算。

① 按设计图示尺寸以长度计算，计量单位为 m。

② 按图示尺寸以展开面积计算，计量单位为 m^2。

2）项目特征：窗帘材质，窗帘高度、宽度，窗帘层数，带幔要求。

窗帘若是双层，项目特征必须描述每层材质；窗帘以 m 计量，项目特征必须描述窗帘高度和宽度。

3）工作内容：制作、运输，安装。

2. 木窗帘盒，饰面夹板，塑料窗帘盒，铝合金窗帘盒

1）工程量计算：按设计图示尺寸以长度计算，计量单位为 m。

2）项目特征：窗帘盒材质、规格，防护材料种类。

3）工作内容：制作、运输、安装，刷防护材料。

3. 窗帘轨

1）工程量计算：按设计图示尺寸以长度计算，计量单位为 m。

2）项目特征：窗帘轨材质、规格，轨的数量，防护材料种类。

3）工作内容：制作、运输、安装，刷防护材料。

6.11 屋面与防水工程（编码0109附录J）

本节分为瓦、型材及其他屋面，屋面防水及其他，墙面防水、防潮和楼（地）面防水、防潮四个部分。

6.11.1 瓦、型材及其他屋面（编码010901）

本节分为瓦屋面（编码010901001）、型材屋面（编码010901002）、阳光板屋面（编码010901003）、玻璃钢屋面（编码010901004）和膜结构屋面（编码010901005）五个项目。

1. 瓦屋面

1）工程量计算：按设计图示尺寸以斜面积计算，计量单位为 m²。不扣除房上烟囱、风帽底座、风道、小气窗、斜沟等所占面积。小气窗的出檐部分不增加面积。

2）项目特征：瓦品种、规格，粘结层砂浆的配合比。

瓦屋面，若是在木基层上铺瓦，项目特征不必描述粘结层砂浆的配合比，瓦屋面铺防水层，按屋面防水及其他中相关项目编码列项。

3）工作内容：砂浆制作、运输、摊铺、养护，安瓦、做瓦脊。

2. 型材屋面

1）工程量计算：同瓦屋面。

2）项目特征：型材品种、规格，金属檩条材料品种、规格，接缝、嵌缝材料种类。

型材屋面的柱、梁、屋架，按金属结构工程木结构工程中相关项目编码列项。

3）工作内容：檩条制作、运输、安装，屋面型材安装，接缝、嵌缝。

3. 阳光板屋面

1）工程量计算：按设计图示尺寸以斜面积计算，计量单位为 m²。不扣除屋面面积 ≤0.3m² 的孔洞所占的面积。

2）项目特征：阳光板品种、规格，骨架材料品种、规格，接缝、嵌缝材料种类，油漆品种、刷漆遍数。

阳光板屋面的柱、梁、屋架，按金属结构工程、木结构工程中相关项目编码列项。

3）工作内容：骨架制作、运输、安装、刷防护材料、油漆，阳光板安装，接缝、嵌缝。

4. 玻璃钢屋面

1）工程量计算：同阳光板屋面。

2）项目特征：玻璃钢品种、规格，骨架材料品种、规格，玻璃钢固定方式，接缝、嵌缝材料种类，油漆品种、刷漆遍数。

玻璃钢屋面的柱、梁、屋架，按金属结构工程、木结构工程中相关项目编码列项。

3）工作内容：骨架制作、运输、安装、刷防护材料、油漆，玻璃钢制作、安装，接缝、嵌缝。

5. 膜结构屋面

1）工程量计算：按设计图示尺寸以需要覆盖的水平投影面积计算，计量单位为 m²。

2）项目特征：膜布品种、规格，支柱（网架）钢材品种、规格，钢丝绳品种、规格，锚固基座做法，油漆品种、刷漆遍数。

3）工作内容：膜布热压胶接，支柱（网架）制作、安装，膜布安装，穿钢丝绳、锚头锚固，锚固基座挖土、回填，刷防护材料、油漆。

6.11.2　屋面防水及其他（编码 010902）

本节分为屋面卷材防水（编码 010902001），屋面涂膜防水（编码 010902002），屋面刚性层（编码 010902003），屋面排水管（编码 010902004），屋面排（透）气管（编码 010902005），屋面（廊、阳台）泄（吐）水管（编码 010902006），屋面天沟、檐沟（编码 010902007）和屋面变形缝（编码 010902008）八个项目。

屋面找平层按楼地面装饰工程"平面砂浆找平层"项目编码列项。

1. 屋面卷材防水

1）工程量计算：按设计图示尺寸以面积计算，计量单位为 m^2。斜屋顶（不包括平屋顶找坡）按斜面积计算，平屋顶按水平投影面积计算；不扣除房上烟囱、风帽底座、风道、屋面小气窗和斜沟所占的面积；屋面的女儿墙、伸缩缝和天窗等处的弯起部分，并入屋面工程量内。

2）项目特征：卷材品种、规格、厚度，防水层数，防水层做法。

3）工作内容：基层处理，刷底油，铺油毡卷材、接缝。

注意事项：屋面防水搭接及附加层用量不另行计算，在综合单价中考虑。这一点与定额工程量计算规则不同，编制工程量清单时可按清单工程量计算规则计算，但在编制招标控制价、标底和投标报价时要特别注意，要计算全部屋面的防水搭接及附加层的卷材用量，与清单工程量相加，套用定额并报价。

2. 屋面涂膜防水

1）工程量计算：同屋面卷材防水。

2）项目特征：防水膜品种，涂膜厚度、遍数，增强材料种类。

3）工作内容：基层处理，刷基层处理剂，铺布、喷涂防水层。

3. 屋面刚性层

1）工程量计算：按设计图示尺寸以面积计算，不扣除房上烟囱、风帽底座、风道等所占面积。

2）项目特征：刚性层厚度，混凝土种类，混凝土强度等级，嵌缝材料种类，钢筋规格、型号。

屋面刚性层防水，按屋面卷材防水、屋面涂膜防水项目编码列项。

屋面刚性层中若无钢筋，其钢筋项目特征不必描述；若有钢筋，其项目特征必须描述。

3）工作内容：基层处理，混凝土制作、运输、铺筑、养护，钢筋制安。

编制建议：屋面刚性层中钢筋列项有两种处理方式：一种是按钢筋工程列项并计算工程量；另一种是本清单下列出钢筋用量，将钢筋的费用包含在屋面刚性层单价中。工程量清单编制人可以任选其中一种。编标人在编制招标控制价或投标报价时必须识别出该项钢筋包含在哪个分项中，以保证招标控制价、标底、投标报价的合理性。

4. 屋面排水管

1）工程量计算：按设计图示尺寸以长度计算，计量单位为 m。若设计时未标注尺寸，以檐口至设计室外散水上表面垂直距离计算。

2）项目特征：排水管品种、规格，雨水斗、山墙出水口品种、规格，接缝、嵌缝材料种类，油漆品种、刷漆遍数。

3）工作内容：排水管及配件安装、固定，雨水斗、山墙出水口、雨水箅子安装，接缝、嵌缝，刷漆。

注意事项：编制此项工程量清单时，要特别注意在项目特征栏内应包括出水口、水斗、雨水箅子的数量。即除计算屋面排水管的工程量外，还要计算出水口、水斗、雨水箅子的数量。

5. 屋面排（透）气管

1）工程量计算：按设计图示尺寸以长度计算，计量单位为 m。

2）项目特征：排（透）气管品种、规格，接缝、嵌缝材料种类，油漆品种、刷漆遍数。

3）工作内容：排（透）气管及配件安装、固定，铁件制作、安装，接缝、嵌缝，刷漆。

编制建议：与定额工程量计算规则比较发现，清单工程量按长度计算，定额工程量按个数计算。工程量清单编制人在编制屋面排气管分项工程量清单时，可以先数个数，然后再乘以单个长度得其总长度，同时在项目特征栏内填写其个数。

6. 屋面（廊、阳台）泄（吐）水管

1）工程量计算：按设计图示数量计算，计量单位为"根"或"个"。

2）项目特征：吐水管品种、规格，接缝、嵌缝材料种类，吐水管长度，油漆品种、刷漆遍数。

3）工作内容：水管及配件安装、固定，接缝、嵌缝，刷漆。

7. 屋面天沟、檐沟

1）工程量计算：按设计图示尺寸以展开面积计算，计量单位为 m²。

2）项目特征：材料品种、规格，接缝、嵌缝材料种类。

3）工作内容：天沟材料铺设，天沟配件安装，接缝、嵌缝，刷防护材料。

8. 屋面变形缝

1）工程量计算：按设计图示尺寸以长度计算，计量单位为 m。

2）项目特征：嵌缝材料种类，止水带材料种类，盖缝材料，防护材料种类。

3）工作内容：清缝，填塞防水材料，止水带安装，盖缝制作、安装，刷防护材料。

6.11.3 墙面防水、防潮（编码010903）

本节分为墙面卷材防水（编码010903001）、墙面涂膜防水（编码010903002）、墙面砂浆防水（防潮）（编码010903003）和墙面变形缝（编码010903004）四个项目。

1. 墙面卷材防水

1）工程量计算：按设计图示尺寸以面积计算，计量单位为 m²。

2）项目特征：卷材品种、规格、厚度，防水层数，防水层做法。

3）工作内容：基层处理，刷粘结剂，铺防水卷材，接缝、嵌缝。

2. 墙面涂膜防水

1）工程量计算：按设计图示尺寸以面积计算，计量单位为 m²。

2）项目特征：防水膜品种，涂膜厚度、遍数，增强材料种类。

3）工作内容：基层处理，刷基层处理剂，铺布、喷涂防水层。

3. 墙面砂浆防水（防潮）

1）工程量计算：按设计图示尺寸以面积计算，计量单位为 m²。

2）项目特征：防水层做法，砂浆厚度、配合比，钢丝网规格，墙体类型。

定额中编有砖墙外墙、砖墙内墙、混凝土墙外墙、混凝土内墙、轻质墙、毛石墙和墙的水泥砂浆定额子目，所以在描述项目特征时，还要描述墙体类型（包括墙体材质、内（外）墙）。建议增加"墙体类型"特征项。

3）工作内容：基层处理，挂钢丝网片，设置分格缝，砂浆制作、运输、摊铺、养护。

4. 墙面变形缝

1）工程量计算：按设计图示以长度计算，计量单位为 m。

2）项目特征：嵌缝材料种类，止水带材料种类，盖缝材料，防护材料种类。

3）工作内容：清缝，填塞防水材料，止水带安装，盖缝制作、安装，刷防护材料。

6.11.4 楼（地）面防水、防潮（编码 010904）

本节分为楼（地）面卷材防水（编码 010904001）、楼（地）面涂膜防水（编码 010904002）、楼（地）面砂浆防水（防潮）（编码 010904003）和楼（地）面变形缝（编码 010904004）四个项目。

楼（地）面防水找平层按楼地面装饰工程"平面砂浆找平层"项目编码列项。

1. 楼（地）面卷材防水

1）工程量计算：按设计图示尺寸以面积计算，计量单位为 m²。

① 楼（地）面防水：按主墙间净空面积计算，扣除凸出地面的构筑物、设备基础等所占面积，不扣除间壁墙及单个面积 ≤0.3m² 柱、垛、烟囱和孔洞所占面积。

② 楼（地）面防水反边高度 ≤300mm 时，算作地面防水；反边高度 >300mm 时，算作墙面防水。

2）项目特征：卷材品种、规格、厚度，防水层数，防水层做法，反边高度。

3）工作内容：基层处理，刷粘结剂，铺防水卷材，接缝、嵌缝。

楼（地）面防水搭接及附加层用量不另行计算，在综合单价中考虑。

2. 楼（地）面涂膜防水

1）工程量计算：同楼（地）面卷材防水。

2）项目特征：防水膜品种，涂膜厚度、遍数，增强材料种类，反边高度。

3）工作内容：基层处理，刷基层处理剂，铺布、喷涂防水层。

3. 楼（地）面砂浆防水（防潮）

1）工程量计算：同楼（地）面卷材防水。

2）项目特征：防水层做法，砂浆厚度、配合比，反边高度。

3）工作内容：基层处理，砂浆制作、运输、摊铺、养护。

4. 楼（地）面变形缝

1）工程量计算：按设计图示以长度计算，计量单位为 m。

2）项目特征：嵌缝材料种类，止水带材料种类，盖缝材料，防护材料种类。

3）工作内容：清缝，填塞防水材料，止水带安装，盖缝制作、安装，刷防护材料。

6.12 保温、隔热与防腐工程（编码 0110 附录 K）

本节分为保温、隔热（编码 011001），防腐面层（编码 011002）和其他防腐（编码 011003）三个部分。

6.12.1 保温、隔热（编码 011001）

保温、隔热分为保温隔热屋面（编码 011001001），保温隔热天棚（编码 011001002），保温隔热墙面（编码 011001003），保温柱、梁（编码 011001004），保温隔热楼地面（编码 011001005）和其他保温隔热（编码 011001006）六个项目。

保温隔热方式有内保温、外保温、夹心保温。保温隔热装饰面层，按楼地面、墙柱面、天棚中相关项目编码列项；仅做找平层时，按楼地面中"平面砂浆找平层"或"立面砂浆找平层"项目编码列项。

1. 保温隔热屋面

1）工程量计算：按设计图示尺寸以面积计算，计量单位为 m^2。扣除面积>0.3m^2 孔洞及占位面积。

2）项目特征：保温隔热材料品种、规格、厚度，隔气层材料品种、厚度，粘结材料种类、做法，防护材料种类、做法。

3）工作内容：基层清理，刷粘结材料，铺粘保温层，铺、刷（喷）防护材料。

2. 保温隔热天棚

1）工程量计算：按设计图示尺寸以面积计算，计量单位为 m^2。扣除面积>0.3m^2 柱、垛、孔洞所占面积。与天棚相连的梁按展开面积，计算并入天棚工程量内，柱帽保温隔热应并入天棚保温隔热工程量。

2）项目特征：保温隔热面层材料品种、规格、性能，保温隔热材料品种、规格及厚度，粘结材料种类及做法，防护材料种类及做法。

3）工作内容：基层清理，刷粘结材料，铺粘保温层，铺、刷（喷）防护材料。

3. 保温隔热墙面

1）工程量计算：按设计图示尺寸以面积计算，计量单位为 m^2。扣除门窗洞口以及面积>0.3m^2 梁、孔洞所占面积；门窗洞口侧壁需作保温时，并入保温墙体工程量内。

2）项目特征：温隔热部位，保温隔热方式，踢脚线、勒脚线保温做法，龙骨材料品种、规格，保温隔热面层材料品种、规格、性能，保温隔热材料品种、规格及厚度，增强网及抗裂防水砂浆种类，粘结材料种类及做法，防护材料种类及做法。

3）工作内容：基层清理，刷界面剂，安装龙骨，填贴保温材料，保温板安装，粘贴面层，铺设增强格网、抹抗裂、防水砂浆面层，嵌缝，铺、刷（喷）防护材料。

4. 保温柱、梁

1）工程量计算：按设计图示尺寸以面积计算，计量单位为 m^2。

① 柱按设计图示柱断面保温层中心线展开长度乘以保温层高度以面积计算，扣除面积>0.3m^2 梁所占面积。

② 梁按设计图示梁断面保温层中心线展开长度乘以保温层长度以面积计算。

2）项目特征：同保温隔热墙面。

3）工作内容：同保温隔热墙面。

5. 保温隔热楼地面

1）工程量计算：按设计图示尺寸以面积计算，计量单位为 m^2。扣除面积>0.3m^2 柱、垛、孔洞所占面积。

2）项目特征：保温隔热部位，保温隔热材料品种、规格、厚度，隔气层材料品种、厚度，粘结材料种类、做法，防护材料种类、做法。

3）工作内容：基层清理，刷粘结材料，铺粘保温层，铺、刷（喷）防护材料。

6. 其他保温隔热

1）工程量计算：按设计图示尺寸以展开面积计算，计量单位为 m^2。扣除面积>0.3m^2 孔洞及占位面积。

2）项目特征：保温隔热部位，保温隔热方式，隔气层材料品种、厚度，保温隔热面层材料品种、规格、性能，保温隔热材料品种、规格及厚度，粘结材料种类及做法，增强网及抗裂防水砂浆种类，防护材料种类及做法。

池槽保温隔热应按其他保温隔热项目编码列项。

3）工作内容：基层清理，刷界面剂，安装龙骨，填贴保温材料，保温板安装，粘贴面层，铺设增强格网、抹抗裂防水砂浆面层，嵌缝，铺、刷（喷）防护材料。

6.12.2　防腐面层（编码 011002）

防腐面层分为防腐混凝土面层（编码 011002001）、防腐砂浆面层（编码 011002002）、防腐胶泥面层（编码 011002003）、玻璃钢防腐面层（编码 011002004）、聚氯乙烯板面层（编码 011002005）、块料防腐面层和池（编码 011002006）、槽块料防腐面层（编码 011002007）七个项目。

防腐踢脚线，应按楼地面中"踢脚线"项目编码列项。

1. 防腐混凝土面层

1）工程量计算：按设计图示尺寸以面积计算，计量单位为 m^2。

① 平面防腐：扣除凸出地面的构筑物、设备基础等以及面积>0.3m^2 孔洞、柱、垛所占面积。

② 立面防腐：扣除门、窗、洞口以及面积>0.3m^2 孔洞、梁所占面积，门、窗、洞口侧壁、垛突出部分按展开面积并入墙面积内。

2）项目特征：防腐部位，面层厚度，混凝土种类，胶泥种类、配合比。

3）工作内容：基层清理，基层刷稀胶泥，混凝土制作、运输、摊铺、养护。

2. 防腐砂浆面层

1）工程量计算：同防腐混凝土面层。

2）项目特征：防腐部位，面层厚度，砂浆、胶泥种类、配合比。

3）工作内容：基层清理，基层刷稀胶泥，砂浆制作、运输、摊铺、养护。

3. 防腐胶泥面层

1）工程量计算：同防腐混凝土面层。

2）项目特征：防腐部位，面层厚度，胶泥种类、配合比。

3）工作内容：基层清理，胶泥调制、摊铺。

4. 玻璃钢防腐面层

1）工程量计算：同防腐混凝土面层。

2）项目特征：防腐部位，玻璃钢种类，贴布材料的种类、层数，面层材料品种。

3）工作内容：基层清理，刷底漆、刮腻子，胶浆配制、涂刷，粘布、涂刷面层。

5. 聚氯乙烯板面层

1）工程量计算：同防腐混凝土面层。

2）项目特征：防腐部位，面层材料品种、厚度，粘结材料种类。

3）工作内容：基层清理，配料、涂胶，聚氯乙烯板铺设。

6. 块料防腐面层

1）工程量计算：同防腐混凝土面层。

2）项目特征：防腐部位，块料品种、规格，粘结材料种类，勾缝材料种类。

3）工作内容：基层清理，铺贴块料，胶泥调制、勾缝。

7. 池、槽块料防腐面层

1）工程量计算：按设计图示尺寸以展开面积计算，计量单位为 m^2。

2）项目特征：防腐池、槽名称、代号，块料品种、规格，粘结材料种类，勾缝材料种类。

3）工作内容：基层清理，铺贴块料，胶泥调制、勾缝。

6.12.3 其他防腐（编码011003）

其他防腐分为隔离层（编码011003001）、砌筑沥青浸渍砖（编码011003002）和防腐涂料（编码011003003）三个项目。

1. 隔离层

1）工程量计算：按设计图示尺寸以面积计算，计量单位为 m^2。

① 平面防腐：扣除凸出地面的构筑物、设备基础等以及面积>$0.3m^2$孔洞、柱、垛所占面积。门洞、空圈、暖气包槽、壁龛的开口部分不增加面积。

② 立面防腐：扣除门、窗、洞口以及面积>$0.3m^2$孔洞、梁所占面积，门、窗、洞口侧壁、垛突出部分按展开面积并入墙面积内。

2）项目特征：隔离层部位，隔离层材料品种，隔离层做法，粘贴材料种类。

3）工作内容：基层清理、刷油，煮沥青，胶泥调制，隔离层铺设。

2. 砌筑沥青浸渍砖

1）工程量计算：按设计图示尺寸以体积计算，计量单位为 m^3。

2）项目特征：砌筑部位，浸渍砖规格，胶泥种类，浸渍砖砌法。

浸渍砖砌法指平砌、立砌。

3）工作内容：基层清理、胶泥调制、浸渍砖铺砌。

3. 防腐涂料

1）工程量计算：同隔离层。

2）项目特征：涂刷部位，基层材料类型，刮腻子的种类、遍数，涂料品种、刷涂遍数。

3）工作内容：基层清理、刮腻子、刷涂料。

6.13 楼地面装饰工程（编码0111 附录L）

本节分为整体面层及找平层（编码011101）、块料面层（编码011102）、橡塑面层（编码 011103)、其他材料面层（编码 011104）、踢脚线（编码 011105）、楼梯面层（编码 011106）、台阶装饰（编码 011107）和零星装饰项目（编码 011108）八个部分。

6.13.1 整体面层及找平层（编码 011101）

整体面层及找平层分为水泥砂浆楼地面（编码 011101001）、现浇水磨石楼地面（编码 011101002）、细石混凝土楼地面（编码 011101003）、菱苦土楼地面（编码 011101004）、自流坪楼地面（编码 011101005）和平面砂浆找平层（编码 011101006）六个项目。

1. 水泥砂浆楼地面

1）工程量计算：按设计图示尺寸以面积计算，计量单位为 m^2。扣除凸出地面构筑物、设备基础、室内铁道、地沟等所占面积，不扣除间壁墙（墙厚≤120mm 的墙）及≤0.3m^2 的柱、垛、附墙烟囱及孔洞所占面积。门洞、空圈、暖气包槽、壁龛的开口部分不增加面积。

2）项目特征：垫层材料种类、厚度，找平层厚度、砂浆配合比，素水泥浆遍数，面层厚度、砂浆配合比，面层做法要求。

水泥砂浆面层处理是拉毛还是提浆压光应在面层做法要求中描述。

3）工作内容：基层清理、垫层铺设、抹找平层、抹面层、材料运输。

注意事项：值得说明的是，地面一般是包含垫层在内的，而楼面是不包括垫层的，虽然计量规范中将楼地面列成一个分项，但在第五级编码上可以进行区分。所以，在编制工程量清单时，应将地面与楼面分别列项，分别描述各自的项目特征并计算工程量。

对于有填充层和隔离层的楼地面，有两层找平层，在描述找平层的项目特征时要特别注意；基于同样的道理，在编制招标控制价和投标报价时也要注意报价的完整性。

2. 现浇水磨石楼地面

1）工程量计算：同水泥砂浆楼地面。

2）项目特征：垫层材料种类、厚度，找平层厚度、砂浆配合比，面层厚度、水泥石子浆配合比，嵌条材料种类、规格，石子种类、规格、颜色，颜料种类、颜色，图案要求，磨光、酸洗、打蜡要求。

3）工作内容：基层清理，垫层铺设，抹找平层，面层铺设，嵌缝条安装，磨光、酸洗打蜡，材料运输。

3. 细石混凝土楼地面

1）工程量计算：同水泥砂浆楼地面。

2）项目特征：垫层材料种类、厚度，找平层厚度、砂浆配合比，面层厚度、混凝土强度等级。

3）工作内容：基层清理、垫层铺设、抹找平层、面层铺设、材料运输。

4. 菱苦土楼地面

1）工程量计算：同水泥砂浆楼地面。

2）项目特征：垫层材料种类、厚度，找平层厚度、砂浆配合比，面层厚度，打蜡要求。

3）工作内容：基层清理、垫层铺设、抹找平层、面层铺设、打蜡、材料运输。

5. 自流坪楼地面

1）工程量计算：同水泥砂浆楼地面。

2）项目特征：垫层材料种类、厚度，找平层厚度、砂浆配合比。

3) 工作内容：基层清理、垫层铺设、抹找平层、材料运输。

6. 平面砂浆找平层

平面砂浆找平层只适用于仅做找平层的平面抹灰。

1）工程量计算：按设计图示尺寸以面积计算，计量单位为 m²。

2）项目特征：找平层厚度、砂浆配合比，界面剂材料种类，中层漆材料种类、厚度，面漆材料种类、厚度，面层材料种类。

3）工作内容：基层清理，抹找平层，涂界面剂，涂刷中层漆，打磨、吸尘，镘刮自流平面漆（浆），拌和自流平浆料，铺面层，材料运输。

6.13.2 块料面层（编码 011102）

块料面层分为石材楼地面（编码 011102001）、碎石材楼地面（编码 011102002）和块料楼地面（编码 011102003）三个项目。

1. 石材楼地面、碎石材楼地面

1）工程量计算：按设计图示尺寸以面积计算，计量单位为 m²。门洞、空圈、暖气包槽、壁龛的开口部分并入相应的工程量内。

2）项目特征：找平层厚度、砂浆配合比，结合层厚度、砂浆配合比，面层材料品种、规格、颜色、拼花图案，嵌缝材料种类，防护层材料种类，酸洗、打蜡要求。

在描述碎石材项目的面层材料特征时可不用描述规格、品牌、颜色。但石材及碎石材项目的面层拼花图案的复杂程度需要描述。所以建议增加"拼花图案"特征项。在防护层材料种类中描述石材与粘结材料的结合面刷防渗材料的种类。

3）工作内容：基层清理、抹找平层，面层铺设、磨边，嵌缝，刷防护材料，酸洗、打蜡，材料运输。

注意事项：工作内容中的磨边是指在施工现场进行的磨边，如果磨边是由石材供应厂家进行的，则磨边的费用包含在材料单价中，此处不再重复计价。

2. 块料楼地面

1）工程量计算：同石材楼地面。

2）项目特征：垫层材料种类、厚度，找平层厚度、砂浆配合比，结合层厚度、砂浆配合比，面层材料品种、规格、颜色、拼花图案，嵌缝材料种类，防护层材料种类，酸洗、打蜡要求。块料与粘结材料的结合面刷防渗材料的种类应在防护层材料种类中描述。

3）工作内容：同石材楼地面。

6.13.3 橡塑面层（编码 011103）

橡塑面层分为橡胶板楼地面（编码 011103001）、橡胶板卷材楼地面（编码 011103002）、塑料板楼地面（编码 011103003）和塑料卷材楼地面（编码 011103004）四个项目。

1）工程量计算：按设计图示尺寸以面积计算，计量单位为 m²。门洞、空圈、暖气包槽、壁龛的开口部分并入相应的工程量。

2）项目特征：粘结层厚度、材料种类，面层材料品种、规格、颜色，压线条种类。

3）工作内容：基层清理、面层铺贴、压缝条装订、材料运输。

6.13.4 其他材料面层（编码 011104）

其他材料面层分为地毯楼地面（编码 011104001）、竹木（复合）地板（编码

011104002)、金属复合地板（编码 011104003）和防静电活动地板（编码 011104004）四个项目。

1）工程量计算：按设计图示尺寸以面积计算，计量单位为 m^2。门洞、空圈、暖气包槽、壁龛的开口部分并入相应的工程量内。

2）项目特征：

① 地毯楼地面描述：面层材料品种、规格、颜色、层数、分色、镶边、固定方式，防护材料种类，粘结材料种类，压线条种类。

地毯楼地面根据装修的要求不同，铺设的层数、固定方式、铺设的方式（比如分色、镶边等）也各不相同，所以描述其项目特征还要描述铺设的层数、是否分色、是否镶边等。建议在面层材料品种、规格、颜色后增加“层数”“分色”“镶边”和“固定方式”四个特征项。

② 竹木地板和金属复合地板描述：龙骨材料种类、规格、铺设间距，基层材料种类、规格，面层材料品种、规格、颜色，防护材料种类。

③ 防静电活动地板描述：支架高度、材料种类，面层材料品种、规格、颜色，防护材料种类。

3）工作内容。

① 地毯楼地面：基层清理、铺贴面层、刷防护材料、装钉压条、材料运输。

② 竹木地板和金属复合地板：基层清理、龙骨铺设、基层铺设、面层铺贴、刷防护材料、材料运输。

③ 防静电活动地板：基层清理、固定支架安装、活动面层安装、刷防护材料、材料运输。

6.13.5 踢脚线（编码 011105）

踢脚线分为水泥砂浆踢脚线（编码 0141105001）、石材踢脚线（编码 0141105002）、块料踢脚线（编码 0141105003）、塑料板踢脚线（编码 0141105004）、木质踢脚线（编码 0141105005）、金属踢脚线（编码 0141105006）和防静电踢脚线（编码 0141105007）七个项目。

1）工程量计算。

① 按设计图示长度乘以高度以面积计算，计量单位为 m^2。

② 按设计图示长度以延长米计算，计量单位为 m。

2）项目特征。

① 水泥砂浆踢脚线：踢脚线高度，底层厚度、砂浆配合比，面层厚度、砂浆配合比。

② 石材踢脚线、块料踢脚线：踢脚线高度，粘贴层厚度、材料种类，面层材料品种、规格、颜色，酸洗打蜡，镶边条数防护材料种类。

③ 塑料板踢脚线：踢脚线高度，粘结层厚度、材料种类，面层材料种类、规格、颜色。

④ 木质踢脚线、金属踢脚线、防静电踢脚线：踢脚线高度，基层材料种类、规格，面层材料品种、规格、颜色。

如果以延长米计算工程量，则踢脚线的高度必须描述。

对于石材踢脚线，有时需要酸洗打蜡，有时不需要；有时设计一条镶边，有时设计多条镶边。所以当不进行酸洗打蜡、有两条或两条以上镶边时要在项目特征中注明。建议增加“酸洗打蜡”、“镶边条数”两个特征项。

3）工作内容。

① 水泥砂浆踢脚线：基层清理、底层和面层抹灰、材料运输。

② 石材踢脚线、块料踢脚线：基层清理，底层抹灰，面层铺贴、磨边，擦缝，磨光、酸洗、打蜡，刷防护材料，材料运输。

③ 塑料板踢脚线、木质踢脚线、金属踢脚线、防静电踢脚线：基层清理、基层铺贴、面层铺贴、材料运输。

6.13.6　楼梯面层（编码 011106）

楼梯面层分为石材楼梯面层（编码 011106001）、块料楼梯面层（编码 011106002）、拼碎块料面层（编码 011106003）、水泥砂浆楼梯面层（编码 011106004）、现浇水磨石楼梯面层（编码 011106005）、地毯楼梯面层（编码 011106006）、木板楼梯面层（编码 011106007）、橡胶板楼梯面层（编码 011106008）和塑料板楼梯面层（编码 011106009）九个项目。

1. 石材楼梯面层、块料楼梯面层、拼碎块料面层

1）工程量计算：按设计图示尺寸以楼梯（包括踏步、休息平台及≤500mm 的楼梯井）水平投影面积计算，计量单位为 m²。楼梯与楼地面相连时，算至梯口梁内侧边沿；无梯口梁者，算至最上一层踏步边沿加 300mm。

单跑楼梯的工程量与双跑楼梯或多跑楼梯的计算方法相同。

2）项目特征：楼梯形状，找平层厚度、砂浆配合比，粘结层厚度、材料种类，面层材料品种、规格、颜色，镶边条数，防滑条材料种类、规格，勾缝材料种类，防护层材料种类，酸洗、打蜡要求。

对于石材楼梯面层，施工过程中消耗的人工和材料与楼梯的形状、石材镶边的条数有关，而计量规范中未将这些内容列入项目特征中，在编制工程量清单时要注意进行描述。建议增加"楼梯形状"和"镶边条数"特征项。在描述碎石材项目的面层材料特征时可不用描述规格、品牌、颜色。石材、块料与粘结材料的结合面刷防渗材料的种类在防护层材料种类中描述。

3）工作内容：基层清理，抹找平层，面层铺贴、磨边，贴嵌防滑条，勾缝，刷防护材料，酸洗、打蜡，材料运输。

2. 水泥砂浆楼梯面层

1）工程量计算：同石材楼梯面层。

2）项目特征：楼梯形状，找平层厚度、砂浆配合比，面层厚度、砂浆配合比，防滑条材料种类、规格。

3）工作内容：基层清理、抹找平层、抹面层、抹防滑条、材料运输。

3. 现浇水磨石楼梯面层

1）工程量计算：同石材楼梯面层。

2）项目特征：楼梯形状，找平层厚度、砂浆配合比，面层厚度、水泥石子浆配合比，防滑条材料种类、规格，石子种类、规格、颜色，颜料种类、颜色，磨光、酸洗、打蜡要求。

3）工作内容：基层清理，抹找平层，抹面层，贴嵌防滑条，磨光、酸洗、打蜡，材料运输。

4. 地毯楼梯面层

1）工程量计算：同石材楼梯面层。

2）项目特征：基层种类，面层材料品种、规格、颜色、分色、镶边，防护材料种类，粘结材料种类，固定配件材料种类、规格。

3）工作内容：基层清理、铺贴面层、固定配件安装、刷防护材料、材料运输。

5. 木板楼梯面层

1）工程量计算：同石材楼梯面层。

2）项目特征：基层材料种类、规格，面层材料品种、规格、颜色，粘结材料种类，防护材料种类。

3）工作内容：基层清理、基层铺贴、面层铺贴、刷防护材料、材料运输。

6. 橡胶板楼梯面层、塑料板楼梯面层

1）工程量计算：同石材楼梯面层。

2）项目特征：粘结层厚度、材料种类，面层材料品种、规格、颜色，压线条种类。

3）工作内容：基层清理、面层铺贴、压缝条装钉、材料运输。

6.13.7 台阶装饰（编码 011107）

台阶装饰分为石材台阶面（编码 011107001）、块料台阶面（编码 011107002）、拼碎块料台阶面（编码 011107003）、水泥砂浆台阶面（编码 011107004）、现浇水磨石台阶面（编码 011107005）和剁假石台阶面（编码 011107006）六个项目。

1. 石材台阶面、块料台阶面、拼碎块料台阶面

1）工程量计算：按设计图示尺寸以台阶（包括最上层踏步边沿加 300mm）水平投影面积计算，计量单位为 m^2。

2）项目特征：找平层厚度、砂浆配合比，粘结层材料种类，面层材料品种、规格、颜色、镶边条数、拼花图案，勾缝材料种类，防滑条材料种类、规格，防护材料种类。

在描述石材台阶面项目特征时，要描述台阶面层的镶边条数，有拼花时还要描述拼花的复杂程度。碎石材项目的面层材料特征时可不用描述规格、品牌、颜色。

石材、块料与粘结材料的结合面刷防渗材料的种类在防护层材料种类中描述。

3）工作内容：基层清理，抹找平层，面层铺贴，贴嵌防滑条，勾缝，刷防护材料，材料运输。

2. 水泥砂浆台阶面

1）工程量计算：同石材台阶面。

2）项目特征：垫层材料种类、厚度，找平层厚度、砂浆配合比，面层厚度、砂浆配合比，防滑条材料种类。

3）工作内容：基层清理、铺设垫层、抹找平层、抹面层、抹防滑条、材料运输。

3. 现浇水磨石台阶面

1）工程量计算：同石材台阶面。

2）项目特征：垫层材料种类、厚度，找平层厚度、砂浆配合比，面层厚度、水泥石子浆配合比，防滑条材料种类、规格，石子种类、规格、颜色，颜料种类、颜色，磨光、酸洗、打蜡要求。

3）工作内容：清理基层，铺设垫层，抹找平层，抹面层，贴嵌防滑条，打磨、酸洗、打蜡，材料运输。

4. 剁假石台阶面

1）工程量计算：同石材台阶面。

2）项目特征：垫层材料种类、厚度，找平层厚度、砂浆配合比，面层厚度、砂浆配合比，剁假石要求。

3）工作内容：清理基层、铺设垫层、抹找平层、抹面层、剁假石、材料运输。

6.13.8　零星装饰项目（编码 011108）

零星装饰项目分为石材零星项目（编码 011108001）、拼碎石材零星项目（编码 011108002）、块料零星项目（编码 011108003）和水泥砂浆零星项目（编码 011108004）四个项目。楼梯、台阶牵边和侧面镶贴块料面层，和面积≤0.5m² 的少量分散的楼地面镶贴块料面层，应按零星装饰项目执行。

1. 石材零星项目、拼碎石材零星项目、块料零星项目

1）工程量计算：按设计图示尺寸以面积计算，计量单位为 m²。

2）项目特征：工程部位，找平层厚度、砂浆配合比，贴结合层厚度、材料种类，面层材料品种、规格、颜色、镶边条数，勾缝材料种类，防护材料种类，酸洗、打蜡要求。

3）工作内容：清理基层，抹找平层，面层铺贴、磨边、勾缝，刷防护材料，酸洗、打蜡，材料运输。

2. 水泥砂浆零星项目

1）工程量计算：按设计图示尺寸以面积计算，计量单位为 m²。

2）项目特征：工程部位，找平层厚度、砂浆配合比，面层厚度、砂浆厚度。

3）工作内容：清理基层、抹找平层、抹面层、材料运输。

6.14　墙、柱面装饰与隔断、幕墙工程（编码 0112 附录 m）

本节分为墙面抹灰（编码：011201）、柱（梁）面抹灰（编码：011202）、零星抹灰（编码：011203）、墙面块料面层（编码：011204）、柱（梁）面镶贴块料（编码：011205）、镶贴零星块料（编码：011206）、墙饰面（编码：011207）、柱（梁）饰面（编码：011208）幕墙工程（编码：011209）和隔断（编码：011210）十个部分。

6.14.1　墙面抹灰（编码 011201）

墙面抹灰分为墙面一般抹灰（编码 011201001）、墙面装饰抹灰（编码 011201002）、墙面勾缝（编码 011201003）和立面砂浆找平层（编码 011201004）四个项目。

抹石灰砂浆、水泥砂浆、混合砂浆、聚合物水泥砂浆、麻刀石灰浆、石膏灰浆等按墙面一般抹灰列项，水刷石、斩假石、干粘石、假面砖等按墙面装饰抹灰列项。

飘窗凸出外墙面增加的抹灰并入外墙工程量内。

立面砂浆找平项目适用于仅做找平层的立面抹灰。

1. 墙面一般抹灰、墙面装饰抹灰

1）工程量计算：按设计图示尺寸以面积计算，计量单位为 m²。扣除墙裙、门窗洞口及单个>0.3m² 的孔洞面积，不扣除踢脚线、挂镜线和墙与构件交接处的面积，门窗洞口和孔洞的侧壁及顶面不增加面积。附墙柱、梁、垛、烟囱侧壁并入相应的墙面面积内。

① 外墙抹灰面积按外墙垂直投影面积计算。

② 外墙裙抹灰面积按其长度乘以高度计算。

③ 内墙抹灰面积按主墙间的净长乘以高度计算。无墙裙的，高度按室内楼地面至天棚底面计算；有墙裙的，高度按墙裙顶至天棚底面计算。有吊顶天棚抹灰，高度算至天棚底。

④ 内墙裙抹灰面按内墙净长乘以高度计算。

2）项目特征：墙体类型，底层厚度、砂浆配合比，面层厚度、砂浆配合比，装饰面材料种类，分格缝宽度、材料种类。

3）工作内容：基层清理，砂浆制作、运输，底层抹灰，抹面层，抹装饰面，勾分格缝。

2. 墙面勾缝

1）工程量计算：同墙面一般抹灰。

2）项目特征：墙体类型、勾缝类型、勾缝材料种类。

3）工作内容：基层清理，砂浆制作、运输，勾缝。

3. 立面砂浆找平层

1）工程量计算：同墙面一般抹灰。

2）项目特征：墙体类型，基层类型，找平层砂浆厚度、配合比。

3）工作内容：基层清理，砂浆制作、运输，抹灰找平。

6.14.2 柱（梁）面抹灰（编码 011202）

本节分为柱、梁面一般抹灰（编码 011202001），柱、梁面装饰抹灰（编码 011202002），柱、梁面砂浆找平（编码 011202003）和柱、梁面勾缝（编码 011202004）四个项目。

砂浆找平项目适用于仅做找平层的柱（梁）面抹灰。

柱（梁）面抹石灰砂浆、水泥砂浆、混合砂浆、聚合物水泥砂浆、麻刀石灰浆、石膏灰浆等按柱（梁）面一般抹灰编码列项，柱（梁）面水刷石、斩假石、干粘石、假面砖等按柱（梁）面装饰抹灰编码列项。

1. 柱、梁面一般抹灰，柱、梁面装饰抹灰

1）工程量计算：柱面抹灰按设计图示柱断面周长乘以高度以面积计算。梁面抹灰按设计图示梁断面周长乘以长度以面积计算。

2）项目特征：柱（梁）体类型，底层厚度、砂浆配合比，面层厚度、砂浆配合比，装饰面材料种类，分格缝宽度、材料种类。

编制工程量清单时，建议将柱面抹灰和梁面抹灰分开编制，这样可以分别清楚地描述其各自的项目特征。

柱体类型在描述时，应包括柱体材质、截面形状；梁的项目特征可以描述梁的平面形状。

3）工作内容：基层清理，砂浆制作、运输，底层抹灰，抹面层，勾分格缝。

2. 柱、梁面砂浆找平

1）工程量计算：同柱、梁面一般抹灰。

2）项目特征：柱（梁）体类型，找平的砂浆厚度、配合比。

3）工作内容：基层清理，砂浆制作、运输，抹灰找平。

3. 柱面勾缝

1）工程量计算：按设计图示柱断面周长乘以高度以面积计算，计量单位为 m^2。

2）项目特征：柱体类型、勾缝类型、勾缝材料种类。

3）工作内容：基层清理，砂浆制作、运输，勾缝。

6.14.3 零星抹灰（编码 011203）

零星抹灰分为零星项目一般抹灰（编码 011203001）、零星项目装饰抹灰（编码 011203002）和零星项目砂浆找平（编码 011203003）三个项目。

抹石灰砂浆、水泥砂浆、混合砂浆、聚合物水泥砂浆、麻刀石灰浆、石膏灰浆等按零星项目一般抹灰编码列项，水刷石、斩假石、干粘石、假面砖等按零星项目装饰抹灰编码列项。墙、柱（梁）面≤0.5m² 的少量分散的抹灰按零星抹灰项目编码列项。

1. 零星项目一般抹灰、零星项目装饰抹灰

1）工程量计算：按设计图示尺寸以面积计算，计量单位为 m²。

2）项目特征：墙体类型，基层类型、部位、底层厚度、砂浆配合比、面层厚度、砂浆配合比，装饰面材料种类，分格缝宽度、材料种类。

3）工作内容：基层清理，砂浆制作、运输，底层抹灰，抹面层，抹装饰面，勾分格缝。

2. 零星项目砂浆找平

1）工程量计算：按设计图示尺寸以面积计算，计量单位为 m²。

2）项目特征：基层类型、部位，找平的砂浆厚度、配合比。

3）工作内容：基层清理，砂浆制作、运输，抹灰找平。

6.14.4 墙面块料面层（编码 011204）

墙面块料面层分为石材墙面（编码 011204001）、拼碎石材墙面（编码 011204002）、块料墙面（编码 011204003）和干挂石材钢骨架（编码 011204004）四个项目。

石材墙面是指天然花岗岩、大理石、人造花岗岩、人造大理石、预制水磨石饰面板等。

块料墙面是指陶瓷面砖（内墙彩釉面砖、外墙面砖、陶瓷锦砖、大型陶瓷锦面砖等），玻璃面砖（玻璃锦砖、玻璃面砖），金属饰面板（彩色涂色钢板、彩色不锈钢板、镜面不锈钢饰面板、铝合金板、复合铝板、铝塑板等），塑料饰面板（聚氯乙烯塑料饰面板、玻璃钢饰面板、塑料贴面饰面板、聚酯装饰板、复塑中密度纤维板等），木质饰面板（胶合板、硬度纤维板、细木工板、刨花板、建筑纸面草板、水泥木屑板、灰条板等）。

1. 石材墙面、拼碎石材墙面、块料墙面

1）工程量计算：按镶贴表面积计算，计量单位为 m²。

2）项目特征：墙体类型，安装方式，面层材料品种、规格、颜色，缝宽、嵌缝材料种类，防护材料种类，磨光、酸洗、打蜡要求。

描述碎块项目的面层材料特征时可不用描述规格、品牌、颜色。

石材、块料与粘接材料的结合面刷防渗材料的种类在防护层材料种类中描述。

安装方式可描述为砂浆或粘结剂粘贴、挂贴、干挂等。不论使用哪种安装方式，都要详细描述与组价相关的内容。

3）工作内容：基层清理，砂浆制作、运输，粘结层铺贴，面层安装，嵌缝，刷防护材料，磨光、酸洗、打蜡。

2. 干挂石材钢骨架

1）工程量计算：按设计图示以质量计算，计量单位为 t。

2）项目特征：骨架种类、规格，防锈漆品种遍数。

3）工作内容：骨架制作、运输、安装，刷漆。

6.14.5 柱（梁）面镶贴块料 （编码 011205）

本节分为石材柱面（编码 011205001）、块料柱面（编码 011205002）、拼碎块柱面（编码 011205003）、石材梁面（编码 011205004）和块料梁面（编码 011205005）五个项目。

柱梁面干挂石材的钢骨架按"墙面块料面层"相应项目编码列项。石材、块料与粘接材料的结合面刷防渗材料的种类在防护层材料种类中描述。

1. 石材柱面、块料柱面、拼碎块柱面

1）工程量计算：按镶贴表面积计算，计量单位为 m^2。

2）项目特征：柱截面类型、尺寸，安装方式，面层材料品种、规格、颜色，缝宽、嵌缝材料种类，防护材料种类，磨光、酸洗、打蜡要求。

在描述碎块项目的面层材料特征时可不用描述规格、品牌、颜色。

3）工作内容：基层清理，砂浆制作、运输，粘结层铺贴，面层安装，嵌缝，刷防护材料，磨光、酸洗、打蜡。

2. 石材梁面和块料梁面

1）工程量计算：按镶贴表面积计算，计量单位为 m^2。

2）项目特征：安装方式，面层材料品种、规格、颜色，缝宽、嵌缝材料种类，防护材料种类，磨光、酸洗、打蜡要求。

3）工作内容：基层清理，砂浆制作、运输，粘结层铺贴，面层安装，嵌缝，刷防护材料，磨光、酸洗、打蜡。

6.14.6 镶贴零星块料 （编码 011206）

镶贴零星块料分为石材零星项目（编码 011206001）、块料零星项目（编码 011206002）和拼碎块零星项目（编码 011206003）三个项目。

零星项目干挂石材的钢骨架按"墙面块料面层"相应项目编码列项。

墙柱面 $\leqslant 0.5m^2$ 的少量分散的镶贴块料面层应按零星项目执行。

1）工程量计算：按镶贴表面积计算，计量单位为 m^2。

2）项目特征：基层类型、部位，安装方式，面层材料品种、规格、颜色，缝宽、嵌缝材料种类，防护材料种类，磨光、酸洗、打蜡要求。

在描述碎块项目的面层材料特征时可不用描述规格、品牌、颜色。

石材、块料与粘接材料的结合面刷防渗材料的种类在防护层材料种类中描述。

3）工作内容：基层清理，砂浆制作、运输，面层安装，嵌缝，刷防护材料，磨光、酸洗、打蜡。

6.14.7 墙饰面 （编码 011207）

墙饰面分为墙面装饰板（编码 011207001）和墙面装饰浮雕（编号 011207002）两个项目。

1. 墙面装饰板

1）工程量计算：按设计图示墙净长乘以净高以面积计算，计量单位为 m^2。扣除门窗洞口及单个 $>0.3m^2$ 的孔洞所占的面积。

2）项目特征：龙骨材料种类、规格、中距，隔离层材料种类、规格，基层材料种类、规格，面层材料品种、规格、颜色，压条材料种类、规格。

3）工作内容：基层清理，龙骨制作、运输、安装，钉隔离层，基层铺钉，面层铺贴。

2. 墙面装饰浮雕

1）工程量计算：按设计图示尺寸以面积计算。

2）项目特征：基层类型、浮雕材料种类、浮雕样式。

3）工作内容：基层清理，材料制作、运输，安装成型。

6.14.8 柱（梁）饰面（编码 011208）

柱（梁）饰面分柱（梁）饰面（编码 011208001）和成品装饰柱（编码 011208002）两个项目。

1. 柱（梁）面装饰

1）工程量计算：按设计图示饰面外围尺寸以面积计算，计量单位为 m^2。柱帽、柱墩并入相应柱饰面工程量内。

2）项目特征：龙骨材料种类、规格、中距，隔离层材料种类、规格，基层材料种类、规格，面层材料品种、规格、颜色，压条材料种类、规格。

3）工作内容：基层清理，龙骨制作、运输、安装，钉隔离层，基层铺钉，面层铺贴。

2. 成品装饰柱

1）工程量计算：

① 按设计数量以根计量。

② 按设计长度，以米计量。

2）项目特征：柱截面、高度尺寸，柱材质。

3）工作内容：柱运输、安装。

6.14.9 幕墙工程（编码 011209）

幕墙分为带骨架幕墙（编码 011209001）和全玻（无框玻璃）幕墙（编码 011209002）两个项目。

1. 带骨架幕墙

1）工程量计算：按设计图示框外围尺寸以面积计算，计量单位为 m^2。不扣除与幕墙同种材质的窗所占的面积。

2）项目特征：骨架材料种类、规格、中距，面层材料品种、规格、颜色，面层固定方式，隔离带、框边封闭材料品种、规格，嵌缝、塞口材料种类。

3）工作内容：骨架制作、运输、安装，面层安装，隔离带、框边封闭，嵌缝、塞口，清洗。

2. 全玻（无框玻璃）幕墙

1）工程量计算：按设计图示尺寸以面积计算。带肋全玻幕墙按展开面积计算，计量单位为 m^2。

2）项目特征：玻璃品种、规格、颜色，粘结塞口材料种类，固定方式。

3）工作内容：幕墙安装，嵌缝、塞口，清洗。

6.14.10 隔断（编码 011210）

隔断分为木隔断（编码 011210001）、金属隔断（编码 011210002）、玻璃隔断（编码 011210003）、塑料隔断（编码 011210004）、成品隔断（编码 011210005）和其他隔断（编码 011210006）六个项目。

1. 木隔断

1）工程量计算：按设计图示框外围尺寸以面积计算，计量单位为 m^2。不扣除单个面积

≤0.3m² 的孔洞所占的面积；当浴厕门的材质与隔断相同时，门的面积并入隔断面积内。

2) 项目特征：骨架、边框材料种类、规格，隔板材料品种、规格、颜色，嵌缝、塞口材料品种，压条材料种类。

3) 工作内容：骨架及边框制作、运输、安装，隔板制作、运输、安装，嵌缝、塞口，装钉压条。

2. 金属隔断

1) 工程量计算：按设计图示框外围尺寸以面积计算，计量单位为 m²。不扣除单个 ≤0.3m² 的孔洞所占的面积；当浴厕门的材质与隔断相同时，门的面积并入隔断面积内。

2) 项目特征：骨架、边框材料种类、规格，隔板材料品种、规格、颜色，嵌缝、塞口材料品种。

3) 工作内容：骨架及边框制作、运输、安装，隔板制作、运输、安装，嵌缝、塞口。

3. 玻璃隔断

1) 工程量计算：按设计图示框外围尺寸以面积计算，计量单位为 m²。不扣除单个 ≤0.3m² 的孔洞所占的面积。

2) 项目特征：边框材料种类、规格，玻璃品种、规格、颜色，嵌缝、塞口材料品种。

3) 工作内容：边框制作、运输、安装，玻璃制作、运输、安装，嵌缝、塞口。

4. 塑料隔断

1) 工程量计算：按设计图示框外围尺寸以面积计算，计量单位为 m²。不扣除单个 ≤0.3m² 的孔洞所占的面积。

2) 项目特征：边框材料种类、规格，隔板材料品种、规格、颜色，嵌缝、塞口材料品种。

3) 工作内容：骨架及边框制作、运输、安装，隔板制作、运输、安装，嵌缝、塞口。

5. 成品隔断

1) 工程量计算。

① 按设计图示框外围尺寸以面积计算，计量单位为 m²。

② 按设计间的数量计算，计量单位为"间"。

2) 项目特征：隔断材料品种、规格、颜色，配件品种、规格。

3) 工作内容：隔断运输、安装，嵌缝、塞口。

6. 其他隔断

1) 工程量计算：按设计图示框外围尺寸以面积计算，计量单位为 m²。不扣除单个 ≤0.3m² 的孔洞所占的面积。

2) 项目特征：骨架、边框材料种类、规格，隔板材料品种、规格、颜色，嵌缝、塞口材料品种。

3) 工作内容：骨架及边框安装，隔板安装，嵌缝、塞口。

6.14.11　内容分析与能力提升

1. 阳台、雨篷

理论上说，在基层的上表面抹灰均可以按地面列项，在基层的下表面抹灰均可以按天棚列项，在基层的侧面抹灰均可以按墙面列项。但是有些地方计价定额中却将这些比较特殊的分项工程的顶面、侧面和底面组合在一起，编制在一个定额项目内，有些将顶面与侧面编制在一个定额子目内，有些将多个侧面组合在一个定额子目内。如挑出室外的阳台、雨篷、水平遮阳板、空调室外机搁板等。

以阳台抹灰为例，定额中是一个整体，既包括了顶面、侧面抹灰，又包括了底面抹灰。在编制工程量清单时，如果阳台是封闭的，形成了一个独立的房间，在清单中将阳台板的顶面列入地面、将阳台板的底面列入天棚，将阳台栏板（含压顶）的内、外侧面列入墙面，报价时分别执行相应的地面、天棚和墙面抹灰定额也是完全可以的。

如果阳台不封闭，则无法按当地计价定额进行报价。

如果按零星项目列项，其单个面积又在 0.5m² 以上，虽不符合按该项目列项的条件，但只要在项目特征中描述清楚并按照工程量计算规则计算工程量即可。

雨篷抹灰的情况与阳台类似，处理方式不再赘述。还需要注意另外一个问题，就是当雨篷顶面、底面、侧面的装修作法不同时，则要分别列项，套价时按照定额规定进行调整。

室外的悬挑板，如空调室外机搁板建议按雨篷列项。

如果认为工程量计量规范中缺少某个清单项目，也可根据当地计价定额的具体情况进行清单项目的补充。下面以《江苏省建筑与装饰工程计价定额》（2014 版）为例说明，补充工程量清单示例，见表 6-14。

表 6-14　补充工程量清单示例

编号	项目名称	项目特征	计量单位	工程量计算规则	工作内容
01B001	雨篷、阳台抹灰	1. 墙体类型 2. 底层厚度、砂浆配合比 3. 面层厚度、砂浆配合比 4. 装饰面材料种类 5. 分格缝宽度、材料种类	m²	按水平投影面积计算包括顶面、底面和侧面	1. 基层清理 2. 砂浆制作、运输 3. 底层抹灰 4. 抹面层 5. 抹装饰面 6. 勾分格缝
01B002	栏板抹灰			按垂直投影面积计算	
01B003	水平遮阳板			顶面和侧面按水平投影面积计算工程量，底面并入顶棚工程量	

表 6-14 中的工程量计算规则经过有权部门的批准后，可以作为补充工程量清单项目使用。与定额工程量计算规则比较发现，阳台工程量计算规则相同，而栏板和水平遮阳板的工程量计算规则不同，所以编制招标控制价和投标报价时一定要引起重视。

2. 飘窗

清单计量规范规定，飘窗凸出外墙面增加的抹灰不计算工程量，在综合单价中考虑。实际上，飘窗形成的空间与封闭阳台相似，各层飘窗顶板的下表面在室内的部分并入天棚工程量，上表面在室内的部分并入上一层地面的工程量，底层飘窗底板的底面并入天棚工程量。凸出外墙面增加的工程量可以理解为各层飘窗顶板、底板在室外的部分，即最顶层顶板的上表面、其他各层飘窗板在室外的顶面、底面和侧面面积之和。

这一点在编制招标控制价和投标报价时也要引起重视。

6.15　天棚工程（编码 0113 附录 N）

天棚工程分为天棚抹灰、天棚吊顶、采光天棚工程和天棚其他装饰四个部分。

6.15.1　天棚抹灰（编码 011301）

本节只列天棚抹灰（编码 011301001）一个项目。

1）工程量计算：按设计图示尺寸以水平投影面积计算，计量单位为 m²。不扣除间壁墙、垛、柱、附墙烟囱、检查口和管道所占的面积，带梁天棚、梁两侧抹灰面积并入天棚面积内，板式楼梯底面抹灰按斜面积计算，锯齿形楼梯底板抹灰按展开面积计算。

2）项目特征：基层类型，抹灰厚度、材料种类，砂浆配合比。

基层类型是指混凝土现浇板、预制混凝土现浇板、木板条等。

3）工作内容：基层清理、底层抹灰、抹面层。

6.15.2 天棚吊顶（编码 011302）

天棚吊顶分为吊顶天棚（编码 011302001）、格栅吊顶（编码 011302002）、吊筒吊顶（编码 011302003）、藤条造型悬挂吊顶（编码 011302004）、织物软雕吊顶（编码 011302005）和（装饰）网架吊顶（编码 011302006）六个项目。

天棚吊顶面层适用于：石膏板（包括装饰石膏板、纸面石膏板、吸声石膏板、嵌装式装饰石膏板等）、埃特板、装饰吸声罩面板（包括矿棉装饰吸声板、贴塑矿（岩）棉吸声板、膨胀珍珠岩装饰吸声板等）、塑料罩面板（钙塑泡沫装饰板、聚苯乙烯泡沫吸声板、聚苯乙烯塑料天花板等）、纤维水泥加压板（包括穿孔石棉板、轻抚硅酸钙吊顶板等）、金属装饰板（包括铝合金罩面板、金属微孔吸声板、铝合金单体构件等）、木质饰板（胶合板、薄板、板条、水泥木丝板、刨花板等）、玻璃饰面（包括镜面玻璃、镭射玻璃等）。

1. 吊顶天棚

1）工程量计算：按设计图示尺寸以水平投影面积计算，计量单位为 m^2。天棚面中的灯槽及跌级、锯齿形、吊挂式、藻井式天棚面积不展开计算。不扣除间壁墙、检查口、附墙烟囱、柱、垛和管道所占的面积，扣除单个>0.3m^2 的孔洞、独立柱及与天棚相连的窗帘盒所占的面积。

2）项目特征：吊顶形式、吊杆规格、高度，龙骨材料种类、规格、中距，基层材料种类、规格，面层材料品种、规格，压条材料种类、规格，嵌缝材料种类，防护材料种类。

3）工作内容：基层清理、吊杆安装，龙骨安装，基层板铺贴，面层铺贴，嵌缝，刷防护材料。

2. 格栅吊顶

1）工程量计算：按设计图示尺寸以水平投影面积计算，计量单位为 m^2。

2）项目特征：龙骨材料种类、规格、中距，基层材料种类、规格，面层材料品种、规格，防护材料种类。

3）工作内容：基层清理、安装龙骨、基层板铺贴、面层铺贴、刷防护材料。

格栅吊顶适用于木格栅、金属格栅和塑料格栅等。

3. 吊筒吊顶

1）工程量计算：按设计图示尺寸以水平投影面积计算，计量单位为 m^2。

2）项目特征：吊筒形状、规格，吊筒材料种类，防护材料种类。

3）工作内容：基层清理、吊筒制作安装、刷防护材料。

吊筒吊顶适用于木（竹）质吊筒、金属吊筒、塑料吊筒以及圆形、矩形、扁钟形吊筒等。

4. 藤条造型悬挂吊顶、织物软雕吊顶

1）工程量计算：按设计图示尺寸以水平投影面积计算，计量单位为 m^2。

2）项目特征：骨架材料种类、规格，面层材料品种、规格。

3）工作内容：基层清理、龙骨安装、铺贴面层。

5. （装饰）网架吊顶

1）工程量计算：按设计图示尺寸以水平投影面积计算，计量单位为 m^2。

2）项目特征：网架材料品种、规格。

3）工作内容：基层清理、网架制作安装。

6.15.3 采光天棚工程（编码 011303）

采光天棚工程只列采光天棚（编码 011303001）一个项目。

采光天棚骨架不包含在本项目中，应单独按"金属结构工程"相关项目编码列项。

1）工程量计算：按框外围展开面积计算，计量单位为 m^2。

2）项目特征：骨架类型，固定类型、固定材料品种、规格，面层材料品种、规格，嵌缝、塞口材料种类。

3）工作内容：清理基层，面层制安，嵌缝、塞口，清洗。

6.15.4 天棚其他装饰（编码 011304）

天棚其他装饰工程分为灯带（槽）（编码 011304001）和送风口、回风口（编码 011304002）两个项目。

1. 灯带（槽）

1）工程量计算：按设计图示尺寸以框外围面积计算，计量单位为 m^2。

2）项目特征：灯带型式、尺寸，格栅片材料品种、规格，安装固定方式。

3）工作内容：安装、固定。

2. 送风口、回风口

1）工程量计算：按设计图示数量计算，计量单位为"个"。

2）项目特征：风口材料品种、规格，安装固定方式，防护材料种类。

3）工作内容：安装、固定，刷防护材料。

6.16 油漆、涂料、裱糊工程（附录 P）

油漆、涂料、裱糊工程分为门油漆（编码 011401），窗油漆（编码 011402），木扶手及其他板条、线条油漆（编码 011403），木材面油漆（编码 011404），金属面油漆（编码 011405），抹灰面油漆（编码 011406），喷刷涂料（编码 011407）和裱糊（编码 011408）八个部分。

6.16.1 门油漆（编码 011401）

门油漆分为木门油漆（编码 011401001）和金属门油漆（编码 011401002）两个项目。

木门油漆应区分单层木门、带上亮木门、双层（一玻一纱）木门、单层全玻璃门、单层半玻璃门、不包括门套的单层木扇、凹凸线条几何图案造型单层木门、木百叶门、半木百叶门、厂库房木大门、钢木大门、双层（单裁口）木门分别编码列项。

金属门油漆应区分单层钢门、双层钢门、单层钢门带纱门扇、钢百叶门、半截百叶门、满钢门或包铁皮门、钢折叠门、射线防护门、厂库房平开、推拉门、钢制防火门列项。

1）工程量计算。

① 按设计图示数量计量，计量单位为"樘"。

② 按设计图示洞口尺寸以面积计算，计量单位为 m^2。

2）项目特征：门类型，门代号及洞口尺寸，腻子种类，刮腻子遍数，防护材料种类，油漆品种、刷漆遍数。

门类型分为镶板门、木板门、胶合板门、装饰实木门、木纱门、木质防火门、连窗门、平开门、推拉门、单肩门、双扇门、带纱门、全玻璃门（带木框）、半玻璃门、半百叶门、全百叶门、带亮子门、不带亮子门、有门框门、无门框门和单独门框门等。

以 m^2 计量，项目特征可不必描述洞口尺寸。

若为厂库房大门，建议在描述项目特征时，还要描述门框或扇外围尺寸。

腻子种类分为石油腻子（熟桐油、石膏粉、矢量水）、胶腻子（大白、色粉、羟甲基纤维素）、漆片腻子（漆片、酒精、石膏粉、适量色粉）、油腻子（矾石粉、桐油、脂肪酸、松香）等。

3）工作内容。

① 木门油漆：基层清理，刮腻子，刷防护材料、油漆。

② 金属门油漆：除锈、基层清理，刮腻子，刷防护材料、油漆。

注意事项：与定额工程量计算规则比较发现，定额的工程量计量单位为 m^2，且以单层门的工程量乘以一定的调整系数作为该项的工程量。所以，编制计算工程量清单时，要本着既不违反工程量清单编制的要求，又方便下一阶段工作的原则，尽量与门窗工程分部选择相同的计量单位。这一点编标人也要特别注意，套用定额时不要忘记乘以计价定额规定的系数。其他构件油漆项目的注意事项与此相似，不再赘述。

6.16.2　窗油漆（编码 011402）

窗油漆分为木窗油漆（编码 011402001）和金属窗油漆（编码 011402002）两个项目。

木窗油漆应区分单层木窗、单层玻璃窗、双层（一玻一纱）窗、双层框扇（单裁口）窗、双层框三层（二玻一纱）窗、单层组合窗、双层组合窗、木百叶窗、不包括窗套的单层木窗扇、木推拉窗等项目，分别编码列项。

金属窗油漆应区分单层钢窗、双层钢窗、单层钢窗带纱窗扇、钢百叶窗、平开窗、推拉窗、固定窗、组合窗、金属隔栅窗分别列项。

1）工程量计算。

① 按设计图示数量计量，计量单位为"樘"。

② 按设计图示洞口尺寸以面积计算，计量单位为 m^2。

2）项目特征：窗类型，窗代号及洞口尺寸，腻子种类，刮腻子遍数，防护材料种类，油漆品种、刷漆遍数。

窗类型分为平开窗、推拉窗、提拉窗、固定窗、空花窗、百叶窗以及单肩窗、双扇窗、多扇窗、单层窗、双层窗、带亮子窗、不带亮子窗等。

以 m^2 计量，项目特征可不必描述洞口尺寸。

3）工作内容

① 木窗油漆：基层清理，刮腻子，刷防护材料、油漆。

② 金属窗油漆：除锈、基层清理，刮腻子，刷防护材料、油漆。

6.16.3　木扶手及其他板条（线条）油漆（编码 011403）

本节分为木扶手油漆（编码 011403001），窗帘盒油漆（编码 011403002），封檐板、顺水板油漆（编码 011403003），挂衣板、黑板框油漆（编码 011403004），挂镜线、窗帘棍、单独木线油漆（编码 011403005）五个项目。

木扶手应区分带托板与不带托板，分别编码列项，若木栏杆带扶手，木扶手不应单独列项，应包含在木栏杆油漆中。

1）工程量计算：按设计图示尺寸以长度计算，计量单位为 m。

2）项目特征：断面尺寸，腻子种类，刮腻子遍数，防护材料种类，油漆品种、刷漆遍数。

3）工作内容：基层清理，刮腻子，刷防护材料、油漆。

6.16.4　木材面油漆（编码 011404）

木材面油漆分为木护墙、木墙裙油漆（编码 011404001），窗台板、筒子板、盖板、门窗套、踢脚线油漆（编码 011404002），清水板条天棚、檐口油漆（编码 011404003），木方格吊顶天棚油漆（编码 011404004），吸音板墙面、天棚面油漆（编码 011404005），暖气罩油漆（编码 011404006），其他木材面（编码 011404007），木间壁、木隔断油漆（编码 011404008），玻璃间壁露明墙筋油漆（编码 011404009），木栅栏、木栏杆（带扶手）油漆（编码 011404010），衣柜、壁柜油漆（编码 011404011），梁柱饰面油漆（编码 011404012），零星木装修油漆（编码 011404013），木地板油漆（编码 011404014），木地板烫硬蜡面（编码 011404015）15 个项目。

1. 木护墙、木墙裙油漆，窗台板、筒子板、盖板、门窗套、踢脚板油漆，清水板条天棚、檐口油漆，木方格吊顶天棚油漆，吸音板墙面、天棚面油漆，暖气罩油漆，其他木材面

1）工程量计算：按设计图示尺寸以面积计算，计量单位为 m^2。

2）项目特征：腻子种类，刮腻子遍数，防护材料种类，油漆品种、刷漆遍数。

木墙裙油漆的项目特征描述时还要注意其表面是否有凹凸线条、几何图案等。

3）工作内容：基层清理，刮腻子，刷防护材料、油漆。

2. 木间壁、木隔断油漆，玻璃间壁露明墙筋油漆，木栅栏、木栏杆（带扶手）油漆

1）工程量计算：按设计图示尺寸以单面外围面积计算，计量单位为 m^2。

2）项目特征：腻子种类，刮腻子遍数，防护材料种类，油漆品种、刷漆遍数。

3）工作内容：基层清理，刮腻子，刷防护材料、油漆。

3. 衣柜、壁柜油漆，梁柱饰面油漆，零星木装修油漆

1）工程量计算：按设计图示尺寸以油漆部分展开面积计算，计量单位为 m^2。

2）项目特征：腻子种类，刮腻子遍数，防护材料种类，油漆品种、刷漆遍数。

3）工作内容：基层清理，刮腻子，刷防护材料、油漆。

4. 木地板油漆

1）工程量计算：按设计图示尺寸以面积计算，计量单位为 m^2。空洞、空圈、暖气包槽、壁龛的开口部分并入相应的工程量。

2）项目特征：腻子种类，刮腻子遍数，防护材料种类，油漆品种、刷漆遍数。

3）工作内容：基层清理，刮腻子，刷防护材料、油漆。

5. 木地板烫硬蜡面

1）工程量计算：按设计图示尺寸以面积计算，计量单位为 m^2。空洞、空圈、暖气包槽、壁龛的开口部分并入相应的工程量。

2）项目特征：硬蜡品种、面层处理要求。

3）工作内容：基层清理、烫蜡。

6.16.5　金属面油漆（编码 011405）

金属面油漆只列金属面油漆（编码 011405001）一个项目。

1）工程量计算

① 按设计图示尺寸以质量计算，计量单位为 t。

② 按设计展开面积计算，计量单位为 m²。

2）项目特征：构件名称，腻子种类，刮腻子要求，防护材料种类，油漆品种、刷漆遍数。

3）工作内容：基层清理，刮腻子，刷防护材料、油漆。

6.16.6　抹灰面油漆（编码 011406）

抹灰面油漆分为抹灰面油漆（编码 011406001）、抹灰线条油漆（编码 011406002）和满刮腻子（编码 011406003）三个项目。

1. 抹灰面油漆

1）工程量计算：按设计图示尺寸以面积计算，计量单位为 m²。

2）项目特征：基层类型，腻子种类，刮腻子遍数，防护材料种类，油漆品种、刷漆遍数。

3）工作内容：基层清理，刮腻子，刷防护材料、油漆。

2. 抹灰线条油漆

1）工程量计算：按设计图示尺寸以长度计算，计量单位为 m。

2）项目特征：线条宽度、道数，腻子种类，刮腻子遍数，防护材料种类，油漆品种、刷漆遍数。

3）工作内容：基层清理，刮腻子，刷防护材料、油漆。

3. 满刮腻子

1）工程量计算：按设计图示尺寸以面积计算，计量单位为 m²。

2）项目特征：基层类型、腻子种类、刮腻子遍数。

3）工作内容：基层清理、刮腻子。

6.16.7　喷刷涂料（编码 011407）

喷刷涂料分为墙面喷刷涂料（编码 011407001），天棚喷刷涂料（编码 011407002），空花格、栏杆刷涂料（编码 011407003），线条刷涂料（编码 011407004），金属构件刷防火涂料（编码 011407005）和木材构件喷刷防火涂料（编码 011407006）六个项目。

1. 墙面喷刷涂料、天棚喷刷涂料

1）工程量计算：按设计图示尺寸以面积计算，计量单位为 m²。

2）项目特征：基层类型，喷刷涂料部位，腻子种类，刮腻子要求，涂料品种、喷刷遍数。

喷刷墙面涂料部位要注明内墙或外墙。

3）工作内容：基层清理，刮腻子，刷、喷涂料。

2. 空花格、栏杆刷涂料

1）工程量计算：按设计图示尺寸以单面外围面积计算，计量单位为 m²。

2）项目特征：腻子种类，刮腻子遍数，涂料品种、刷喷遍数。

3）工作内容：基层清理，刮腻子，刷、喷涂料。

3. 线条刷涂料

1）工程量计算：按设计图示尺寸以长度计算，计量单位为 m。

2）项目特征：基层清理，线条宽度，刮腻子遍数，刷防护材料、油漆。

3）工作内容：基层清理，刮腻子，刷、喷涂料。

4. 金属构件刷防火涂料

1）工程量计算。

① 按设计图示尺寸以质量计算，计量单位为 t。

② 按设计展开面积计算，计量单位为 m²。

2）项目特征：喷刷防火涂料构件名称，防火等级要求，涂料品种、喷刷遍数。

3）工作内容：基层清理，刷防护材料、油漆。

5. 木材构件喷刷防火涂料

1）工程量计算。

① 按设计图示尺寸以面积计算，计量单位为 m²。

② 按设计结构尺寸以体积计算，计量单位为 m³。

2）项目特征：喷刷防火涂料构件名称，防火等级要求，涂料品种、喷刷遍数。

3）工作内容：基层清理、刷防火材料。

6.16.8　裱糊（编码 011408）

裱糊分为墙纸裱糊（编码 011408001）和织锦缎裱糊（编码 011408002）两个项目。

1）工程量计算：按设计图示尺寸以面积计算，计量单位为 m²。

2）项目特征：基层类型，裱糊部位，腻子种类，刮腻子遍数，粘结材料种类，防护材料种类，面层材料品种、规格、颜色。

3）工作内容：基层清理，刮腻子，面层铺粘，刷防护材料。

6.16.9　内容分析与能力提升

在油漆类项目中，可能出现很多木构件的油漆项目未找到的情况。此时我们不能断定清单工程量计算规范缺少这个项目，因为工程量清单计价规范和其他九个专业工程量计算规范形成了一个规范族，各专业规范中的清单项目是通用的。所以，应该首先到其他各专业工程量计算规范中寻找，如果找不到再进行补充，编制补充工程量清单项目。如木楼梯油漆在（GB 50854—2013）《建筑与装饰工程工程量计算规范》中未列，但在（GB 50855—2013）《仿古建筑工程工程量计算规范》中有此项目（编码 020906003），就可以按此进行列项。

6.17　其他装饰工程（编码 0115 附录 Q）

其他装饰工程分为柜类、货架，压条、装饰线，扶手、栏杆、栏板装饰，暖气罩，浴厕配件，雨篷、旗杆，招牌、灯箱，美术字八个部分。

6.17.1　柜类、货架（编码 011501）

柜类、货架分为柜台（编码 011501001）、酒柜（编码 011501002）、衣柜（编码 011501003）、存包柜（编码 011501004）、鞋柜（编码 011501005）、书柜（编码 011501006）、厨房壁柜（编码 011501007）、木壁柜（编码 011501008）、厨房低柜（编码 011501009）、厨房吊柜（编码 011501010）、矮柜（编码 011501011）、吧台背柜（编码 011501012）、酒吧吊柜（编码 011501013）、酒吧台（编码 011501014）、展台（编码

011501015）、收银台（编码 011501016）、试衣间（编码 011501017）、货架（编码 011501018）、书架（编码 011501019）和服务台（编码 011501020）20 个项目。

厨房壁柜与吊柜的区分，嵌入墙体内部的为壁柜，以支架固定在墙上的为吊柜。

1）工程量计算。

① 按设计图示数量计量，计量单位为"个"。

② 按设计图示尺寸以延长米计算，计量单位为 m。

③ 按设计图示尺寸以体积计算，计量单位为 m^3。

2）项目特征：台柜规格，材料种类、规格，五金种类、规格，防护材料种类，油漆品种、刷漆遍数。

台柜的规格以能分离的成品单体长度、宽度、高度表示。若一个组合柜分为上下两部分，下部分为独立的矮柜，上部为敞开式的书柜，可以上下两部分分别标注尺寸。

计算工程量时，以能分离的同规格的单体个数计算。按设计图样或说明，包括台柜、台面材料（石材、皮草、金属、实木等）、内隔板材料、连接件、配件等，均应包括在报价内。

3）工作内容：台柜制作、运输、安装（安放），刷防护材料、油漆，五金件安装。

6.17.2 压条、装饰线（编码 011502）

压条、装饰线分为金属装饰线（编码 011502001）、木质装饰线（编码 011502002）、石材装饰线（编码 011502003）、石膏装饰线（编码 011502004）、镜面玻璃线（编码 011502005）、铝塑装饰线（编码 011502006）、塑料装饰线（编码 011502007）、GRC 装饰线条（编码 011502008）八个项目。

1）工程量计算：按设计图示尺寸以延长米计算，计量单位为 m。

2）项目特征：基层类型，线条图案，线条材料品种、规格、颜色，防护材料种类。

装饰线的基层类型是指装饰线依托的材料，如砖墙、木墙、石墙、混凝土墙、墙面抹灰、钢支架等。

3）工作内容：线条制作、安装，刷防护材料。

除镜面玻璃线外，其他装饰线条如果用在天棚面层时，在基层类型中除描述龙骨类型外，还要描述是否需要钉装饰线条图案。建议增加"线条图案"特征项。

6.17.3 扶手、栏杆、栏板装饰（编码 011503）

扶手、栏杆、栏板适用于楼梯、阳台、走廊、回廊及其他装饰性扶手、栏杆、栏板。

扶手、栏杆、栏板装饰分为金属扶手、栏杆、栏板（编码 011503001），硬木扶手、栏杆、栏板（编码 011503002），塑料扶手、栏杆、栏板（编码 011503003），GRC 栏杆、扶手（编码 011503004），金属靠墙扶手（编码 011503005），硬木靠墙扶手（编码 011503006），塑料靠墙扶手（编码 011503007）和玻璃栏板（编码 011503008）八个项目。

1. 金属扶手、栏杆、栏板，硬木扶手、栏杆、栏板，塑料扶手、栏杆、栏板

1）工程量计算：按设计图示以扶手中心线长度（包括弯头长度）计算，计量单位为 m。

2）项目特征：扶手材料种类、规格、品牌，栏杆材料种类、规格、品牌，栏板材料种类、规格、品牌、颜色，固定配件种类，防护材料种类。

3）工作内容：制作，运输，安装，刷防护材料。

2. GRC 栏杆、扶手

1）工程量计算和工作内容同金属扶手、栏杆、栏板。

2）项目特征：栏杆的规格，安装间距，扶手类型规格，填充材料种类。

3. 金属靠墙扶手，硬木靠墙扶手、塑料靠墙扶手

1）工程量计算：按设计图示以扶手中心线长度（包括弯头长度）计算，计量单位为 m。

2）项目特征：扶手材料种类、规格、品牌，固定配件种类，防护材料种类。

3）工作内容：制作、运输、安装、刷防护材料。

4. 玻璃栏板

1）工程量计算：按设计图示以扶手中心线长度（包括弯头长度）计算，计量单位为 m。

2）项目特征：栏杆玻璃的种类、规格、颜色、品牌，固定方式，固定配件种类。

3）工作内容：制作运输、安装、刷防护材料。

6.17.4 暖气罩（编码 011504）

暖气罩分为饰面板暖气罩（编码 011504001）、塑料板暖气罩（编码 011504002）和金属暖气罩（编码 011504003）三个项目。

1）工程量计算：按设计图示尺寸以垂直投影面积（不展开）计算，计量单位为 m^2。

2）项目特征：暖气罩材质，防护材料种类。

3）工作内容：暖气罩制作、运输、安装，刷防护材料、油漆。

6.17.5 浴厕配件（编码 011505）

浴厕配件分为洗漱台（编码 011505001）、晒衣架（编码 011505002）、帘子杆（编码 011505003）、浴缸拉手（编码 011505004）、卫生间扶手（编码 011505005）、毛巾杆（架）（编码 011505006）、毛巾环（编码 011505007）、卫生纸盒（编码 011505008）、肥皂盒（编码 011505009）、镜面玻璃（编码 011505010）和镜箱（编码 011505011）11 个项目。

洗漱台项目适用于石质（天然石材、人造石材等）、玻璃等材料。现场制作，切、磨边等人工、机械的费用均应包含在报价内。

1. 洗漱台

1）工程量计算。

① 按设计图示尺寸以台面外接矩形面积计算，计量单位为 m^2。不扣除孔洞、挖弯、削角所占面积，挡板、吊沿板面积并入台面面积。

② 按设计图示数量计算，计量单位为"个"。

2）项目特征：材料品种、规格、品牌、颜色，支架、配件品种、规格、品牌。

3）工作内容：台面及支架、运输、安装，杆、环、盒、配件安装，刷油漆。

2. 晒衣架、帘子杆、浴缸拉手、卫生间扶手

1）工程量计算：按设计图示数量计算，计量单位为"个"。

2）项目特征：材料品种、规格、品牌、颜色，支架、配件品种、规格、品牌。

3）工作内容：台面及支架、运输、安装，杆、环、盒、配件安装，刷油漆。

3. 毛巾杆（架）、毛巾环、卫生纸盒、肥皂盒

1）工程量计算：按设计图示数量计算，计量单位为"套""副""个"。

2）项目特征：材料品种、规格、品牌、颜色，支架、配件品种、规格、品牌。

3）工作内容：台面及支架、运输、安装，杆、环、盒、配件安装，刷油漆。

4. 镜面玻璃

1）工程量计算：按设计图示尺寸以边框外围面积计算，计量音准为 m^2。

2）项目特征：镜面玻璃品种、规格，框材质、断面尺寸，基层材料种类，防护材料种类。

3）工作内容：基层安装，玻璃及框制作、运输、安装。

镜面玻璃的基层材料是指玻璃背后的衬垫材料，如胶合板、油毡等。

5. 镜箱

1）工程量计算：按设计图示数量计算，计量单位为"个"。

2）项目特征：箱材质、规格，玻璃品种、规格，基层材料种类，防护材料种类，油漆品种、刷漆遍数。

镜箱的基层材料是指镜箱背后的衬垫材料，如胶合板、油毡等。

3）工作内容：基层安装，箱体制作、运输、安装，玻璃安装，刷防护材料、油漆。

6.17.6 雨篷、旗杆 （编码011506）

雨篷、旗杆分为雨篷吊挂饰面 （编码011506001）、金属旗杆 （编码011506002） 和玻璃雨篷 （编码011506003） 三个项目。

1. 雨篷吊挂饰面

1）工程量计算：按设计图示尺寸以水平投影面积计算，计量单位为 m^2。

2）项目特征：基层类型，龙骨材料种类、规格、中距，面层材料品种、规格、品牌，吊顶（天棚）材料品种、规格、品牌，嵌缝材料种类，防护材料种类。

3）工作内容：底层抹灰，龙骨基层安装，面层安装，刷防护材料、油漆。

2. 金属旗杆

1）工程量计算：按设计图示数量计算，计量单位为"根"。

2）项目特征：旗杆材料、种类、规格，旗杆高度，基础材料种类，基座材料种类，基座面层材料、种类、规格。

旗杆高度是指旗杆台座上表面至杆顶的尺寸 （包括球珠）。金属旗杆的台座及台座面层一并纳入报价。

3）工作内容：土石挖、填、运，基础混凝土浇注，旗杆制作、安装，旗杆台座制作、饰面。

3. 玻璃雨篷

1）工程量计算：按设计图示尺寸以水平投影面积计算，计量单位为 m^2。

2）项目特征：玻璃雨篷固定方式，龙骨材料种类、规格、中距，玻璃材料品种、规格、品牌，嵌缝材料种类，防护材料种类。

3）工作内容：龙骨基层安装，面层安装，刷防护材料、油漆。

6.17.7 招牌、灯箱 （编码011507）

招牌、灯箱分为平面、箱式招牌 （编码011507001），竖式标箱 （编码011507002），灯箱 （编码011507003） 和信报箱 （编码011507004） 四个项目。

1. 平面、箱式招牌

1）工程量计算：按设计图示尺寸以正立面边框外围面积计算，计量单位为 m^2。复杂形的凸凹造型部分不增加面积。

2）项目特征：箱体规格，基层材料种类，面层材料种类，防护材料种类。

3）工作内容：基层安装，箱体及支架制作、运输、安装，面层制作、安装，刷防护材料、油漆。

2. 竖式标箱、灯箱

1）工程量计算：按设计图示数量计算，计量单位为"个"。

2）项目特征：箱体规格，基层材料种类，面层材料种类，防护材料种类。

灯箱的基层材料是指玻璃背后的衬垫材料，如胶合板、油毡等。

3）工作内容：基层安装，箱体及支架制作、运输、安装，面层制作、安装，刷防护材料、油漆。

3. 信报箱

1）按设计图示数量计算，计算单位为"个"。

2）项目特征：箱体规格，基层材料种类，面层材料种类，保护材料种类，户数。

3）工作内容：同平面、箱式招牌。

6.17.8 美术字（编码011508）

美术字分为泡沫塑料字（编码011508001）、有机玻璃字（编码011508002）、木质字（编码011508003）、金属字（编码011508004）和吸塑字（编码011508005）五个项目。

1）工程量计算：按设计图示数量计算，计量单位为"个"。

2）项目特征：基层类型，镌字材料品种、颜色，字体规格，固定方式，油漆品种、刷漆遍数。

3）工作内容：字制作、运输、安装，刷油漆。

美术字的基层类型是指装饰线依托的材料，如砖墙、木墙、石墙、混凝土墙、墙面抹灰、钢支架等。字体规格以字的外接矩形长、宽和字的厚度表示，固定方式指粘贴、焊接以及铁钉、螺栓、铆钉固定等。

6.18 拆除工程（编码0116 附录R）

拆除工程分为砖砌体拆除（编码011601），混凝土及钢筋混凝土构件拆除（编码011602），木构件拆除（编码011603），抹灰层拆除（编码011604），块料面层拆除（编码011605），龙骨及饰面拆除（编码011606），屋面拆除（编码011607），铲除油漆涂料裱糊面（编码011608），栏杆栏板、轻质隔断隔墙拆除（编码011609），门窗拆除（编码011610），金属构件拆除（编码011611），管道及卫生洁具拆除（编码011612），灯具、玻璃拆除（编码011613），其他构件拆除（编码011614）和开孔（打洞）（编码011615）十五个部分。

6.18.1 砖砌体拆除（编码011601）

砖砌体拆除只列砖砌体拆除（编码011601001）一个项目。

1）工程量计算。

① 按拆除的体积计算，计量单位为 m^3。

② 按拆除的延长米计算，计量单位为 m。

2）项目特征：砌体名称，砌体材质，拆除高度，拆除砌体的截面尺寸，砌体表面的附着物种类。

砌体名称指墙、柱、水池等。

砌体表面的附着物种类指抹灰层、块料层、龙骨及装饰面层等。

以 m 计量时，砖地沟、砖明沟等必须描述拆除部位的截面尺寸；以 m³ 计量时，截面尺寸则不必描述。

3）工作内容：拆除，控制扬尘，清理，建渣场内、场外运输。

6.18.2　混凝土及钢筋混凝土构件拆除　（编码 011602）

本节分为混凝土构件拆除（编码 011602001）和钢筋混凝土构件拆除（编码 011602002）两个项目。

1）工程量计算。

① 按拆除构件的混凝土体积计算，计量单位为 m³。

② 按拆除部位的面积计算，计量单位为 m²。

③ 按拆除部位的延长米计算，计量单位为 m。

2）项目特征：构件名称，拆除构件的厚度或规格尺寸；构件表面的附着物种类。

以 m³ 作为计量单位时，可不描述构件的规格尺寸；以 m² 作为计量单位时，应描述构件的厚度；以 m 作为计量单位时，必须描述构件的规格尺寸。

构件表面的附着物种类指抹灰层、块料层、龙骨及装饰面层等。

3）工作内容：拆除，控制扬尘，清理，建渣场内、场外运输。

6.18.3　木构件拆除　（编码 011603）

木构件只列木构件（编码 011603001）一个项目。

1）工程量计算。

① 按拆除构件的混凝土体积计算，计量单位为 m³。

② 按拆除部位的面积计算，计量单位为 m²。

③ 按拆除部位的延长米计算，计量单位为 m。

2）项目特征：构件名称，拆除构件的厚度或规格尺寸，构件表面的附着物种类。

拆除木构件应按木梁、木柱、木楼梯、木屋架、承重木楼板等分别在构件名称中描述。

以 m³ 作为计量单位时，可不描述构件的规格尺寸，以 m² 作为计量单位时，应描述构件的厚度，以 m 作为计量单位时，必须描述构件的规格尺寸。

构件表面的附着物种类指抹灰层、块料层、龙骨及装饰面层等。

3）工作内容：拆除，控制扬尘，清理，建渣场内、场外运输。

6.18.4　抹灰面拆除　（编码 011604）

抹灰面拆除分为平面抹灰层拆除（编码 011604001）、立面抹灰层拆除（编码 011604002）和天棚抹灰面拆除（编码 011604003）三个项目。

1）工程量计算：按拆除部位的面积计算，计量单位为 m²。

2）项目特征：拆除部位、抹灰层种类。

抹灰层种类可描述为一般抹灰或装饰抹灰。

3）工作内容：拆除，控制扬尘，清理，建渣场内、场外运输。

6.18.5　块料面层拆除　（编码 011605）

块料面层分为平面块料拆除（编码 011605001）和立面块料拆除（编码 011605002）两个项目。

1）工程量计算：按拆除面积计算，计量单位为 m²。

2）项目特征：拆除的基层类型，饰面材料种类。

如仅拆除块料层，拆除的基层类型不用描述。

拆除的基层类型的描述指砂浆层、防水层、干挂或挂贴所采用的钢骨架层等。

3）工作内容：拆除，控制扬尘，清理，建渣场内、场外运输。

6.18.6　龙骨及饰面拆除（编码011606）

龙骨及饰面拆除分为楼地面龙骨及饰面拆除（编码011606001）、墙柱面龙骨及饰面拆除（编码011606002）和天棚面龙骨及饰面拆除（编码011606003）三个项目。

1）工程量计算：按拆除面积计算，计量单位为 m²。

2）项目特征：拆除的基层类型，龙骨及饰面材料种类。

基层类型的描述指砂浆层、防水层等。

若仅拆除龙骨及饰面，拆除的基层类型不用描述。

若只拆除饰面，不用描述龙骨材料种类。

3）工作内容：拆除，控制扬尘，清理，建渣场内、场外运输。

6.18.7　屋面拆除（编码011607）

屋面拆除分为刚性层拆除（编码011607001）和防水层拆除（编码011607002）两个项目。

1）工程量计算：按铲除面积计算，计量单位为 m²。

2）项目特征：刚性层拆除时，需描述刚性层的厚度；防水层拆除时，需描述防水层的种类。

3）工作内容：拆除，控制扬尘，清理，建渣场内、场外运输。

6.18.8　铲除油漆涂料裱糊面（编码011608）

铲除油漆涂料裱糊面分为铲除油漆面（编码011608001）、铲除涂料面（编码011608002）和铲除裱糊面（编码011608003）三个项目。

1）工程量计算。

① 按铲除部位的面积计算，计量单位为 m²。

② 按按铲除部位的延长米计算，计量单位为 m。

2）项目特征：铲除部位名称、铲除部位的截面尺寸。

铲除部位名称的描述指墙面、柱面、天棚、门窗等。

以 m 计量时，必须描述铲除部位的截面尺寸，以 m² 计量时，不用描述铲除部位的截面尺寸。

3）工作内容：拆除，控制扬尘，清理，建渣场内、场外运输。

6.18.9　栏杆、轻质隔断隔墙拆除（编码011609）

栏杆、栏板、轻质隔墙隔断拆除分为栏杆、栏板拆除（编码011609001）和隔墙隔断拆除（编码011609002）两个项目。

1. 栏杆、栏板拆除

1）工程量计算。

① 按拆除部位的面积计算，计量单位为 m²。

② 按拆除的延长米计算，计量单位为 m。

2）项目特征：栏杆（板）的高度，栏杆、栏板种类。

以 m^2 计量，不用描述栏杆（板）的高度。

3）工作内容：拆除，控制扬尘，清理，建渣场内、场外运输。

2. 隔墙隔断拆除

1）工程量计算：按拆除部位的面积计算，计量单位为 m^2。

2）项目特征：拆除隔墙的骨架种类，拆除隔墙的饰面种类。

3）工作内容：拆除，控制扬尘，清理，建渣场内、场外运输。

6.18.10　门窗拆除（编码 011610）

门窗拆除分为木门窗拆除（编码 011610001）和金属门窗拆除（编码 011610002）两个项目。

1）工程量计算。

① 按拆除面积计算，计量单位为 m^2。

② 按拆除樘数计算，计量单位为"樘"。

2）项目特征：室内高度，门窗洞口尺寸。

室内高度指室内楼地面至门窗的上边框之间的距离。

门窗拆除以 m^2 计量，不用描述门窗的洞口尺寸。

3）工作内容：拆除，控制扬尘，清理，建渣场内、场外运输。

6.18.11　金属构件拆除（编码 011611）

金属构件拆除分为钢梁拆除（编码 011611001），钢柱拆除（编码 011611002），钢网架拆除编码 011611003），钢支撑、钢墙架拆除（编码 011611004），其他金属构件拆除（编码 011611005）五个项目。

1. 钢梁拆除，钢柱拆除，钢支撑，钢墙架拆除，其他金属构件拆除

1）工程量计算。

① 按拆除构件的质量计算，计量单位为 t。

② 按拆除延长米计算，计量单位为 m。

2）项目特征：构件名称，拆除构件的规格尺寸。

3）工作内容：拆除，控制扬尘，清理，建渣场内、场外运输。

2. 钢网架拆除

1）工程量计算：按拆除构件的质量计算，计量单位为 t。

2）项目特征：构件名称、拆除构件的规格尺寸。

3）工作内容：拆除，控制扬尘，清理，建渣场内、场外运输。

6.18.12　管道及卫生洁具拆除（编码 011612）

管道及卫生洁具拆除分为管道拆除（编码 011612001）和卫生洁具拆除（编码 011612002）两个项目。

1. 管道拆除

1）工程量计算：按拆除管道的延长米计算，计量单位为 m。

2）项目特征：管道种类、材质，管道上的附着物种类。

3）工作内容：拆除，控制扬尘，清理，建渣场内、场外运输。

2. 卫生洁具拆除

1）工程量计算：按拆除的数量计算，计量单位为"套"或"个"。

2）项目特征：卫生洁具种类。

3）工作内容：拆除，控制扬尘，清理，建渣场内、场外运输。

6.18.13 灯具、玻璃拆除（编码 011613）

灯具玻璃拆除分为灯具拆除（编码 011613001）和玻璃拆除（编码 011613002）两个项目。

1. 灯具拆除

1）工程量计算：按拆除的数量计算，计量单位为"套"。

2）项目特征：拆除灯具高度，灯具种类。

3）工作内容：拆除，控制扬尘，清理，建渣场内、场外运输。

2. 玻璃拆除

1）工程量计算：按拆除的面积计算，计量单位为 m^2。

2）项目特征：玻璃厚度、拆除部位。

拆除部位的描述指门窗玻璃、隔断玻璃、墙玻璃、家具玻璃等。

3）工作内容：拆除，控制扬尘，清理，建渣场内、场外运输。

6.18.14 其他构件拆除（编码 011614）

其他构件拆除分为暖气罩拆除（编码 011614001）、柜体拆除（编码 011614002）、窗台板拆除（编码 011614003）、筒子板拆除（编码 011614004）、窗帘盒拆除（编码 011614005）和窗帘轨拆除（编码 011614006）六个项目。

1. 暖气罩拆除

1）工程量计算。

① 按拆除个数计算，计量单位为"个"。

② 按拆除延长米计算，计量单位为 m。

2）项目特征：暖气罩材质。

3）工作内容：拆除，控制扬尘，清理，建渣场内、场外运输。

2. 柜体拆除

1）工程量计算。

① 按拆除个数计算，计量单位为"个"。

② 按拆除延长米计算，计量单位为 m。

2）项目特征：柜体材质，柜体尺寸：长、宽、高。

3）工作内容：拆除，控制扬尘，清理，建渣场内、场外运输。

3. 窗台板拆除

1）工程量计算。

① 按拆除数量计算，计量单位为"块"。

② 按拆除延长米计算，计量单位为 m。

2）项目特征：窗台板平面尺寸。

3）工作内容：拆除，控制扬尘，清理，建渣场内、场外运输。

4. 筒子板拆除

1）工程量计算。

① 按拆除数量计算，计量单位为"块"。

② 按拆除延长米计算，计量单位为 m。

2）项目特征：筒子板的平面尺寸。

3）工作内容：拆除，控制扬尘，清理，建渣场内、场外运输。

5. 窗帘盒拆除

1）工程量计算：按拆除的延长米计算，计量单位为 m。

2）项目特征：窗帘盒的平面尺寸。

3）工作内容：拆除，控制扬尘，清理，建渣场内、场外运输。

6. 窗帘轨拆除

1）工程量计算：按拆除的延长米计算，计量单位为 m。

双轨窗帘轨拆除按双轨长度分别计算工程量。

2）项目特征：窗帘轨的材质。

3）工作内容：拆除，控制扬尘，清理，建渣场内、场外运输。

6.18.15　开孔（打洞）（编码 011615）

开孔（打洞）只列开孔（打洞）（编码 011615001）一个项目。

1）工程量计算：按数量计算，计量单位为"个"。

2）项目特征：部位，打洞部位材质，洞尺寸。

部位可描述为墙面或楼板；打洞部位材质可描述为页岩砖、空心砖，或钢筋混凝土等。

3）工作内容：拆除，控制扬尘，清理，建渣场内、场外运输。

6.19　措施项目（编码 0117 附录 S）

措施项目分为脚手架工程（编码 011701），混凝土模板及支架（撑）（编码 011702），垂直运输（编码 011703），超高施工增加（编码 011704），大型机械设备进出场及安拆（编码 011705），施工排水、降水（编码 011706），安全文明施工及其他措施项目（编码 011707）七个部分。

6.19.1　脚手架工程（编码 011701）

脚手架工程分为综合脚手架（编码 011701001）、外脚手架（编码 011701002）、里脚手架（编码 011701003）、悬空脚手架（编码 011701004）、挑脚手架（编码 011701005）、满堂脚手架（编码 011701006）、整体提升架（编码 011701007）和外装饰吊篮（编码 011701008）八个项目。

1. 综合脚手架

综合脚手架适用于能够按（GB/T 50353—2013）《建筑工程建筑面积计算规范》计算建筑面积的建筑工程脚手架，不适用于房屋加层、构筑物及附属工程脚手架。使用综合脚手架时，不再使用外脚手架、里脚手架等单项脚手架。

同一建筑物有不同檐高时，按建筑物竖向切面分别按不同檐高编列清单项目。

1）工程量计算：按建筑面积计算，计量单位为 m²。

2）项目特征：建筑结构形式、檐口高度。

3）工作内容：场内、场外材料搬运，搭、拆脚手架、斜道、上料平台，安全网铺设，选择附墙点与主体连接，测试电动装置、安全锁等，拆除脚手架后材料的堆放。

2. 外脚手架、里脚手架

1）工程量计算：按所服务对象的垂直投影面积计算，计量单位为 m²。

2）项目特征：搭设方式、搭设高度、脚手架材质。

脚手架材质可以不描述，但应注明由投标人根据工程实际情况按照《建筑施工扣件式钢管脚手架安全技术规范》《建筑施工附着升降脚手架管理规定》等规范自行确定。

3）工作内容：场内、场外材料搬运。搭设、拆除脚手架、斜道、上料平台，安全网的铺设，拆除脚手架后材料的堆放。

3. 悬空脚手架

1）工程量计算：按搭设的水平投影面积计算，计量单位为 m^2。

2）项目特征：搭设方式、悬挑宽度、脚手架材质。

3）工作内容：场内、场外材料搬运。搭设、拆除脚手架、斜道、上料平台，安全网的铺设，拆除脚手架后材料的堆放。

4. 悬挑脚手架

1）工程量计算：按搭设长度乘以搭设层数以延长米计算。

2）项目特征：搭设方式、悬挑宽度、脚手架材质。

3）工作内容：场内、场外材料搬运。搭、拆脚手架、斜道、上料平台，安全网的铺设，拆除脚手架后材料的堆放。

5. 满堂脚手架

1）工程量计算：按搭设的水平投影面积计算，计量单位为 m^2。

2）项目特征：搭设方式、搭设高度、脚手架材质。

3）工作内容：场内、场外材料搬运。搭设、拆除脚手架、斜道、上料平台，安全网的铺设，拆除脚手架后材料的堆放。

6. 整体提升架

整体提升架已包括 2m 高的防护架体设施。

1）工程量计算：按所服务对象的垂直投影面积计算，计量单位为 m^2。

2）项目特征：搭设方式及启动装置、搭设高度。

3）工作内容：场内、场外材料搬运，选择附墙点与主体连接，搭设、拆除脚手架、斜道、上料平台，安全网的铺设，测试电动装置、安全锁等，拆除脚手架后材料的堆放。

7. 外装饰吊篮

1）工程量计算：按所服务对象的垂直投影面积计算，计量单位为 m^2。

2）项目特征：升降方式及启动装置、搭设高度及吊篮型号。

3）工作内容：场内、场外材料搬运，吊篮的安装，测试电动装置、安全锁、平衡控制器等，吊篮的拆卸。

6.19.2 混凝土模板及支架（撑）（编码 011702）

混凝土模板及支架（撑）分为基础，矩形柱，构造柱，异形柱，基础梁，矩形梁，异形梁，圈梁，过梁，弧形、拱形梁，直形墙，弧形墙，短肢剪力墙、电梯井壁，有梁板，无梁板，平板，拱板，薄壳板，其他板，栏板，天沟、檐沟，雨篷、悬挑板、阳台板，楼梯，其他现浇构件，电缆沟、地沟，台阶，扶手，散水，后浇带，化粪池，检查井 32 个项目。

1. 基础（编码 011702001）

基础包括垫层，条形基础，独立基础，满堂基础，设备基础和桩承台基础六个项目。

1）工程量计算：按模板与现浇混凝土构件的接触面积计算，计量单位为 m^2。

2）项目特征：基础类型。

3）工作内容：模板制作，模板安装、拆除、整理堆放及场内、场外运输，清理模板粘结物及模内杂物，刷隔离剂等。

任何平面形状的垫层、独立基础、桩承台、无梁式满堂基础的模板，在套用定额时无须换算，所以这些分部分项工程项目模板的项目特征可以不描述平面形状。对于条形基础、设备基础、有梁式满堂基础凸出整板基础上下表面的梁的模板，当其平面形状为圆弧形时，人工乘以系数 1.3，复合木模板的含量乘以系数 1.3，因此，这些基础的项目特征必须描述平面形状。

2. 柱

柱包括矩形柱（编码 011702002）、构造柱（编码 011702003）和异形柱（编码 011702004）三个项目。

1）工程量计算：按模板与现浇混凝土构件的接触面积计算，计量单位为 m²。柱、梁、墙、板相互连接的重叠部分不计算模板面积。构造柱按图示外露部分计算模板面积。

2）项目特征。矩形柱和构造柱描述：截面尺寸，*构件净高*。

异形柱描述：截面形状、尺寸，*构件净高*。

3）工作内容：模板制作，模板安装、拆除、整理堆放及场内、场外运输，清理模板粘结物及模内杂物，刷隔离剂等。

柱模板定额是按柱的截面周长 3.6m 以内、柱的净高 3.6m 以内编制的，当实际工程中柱的截面周长和净高超过以上两项约束条件时，模板支撑、卡具和支模人工的消耗量就会随之增加，因此，在遇到此种情况时，可以对定额消耗量中的人工和相关材料的含量进行调整，模板人工、材料调整表见表 6-15。

表 6-15　模板人工、材料调整表

序号	调整项目		调整内容及系数
1	周长大于 3.6m		对拉螺栓（止水螺栓），含量+7.46kg
2	独立构件净高超过 3.6m 时	独立柱净高在 5m 以内	人工×1.3，卡具含量×1.1，钢管支撑含量×1.1
		独立柱净高在 8m 以内	人工×1.6，卡具含量×1.3，钢管支撑含量×1.3
3	框架构件净高超过 3.6m 时	框架柱净高在 5m 以内	人工×1.3，卡具含量×1.07，钢管支撑含量×1.07
		框架柱净高在 8m 以内	人工×1.6，卡具含量×1.15，钢管支撑含量×1.15

由表 6-15 可以看到，只描述柱的截面尺寸还不能达到对定额准确调整和换算的目的，根据当地定额的具体情况，建议在描述柱模板的项目特征时，增加"构件净高"特征项。

3. 梁

梁包括基础梁（编码 011702005），矩形梁（编码 011702006），异形梁（编码 011702007），圈梁（编码 011702008），过梁（编码 011702009），拱形、弧形梁（编码 011702010）六个项目。

1）工程量计算：按模板与现浇混凝土构件的接触面积计算，计量单位为 m²。柱、梁、墙、板相互连接的重叠部分不计算模板面积。

2）项目特征。基础梁、矩形梁、异形梁、拱形梁、弧形梁描述：梁截面，*构件净高，梁的坡度*。

圈梁描述：平面形状。

过梁描述：构件净高。

3）工作内容：模板制作，模板安装、拆除、整理堆放及场内、场外运输，清理模板粘结物及模内杂物，刷隔离剂等。

梁模板定额是以净高 3.6m 以内，斜梁坡度在 10° 以内编制的，实际工程中梁的净高和斜梁坡度超过以上两项约束条件时，模板支撑、卡具和支模人工的消耗量就会随之增加，在遇到此种情况时，可以对定额消耗量中的人工和相关材料的含量进行调整，梁模板人工、材料调整表见表 6-16。

表 6-16　梁模板人工、材料调整表

序号	调整项目		调整内容及系数
1	斜梁坡度大于 10° 时		人工×1.15，钢管支撑含量×1.2
2	独立构件净高超过 3.6m 时	独立梁净高在 5m 以内	人工×1.3，卡具含量×1.1，钢管支撑含量×1.1
		独立梁净高在 8m 以内	人工×1.6，卡具含量×1.3，钢管支撑含量×1.3
3	框架构件净高超过 3.6m 时	框架梁净高在 5m 以内	人工×1.3，卡具含量×1.07，钢管支撑含量×1.07
		框架梁净高在 8m 以内	人工×1.6，卡具含量×1.15，钢管支撑含量×1.15

建议描述梁的项目特征时根据梁的类型相应增加"构件净高""梁的坡度""平面形状"特征项。

4. 墙

包括直形墙（编码 011702011）、弧形墙（编码 011702012）、短肢剪力墙、电梯井壁（编码 011702013）三个项目。

1）工程量计算：按模板与现浇混凝土构件的接触面积计算，计量单位为 m^2。现浇钢筋混凝土墙单孔面积≤0.3m^2 的孔洞不予扣除，洞侧壁模板不增加工程量；单孔面积>0.3m^2 时应予扣除，洞侧壁模板面积并入墙工程量计算。柱、梁、墙、板相互连接的重叠部分不计算模板面积。

2）项目特征：墙厚度，构件净高。

3）工作内容：模板制作，模板安装、拆除、整理堆放及场内、场外运输，清理模板粘结物及模内杂物，刷隔离剂等。

墙模板定额是以净高 3.6m 以内进行编制的，当净高超过 3.6m 时，定额规定可以对人工和相关材料的含量进行调整，调整的项目和内容与表 6-16 的第 3 项相同。

因此，建议描述墙模板的项目特征时增加"构件净高"特征项。

5. 板

包括有梁板（编码 011702014），无梁板（编码 011702015），平板（编码 011702016），拱板（编码 011702017），薄壳板（编码 011702018），空心板（编码 011702019），其他板（编码 011702020），栏板（编码 011702021）八个项目。

1）工程量计算：按模板与现浇混凝土构件的接触面积计算，计量单位为 m^2。现浇钢筋混凝土板单孔面积≤0.3m^2 的孔洞不予扣除，洞侧壁模板不增加工程量；单孔面积>0.3m^2 时应予扣除，洞侧壁模板面积并入板工程量计算。柱、梁、墙、板相互连接的重叠部分不计算模板面积。

2）项目特征：板厚度，板的坡度，构件净高，板底形状，地面是否抹灰。

3）工作内容：模板制作，模板安装、拆除、整理堆放及场内、场外运输，清理模板粘结物及模内杂物，刷隔离剂等。

水平板或斜板模板是按坡度在 10° 以内、板的表面为平面、构件净高在 3.6m 以内、地面抹灰编制的，垂直方向的板是按投影为直线形编制的。如果实际工程与定额编制的条件不符，可以对定额中的人工和相关材料含量进行调整，板模板人工、材料调整表见表6-17。

表 6-17　**板模板人工、材料调整表**

序号	调整项目		调整内容及系数
1	斜板（包括肋形板）坡度大于10°时		人工×1.3，钢管支撑含量×1.5
2	独立构件净高 超过3.6m时	独立板净高在5m以内	人工×1.3，卡具含量×1.1，钢管支撑含量×1.1
		独立板净高在8m以内	人工×1.6，卡具含量×1.3，钢管支撑含量×1.3
3	框架构件净高 超过3.6m时	框架板净高在5m以内	人工×1.3，卡具含量×1.07，钢管支撑含量×1.07
		框架板净高在8m以内	人工×1.6，卡具含量×1.15，钢管支撑含量×1.15
4	板底形状为锯齿形		人工×1.2，卡具含量×1.1，钢管支撑含量×1.1
5	设计地面不抹灰		人工含量+0.27工日

建议在描述有梁板、无梁板、平板模板的项目特征时，增加板的坡度、构件净高、板底形状、地面是否抹灰四个特征项。其中板底形状主要是指板底是否为锯齿形。

栏板模板的定额调整与条形基础相同，因此，描述栏板等垂直板的模板项目特征时，建议增加"平面形状"特征项。

6. 天沟、檐沟（编码011702022）

1）工程量计算：按模板与现浇混凝土构件的接触面积计算，计量单位为 m²。

2）项目特征：构件类型。

3）工作内容：模板制作，模板安装、拆除、整理堆放及场内、场外运输，清理模板粘结物及模内杂物，刷隔离剂等。

7. 雨篷、悬挑板、阳台板（编码011702023）

1）工程量计算：按图示外挑部分尺寸的水平投影面积计算，挑出墙外的悬臂梁及板边不另行计算。计量单位为 m²。

2）项目特征：构件类型、板厚度、地面是否抹灰。

3）工作内容：模板制作，模板安装、拆除、整理堆放及场内外运输，清理模板粘结物及模内杂物，刷隔离剂等。

定额中对雨篷、悬挑板和阳台板模板的调整规定与表6-17中第5项相同。因此，描述这些构件的模板项目特征时，建议增加"地面是否抹灰"特征项。

8. 楼梯（编码011702024）

楼梯包括直形楼梯和弧形楼梯两个项目。

1）工程量计算：按楼梯（包括休息平台、平台梁、斜梁和楼层板的连接梁）的水平投影面积计算，不扣除宽度≤500mm的楼梯井所占的面积，楼梯踏步、踏步板、平台梁等侧面模板不另行计算，伸入墙内部分不增加工程量。

2）项目特征：类型。

3）工作内容：模板制作，模板安装、拆除、整理堆放及场内、场外运输，清理模板粘结物及模内杂物，刷隔离剂等。

定额中对雨篷、悬挑板和阳台板模板的调整规定与表6-17中第5项相同。因此，描述这些构件的模板项目特征时，建议增加"地面是否抹灰"特征项。

9. 其他现浇构件（编码011702025）

1）工程量计算：按模板与现浇混凝土构件的接触面积计算，计量单位为 m²。

2）项目特征：构件类型。

3）工作内容：模板制作，模板安装、拆除、整理堆放及场内、场外运输，清理模板粘结物及模内杂物，刷隔离剂等。

10. 电缆沟、地沟（编码 011702026）

1）工程量计算：按模板与电缆沟、地沟的接触面积计算，计量单位为 m^2。

2）项目特征：沟类型、沟截面、平面形状。

3）工作内容：模板制作，模板安装、拆除、整理堆放及场内、场外运输，清理模板粘结物及模内杂物，刷隔离剂等。

电缆沟、地沟模板的定额换算规定与条形基础相同，所以，描述其项目特征时，建议增加"平面形状"特征项。

11. 台阶（编码 011702027）

1）工程量计算：按图示台阶水平投影面积计算，计量单位为 m^2，台阶端头两侧不另行计算模板面积。架空式混凝土台阶，按现浇楼梯计算。

2）项目特征：形状。

3）工作内容：模板制作，模板安装、拆除、整理堆放及场内、场外运输，清理模板粘结物及模内杂物，刷隔离剂等。

12. 扶手（编码 011702028）

1）工程量计算：按模板与扶手的接触面积计算，计量单位为 m^2。

2）项目特征：扶手断面尺寸。

3）工作内容：模板制作，模板安装、拆除、整理堆放及场内、场外运输，清理模板粘结物及模内杂物，刷隔离剂等。

13. 散水（编码 011702029）

1）工程量计算：按模板与散水的接触面积计算计量单位为 m^2。

2）项目特征：坡度。

3）工作内容：模板制作，模板安装、拆除、整理堆放及场内、场外运输，清理模板粘结物及模内杂物，刷隔离剂等。

14. 后浇带（编码 011702030）

1）工程量计算：按模板与后浇带的接触面积计算，计量单位为 m^2。

2）项目特征：后浇带部位。

3）工作内容：模板制作，模板安装、拆除、整理堆放及场内、场外运输，清理模板粘结物及模内杂物，刷隔离剂等。

15. 化粪池（编码 011702031）

化粪池分为池底、化粪池壁和化粪池顶三个项目。

1）工程量计算：按模板与混凝土接触面积，计量单位为 m^2。

2）项目特征：化粪池规格。

3）工作内容：模板制作，模板安装、拆除、整理堆放及场内、场外运输，清理模板粘结物及模内杂物，刷隔离剂等。

16. 检查井（编码 011702032）

检查井分为检查井底、检查井壁和检查井顶三个项目。

1）工程量计算：按模板与混凝土接触面积，计量单位为 m^2。

2）项目特征：检查井规格。

3) 工作内容：模板制作，模板安装、拆除、整理堆放及场内、场外运输，清理模板粘结物及模内杂物，刷隔离剂等。

6.19.3 垂直运输（编码 011703）

垂直运输机械指施工工程在合理工期内所需的垂直运输机械。本节只列垂直运输（编码 011703001）一个项目。

1) 工程量计算。

① 按（GB/T50353—2013）《建筑工程建筑面积计算规范》的规定计算建筑物的建筑面积，计量单位为 m^2。

同一建筑物有不同檐高时，按建筑物的不同檐高做纵向分割，分别计算建筑面积，以不同檐高分别编码列项。

② 按施工工期日历天数计算，计量单位为"天"。

2) 项目特征：建筑物建筑类型及结构形式，地下室建筑面积，建筑物檐口高度、层数。

檐高是指室外设计地坪至檐口的高度。建筑物檐高以室外设计地坪标高作为计算起点。

① 平屋顶带挑檐者，算至挑檐板下皮标高。

② 平屋顶带女儿墙者，算至屋顶结构板上皮标高。

③ 坡屋面或其他曲面屋顶均算至墙的中心线与屋面板交点的高度。

④ 阶梯式建筑物按高层的建筑物计算檐高。

⑤ 门式刚架的轻型房屋，是指室外地坪到房屋外侧檩条上缘的高度。

⑥ 突出屋面的水箱间、电梯间、水箱间、瞭望塔、排烟机房、亭台楼阁等均不计入檐高。

3) 工作内容：垂直运输机械的固定装置、基础制作、安装，行走式垂直运输机械轨道的铺设、拆除、摊销。

6.19.4 超高施工增加（编码 011704）

超高施工增加只列超高施工增加（编码 011704001）一个项目。

1) 工程量计算：按（GB/T 50353—2013）《建筑工程建筑面积计算规范》的规定计算建筑物的建筑面积，计量单位为 m^2。

同一建筑物有不同檐高时，可按不同高度的建筑面积分别计算建筑面积，以不同檐高分别编码列项。

2) 项目特征：建筑物建筑类型及结构形式，建筑物檐口高度、层数，单层建筑物檐口高度超过 20m，多层建筑物超过六层部分的建筑面积。

3) 工作内容：建筑物超高引起的人工工效降低以及由于人工工效降低引起的机械降效，高层施工用水加压水泵的安装、拆除及工作台班，通信联络设备的使用及摊销。

6.19.5 大型机械设备进出场及安装、拆卸（编码 011705）

1) 大型机械设备进出场包括施工机械整体或分体自停放场地运至施工现场，或由一个施工地点运至另一个施工地点，所发生的施工机械进出场运输及转移费用，由机械设备的装卸、运输及辅助材料费等构成。

2) 大型机械设备安拆费包括施工机械在施工现场进行安装、拆卸所需的人工费、材料费、机械费、试运转费和安装所需的辅助设施的费用。

6.19.6 施工排水、降水（编码 011706）

施工排水是指为保证工程在正常条件下施工所采取的排水措施所发生的费用。包括排水沟槽开挖、砌筑、维修，排水管道的铺设、维修，排水的费用以及专人值守的费用等。

6.19.7 安全文明施工及其他措施项目（编码 011707）

1. 安全文明施工（编码 011707001）

安全文明施工费是指工程施工期间按照国家现行的环境保护、建筑施工安全、施工现场环境与卫生标准和有关规定，购置和更新施工安全防护用具及设施、改善安全生产条件和作业环境所需要的费用。具体包括：

1）环境保护包含范围：现场施工机械设备降低噪音、防扰民措施费用；水泥和其他易飞扬细颗粒建筑材料密闭存放或采取覆盖措施等费用；工程防扬尘洒水费用；土石方、建筑渣土外运车辆冲洗、防洒漏等费用；现场污染源的控制、生活垃圾清理外运、场地排水、排污措施的费用；其他环境保护措施费用。

2）文明施工包含范围："五牌一图"的费用；现场围挡的墙面美化（包括内外粉刷、刷白、标语等）、压顶装饰费用；现场厕所便槽刷白、贴面砖，水泥砂浆地面或地砖费用，建筑物内临时便溺设施费用；其他施工现场临时设施的装饰装修、美化措施费用；现场生活卫生设施费用；符合卫生要求的饮水设备、淋浴、消毒等设施费用；生活用洁净燃料费用；防煤气中毒、防蚊虫叮咬等措施费用；施工现场操作场地的硬化费用；现场绿化费用、治安综合治理费用；现场配备医药保健器材、物品费用和急救人员培训费用；用于现场工人的防暑降温费，电风扇、空调等设备及用电费用；其他文明施工措施费用。

3）安全施工包含范围：安全资料、特殊作业专项方案的编制，安全施工标志的购置及安全宣传的费用；"三宝"（安全帽、安全带、安全网）、"四口"（楼梯口、电梯井口、通道口、预留洞口）、"五临边"（阳台围边、楼板围边、屋面围边、槽坑围边、卸料平台两侧）、水平防护架、垂直防护架、外架封闭等防护的费用；施工安全用电的费用，包括配电箱三级配电、两级保护装置要求、外电防护措施；起重机、塔式起重机等起重设备（含井架、门架）及外用电梯的安全防护措施（含警示标志）费用及卸料平台的临边防护、层间安全门、防护棚等设施费用；建筑工地起重机械的检验检测费用；施工机具防护棚及其围栏的安全保护设施费用；施工安全防护通道的费用；工人的安全防护用品、用具购置费用；消防设施与消防器材的配置费用；电气保护、安全照明设施费；其他安全防护措施费用。

4）临时设施包含范围：施工现场采用彩色、定型钢板，砖、混凝土砌块等围挡的安砌、维修、拆除费或摊销费；施工现场临时建筑物、构筑物（如临时宿舍、办公室，食堂、厨房、厕所、诊疗所、临时文化福利用房、临时仓库、加工场、搅拌台、临时简易水塔、水池等）的搭设、维修、拆除或摊销的费用；施工现场临时设施（如临时供水管道、临时供电管线、小型临时设施等）的搭设、维修、拆除或摊销的费用；施工现场规定范围内临时简易道路铺设，临时排水沟、排水设施安砌、维修、拆除的费用；其他临时设施费搭设、维修、拆除或摊销的费用。

2. 夜间施工（编码 011707002）

1）夜间固定照明灯具和临时可移动照明灯具的设置、拆除。

2）夜间施工时，施工现场交通标志、安全标牌、警示灯等的设置、移动、拆除。

3）包括夜间照明设备摊销及照明用电、施工人员夜班补助、夜间施工劳动效率降低等费用。

3. 非夜间施工照明（编码 011707003）

为保证工程施工正常进行，在地下室等特殊施工部位施工时所采用的照明设备的安拆、维护、摊销及照明用电等费用。

4. 二次搬运的工作（编码 011707004）

包括由于施工场地条件限制而发生的材料、成品、半成品等一次运输不能到达堆放地点，必须进行二次或多次搬运的费用。

5. 冬雨季施工（编码 011707005）

1）冬雨（风）季施工时增加的临时设施（防寒保温、防雨、防风设施）的搭设、拆除。

2）冬雨（风）季施工时，对砌体、混凝土等采用的特殊加温、保温和养护措施。

3）冬雨（风）季施工时，施工现场的防滑处理、对影响施工的雨雪的清除。

4）包括冬雨（风）季施工时增加的临时设施的摊销、施工人员的劳动保护用品、冬雨（风）季施工劳动效率降低等费用。

6. 地上设施、地下设施、建筑物的临时保护设施（编码 011707006）

在工程施工过程中，对已建成的地上设施、地下设施和建筑物进行的遮盖、封闭、隔离等必要保护措施所发生的费用。

7. 已完工程及设备保护（编码 011707007）

对已完工程及设备采取的覆盖、包裹、封闭、隔离等必要保护措施所发生的费用。

8. 施工降水的工作内容及包含范围

施工降水是指为保证工程在正常条件下施工所采取的降低地下水位的措施所发生的费用。包括成井、井管安装、排水管道安拆及摊销、降水设备的安拆及维护的费用，抽水的费用以及专人值守的费用等。

思考题与习题

思 考 题

1. 现行的工程量清单计价规范体系中包括哪些规范？

2. 什么是工程量清单？分为几种？它们的作用是什么？

3. 工程量清单中的"五个统一"指哪些内容？

4. 什么是平整场地，其工作内容包括哪些？哪些项目特征必须描述？

5. 如何区分沟槽、基坑与一般土方开挖？

6. 沟槽的项目特征应该描述哪些内容？条形基础应该如何列项？

7. 基坑的项目特征应该描述哪些内容？独立基础应该如何列项？

8. 检查井的挖土工程量应该如何列项计算？

9. 回填土方应该如何计算工程量？

10. 有多种清单工程量的计算方式和计量单位时应该如何选择确定？

11. 深层搅拌桩、粉喷桩的清单工程量计算规则与定额工程量计算规则有何不同？

12. 地下连续墙何时列入分部分项工程量清单，何时列入措施项目清单？

13. 预制桩有几类？其清单工程量分别如何计算？其工作内容分别包括哪些？

14. 泥浆护壁成孔灌注桩的工作内容包括哪些？如何计算清单工程量？

15. 砖墙工程量清单的项目特征要描述哪些内容？

16. 砖柱的清单工程量与定额工程量的计算有何区别？

17. 砖检查井的清单工程量与定额工程量计算有何区别？如何描述其项目特征？

18. 零星砌体包括哪些构件，如何分别计算其工程量？

19. 砌块墙与砖墙在项目特征描述上有哪些区别？为什么要考虑这些区别？

20. 垫层有几个分项工程，分别是指哪些材料？

21. 如何计算满堂基础的工程量？

22. 如何计算条形基础的工程量？

23. 柱有哪几种类型？如何计算柱的工程量？其混凝土和模板的项目特征分别如何描述？

24. 梁有哪些类型？如何计算梁的工程量？如何描述其混凝土和模板的项目特征？

25. 板有几种类型？如何计算板的工程量？如何描述其混凝土和模板的项目特征？

26. 墙有几种类型？如何计算墙的工程量？如何计算短肢剪力墙的工程量？如何描述其混凝土和模板的项目特征？

27. 如何计算楼梯的工程量？如何描述其项目特征？

28. 后浇带有几种？如何描述其项目特征？

29. 如何计算预制混凝土柱、梁的工程量？如何描述其项目特征？

30. 如何计算预制混凝土屋架的工程量？如何描述其项目特征？

31. 预制混凝土板有哪几种，如何计算其工程量，如何描述项目特征？

32. 如何计算预制混凝土楼梯的工程量，其项目特征应描述哪些内容？

33. 其他预制构件是指哪些构件？如何计算其工程量，如何描述其项目特征？

34. 钢筋分项工程是如何划分的？其项目特征应描述哪些内容？

35. 哪些钢筋可以归为铁件？

36. 如何计算钢网架的工程量，其项目特征应该描述哪些内容？

37. 如何计算钢屋架的工程量，其项目特征应该描述哪些内容？

38. 如何计算钢柱的工程量，其项目特征应该描述哪些内容？

39. 如何计算钢梁的工程量，其项目特征应该描述哪些内容？

40. 如何计算钢楼板的工程量，其项目特征应该描述哪些内容？

41. 钢构件包括哪些构件？如何计算其工程量？如何描述其项目特征？

42. 金属制品包括哪些构件？如何计算其工程量？如何描述其项目特征？

43. 如何计算木屋架的工程量，其项目特征应该描述哪些内容？

44. 如何计算木柱、木梁的工程量，其项目特征应该描述哪些内容？

45. 如何计算木楼梯的工程量，其项目特征应该描述哪些内容？

46. 屋面木基层包括哪些内容？如何计算其工程量？如何描述其项目特征？

47. 如何计算门窗工程的工程量？如何描述项目特征？

48. 屋面防水包括哪几种常用类型？如何计算工程量？如何描述其项目特征？

49. 保温、隔热、防腐包括哪几种常用类型？如何计算工程量？如何描述其项目特征？

50. 楼地面的常用材料有几种？分别如何计算工程量？如何描述其项目特征？

51. 墙柱面的常用材料有几种？分别如何计算工程量？如何描述其项目特征？

52. 阳台、雨篷、飘窗底板、飘窗顶板分别应该如何列项？

53. 幕墙的常用材料有几种？分别如何计算工程量？如何描述其项目特征？

54. 隔断的常用材料有几种？分别如何计算工程量？如何描述其项目特征？

55. 天棚的常用材料有几种？分别如何计算工程量？如何描述其项目特征？

56. 如何计算木门、窗的油漆工程量？

57. 如何计算金属门窗的油漆工程量？

58. 遇到 GB 50854—2013 中未列的分部分项工程时，应该如何处理？

59. 其他装饰工程包括哪些内容？

60. 措施项目包括哪些内容？

习　　题

1. 某工程采用 PHC-AB500（125）-10，10，10a 桩，100 根，试分别求清单打桩工程量和定额打桩工程量。

2. 某泥浆护壁成孔灌注桩的直径为 1000mm，设计桩长为 50m，桩顶标高在室外地面以下 4m，清单工程量为 3925m³，试求泥浆护壁成孔灌注桩的定额工程量和凿桩头的工程量。

3. 某沉管灌注桩的直径为 400mm，设计桩长为 15m，桩顶标高在室外地面以下 1.5m，清单工程量为 188.4m³，试求沉管灌注桩的定额工程量和凿桩头的工程量。

4. 某螺旋钻机成孔灌注桩的直径为 400mm，设计桩长为 15m，桩顶标高在室外地面以下 1.5m，清单工程量为 188.4m³，试求沉管灌注桩的定额工程量和凿桩头的工程量。

第7章

投 资 估 算

学习目标

熟悉投资估算的基本原理，熟悉投资估算的特点与作用，了解投资估算的常用编制方法。

7.1 概述

7.1.1 投资估算的概念及内容

投资估算是指在整个投资决策过程中，依据现有的资料和一定的方法，对建设项目的投资额（包括工程造价和流动资金）进行的估计。一个项目从可行性研究时的投资额估算，直至初步设计时的设计概算及施工图设计阶段甚至施工阶段的预算都可以纳入投资估算的范畴，但目前投资估算一般专指项目投资的前期决策过程中对项目投资额的估计。

在估算的过程中，必须依据现有的资料和一定的科学方法，力求做到准确、全面地为建设项目决策提供重要依据，避免决策的失误。因此，全面、准确地估算建设项目的工程造价，是项目可行性研究乃至整个决策阶段的造价管理的重要任务。在我国，投资估算分投资机会研究或项目建设书编制阶段、初步可行性研究阶段及详细可行性研究阶段分别进行。

根据国家规定，从满足建设项目经济评价的角度，建设项目投资估算应由固定资产投资和全部流动资金组成。从满足建设项目投资计划和投资规模的角度，建设项目投资估算包括固定资产投资和流动资金两个部分，建设项目投资估算内容如图7-1所示。

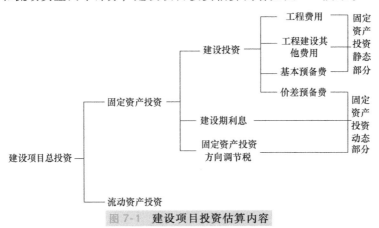

图7-1 建设项目投资估算内容

固定资产投资又分为静态投资和动态投资两个部分。工程费用、工程建设其他费用和基本预备费构成固定资产投资静态部分；价差预备费、建设期利息和固定资产投资方向调节税构成固定资产投资动态部分。

流动资金是指生产经营性项目投产后，用于购买原材料、燃料、支付工资及其他经营费用等所需的周转资金。流动资金是伴随着建设投资而发生的长期占用的流动资产投资，即为财务中的营运资金。通常将建设项目所需流动资金的30%列入建设项目总投资中，称为铺底流动资金。

7.1.2　投资估算的作用

投资估算是项目建议书和可行性研究报告的重要组成部分，是项目投资决策的主要依据之一。正确的项目投资估算是保证投资决策正确的关键环节，是工程造价管理的总目标，它的准确性直接影响项目决策、工程规模、投资经济效果，并影响工程建设的顺利进行。投资估算作为认证拟建项目的重要经济文件，有着极其重要的作用，具体可归纳为以下几点。

1）项目建议书阶段的投资估算，是多方案比选、优化设计、合理确定项目投资的基础；是项目主管部门审批项目建议书的依据之一，并对项目的规划、规模起参考作用。从经济上判断项目是否应列入投资计划。

2）项目可行性研究阶段的投资估算，是项目投资决策的重要依据，是正确评价建设项目投资合理性、分析投资效益、为项目决策提供依据的基础。当可行性研究报告被批准之后，其投资估算额就作为建设项目投资的最高限额，不得随意突破。

3）项目投资估算对工程设计概算起控制作用，它为设计提供了经济依据和投资限额，设计概算不得突破批准的投资估算额。投资估算一经确定，即成为限额设计的依据，用以对各设计专业实行投资切块分配，作为控制和指导设计的尺度或标准。

4）项目投资估算是进行工程设计招标和优选设计方案的依据。

5）项目投资估算可作为项目资金筹措及制订建设贷款计划的依据，建设单位可根据批准的投资估算额进行资金筹措，向银行申请贷款。

7.1.3　投资估算的阶段划分

投资估算贯穿于整个建设项目投资决策过程，投资决策过程可分为项目的投资机会研究或项目建议书编制阶段，初步可行性研究阶段及详细可行性研究阶段，因此投资估算工作也相应地分为三个阶段。不同阶段所具备的条件和掌握的资料不同，对投资估算的要求也各不相同，因而投资估算的准确程度在不同阶段并不相同，从而每个阶段投资估算所起的作用也不同。

1. 投资机会研究或项目建议书编制阶段

这一阶段主要是选择有利的投资机会，明确投资方向，提出概略的项目投资建议，并编制项目建议书。该阶段工作比较粗略，投资额的估计一般是通过与已建类似项目对比得来的，因而投资估算的误差率可在30%左右。这一阶段的投资估算是相关管理部门审批项目建议书、初步选择投资项目的主要依据之一，对初步可行性研究及投资估算起指导作用，决定一个项目是否具有可行性。

2. 初步可行性研究阶段

初步可行性研究阶段主要是在投资机会研究结论的基础上，弄清项目的投资规模、原材料来源、工艺技术、厂址、组织机构和建设进度等情况，进行经济效益评价，判断项目的可行性，做出初步投资评价。该阶段是介于项目建议书编制阶段和详细可行性研究阶段之间的中间阶段，误差率一般要求控制在20%左右。这一阶段是决定是否进行详细可行性研究的依据之一，同时也是确定某些关键问题需要进行辅助性专题研究的依据之一，这个阶段可对项目是否真正可行做出初步的决定。

3. 详细可行性研究阶段

详细可行性研究阶段也称为最终可行性研究阶段，主要进行全面、详细、深入地技术经济分析论证，评价选择拟建项目的最佳投资方案，对项目的可行性提出结论性意见。该阶段研究内容详尽，投资估算的误差率应控制在10%以内。这一阶段的投资估算是进行详尽经济评价、决定项目可行性、选择最佳投资方案的主要依据，也是编制设计文件、控制初步设计及概算的主要依据。

7.2 投资估算的编制依据、要求、程序与原则

7.2.1 投资估算的编制依据

1）专门机构发布的建设工程造价费用构成、估算指标、计算方法以及其他有关计算工程造价的文件。

费用要依据政策条件中规定的投资估算所需要的规费、税费及有关的取费标准等。

估算指标是以概算定额和概算指标为基础，结合现行工程造价资料，确定结构部分或建筑的每平方米造价标准。它是设计单位在可行性研究阶段编制建设项目设计任务书时进行投资估算的依据。由于项目建议书、可行性研究报告的编制深度不同，为了方便使用，应该选用不同的估算指标，具体包括单位生产能力的投资估算指标或技术经济指标、单项工程投资估算指标或技术经济指标、单位工程投资估算指标或技术经济指标、建设项目综合指标等。单项工程投资估算指标是反映建造能独立发挥生产能力或使用效益的单项工程费用，以及单项工程内的设备、工器具购置费用，不包括工程建设其他费用。单位工程指标是反映建造能独立组织施工的单位工程的造价指标，类似于概算指标。建设项目综合指标反映建设项目从立项筹建到竣工验收、交付使用所需的全部投资指标，包括建设投资（单项工程投资、工程建设其他费用）和流动资金投资。

另外，设计参数（指标）、概算指标和概算定额等也是编制投资估算的依据。

其他计算工程造价的文件包括：

① 根据项目决策阶段（即项目意向书、项目建议书、可行性研究等阶段）产生的工程技术文件进行编制，主要有：项目策划文件、功能描述书、项目建议书、可行性研究报告等。

② 根据历史数据、类似工程数据资料以及类似建设项目的投资经济指标、概（预）算指标、预（决）算资料等。

2）专门机构发布的工程建设其他费用计算办法和费用标准，以及政府部门发布的物价指数，包括当地的取费标准以及当地材料、设备预算价格及市场价格，当地历年及每个季度的工程造价调价系数，年（季）材料价差、价格指数等。

3）拟建项目各单项工程的建设内容及工程量。该项主要是指筹建项目的类型、建设规模、建设地点、建设时间、工期、总体结构、施工方案、主要设备类型、建设标准等，具体体现在产品方案、工程一览表、主要设备材料表等文件里，它们是进行投资估算的基本的依据。现场有关情况（水、电、交通、水文地质条件等）也是进行估算费用确定和调整的依据之一。这些内容越明确，则估算结果就越准确。

7.2.2 投资估算的编制要求

1）输入数据必须完整可靠。

2）工程内容和费用构成齐全，计算合理，不重复计算，不提高或者降低估算标准，不漏项，不少算。

3）选用的估算方法要与项目实际相适应，选用指标与具体工程之间存在标准或者条件差异时，应进行必要的换算或调整。

4）技术参数方程、经验曲线、费用性能分解及重要系数的推导或技术模型的建立都要

有明确的规定。

5）对影响造价变动的因素进行敏感性分析，注意分析市场的变动因素，充分估计物价上涨因素和市场供求情况对造价的影响。

6）综合考虑设计标准和工程造价两方面的问题，在满足设计功能的前提下，节约建设成本。

7）投资估算精度应能满足初步设计概算要求，并尽量减少投资估算的误差。

8）估算文档要求完整归档。

7.2.3　投资估算的编制程序

不同类型的工程项目可选用不同的投资估算方法，不同的投资估算方法有不同的投资估算编制程序。现从工程项目费用组成考虑，介绍一般较为常用的投资估算编制程序：

1）熟悉工程项目的特点、组成、内容和规模等。

2）收集有关资料、数据和估算指标等。

3）选择相应的投资估算方法。

4）估算工程项目各单位工程的建筑面积及工程量。

5）进行单项工程的投资估算。

6）进行附属工程的投资估算。

7）进行工程建设其他费用的估算。

8）进行预备费用的估算。

9）计算固定资产投资方向调节税。

10）计算建设期贷款利息。

11）汇总工程项目投资估算总额。

12）检查、调整不适当的费用，确定工程项目的投资估算总额。

13）估算工程项目主要材料、设备及其需用量。

7.2.4　投资估算的编制原则

投资估算是拟建项目前期可行性研究的重要内容，是经济效益评价的基础，是项目决策的重要依据。因此，在编制投资估算时应符合下列原则：

1）实事求是的原则。

2）从实际出发，深入开展调查研究，掌握第一手资料，不能弄虚作假。

3）合理利用资源，效益最高的原则。

4）尽量做到快、准的原则。

5）适应高科技发展的原则。

7.3　投资估算的编制方法

国内外建设投资估算的编制方法很多，每种方法有其适用的范围和条件，且精确度各不相同，故有的编制方法适用于整个项目的投资估算，有的编制方法仅适用于一个单项工程的投资估算。为提高投资估算的科学性和精确度，在实际工作中应根据项目的性质，占有的技术经济资料及数据的具体情况，依据行业规定，有针对性地选用适宜的投资估算方法。

7.3.1　固定资产投资的估算

1. 静态投资部分的估算

（1）单位生产能力估算法　依据统计资料，利用相近规模的同类项目单位生产能力所

耗费的固定资产投资额来估算拟建项目固定资产投资额投资。其计算公式为

$$C_2 = \frac{C_1}{Q_1} Q_2 f \qquad (7-1)$$

式中，C_1 为已建类似项目的投资额；C_2 为拟建项目的投资额；Q_1 为已建类似项目的生产能力；Q_2 为拟建项目的生产能力；f 为不同时期、不同地点的定额、单价、费用变更等的综合调整系数。

这种方法把项目的建设投资与其生产能力的关系视为简单的线性关系，估算结果精确度较差。

[例 7-1] 假定某小学拟建一座 60 间教室的教学楼，该校另一座教学楼已竣工，且掌握以下资料：已竣工的教学楼有 80 间教室，且每个教室都配有多媒体设备，总造价为 1000 万元。请估算新建项目的总投资。设综合调整系数为 1。

解：$C_2 = \frac{C_1}{Q_1} Q_2 f = \frac{1000 \text{ 万元}}{80 \text{ 间}} \times 60 \text{ 间} \times 1 = 750 \text{ 万元}$

（2）生产能力指数法　生产能力指数法又称指数估算法。它是根据已建成的类似项目的生产能力和投资额来粗略估算拟建项目投资额的方法。其计算公式为

$$C_2 = C_1 \left(\frac{Q_2}{Q_1} \right)^x f \qquad (7-2)$$

式中，x 为生产能力指数。其他符号含义同前。

上式表明，造价与规模（或容量）呈非线性关系，且单位造价随工程规模（或容量）的增大而减小。在正常情况下 $0 \leqslant x \leqslant 1$。不同生产率水平的国家和不同性质的项目中，$x$ 的取值是不相同的。比如对于化工项目，美国取 $x = 0.6$，英国取 $x = 0.66$，日本取 $x = 0.7$。

若已建类似项目的生产规模与拟建项目生产规模相差不大，Q_1 与 Q_2 的比值为 0.5～2，则指数 x 的取值近似为 1。

若已建类似项目的生产规模与拟建项目生产规模相差不大于 50 倍，且拟建项目生产规模的扩大仅靠增大设备规模来达到时，则 x 的取值为 0.6～0.7；若拟建项目的生产规模是靠增加相同规格设备的数量达到时，x 的取值为 0.8～0.9。

生产能力指数法与单位生产能力估算法相比精确度略高。尽管估价误差仍较大，但有它独特的好处。首先，这种估价方法不需要详细的工程设计资料，只知道工艺流程及规模即可；其次，对于总承包工程而言，可作为估价的旁证。在总承包工程报价时，承包商大都采用这种方法估价。

[例 7-2] 已知年产 25 万 t 乙烯装置的投资额为 45000 万元，估算拟建年生产 60 万 t 乙烯装置的投资额。若将拟建项目的生产能力提高 2 倍，投资额将增加多少？设生产能力指数为 0.7，综合调整系数为 1.1。

解：（1）拟建年产 60 万 t 乙烯装置的投资额为

$$C_2 = C_1 \left(\frac{Q_2}{Q_1} \right)^x f = 45000 \text{ 万元} \times \left(\frac{60 \text{ 万 t}}{25 \text{ 万 t}} \right)^{0.7} \times 1.1 = 91359.36 \text{ 万元}$$

（2）将拟建项目的生产能力提高两倍，投资额将增加

$$45000 \times \left(\frac{30 \times 60 \text{ 万 t}}{25 \text{ 万 t}} \right)^{0.7} \times 1.1 - 45000 \text{ 万元} \times \left(\frac{60 \text{ 万 t}}{25 \text{ 万 t}} \right)^{0.7} \times 1.1 = 105763.93 \text{ 万元}$$

（3）系数估算法　系数估算法也称因子估算法。它是以拟建项目的主体工程费或主要

设备费为基数，以其他工程费占主体工程费的百分比为系数估算项目总投资的方法。这种方法简单易行，但是精度低，一般用于项目建议书编制阶段。系数估算法的种类很多，下面介绍几种主要类型。

1）设备系数法。设备系数法是以拟建项目的设备费为基数，根据已建成的同类项目的建筑安装费和其他工程费等占设备价值的比例，求出拟建项目建筑安装工程费和其他工程费，进而求出建设项目总投资。其计算公式为

$$C = E(1 + f_1P_1 + f_2P_2 + f_3P_3 + \cdots + f_nP_n) + I \tag{7-3}$$

式中，C 为拟建项目的静态投资；E 为拟建项目根据当时当地价格计算的设备购置费；P_1，P_2，P_3，$\cdots$，P_n 为已建项目中建筑安装工程费及其他工程费等与设备购置费的比例；f_1，f_2，f_3，$\cdots$，f_n 为由于时间因素引起的定额、价格、费用标准等变化的综合调整系数；I 为拟建项目的其他费用。

[例 7-3] A 地于 2017 年 8 月拟兴建一年产 40 万 t 甲产品的工厂，现获得 B 地 2014 年 10 月投产的年产 30 万 t 甲产品类似厂的建设投资资料。B 地类似厂的设备费 12400 万元，建筑工程费 6000 万元，安装工程费 4000 万元，若拟建项目的设备购置费为 14000 万元，工程建设其他费用为 2500 万元。考虑因 2014 年至 2017 年时间因素导致的对建筑工程费、安装工程费的综合调整系数，分别为 1.25、1.05，生产能力指数为 0.6，估算拟建项目的静态投资。

解：（1）求建筑工程费、安装工程费占设备费的比例：

建筑工程费 $6000 \div 12400 = 0.4839$

安装工程费 $4000 \div 12400 = 0.3226$

（2）估算拟建项目的静态投资

$$
\begin{aligned}
C &= E(1 + f_1P_1 + f_2P_2 + f_3P_3 + \cdots) + I \\
&= [14000 \times (1 + 1.25 \times 0.4839 + 1.05 \times 0.3226) + 2500] 万元 \\
&= 29710.47 万元
\end{aligned}
$$

2）主体专业系数法。以拟建项目中投资比重较大，并与生产能力直接相关的工艺设备投资为基数，根据已建同类项目的有关统计资料，计算出拟建项目各专业工程（总图、土建、采暖、给水排水、管道、电气、自控等）占工艺设备投资的比例，据以求出拟建项目各专业投资，然后加总即为项目总投资。其计算公式为

$$C = E(1 + f_1P_1' + f_2P_2' + f_3P_3' + \cdots + f_nP_n') + I \tag{7-4}$$

式中，P_1'，P_2'，P_3'，$\cdots$，P_n' 为已建项目中各专业工程费用占设备购置费的比重。其他符号含义相同。

3）朗格系数法。这种方法是以设备费为基数，乘以适当系数来推算项目的建设费用。其计算公式为

$$C = E(1 + \sum K_i)K_c \tag{7-5}$$

式中，K_i 为管线、仪表、建筑物等项费用的估算系数；K_c 为管理费、合同费、应急费等项费用的总估算系数。其他符号含义相同。

总建设费用与设备费用之比为朗格系数 K_L。即

$$K_L = (1 + \sum K_i)K_c \tag{7-6}$$

应用朗格系数法进行工程项目或装置估价的精度仍不是很高，其原因如下：装置规模大

小发生变化的影响；不同地区自然地理条件的影响；不同地区经济地理条件的影响；不同地区气候条件的影响；主要设备材质发生变化时，设备费用变化较大而安装费变化不大所产生的影响。朗格系数法是以设备费为计算基础，估算误差为 10% ~ 15%。

4）比例估算法。根据统计资料，先求出已有同类企业主要设备投资占全厂建设投资的比例，然后再估算出拟建项目的主要设备投资，即可按比例求出拟建项目的建设投资。其表达式为

$$I = \frac{1}{K} \sum_{i=1}^{n} Q_i P_i \qquad (7-7)$$

式中，I 为拟建项目的建设投资；K 为主要设备投资占拟建项目投资的比例；n 为设备种类数；Q_i 为第 i 种设备的数量；P_i 为第 i 种设备的单价（到厂价格）。

5）指标估算法。这种方法是把建设项目划分为建筑工程、设备安装工程、设备购置费及其他基本建设费等费用项目或单位工程，再根据各种具体的投资估算指标进行各项费用项目或单位工程投资的估算，在此基础上汇总成每一单项工程的投资。另外，再估算工程建设其他费用及预备费，即可求得建设项目总投资。

估算指标是一种比概算指标更为扩大的单位工程指标或单项工程指标。编制方法是采用有代表性的单位或单项工程的实际资料，采用现行的概预算定额编制概预算，或收集有关工程的施工图预算或结算资料，经过修正、调整，反复综合平衡，以单项工程（装置、车间）或工段（区域、单位工程）为扩大单位，以"量"和"价"相结合的形式，用货币来反映活劳动与物化劳动。估算指标应是以定"量"为主，故在估算指标中应有人工数、主要设备规格表、主要材料量、主要实物工程量、各专业工程的投资等。对单项工程，应做简洁的介绍，必要时还要附工艺流程图、物料平衡表及消耗指标。这样，就为动态计算和经济分析创造了条件。

2. 动态投资部分的估算

建设投资动态部分主要包括价格、税率变动可能增加的投资额，即价差预备费、增值税和建设期利息的估算，如果是涉外项目，还应该计算汇率的影响。动态部分的估算应以基准年静态投资的资金使用计划为基础计算，而不是以编制的年静态投资为基础计算。汇率的估算依据实际汇率的变化情况进行。

（1）价差预备费的估算　价差预备费是指在建设期内利率、汇率或价格等因素的变化而预留的可能增加的费用。价差预备费的内容包括：在建设期间内人工、设备、材料、施工机械的价差费，建筑安装工程费及工程建设其他费用调整，利率、汇率调整等增加的费用。公式为

$$PF = \sum_{t=1}^{n} I_t \left[(1 + f)^m (1 + f)^{0.5} (1 + f)^{t-1} - 1 \right] \qquad (7-8)$$

式中，PF 为价差预备费；t 为建设期年份数；I_t 为建设期第 t 年的投资计划额，包括工程费用、工程建设其他费用及基本预备费，即第 t 年的静态投资；f 为年均投资价格上涨率；m 为建设前期年限（从编制估算到开工建设，年）。

（2）汇率变化对涉外建设项目动态投资的影响及计算方法

1）外币对人民币升值。项目从国外市场购买设备材料所支付的外币换算成人民币的金额增加。

2）外币对人民币贬值。项目从国外市场购买设备材料所支付的外币换算成人民币的金

额减少。

（3）建设期利息的估算 建设期利息是指项目借款在建设期内发生并计入固定资产投资的利息。计算建设期利息时，为了简化计算，通常假定当年借款按半年计息，以上年度借款按全年计息，计算公式为

$$q_j = (P_{j-1} + 0.5A_j)i \qquad (7-9)$$

式中，q_j 为建设期第 j 年应计利息；P_{j-1} 为建设期第 $(j-1)$ 年末贷款累计金额与利息金额之和；A_j 为建设期第 j 年货款金额；i 为年利率。

3. 固定资产投资估算表的编制

建设项目动态投资与静态投资编制完成后，需要编制固定资产投资估算表。按照费用归集形式，建设投资可按概算法或者按形成资产法分类。需要注意的是，建筑业实施"营改增"后，应计入工程造价的税金是增值税，增值税属于价外税，因此建设投资的各项费用不含增值税可抵扣进项税金的价格。

（1）按概算法分类 建设投资由工程费用、工程建设其他费用、预备费、增值税和建设期利息组成。固定资产投资估算表（概算法）见表 7-1。

表 7-1　固定资产投资估算表（概算法）

序号	工程或费用名称	建筑工程费	设备购置费	安装工程费	其他费用	合计	其中：外币	比例（%）
1	工程费用							
1.1	主体工程							
1.1.1	…							
1.2	辅助工程							
1.2.1	…							
1.3	公用工程							
1.3.1	…							
1.4	服务性工程							
1.4.1	…							
1.5	场外工程							
1.5.1	…							
1.6	…							
2	工程建设其他费用							
2.1	…							
3	预备费							
3.1	基本预备费							
3.2	价差预备费							
4	增值税							
5	建设期利息							
6	建设投资合计							
	比例（%）							

（2）按形成资产法分类 建设投资由形成固定资产的费用、形成无形资产的费用、形成其他资产的费用、预备费、增值税和建设期利息组成。固定资产投资估算表（形成资产法）见表 7-2。

表 7-2　固定资产投资估算表（形成资产法）

序号	工程或费用名称	建筑工程费	设备购置费	安装工程费	其他费用	合计	其中：外币	比例(%)
1	固定资产费用							
1.1	工程费用							
1.1.1	…							
1.1.2	…							
1.1.3	…							
1.2	固定资产其他费用							
1.2.1	…							
1.2.2	…							
2	无形资产费用							
2.1	…							
2.2	…							
3	其他资产费用							
3.1	…							
4	预备费							
4.1	基本预备费							
4.2	价差预备费							
5	增值税							
6	建设期利息							
7	建设投资合计							
	比例(%)							

7.3.2　流动资金估算方法

流动资金是指生产经营性项目投产后，为进行正常生产运营，用于购买原材料、燃料，支付工资及其他经营费用等所需的周转资金。它是伴随着建设投资而发生的长期占用的流动资产投资。

$$流动资金＝流动资产－流动负债$$

式中，流动资产主要考虑现金、应收账款、预付账款和存货；流动负债主要考虑应付账款和预收账款。因此，流动资产的概念，实际上就是财务中的营运资金。

项目运营需要流动资产投资，是指生产经营性项目投产后，为进行正常生产运营，用于购买原材料、燃料，支付工资及其他经营费用等所需的周转资金。

流动资金估算一般采用分项详细估算法。个别情况或者小型项目可采用扩大指标估算法。

1. 分项详细估算法

流动资金的显著特点是在生产过程中不断周转，其周转额与生产规模及周转速度直接相关。分项详细估算法是根据周转额与周转速度之间的关系，对构成流动资金的各项流动资产和流动负债分别进行估算。在可行性研究中，为简化计算，仅对存货、现金、应收账款和应付账款四项内容进行估算，计算公式为

$$流动资金＝流动资产－流动负债 \tag{7-10}$$

$$流动资产＝应收账款＋预付账款＋存货＋现金 \tag{7-11}$$

$$流动负债＝应付账款＋预收账款 \tag{7-12}$$

$$流动资金本年增加额=本年流动资金-上年流动资金 \qquad (7\text{-}13)$$

估算的具体步骤是首先计算各类流动资产和流动负债的年周转次数，然后再分项估算占用资金额。

（1）周转次数计算　周转次数是指流动资金的各个构成项目在一年内完成多少个生产过程。

$$周转次数=\frac{360 \text{天}}{流动资金最低周转天数} \qquad (7\text{-}14)$$

流动资金最低周转天数，可参照同类企业的平均周转天数并结合项目特点确定，或按部门（行业）规定，在确定最低周转天数时应考虑储存天数、在途天数，并考虑适当的保险系数。又因

$$周转次数=\frac{周转额}{各项流动资金平均占用额} \qquad (7\text{-}15)$$

如果周转次数已知，则

$$各项流动资金平均占用额=\frac{周转额}{周转次数} \qquad (7\text{-}16)$$

（2）应收账款估算　应收账款是指企业因对外赊销商品、劳务而占用的资金。计算公式为

$$应收账款=\frac{年经营成本}{应收账款周转次数} \qquad (7\text{-}17)$$

（3）预付账款估算　预付账款是指企事业为购买各类材料、半成品或服务所预先支付的款项，计算公式为

$$预付账款=\frac{外购商品或服务年费用金额}{预付账款周转次数} \qquad (7\text{-}18)$$

（4）存货估算　存货是企业为销售或者生产耗用而储备的各种物资，主要有原材料、辅助材料、燃料、低值易耗品、维修备件、包装物、在产品、自制半成品和产成品等。为简化计算，仅考虑外购原材料、外购燃料、在产品和产成品，并分项进行计算，计算公式为

$$存货=外购原材料+外购燃料+在产品+产成品 \qquad (7\text{-}19)$$

$$外购原材料占用资金=\frac{年外购原材料总成本}{原材料周转次数} \qquad (7\text{-}20)$$

$$外购燃料=\frac{年外购燃料}{按种类分项周转次数} \qquad (7\text{-}21)$$

$$在产品=\frac{年外购原材料、燃料+年工资及福利费+年修理费+年其他制造费}{在产品周转次数} \qquad (7\text{-}22)$$

$$产成品=\frac{年经营成本}{产成品周转次数} \qquad (7\text{-}23)$$

（5）现金需要量估算　项目流动资金中的现金是指货币资金，即企业生产运营活动中停留于货币形态的那部分资金，包括企业库存现金和银行存款。计算公式为

$$现金需要量=\frac{年工资及福利费+年其他费用}{现金周转次数} \qquad (7\text{-}24)$$

$$年其他费用=制造费用+管理费用+销售费用-$$

以上三项费用中所含的工资及福利费、折旧费、维简费、摊销费、修理费 $\qquad (7\text{-}25)$

（6）流动负债估算 流动负债是指在一年或者超过一年的一个营业周期内，需要偿还的各种债务。在可行性研究中，流动负债的估算只考虑应付账款一项。计算公式为

$$应付账款 = \frac{年外购原材料、燃料动力费及其他材料年费用}{应付账款周转次数} \qquad (7\text{-}26)$$

$$预收账款 = \frac{预收的营业收入年金额}{预收账款周转次数} \qquad (7\text{-}27)$$

根据流动资金各项估算结果，编制流动资金估算表。

2. 扩大指标估算法

扩大指标估算法是根据现有同类企业的实际资料，求得各种流动资金率指标，也可依据行业或部门给定的参考值或经验确定比率。将各类流动资金率乘以相对应的费用基数来估算流动资金。一般常用的基数有销售收入、经营成本、总成本费用和固定资产投资等。扩大指标估算法简便易行，但准确度不高，适用于项目建议书编制阶段的估算。扩大指标估算法计算流动资金的公式为

$$年流动资金额 = 年费用基数 \times 各类流动资金率 \qquad (7\text{-}28)$$

$$年流动资金额 = 年产量 \times 单位产品产量占用流动资金额 \qquad (7\text{-}29)$$

3. 流动资金估算时应注意的问题

1）在采用分项详细估算法时，应根据项目实际情况分别确定现金、应收账款、存货和应付账款的最低周转天数，并考虑一定的保险系数。最低周转天数减少，将增加周转次数，从而减少流动资金需用量，因此，必须切合实际地选用最低周转天数。对于存货中的外购原材料和燃料，要分品种和来源，考虑运输方式和运输距离，以及占用流动资金的比重等因素确定最低周转天数。

2）在不同生产负荷下的流动资金，应按不同生产负荷所需的各项费用金额，分别按照上述的计算公式进行估算，而不能直接按照100%生产负荷下的流动资金乘以生产负荷百分比求得。

3）流动资金属于长期性（永久性）流动资产，流动资金的筹措可通过长期负债和资本金（一般要求占30%）的方式解决。流动资金一般要求在投产前一年开始筹措，为简化计算，可规定在投产的第一年开始按生产负荷安排流动资金需用量。其借款部分按全年计算利息，流动资金利息应计入生产期间财务费用，项目计算期末收回全部流动资金（不含利息）。

4）用详细估算法计算流动资金，需以经营成本及其中的某些科目为基数，因此实际上流动资金估算应能够在经营成本估算之后进行。

4. 流动资金估算表的编制

根据流动资金各项估算的结果，编制流动资金估算表，见表7-3。

表 7-3 **流动资金估算表**

序号	项 目	最低周转天数	周转次数	计算期					
				1	2	3	4	...	n
1	流动资产								
1.1	应收账款								
1.2	存货								
1.2.1	原材料								
1.2.2	×××								
	...								
1.2.3	燃料								

（续）

序号	项　目	最低周转天数	周转次数	计算期					
				1	2	3	4	…	n
	×××								
	…								
1.2.4	在产品								
1.2.5	产成品								
1.3	现金								
1.4	预付账款								
2	流动负债								
2.1	应付账款								
2.2	预收账款								
3	流动资金（1-2）								
4	流动资金当期增加额								

思考题与习题

1. 投资估算的概念与作用是什么？

2. 投资估算包括哪些内容？

3. 已知建设年产 30 万 t 的某钢厂的投资额为 60000 万元，试估算建设年产 80 万 t 的钢厂的投资额（生产能力指数 $n=0.7$，$f=1.2$）。

4. 某套设备的估计设备购置费为 5027 万元。根据以往资料，与设备配套的建筑工程、安装工程和其他工程费的百分比分别为 43%、15%、10%。假定各工程费用上涨与设备费用上涨是同步的，试估算该项目的投资额。

5. 某拟建项目年销售收入估算为 18000 万元；存货资金占用估算为 4800 万元，预付账款占用估算为 250 万元；全部职工人数为 1000 人，每人每年工资及福利费估算为 9.6 万元；年其他费用估算为 3000 万元；年外购原材料、燃料及动力费为 15000 万元；预收账款占用估算为 300 万元。各项资金的周转天数为：应收账款为 30d，现金为 15d，应付账款为 30d。请估算流动资金额。

第 8 章

设 计 概 算

学习目标

熟悉设计概算的基本原理，熟悉设计概算的特点与作用，熟悉设计概算的内容，熟悉设计概算的编制与审查。

8.1 概述

8.1.1 设计概算的概述

1. 设计概算的概念

设计概算是初步设计概算的简称，是指在初步设计或扩大初步设计阶段，由设计单位根据初步设计图、定额、指标、其他工程费用定额等，对工程投资进行的概略计算，这是初步设计文件的重要组成部分，是确定工程设计阶段的投资的依据，经过批准的设计概算是控制工程建设投资的最高限额。

2. 设计概算的作用

1）设计概算是确定建设项目、各单项工程及各单位工程投资的依据。按照规定报请有关部门或单位批准的初步设计及总概算，一经批准即作为建设项目静态总投资的最高限额，不得任意突破，必须突破时需报原审批部门（单位）批准。

2）设计概算是编制投资计划的依据。计划部门根据批准的设计概算编制建设项目年固定资产投资计划，并严格控制投资计划的实施。若建设项目实际投资数额超过了总概算，那么必须由原设计单位和建设单位共同提出追加投资的申请报告，经上级计划部门审核批准后，才能追加投资。

3）设计概算是进行拨款和贷款的依据。建设银行根据批准的设计概算和年度投资计划，进行拨款和贷款，并严格实行监督控制。对超出概算的部分，未经计划部门批准，不得追加拨款和贷款。

4）设计概算是实行投资包干的依据。在进行概算包干时，单项工程综合概算及建设项目总概算是投资包干指标商定和确定的基础，尤其经上级主管部门批准的设计概算或修正概算，是主管单位和包干单位签订包干合同、控制包干数额的依据。

5）设计概算是考核设计方案的经济合理性和控制施工图预算的依据。设计单位根据设计概算进行技术经济分析和多方案评价，以提高设计质量和经济效果。同时，保证施工图预算在设计概算的范围内。

6）设计概算是进行各种施工准备、设备供应指标、加工订货及落实各项技术经济责任的依据。

7）设计概算是控制项目投资、考核建设成本、提高项目实施阶段工程管理和经济核算水平的必要手段。

8.1.2 设计概算的内容

设计概算分为三级概算，即单位工程概算、单项工程综合概算、建设项目总概算。设计概算的编制内容及相互关系如图 8-1 所示。

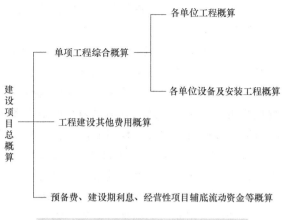

图 8-1 设计概算的编制内容及相互关系

8.2 设计概算的编制方法

8.2.1 设计概算编制依据

1）经批准的建设项目计划任务书。建设项目计划任务书由国家或地方建设主管部门批准，其内容随建设项目的性质而异。一般包括建设目的、建设规模、建设理由、建设布局、建设内容、建设进度、建设投资、产品方案和原材料来源等。

2）初步设计或扩大初步设计图样和说明书。有了初步设计图样和说明书，才能了解其设计内容和要求，并计算主要工程量，这些是编制设计概算的基础资料。

3）概算指标、概算定额或综合预算定额。概算指标、概算定额和综合概算定额是由国家或地方建设主管部门颁发的，是计算价格的依据，不足部分可参照预算定额或其他有关资料。

4）设备价格资料。各种定型设备（如各种用途的泵、空压机、蒸汽锅炉等）均按国家有关部门规定的现行产品出厂价格计算；非标准设备按非标准设备制造厂的报价计算。另外，还应增加供销部门的手续费、包装费、运输费及采购保管等费用资料。

5）地区工资标准和材料预算价格。

6）有关取费标准和费用定额。

设计概算可分为单位工程概算、单项工程综合概算和建设项目总概算三级，各级概算的编制方法如下。

8.2.2 设计概算的编制方法

1. 单位工程概算的编制

单位工程概算是编制单项工程综合概算（或项目总概算）的依据，单位工程概算项目根据单项工程中所属的每个单体按专业分别编制。单位工程概算一般分建筑工程单位工程概算、设备及安装工程单位工程概算两大类。

（1）建筑工程单位工程概算 建筑工程概算要采用"建筑工程概算表"编制，按构成单位工程的主要分部分项工程编制，根据初步设计工程量按工程所在省、市、自治区颁发的概算定额（指标）或行业概算定额（指标），以及工程费用定额计算。

对于通用结构建筑，可采用"造价指标"编制概算；对于特殊或重要的建（构）筑物，必须按构成单位工程的主要分部分项工程编制，必要时结合施工组织设计进行详细计算。

建筑工程的概算编制方法包括概算定额法、概算指标法、类似工程预算法等。

1）概算定额法。概算定额法，又称扩大单价法，是一种比较详细的概算编制方法。概算定额法是根据初步设计图或扩大初步设计图和概算定额的项目划分计算出工程量，然后套用概算定额单价，计算汇总后再计取其他费用，得出单位工程概算的一种编制方法。当建设工程的初步设计达到一定的深度，且建筑结构比较明确时，应采用这种概算方法。

概算定额法的编制程序及计算方法如下：

① 熟悉设计图，了解设计意图、施工条件和施工方法。

② 列出单位工程中分项工程或扩大分项工程的项目名称，并计算其工程量。工程量计算应按概算定额中规定的工程量计算规则进行，并将各分项工程量按概算定额编号顺序填入工程概算表内。由于设计概算项目内容比施工图预算项目内容扩大，在计算工程量时，必须熟悉概算定额中每个项目所包括的内容，避免重算和漏算。

③ 确定各分部分项工程项目的概算定额基价。概算定额基价是根据编制概算定额地区的工资标准、材料预算价格以及施工机械台班单价等制定的。计算公式如下

$$概算定额基价 = 概算定额人工费 + 概算定额材料费 + 概算定额施工机具使用费 \quad (8-1)$$

其他地区使用时，必须进行换算。换算方法：若已规定了调整系数，则根据规定的调整系数乘以概算定额单价即可。

④ 计算单位工程的人工费、材料费、施工机具使用费，并将各项费用汇总。将计算出的各分部分项工程的工程量与查出的相应定额基准价相乘，即可得出各分项工程的人工费、材料费、施工机具使用费；然后将各项费用汇总，得到单位工程的人工费、材料费、施工机具使用费。如果规定有地区的人工、材料价差调整指标，还应按规定的调整系数进行调整计算。其计算式如下

$$分项工程的人工费、材料费、施工机具使用费之和 = \sum（各分部分项工程项目的工程量 \times$$
$$概算定额单价） \quad (8-2)$$

⑤ 计取各项费用，确定工程概算造价。当工程概算人工费、材料费、施工机具使用费确定后，就可以按费用计算程序进行各项费用的计算。计算时，可以以人工费（人工费和机械费）为计算基数计算每 m² 概算造价。概算定额法计算建筑工程设计概算步骤见表 8-1（以人工费为计算基础）。

表 8-1　概算定额法计算建筑工程设计概算步骤

序号	费用项目	计　算　方　法	
1	人工费、材料费、施工机具使用费	$\sum$工程量×概算定额基价	$\sum$工程量×概算定额基价
2	企业管理费	人工费×企业管理费率	（人工费+机械费）×企业管理费率
3	利润	人工费×利润率	（人工费+机械费）×利润率
4	规费	人工费×社会保险费和住房公积金费率+工程排污费	（人工费+机械费）×社会保险费和住房公积金费率+工程排污费
5	建筑工程概算造价（不含增值税可抵扣的进项税额）	1+2+3+4	1+2+3+4
6	每 m² 概算造价	5÷建筑面积	5÷建筑面积

⑥ 计算单位建筑工程技术经济指标。在确定工程概算造价之后，可以根据工程建设项目的特征和需要，编制各类相关的技术经济指标，如元/100m²、工日/100m²、t/100m² 等。

[例 8-1]　某市拟建一座 7560m² 教学楼，请按给出的土建工程量和扩大单价（表 8-2）编制出该教学楼土建工程设计概算造价和每 m² 造价。按有关规定，各项费率分别为：以定额人工费为基数的企业管理费费率为 5%，利润率为 30%，社会保险费和公积金费率为 25%，按标准缴纳的工程排污费为 50 万元。

表 8-2　某教学楼土建工程量和扩大单价

分部工程名称	单 位	工程量	扩大单价/元	其中:人工费/元
基础工程	10m³	160	2500	320
混凝土及钢筋混凝土工程	10m³	150	6800	660
砌筑工程	10m³	280	3300	960
地面工程	100m²	40	11000	1500
楼面工程	100m²	90	18000	2000
卷材屋面	100m²	40	4500	1500
门窗工程	100m²	35	56000	10000
脚手架工程	100m²	180	600	200

解：根据已知条件和表 8-2 数据，求得该教学楼土建工程概算造价，见表 8-3。

表 8-3　某教学楼土建工程概算造价计算表

序号	分部分项或费用名称	单位	工程量	单价/元	合价/元
1	基础工程	10m³	160	2500	400000
2	混凝土及钢筋混凝土工程	10m³	150	6800	1020000
3	砌筑工程	10m³	280	3300	924000
4	地面工程	100m²	40	11000	440000
5	楼面工程	100m²	90	18000	1620000
6	卷材屋面	100m²	40	4500	180000
7	门窗工程	100m²	35	56000	1960000
8	脚手架工程	100m²	180	600	108000
A	人、材、机费合计	以上 8 项之和			6652000
B	其中:人工费合计				1105000
C	企业管理费	B×5%			55250
D	利润	B×30%			331500
E	规费	B×25%+500000			776250
	概算造价(不含增值税可抵扣的进项税额)	A+C+D+E			7815000
	每 m² 概算造价	7815000÷7560			1033.73

2）概算指标法。当初步设计深度不够，不能准确地计算出工程量，但工程设计技术比较成熟而又有类似工程概算指标可以利用时，可采用概算指标法。概算指标的应用比概算定额具有更大的灵活性，原因在于它是一种综合性很强的指标。因此，采用概算指标法编制概算的核心在于对概算指标的判定，选定概算指标时应使设计对象与所选用的指标在各方面尽量一致或接近。

概算指标法采用人工费、材料费、施工机具使用费指标，是用拟建的厂房、住宅的建筑面积（或体积）乘以技术条件相同或基本相同工程的概算指标，得出人、材、机费用之和，然后按规定计算出企业管理费、规费和利润等，编制出单位工程概算的方法。下面对这两种情况的计算方法进行介绍。

① 直接套用概算指标的编制方法。当拟建工程结构特征与概算指标所反映的特征一致时，可采取直接套用的编制方法。但根据所选用的概算指标的内容，可选用两种套算方法：

A. 以指标中规定的工程 $1m^2$（或 $1m^3$）的人、材、机费用，乘以拟建单位工程的建筑面积或体积，得出单位工程的人、材、机费，再计算其他费用，即可求出单位工程的概算造价。人、材、机费计算公式如下

人、材、机费＝概算指标每 $1m^2(m^3)$ 工程造价×拟建工程的建筑面积(体积)　　（8-3）

这种简化计算方法未考虑拟建单位工程建设时期与概算指标编制时期的价差，所以在人、材、机费用之后还应用物价指数另行调整。

B. 以概算指标中规定的每 $100m^2$ 建筑面积（或 $100m^2$ 建筑物体积）所耗人工工日数、主要材料数量为依据，首先计算拟建工程人工、主要材料消耗量，再套用相应的人工、材料消耗指标来计算人、材、机费用之和，最后计取各项规定的费用。其计算公式为

$$100m^2 \text{ 建筑面积的人工费} = 指标规定的工日数 \times 本地区人工工日单价 \qquad (8\text{-}4)$$

$$100m^2 \text{ 建筑面积的主要材料费} = \Sigma（指标规定的$$
$$\text{主要材料数量} \times 相应地区材料预算单价） \qquad (8\text{-}5)$$

$$100m^2 \text{ 建筑面积的其他材料费} = 主要材料费 \times$$
$$\text{其他材料费占主要材料费的百分比} \qquad (8\text{-}6)$$

$$100m^2 \text{ 建筑面积的机械使用费} = （人工费 +$$
$$\text{主要材料费} + 其他材料费） \times 机械使用费所占百分比 \qquad (8\text{-}7)$$

$$\text{每 } 1m^2 \text{ 建筑面积的人、材、机费用之和} = （人工费 +$$
$$\text{主要材料费} + 其他材料费 + 机械使用费）/100 \qquad (8\text{-}8)$$

根据人、材、机费，结合其他各项取费方法，分别计算企业管理费、规费和利润，得到每 $1m^2$ 建筑面积的概算单价，再用概算单价乘以拟建单位工程的建筑面积，即可得到单位工程概算造价。

② 概算指标存在局部差异调整时的编制方法。由于拟建工程（设计对象）往往与类似工程的概算指标的技术条件不尽相同，概算指标编制年份的设备、材料、人工等价格与拟建工程当时当地的价格也会不一样。因此，必须对其进行调整。其调整方法是：

A. 调整概算指标中每 $1m^2$（或 $1m^3$）造价。当设计对象的结构特征与概算指标有局部差异时，需要进行这种调整。这种调整方法是将原概算指标中的单位造价进行调整（仍使用每 $1m^2$ 建筑面积的人、材、机费用之和），扣除每 $1m^2$（或 $1m^3$）原概算指标中与拟建工程结构不同特征的造价部分，增加每 $1m^2$（或 $1m^3$）拟建工程与概算指标因结构不同进行调整的造价部分，从而求得与拟建工程结构相适应的每 $1m^2$ 建筑面积的人、材、机费用之和造价。计算公式为

$$\text{结构变化修正概算指标} = J + Q_1 P_1 - Q_2 P_2（元/m^2 \text{ 或元}/m^3） \qquad (8\text{-}9)$$

式中，J 为原概算指标；Q_1 为换入新结构的数量；Q_2 为换出旧结构的数量；P_1 为换入新结构的工料单价；P_2 为换出旧结构的工料单价。

则拟建单位工程的人、材、机费用之和为

$$\text{单位工程的人、材、机费用之和} = 修正后的概算指标 \times$$
$$\text{拟建工程建筑面积（或体积）} \qquad (8\text{-}10)$$

求出人、材、机费用后，再按照规定的取费方法计算其他费用，最终得到单位工程概算造价。

B. 调整概算指标中的人、材、机数量。这种方法是将原概算指标中每 $100m^2$（或 $1000m^3$）建筑面积（或体积）中的人、材、机数量进行调整，扣除原概算指标中与拟建工程结构不同部分的人、材、机消耗量，增加拟建工程与概算指标因结构不同而进行调整的人、材、机消耗量，使其成为与拟建工程结构相同的每 $100m^2$（或 $1000m^3$）建筑面积（或体积）人、材、机数量。计算公式为

$$\text{结构变化修正概算指标的人、材、机数量} = 原概算指标的人、材、机数量 +$$

换入结构件工程量×相应定额人、材、机消耗量-

换出结构件工程量×相应定额人、材、机消耗量　　　　(8-11)

以上的两种方法，前者是直接修正结构件指标单价，后者是修正结构件指标人、材、机数量。修正之后，方可按上述第一种情况分别套用。

3）类似工程预算法。采用类似工程预算编制概算，往往因拟建工程与类似工程之间在基本结构特征上存在着差异而影响概算的准确性。因此，必须对类似工程与拟建工程的差异部分进行调整，包括建筑结构差异的调整和价差调整。

① 建筑结构差异的调整。调整方法与概算指标法的调整方法相同，即先确定有差别的项目，然后分别按每一项目算出结构构件的工程量和单位价格（按编制概算工程所在地区的单价），然后以类似工程预算中相应（或有差别）的结构构件的工程数量和单价为基础，算出总差价。将类似工程预算中的人、材、机费用之和减去（或加上）这部分差价，就得到结构差异换算后的人、材、机费用，再取费得到结构差异换算后的造价。

② 价差调整。类似工程造价的价差调整常用的方法有两种。

A. 当类似工程造价资料有具体的人工、材料、机械台班的用量时，可用类似工程预算造价资料中的主要材料、工日、机械台班数量乘以拟建工程所在地的主要材料预算价格、人工单价、机械台班单价，计算出人、材、机费，再乘以当地的综合费率，即可得出所需的造价指标。

B. 当类似工程造价资料只有人工、材料、施工机具费用和企业管理费等费用或费率时，可按下面公式调整

$$D = AK \tag{8-12}$$

$$K = a\%K_1 + b\%K_2 + c\%K_3 + d\%K_4 \tag{8-13}$$

式中，D 为拟建工程单方概算造价；A 为类似工程单方预算造价；K 为综合调整系数；$a\%$、$b\%$、$c\%$、$d\%$ 为类似工程预算的人工费、材料费、施工机具使用费、企业管理费占预算成本的比重；K_1、K_2、K_3、K_4 为拟建工程地区与类似工程预算造价在人工费、材料费、施工机具使用费、企业管理费之间的差异系数。

（2）设备及安装工程单位工程概算　设备及安装工程概算费用由设备购置费和安装工程费组成。

1）设备购置费。其计算公式如下

定型或成套设备费 = 设备出厂价格 + 运输费 + 采购保管费　　　　(8-14)

引进设备费用分外币和人民币两种支付方式，外币部分按美元或其他国际主要流通货币计算。

非标准设备原价有多种不同的计算方法，如综合单价法、成本计算估价法、系列设备插入估价法、分部组合估价法、定额估价法等。一般采用不同种类设备综合单价法计算，其计算公式如下

设备费 = Σ综合单价(元/t)×设备单重(t)　　　　(8-15)

工器具及生产家具购置费一般以设备购置费为计算基数，按照部门或行业规定的工器具及生产家具费率计算。

2）安装工程费。安装工程费用内容组合，以及工程费用计算方法见《建筑安装工程费用项目组成》（建标［2013］44号）；其中辅助材料费按概算定额（指标）计算，主要材料

费以消耗量按工程所在地当年预算价格（或市场价）计算。

引进材料费用计算方法与引进设备费用计算方法相同。

设备及安装工程概算采用"设备及安装工程概算表"形式，按构成单位工程的主要分部分项工程编制，根据初步设计工程量按工程所在省、市、自治区颁发的概算定额（指标）或行业概算定额（指标），以及工程费用定额计算。

2. 单项工程综合概算的编制

单项工程综合概算是以单项工程为编制对象，确定建成后可独立发挥作用的建筑物或构筑物所需全部建设费用的文件，由该单项工程内各单位工程概算书汇总而成。

综合概算书是工程项目总概算书的组成部分，是编制总概算书的基础文件，一般由编制说明和综合概算表两个部分组成。

3. 建设项目总概算的编制

总概算是确定整个建设项目从筹建到建成全部建设费用的文件，它由组成建设项目的各个单项工程综合概算及工程建设其他费用概算和预备费、建设期利息、经营性项目铺底流动资金、固定资产投资方向调节税概算等汇总编制而成。

总概算的编制方法如下：

1）按总概算组成的顺序和各项费用的性质，将各个单项工程综合概算及其他工程和费用概算汇总列入总概算表。

2）将工程项目和费用名称及各项数值填入相应各栏内，然后按各栏分别汇总。

3）以汇总后总额为基础，按取费标准计算预备费用、建设期利息、固定资产投资方向调节税、铺底流动资金。

4）计算回收金额。回收金额是指在整个基本建设过程中所获得的各种收入。如原有房屋拆除所回收的材料和旧设备等的变现收入；试车收入大于支出部分的价值等。回收金额的计算方法应按地区主管部门的规定执行。

5）计算总概算价值。

$$总概算价值＝第一部分费用＋第二部分费用＋预备费＋$$
$$建设期利息＋固定资产投资方向调节＋铺底流动资金－回收金额 \qquad (8\text{-}16)$$

6）计算技术经济指标。整个项目的技术经济指标应选择有代表性和能说明投资效果的指标填列。

7）投资分析。为对基本建设投资分配、构成等情况进行分析，应在总概算表中计算出各项工程和费用投资占总投资的比例，在表的末栏计算出每项费用的投资占总投资的比例。

8.2.3 设计概算文件的组成

1. 三级编制（总概算、综合概算、单位工程概算）形式设计概算文件的组成

1）封面、签署页及目录。

2）编制说明。

3）总概算表。

4）其他费用表。

5）综合概算表。

6）单位工程概算表。

7）附件：补充单位估价表。

2. 二级编制（总概算、单位工程概算）形式设计概算文件的组成

1）封面、签署页及目录。

2）编制说明。

3）总概算表。

4）其他费用表。

5）单位工程概算表。

6）附件：补充单位估价表。

8.3 设计概算的审查

8.3.1 设计概算审查的含义

设计概算审查是初步设计阶段设计文件审查活动的重要组成部分，是确定工程建设投资的一个重要环节。通过对概算编制深度、编制依据，以及单位工程概算、单项工程综合概算和总概算等的审查，使概算投资总额尽可能地接近实际造价，做到概算投资额更加完整、合理、确切，从而促进概算编制人员严格执行国家有关概算的编制规定和费用标准，确定设计概算是否在投资估算的控制之中，防止任意扩大投资规模或故意压低概算投资，从而减少投资缺口，避免故意压低概算投资，搞"钓鱼"项目，最后导致出现实际造价大幅度地突破估算的现象。可见，加强初步设计阶段的概算审查，是有效控制投资项目造价的一个重要环节。

8.3.2 设计概算审查的内容

设计概算审查应审查设计概算编制依据的合法性、时效性、适用性和概算报告的完整性、准确性、全面性；审查设计概算编制的工程数量，应达到基本准确、无漏项的要求。编制深度应符合现行编制规定，定额取费标准正确，选用价格信息符合市场情况，计算无错误，经济指标分析合理、计价正确，最终将形成设计概算审查意见书。

1. 审查设计概算编制依据

（1）审查编制依据的合法性 采用的各种编制依据必须经过国家和授权机关的批准，符合国家的编制规定，未经批准的不能采用。不能以情况特殊为由，擅自提高概算定额、退休指标或费用标准。

（2）审查编制依据的时效性 各种依据，如定额、指标、价格、取费标准等，都应根据国家有关部门的现行规定执行，注意有无调整和新的规定，若有，应按新的调整办法和规定执行。

（3）审查编制依据的适用范围 各种编制依据都有规定的适用范围，如各主管部门规定的各种专业定额及其取费标准，只适用于该部门的专业工程；各地区规定的各种定额及其取费标准，只适用于该地区范围内，特别是地区的材料预算价格，区域性更强。

2. 审查单位工程设计概算

（1）建筑工程概算的审查

1）审查工程量。应审查工程量的计算是否根据初步设计图、概算定额、工程量计算规则和施工组织设计的要求进行，有无多算、重算和漏算的情况，尤其对工程量大、造价高的项目要重点审查。

2）审查编制方法、计价依据和程序是否符合现行规定，包括定额或指标的适用范围和调整方法是否正确。进行定额指标的补充时，要求补充定额或指标的项目划分、内容组成、

编制原则等与现行的规定一致。

3）审查材料预算价格。着重对材料原价和运输费用进行审查。对运输费用审查时，要审查节约材料运输费用的措施。对于材料预算价格的审查，要根据设计文件确定材料消耗用量，以耗用量大的主要材料作为审查的重点。

4）审查各项费用。应结合项目特点，审查各项费用包含的具体内容，避免重复计算或遗漏，取费标准应符合国家有关部门或地方规定的标准。

5）审查建筑工程费。生产性建设项目的建筑面积和造价指标，要根据设计要求和同类工程计算确定；对非生产性项目，要按国家及各地区的主管部门的规定，审查建筑面积和造价指标等。

（2）设备及安装工程概算的审查　设备及安装工程概算审查的重点是设备清单与安装费用的计算。

1）审查设备规格、数量和配置。工业建设项目设备投资比例大，一般占总投资的30%～50%，要认真审查。审查所选用的设备规格、台数是否与生产规模一致，引进设备是否配套、合理，备用设备台数是否得当。还要重点审查价格是否合理、是否符合有关规定，如国产设备应按当时询价资料或有关部门发布的出厂价、信息价，引进设备应根据询价或合同价编制概算。

2）审查标准设备原价，审查设备原价和运杂费的计算方法是否正确，除审查价格的估算依据、估算方法外，还要分析研究非标准设备估价准确度的有关因素及价格变动规律。

3）审查非标准设备原价，应根据设备被管辖的范围，审查各级规定的统一价格标准。

4）设备运杂费的审查，需注意：设备运杂费率应按主管部门或省、自治区、直辖市规定的标准执行；设备价格中已包括包装费和供销部门手续费时不应重复计算，应相应降低设备运杂费率。

5）进口设备费用的审查，应根据设备费用各组成部分及国家设备进口、外汇管理、海关、税务等有关部门不同时期的规定进行，审查进口设备的各项费用的组成及其计算程序、方法是否符合国家主管部门的规定。

6）审查设备及安装工程费。审查设备数量是否符合设计要求，设备价值的计算是否符合规定，安装工程费是否与需要安装的设备相符合，要同时计算设备费和安装费。安装工程费必须按国家规定的安装工程概算定额或指标计算。

7）对于设备安装工程概算的审查，除编制方法、编制依据外，还应注意审查：采用预算单价法或扩大单价法计算设备安装费时的各种单价是否合适，工程量计算是否符合规则要求、是否准确无误；当采用概算指标计算安装费时，主要审查所采用的概算指标是否合理，计算结果是否达到精度要求；审查所需计算安装费的设备及种类是否符合设计要求，避免某些不需要安装的设备安装费计入在内。

3. 审查综合概算和总概算

（1）审查概算文件的组成

1）设计概算的文件是否完整，工程项目确定是否满足设计要求，设计文件内的项目是否遗漏，设计文件外的项目是否列入，有无将非生产性项目以生产性项目列入。

2）审查总概算文件的组成内容，是否完整地包括了建设项目从筹建到竣工投产为止的全部费用。

3）建设规模、建筑结构、建筑面积、建筑标准、总投资是否符合设计文件的要求；当设计概算超过原批准投资估算的 10% 以上时，应将设计概算与原批准投资估算进行逐项的对比分析，找出其超估算的原因，并重新编制设计概算。

4）非生产性建设项目是否符合规定的要求，结构和材料的选择是否进行了技术经济比较，是否超标等。

（2）审查计价指标　审查建筑工程采用工程所在地区的计价定额、费用定额、价格指数和有关人工、材料、机械台班单价是否符合现行规定；审查安装工程所采用的专业部门或地区定额是否符合工程所在地区的市场价格水平，概算指标调整系数、主材价格、人工、机械台班和辅材调整系数是否按当地最新规定执行；审查引进设备安装费率或计取标准、部分行业专业设备安装费率是否按有关规定计算等。

（3）审查工程建设其他各项费用　该部分投资约占总投资的 25% 以上，要按国家和地区规定逐项审查，不属于总概算范围的费用项目不能列入概算，具体费率或计取标准是否按国家、行业有关部门规定计算，有无随意列项、重复列项和漏项等。

（4）审查项目的"三废"治理　拟建项目必须同时安排"三废"（废水、废气、废渣）的治理方案和投资，对于未做安排或漏项或多算、重算的项目，要按国家有关规定核实投资，以满足"三废"排放达到国家标准。

（5）审查技术经济指标　审查技术经济指标计算方法和程序是否正确，综合指标和单项指标与同类型工程指标相比，是偏高还是偏低，其原因是什么，并予纠正。

（6）审查投资经济效果　设计概算是初步设计经济效果的反映，要从企业的投资效益和投产后的运营效益全面分析，生产规模、工艺流程、产品品种和质量是否达到了先进可靠、经济合理的要求。

8.3.3　设计概算审查的方法

审查设计概算是一项复杂和细致的技术工作，它要求审查人员既要懂得有关专业的生产技术知识，又要懂得工程技术和工程概算知识，还必须掌握投资经济管理、金融等多学科知识。因此，审查设计概算必须依靠各行各业的专家和工程技术人员，深入调查研究，掌握第一手资料，才能使批准的概算更切合实际。

采用适当方法审查设计概算，是确保审查质量、提高审查效率的关键。较常用方法有以下三种。

1. 对比分析法

对比分析法主要是通过建设规模、标准与立项批文对比，工程数量与设计图对比，综合范围、内容与编制方法、规定对比，各项取费与规定标准对比，材料、人工单价与市场信息对比，引进设备、技术投资与报价要求对比，技术经济指标与同类工程对比等发现设计概算存在的主要问题和偏差。

2. 查询核实法

查询核实法是对一些关键设备和设施、重要装置、引进工程图样、难以核算的较大投资进行多方查询核对，逐项落实的方法。对于主要设备的市场价，向设备供应部门或招标代理公司查询核实；对于重要生产装置、设施，向同类企业（工程）查询了解；对于引进设备价格及有关税费，向进出口公司调查落实；对于复杂的建安工程，向同类工程的建设、承包、施工单位征求意见；对于深度不够或不清楚的问题，直接向原概算编制人员、设计者询问。

3. 联合会审法

联合会审前，可先采取多种形式分头审查，包括设计单位自审，主管、建设、承包单位初审，工程造价咨询公司评审，邀请同行专家预审，审批部门复审等，经层层审查把关后，由有关单位和专家进行联合会审。在会审会上，由设计单位介绍概算编制情况及有关问题，各有关单位、专家汇报初审和预审意见。然后进行认真分析、讨论，结合对各专业技术方案的审查意见所产生的投资增减，逐一核实原概算中的问题。经过充分协商，认真听取设计单位意见后，实事求是地处理、调整。

8.3.4 设计概算的调整

1. 设计概算的调整依据

中国建设工程造价管理协会出台的 CECA/GC 2—2015《建设项目设计概算编审规程》规定设计概算调整的条件包括以下几点：

1）超出原设计范围的重大变更。

2）超出基本预备费规定范围、不可抗拒的重大自然灾害引起的工程变动和费用增加。

3）超出工程造价调整预备费的国家重大政策性的调整。

2. 设计概算的调整方法

根据国家发展改革委员会颁布的《国家发展改革委关于加强中央预算内投资项目概算调整管理的通知》（发改投资〔2009〕1550号）规定调整概算的情况，申请调整概算的项目，凡概算调整幅度超过原批复概算的10%及以上的，国家发改委原则上先申请审计机关进行审计，待审计结束后，再视具体进行概算调整。

1）对于申请调整概算的项目，国家发改委将按照静态控制、动态管理的原则，区别不可抗因素和人为因素对概算调整的内容和原因进行审查。对于使用基本预备费可以解决问题的项目，不予调整概算。对于确需调整概算的项目，须经国家发改委组织专家评审后方予核定批准。

2）对由于价格上涨、政策调整等不可抗因素造成调整概算超过原批复概算的，经核定后予以调整。调增的价差不作为计取其他费用的基数。

3）对由于勘察、设计、施工、设备材料供应、监理单位过失造成调整概算超过原批复概算的，根据违约责任扣减有关责任单位的费用，超出的投资不作为计取其他费用的基数。对过失情节严重的责任单位，建议相关资质管理部门依法给予处罚并公告。

4）对由于项目单位管理不善、失职渎职，擅自扩大规模、提高标准、增加建设内容，故意漏项和"报小建大"等造成调整概算超过原批复概算的，将给予通报批评。对于超概算严重、性质恶劣的，将向国务院报告并追究项目单位的法律责任。

思考题与习题

思 考 题

1. 三级设计概算都有哪些？它们之间是什么关系？

2. 简述利用概算定额法编制设计概算的步骤。

3. 概算定额法、概算指标法、类似工程法的适用范围有何区别？

4. 简述设计概算的审查内容。

习　　题

1. 拟建一幢教学大楼，建筑面积为 4000m²，根据下列类似工程施工图预算的有关数据，试用类似工程预算编制概算。已知数据如下：

（1）类似工程的建筑面积为 3000m²，预算造价为 926800 元。

（2）类似工程各种费用占预算成本的比例是：人工费 8%、材料费 61%、机械费 10%、企业管理费 9%、其他费 12%。

（3）拟建工程地区与类似工程地区造价之间的差异系数为：$K_1 = 1.14$，$K_2 = 1.02$，$K_3 = 0.97$，$K_4 = 1.01$，$K_5 = 0.95$。

（4）求拟建工程的概算造价。

2. 某市拟建一座 8000m² 的教学楼，请按给出的土建工程量和扩大单价（见表 8-4）编制出该教学楼土建工程设计概算造价和平方米造价。各项费率分别为：企业管理费费率为 5%，利润率为 7%（以人工费、施工机具使用费之和为计算基础）。

表 8-4　某教学楼土建工程量和扩大单价

分部工程名称	单位	工程量	扩大单价/元
基础工程	10m³	160	2500
混凝土及钢筋混凝土工程	10m³	150	6800
砌筑工程	10m³	280	3300
地面工程	100m²	40	1100
楼面工程	100m²	90	1800
卷材屋面	100m²	40	4500
门窗工程	100m²	35	5600
脚手架工程	100m²	180	600

第9章

施工图预算

学习目标

了解施工图预算的概念与作用，熟悉施工图预算的内容，掌握施工图预算的编制方法与审查方法。

9.1 概述

9.1.1 施工图预算的概念

施工图预算是在施工图设计完成之后、工程开工之前，根据已批准的施工图和既定的施工方案，结合现行的预算定额、地区单位估价表、取费定额、各种资源单价等计算并汇总的单位工程及单项工程造价的技术经济文件。

施工图预算分为单位工程预算、单项工程预算和建设项目总预算。单位工程预算是根据施工图设计文件，现行预算定额，费用定额以及人工、材料、设备、机械台班预算价格等资料编制的单位工程建设费用的文件。汇总所有单位工程施工图预算，成为单项工程施工图预算；再汇总各单项工程施工图预算，得出建设项目总预算。

单位工程预算包括一般土建工程预算、给水排水工程预算、采暖通风工程预算、煤气工程预算、电气照明工程预算、构筑物工程预算、工业管道工程预算、机械设备安装工程预算、电气设备安装工程预算、化工设备安装工程预算和热力设备安装工程预算等。

9.1.2 施工图预算的作用

施工图预算作为建设工程的技术经济文件，在工程建设实施过程中具有十分重要的作用，可以归纳为以下几个方面。

1. 施工图预算对投资方的作用

1）施工图预算是设计阶段控制工程造价的重要环节，是控制施工图设计不突破设计概算的重要措施。

2）施工图预算是控制造价及资金合理使用的依据。施工图预算确定的预算造价是工程的计划成本，投资方按施工图预算造价筹集建设资金，合理安排建设资金计划，确保建设资金的有效使用，保证项目建设顺利进行。

3）施工图预算是确定工程招标控制价的依据。在设置招标控制价的情况下，建筑安装工程的招标控制价可按照施工图预算来确定。招标控制价通常是在施工图预算的基础上考虑工程的特殊施工措施、工程质量要求、目标工期、招标工程范围以及自然条件等因素编制的。

4）施工图预算可以作为确定合同价款、拨付工程进度款及办理工程结算的基础。

2. 施工图预算对施工企业的作用

1）施工图预算是建筑施工企业投标报价的基础。在激烈的建筑市场竞争中，建筑施工企业需要根据施工图预算，结合企业的投标策略，确定投标报价。

2）施工图预算是建筑工程预算包干的依据和签订施工合同的主要内容。在采用总价合同的情况下，施工单位通过与建设单位协商，可在施工图预算的基础上，考虑设计或施工变更后可能发生的费用与其他风险因素，乘以一定的系数作为工程造价一次性包干价。同样，施工单位与建设单位签订施工合同时，其中工程价款的相关条款也必须以施工图预算为依据。

3）施工图预算是施工企业安排调配施工力量、组织材料供应的依据。施工企业在施工前，可以根据施工图预算的工、料、机进行分析，编制资源计划，组织材料、机具、设备和劳动力供应，并编制进度计划，统计完成的工作量，进行经济核算并考核经营成果。

4）施工图预算是施工企业控制工程成本的依据。根据施工图预算确定的中标价格是施工企业收取工程款的依据，企业只有合理利用各项资源，采取先进技术和管理方法，将成本控制在施工图预算价格以内，才能获得良好的经济效益。

5）施工图预算是进行"两算"对比的依据。施工企业可以通过施工图预算和施工预算的对比分析，找出差距，采取必要的措施。

3. 施工图预算对其他方面的作用

1）对于工程咨询单位而言，尽可能客观、准确地为委托方做出施工图预算，不仅体现出其水平、素质和信誉，而且强化了投资方对工程造价的控制，有利于节省投资，提高建设项目的投资效益。

2）对于工程项目管理、监督等介服务企业而言，客观准确的施工图预算是为业主方提供投资控制的依据。

3）对于工程造价管理部门而言，施工图预算是其监督、检查执行定额标准、合理确定工程造价、测算造价指数以及审定工程招标控制价的重要依据。

4）若在履行合同的过程中发生经济纠纷，施工图预算是有关仲裁、司法机关按照法律程序处理、解决问题的依据。

9.1.3 施工图预算的编制内容

1. 施工图预算文件的组成

施工图预算由建设项目总预算、单项工程综合预算和单位工程施工图预算组成。建设项目总预算由单项工程综合预算汇总而成，单项工程综合预算由组成本单项工程的各单位工程施工图预算汇总而成，单位工程施工图预算包括建筑工程预算和设备及安装工程预算。

施工图预算根据建设项目实际情况可采用三级预算编制形式或二级预算编制形式。当建设项目有多个单项工程时，应采用三级预算编制形式。三级预算编制形式由建设项目总预算、单项工程综合预算、单位工程施工图预算组成。当建设项目只有一个单项工程时，应采用二级预算编制形式。二级预算编制形式由建设项目总预算和单位工程施工图预算组成。

采用三级预算编制形式的工程预算文件包括：封面、签署页及目录、编制说明，总预算表、综合预算表、单位工程施工图预算表、附件等内容。采用二级预算编制形式的工程预算文件包括：封面、签署页及目录、编制说明，总预算表、单位工程预算表、附件等内容。

2. 施工图预算的内容

按照预算文件的不同，施工图预算的内容有所不同。建设项目总预算是反映施工图设计阶段建设项目投资总额的造价文件，是施工图预算文件的主要组成部分。由组成该建设项目的各个单项工程综合预算和相关费用组成。具体包括：建筑安装工程费、设备及工器具购置费、工程建设其他费用、预备费、建设期利息及铺底流动资金。施工图总预算应控制在已批准的设计总概算投资范围以内。

单项工程综合预算是反映施工图设计阶段一个单项工程（设计单元）造价的文件，是总预算的组成部分，由构成该单项工程的各个单位工程施工图预算组成。其编制的费用项目是各单项工程的建筑安装工程费和设备及工器具购置费总和。

单位工程施工图预算是依据单位工程施工图设计文件、现行预算定额以及人工、材料和施工机具台班价格等，按照规定的计价方法编制的工程造价文件。单位工程施工图预算包括单位建筑工程预算和单位设备及安装工程预算。单位建筑工程预算是建筑工程各专业单位工程施工图预算的总称，按其工程性质分为一般土建工程预算、给水排水工程预算、采暖通风工程预算、煤气工程预算、电气照明工程预算、弱电工程预算、特殊构筑物（如烟窗、水塔等）工程预算以及工业管道工程预算等。安装工程预算是安装工程各专业单位工程预算的总称，安装工程预算按其工程性质分为机械设备安装工程预算、电气设备安装工程预算、工业管道工程预算和热力设备安装工程预算等。

9.2 施工图预算的编制方法

9.2.1 施工图预算的编制依据、要求及步骤

1. 施工图预算的编制依据

施工图预算的编制必须遵循以下依据：

1）国家、行业和地方的有关规定。

2）相应工程造价管理机构发布的预算定额。

3）施工图设计文件及有关标准图集和规范。

4）项目相关文件、合同、协议等。

5）工程所在地的人工、材料、设备、施工机具预算价格。

6）施工组织设计和施工方案。

7）项目的管理模式、发包模式及施工条件。

8）其他应提供的资料。

2. 施工图预算的编制原则

1）严格执行国家的建设方针和经济政策的原则。施工图预算要严格按照党和国家的方针、政策编制，坚决执行勤俭节约的方针，严格执行规定的设计和建设标准。

2）完整、准确地反映设计内容的原则。编制施工图预算时，要认真了解设计意图，根据设计文件、图样准确计算工程量，避免重复和漏算。

3）坚持结合拟建工程的实际，反映工程所在地当时价格水平的原则。编制施工图预算时，要求实事求是地对工程所在地的建设条件、可能影响造价的各种因素进行认真的调查研究。在此基础上，正确使用定额、费率和价格等编制依据，按照现行工程造价的构成，根据有关部门发布的价格信息及价格调整指数，考虑建设期的价格变化因素，编制施工图预算，使施工图预算尽可能地真实反映设计内容、施工条件和实际价格。

9.2.2 单位工程施工图预算的编制

1. 建筑安装工程费计算

单位工程施工图预算包括建筑工程费、安装工程费和设备及工器具购置费。单位工程施工图预算中的建筑安装工程费应根据施工图设计文件、预算定额（或综合单价）以及人工、材料及施工机具台班等资料进行计算。由于施工图预算可以是设计阶段的施工图预算书，也

可是招标或投标文件，甚至可以是施工阶段依据施工图形成的计价文件，因而，它的编制方法较为多样。在设计阶段，主要采用的编制方法是单价法，招标及施工阶段主要的编制方法是基于工程量清单的综合单价法。在此主要介绍设计阶段的单价法，单价法又可分为工料单价法和全费用综合单价法。施工图预算中建筑安装工程费的计算程序如图 9-1 所示。

（1）工料单价法　工料单价法是指分部分项工程及措施项目的单价为工料单价，将子项工程量乘以对应工料单价后的合计作为直接费，直接费汇总后，再根据规定的计算方法计取企业管理费、利润、规费和税金，将上述费用汇总后得到该单位工程的施工图预算造价。工料单价法中的单价一般采用地区统一单位估算表中的各子目工料单价（定额基价）。工料单价法计算公式如下

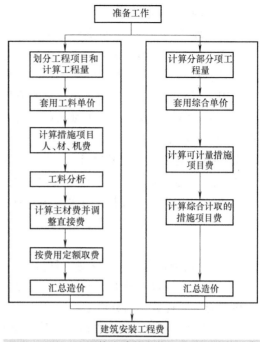

图 9-1　施工图预算中建筑安装工程费的计算程序

$$建筑安装工程预算造价 = \sum(子目工程量×子目工料单价) +$$
$$企业管理费+利润+规费+税金 \qquad (9-1)$$

1）准备工作。准备工作阶段应主要完成以下工作内容。

① 收集编制施工图预算的编制依据，主要包括现行建筑安装定额、取费标准、工程计量计算规则、地区材料预算价格以及市场材料价格等各种资料。工料单价法收集资料一览表见表 9-1。

表 9-1　工料单价法收集资料一览表

序号	资料分类	资 料 内 容
1	国家规范	国家或省级、行业建设主管部门颁发的计价依据和办法
2		预算定额
3	地区规范	××地区建筑工程消耗量标准
4		××地区建筑装饰工程消耗量标准
5		××地区安装工程消耗量标准
6	建设项目有关资料	建设工程设计文件及相关资料，包括施工图等
7		施工现场情况、工程特点及常规施工方案
8		经批准的初步设计概算或修正概算
9		工程所在地的劳资、材料、税务、交通等方面资料
10		其他有关资料

② 熟悉施工图等基础资料。熟悉施工图、有关的通用标准图、图样会审纪录、设计变更通知等资料，并检查施工图是否齐全、尺寸是否清楚，了解设计意图，掌握工程全貌。

③ 了解施工组织设计和施工现场情况。全面分析各分部分项工程，充分了解施工组织设计和施工方案，如工程进度、施工方法、人员使用、材料消耗、施工机械、技术措施等内

容，注意影响费用的关键因素；核实施工现场情况，包括工程所在地地质、地形、地貌等情况，工程实地情况，当地气象资料、当地材料供应地点及运距等情况；了解工程布置、地形条件、施工条件、料场开采条件、场内外交通运输条件等。

2）列项并计算工程量。工程量计算一般按下列步骤进行：首先将单位工程划分为若干分项工程，划分的项目必须和定额规定的项目一致，这样才能正确地套用定额。不能重复列项计算，也不能漏项少算。工程量的计算应严格按照图样尺寸和现行定额规定的工程量计算规则进行，分项子目的工程量应遵循一定的顺序逐项计算，避免漏算和重算。

① 根据工程内容和定额项目，列出需计算工程量的分部分项工程。

② 根据一定的计算顺序和计算规则，列出分部分项工程量的计算式。

③ 根据施工图上的设计尺寸及有关数据，代入计算式进行数值计算。

④ 对计算结果的计量单位进行调整，使之与定额中相应的分部分项工程的计量单位保持一致。

3）套用定额预算单价。核对工程量计算结果后，将定额子项中的基价填入预算表单价栏内，并将单价乘以工程量得出合价，将结果填入合价栏内，汇总求出分部分项工程人、材、机费合计。计算分部分项工程人、材、机费时需要注意以下几个问题：

① 当分项工程的名称、规格、计量单位与预算单价或单位估价表中所列内容完全一致时，可以直接套用预算单价。

② 当分项工程的名称、规格、计量单位与预算单价或单位估价表中规定材料不一致时，不可以直接套用预算单价，需要按实际使用材料价格换算预算单价。

③ 当分项工程施工工艺条件与预算单价或单位估价表不一致，造成人工、机具的数量增减时，一般调量不调价。

4）计算直接费。直接费为分部分项工程人、材、机费与措施项目人、材、机费之和。措施项目人、材、机费应按下列规定计算。

① 可以计量的措施项目人、材、机费与分部分项工程人、材、机费的计算方法相同。

② 综合计取的措施项目人、材、机费应以该单位工程的分部分项工程人、材、机费和可以计量的措施项目人、材、机费之和为基数乘以相应费率计算。

5）编制工料分析表。工料分析是按照各分项工程或措施项目，依据定额或单位估价表编制的。首先从定额项目表中查出各子目消耗的材料和人工的定额消耗量；再分别乘以该工程项目的工程量，得到各分项工程或措施项目工料消耗量，最后将各类工料消耗量汇总，得出单位工程人工、材料的消耗数量，即

$$人工消耗量 = 某工种定额用工量 \times 某分项工程或措施项目工程量 \qquad (9\text{-}2)$$
$$材料消耗量 = 某种材料定额用工量 \times 某分项工程或措施项目工程量 \qquad (9\text{-}3)$$

分部分项工程（含措施项目）工料分析表见表9-2。

表 9-2　分部分项工程（含措施项目）工料分析表

项目名称：　　　　　　　　　　　　　　　　　　　　编号：

序号	定额编号	分部(项)工程名称	单位	工程量	人工/工日	主要材料			其他材料费/元
						材料1	材料2	…	

编制人：　　　　　　　　　　　　　　　　　　　　审核人：

6）计算主材费并调整直接费。许多定额项目基价为不完全价格，即未包括主材费用。因此还应单独计算出主材费，计算完成后将主材费的价差加入直接费。主材费计算的依据是当时当地的市场价格。

7）按计价程序计取其他费用，并汇总造价。根据规定的税率、费率和相应的计取基础，分别计算企业管理费、利润、规费和税金。将上述费用累计后与直接费汇总，求出建筑安装工程预算造价。与此同时，计算工程的技术经济指标，如单方造价等。

8）复核。对项目填列、工程量计算公式、计算结果、套用单价、取费费率、数字计算结果、数据精确度等进行全面复核，及时发现差错并修改，以保证预算的准确性。

9）填写封面、编制说明。封面应写明工程编号、工程名称、预算总造价和单方造价等；编制说明时应将封面、编制说明、预算费用汇总表、材料汇总表、工程预算分析表，按顺序编排并装订成册。

（2）全费用综合单价法　采用全费用综合单价法编制建筑安装工程预算的程序与工料单价法大体相同，只是直接采用包含全部费用和税金等项在内的综合单价进行计算，过程更加简单，其目的是适应目前推行的全过程全费用单价计价的需要。

1）分部分项工程费的计算。建筑安装工程预算的分部分项工程费应由各子目的工程量乘以各子目的综合单价汇总而成。各子目的工程量应按预算定额的项目划分及其工程量计算规则计算。各子目的综合单价应包括人工费、材料费、施工机具使用费、管理费、利润、规费和税金。

2）综合单价的计算。各子目综合单价的计算可通过预算定额及配套的费用定额确定。其中人工费、材料费、机具费应根据相应的预算定额子目的人、材、机要素消耗量，以及报告编制期人、材、机的市场价格（不含增值税进项税额）等因素确定；管理费、利润、规费、税金等应依据预算定额配套的费用定额或取费标准，并依据报告编制期拟建项目的实际情况、市场水平等因素确定，同时编制建筑安装工程施工图预算综合单价分析表，见表9-3。

表 9-3　建筑安装工程施工图预算综合单价分析表

施工图预算编号：　　　　　　单项工程名称：　　　　　　共　页　第　页

项目编码			项目名称		计量单位		工程数量	
综合单价组成分析								
定额编号	定额名称	定额单位	定额直接费单价/元			直接费合价/元		
			人工费	材料费	机具费	人工费	材料费	机具费
间接费及利润税金计算	类别	取费基数描述	取费基数		费率(%)	金额/元		备注
	管理费							
	利润							
	规费							
	税金							
综合单价/元								
预算定额人、材、机消耗量和单价分析	人、材、机项目名称及规格、型号		单位	消耗量	单价/元	合价/元	备注	

编制人：　　　　　　审核人：　　　　　　审定人：

注：1. 本表适用于采用分部分项工程项目，以及可以计量措施项目的综合单价分析。

　　2. 在进行预算定额消耗量和单价分析时，消耗量应采用预算定额计算，单价应为报告编制期的市场价。

3）措施项目费的计算。建筑安装工程预算的措施项目费应按下列规定计算。

① 可以计量的措施项目费与分部分项工程费的计算方法相同。

② 综合计取的措施项目费应以该单位工程的分部分项工程费和可以计量的措施项目费之和为基数乘以相应费率计算。

4）分部分项工程费与措施项目费之和为建筑安装工程施工图预算费用。

2. 设备与工器具购置费计算

设备购置费由设备原价和设备运杂费构成；未到达固定资产标准的工器具购置费一般以设备购置费为计算基数，按照规定的费率计算。设备及工器具购置费编制方法及内容可参照设计概算的相关内容。

3. 单位工程施工图预算书编制

单位工程施工图预算由建筑安装工程费和设备及工器具购置费组成，将计算好的建筑安装工程费和设备及工器具购置费相加，得到单位工程施工图预算，即

$$单位工程施工图预算 = 建筑安装工程预算 + 设备及工器具购置费 \qquad (9\text{-}4)$$

单位工程施工图预算文件由单位建筑工程施工图预算表（见表9-4）和单位设备及安装工程施工图预算表（见表9-5）组成。

表 9-4　**单位建筑工程施工图预算表**

施工图预算编号：　　　　单项工程项目名称：　　　　共　页　第　页

序号	项目编码	工程项目或费用名称	项目特征	单位	数量	综合单价/元	合价/元
一		分部分项工程					
（一）		土石方工程					
1	××	××××					
2	××	××××					
（二）		砌筑工程					
1	××	××××					
（三）		楼地面工程					
1	××	××××					
（四）		××工程					
		分部分项工程费用小计					
二		可计量措施项目					
（一）		××工程					
1	××	××××					
2	××	××××					
（二）		××工程					
1	××	××××					
		可计量措施项目费小计					
三		综合取定的措施项目费					
1		安全文明施工费					
2		夜间施工增加费					
3		二次搬运费					
4		冬雨期施工增加费					
	××	××××					
		综合取定的措施项目费小计					
		合计					

编制人：　　　　　　　　审核人：　　　　　　　　审定人：

注：单位建筑工程施工图预算表应以单项工程为对象进行编制，表中综合单价应通过综合单价分析表计算获得。

表 9-5　单位设备及安装工程施工图预算表

施工图预算编号：　　　　　单项工程项目名称：　　　　　　　　　共　页　第　页

序号	项目编码	工程项目或费用名称	项目特征	单位	数量	综合单价/元		合价/元	
						安装工程费	其中：设备费	安装工程费	其中：设备费
一		分部分项工程							
（一）		机械设备安装工程							
1	××	××××							
2	××	××××							
（二）		电气工程							
1	××	××××							
（三）		给水排水工程							
1	××	××××							
（四）		××工程							
		分部分项工程费用小计							
二		可计量措施项目							
（一）		××工程							
1	××	××××							
2	××	××××							
（二）		××工程							
1	××	××××							
		可计量措施项目费小计							
三		综合取定的措施项目费							
1		安全文明施工费							
2		夜间施工增加费							
3		二次搬运费							
4		冬雨期施工增加费							
	××	××××							
		综合取定的措施项目费小计							
		合计							

注：单位设备及安装工程施工图预算表应以单项工程为对象进行编制，表中综合单价应通过综合单价分析表计算获得。

9.2.3　单项工程综合预算的编制

单项工程综合预算造价由组成该单项工程的各个单位工程预算造价汇总而成。计算公式如下

单项工程综合预算 = ∑单位建筑工程预算费 + ∑单位设备及安装工程费　　　(9-5)

单项工程综合预算书主要由综合预算表构成，综合预算表格式见表 9-6。

表 9-6　综合预算表

综合预算编号：　　　　　工程名称（单项工程）：　　　　　单位：万元　　　共　页　第　页

序号	预算编号	工程项目或费用名称	设计规模或主要工程量	建筑工程费	设备及工器具购置费	安装工程费	合计	其中：引进部分	
								美元	折合人民币
一		主要工程							
1		×××××							
2		×××××							

（续）

序号	预算编号	工程项目或费用名称	设计规模或主要工程量	建筑工程费	设备及工器具购置费	安装工程费	合计	其中:引进部分	
								美元	折合人民币
二		辅助工程							
1		×××××							
2		×××××							
三		配套工程							
1		×××××							
2		×××××							
		单项工程预算费用合计							

编制人：　　　　　　　　　　审核人：　　　　　　　　　　项目负责人：

9.2.4　建设项目总预算的编制

建设项目总预算由组成该建设项目的各个单项工程综合预算，以及经计算的工程建设其他费、预备费和建设期利息和铺底流动资金汇总而成。三级预算编制中总预算由单项工程综合预算和工程建设其他费、预备费、建设期利息及铺底流动资金汇总而成，计算公式如下

$$总预算 = \sum 单项工程综合预算 + 工程建设其他费 +$$
$$预备费 + 建设期利息 + 铺底流动资金 \tag{9-6}$$

二级预算编制中总预算由单位工程施工图预算和工程建设其他费、预备费、建设期利息及铺底流动资金汇总而成，计算公式如下

$$总预算 = \sum 单位建筑工程预算 + \sum 单位设备及安装工程预算 +$$
$$工程建设其他费 + 预备费 + 建设期利息 + 铺底流动资金 \tag{9-7}$$

工程建设其他费、预备费、建设期利息及铺底流动资金具体编制方法可参照第 2 章和第 7 章相关内容。以建设项目施工图预算编制时为界线，若上述费用已经发生，按合理发生金额列计，如果还未发生，按照原概算内容和本阶段的计费原则计算列入。

采用三级预算编制形式的工程预算文件，包括封面、签署页及目录、编制说明、总预算表、综合预算表、单位工程施工图预算表、附件等内容。其中，综合预算表的格式见表 9-7。

表 9-7　**综合预算表**

综合预算编号：　　　　工程名称：　　　　单位：万元　　　共　页　第　页

序号	预算编号	工程项目或费用名称	建筑工程费	设备及工器具购置费	安装工程费	其他费用	合计	其中:引进部分		占总投资比例(%)
								美元	折合人民币	
一		工程费用								
1		主要工程								
		×××××								
		×××××								
2		辅助工程								
		×××××								
3		配套工程								
		×××××								

（续）

序号	预算编号	工程项目或费用名称	建筑工程费	设备及工器具购置费	安装工程费	其他费用	合计	其中:引进部分		占总投资比例(%)
								美元	折合人民币	
二		其他费用								
1		××××								
2		××××								
三		预备费								
四		专项费用								
1		××××								
2		××××								
		建设项目预算总投资								

编制人: 　　　　　　审核人: 　　　　　　　　　项目负责人:

9.3 施工图预算的审查方法

9.3.1 施工图预算审查的内容

施工图预算审查的重点是工程量计算是否准确，定额套用、各项取费标准是否符合现行规定，单价计算是否合理等方面。审查的具体内容如下。

1. 审查工程量

是否按照规定的工程量计算规则计算工程量，编制预算时是否考虑到了施工方案对工程量的影响，定额中要求的扣除项或合并项是否按规定执行，工程计量单位的设定是否与要求的计量单位一致。

2. 审查单价

套用预算单价时，各分部分项工程的名称、规格、计量单位和所包括的工程内容是否与定额一致；有单价换算时，换算的分项工程是否符合定额规定及换算是否正确。采用实物法编制预算时，资源单价是否反映了市场供需状况和市场趋势。

3. 审查其他的有关费用

采用预算单价法计算造价时，审查的主要内容有：是否按本项目的性质计取费用，有无高套取费标准；间接费的计取基础是否符合规定；利润和税金的计取基础和费率是否符合规定，有无多算或重算。

9.3.2 施工图预算审查的步骤

1）审查前的准备工作。

① 熟悉施工图。

② 根据预算编制说明，了解预算包括的工程范围。

③ 弄清所用单位估价表的适用范围，搜集并熟悉相应的单价、定额资料。

2）选择审查方法、审查相应内容。

工程规模、繁简程度不同，编制施工图预算的繁简和质量就不同，应选择适当的审查方法进行审查。

3）整理审查资料并调整定案。

9.3.3 施工图预算审查的方法

1. 逐项审查法

逐项审查法又称全面审查法，即按定额顺序或施工顺序，对各项工程细目逐项审查的一种方法。其优点是全面、细致，审查质量高、效果好。缺点是工作量大，时间较长。这种方法适合于一些工程量较小、工艺比较简单的工程。

2. 标准预算审查法

标准预算审查法是对利用标准图样或通用图样施工的工程，先集中力量编制标准预算，以此为标准来审查工程预算的一种方法。按标准设计图施工的工程，一般上部结构和做法相同，只是根据现场施工条件或地质情况不同，对基础部分做局部改变。对于这样的工程，以标准预算为准，对局部修改部分单独审查即可，不需逐一详细审查。该方法的优点是时间短、效果好、易定案。其缺点是适用范围小，仅适用于采用标准图样的工程。

3. 分组计算审查法

分组计算审查法是把预算中有关项目按类别划分成若干组，利用同组中的一组数据审查分项工程量的一种方法。这种方法首先将若干分部分项工程按相邻且有一定内在联系的项目进行编组，利用同组分项工程间具有相同或相近计算基数的关系，审查一个分项工程的数据，由此判断同组中其他几个分项工程的准确程度。该方法特点是审查速度快、工作量小。

4. 对比审查法

对比审查法是当工程条件相同时，用已完工程的预算或未完成但已经过审查修正的工程预算对比审查拟建同类工程预算的一种方法。采用该方法一般须符合下列条件：

1）拟建工程与已完或在建工程预算采用同一施工图，但基础部分和现场施工条件不同，则相同部分可采用对比审查法。

2）工程设计相同，但建筑面积不同，两个工程的建筑面积之比与两个工程各分部分项工程量之比大体一致。

3）两个工程建筑面积相同，但设计图不完全相同，则相同的部分（如厂房中的柱子、屋架、屋面、砖墙等）可进行工程量的对照审查。对不能对比的分部分项工程可按图样计算。

5. 筛选审查法

筛选是能较快发现问题的一种方法。虽然建筑工程的建筑面积和高度不同，但其各分部分项工程的单位建筑面积指标变化却不大。将这样的分部分项工程加以汇集、优选，找出其单位建筑面积工程量、单价、用工的基本数值，归纳为工程量、价格、用工三个单方基本指标，并注明基本指标的适用范围。这些基本指标用来筛选各分部分项工程，对不符合条件的应进行详细审查，若审查对象的预算标准与基本指标的标准不符，就应对其进行调整。

筛选审查法的优点是简单易懂，便于掌握，审查速度快，便于发现问题。但问题出现的原因尚需继续审查。该方法适用于审查住宅工程或不具备全面审查条件的工程。

6. 重点审查法

重点审查法就是抓住施工图预算中的重点进行审核的方法。审查的重点一般是工程量大或者造价较高的各种工程预算、补充定额、计取的各种费用（计费基础、取费标准）等。重点审查法的优点是突出重点，审查时间短、效果好。

思考题与习题

1. 施工图预算的概念是什么？其作用是什么？

2. 工料单价法编制施工图预算的方法及步骤是什么？

3. 全费用综合单价法编制施工图预算的方法及步骤是什么？

4. 单项工程综合预算的编制步骤是什么？

5. 建设项目总预算怎么编制？

6. 施工图预算审查的内容包括什么？

7. 施工图预算审查的方法包括什么？

第 10 章

招标控制价与投标价

学习目标

掌握工程招标控制价的编制方法、掌握工程投标报价的方法、掌握工程投标报价及分析。

10.1 工程招标控制价的编制方法

《招标投标法实施条例》规定，招标人可以自行决定是否编制标底，一个招标项目只能有一个标底，标底必须保密。该条例同时规定，招标人设有最高投标限价的，应当在招标文件中明确最高投标限价或者最高投标限价的计算方法，招标人不得规定最低投标限价。

10.1.1 招标控制价的编制规定与依据

招标控制价是指根据国家或省级建设行政主管部门颁发的有关计价依据和办法，依据拟订的招标文件和招标工程量清单，结合工程具体情况发布的招标工程的最高投标限价。根据住房和城乡建设部颁布的《建筑工程施工发包与承包计价管理办法》（住建部令第 16 号）的规定，国有资产投资的建筑工程招标的，应当设有最高投标限价；非国有资金投资的建筑工程招标的，可以设有最高投标限价或者招标标底。

1. 招标控制价与标底的关系

招标控制价是推行工程量清单计价过程中对传统标底概念的性质进行界定后所设置的专业术语，它使招标时评标定价的管理方式发生了很大的变化。设标底招标、无标底招标以及招标控制价招标的利或弊分析如下：

（1）设标底招标

1）设标底时易发生泄露标底及暗箱操作的情况，失去招标的公平、公正性，容易诱发违法违规行为。

2）编制的标底价是预期价格，因较难考虑施工方案、技术措施对造价的影响，容易与市场造价水平脱节，不利于引导投标人理性竞争。

3）标底在评标过程中的特殊地位使标底价成为左右工程造价的杠杆，不合理的标底会使合理的投标报价在评标中显得不合理，有可能成为地方或行业保护的手段。

4）将标底作为衡量投标人报价的基准，导致投标人尽力地去迎合标底，往往招标投标过程不是投标人实力的竞争，而是投标人编制预算文件能力的竞争，或者各种合法或非法的"投标策略"的竞争。

（2）无标底招标

1）容易出现围标、串标现象，各投标人哄抬价格，给招标人带来投资失控的风险。

2）容易出现低价中标后偷工减料，以牺牲工程质量来降低工程成本，或产生先低价中标，后高额索赔等不良后果。

3）评标时，招标人对投标人的报价没有参考依据和评判基准。

（3）招标控制价招标

1）采用招标控制价招标的优点：①可有效控制投资，防止恶性哄抬报价带来的投资风险；②提高透明度，避免暗箱操作、寻租等违法活动的产生；③可使各投标人自主报价、公开竞争，符合市场规律。投标人自主报价，不受标底的左右；④既设置了控制上限又尽可能降低了业主依赖评标基准价的影响。

2）采用招标控制价招标也可能出现如下问题：

① 若"最高限价"远远高于市场平均价时，就预示中标后利润很丰厚，只要投标不超过公布的限额都是有效投标，从而可能诱导投标人串标、围标。

② 公布的最高限价远远低于市场平均价，就会影响招标效率。即可能出现只有 1~2 人投标或出现无人投标的情况，因为按此限额投标将无利可图，超出此限额投标又成为无效投标，结果使招标人不得不修改招标控制价并进行二次招标。

2. 编制招标控制价的规定

1）国有资金投资的工程建设项目应实行工程量清单招标，招标人应编制招标控制价，并应当拒绝高于招标控制价的投标价，即投标人的投标价若超过公布的招标控制价，则其投标应被否决。

2）招标控制价应由具有编制能力的招标人或受其委托、具有相应资质的工程造价咨询人编制。工程造价咨询人不得同时接受招标人和投标人对同一工程的招标控制价和投标价的编制。

3）招标控制价应当依据工程量清单、工程计价有关规定和市场价格信息等编制。招标控制价应在招标文件中公布，招标控制价确定后不得进行上浮或下调。招标人应当在招标时公布招标控制价的总价，以及各单位工程的分部分项工程费、措施项目费、其他项目费、规费和税金。

4）招标控制价超过批准的概算时，招标人应将其报原概算审批部门审核。这是由于我国对国有资金投资项目的投资控制实行设计概算审批制度，国有资金投资的工程原则上不能超过批准的设计概算。

5）投标人经复核认为招标人公布的招标控制价未按照 GB 50500—2013《建设工程工程量清单计价规范》的规定进行编制的，应在招标控制价公布后 5 天内向招标投标监督机构和工程造价管理机构投诉。工程造价管理机构受理投诉后，应立即对招标控制价进行复查，组织投诉人、被投诉人或其委托的招标控制价编制人等单位人员对投诉问题逐一核对。工程造价管理机构应当在受理投诉的 10 天内完成复查，特殊情况下可适当延长，并做出书面结论通知投诉人、被投诉人及负责监督该工程招投标的招投标管理机构。当招标控制价复查结论与原公布的招标控制价误差大于±3%时，应责成招标人改正。当重新公布招标控制价时，若重新公布之日起至原投标截止期不足 15 天的应延长投标截止期。

6）招标人应将招标控制价及有关资料报送工程所在地或有该工程管辖权的行业管理部门工程造价管理机构备查。

3. 招标控制价的编制依据和原则

（1）编制标底的依据

1）招标文件的商务条款。

2）工程施工图、工程量计算规则。

3）施工现场地质、水文、地上情况的有关资料。

4）施工方案或施工组织设计。

5）现场工程预算定额、工期定额、工程项目计价类别及取费标准、国家或地方有关价格调整文件的规定。

6）招标时，建筑安装材料及设备的市场价格。

（2）编制和复核招标控制价的依据　招标控制价的编制依据是指在编制招标控制价时需要进行工程量计量、价格确认、工程计价的有关参数、率值的确定等工作时所需的基础性资料，主要包括：

1）GB 50500—2013《建设工程工程量清单计价规范》与专业工程量计算规范。

2）国家或省级、行业建设主管部门颁发的计价定额和计价办法。

3）建设工程设计文件及相关资料。

4）拟定的招标文件及招标工程量清单。

5）与建设项目有关的标准、规范、技术资料。

6）施工现场情况、工程特点及常规施工方案。

7）工程造价管理机构发布的工程造价信息；当未发布工程造价信息时，参照市场价。

8）其他相关资料。

（3）编制的原则　编制原则与编制的依据密切相关。从有关建设工程招标标底和招标控制价编制的规定和实践来看，编制原则主要有：

1）要遵循计价规范项目编码唯一性原则、项目设置简明适用原则、项目特征满足组价原则、计量单位方便计量原则、工程量计算规则统一原则。

2）标底价格和招标控制价应尽量与市场的实际变化相吻合。在编制实践中，把握这一原则须注意以下几点：

① 要根据设计图及有关资料、招标文件，参照政府或政府有关部门规定的技术、经济标准、定额及规范，确定工程量和编制标底。对于使用新材料、新技术、新工艺的分项工程，没有定额和价格规定的，可参照相应定额或招标人提供统一的暂定价或参考价，也可以由甲乙双方按市场价格行情确定价格的计算。

② 标底和招标控制价格一般应控制在批准的总概算或修正、调整概算及投资包干的限额内。

③ 标底价格应考虑人工、材料、设备、机械台班等价格变动因素，还应包括不可预见费（特殊情况）、预算包干费、赶工措施费、施工技术措施费、现场因素费用、保险以及采用固定价格的工程的风险金等，要求优良的工程还应增加相应的优质价的费用。

3）一个招标项目只编制一个标底或招标控制价。

4）编审分离和回避。承接标底和招标控制价编制业务的单位及其编制人员，不得参与其审定工作；负责审定标底和招标控制价的单位及其人员，也不得参与其编制业务。工程造价咨询人不得同时接受招标人和投标人对同一工程的招标控制价（或标底）和投标报价的编制。

10.1.2　招标控制价的编制内容

1. 招标控制价的计价程序

建设工程的招标控制价反映的是单位工程费用，各单位工程费用是由分部分项工程费、措施项目费、其他项目费、规费和税金组成的。由于投标人（施工企业）投标价计价程序与招标人（建设单位）招标控制价计价程序使用相同的表格（见10.2节），为便于对比分析，此处将两种表格合并列出，见表 10-1。其中表格栏目中斜线后带括号的内容用于投标价，其余为通用栏目。

表 10-1　**建设单位工程招标控制价计价程序**（施工企业投标价计价程序）**表**

工程名称：　　　　　　　　　　　　　　　　　　标段：　　　　　　第 页 共 页

序号	汇总内容	计算方法	金额/元
1	分部分项工程	按计价规定计算/（自主报价）	
1.1			
1.2			
2	措施项目	按计价规定计算/（自主报价）	
2.1	其中:安全文明施工费	按规定标准估算/（按规定标准计算）	
3	其他项目		
3.1	其中:暂列金额	按计价规定计算/（按招标文件提供金额计列）	
3.2	其中:专业工程暂估价	按计价规定计算/（按招标文件提供金额计列）	
3.3	其中:计日工	按计价规定计算/（自主报价）	
3.4	其中:总承包服务费	按计价规定计算/（自主报价）	
4	规费	按规定标准计算	
5	税金	(1+2+3+4-不列入计税范围的金额/1.01-税后独立费)×税率	
	招标控制价/（投标价）	合计 = 1+2+3+4+5-不列入计税范围的金额/1.01	

注：本表适用于单位工程招标控制价计算或投标报价计算，若无单位工程划分，单项工程也使用本表。

2. 分部分项目工程费的编制

分部分项工程费应根据招标文件中的分部分项工程项目清单及有关要求，按 GB 50500—2013《建设工程量清单计价规范》有关规定确定综合单价计价。

（1）综合单价的组价过程　招标控制价的分部分项工程费应由各单位工程的招标工程量清单中给定的工程量乘以其相应综合单价汇总而成。综合单价应按照招标人发布的分部分项工程项目清单的项目名称、工程量、项目特征描述，依据工程所在地区颁发的计价定额和人工、材料、机具台班价格信息等进行组价确定。首先，依据提供的工程量清单和施工图，按照工程所在地区颁发的计价定额的规定，确定所组价的定额项目名称，并计算出相应的工程量；其次，依据工程造价政策规定或工程造价信息确定其人工、材料、机具台班单价；同时，在考虑风险因素确定管理费率和利润率的基础上，按规定程序计算出所组价定额项目的合价，见式（10-1），然后将若干项所组价的定额项目合价相加，除以工程量清单项目工程量，便得到工程量清单项目综合单价，见式（10-2），对于未计价材料费（包括暂估单价的材料费），应计入综合单价。

$$定额项目合价 = 定额项目工程量 × [\sum(定额人工消耗量 × 人工单价) +$$
$$\sum(定额材料消耗量 × 材料单价) + \sum(定额机械台班消耗量 ×$$
$$机械台班单价) + 管理费 + 利润]$$
（10-1）

$$工程量清单综合单价 = \frac{\sum 定额项目合价 + 未计价材料}{工程量清单项目工程量}$$
（10-2）

（2）综合单价中的风险因素　为使招标控制价与投标价所包含的内容一致，综合单价中应包括招标文件中要求投标人所承担的风险内容及其范围（幅度）产生的风险费用。

1）对于技术难度较大和管理复杂的项目，可考虑一定的风险费用，并纳入综合单价中。

2）对于工程设备、材料价格的市场风险，应依据招标文件的规定，工程所在地或行业工程造价管理机构的有关规定，以及市场价格趋势考虑一定的风险费用，纳入综合单价中。

3）规费、税金等法律、法规、规章和政策变化的风险和人工单价等风险费用不应纳入综合单价。

3. 措施项目费的编制

1）措施项目费中的安全文明施工费应当按照国家或省级、行业建设主管部门的规定标准计价，该部分不得作为竞争性费用。

2）措施项目应按招标文件中提供的措施项目清单确定，措施项目分为以"量"计算和以"项"计算两种。对于可计量的措施项目，以"量"计算，即按其工程量用与分部分项工程项目清单单价相同的方式确定综合单价；对于不可计量的措施项目，则以"项"为单位，采用费率法按有关规定综合取定，采用费率法时需确定某项费用的计费基数及其费率，结果应包括除规费、税金以外的全部费用，计算公式为

$$以"项"计算的措施项目清单费 = 措施项目计费基数 \times 费率 \tag{10-3}$$

4. 其他项目费的编制

（1）暂列金额　暂列金额由招标人根据工程特点、工期长短，按有关计价规定进行估算，一般以分部分项工程费的 10%~15% 为参考。

（2）暂估价　暂估价中的材料单价应按照工程造价管理机构发布的工程造价信息中的材料单价计算，工程造价信息未发布的材料单价，其单价参考市场价格估算。暂估价中的专业工程暂估价应按不同专业，根据有关计价规定估算。

（3）计日工　在编制招标控制价时，对计日工中的人工单价和施工机具台班单价应按省级、行业建设主管部门或其授权的工程造价管理机构公布的单价计算；材料应按工程造价管理机构发布的工程造价信息中的材料单价计算，工程造价信息未发布单价的材料，其价格应按市场调查确定的单价计算。

（4）总承包服务费　总承包服务费应按照省级或行业建设主管部门的规定计算，在计算时可参考以下标准：

1）招标人仅要求对分包的专业工程进行总承包管理和协调时，按分包专业工程估算造价的 1.5% 计算。

2）招标人要求对分包的专业工程进行总承包管理和协调，并同时要求提供配合服务时，根据招标文件中列出的配合内容和提出的要求，按分包专业工程估算造价的 3%~5% 计算。

3）招标人自行供应材料的，按招标人供应材料价值的 1% 计算。

5. 规费和税金的编制

规费和税金必须按国家或省级、行业建设主管部门的规定计算，其中

$$税金 = （分部分项费 + 措施项目费 + 其他项目费 + 规费 -$$
$$不列入计税范围的金额/1.01 - 税后独立费）\times 税率 \tag{10-4}$$

6. 编制招标控制价时应注意的问题

1）采用的材料价格应是工程造价管理机构通过工程造价信息发布的材料价格，工程造价信息未发布材料单价时，其材料价格应通过市场调查确定。另外，未采用工程造价管理机构发布的工程造价信息时，需在招标文件或答疑补充文件中对招标控制价采用的与造价信息不一致的市场价格予以说明，采用的市场价格则应通过调查、分析确定，要有可靠的信息来源。

2）施工机械设备的选型直接关系到综合单价水平，应根据工程项目特点和施工条件，

本着经济实用、先进高效的原则确定。

3）应该正确、全面地使用行业和地方的计价定额与相关文件。

4）不可竞争的措施项目和规费、税金等费用的计算均属于强制性条款，编制招标控制价时应按国家有关规定计算。

5）不同工程项目、不同施工单位会有不同的施工组织方法，所发生的措施费也会有所不同。因此，对于竞争性的措施费用的确定，招标人应首先编制常规的施工组织设计或施工方案，然后经专家论证确认后再合理确定措施项目与费用。

10.2 工程投标价的编制方法

投标价是投标人响应招标文件要求所报出的，在已标价工程量清单中标明的总价，它是依据招标工程量清单所提供的工程数量，计算综合单价与合价后形成的。为使投标价更加合理并具有竞争性，通常投标报价的编制应遵循一定的程序。投标价编制流程图如图 10-1 所示。

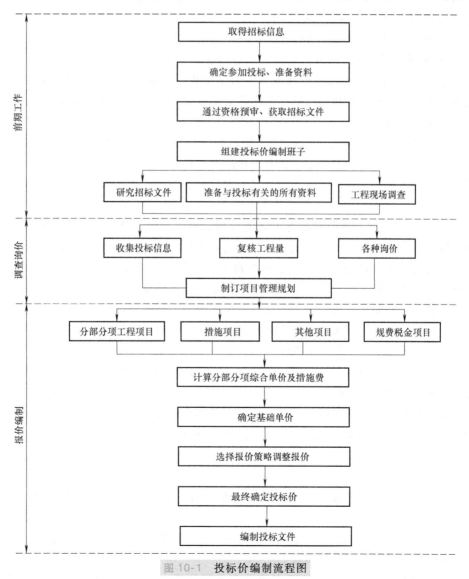

图 10-1 投标价编制流程图

10.2.1 投标价前期工作

1. 研究招标文件

投标人取得招标文件后，为保证工程量清单报价的合理性，应对投标人须知、合同条件、技术规范、图样和工程量清单等重点内容进行分析，深刻而正确地理解招标文件和招标人的意图。

（1）投标人须知　投标人须知反映了招标人对投标的要求，特别要注意项目的资金来源、投标书的编制和递交、投标保证金、更改或备选方案、评标方法等，防止投标被否决。

（2）合同分析

1）合同背景分析。投标人有必要了解与自己承包的工程内容有关的合同背景，了解监理方式，了解合同的法律依据，为报价和合同实施及索赔提供依据。

2）合同形式分析。主要分析承包方式（如分项承包、施工承包、设计与施工总承包和管理承包等）；计价方式（如单价方式、总价方式、成本加酬金方式等）。

3）合同条款分析，主要包括以下几点：

① 承包商的任务、工作范围和责任。

② 工程变更及相应的合同价款调整。

③ 付款方式、时间。应注意合同条款中关于工程预付款、材料预付款的规定。根据这些规定和预计的施工进度计划，计算出占用资金的数额和时间，从而计算出需要支付的利息数额并计入投标报价。

④ 施工工期。合同条款中关于合同工期、竣工日期、部分工程分期交付工期等规定，是投标人制定施工进度计划的依据，也是报价的重要依据。要注意合同条款中有无工期奖罚的规定，尽可能做到在符合工期要求的前提下报价有竞争力，或在报价合理的前提下工期有竞争力。

⑤ 业主责任。投标人所制定的施工进度计划和做出报价，都是以业主履行责任为前提的。所以应注意合同条款中关于业主责任措辞的严密性，以及关于索赔的有关规定。

（3）技术标准和要求分析　工程技术标准是按工程类型来描述工程技术和工艺内容特点，对设备、材料、施工和安装方法等规定的技术要求，或是对工程质量进行检验、试验和验收所规定的方法和要求。它们与工程量清单中各子项工作密不可分，报价人员应在准确理解招标人要求的基础上对有关工程内容进行报价。任何忽视技术标准的报价都是不完整、不可靠的，有可能导致工程承包重大失误和亏损。

（4）图样分析　图样是确定工程范围、内容和技术要求的重要文件，也是投标者确定施工方法等施工计划的主要依据。

图样的详细程度取决于招标人提供的施工图所达到的深度和所采用的合同形式。详细的设计图可使投标人比较准确地估价，而不够详细的图样则需要估价人员采用综合估价方法，其结果一般不很精确。

2. 调查工程现场

招标人在招标文件中一般会明确进行工程现场踏勘的时间和地点。投标人对一般区域调查重点注意以下几个方面：

（1）自然条件调查　自然条件调查主要包括对气象资料、水文资料，地震、洪水及其他自然灾害情况，地质情况等的调查。

（2）施工条件调查　施工条件调查的内容主要包括：工程现场的用地范围、地形、地貌、地物、高程，地上或地下障碍物，现场的三通一平情况；工程现场周围的道路、进出场条件、有无特殊交通限制；工程现场施工临时设施、大型施工机具、材料堆放场地安排的可能性，是否需要二次搬运；工程现场邻近建筑物与招标工程的间距、结构形式、基础埋深、新旧程度、高度；市政给水及污水、雨水排放管线位置、高程、管径、压力、废水、污水处理方式，市政、消防供水管道管径、压力、位置等；当地供电方式、方位、距离、电压等；当地煤气供应能力，管线位置、高程等；工程现场通信线路的连接和铺设；当地政府有关部门对施工现场管理的一般要求、特殊要求及规定，是否允许节假日和夜间施工等。

（3）其他条件调查　其他条件调查主要包括各种构件、半成品及商品混凝土的供应能力和价格，以及现场附近的生活设施、治安情况等情况的调查。

10.2.2　询价与工程量复核

1. 询价

询价是投标报价的一个非常重要的环节。在工程投标活动中，施工单位不仅要考虑投标价能否中标，还应考虑中标后所承担的风险。因此，在报价前必须通过各种渠道，采用各种方式对所需的人工、材料、施工机具等要素进行系统的调查，掌握各要素的价格、质量、供应时间、供应数量等数据，这个过程称为询价。询价除需要了解生产要素价格外，还应了解影响价格的各种因素，这样才能够为报价提供可靠的依据。询价时要特别注意两个问题，一是产品质量必须可靠，并满足招标文件的有关规定；二是供货方式、时间、地点，有无附加条件和费用。

（1）询价的渠道

1）直接与生产厂商联系。

2）了解生产厂商的代理人或从事该项业务的经纪人。

3）了解经营该项产品的销售商。

4）向咨询公司进行询价。通过咨询公司得到的询价资料比较可靠，但需要支付一定的咨询费用。

5）通过互联网查询。

6）自行进行市场调查或信函询价，也可向同行了解。

（2）生产要素询价

1）材料询价。材料询价的内容包括调查对比材料价格、供应数量、运输方式、保险和有效期、不同买卖条件下的支付方式等。询价人员在施工方案初步确定后，立即发出材料询价单，并催促材料供应商及时报价。收到询价单后，询价人员应将从各种渠道询价所得的材料报价及其他有关资料汇总整理。对同种材料从不同经销部门所得到的所有资料进行比较分析，选择合适、可靠的材料供应商的报价，提供给工程报价人员使用。

2）施工机具询价。在外地施工需用的施工机具，有时在当地租赁或采购可能更为有利，因此，事前有必要进行施工机具的询价。必须采购的施工机具，可向供应厂商询价。对于租赁的施工机具，可向专门从事租赁业务的机构询价，并应详细了解其计价方法。例如，各种施工机具每台班的租赁费、最低计费起点、施工机具停滞时租赁费及进出厂费的计算，燃料费及机上人员工资是否在台班租赁费之内，若需另行计算，这些费用项目的具体数额为多少等。

3）劳务询价。如果承包商准备在工程所在地招募工人，则劳务询价是必不可少的。劳务询价主要有两种情况：一是成建制的劳务公司，相当于劳务分包，一般费用较高，但素质较可靠、工效较高，承包商的管理工作较轻；另一种是劳务市场招募零散劳动力，根据需要进行选择，这种方式虽然劳务价格低廉，但有时素质达不到要求或工效较低，且承包商的管理工作较繁重。投标人应在对劳务市场充分了解的基础上决定采用哪种方式，并以此为依据进行投标报价。

（3）分包询价 总承包商在确定了分包工作内容后，就将拟分包的专业工程施工图和技术说明送交预先选定的分包单位，请他们在约定的时间内报价，以便进行比较，最终选择合适的分包人。对分包人询价应注意以下几点：分包标函是否完整，分包工程单价所包含的内容，分包人的工程质量、信誉及可依赖程度，质量保证措施，分包报价。

2. 复核工程

工程量清单作为招标文件的组成部分，是由招标人提供的。工程量的大小是投标报价最直接的依据。复核工程量的准确程度将影响承包商的经营行为，主要表现在两方面：一是根据复核后的工程量与招标文件提供的工程量之间的差距，考虑相应的投标策略，决定报价尺度；二是根据工程量的大小采取合适的施工方法，选择适用、经济的施工机具设备，投入使用相应的劳动力数量等。

复核工程量要与招标文件中所给的工程量进行对比，注意以下几方面：

1）投标人应认真根据招标说明、图样、地质资料等招标文件资料计算主要清单工程量，复核工程量清单。应特别注意按一定顺序进行，避免漏算或重算；正确划分分部分项工程项目，与《建设工程工程量清单计价规范》保持一致。

2）复核工程量的目的不是修改工程量清单，即使工程量清单中的工程量有误，投标人也不能修改，因为修改清单将导致投标文件在评标时被认为未响应招标文件而被否决。对工程量清单存在的错误，可以向招标人提出，由招标人统一修改并把修改情况通知所有投标人。

3）针对工程量清单中工程量的遗漏或错误，是否向招标人提出修改意见取决于投标策略。投标人可以运用一些报价的技巧提高报价的质量，争取在中标后能获得更大的收益。

4）通过工程量计算复核能准确地确定订货及采购物资的数量，防止由于超量或少购等带来的浪费、积压或停工待料。

在核算完全部工程量清单中的细目后，投标人应按大项分类汇总主要工程总量，以便获得对整个工程施工规模的整体概念，并据此研究采用合适的施工方法，选择适用的施工设备等，并准确地确定订货及采购物资的数量，防止由于超量或少购等带来的浪费、积压或停工待料。

10.2.3 投标价的编制原则与依据

投标价是投标人希望达成工程承包交易的期望价格，它不能高于招标人设定的招标控制价。作为投标价计算的必要条件，应预先确定施工方案和施工进度，此外，投标价计算还必须与采用的合同形式相协调。

1. 投标价的编制原则

报价是投标的关键性工作，报价是否合理不仅直接关系到投标的成败，还关系到中标后企业的盈亏。投标价的编制原则如下：

1）投标价由投标人自主确定，但必须执行 GB 50500—2013《建设工程工程量清单计价规范》的强制性规定。投标价应由投标人或受其委托、具有相应资质的工程造价咨询人员编制。

2）投标人的投标价不得低于工程成本。《招标投标法》第四十一条规定：中标人的投标应当能够满足招标文件的实质性要求，并且经评审的投标价格最低；但是投标价格低于成本的除外。《评标委员会和评标方法暂定》（七部委第 12 号令）第二十一条规定："在评标过程中，评标委员会发现投标人的报价明显低于其他投标报价或者在设有标底时明显低于标底的，使得其投标报价可能低于其个别成本的，应当要求该投标人做出书面说明并提供相关证明材料。投标人不能合理说明或者不能提供相关证明材料的，由评标委员会认定该投标人以低于成本报价竞标，应当否决该投标人的投标。"根据上述法律、规章的规定，特别要求投标人的投标价不得低于工程成本。

3）投标价要以招标文件中设定的发承包双方责任划分，作为考虑投标价费用项目和费用计算的基础，发承包双方的责任划分不同，会导致合同风险分摊不同，从而导致投标人选择不同的报价；根据工程发承包模式考虑投标价的费用内容和计算深度。

4）以施工方案、技术措施等作为投标价计算的基本条件；以反映企业技术和管理水平的企业定额作为计算人工、材料和机具台班消耗量的基本依据；充分利用现场考察、调研成果、市场价格信息和行情资料，编制基础标价。

5）报价计算方法要科学严谨，简明适用。

2. 投标价的编制依据

1）GB 50500—2013《建设工程工程量清单计价规范》与专业工程量计算规范。

2）国家或省级、行业建设主管部门颁发的计价办法。

3）国家或省级、行业建设主管部门颁发的计价定额，企业定额。

4）招标文件、工程量清单及其补充通知、答疑纪要。

5）建设工程设计文件及相关资料。

6）施工现场情况、工程特点及投标时拟定的施工组织设计或施工方案。

7）与建设项目相关的标准、规范等技术资料。

8）市场价格信息或工程造价管理机构发布的工程造价信息。

9）其他的相关资料。

10.2.4 投标价的编制方法和内容

投标价的编制过程，应首先根据招标人提供的工程量清单编制分部分项工程和措施项目清单与计价表，其他项目清单与计价汇总表，规费、税金项目计价表，计算完毕之后，汇总得到单位工程投标价汇总表，再层层汇总，分别得出单项工程投标价汇总表和建设项目投标总价汇总表，建设项目施工投标总价组成如图 10-2 所示。在编制过程中，投标人应按招标人提供的工程量清单填报价格。填写的项目编码、项目名称、项目特征、计量单位、工程量必须与招标人提供的一致。

1. 分部分项工程和措施项目清单与计价表的编制

（1）分部分项工程和单价措施项目清单与计价表的编制　承包人投标价中的分部分项工程费和以单价计算的措施项目费应按招标文件中分部分项工程和单价措施项目清单与计价表的特征描述确定综合单价计算。因此，确定综合单价是分部分项工程和单价措施项目清单与计价表编制过程中最主要的内容。综合单价包括完成一个规定清单项目所需的人工费、材料和工程设备费、施工机具使用费、企业管理费、利润，并考虑风险费用的分摊。

$$综合单价 = 人工费 + 材料和工程设备费 + 施工机具使用费 + 企业管理费 + 利润 \quad (10-5)$$

确定综合单价时的注意事项。

1）以项目特征描述为依据。项目特征是确定综合单价的重要依据之一，投标人编制投

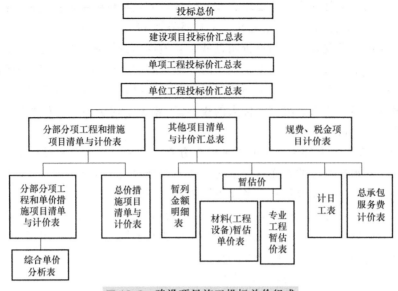

图 10-2　建设项目施工投标总价组成

标价时应依据招标文件中清单项目的特征描述确定综合单价。在招标投标过程中，当招标工程量清单特征描述与设计图不符时，投标人应以招标工程量清单的项目特征描述为准，确定投标报价的综合单价。当施工中施工图或设计变更与招标工程量清单项目特征描述不一致时，发承包双方应按实际施工的项目特征，依据合同约定重新确定综合单价。

2）材料、工程设备暂估价的处理。招标文件中在其他项目清单中提供了暂估单价的材料和工程设备，应按其暂估的单价计入清单项目的综合单价中。

3）考虑合理的风险。投标人应将招标文件中要求投标人承担的风险费用考虑进综合单价。在施工过程中，当出现的风险内容及其范围（幅度）在招标文件规定的范围（幅度）内时，综合单价不得变动，合同价款不做调整。根据国际惯例并结合我国工程建设的特点，发包方与承包方对工程施工阶段的风险宜采用以下分摊原则：

① 对于主要市场价格波动导致的价格风险，如工程造价中的建筑材料、燃料等价格风险，发包方与承包方应当在招标文件中或在合同中对此类风险的范围和幅度予以明确约定，进行合理分摊。根据工程特点和工期要求，一般采取的方式是承包人承担5%以内的材料、工程设备价格风险，以及10%以内的施工机具使用费风险。

② 对于法律、法规、规章或有关政策出台，并由省级、行业建设行政主管部门或其授权的工程造价管理机构根据上述变化发布的政策性调整，以及由政府定价或政府指导价管理的原材料等价格进行了调整，导致工程人工费、规费、税金发生变化，承包人不应承担此类风险，应按照有关调整规定执行。

③ 对于承包人根据自身技术水平、管理、经营状况能够自主控制的风险，如承包人的管理费、利润的风险，承包人应结合市场情况，根据企业自身的实际合理确定、自主报价，该部分风险由承包人全部承担。

（2）综合单价确定的步骤和方法　当分部分项工程内容比较简单，由单一计价子项计价，且 GB 50500—2013《建设工程工程量清单计价规范》与所使用计价定额中的工程量计算规则相同时，只需用相应计价定额子目中的人、材、机费作为基数计算管理费、利润，再考虑相应的风险费用即可确定综合单价。当工程量清单给出的分部分项工程与所用计价定额的单位不同或工程量计算规则不同时，需要按计价定额的计算规则重新计算工程量，并按照下列步骤确定综合单价。

1）确定计算基础。计算基础主要包括消耗量指标和生产要素单价。应根据本企业的实际消耗量水平，结合拟定的施工方案确定完成清单项目需要消耗的各种人工、材料、机具台班的数量。计算时采用企业定额，在没有企业定额或企业定额缺项时，可参照与本企业实际水平相近的国家、地区、行业定额，并通过调整来确定清单项目的人、材、机单位用量。各种人工、材料、机具台班的单价，应根据询价的结果和市场行情综合确定。

2）分析每一清单项目的工程内容。在招标工程量清单中，招标人已对项目特征进行了准确、详细的描述，投标人根据这一描述，结合施工现场情况和拟定的施工方案确定完成各清单项目实际应发生的工程内容。必要时可参照 GB 50500—2013《建设工程工程量清单计价规范》中提供的工程内容，有些特殊的工程也可能出现在规范列表之外的工程内容。

3）计算工程内容的工程数量与清单单位的含量。每一项工程内容的工程量都应根据所选定额的工程量计算规则计算，当定额的工程量计算规则与清单的工程量计算规则一致时，可直接以工程量清单中的工程量作为工程内容的工程数量。

当采用清单单位含量计算人工费、材料费、施工机具使用费时，还需要计算每一计量单位的清单项目所分摊的工程内容的工程数量，即清单单位含量。

$$清单单位含量 = \frac{某工程内容的定额工程量}{清单工程量} \tag{10-6}$$

4）分部分项工程人工、材料、施工机具使用费以完成每一计量单位的清单项目所需的人工、材料、机具用量为基础计算，即

$$每一计量单位清单项目某种资源的使用量 = 该种资源的定$$
$$额单位用量 \times 相应定额条目的清单单位含量 \tag{10-7}$$

根据预先确定的各种生产要素的单位价格，可计算出每一计量单位清单项目的分部分项工程的人工费、材料费与施工机具使用费。

$$人工费 = 完成单位清单项目所需人工的工日数量 \times 人工工日单价 \tag{10-8}$$

$$材料费 = \sum(完成单位清单项目所需各种材料、半成品的数量 \times$$
$$各种材料、半成品单价) + 工程设备费 \tag{10-9}$$

$$施工机具使用费 = \sum(完成单位清单项目所需各种机械的台班数量 \times 各种机械的台班单价) +$$
$$\sum(完成单位清单项目所需各种仪器仪表的台班数量 \times 各种仪器仪表的台班单价) \tag{10-10}$$

当招标人提供的其他项目清单中列示了材料暂估价时，应根据招标人提供的价格计算材料费，并在分部分项工程项目清单与计价表中体现。

5）计算综合单价。企业管理费和利润的计算可按照规定的取费基数以及一定的费率取费计算，若以人工费与施工机具使用费之和为取费基数，则

$$企业管理费 = (人工费 + 施工机具使用费) \times 企业管理费费率 \tag{10-11}$$
$$利润 = (人工费 + 施工机具使用费) \times 利润率 \tag{10-12}$$

将上述五项费用汇总，并考虑合理的风险费用后，可得到清单综合单价。根据计算出的综合单价，可编制分部分项工程和单价措施项目清单与计价表，见表 10-2。

表 10-2　分部分项工程和单价措施项目清单与计价表（投标价）

工程名称：××中学教学楼工程　　　　　　　　　　　标段：　　　　　第　页　共　页

序号	项目编码	项目名称	项目特征描述	计量单位	工程量	金额/元		
						综合单价	合价	其中:暂估价
			…					
		0105 混凝土及钢筋混凝土工程						
6	010503001001	基础梁	C30 预拌混凝土	m³	208	356.14	74077	
7	010515001001	现浇构件钢筋	螺纹钢 Q235,φ14	t	200	4787.16	957432	800000
			…					
		分部小计					2432419	800000
		0117 措施项目						
16	011701001001	综合脚手架	砖混、檐高 22m	m²	10940	19.8	216612	
			…					
		分部小计					738257	
		合计					6318410	800000

（3）工程量清单综合单价分析表的编制　为表明综合单价的合理性，投标人应对其进行单价分析，以作为评标时判断依据。工程量清单综合单价分析表的编制应反映上述综合单价的编制过程，并按照规定的格式进行，见表 10-3。

表 10-3　工程量清单综合单价分析表

工程名称：××中学教学楼工程　　　　　　　　　　　标段：　　　　　第　页　共　页

项目编码		010515001001		项目名称	现浇构件钢筋	计量单位	t	工程量	200
清单综合单价组成明细									

定额编号	定额名称	定额单位	数量	单价				合价			
				人工费	材料费	机具费	管理费和利润	人工费	材料费	机具费	管理费和利润
5-2	现浇构件钢筋 A25 以内	t	1.02	523.98	4167.49	82.87	224.53	534.46	4250.84	84.53	229.02
人工单价				小计				534.46	4250.8	84.53	229.02
82 元/工日				未计价材料费							
清单项目综合单价								4787.16			

材料费明细	主要材料名称、规格、型号	单位	数量	单价/元	合价/元	暂估单价/元	暂估合价/元
	螺纹钢 Q235,φ14	t	1.02			4000.00	4080.00
	焊条	kg	1.86	5.80	10.79		
	其他材料费			—	37.68		
	材料费小计			—	48.47		4080.00

［例 10-1］　某住宅工程，土质为三类湿土，基础为 C25 混凝土条形基础，垫层为 C15 混凝土垫层，垫层底宽 $a =$ 1400mm，挖土深度 $H = 1800$mm，基础总长为 220m。室外设计地坪以下基础的体积为 227m³，垫层体积为 31m³，如图 10-3 所示。业主提供的分部分项工程量清单见表 10-4。试用预算定额调整法确定人工挖基础土方和土方回填综合单价（工

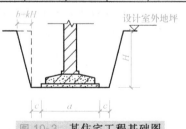
图 10-3　某住宅工程基础图

作面 $c=300\text{mm}$，放坡系数 $k=0.33$，企业管理费率为 25%，利润率为 12%）。

表 10-4　分部分项工程量清单

序号	项目编号	项目名称	计量单位	工程数量
1	010101003001	挖基础土方 土壤类别:三类土 基础类型:条形基础 垫层宽度:1400mm 挖土深度:1800mm 弃土运距:40m	m³	554.4
2	010103001001	土方回填 土质要求:原土、夯填 运输距离:5km	m³	296.4

解：（1）核算清单工程量

$$V_{挖} = 1.4\text{m} \times 1.8\text{m} \times 220\text{m} = 554.4\text{m}^3$$

$$V_{回填} = 554.4\text{m}^3 - (227+31)\text{m}^3 = 296.4\text{m}^3$$

$$V_{余土外运} = 554.4\text{m}^3 - 296.4\text{m}^3 = 258\text{m}^3$$

（2）计算计价工程量

$$V_{挖} = \frac{[1.4+2\times0.3+(1.4+2\times0.3+2\times0.33\times1.8)]\text{m}\times1.8\text{m}}{2}\times220\text{m} = 1027.2\text{m}^3$$

$$V_{回填} = 1027.2\text{m}^3 - (227+31)\text{m}^3 = 796.2\text{m}^3$$

$$V_{余土外运} = 1027.2\text{m}^3 - 796.2\text{m}^3 = 258\text{m}^3$$

$$S_{打底夯} = (1.4+2\times0.3)\text{m}\times220\text{m} = 440\text{m}^2$$

（3）计算综合单价

根据市场等情况：人工费，77 元/工日；电动夯实机，26.47 元/台班。

挖基础土方工作内容：排地表水、土方开挖、挡土板、基底钎探、运输。当地挖基础土方综合单价分析表见表 10-5。

表 10-5　挖基础土方综合单价分析表

工程名称：　　　　　　　　　　　　　　　　　　　　　　　　　　　　　　　第　页　共　页

序号	项目编码	工程内容	数量/m³	综合单价组成/(元/m³)					综合单价/(元/m³)
				人工费	材料费	机械费	管理费	利润	
1	010101003001	挖基础土方	554.4						89.46
1.1	1-11	人工挖沟槽（深度在1.5m 以内,湿土）	1027.2	28.49	0	0	7.12	3.42	39.03
1.2	1-13	人工挖沟槽（深度超过1.5m,深在 2m 以内增加费,湿土）	1027.2	3.08	0	0	0.77	0.37	4.22
1.3	1-92	单(双轮)车运输,运距在 50m 以内	258	14.63	0	0	3.66	1.76	20.05
2	010103001001	土方回填	296.4						106.12
2.1	1-100	原土打底夯,基(槽)坑	440	9.24	0	1.77	2.75	1.32	15.08
2.2	1-104	回填土,基(槽)坑,夯填	796.2	21.56	0	1.19	5.69	2.73	31.17

① 人工挖沟槽

$$人工费 = (28.49+3.08)\text{元/m}^3 \times 1027.2\text{m}^3 = 32428.7\text{元}$$

材料、机械＝0元

② 人工运土方

$$人工费 = 14.63 \text{元}/m^3 \times 258 \text{元} = 3774.54 \text{元}$$

$$材料费、机械费 = 0 \text{元}$$

③ 挖基础土方的综合单价

$$挖基础土方综合单价 = \frac{(32428.7 + 3774.54)\text{元} + (1 + 0.25 + 0.12)}{554.4 m^3} = 89.46 \text{元}/m^3$$

④ 坑底打底夯

$$人工费 = 9.24 \text{元}/m^3 \times 440 m^3 = 4065.6 \text{元}$$

$$机械费 = 1.77 \text{元}/m^3 \times 440 m^3 = 778.8 \text{元}$$

$$材料费 = 0 \text{元}$$

⑤ 基槽夯填

$$人工费 = 21.56 \text{元} \times 796.2 = 17166.07 \text{元}$$

$$机械费 = 1.19 \text{元} \times 796.2 = 947.48 \text{元}$$

$$材料费 = 0 \text{元}$$

⑥ 土方回填的综合单价

$$土方回填综合单价 = \frac{(4065.6 + 778.8 + 17166.07 + 947.48)\text{元} \times 1.37}{296.4 m^3} = 106.12 \text{元}/m^3$$

（4）总价措施项目清单与计价表的编制　对于不能精确计量的措施项目，应编制总价措施项目清单与计价表。投标人对措施项目中的总价项目投标价应遵循以下原则：

1）措施项目的内容应依据招标人提供的措施项目清单和投标人投标时拟定的施工组织设计或施工方案确定。

2）措施项目费由投标人自主确定，但其中安全文明施工费必须按照国家或省级、行业建设主管部门的规定计价，不得作为竞争性费用。招标人不得要求投标人对该项费用进行优惠，投标人也不得将该项费用用于市场竞争。

投标报价时总价措施项目清单与计价表的编制见表10-6。

表 10-6　总价措施项目清单与计价表

工程名称：××中学教学楼工程　　　　　　　　　　标段：　　　　　　第　页　共　页

序号	项目编码	项目名称	计算基础	费率（%）	金额/元	调整费率（%）	调整后金额/元	备注
1	011707001001	安全文明施工费	定额人工费	25	209650			
2	011707002001	夜间施工增加费	定额人工费	1.5	12579			
3	011707004001	二次搬运费	定额人工费	1	8386			
4	011707005001	冬雨季施工增加费	定额人工费	0.6	5032			
5	011707007001	已完工程信设备保护费			6000			
		...						
					241547			

2. 其他项目清单与计价表的编制

其他项目费主要包括暂列金额、暂估价、计日工以及总承包服务费组成。其他项目清单与计价汇总表见表 10-7。

表 10-7　**其他项目清单与计价汇总表**

工程名称：××中学教学楼工程　　　　　　　　　　　　标段：　　　　　　第　页　共　页

序号	项目名称	金额/元	结算金额/元	备注
1	暂列金额	350000		明细详见表 10-8
2	暂估价	200000		
2.1	材料（工程设备）暂估价/结算价	—		明细详见表 10-9
2.2	专业工程暂估价/结算价	200000		明细详见表 10-10
3	计日工	26528		明细详见表 10-11
4	总承包服务费	20760		明细详见表 10-12
	合计			—

投标人编制其他项目费投标价时应遵循以下原则：

1）暂列金额应按照招标人提供的其他项目清单中列出的金额填写，不得变动。暂列金额明细表见表 10-8。

表 10-8　**暂列金额明细表**

工程名称：××中学教学楼工程　　　　　　　　　　　　标段：　　　　　　第　页　共　页

序号	项目名称	计量单位	暂定金额/元	备注
1	自行车棚工程	项	100000	
2	工程量偏差和设计变更	项		
3	政策性调整和材料价格波动	项		
4	其他	项		
5	…	项		
	合计		350000	—

2）暂估价不得变动和更改。材料、工程设备暂估价必须按照招标人提供的暂估单价计入清单项目的综合单价（材料（工程设备）暂估单价表见表 10-9）；专业工程暂估价表必须按照招标人提供的其他项目清单中列出的金额填写（见表 10-10）。材料、工程设备暂估单价和专业工程暂估价均由招标人提供，为暂估价格，在工程实施过程中，对于不同类型的材料与专业工程采用不同的计价方法。

表 10-9　**材料（工程设备）暂估单价表**

工程名称：××中学教学楼工程　　　　　　　　　　　　标段：　　　　　　第　页　共　页

序号	材料（工程设备）名称、规格、型号	计量单位	数量		暂估/元		确认/元		差额±/元		备注
			暂估	确认	单价	合价	单价	合价	单价	合价	
1	钢筋（规格见施工图）	t	200		4000	800000					用于现浇钢筋混凝土项目
2	低压开关柜（CGD190380/220V）	台	1		45000	45000					用于低压开关柜安装项目
	合计					845000					

表 10-10　**专业工程暂估价表**

工程名称：××中学教学楼工程　　　　　　　　　标段：　　　　第　页　共　页

序号	工程名称	工程内容	暂估金额/元	结算金额/元	差额±/元	备注
1	消防工程	合同图样中标明的以及消防工程规范和技术说明中规定的各系统中的设备、管道、阀门、线缆等的供应、安装和调试工作	200000			
		...				
	合计		200000			

3）计日工应根据招标人提供的其他项目清单列出的项目和估算的数量，自主确定各项综合单价并计算费用，计日工表见表 10-11。

表 10-11　**计日工表**

工程名称：××中学教学楼工程　　　　　　　　　标段：　　　　第　页　共　页

编号	项目名称	单位	暂定数量	实际数量	综合单价/元	合价/元 暂定	合价/元 实际
一	人工						
1	普工	工日	100		80	8000	
2	技工	工日	60		110	6600	
	...						
	人工小计					14600	
二	材料						
1	钢筋（规格见施工图）	t	1		4000	4000	
2	水泥 42.5	t	2		600	1200	
3	中砂	m³	10		80	800	
4	砾石（5~40mm）	m³	5		42	210	
5	页岩砖（240mm×115mm×53mm）	千匹	1		300	300	
	...						
	材料小计					6510	
三	施工机具						
1	自升式塔式起重机	台班	5		550	2750	
2	灰浆搅拌机（400L）	台班	2		20	40	
	...						
	施工机具小计					2790	
四	企业管理费和利润（按人工费18%计）					2628	
	总计					26528	

4）总承包服务费应根据招标人在招标文件中列出的分包专业工程内容和供应材料、设备情况，按照招标人提出的协调、配合与服务要求和施工现场管理需要自主确定。总承包服务费计价表见表 10-12。

3. 规费、税金项目计价表的编制

规费和税金应按国家或省级、行业建设主管部门的规定计算，不得作为竞争性费用。这是由于规费和税金的计取标准是依据有关法律、法规和政策规定制定的，具有强制性。因此，投标人在编制投标价时必须按照国家或省级、行业建设主管部门的有关规定计算规费和税金。规费、税金项目计价表见表 10-13。

表 10-12　**总承包服务费计价表**

工程名称：××中学教学楼工程　　　　　　　　　　　　　　标段：　　　第　页　共　页

序号	项目名称	项目价值/元	服务内容	计算基础	费率(%)	金额/元
1	发包人发包专业工程	200000	1. 按专业工程承包人的要求提供施工工作面并对施工现场进行统一管理，对竣工资料进行统一整理汇总； 2. 为专业工程承包人提供垂直运输机械和焊接电源接入点，并承担垂直运输费和电费	项目价值	7	14000
2	发包人提供材料	845000	对发包人供应的材料进行验收及保管和使用发放	项目价值	0.8	6760
	...					
	合计	—	—	—	—	20760

表 10-13　**规费、税金项目计价表**

工程名称：××中学教学楼工程　　　　　　　　　　　　　　标段：　　　第　页　共　页

序号	项目名称	计算基础	费率(%)	金额/元
1	规费			239001
1.1	社会保险费			188685
(1)	养老保险费	定额人工费	14	117404
(2)	失业保险费		2	16772
(3)	医疗保险费		6	50316
(4)	工伤保险费		0.25	2096.5
(5)	生育保险费		0.25	2096.5
1.2	住房公积金		6	50316
1.3	工程排污费	按工程所在地环境保护部门收取标准、按实计入		
2	税金	人工费+材料费+施工机具使用费+企业管理费+利润+规费-不列入计税范围的金额/1.01-税后独立费	11	868225
	合计			1107226

4. 投标价的汇总

投标人的投标总价应当与组成工程量清单的分部分项工程费、措施项目费、其他项目费和规费、税金的合计金额一致，即投标人在编制工程量清单招标的投标价时，不能进行投标总价优惠（或降价、让利），投标人对投标价的任何优惠（或降价、让利）均应在相应清单项目的综合单价中反映。

施工企业某单位工程投标价汇总表，见表 10-14。

表 10-14　**单位工程投标价汇总表**

工程名称：××中学教学楼工程　　　　　　　　　　　　　　标段：　　　第　页　共　页

序号	汇总内容	金　额	其中:暂估价/元
1	分部分项工程	6318410	845000
...			
0105	混凝土及钢筋混凝土工程	2432419	800000
...			
2	措施项目	738257	
2.1	其中:安全文明施工费	209650	
3	其他项目	597288	

（续）

序号	汇总内容	金　额	其中:暂估价/元
3.1	其中:暂列金额	350000	
3.2	其中:专业工程暂估价	200000	
3.3	其中:计日工	26528	
3.4	其中:总承包服务费	20760	
4	规费	239001	
5	税金	868225	
投标报价合计 = 1+2+3+4+5		8761181	845000

10.3　工程投标价及分析

在建设工程发包与承包过程中有两项重要工作，一是对承包人的选择，对于招标承包而言，我国相关法规对于开标的时间和地点、出席开标会议的规定、开标的顺序以及否决投标等，评标原则和评标委员会的组建、评标程序和方法，定标的条件与做法，均做出明确而清晰的规定；二是通过优选确定承包人后，就必须通过一种法律行为（即合同）来明确双方当事人的权利义务，其中合同价款的约定是建设工程计价的重要内容。

10.3.1　编制投标文件

1. 投标文件的内容

投标人应当按照招标文件的要求编制投标文件。投标文件应当包括下列内容：

1）投标函及投标函附录。

2）法定代表人身份证明或附有法定代表人身份证明的授权委托书。

3）联合体协议书（若工程允许采用联合体投标）。

4）投标保证金。

5）已标价工程量清单。

6）施工组织设计。

7）项目管理机构。

8）拟分包项目情况表。

9）资格审查资料。

10）规定的其他材料。

2. 投标文件编制时应遵循的规定

1）投标文件应按"投标文件格式"进行编写，若有必要，可以增加附页，作为投标文件的组成部分。其中，投标函附录在满足招标文件实质性要求的基础上，可以提出比招标文件要求更能吸引招标人的承诺。

2）投标文件应当对招标文件有关工期、投标有效期、质量要求、技术标准和要求、招标范围等实质性内容做出响应。

3）投标文件应由投标人的法定代表人或其委托代理人签字和盖单位章。委托代理人签字的，投标文件应附法定代表人签署的授权委托书。投标文件应避免涂改、行间插字或删除。如果出现上述情况，改动之处应加盖单位章或由投标人的法定代表人或其授权的代理人签字确认。

4）投标文件正本一份，副本份数按招标文件有关规定。正本和副本的封面上应清楚地标记"正本"或"副本"的字样。投标文件的正本与副本应分别装订成册，并编制目录。

当副本和正本不一致时，以正本为准。

5）除招标文件另有规定外，投标人不得递交备选投标方案。允许投标人递交备选投标方案的，只有中标人所递交的备选投标方案方可予以考虑。评标委员会认为中标人的备选投标方案优于其按照招标文件要求编制的投标方案的，招标人可以接受该备选投标方案。

10.3.2 评标程序及评审标准

1. 评标的准备与初步评审

评标活动应遵循公平、公正、科学、择优的原则，招标人应当采取必要的措施，保证评标在严格保密的情况下进行。评标是招标投标活动中一个十分重要的环节，如果对评标过程不进行保密，则有可能发生影响公正评标的不正当行为。

（1）清标　根据 GB/T 51095—2015《建设工程造价咨询规范》规定，清标是指招标人或工程造价咨询企业在开标后、评标前，对投标人的投标价是否响应招标文件、违反国家有关规定，以及报价的合理性、算术性错误等进行审查并出具意见的活动。该规范规定，清标工作主要包含下列内容：

1）对招标文件的实质性响应。

2）错漏项分析。

3）分部分项工程项目清单综合单价的合理性分析。

4）措施项目清单的完整性和合理性分析，以及其中不可竞争性费用正确性分析。

5）其他项目清单完整性和合理性分析。

6）不平衡报价分析。

7）暂列金额、暂估价正确性复核。

8）总价与合价的算术性复核及修正建议。

9）其他应分析和澄清的问题。

（2）初步评审及标准　根据《评标委员会和评标方法暂行规定》和《标准施工招标文件》的规定，我国目前评标中主要采用的方法包括经评审的最低投标价法和综合评估法，两种评标方法在初步评审阶段，其内容和标准上是一致的。

1）初步评审标准。初步评审的标准包括以下四方面：

① 形式评审标准。包括投标人名称与营业执照、资质证书、安全生产许可证上的名称一致；投标函上有法定代表人或其委托代理人签字并加盖单位章；投标文件格式符合要求；联合体投标人已提交联合体协议书，并明确联合体牵头人（若有）；报价唯一，即只能有一个有效报价等。

② 资格评审标准。如果是未进行资格预审的，应具备有效的营业执照，具备有效安全生产许可证，并且资质等级、财务状况、类似项目业绩、信誉、项目经理、其他要求、联合体投标人等，均符合规定。如果是已进行资格预审的，仍按资格审查办法中详细审查标准来进行。

③ 响应性标准。主要的评审内容包括投标价校核，审查全部报价数据计算的正确性，分析报价构成的合理性，并与招标控制价进行对比分析，还有工期、工程质量、投标有效期、投标保证金、权利义务、已标价工程量清单、技术标准和要求、分包计划等，均应符合招标文件的有关要求，即投标文件应实质上响应招标文件的所有条款、条件，无显著的差异或保留。所谓显著的差异或保留包括以下情况：对工程的范围、质量及使用性能产生实质性影响；偏离了招标文件的要求，而对合同中规定的招标人的权利或者投标人的义务造成实质

性的限制；纠正这种差异或者保留将会对提交了实质性响应要求的投标书的其他投标人的竞争地位产生不公正影响。

④ 施工组织设计和项目管理机构评审标准。主要包括施工方案与技术措施、质量管理体系与措施、安全管理体系与措施、环境保护管理体系与措施、工程进度计划与措施、资源配备计划、技术负责人、其他主要人员、施工设备、试验、检测仪器设备等，符合有关标准。

2）投标文件的澄清和说明。评标委员会可以书面方式要求投标人对投标文件中含意不明确的内容做必要的澄清、说明或补正，但是澄清、说明或补正不得超出投标文件的范围或者改变投标文件的实质性内容。对投标文件的相关内容做出澄清、说明或补正，其目的是有利于评标委员会对投标文件的审查、评审和比较。澄清、说明或补正包括投标文件中含义不明确、对同类问题表述不一致或者有明显文字和计算的内容。但评标委员会不得向投标人提出带有暗示性或诱导性的问题，或向其明确投标文件中的遗漏和错误。同时，评标委员会不接受投标人主动提出的澄清、说明或补正。

投标文件不响应招标文件的实质性要求和条件的，招标人应当否决，并不允许投标人通过修正或摊销其不符合要求的差异或保留，使之成为具有响应性的投标。

评标委员会对投标人提交的澄清、说明或补正有疑问的，可以要求投标人进一步澄清、说明或补正，直至满足评标委员会的要求。

3）报价有算术错误的修正。投标价有算术错误的，评标委员会按以下原则对投标价进行修正，修正的价格经投标人书面确认后具有约束力。投标人不接受修正价格的，其投标被否决。

① 投标文件中的大写金额与小写金额不一致的，以大写金额为准。

② 总价金额与依据单价计算出的结果不一致的，以单价金额为准修正总价，但单价金额小数点有明显错误的除外。

此外，若对不同文字文本投标文件的解释有异议的，以中文文本为准。

4）经初步评审后否决投标的情况。评标委员会应当审查每一份投标文件是否对招标文件提出的所有实质性要求和条件做出响应。未能在实质上响应的投标，评标委员会应当否决。具体情形包括以下几点：

① 投标文件未经投标单位盖章和单位负责人签字。

② 标联合体没有提交共同投标协议。

③ 投标人不符合国家或者招标文件规定的资格条件。

④ 同一投标人提交两个以上不同的投标文件或者投标价，但招标文件允许提交备选投标的除外。

⑤ 投标价低于成本或者高于招标文件设定的最高投标限价，对报价是否低于工程成本的异议，评标委员会可以参照国务院有关主管部门和省、自治区、直辖市有关主管部门发布的有关规定进行评审。

⑥ 投标文件没有对招标文件的实质性要求和条件做出响应。

⑦ 投标人有串通投标、弄虚作假、行贿等违法行为。

2. 详细评审标准与方法

经初步评审合格的投标文件，评标委员会应当根据招标文件确定的评标标准和方法，对其技术部分和商务部分做进一步评审和比较。详细评审的方法包括经评审的最低投标价法和综合评估法两种。

（1）经评审的最低投标价　经评审的最低投标价法是指评标委员会对满足招标文件实质要求的投标文件，根据详细评审标准规定的量化因素及量化标准进行价格折算，按照经评审的投标价由低到高的顺序推荐中标候选人，或根据招标人授权直接确定中标人，但投标报价低于其成本的除外。经评审的投标价相等时，投标价低的优先；投标价也相等的，由招标人自行确定。

1）经评审的最低投标价法的适用范围。按照《评标委员会和评标方法暂行规定》的规定，经评审的最低投标价法一般适用于具有通用技术、性能标准或者招标人对其技术、性能没有特殊要求的招标项目。

2）详细评审标准及规定。采用经评审的最低投标价法的，评标委员会应当根据招标文件中规定的量化因素和标准进行价格折算，对所有投标人的投标报价以及投标文件的商务部分做必要的价格调整。根据《标准施工招标文件》的规定，主要的量化因素包括单价遗漏和付款条件等，招标人可能根据项目具体特点和实际需要，进一步删减、补充或细化量化因素和标准。另外，若世界银行贷款项目采用此种评标方法时，通常考虑的量化因素和标准包括：一定条件下的优惠（借款国国内投标人有 7.5% 的评标优惠）；工期提前的效益对报价的修正；同时投多个标段的评标修正等。所有的这些修正因素都应当在招标文件中有明确的规定。对同时投多个标段的评标修正，一般的做法是，如果投标人投标的某一个标段已被确定为中标，则在其他标段的评标中按照招标文件规定的百分比（通常为 4%）乘以报价金额后，在评标价中扣减此值。

根据经评审的最低投标价法完成详细评审后，评标委员会应当拟定一份"价格比较一览表"，连同书面评标报告提交招标人。"价格比较一览表"应当载明投标人的投标价、对商务偏差的价格调整和说明以及已评审的最终投标价。

[例 10-2]　某高速公路项目招标采用经评审的最低投标价法评标，招标文件规定对同时投多个标段的评标修正率为 4%。现有投标人甲对 1#、2# 标段同时投标，甲某报价依次为 6300万元、5000 万元，若甲在 1# 标段已被确定为中标，则其在 2# 标段的评标价应为多少万元。

解：投标人甲在 1# 标段中标后，其在 2# 标段的评标可享受 4% 的评标优惠，具体做法应是将其 2# 标段的投标报价乘以 4%，在评标价中扣减该值。因此

$$投标人甲\ 2^{\#}标段的评标价 = 5000\ 万元 \times (1-4\%) = 4800\ 万元$$

（2）综合评估法　不宜采用经评审的最低投标价法的招标项目，一般应当采取综合评估法进行评审。综合评估法是指评标委员会对满足招标文件实质性要求的投标文件，按照规定的评分标准进行打分，并按得分由高到低的顺序推荐中标候选人，或根据招标人授权直接确定中标人，但投标价低于其成本的除外。综合评分相等时，以投标价低的优先；投标价也相等时，由招标人自行确定。

1）详细评审中的分值构成与评分标准。综合评估法下评标分值构成分为四个方面，即施工组织设计、项目管理机构、投标价、其他评分因素，总计分值为 100 分。各方面所占比例和具体分值由招标人自行确定，并在招标文件中明确载明。综合评估法下的评分因素和评分标准见表 10-15。

2）投标价偏差率的计算。在评标过程中，可以对各个投标文件按下式计算投标价偏差率

$$投标价偏差率 = \frac{（投标价 - 评标基准价）}{评标基准价} \times 100\%　　　（10\text{-}13）$$

表 10-15　综合评估法下的评分因素和评分标准

分值构成	评分因素	评分标准
施工组织设计评分标准	内容完整性和编制水平	…
	施工方案与技术措施	…
	质量管理体系与措施	…
	安全管理体系与措施	…
	环境保护管理体系与措施	…
	工程进度计划与措施	…
	资源配备计划	…
项目管理机构评分标准	项目经理任职资格与业绩	…
	技术责任人任职资格与业绩	…
	其他主要人员	…
投标价评分标准	偏差率	…
	…	…
其他因素评分标准	…	…

评标基准价的计算方法应在投标人须知前附表中予以明确。招标人可依据招标项目的特点、行业管理规定给出评标基准价的计算方法，确定时也可适当考虑投标人的投标价。

3）详细评审过程。评标委员会按分值构成与评分标准规定的量化因素和分值进行打分，并计算出各标书综合评估得分。

① 按规定的评审因素和标准对施工组织设计计算出得分 A。

② 按规定的评审因素和标准对项目管理机构计算出得分 B。

③ 按规定的评审因素和标准对投标价计算出得分 C。

④ 按规定的评审因素和标准对其他部分计算出得分 D。

评分分值计算保留小数点后两位，小数点后第三位"四舍五入"。投标人得分计算公式是：投标人得分＝$A+B+C+D$。由评委对各投标人的标书进行评分后加以比较，最后以总得分最高的投标人为中标候选人。

根据综合评估法完成评标后，评标委员会应当拟定一份"综合评估比较表"，连同书面评标报告提交招标人。"综合评估比较表"应当载明投标人的投标价、所做的任何修正、对商务偏差的调整、对技术偏差的调整、对各评审因素的评估以及对每一份投标的最终评审结果。

10.3.3　国际工程投标价的分析

国际上没有统一的概预算定额，更没有统一的预算价格和取费标准，报价完全由投标人根据招标文件、技术规范、工程所在国有关的法律法规、税收政策、市场信息、现场情况及自己的技术力量、经营管理水平、投标策略等动态因素和恰当的计算方法来确定，力求计算出既能在竞争中获胜又能盈利的投标价。

国际工程招标一般采用最低中标或合理低价中标方式，工程投标报价可分为准备阶段和标价计算阶段的工作。准备阶段的工作包括组织报价小组、研究招标文件、参加标前会议及工程现场勘察、编制施工规划、核算工程量及工程询价。标价计算阶段的工作有基础单价的计算、直接费与间接费的计算、分项工程单价计算、标价汇总、标价分析与调整等。

1. 国际工程投标价的对比分析

标价的对比分析是依据在长期的工程实践中积累的大量的经验数据，用类比的方法，从宏观上判断初步计算标价的合理性。对比分析的重点是工程直接费用，包括开办费、机械费、主要材料费和主要工程项目分包费用等。

1）分项统计计算书中的汇总数据，并计算其占标价的比例。以一般房屋建筑工程为例，介绍汇总数据的统计内容。

① 统计建筑总面积与各单项建筑物的建筑面积。

② 统计材料费总价及各主要材料数量和分类总价；计算单位面积的总材料费用指标及各主要材料消耗指标和费用指标；计算材料费占标价的比例。

③ 统计总劳务费及主要生产工人、辅助工人和管理人员的数量；算出单位建筑面积的用工数和劳务费；算出按规定工期完成工程时，生产工人和全员的平均人月产值和人年产值；计算劳务费占总标价的比例。

④ 统计临时工程费用、机械设备使用费及模板、脚手架和工具等费用，计算它们占总标价的比例。

⑤ 统计各类管理费用，计算它们占总标价的比例；特别是利润、贷款利息的总数和所占比例。

⑥ 统计分包工程的总价，并计算其占总标价中直接费用的比例。

2）通过对上述各类指标及其比例关系的分析，从宏观上分析投标价结构的合理性。例如，分析总直接费和总管理费的比例关系，劳务费和材料费的比例关系，临时设施和机具设备费与总的直接费用的比例关系，利润、流动资金及其利息与总标价的比例关系等。实施过类似工程的有经验的承包商不难从这些比例关系中判断出投标价的构成是否合理。如果发现有不合理的部分，应当初步探讨其原因。首先研究本工程与其他类似工程是否存在某些不可比因素，如果考虑了不可比因素的影响后，仍存在不合理的情况，就应当深入探讨其原因，并考虑调整某些基价、定额或分摊系数。

3）探讨上述平均人月产值和人年产值的合理性和实现的可能性。如果从本公司的实践经验角度判断这些指标过高或过低，就应当考虑所采用定额的合理性。

4）参照同类工程的经验，扣除不可比因素后，分析单位工程价格及用工、用料量的合理性。

5）从上述宏观分析得出初步印象后，对明显不合理的标价构成部分进行微观方面的分析检查。重点是在提高工效、改变施工方案、降低材料设备价格和节约管理费用等方面提出可行措施，并修正初步计算标价。

2. 国际工程投标价的动态分析

投标价的动态分析是假定某些因素发生变化，测算标价的变化幅度，特别是这些变化对目标利润的影响。该项分析类似于项目投资的敏感性分析，主要考虑工期延误、物价和工资上涨以及其他可变因素的影响，通过对于各项价格构成因素的浮动幅度进行综合分析，从而为选定投标价的浮动方向和浮动幅度提供一个科学的、符合客观实际的范围，并为盈亏分析提供量化依据，明确投标项目预期利润的受影响水平。

（1）工期延误的影响 由于承包商自身的原因，如材料设备交货拖延、管理不善造成工程延误、质量问题造成返工等，承包商可能会增大管理费、劳务费、机械使用费以及占用的资金及利息，这些费用的增加不可能通过索赔得到补偿，而且还会导致误期罚款。一般情况下，可以测算工期延长的时间，上述各种费用增大的数额及其占总标价的比率。这种增大的开支部分只能用风险费和计划利润来弥补。因此，可以通过多次测算得知利润全部丧失时工期拖延的时间。

（2）物价和工资上涨的影响　通过调整标价计算中材料设备和工资的上涨系数，测算其对工程目标利润的影响。同时切实调查工程物资和工资的升降趋势和幅度，以便做出恰当的判断。通过这一分析，可以得知目标利润对物价和工资上涨因素的承受能力。

（3）其他可变因素的影响　影响标价的可变因素很多，而有些是投标人无法控制的，如汇率、贷款利率的变化、政策法规的变化等。通过分析这些可变因素，可以了解投标项目目标利润的受影响程度。

3. 国际工程投标报价的盈亏分析

盈亏分析就是对盈亏进行预测，目的是使投标人对投标价心中有数，以便做出报价决策。经盈亏分析，提出可能的低标价和可能的高标价以供决策。虽然这种预测不一定十分准确，但毕竟要比凭个人主观愿望而盲目压价或提价更具科学性。盈亏预测可从盈余分析和亏损分析两方面着手。

（1）盈余分析　盈余分析是从标价组成的各个方面挖掘潜力、节约开支，计算出基础标价可能降低的数额，即所谓"挖潜盈余"，进而算出低标价。盈余分析主要从下列几个方面进行：

1）定额和效率分析。即工料、机械台班（时）消耗量定额与人工、机械效率的分析。

① 用工量：从若干大项的分部工程（如钢筋混凝土主体结构、砌体、地面、粉饰等）的用工量进行分析。

② 材料用量：对损耗量大的材料，如玻璃、砖、砌块、铺地或精面材料等是否可节约损耗量。模板和脚手架周转性材料，是否可能增加周转次数，减少配料量。

③ 机械台班（时）量：主要检查原来确定的实施方案中有关机械的作业计划，机械的使用是否集中、紧凑，能否加强一次性连续施工和工序间的衔接，以进一步合理降低机械台班的消耗量和停滞时间，缩短机械的台班（时）量或整个机械在该工程中的占用时间。

2）价格分析。

① 劳动力价格：从价格、效率等方面比较，分析雇用国内工人经济还是雇用外国工人经济。

② 材料、设备价格：对影响投标价较大的主要材料和设备，可重新核实原来确定的价格是否具有降价潜力。

③ 机械台班（时）价格：可将自己的定价与租赁价格进行比较，另外在节约燃料、动力消耗量上也可采取措施。

3）费用分析。如对管理费率逐项核算有无偏离而可降低者，临时设施费的面积、作价、回收是否有降低的可能，以及开办费中，业主工程师办公室及生活设施、施工用水、用电等，均可重新核实。

4）其他方面。如保证金、保险费、贷款利息、维修费、外汇作价以及利用外汇资金等方面。

经过上述分析，复核得出总的估计盈余总额，但要考虑实际上很少能百分之百地实现，所以必须乘以一定的修正系数（一般取0.5~0.7），据以测出可能的低标价，即

$$低标价 = 基础标价 - （估计盈余 \times 修正系数）\tag{10-14}$$

（2）亏损（风险）分析　亏损分析是在计算投标价时，分析和预测由于未来施工过程中可能出现的不利因素（如质量问题、施工延期等因素）、考虑不周或估计不足，而可能产生的费用增加和损失，主要有以下几个方面：

1）工资：如雇佣的当地工人与投标方发生劳资纠纷，要求提高工资、增加津贴、消极怠工、工效低下，发生工资亏损。

2）材料、设备价格：遇有订货不能按时到货，而采购价格较贵的材料、设备。

3）延期罚款和保修期出现质量问题增加维修费用。

4）估价失误：如漏算进（转）口材料、设备关税，低估开办费等。

5）业主或驻地工程师不配合而造成的损失，不按时付款而增加贷款利息等。

6）不熟悉当地法规、手续所发生的罚款、赔偿等。

7）地质、气候特殊而可能发生的损失。

8）管理不善造成的损失或丢失材料、零件等。

9）管理费控制不严造成超支等。

以上亏损估计总额同样要乘以修正系数 0.5~0.7，并据此求出可能的高标价，即

$$高标价 = 基础标价 + (估计盈余 \times 修正系数) \qquad (10\text{-}15)$$

思考题与习题

1. 招标控制价的编制依据是什么？

2. 什么是综合单价？它包含哪些内容？

3. 简述招标控制价的编制方法。

4. 简述投标价的编制方法。

5. 简述国际工程投标价的分析方法。

第 11 章

施 工 预 算

学习目标

　　了解施工预算的概念及其与施工图预算的区别，熟悉施工预算的编制依据与方法，掌握"两算"对比的内容与方法。

11.1　概述

11.1.1　施工预算的概念

　　施工预算是指建筑施工企业对所承建工程进行施工管理的成本计划文件。建筑施工企业编制施工预算的目的是控制施工中的各种工料消耗和成本支出，以取得好的施工效果。

　　建筑施工企业为了保质保量地完成承建的施工任务，取得好的经济效益，就必须加强企业自身的经营与管理。施工预算就是为了适应建筑施工企业加强经营管理的需要，根据企业内部经济核算和队组核算的要求，按照建筑施工图、施工组织设计和施工定额，计算承建单位工程或分部、分层、分段工程所需的人工、材料和机械台班需用量，为建筑施工企业内部提供施工中的各项工料消耗和成本支出，并指导施工生产活动的计划成本文件。同时，施工预算成本也是与施工图预算成本和实际工程成本进行分析对比的基础资料。

11.1.2　施工预算的作用

　　施工预算的编制与贯彻执行，对建筑施工企业加强施工管理、实行经济核算、进行"两算"对比、控制工程成本和提高施工管理水平都起着十分重要的作用。其具体作用可归纳为以下几个方面：

　　1）它是建筑施工企业编制施工作业计划、劳动力需用量计划、主要材料需用量计划和构件需用量计划等的依据。

　　2）它是建筑施工企业基层施工单位（项目经理部或施工队）向施工班组签发施工任务书和限额领料单的依据。

　　3）它是建筑施工企业计算计件工资、超额奖金，进行施工企业内部承包，实行按劳分配的依据。

　　4）它是建筑施工企业进行"两算"对比（即施工预算与施工图预算对比）的依据。

　　5）它是建筑施工企业定期开展企业内部计件活动分析，核算和控制承建工程成本支出的依据。

　　6）它是促进实施技术节约措施的有效方法。

　　从上述作用可以看出，施工预算涉及企业内部所有业务部门和基层施工单位。计划部门编制施工计划和组织施工，劳动部门安排劳动力计划，材料部门安排材料计划，财务部门和综合部门开展经济活动分析、进行"两算"对比、核算和控制工程成本，工程项目经理部及施工队进行内部承包，以及向施工队组签发施工任务书和限额领料单等，无不依赖施工预算提供的资料数据。因此，结合工程实际，及时、准确地编制施工预算，对于提高企业经营管理水平，明确经济责任制，降低工程成本，提高经济效益，都是十分重要的。

11.1.3 施工预算的主要内容

施工预算一般以单位工程为编制对象，分部、分层，或分段进行工料分析计算。其基本内容包括工程量，人工、材料、机械需用量和定额直接费等。施工预算由编制说明书和计算表格两大部分组成。

1. 编制说明书

施工预算的编制说明书主要包括以下内容：

1）编制依据，说明采用的有关施工图、施工定额（企业定额）、人工工资标准、材料价格、机械台班单价、施工组织设计或施工方案以及图样会审记录等。

2）所编施工预算涉及的工程范围。

3）根据现场勘察资料考虑了哪些因素。

4）根据施工组织设计考虑了哪些施工技术组织措施。

5）有哪些暂估项目和遗留项目，并说明其原因和处理办法。

6）还需要解决的问题有哪些，以后的处理办法有哪些。

7）其他需要说明的问题。

2. 计算表格

施工预算的计算表格，国家没有统一规定，常用的主要表格有以下几种：

（1）工程量计算表　工程量计算表是施工预算的基础表格，其形式见表 11-1。

表 11-1　**工程量计算表**

序号	分部分项工程名称	单位	数量	计算式	备注

（2）施工预算工料分析表　施工预算工料分析表是施工预算的基本计算用表。施工预算工料分析表的形式见表 11-2。施工预算工料分析表与施工图预算中的"工程预算表"的不同之处有两点：一是施工预算工料分析表在一般情况下不设分项计价部分；二是施工预算工料分析表的人工分析部分划分较细，既按工种（如砌砖工、抹灰工、钢筋工、木工、混凝土工等）划分，又按级别划分。施工预算工料分析表的计算和填写方法与施工图预算的工料分析基本相似，不同的是两者使用的定额、项目划分及工程量计算有较大的差别。

（3）施工预算人工汇总表　施工预算人工汇总表是编制劳动力计划及合理调配劳动力的依据。由"工料分析表"中的人工数，按不同工种和级别分别汇总而成。施工预算人工汇总表的形式见表 11-3。

（4）施工预算材料汇总表　施工预算材料汇总表是编制材料需用量的依据。由"施工预算工料分析表"中的材料数量，区别不同规格，按现场用材和加工厂用材分别进行汇总而成。施工预算材料汇总表的形式见表 11-4。

（5）施工预算机械汇总表　施工预算机械汇总表是计算施工机械费的依据，是根据施工组织设计规定的实际进场机械，按其种类、型号、台数、工期等计算出台班数，然后汇总而成。施工预算机械汇总表的形式见表 11-5。

表 11-2　施工预算工料分析表

建设单位　　　　　　　　　　　　　　　　　　　　　　　建设面积

工程名称　　　年　月　日　第　页　　　　　　　　　　结构层数

人工分析				定额编号	分部分项工程名称	工程数量	材料分析	名称			
工级	工级	工级	工级					规格			
合计数	合计数	合计数	合计数					单位			
								合计			
定额标准 计算数量							定额标准	定额标准 计算数量			

复核　　　　　　　　　　　　　　　　　　　　　　编制

表 11-3　施工预算人工汇总表

建设单位

工程名称

序号	分部工程名称	分工种用工数及人工费							分部工程小计 （工日/元）
		普工		砖工		木工			
		级	级	级	级	级	级	级	
		（工资单价）元	元	元	元	元	元	元	
单位工 程合计	人工数	工日							
	人工数	元							

表 11-4　施工预算材料汇总表

建设单位

工程名称　　　年　月　日　　第　页

序号	材料名称	规格	单位	数量	单价	材料费（元）	备注
单位工程合计(元)							

表 11-5　施工预算机械汇总表

建设单位

工程名称　　　年　月　日　　第　页

序号	机械名称	型号	台班数	台班单价	机械费（元）	备注
单位工程合计(元)						

为了便于计算人工费、材料费、施工机械使用费，表 11-3、表 11-4、表 11-5 除列有"数量"外，还列有"单价"和"金额"栏目。

（6）"两算"对比表　"两算"对比表是在施工预算编制完毕后，将计算出的人工、材料消耗量以及人工费、材料费、施工机械使用费、其他费等，按单位工程或分部工程，与施工图预算中相对应的费用进行对比，找出节约或超支的原因，作为单位工程开工前在计划阶段的预测分析用表。

此外，还有钢筋混凝土构件、金属构件、门窗木构件等的加工订货表、钢筋加工表、铁件加工表、门窗五金表等，视各单位的业务分工和具体编制内容而定。

11.1.4　施工预算与施工图预算的区别

施工预算与施工图预算有以下区别：

（1）编制依据与作用不同　"两算"编制依据中最大的区别是使用的定额不同，施工预算套用的是施工定额，而施工图预算套用的是预算定额或计价定额，两个定额的各种消耗量有一定差别。两者的作用也不一样，施工预算是企业控制各项成本支出的依据，而施工图预算是计算单位工程的预算造价，是确定企业工程收入的主要依据。

（2）工程项目划分的粗细程度不同　施工预算的项目划分和工程量计算，应分层、分段、分工种、分项进行，比施工图预算的项目划分细得多，计算也更为准确。例如，钢筋混凝土构件制作，施工定额按模板、钢筋、混凝土分项计算，而预算定额则合并为一项计算。

（3）计算范围不同　施工预算一般只计算到直接费，这是因为施工预算只供企业内部管理使用，如向班组签发施工任务书和限额领料单；而施工图预算要计算整个工程预算造价，包括直接费、间接费、利润、价差调整、税金和其他费用等。

（4）考虑施工组织因素的多少不同　施工预算所考虑的施工组织方面的因素要比施工图预算细得多。例如，垂直运输机械，施工预算要考虑是采用井架还是塔式起重机或其他机械，而施工图预算则是综合计算的，不需要考虑具体采用哪种机械。

（5）计算单位不同　"两算"中工程量计算单位也不一样，如单个体积小于 $0.07\mathrm{m}^3$ 的过梁安装工程量，施工预算以根数计算，而施工图预算则以体积计算。

11.2　施工预算的编制

11.2.1　编制的依据

1）施工图、说明书、图样会审记录及有关标准图集等技术资料。

2）施工组织设计或施工方案。施工组织设计或施工方案所确定的施工顺序、施工方法、施工机械、施工技术组织措施和施工现场平面布置等内容，都是施工预算编制的依据。

3）施工定额和有关补充定额（或全国建筑安装工程统一劳动定额和地区材料消耗定额）。施工定额是编制施工预算的主要依据之一。目前各省、市、自治区根据本地区的情况，自行编制施工定额（或企业定额），为施工预算的编制与执行创造了条件。

4）施工图预算书。由于施工图预算中的许多工程量数据可供编制施工预算时利用，因而依据施工图预算书可减少施工预算的编制工作量，提高编制效率。

5）建筑材料手册和预算手册。由于根据施工图只能计算出金属构件和钢筋的长度、面积和体积，而施工定额中金属结构的工程量常以吨（t）为单位，因此必须根据建筑材料手册和有关资料，把金属结构的长度、面积和体积换算成吨（t）之后，才能套用相应的施工定额。

11.2.2　编制方法

施工预算的编制方法，一般有实物法、实物金额法和单位计价法，现分述如下。

1) 实物法根据施工图、施工定额、施工组织设计或施工方案等计算出工程量后，套用施工定额，并分析计算其人工和各种材料数量，然后加以汇总，但不进行价格计算。由于这种方法是只计算确定实物的消耗量，故称实物法。

2) 实物金额法在实物法算出人工和各种材料消耗量后，再分别乘以所在地区的人工工资标准和材料预算价格，求出人工费、材料费。这种方法不仅计算各种实物消耗量，而且计算出各项费用的金额，故称实物金额法。

3) 单位计价法与施工图预算的编制方法大体相同，所不同的是施工预算的项目划分内容与分析计算都比施工图预算更为详细、精确。

上述三种方法的主要区别在于计价方式的不同。实物法只计算实物消耗量，并据此向施工班组签发施工任务书和限额领料单，还可以与施工图预算的人工、材料消耗数量进行对比分析；实物金额法是通过工料分析，汇总人工、材料消耗数量，再进行计价；单位计价法按分部分项工程项目分别进行计价。对于施工机械台班使用数量和机械费，三种方法都是按施工组织设计或施工方案所确定的施工机械的种类、型号、台数及台班费用定额进行计算的。这是与施工图预算在编制依据与编制方法上的又一个不同点。

11.2.3　编制步骤

现将实物金额法编制施工预算的步骤简述如下：

1) 收集并熟悉有关资料，了解施工现场情况。编制施工预算前应将有关资料收集齐全，如施工图及图样会审记录、施工组织设计或施工方案、施工定额和工程量计算规则等。同时还要深入施工现场，了解施工现场情况及施工条件，如施工环境、地质、道路及施工现场平面布置等。上述资料和工作是施工预算编制必备的前提条件和基本的准备工作。

2) 计算工程量。工程量计算是一项十分细致又烦琐复杂的工作，也是施工预算编制工作中最基本的工作。工程量计算所需时间长，技术要求高，工作量也最大。及时、准确地计算出工程量，关系着施工预算的编制速度与质量。因此，应按照施工预算的要求认真做好工程量的计算工作，工程量计算表格形式见表 11-1。

3) 套用施工定额。在工程量计算完毕后，按照分部、分层、分段划分的要求，经过整理汇总，列出各个工程量项目，并将这些工程量项目的名称、计量单位和工程数量逐项填入"施工预算工料分析表"内（见表 11-2），然后套用施工定额，即可将查到的定额编号与工料定额消耗指标分别列入上表的栏目里。

4) 单位工程人工、材料和机械消耗量汇总。将各分项工程中同类的各工种人工、材料和机械台班消耗量相加，得出每一个分部工程的各工种人工、材料和机械台班的总消耗量，进一步将分部工程的、工料和机械总消耗量相加，最后得出单位工程的各工种人工、各种材料和各类型机械台班的总需要量，并制成表格。

5) "两算"对比。施工图预算确定的是建筑产品的预算成本，用于确定建筑产品价格，进行招标和投标。施工预算确定的是建筑产品的计划成本，用于编制生产计划，确定承包任务。进行"两算"对比，就是将施工图预算与施工预算中分部工程人工、材料和机械台班消耗量或价值进行对比，算出节约或超支的数量和金额，从而考核施工预算是否在预算成本之内。若存在超支，应进一步找出超支的原因，以便修正施工方案，防止亏损。

6) 写出编制说明。简述编制依据，比如所采用的图样、施工定额、施工组织设计，所考虑的因素，遗留或暂估项目，存在的问题及其处理办法等。

11.2.4 编制施工预算应注意的问题

1) 编制施工预算的主要目的是使施工企业在现场施工中能有效地进行施工活动经济分析、项目成本控制与项目经济核算。因此，划分项目应与施工作业安排尽可能一致，采用定额应符合本企业接近平均先进的消耗水平，使其能够有效地降低实际成本。

2) 施工预算必须在开工前编出。为了充分发挥施工预算的作用，满足施工准备和管理工作的需要，施工预算的及时性是很重要的，否则会给施工和管理带来很多麻烦。

3) 施工的内容应该完整。封面、编制说明、预算表格等都应按要求填写清楚。

4) 施工预算的工程量的工序应该齐全，特别是一些容易遗漏的辅助工序，应仔细分析，力争全面。

5) 在计算材料消耗量时，应采用规定的材料损耗系数，没有特殊要求不能随意加大或减小系数。

6) 在利用施工图材料表时，要弄清材料表主要是为建设单位备料所用，其数量与工程量的要求相差较大。因此，在编制施工预算时不能抄材料表，要核实后才能使用。

7) 当实际施工依法与定额不一致时，其工料的变化应本着经济合理的原则进行适当调整。

8) 当施工定额中只给出砌筑砂浆和混凝土强度等级，而没有给出原材料配合比时，应按定额附录中的砂浆配合比表与混凝土配合比表的使用说明进行换算，求得原材料用量。

9) 对于外加工的预制混凝土构件、钢结构构件、钢木门窗制作等成品和半成品，可不做工料分析，并应与现场施工细目分开，单列分项，以便进行班组施工经济核算。

10) 在人工分析中应包括其他用工，如各工种搭接和单位工程之间转移作业地点影响工效的用工、临时停电、停水、个别材料超运距及其他不能计算的直接用工等，即未包含在施工任务书中的直接用工。

11.2.5 施工预算的修正和调整

在施工过程中，由于多种因素的影响导致实际情况与编制的预算有出入，这就要根据实际情况对施工预算做适当的调整。施工预算的调整，有的是局部调整，有的是全部调整。施工预算做局部调整时，编制补充施工预算只需更正原预算与实际不符的部分，并在编制说明中说明更正理由。如果原施工预算已全部或大部分不能使用，则应当重新编制施工预算，并在编制说明中说明理由，声明原施工预算作废。

一般有如下几种情况时应对施工预算做调整或修正。

(1) 材料代用 在施工过程中，可能某些材料一时难以购买，但为了保证施工进度，及时安排施工，在有关主管部门同意代用材料的情况下，根据现有库存材料，选择近似品种、规格的材料来代替原设计的材料。应注意的一点是，材料代用应附在施工预算后面。

(2) 设计变更 在施工中可能会发现设计不合理的情况，各专业如果按照施工图无法施工或施工相当困难，会造成人工、材料等的浪费，这时需与建设单位和设计单位联系，凡要变更设计的应由设计单位提出设计变更通知单，由此引起的返工、停工等损失应向建设单位办理签证手续，因而也需对施工预算进行调整和修正。

(3) 施工现场条件的变化 如长时间的停水、停电、停工等待设备，进度跟不上，现场较狭小等，都会影响施工班组的工作效率，这类情况的发生要根据具体情况酌情处理。

(4) 笔误 由于在编制施工图预算时把图看错或计算失误造成多算、少算、漏算或重复计算，这时也要编制补充预算来调整或修正原施工预算。

11.3 "两算"对比

"两算"中施工图预算是确定建筑企业工程收入的依据，反映预算成本的多少，施工预算是建筑企业控制各项成本支出的尺度，反映计划成本的高低。"两算"应按要求在单位工程开工前进行编制，以便于进行"两算"的对比分析。

11.3.1 "两算"对比的目的

"两算"对比是指施工图预算与施工预算的对比。它是在"两算"编制完毕后工程开工前进行的，目的是通过"两算"对比，找出节约或超支的原因，提出解决措施，防止因人工、材料、机械台班及相应费用的超支而导致工程亏损，并为编制降低成本计划额度提供依据。因此，"两算"对比对于建筑企业自觉运用经济规律、改进和加强施工组织管理、提高劳动生产率、降低工程成本、提高经济效益，都有重要的实际意义。

11.3.2 "两算"对比的意义

"两算"对比的目的在于找出超支的原因，以便研究和提出解决措施，防止人工、材料消耗量和施工机械费的超支，避免发生预算成本的亏损，为降低成本计划额度提供依据。

进行"两算"对比，并在完工后加以总结，可以取得经验教训、积累资料，这对于改进和加强施工组织管理、提高劳动生产率、降低工程成本、提高经营管理水平、提高经济效益，都有实际意义。所以"两算"对比是建筑企业运用经济规律，加强企业管理的重要手段之一。

11.3.3 "两算"对比的方法

"两算"对比方法有"实物对比法"和"实物金额对比法"两种。

1. 实物对比法

这种方法直接将施工预算的单位工程人工和主要材料耗用量填入"两算"对比表相应的栏目里，再将施工图预算的工料用量填入"两算"对比表相应的栏目里，然后进行对比分析，计算出节约或超支的数量差和百分率。

2. 实物金额对比法

这种方法先将施工预算计算的人工、材料和施工机械台班耗用量，分别乘以相应的人工工资标准、材料预算价格和施工机械台班预算价格，得出相应的人工费、材料费、施工机械费，并填入"两算"对比表相应的栏目里，再将施工图预算所计算的人工费、材料费、施工机械费填入"两算"对比表相应的栏目里，然后进行对比分析，计算出节约或超支的费用差（金额差）和百分率。

11.3.4 "两算"对比的内容

"两算"在比较过程中以施工预算所包含的内容为准。

1. 实物量对比法

实物量对比法是将施工预算计算的分项工程量，套用劳动定额中人工，材料消耗定额中材料消耗指标，机械台班消耗定额中机械台班消耗量或施工定额中人工、材料、机械的消耗指标，与施工图预算的人工、材料、机械消耗量指标进行对比分析的方法。其具体方法如下：

1）人工消耗节约或超出数量的对比，计算式为

$$节约或超出的工日数 = 施工图预算工日数 - 施工预算工日数 \tag{11-1}$$

计算结果为正值，表示计划工日节约；计算结果为负值，表示计划工日超出。

$$计划工日降低(超出)率 = \frac{计划工日节约数(或超出数)}{施工图预算工日数} \times 100\% \tag{11-2}$$

2）材料和机械消耗节约（或超出）数量，计算式为

$$材料和机械节约(或超出)数量 = 施工图预算某种材料或$$

$$机械消耗量 - 施工预算某种材料或机械消耗量 \tag{11-3}$$

计算结果为正值，表示材料和机械节约；计算结果为负值时，表示材料和机械超出。

$$某种材料或机械降低率(超出率) = \frac{材料或机械节约量(超出量)}{施工图预算材料或机械消耗量} \times 100\% \tag{11-4}$$

2. 实物金额对比法

实物金额对比法是将施工图预算的人工费、材料费和机械费，与施工预算的人工费、材料费和机械费进行对比，分析节约或超支的原因。其基本指标为：

1）人工费节约或超出额，计算式为

$$人工费节约或超出额 = 施工图预算人工费 - 施工预算人工费 \tag{11-5}$$

计算结果为正值，表示计划人工费节约；计算结果为负值，表示计划人工费超出。

2）材料费节约或超出额，计算式为

$$材料费节约或超出额 = 施工图预算材料费 - 施工预算材料费 \tag{11-6}$$

计算结果为正值，表示计划材料费节约；计算结果为负值，表示计划材料费超出。

3）机械费节约或超出额，计算式为

$$机械费节约或超出额 = 施工图预算机械费 - 施工预算机械费 \tag{11-7}$$

计算结果为正值，表示计划机械费节约；计算结果为负值，表示机械费超出。

对上述三项指标的分析与对比，一般简称"工、料、机"分析。

以上两种对比方法，主要是将施工图预算和施工预算各个被选择的经济指标进行对比，计算出差额和降低或超出率，从中得出计划数值与实际数值的降低或超出信息，以便总结经验，提高项目管理水平。

思考题与习题

1. 什么是施工预算？其作用是什么？
2. 简述施工预算与施工图预算的区别和联系。
3. 简述施工预算的编制步骤和编制方法。
4. 什么是"两算"对比，对比的方法和内容是什么？

第 12 章

工 程 结 算

学习目标

了解工程结算的概念、方式与方法，熟悉工程预付款、工程进度款的计算方法，掌握工程索赔的种类以及工程索赔款的计算原则和方法，掌握竣工结算的编制方法与审查方法。

12.1 工程价款结算的依据

工程价款结算活动应当遵循合法、平等、诚信的原则，并符合国家有关的法律、法规和政策。国务院财政部门、各级地方政府财政部门和国务院建设行政主管部门、各级地方政府建设行政主管部门在各自职责范围内负责工程价款结算的监督管理。

工程价款结算是指承包商在工程实施过程中，依据承包合同中关于工程付款条款的规定，对已经完成的工程量，按照规定的程序向建设单位（业主）收取工程价款的一项经济活动。

12.1.1 工程价款结算的分类

根据工程结算的内容不同，工程结算可分为以下几种。

1. 建设工程价款结算

建设工程价款结算简称工程价款结算。根据《建设工程价款结算暂行办法》的规定，工程价款结算是指对建设工程的发承包合同价款进行约定和依据合同约定进行工程预付款、工程进度款、工程竣工价款结算的活动。在实际工作中，常把工程价款结算称为工程结算。

中国建设工程造价管理协会发布的《建设项目工程结算编审规程》的术语中对工程结算的定义发承包双方依据约定的合同价款的确定和调整以及索赔等事项，对合同范围内部分完成、中止、竣工工程项目进行计算和确定工程价款的文件。它是表达该工程最终工程造价和结算工程价款依据的经济文件，包括：竣工结算、分阶段结算、专业分包结算和合同中止结算。不难看出，此定义是针对建设工程价款结算而言的。

2. 设备、工器具和材料价款的结算

它是指发包人、承包人为了采购机械设备、工器具和材料，同有关单位之间发生的货币收付结算。

3. 劳务供应结算

它是指发包人、承包人及有关部门之间因互相提供咨询、勘察、设计、建筑安装工程施工、运输和加工等劳务而发生的结算。

4. 其他货币资金结算

它是指发包人、承包人及主管部门和银行等之间因资金调拨、缴纳、存款、贷款和账户清理而发生的结算。

12.1.2 工程价款结算的作用

1）通过工程结算办理已完工程的工程价款，确定施工企业的货币收入，补充施工生产

过程中的资金消耗。

2）工程结算是统计施工企业完成生产计划和建设单位完成建设投资任务的依据。

3）竣工结算款是施工企业完成该工程项目的总货币收入，是企业内部编制工程决算、进行成本核算、确定工程实际成本的重要依据。

4）竣工结算是建设单位编制竣工决算的主要依据。

5）竣工结算的完成，标志着施工企业和建设单位双方所承担的合同义务和经济责任的结束。

12.1.3 工程价款结算的依据

工程价款结算的不同类别，编制依据有所不同，主要有以下资料：

1）国家有关法律、法规、规章制度和相关的司法解释。

2）国务院建设行政主管部门以及各省、自治区、直辖市和有关部门发布的工程造价计价标准、计价办法、有关规定及相关解释。

3）施工发承包合同、专业分包合同及补充合同，有关材料、设备采购合同。

4）招标投标文件，包括招标答疑文件、投标承诺、中标报价书及其组成内容。

5）工程竣工图或施工图、图样会审记录，经批准的施工组织设计，以及设计变更、工程洽商和相关会议纪要。

6）经批准的开工、竣工报告或停工、复工报告。

7）《建设工程工程量清单计价规范》或工程预算定额、费用定额及价格信息、调价规定等。

8）工程预算书。

9）影响工程造价的相关资料。

10）工程结算编制委托合同。

12.1.4 工程价款结算的内容

1）按照工程承包合同或协议办理工程预付款。

2）月末（或阶段完成）呈报已完工程月（或阶段）报表和工程价款结算单，同时按规定抵扣工程预付款，办理工程结算。

3）年终对跨年度工程进行已完工程、未完工程盘点和年终结算。

4）单位工程竣工时，办理单位工程竣工结算。

5）单项工程竣工时，办理单项工程竣工结算。

12.2 工程价款结算的方式和内容

12.2.1 工程价款结算的方式

目前，我国工程建设领域工程价款的结算，按现行规定根据不同情况可以采用多种方式。但主要的结算方式有如下一些：

1）按月结算。按月结算即先预付工程备料款，在施工过程中按月结算工程进度款，竣工后进行竣工结算。我国现行建筑安装工程价款结算中，相当一部分执行的是这种按月结算方式，即实行旬末或月中预支，月终结算，竣工后清算的办法。

2）竣工后一次结算。建设项目或单项工程全部建筑安装工程建设期在 12 个月以内，或者工程承包合同价值在 100 万元以下的，可以实行工程价款每月月中预支，竣工后一次结算。当年结算的工程款应与年度完成的工作量一致，年终不另行清算。

3）分段结算。分段结算即当年开工，当年不能竣工的单项工程或单位工程按照工程形象进度，划分不同阶段进行结算。分段的划分标准按合同规定，分段结算可以按月预支工程款。

4）目标结算方式。在工程合同中，将承包工程的内容分解成不同的控制界面——以建设单位验收控制界面作为支付工程价款的前提条件。也就是说，将合同中的工程内容分解成不同的验收单元，当施工企业完成单元工程内容并经有关部门验收质量合格后，建设单位支付构成单元工程内容的工程价款。目标结算方式实质上是运用合同手段和财务手段对工程的完成进行主动控制。在目标结算方式中，对控制面的设定应明确描述，便于量化和质量控制，同时要适应项目资金的供应周期和支付频率。

5）结算双方约定的其他结算方式。

12.2.2　工程预付款及其计算

1. 预付款的概念

工程预付款是建设工程施工合同订立后由发包人按照合同约定，在正式开工前预先支付给承包人的工程款，又称材料备料款或材料预付款。它是发包人为了帮助承包人解决工程施工前期资金紧张的困难而提前给付的一笔款项。工程是否实行预付款，主要取决于工程性质、承包工程量的大小以及发包人在招标文件中的规定。它是施工准备和所需材料、结构件等流动资金的主要来源，国内习惯上又称为预付备料款。

2. 预付款限额

《建设工程价款结算暂行办法》规定：包工、包料的工程预付款按合同约定拨付，原则上预付的比例不低于合同金额的10%，不高于合同金额的30%，对重大工程项目，按年度工程计划逐年预付。计价执行《建设工程工程量清单计价规范》的工程，实体性消耗和非实体性消耗部分应在合同中分别约定预付款比例。

3. 预付款限额的计算

预付款限额由下列因素决定：主要材料（包括外购构件）占工程造价的比例、材料储备期、施工工期。对于施工企业常年应备的预付款限额，可按式（12-1）计算

$$\text{预付款限额} = \frac{\text{年度承包工程总值} \times \text{主要材料所占比例} \times \text{材料储备天数}}{\text{年度施工日历天数}} \qquad (12\text{-}1)$$

一般建筑工程主要材料不应超过当年建筑安置工作量（包括水、电、暖气）的30%；安装工程按年安装工作量的10%；材料所占比例较多的安装工程按年计划产值的15%左右拨付。实际工作中，预付款的数额可以根据各工程类型、合同工期、承包方式和供应体制等不同条件确定。例如，工业项目中钢结构和管道安装占比例较大的工程，其主要材料所占比例比一般安装工程要高，因而预付款数额也要相应提高，材料由施工单位自行购买的比由建设单位供应的要高。

对于只包定额工日（不包材料定额，一切材料由建设单位供给）的工程项目，则可以不付预付款。

[例 12-1]　某住宅工程计划完成的年度建筑安装工作量为600万元，计划工期为210天，预算价值中材料费占60%，材料储备期为70天。试确定工程预付款数额。

解：工程预付款 $= \dfrac{600 \text{万元} \times 60\%}{210 \text{天}} \times 70 \text{天} = 120 \text{万元}$

4. 预付款的拨付

在《建设工程施工合同（示范文本）》中，对有关工程预付款做了如下约定："实行工程预付款的，双方应当在专用条款内约定发包人向承包人预付工程款的时间和数额，开工后按约定的时间和比例逐次扣回。预付时间应不迟于约定的开工日期前 7 天。发包人不按约定预付，承包人在约定预付时间 7 天后向发包人发出要求预付的通知，发包人收到通知后仍不能按要求预付，承包人可在发出通知后 7 天停止施工，发包人应从约定应付日起向承包人支付应付款的贷款利息，并承担违约责任。"

5. 预付款的扣回

发包人支付给承包人的工程备料款的性质是预支。随着工程进度的推进，拨付的工程进度款数额不断增加，工程所需主要材料及构件的用量逐渐减少，原已支付的预付款应以抵扣的方式予以陆续扣回。扣款的方法一般有以下几种：

1）发包人和承包人通过洽商合同的形式予以确定，可采用等比率或等额扣款的方式。也可针对工程实际情况具体处理，如有些工程工期较短，造价较低，就无须分期扣还；有些工程工期较长，如跨年度工程的预付款的占用时间很长，根据需要可以少扣或不扣。

2）以未完施工工程尚需的主要材料及构件的价值相当于预付备料款数额为起点扣款，在每次中间结算工程价款中，按材料及构件比例扣抵工程价款，至竣工之前全部扣清。因此，确定起扣点是工程预付款起扣的关键。确定工程预付款起扣点的依据是未完施工工程所需主要材料和构件的费用等于工程预付款的数额。

① 确定工程预付款起扣点。确定工程预付款开始抵扣的时间，应该以未施工工程所需主要材料及构配件的价值刚好等于工程预付款为原则。起扣点为工程预付款开始扣回的累计完成工程金额，工程预付款起扣点可按式（12-2）计算

$$T = P - \frac{M}{N}$$

（12-2）

式中，T 为起扣点，即预付备料款开始扣回的累计完成工作量金额；M 为预付备料款数额；N 为主要材料，构件所占比例；P 为承包工程价款总额（或建安工作量价值）。

[例 12-2]　某项工程合同价 1000 万元，预付备料款数额为 200 万元，主要材料及构件所占比重 50%，起扣点为多少万元？

解：按起扣点计算公式有

$$T = P - \frac{M}{N} = 1000 \text{ 万元} - \frac{200 \text{ 万元}}{50\%} = 600 \text{ 万元}$$

② 确定应扣工程预付款数额。工程进度达到起扣点后，在每次结算的工程价款中扣回工程预付料款，扣回的数量为本期工程价款数额与材料比的乘积。一般情况下，工程预付款的起扣点与工程价款结算间隔点不一定重合。因此，第一次扣回工程预付款数额计算式与其后各次工程预付款扣回数额计算式略有不同。具体计算方法如下

第一次扣回工程预付款数额 =（累计完成工程费用 - 起扣点金额）× 主材比例

第二次及其以后各次扣回工程预付款数额 = 本期完成的工程费用 × 主材比例

[例 12-3]　某建设项目计划完成年度建筑安装工程产值为 850 万元，主要材料所占比例为 50%，起扣点为 425 万元，8 月累计完成建筑安装产值为 525 万元，当月完成建筑安装产值为 112 万元，9 月完成建筑安装产值为 110 万元。求 8 月和 9 月月终结算时应抵扣的工程款数额。

解：8 月应扣回的工程预付款数额为

$$(525-425)\,万元×50\% = 50\,万元$$

9 月应扣回的工程预付款数额为

$$110\,万元×50\% = 55\,万元$$

12.2.3 工程进度款的支付及其计算

1. 工程进度款的概念

工程进度款是指施工安装企业在施工过程中，按逐月（或形象进度或控制界面等）完成的工程数量计算的各项费用总和。

2. 工程进度款的计算

工程进度款的计算主要依据有两个方面：一是工程量的计算（根据预算定额工程量计算规则或《建设工程工程量清单计价规范》）；二是单价的计算方法。

单价的计算方法根据发包人和承包人事先约定的工程价格的计价方法确定。

1）采用可调工料单价法，按下列步骤计算工程进度款：

① 根据已完工程量的项目名称、分项编号、单价得出合价。

② 将本月完成全部项目合价相加，得出直接工程费小计。

③ 按规定计算措施费、间接费、利润。

④ 按规定计算主材价差和价差系数。

⑤ 按规定计算税金。

⑥ 累计本月应收工程进度款。

2）采用全费用综合单价法计算工程进度款。采用全费用综合单价法计算工程进度款，只要将清单中的工程量乘以综合单价得出合价，再累加即可完成本月工程进度款的计算。

3. 工程进度款的支付

工程进度款的支付是工程施工过程中的经常性工作，其具体的支付时间、方式都应在合同中做出规定。

（1）时间规定 在《建设工程施工合同（示范文本）》中，对发包人支付工程进度款做了如下约定：在确认计量结果后的 14 天内，发包人应向承包人支付工程进度款。发包人超过约定的支付时间不支付工程进度款，承包人可向发包人发出要求付款的通知，发包人接到承包人通知后仍不能按要求付款，可与承包人协商签订延期付款协议，经承包人同意后可延期支付。协议应明确延期支付的时间和从计量结果确认后的第 15 天起计算应付款的贷款利息。发包人不按合同约定支付工程进度款，双方又未达成延期付款协议，导致施工无法进行的，承包人可以停止施工，并由发包人承担违约责任。

（2）总额控制 建筑安装工程进度款的支付，一般实行月中按当月施工计划工作量的 50% 支付，月末按当月实际完成工作量扣除上半月支付数进行结算。工程竣工后办理竣工结算的办法是，在工程竣工前，施工单位收取的备料款和工程进度款的总额一般不得超过合同金额（包括工程合同签订后经发包人签证认可的增减工程价值）的 95%，其余的尾款在工程竣工结算时扣除保修金外一并清算。承包人向发包人出具履约保函或其他保证的，可以不留尾款。

（3）工程进度款支付流程 工程进度款支付一般按图 12-1 所示的步骤进行。

图 12-1　工程进度款支付流程

12.3　工程索赔价款的计算

12.3.1　工程变更及变更价款的确定

1. 工程变更的概念

工程变更是在工程项目实施过程中，按照合同约定的程序对部分或全部工程在材料、工艺、功能、构造、尺寸、技术指标、工程数量及施工方法等方面做出的改变。变更是指承包人根据监理签发设计文件及监理变更指令进行的、在合同工作范围内各种类型的变更，包括合同工作内容的增减，合同工程量的变化，因地质原因引起的设计更改，根据实际情况引起的结构物尺寸、标高的更改，合同外的任何工作等。

2. 工程变更价款的概念

工程变更价款一般是由设计变更（占主导地位）、施工条件变更、进度计划变更、工程项目的变更以及为完善使用功能提出的新增（减）项目而引起的价款变化。

3. 工程变更价款的确定

《建设工程工程量清单计价规范》规定，合同中综合单价因工程量变更需调整时，除合同另有约定外，应按照下列办法确定：

1) 工程量清单漏项或设计变更引起的新的工程量清单项目，其相应综合单价由承包人提出，经发包人确认后作为结算的依据。

2) 由于工程量清单的工程数量有误或设计变更引起工程量增减，属于合同约定幅度以内的，应执行原有的综合单价；属于合同约定幅度以外的，其增加部分的工程量或减少后剩余部分的工程量的综合单价由承包人提出，经发包人确认后作为结算的依据。

《建设工程施工合同（示范文本）》约定的工程变更价款的确定方法如下：

① 合同中已有适用于变更工程的价格，按合同已有的价格变更合同价款。

② 合同中只有类似于变更工程的价格，可以参照类似价格变更合同价款。

③ 合同中没有适用或类似于变更工程的价格，由承包人提出适当的变更价格，经工程师确认后执行。

12.3.2　建设工程索赔

1. 建设工程索赔的含义

建设工程索赔通常是指在工程合同履行过程中，合同当事人一方因对方不履行或未能正确履行合同或者由于其他非自身因素而受到经济损失或权利损害，通过合同规定的程序向对方提出经济或时间补偿要求的行为。

2. 索赔的分类

（1）按索赔当事人分类

1) 承包人与发包人之间索赔。

2) 承包人与分包人之间索赔。

3) 承包人或发包人与供货人之间索赔。

4）承包人或发包人与保险人之间索赔。

（2）按索赔的目的分类

1）工期索赔。工期索赔是指承包商向业主要求延长施工的时间，也就是原定的工程竣工日期顺延一段合理的时间的索赔。

2）经济索赔。经济索赔是指承包商向业主要求补偿不应该由承包商自己承担的经济损失或额外开支，也就是取得合理的经济补偿的索赔。

（3）按索赔的处理方式分类

1）单项索赔。单项索赔就是采取一事一索赔的方式，即在每一件索赔事项发生后，报送索赔通知书，编报索赔报告书，要求单项解决支付，不与其他的索赔事项混在一起的索赔。

2）综合索赔。综合索赔又称总索赔，俗称一揽子索赔，即将整个工程（或某项工程）中所发生的数起索赔事项综合在一起进行索赔。综合索赔也称总成本索赔，它是对整个工程（或某项目工程）的实际总成本与原预算成本之差额提出索赔。

（4）按索赔的对象分类

1）索赔。它是指承包商向业主提出的索赔。

2）反索赔。它是指业主向承包商提出的索赔。

3. 索赔的依据

提出索赔的依据主要有以下几方面：

1）招标文件，施工合同文本及附件、补充协议，施工现场的各类签认记录，经认可的施工进度计划书、工程图及技术规范等。

2）双方往来的信件及各种会议、会谈纪要。

3）施工进度计划和实际施工进度记录、施工现场的有关文件（施工记录、备忘录、施工月报、施工日志等）及工程照片。

4）气象资料，工程检查验收报告和各种技术鉴定报告，工程中送电和停电、送水和停水，道路开通和封闭的记录和证明。

5）国家有关法律法令政策性文件。

4. 索赔的计算

（1）工期索赔的计算方法

1）网络分析法。通过分析延误前后的施工网络计划，比较计算结果，计算出工程应顺延的工期。

2）比例分析法。通过分析增加或减少的单项工程量（工程造价）与合同总量（合同总造价）的比值，推断出增加或减少的工期。

3）其他方法。在工程现场施工中，可以根据索赔事件的实际增加天数确定索赔工期；通过发包方与承包方协议确定索赔工期。

（2）费用索赔的计算方法

1）实际费用法。实际费用法是计算工程索赔时常用的一种方法。它是以承包商为某项索赔工作所支付的实际开支为依据，向业主要求费用补偿。用实际费用法计算时，在直接费的额外费用部分的基础上，再加上应得的间接费和利润，即为承包商应得的索赔金额。

2）总费用法。总费用法是当发生多次索赔事件以后，重新计算该工程的实际费用，实际总费用减去投标报价时的估算总费用，即为索赔金额。

3）修正的总费用法。修正的总费用法是对总费用法的改进，即在总费用计算的原则上，去掉一些不合理的因素，使其更合理。修正的内容如下：将计算索赔款的时段局限于受到外界影响的时间，而不是整个施工期；只计算受影响时段内的某项工作所受影响的损失，而不是计算该时段内所有施工工作所受的损失；与该项工作无关的费用不列入总费用中；对投标价费用重新进行核算，按受影响时段内该项工作的实际单价进行核算，乘以实际完成的该项工作的工程量，得出调整后的报价费用。

5. 索赔的基本程序

1）索赔事件发生后 28 天内，向监理工程师发出索赔意向通知。

2）发出索赔意向通知后的 28 天内，向监理工程师提交补偿经济损失和（或）延长工期的索赔报告及有关资料。

3）监理工程师在收到承包人送交的索赔报告和有关资料后，于 28 天内给予答复。

4）监理工程师在收到承包人送交的索赔报告和有关资料后，28 天内未予答复或未对承包人做进一步要求，视为该项索赔已经认可。

5）当该索赔事件持续进行时，承包人应当阶段性地向监理工程师发出索赔意向通知。在索赔事件终了后 28 天内，向监理工程师提供索赔的有关资料和最终索赔报告。

6. 索赔原则

1）必须以合同为依据。

2）及时合理地处理索赔，以完整真实的索赔证据为基础。

3）加强主动控制，减少索赔事件发生。

7. 常见的建设工程索赔

1）因合同文件引起的索赔。

① 有关合同文件的组成问题引起的索赔。

② 关于合同文件有效性引起的索赔。

③ 因图样或工程量表中的错误引起的索赔。

2）有关工程施工的索赔。

① 地质条件变化引起的索赔。

② 工程中人为障碍引起的索赔。

③ 增减工程量引起的索赔。

④ 各种额外的试验和检查费用偿付。

⑤ 工程质量要求的变更引起的索赔。

⑥ 关于变更命令有效期引起的索赔或拒绝。

⑦ 指定分包商违约或延误造成的索赔。

⑧ 其他有关施工的索赔。

3）关于价款方面的索赔。

12.3.3 工程价款的调整

1. 工程量清单计价方式中综合单价的调整

对实行工程量清单计价的项目，应采用单价合同方式。即合同约定的工程价款中包含的工程量清单项目综合单价在约定条件内是固定的，不予调整，工程量清单允许调整。工程量清单项目综合单价在约定的条件外的，允许调整。调整的方式、方法应在合同中约定。合同未约定的，可参照以下原则处理：

1）工程量清单项目工程量的变化幅度在15%以内，其综合单价不做调整，执行原有综合单价。

2）工程量清单项目工程量的变化幅度在15%以外，且影响分部分项工程费超过0.1%，其综合单价以及对应的措施费均应做调整。调整的方法是承包人对增减后剩余的工程量提出新的综合单价和措施项目费，经发包人同意后调整。

2. 物价波动引起的工程价款调整

（1）采用价格指数调整价差　采用价格指数调整价差的方式主要适用于使用的材料品种较少，但每种材料使用量较大的工程。因人工、材料及机械设备等价格波动影响合同价格时，根据招投标文件约定的价格指数及权重数据计算的方式，具体公式为

$$\Delta P = P_0 \left[A + \left(B_1 \times \frac{F_{t1}}{F_{01}} + B_2 \times \frac{F_{t2}}{F_{02}} + B_3 \times \frac{F_{t3}}{F_{03}} + \cdots + B_n \times \frac{F_{tn}}{F_{0n}} \right) - 1 \right] \tag{12-3}$$

式中，ΔP 为需调整的价差；P_0 为根据相关规定，承包人应得的已完工程量的价款（不包括价格调整、变更的费用、质保金及预付款的扣留与支付等）；A 为定值权重（即不调整部分的权重）；B_1、B_2、B_3、$\cdots$、B_n 为各可调因子的变值权重（即可调部分的权重），为可调因子在投标报价中所占的比例；F_{t1}、F_{t2}、F_{t3}、$\cdots$、F_{tn} 为各可调因子的现行价格指数；F_{01}、F_{02}、F_{03}、$\cdots$、F_{0n} 为各可调因子的基本价格指数，指基准日期（投标截止时间前28天）的各可调因子的价格指数。

以上价格调整公式中的各可调因子、定值和变值权重，以及基本价格指数及其来源在投标函附录价格指数和权重表中约定。价格指数应首先采用有关部门提供的价格指数，缺乏上述价格指数时，可采用有关部门提供的价格代替。

在运用这一价格调整公式进行工程价差调整时，应注意以下三点：

1）暂时确定调整差额。在计算调整差额时得不到现行价格指数的，可暂用上一次价格指数计算，并在以后的付款中再按实际价格指数进行调整。

2）权重的调整。按变更范围和内容所约定的变更，导致原定合同中的权重不合理时，由监理人与承包人和发包人协商后进行调整。

3）承包人工期延误后的价格调整。由于承包人的原因未在约定的工期内竣工，在原约定竣工日期后继续施工的工程，在使用价格调整公式时，采用原约定竣工日期与实际竣工日期的两个价格指数中较低的一个作为现行价格指数。

［例12-4］　某工程合同约定结算价款为1000万元，合同原始报价日期为2012年5月，工程于2013年4月建成并交付使用。根据表12-1中所列工程人工费、材料费构成比例及有关价格指数，计算需调整的价差。

表 12-1　工程人工费、材料费构成比例及有关价格指数

项目	人工费	钢材	水泥	集料	红砖	砂	木材	不调值费用
比例	50%	10%	10%	6%	4%	2%	2%	16%
2012年5月指数	100	100.8	102.0	93.6	100.2	95.4	93.4	—
2013年4月指数	110.1	98.0	112.9	95.9	98.9	91.1	117.9	—

解：

$$\text{需调整的价格差额} = 1000\text{万元} \times \left[0.16 + \left(0.50 \times \frac{110.1}{100} + 0.10 \times \frac{98.0}{100.08} + 0.10 \times \frac{112.9}{102.0} + \right.\right.$$

$$0.06\times\frac{95.9}{93.6}+0.04\times\frac{98.9}{100.2}+0.02\times\frac{91.1}{95.4}+0.02\times\frac{117.9}{93.4}\bigg)-1\bigg]$$

$$=63.7万元$$

总之，通过调整，2013 年 4 月实际结算的工程价款，比原始合同价应多结算 63.7 万元。

（2）采用造价信息调整价格差额 这种方式适用于使用的材料品种较多，并且相对而言每种材料使用量较小的房屋建筑与装饰工程。施工期内，因人工、材料、设备和机械台班价格波动影响合同价格时，人工、机械使用费按照国家或省、自治区、直辖市建设行政管理部门、行业建设管理部门或其授权的工程造价管理机构发布的人工成本信息、机械台班单价或机械使用费系数进行调整；需要进行价格调整的材料，其单价和采购数量应由监理人复核，监理人确认需调整的材料单价及数量，作为调整工程合同价格差额的依据。

1）人工单价发生变化时，发、承包双方应按省级或行业建设主管部门或其授权的工程造价管理机构发布的人工成本文件调整工程价款。

2）材料价格变化超过省级或行业建设主管部门或其授权的工程造价管理机构规定的幅度时应当调整。承包人应在采购材料前就采购数量和新的材料单价与报发包人核对，确认用于本合同工程时，发包人应确认采购材料的数量和单价。发包人在收到承包人报送的确认资料后 3 个工作日内不予答复的视为已经认可，作为调整工程价款的依据。对于承包人未报发包人核对即自行采购材料，再报发包人确认调整工程价款的，若发包人不同意，则不做调整。

3）施工机械台班单价或施工机械使用费发生变化超过省级或行业建设主管部门或其授权的工程造价管理机构规定的范围时，按其规定进行调整。

3. 法律、政策变化引起的价格调整

在基准日后，因法律、政策变化导致承包人在合同履行中所需要的工程费用发生增减时，监理人应根据法律及相关政策商定或确定需调整的合同价款。

4. 工程价款调整的程序

工程价款调整报告应由受益方在合同约定时间内向合同的另一方提出，经对方确认后调整合同价款，受益方未在合同约定时间内提出工程价款调整报告的，视为不涉及合同价款的调整。当合同未约定时，可按下列规定办理：

1）调整因素确定后 14 天内，由受益方向对方递交调整工程价款报告。受益方在 14 天内未递交调整工程价款报告的，视为不调整工程价款。

2）收到调整工程价款报告的一方应在收到之日起 14 天内予以确认或提出协商意见，在 14 天内未确认也未提出协商意见的，视为调整工程价款报告已被确认。

经发、承包双方确定调整的工程价款，作为追加（减）合同价款，与工程进度款同期支付。

12.4 竣工结算的编制及其审查

工程竣工结算是指承包人按照合同规定的内容全部完成所承包的工程，经验收质量合格并符合合同要求之后，向发包人进行的最终工程价款结算。工程竣工结算分为单位工程竣工结算、单项工程竣工结算和建设项目竣工总结算，其中单位工程竣工结算和单项工程竣工结算也可看作是分阶段结算。单位工程竣工结算由承包人编制，并由发包人审查；实行总承包的工程，由具体承包人编制，在总包人审查的基础上，由发包人审查。单项工程竣工结算或建设项目竣工总结算由总（承）包人编制，发包人可直接进行审查，也可以委托具有相应资质的工程造价咨询机构进行审查。政府投资项目由同级财政部门审查。单项工程竣工结算或建设项目竣工总结算经发包人和承包人签字盖章后生效。

12.4.1 工程竣工结算的编制

工程竣工结算由承包人或受其委托具有相应资质的工程造价咨询人编制。

1. 工程竣工结算编制的主要依据

综合《建设工程工程量清单计价规范》和《建设项目工程结算编审规程》的规定，工程竣工结算编制的主要依据包括以下内容：

1）国家有关法律、法规、规章制度和相关的司法解释。

2）建设工程工程量清单计价规范。

3）施工承包、发包合同，专业分包合同及补充合同，有关材料、设备采购合同。

4）招标、投标文件，包括招标答疑文件、投标承诺、中标报价书及其组成内容。

5）工程竣工图或施工图、施工图会审记录，经批准的施工组织设计，以及设计变更、工程洽商和相关会议纪要。

6）经批准的开工、竣工报告或停工、复工报告。

7）双方确认的工程量。

8）双方确认追加（减）的工程价款。

9）双方确认的索赔、现场签证事项及价款。

10）其他依据。

2. 工程竣工结算的编制内容

在采用工程量清单计价的方式下，工程竣工结算的编制内容应包括工程量清单计价表所包含的各项费用内容。

1）分部分项工程费应依据双方确认的工程量、合同约定的综合单价计算，发生调整的以发、承包双方确认调整的综合单价计算。

2）措施项目费的计算应遵循以下原则：

① 采用综合单价计价的措施项目，应依据发、承包双方确认的工程量和综合单价计算。

② 明确采用"项"询价的措施项目，应依据合同约定的措施项目和金额或发、承包双方确认调整后的措施项目费金额计算。

③ 措施项目费中的安全文明施工费应按照国家或省级、行业建设主管部门的规定计算。在施工过程中，国家或省级、行业建设主管部门对安全文明施工费进行了调整的，措施项目费中的安全文明施工费应做相应调整。

3）其他项目费应按以下规定计算：

① 计日工的费用应按发包人实际签证确认的数量和合同约定的相应项目的综合单价计算。

② 暂估价中的材料单价应按发、承包双方最终确认价在综合单价中调整；专业工程暂估价应按中标价或发包人、承包人与分包人最终确认价计算。

③ 总承包服务费应依据合同约定金额计算，发生调整的以发、承包双方确认调整的金额计算。

④ 索赔费用应依据发、承包双方确认的索赔事项和金额计算。

⑤ 现场签证费用应依据发、承包双方签证资料确认的金额计算。

⑥ 暂列金额应减去工程价款调整与索赔、现场签证金额计算，若有余额，则余额归发包人。

4）规费和税金应按照国家或省级、行业建设主管部门对规费和税金的计取标准计算。

12.4.2 工程竣工结算支付流程

1. 承包人递交竣工结算书

承包人应在合同规定时间内编制完成竣工结算书，并在提交竣工验收报告的同时将竣工结算书递交给发包人。承包人未能在合同约定时间内递交竣工结算书，经发包人催促后 14 天内仍未提供或没有明确答复的，发包人可以根据已有资料办理结算，责任由承包人自负；若发包人要求交付竣工工程的，承包人应当交付。

2. 发包人进行核对

发包人在收到承包人递交的竣工结算书后，应按合同约定时间核对。合同中对核对竣工结算时间没有约定或约定不明的，可以按照《建设工程价款结算暂行办法》的规定进行，即单项工程竣工后，承包人应按规定程序向发包人递交竣工结算报告及完整的结算资料。发包人应按表 12-2 规定的时限进行核对（审查）并提出审查意见。

表 12-2　**工程竣工结算审查**

工程竣工结算报告金额（万元）	审查时间
<500	从接到竣工结算报告和完整的竣工结算资料之日起 20 天
500~2000	从接到竣工结算报告和完整的竣工结算资料之日起 30 天
>2000~5000	从接到竣工结算报告和完整的竣工结算资料之日起 45 天
>5000	从接到竣工结算报告和完整的竣工结算资料之日起 60 天

建设项目竣工总结算在最后一个单项工程竣工结算审查确认后 15 天内汇总，送发包人后 30 天内审查完成。

发包人或受其委托的工程造价咨询人收到递交的竣工结算书后，在合同约定的时间内不核对竣工结算或未提出核对意见的，视为承包人递交的竣工结算书已经认可，发包人应向承包人支付工程结算价款。

承包人在接到发包人提出的核对意见后，在合同约定的时间内不确认也未提出异议的，视为发包人提出的核对意见已经认可。竣工结算办理完毕，发包人应将竣工结算书报送工程所在地工程造价管理机构备案。竣工结算书作为工程竣工验收备案、交付使用的必备文件。

3. 工程竣工结算价款的支付

竣工结算办理完毕，发包人应根据确认的竣工结算书在合同约定时间内向承包人支付工程竣工结算价款。若合同中没有约定或约定不明的，根据《建设工程价款结算暂行办法》的规定，发包人应在竣工结算书确认后 15 天内向承包人支付工程结算价款。

发包人未在合同约定时间内向承包人支付工程结算价款的，承包人可催促发包人支付结算价款。达成延期支付协议的，发包人应按同期银行同类贷款利率支付拖欠工程价款的利息。若未达成延期支付协议，承包人可以与发包人协商将该工程折价，或申请人民法院将该工程依法拍卖，承包人就该工程折价或者拍卖的价款优先受偿。

12.4.3 工程竣工结算争议处理

发包人若对工程质量有异议，拒绝办理工程竣工结算的，已竣工验收或已竣工未验收但实际投入使用的工程，其质量争议按该工程保修合同执行，竣工结算按合同约定办理；已竣工未验收且未实际投入使用的工程以及停工、停建工程的质量争议，双方应就有争议的部分委托有资质的检测鉴定机构进行检测，根据检测结果确定解决方案，或按工程质量监督机构的处理决定执行后办理竣工结算；无争议部分的竣工结算按合同约定办理。

12.5　工程价款结算实例

[例 12-5]　某教学楼工程施工项目，建设单位和施工单位双方签订的工程施工合同中关于工程价款的合同内容如下：

1）建筑安装工程造价 1320 万元，建筑材料及设备费占施工产值的比例为 60%。

2）工程预付备料款为建筑安装工程造价的 20%。

3）工程进度款逐月计算。

4）工程保修金为建筑安装工程造价的 5%，竣工结算月一次扣留。

5）建筑材料和设备价差调整按当地工程造价管理部门有关规定执行（按当地工程造价管理部门有关规定上半年材料价差上调 10%，在 6 月份一次调增）。

施工单位每月实际完成产值见表 12-3。

表 12-3　施工单位每月实际完成产值

月份	2 月	3 月	4 月	5 月	6 月
完成产值（万元）	110	220	330	440	220

问题：

1）通常工程竣工结算的前提是什么？

2）工程价款结算方式有哪几种？

3）该工程的工程预付款、起扣点为多少？

4）该工程 2 月至 5 月，每月拨付工程款为多少？累计工程款为多少？

5）6 月办理工程竣工结算，该工程结算总造价为多少？甲方应付工程尾款为多少？

解：1）工程竣工结算的前提是承包商按照合同规定的内容全部完成所承包的工程，并符合合同要求，经相关部门联合验收质量合格。

2）工程价款的结算包括按月结算、竣工后一次结算、分段结算、目标结算等方式和双方约定的其他结算方式。

3）工程预付款金额为

$$1320 \text{ 万元} \times 20\% = 264 \text{ 万元}$$

起扣点为

$$T = P - \frac{M}{N} = 1320 \text{ 万元} - \frac{264 \text{ 万元}}{60\%} = 880 \text{ 万元}$$

4）各月拨付工程款：

2 月：甲方拨付给乙方的工程款 110 万元，累计工程款 110 万元。

3 月：甲方拨付给乙方的工程款 220 万元，累计工程款 330 万元。

4 月：甲方拨付给乙方的工程款 330 万元，累计工程款 660 万元。

5 月：工程预付款应从 5 月开始起扣。

因为 5 月累计实际完成的施工产值为

$$660 \text{ 万元} + 440 \text{ 万元} = 1100 \text{ 万元} > T = 880 \text{ 万元}$$

5 月应扣回的工程预付款为

$$(1100-880)万元\times60\%=132 万元$$

5 月甲方支付给乙方的工程款为

$$440 万元-132 万元=308 万元$$

累计工程款为

$$660 万元+308 万元=968 万元$$

5）工程结算总造价为

$$1320 万元+1320 万元\times60\%\times10\%=1399.2 万元$$

甲方应付工程尾款为

$$1399.2 万元-968 万元-(1399.2 万元\times5\%)-264 万元=97.24 万元$$

[例 12-6]　某项工程业主与承包商签订了施工合同，合同中含有两个子项工程。估算工程量：A 项为 2300m³，B 项为 3200m³。经协商合同价：A 项为 180 元/m³，B 项为 160 元/m³。承包合同规定：

1）开工前业主应向承包商支付合同价 20% 的预付款。

2）业主自第一个月起，从承包商的工程款中按 5% 的比例扣留保修金。

3）当子项工程实际工程量超过估算工程量 10% 时，可进行调价，调整系数为 0.9。

4）根据市场情况规定价格调整系数平均按 1.2 计算。

5）工程师签发月度付款最低金额为 25 万元。

6）预付款在最后两个月扣除，每月扣 50%。

承包商每月实际完成并经工程师签证确认的工程量见表 12-4。

表 12-4　某工程每月实际完成并经工程师签证确认的工程量　　（单位：m³）

项目	第一个月	第二个月	第三个月	第四个月
A 项	500	800	800	600
B 项	700	900	800	600

求预付款、每月工程量价款、工程师应签证的工程款、实际签发的付款凭证金额各是多少？

解：1）预付款金额为

$$(2300\times180+3200\times160)元\times20\%=18.52 万元$$

2）第一个月，工程量价款为

$$(500\times180+700\times160)元=20.2 万元$$

应签证的工程款为

$$20.2 万元\times1.2\times(1-5\%)=23.028 万元$$

由于合同规定工程师签发的最低金额为 25 万元，故本月工程师不予签发付款凭证。

3）第二个月，工程量价款为

$$(800\times180+900\times160)元=28.8 万元$$

应签证的工程款为

$$28.8 万元\times1.2\times(1-5\%)=32.832 万元$$

本月工程师实际签发的付款凭证金额为

$$23.028 万元+32.832 万元=55.86 万元$$

4）第三个月，工程量价款为

$$（800×180+800×160）元＝27.2 万元$$

应签证的工程款为

$$27.2 万元×1.2×（1-5\%）＝31.008 万元$$

应扣预付款为

$$18.52 万元×50\%＝9.26 万元$$

应付款为

$$31.008 万元-9.26 万元＝21.748 万元$$

因本月应付款金额小于 25 万元，故工程师不予签发付款凭证。

5）第四个月，A 项工程累计完成工程量为 2700m^3，比原估算工程量 2300m^3 超出 400m^3，已超过估算工程量的 10%，超出部分的单价应进行调整。则：

超过估算工程量 10% 的工程量为

$$2700m^3-2300m^3×（1+10\%）＝170m^3$$

这部分工程量单价应调整为

$$180 元/m^3×0.9＝162 元/m^3$$

A 项工程工程量价款为

$$（600-170）m^3×180 元/m^3+170m^3×162 元/m^3＝10.494 万元$$

B 项工程累计完成工程量为 3000m^3，比原估算工程量 3200m^3 减少 200m^3，不超过估算工程量，其单价不予进行调整。

B 项工程工程量价款为

$$600m^3×160 元/m^3＝9.6 万元$$

本月完成 A、B 两项工程量价款合计为

$$10.494 万元+9.6 万元＝20.094 万元$$

应签证的工程款为

$$20.094 万元×1.2×（1-5\%）＝22.907 万元$$

本月工程师实际签发的付款凭证金额为

$$（21.748+22.907-18.52×50\%）万元＝35.395 万元$$

思考题与习题

1. 竣工结算的编制依据和作用有哪些？

2. 什么是工程价款结算？结算的方式有哪些？

3. 工程备料款与哪些因素有关？如何计算工程备料款数额？

4. 如何确定起扣点？

5. 某工程建安造价为 1200 万元，材料比例占 60%，预收备料款额度为 30%，每月完成工程费用见表 12-5。计算该工程的备料款数额、起扣点数额（预付工程款从未施工工程尚需的主要材料及构件的价值相当于工程款数额时起扣），每月工程进度款应如何计取？

表 12-5　逐月完成建筑安装费用表

施工月份	3 月	4 月	5 月	6 月	7 月
建筑安装费用（万元）	240	260	260	240	200

第 13 章

竣 工 决 算

学习目标

了解新增资产价值的内容与确定方法，熟悉竣工结算的内容与编制方法，掌握保修费用的处理原则。

13.1 竣工决算的概念及作用

13.1.1 竣工决算的概念

竣工决算是由建设单位编制的反映建设项目实际造价和投资效果的文件。

建设项目竣工决算是建设单位按照国家有关规定编制的，反映新建、改建和扩建建设工程竣工项目从筹建到竣工投产或使用全过程全部实际支出费用的报告。竣工决算以实物数量和货币指标为计量单位，综合反映了竣工项目的建设成果和财务情况，是竣工验收报告的重要组成部分。竣工决算是正确核定新增固定资产价值，考核分析投资效果，建立健全经济责任制的依据，是反映建设项目实际造价和投资效果的文件。

国家规定，所有新建、扩建和恢复项目竣工后均要编制竣工决算。根据建设项目规模的大小，可分为大、中型建设项目竣工决算和小型建设项目竣工决算两类。

施工企业在竣工后，也要编制单位工程（或单项工程）竣工成本决算，用作预算和实际成本的核算比较，但与竣工决算在概念和内容上有着很大的差异。

13.1.2 竣工决算的作用

（1）为加强建设工程的投资管理提供依据 建设单位项目竣工决算全面反映建设项目从筹建到竣工投产或交付使用的全过程中各项费用实际发生数额和投资计划的执行情况。通过把竣工决算的各项费用数额与设计概算中的相应费用指标对比，可得出节约或超支的情况，分析节约或超支的原因，总结经验和教训，加强投资的计划管理，提高建设工程的投资效果。

（2）为"三算"对比提供依据 设计概算和施工图预算是在建筑施工前，在不同的建设阶段根据有关资料进行计算，确定拟建工程所需要的费用。建设单位项目竣工决算所确定的建设费用，是人们在建设活动中实际支出的费用。因此，它在"三算"对比中具有特殊的作用，能够直接反映固定资产投资计划完成情况和投资效果。

（3）为竣工验收提供依据 在竣工验收之前，建设单位向主管部门提出验收报告，其中主要组成部分是建设单位编制的竣工决算文件。并以此作为验收的主要依据，审查竣工决算文件中的有关内容和指标，为建设项目验收结果提供依据。

（4）为确定建设单位新增固定资产价值提供依据 在竣工决策中，详细地计算了建设项目所有的建筑工程费、安装工程费、设备费和其他费用等新增固定资产总额及流动资金，可作为建设主管部门向使用单位移交财产的依据。

13.2 竣工决算的内容

建设项目竣工决算应包括从筹划到竣工投产全过程的全部实际费用，即建筑工程费用、安装工程费用、设备工器具购置费用、工程建设其他费用，以及预备费和投资方向调节税支出费用等费用。

竣工决算的内容包括竣工财务决算说明书、建设项目竣工财务决算报表、建设工程竣工图和工程造价对比分析四个部分，前两个部分又称为建设项目竣工财务决算，是竣工决算的核心内容和重要组成部分。

13.2.1 竣工财务决算说明书

竣工财务决算说明书主要反映竣工工程建设成果和经验，是对竣工财务决算报表进行分析和补充说明的文件，是全面考核分析工程投资与造价的书面总结，其内容主要包括：

1）基本建设项目概况。

2）会计账务处理、财产物资清理及债权债务的清偿情况。

3）基本建设支出预算、投资计划和资金到位情况。

4）基建结余资金形成等情况。

5）概算、项目预算执行情况及分析，主要分析决算与概算的差异及原因。

6）收尾工程及预留费用情况。

7）历次审计、核查、稽查及整改情况。

8）主要技术经济指标的分析、计算情况。

9）基本建设项目管理经验、问题和建议。

10）预备费动用情况。

11）招标投标情况、本工程中政府采购情况、合同（协议）履行情况。

12）征地拆迁补偿情况、移民安置情况。

13）需说明的其他事项。

14）编表说明。

13.2.2 建设项目竣工财务决算报表

建设项目竣工财务决算报表按大、中型建设项目和小型建设项目分别制定，具体包括报表如图 13-1 和图 13-2 所示。

大、中型建设项目竣工财务决算报表 {
- 建设项目竣工财务决算审批表（见表 13-1）
- 大、中型建设项目概况表（见表 13-2）
- 大、中型建设项目竣工财务决算表（见表 13-3）
- 大、中型建设项目交付使用资产总表（见表 13-4）
- 建设项目交付使用资产明细表（见表 13-5）

图 13-1 大、中型建设项目竣工财务决算报表

小型建设项目竣工财务决算报表 {
- 建设项目竣工财务决算审批表（见表 13-1）
- 小型建设项目竣工财务决算表（见表 13-6）
- 建设项目交付使用资产明细表（见表 13-5）

图 13-2 小型建设项目竣工财务决算报表

表 13-1　　建设项目竣工财务决算审批表

建设项目法人(建设单位)		建设性质	
建设项目名称		主管部门	
开户银行意见：			
	盖章 年　　　月　　　日		
专员办审批意见：			
	盖章 年　　　月　　　日		
主管部门或地方财政部门审批意见：			
	盖章 年　　　月　　　日		

1. 建设项目竣工财务决算审批表

建设项目竣工决算审批表作为竣工决算上报有关部门审批时使用，其格式是按照中央级项目审批要求设计的，地方级项目可按审批要求作适当修改，大、中、小型建设项目竣工财务决算均要填报此表。

1）表中"建设性质"按照新建、改建、扩建、迁建和恢复建设项目等分类填列。

2）表中"主管部门"是指建设单位的主管部门。

3）所有建设项目均须先经开户银行签署意见后，按下列要求报批：

①中央级小型建设项目由主管部门签署审批意见。

②中央级大、中型建设项目报所在地财政监察专员办事机构签署意见后，再由主管部门签署意见报财政部审批。

③地方级项目由同级财政部门签署审批意见即可。

4）已具备竣工验收条件的项目，3个月内应及时填报建设项目竣工财务决算审批表，3个月内不办理竣工验收和固定资产移交手续的，视同项目已正式投产，其费用不得从基建投资中支付，所实现的收入作为经营收入，不再作为基建收入管理。

2. 大、中型建设项目概况表

大、中型建设项目概况表用来反映建设总投资、基建投资支出、新增生产能力、主要材料消耗和主要技术经济指标等方面的设计或概算数与实际完成数的情况，为全面考核和分析投资效果提供依据。大、中型建设项目概况表见表13-2，可按下列要求填写：

1）表中"建设项目名称""建设地址""主要设计单位"和"主要施工单位"，要按全称名填列。

2）表中各项目的"设计""概算"和计划指标按经批准的设计文件和概算、计划等确定的数字填列。

3）表中所列"新增生产能力""完成主要工程量"的实际数据，根据建设单位统计资料和施工单位提供的有关资料填列。

4）表中"基本建设支出"是指建设项目从开工起至竣工为止发生的全部基本建设支出，包括形成资产价值的交付使用资产，如固定资产、流动资产、无形资产、递延资产的支出，还包括不形成资产价值按照规定应核销的非经营项目的待核销基建支出和转出投资。上述支出，应根据国家财政部门历年批准的"基建投资表"中的有关数据填列。按照国家财政部印发的《基本建设财务管理若干规定》的规定，需要注意以下几点：

表 13-2　大、中型建设项目概况表

建设项目 (单项工程)名称			建设地址			基本建 设支出	项目	概算 (元)	实际 (元)	备注
主要设计 单位			主要施 工单位				建筑安装工程投资			
占地面积	计划	实际	总投资 (万元)	设计	实际		设备工器具			
							待摊投资			
							其中:建设单 位管理费			
新增生 产能力	能力(效益)名称			设计	实际		其他投资			
							待核销基建支出			
建设起 止时间	设计		从　年　月开工 至　年　月竣工				非经营项目 转出投资			
	实际		从　年　月开工 至　年　月竣工				合计			
设计概算 批准文号										
完成主要工程量	建筑面积/m²				设备(台、套、t)					
	设计		实际		设计			实际		
收尾工程	工程内容		已完成投资额		尚需投资			完成时间		

①　建设成本包括建筑安装工程投资支出、设备工器具支出、待摊投资支出和其他投资支出。

②　建筑安装工程投资支出是指建设单位按项目概算内容发生的建筑工程和安装工程的实际成本,其中不包括被安装设备本身的价值以及按照合同规定支付给施工企业的预付备料款和预付工程款。

③　设备工器具支出是指建设单位按照项目概算内容发生的各种设备的实际成本,包括需要安装设备、不需要安装设备和为生产准备的不够固定资产标准的工具、器具的实际成本。

需要安装设备是指必须将其整体或几个部位装配起来,安装在基础上或建筑物支架上才能使用的设备。不需要安装设备是指不必固定在一定位置或支架上就可以使用的设备。

④　待摊投资支出是指建设单位按项目概算内容发生的,按照规定应当分摊计入交付使用资产价值的各项费用支出,包括:建设单位管理费、土地征用及迁移补偿费、土地复垦及补偿费、勘察设计费、研究试验费、可行性研究费、临时设施费、设备检验费、负荷联合试车费、合同公证及工程质量监理费、(贷款)项目评估费、国外借款手续费及承诺费、社会中介机构审计(查)费、招标投标费、经济合同仲裁费、诉讼费、律师代理费、土地使用税、耕地占用税、车船使用税、汇总损益、报废工程损失、坏账损失、借款利息、固定资产损失、器材处理亏损、设备盘亏及毁损、调整器材调拨价格折价、企业债券发行费用、航道维护费、航标设施费、航测费、其他待摊投资等。

建设单位要严格按照规定的内容和标准控制待摊投资支出,不得将非法的收费、摊派等计入待摊投资支出。

⑤　其他投资支出是指建设单位按项目概算内容发生的构成基本建设实际支出的房屋购

置和基本畜禽、林木等购置、饲养、培育支出以及取得各种无形资产和递延资产发生的支出。

⑥ 建设单位管理费是指建设单位从项目开工之日起至办理竣工财务决算之日止发生的管理性质的开支，包括：不在原单位发工资的工作人员工资、基本养老保险费、基本医疗保险费、失业保险费、办公费、差旅交通费、劳动保护费、工具用具使用费、固定资产使用费、零星购置费、招募生产工人费、技术图书资料费、印花税、业务招待费、施工现场津贴、竣工验收费和其他管理性质开支。

业务招待费支出不得超过建设单位管理费总额的 10%。

施工现场津贴标准比照当地财政部门制定的差旅费标准执行。

⑦ 待核销基建支出是指非经营性项目发生的江河清障、航道清淤、飞播造林、补助群众造林、退耕还林（草）、封山（沙）育林（草）、水土保持、城市绿化费用，取消项目可行性研究费、项目报废及其他经财政部门认可的不能形成资产部分的投资，做待核销处理。在财政部门批复竣工决算后，冲销相应的资金。形成资产部分的投资，计入交付使用资产价值。

⑧ 非经营性项目转出投资为项目配套的专用设施投资，包括专用道路、专用通信设施、送变电站、地下管道等，产权归属本单位的，计入交付使用资产价值；产权不归属本单位的，做转出投资处理，冲销相应的资金。

5）表中"设计概算批准文号"，按最后经批准的日期和文件号填列。

6）表中"收尾工程"是指全部工程项目验收后尚遗留的少量收尾工程，在表中应明确填写收尾工程内容、完成时间，这部分工程的实际成本可根据实际情况进行估算并加以说明，完工后不再编制竣工决算。

3. 大、中型建设项目竣工财务决算表

大、中型建设项目竣工财务决算表见表 13-3。此表反映竣工的大、中型建设项目从开工到竣工为止全部资金来源和资金运用的情况，它是考核和分析投资效果，落实结余资金，作为报告上级核销基本建设支出和建设拨款的依据。在编制该表前，应先编制出项目竣工年度财务决算，根据编制出的竣工年度财务决算和历年财务决算编制项目的竣工财务决算。此表采用平衡表形式，即资金来源合计等于资金支出合计。

表 13-3 大、中型建设项目竣工财务决算表

资金来源	金额	资金占用	金额	补充资料
一、基建拨款		一、基本建设支出		1. 基建投资借款期末余额
1. 预算拨款		1. 交付使用资产		
2. 基建基金拨款		2. 在建工程		2. 应收生产单位投资借款期末数
其中:国债专项资金拨款		3. 待核销基建支出		
3. 专项建设基金拨款		4. 非经营项目转出投资		3. 基建结余资金
4. 进口设备转账拨款		二、应收生产单位投资借款		
5. 器材转账拨款		三、拨付所属投资借款		
6. 煤代油专用基金拨款		四、器材		
7. 自筹资金拨款		其中:待处理器材损失		
8. 其他拨款		五、货币资金		
二、项目资本金		六、预付及应收款		
1. 国家资本		七、有价证券		
2. 法人资本		八、固定资产		
3. 个人资本		固定资产原值		

（续）

资金来源	金额	资金占用	金额	补充资料
4. 外商资本		减：累计折旧		
三、项目资本公积金		固定资产净值		
四、基建借款		固定资产清理		
其中：国债转贷		待处理固定资产损失		
五、上级拨入投资借款				
六、企业债券资金				
七、待冲基建支出				
八、应付款				
九、未交款				
1. 未交税金				
2. 其他未交款				
十、上级拨入资金				
十一、留成收入				
合计		合计		

注：如果需要，可在表中增加一列"补充资料"，其内容包括：基建投资借款期末余额、应收生产单位投资借款期末数、基建结余资金。

1）资金来源包括基建拨款、项目资本金、项目资本公积金、基建借款、上级拨入投资借款、企业债券资金、待冲基建支出、应付款和未交款、上级拨入资金和企业留成收入。

① 预算拨款、自筹资金拨款及其他拨款、项目资本金、基建借款等项目，是指自开工建设至竣工止的累计数，应根据历年批复的年度基本建设财务决算和竣工年度的基本建设财务决算中资金平衡表相应项目的数字经汇总后的投资额。

② 项目资本公积金是指经营性项目对投资者实际缴付的出资额超过其资金的差额（包括发行股票的溢价净收入）、接受捐赠的财产、外币资本折算差额等，在项目建设期间作为资本公积金，项目建成交付使用并办理竣工决算后，相应转为生产经营企业的资本公积金。

2）表中"交付使用资产""预算拨款""自筹资金拨款""其他拨款""项目资本金""基建投资借款"等项目，是指自工程项目开工建设至竣工止的累计数，上述有关指标应根据历年批复的年度基本建设财务决算和竣工年度的基本建设财务决算中资金平衡表相应项目的数字进行汇总填写。

3）表中其余各项目反映办理竣工验收时的结余数，根据竣工年度财务决算中资金平衡表的有关项目期末数填写。

4）资金支出反映建设项目从开工准备到竣工全过程资金支出的情况，内容包括基本建设支出、应收生产单位投资借款、拨付所属投资借款器材、货币资金、预付及应收款、有价证券和固定资产，表中资金占用总额应等于资金来源总额。

5）补充材料的"基建投资借款期末余额"反映竣工时尚未偿还的基建投资借款额，应根据竣工年度资金平衡表内的"基建借款"项目期末数填写；"应收生产单位投资借款期末数"，根据竣工年度资金平衡表内的"应收生产单位投资借款"项目的期末数填写；"基建结余资金"反映竣工的结余资金，根据竣工决算表中有关项目计算填写。

6）基建结余资金可以按下列公式计算：

基建结余资金 = 基建拨款 + 项目资本金 + 项目资本公积金 + 基建借款 +

企业债券基金 + 待冲基建支出 − 基本建设支出 − 应收生产单位投资借款   （13-1）

4. 大、中型建设项目交付使用资产总表

大、中型建设项目交付使用资产总表见表 13-4，该表反映建设项目建成后，交付使用新增固定资产、流动资产、无形资产和递延资产的全部情况及价值，作为财产交接、检查投资计划完成情况和分析投资效果的依据。小型项目不编制"交付使用资产总表"，直接编制"交付使用资产明细表"；大、中型项目在编制"交付使用资产总表"的同时，还需编制"交付使用资产明细表"。大、中型建设项目交付使用资产总表的具体编制方法见表 13-4。

表 13-4　大、中型建设项目交付使用资产总表　　　　（单位：元）

序号	单项工程项目名称	总计	固定资产				流动资产	无形资产	递延资产
			合计	建筑安装工程	设备	其他			

交付单位：　　　　负责人：　　　　　　接收单位：　　　　负责人：

盖　章：　　年 月 日　　　　　　盖　章：　　年 月 日

　　1）表 13-4 中各栏目数据应根据"交付使用资产明细表"的固定资产、流动资产、无形资产、递延资产的各相应项目的汇总数分别填列，表中"总计"栏的总计数应与竣工财务决算表中的交付使用资产的金额一致。

　　2）表 13-4 中第 4~10 栏的合计数，应分别与竣工财务决算表交付使用的固定资产、流动资产、无形资产、递延资产的数据相符。

　　5. 建设项目交付使用资产明细表

　　建设项目交付使用资产明细表见表 13-5，大、中型和小型建设项目均要填列此表，该表反映交付使用的固定资产、流动资产、无形资产和其他资产及其价值的明细情况，是办理资产交接的依据和接收单位登记资产账目的依据，是使用单位建立资产明细账和登记新增资产价值的依据。编制时要做到齐全完整，数字准确，各栏目价值应与会计账目中相应科目的数据保持一致。建设项目交付使用资产明细表的具体编制方法见表 13-5。

　　1）表中"建筑工程"项目应按单项工程名称填列其结构、面积和价值。其中"结构"是指项目按钢结构、钢筋混凝土结构、混合结构等结构形式填写，"面积"则按各项目实际完成面积填写，"价值"按交付使用资产的实际价值填写。

　　2）表中"设备"（固定资产）部分要在逐项盘点后根据盘点实际情况填写，"工具、器具和家具"等低值易耗品可分类填写。

　　3）表中"流动资产""无形资产""其他资产"项目根据建设单位实际交付的名称和价值分别填列。

表 13-5　建设项目交付使用资产明细表

单项工程项目名称	建筑工程			设备、工具、器具、家具						流动资产		无形资产		其他资产	
	结构	面积/m²	价值/元	名称	规格型号	单位	数量	价值/元	设备安装费/元	名称	价值/元	名称	价值/元	名称	价值/元
合计															

　　6. 小型建设项目竣工财务决算总表

　　小型建设项目竣工财务决算总表见表 13-6，由于小型建设项目内容比较简单，因此可将工程概况与财务情况合并编制一张"小型建设项目竣工财务决算总表"，该表主要反映小型建设项目的全部工程和财务情况。具体编制时可参照大、中型建设项目概况表指标和大、中型建设项目竣工财务决算表指标的要求填写。

表 13-6　　**小型建设项目竣工财务决算总表**

建设项目名称			建设地址				资金来源		资金运用	
初步设计概算批准文号							项目	金额/元	项目	金额/元
占地面积	计划	实际	总投资/万元	设计		实际		一、基建拨款其中:预算拨款		一、交付使用资产	
									二、待核销基建支出	
				固定资产	流动资产	固定资产	流动资产	二、项目资本		三、非经营项目转出投资	
								三、项目资本公积			
新增生产能力	能力(效益)名称		设计	实际			四、基建借款		四、应收生产单位投资借款	
							五、上级拨入投资借款			
建设起止时间	设计		从　　年　　月开工至　　年　月竣工				六、企业债券资金		五、拨付所属投资借款	
	实际		从　　年　　月开工至　　年　月竣工				七、待冲基建支出		六、器材	
基建支出	项目		概算/元	实际/元			八、应付款		七、货币资金	
	建筑安装工程						九、未交款其中:未交基建收入未交包干收入		八、预付及应收款	
	设备工器具								九、有价证券	
	待摊投资								十、原有固定资产	
	其中:建设单位管理费						十、上级拨入资金			
	其他投资						十一、留成收入			
	待核销基建支出									
	非经营项目转出投资									
	合计						合计		合计	

13.2.3　建设工程竣工图

建设工程竣工图是真实地记录各种地上地下建筑物、构筑物等情况的技术文件，是工程进行竣工验收、维护改建和扩建的依据，是建设工程的重要技术档案。国家规定：各项新建、扩建、改建的基本建设工程，特别是基础、地下建筑、管线、结构、井巷、峒室、桥梁、隧道、港口、水坝以及设备安装等隐蔽部位，都要编制竣工图。编制各种竣工图，必须在施工过程中（不能在竣工后），及时做好隐蔽工程检验记录，整理好建设变更文件，确保竣工图质量。其具体要求如下：

1）凡按图竣工没有变动的，由施工单位（包括总包和分包施工单位，下同）在原施工图上加盖"竣工图"标志后，即作为竣工图。

2）在施工过程中，虽有一般性设计变更，但能将原施工图加以修改补充作为竣工图的，可不重新绘制，由施工单位负责在原施工图（必须是新蓝图）上注明修改的部分，并附以设计变更通知单和施工说明，加盖"竣工图"标志后，作为竣工图。

3）凡结构形式改变、施工工艺改变、平面布置改变、项目改变以及有其他重大改变，不宜再在原施工图上修改、补充者，应重新绘制改变后的竣工图。由设计原因造成的，由设计单位负责重新绘图；由施工原因造成的，由施工单位负责重新绘图；由其他原因造成的，由建设单位自行绘图或委托设计单位绘图。施工单位负责在新图上加盖"竣工图"标志，并附以有关记录和说明，作为竣工图。

4）为了满足竣工验收和竣工决算的需要，还应绘制能反映竣工工程全部内容的工程设计平面示意图。

5）重大的改扩建工程项目涉及原有的工程项目变更时，应将相关项目的竣工图资料统一整理归档，并在原图案卷内增补必要的说明。

13.2.4 工程造价对比分析

经批准的概算和预算是考核实际建设工程造价的依据。在分析时，可将决算报表中提供的实际数据和相关资料与批准的概预算指标进行对比，以反映出竣工项目总造价和单方造价是节约还是超支，在比较的基础上，总结经验教训，找出原因，以利改进。

在考核概算和预算的执行情况时，要想正确核实建设工程造价，财务部门首先应积累概算和预算动态变化资料，如设备材料价差、人工价差和费率价差及设计变更资料等；其次，考查竣工工程实际造价节约或超支的数额。为了便于比较分析，可先对比整个项目的总概算，然后对比单项工程的综合概算和其他工程费用概算，最后对比分析单位工程概算，并分别将建筑安装工程费、设备工器具费和其他工程费用逐一与竣工决算的实际工程造价对比分析，找出节约和超支的具体内容和原因。在实际工作中，应侧重分析以下内容：

（1）主要实物工程量 概预算编制的主要实物工程量的增减必然使工程概预算造价和竣工决算实际工程造价随之增减。因此，要认真对比分析和审查建设项目的建设规模、结构、标准、工程范围等是否遵循批准的设计文件规定，其中有关变更是否按照规定的程序办理，它们对造价的影响如何。对实物工程量出入较大的项目，还必须查明原因。

（2）主要材料消耗量 在建筑安装工程投资中，材料费一般占直接工程费的70%以上，因此考核材料费的消耗是重点。在考核主要材料消耗量时，要按照竣工决算表中所列三大材料实际概算的消耗量，查清是在超出量最大的环节，并查明超额消耗的原因。

（3）建设单位管理费、建筑安装工程措施项目费、其他项目费和企业管理费 要根据竣工财务决算报表中所列的建设单位管理费与概算所列的建设单位管理费数额进行比较，确定其节约或超支数额，并查明原因。对于建筑安装工程其他直接费、现场经费和间接费的费用项目的取费标准，国家和各地均有明确的规定，要按照有关规定查明是否多列或少列费用项目，有无重计、漏计、多计的现象以及增减的原因。

以上所列内容是工程造价对比分析的重点，应侧重分析。但对具体项目应进行具体分析，究竟选择哪些内容作为考核、分析的重点，还得因地制宜，视项目的具体情况而定。

13.3 竣工决算的编制

13.3.1 编制步骤与方法

1）搜集、整理和分析工程资料。搜集和整理出一套较为完整的资料是编制竣工决算的前提条件。在工程进行过程中，就应注意搜集、整理和保存资料，在竣工验收阶段则要系统地整理出所有工料结算的技术资料、经济文件、施工图和各种变更与签证资料，并分析它们的准确性。

2）清理各项财务、债务和结余物资。在搜集、整理和分析工程有关资料时，应特别注意建设工程从筹建到竣工投产（或使用）的全部费用的各项账务，债权和债务的清理，做到工程完毕时账目清晰，既要核对账目，又要查点库存实物的数量，做到账与物相符。对结余的各种材料、工器具和设备要逐项清点核实、妥善管理，并按规定及时处理、收回资金。对各种往来款项要及时进行全面清理，为编制竣工决算提供准确的数据和结果。

3）核实工程变动情况。重新核实单位工程、单项工程造价，将竣工资料与原设计图进行查对、核实，确认实际变更情况。根据经审定的承包人竣工结算原始资料，按照有关规定对原预算进行增减调整，重新核对建设项目实际造价。

4）填写竣工财务决算报表。按照建设项目竣工财务决算报表的内容，根据编制依据中有关资料进行统计或计算各个项目的数量，并将其结果填入相应表格栏目中，完成所有报表的填写，这是编制工程竣工决算的主要工作。

5）编制建设工程竣工财务决算说明书。按照建设工程竣工财务决算说明的内容要求，根据编制依据材料编写文字说明。

6）进行工程造价对比分析。

7）清理、装订竣工图。

8）上报主管部门审查。

以上编写的文字说明和填写的表格经核对无误，可装订成册，作为建设工程竣工决算文件，并上报主管部门审查，同时把其中财务成本部分送交开户银行签证。竣工决算在上报主管部门的同时，抄送有关设计单位。大、中型建设项目的竣工决算还应抄送国家财政部、建设银行总行和省、市、自治区的财政局和建设银行分行各一份。建设工程竣工决算的文件，由建设单位负责组织人员编写，在竣工建设项目办理验收使用一个月之内完成。建设项目竣工决算编制程序图如图 13-3 所示。

图 13-3　建设项目竣工决算编制程序图

13.3.2　竣工决算的编制实例

某一大中型建设项目 2010 年开始建设，2012 年年底有关财务核算资料如下：

1）已经完成部分单项工程，经验收合格后，已经交付使用的资料包括：

① 固定资产价值 75540 万元。

② 为生产准备的使用期限在一年以内的备用物件、工具、器具等流动资产价值 30000 万元，期限在一年以上，单位价值在 1500 元以上的工具 60 万元。

③ 建造期间的购置专利权、非专利技术等无形资产 2000 万元，摊销期 5 年。

2）基本建设支出的未完成项目包括：

① 建筑安装工程支出 16000 万元。

② 设备工器具投资 44000 万元。

③ 建设单位管理费、勘察设计费等待摊投资 2400 万元。

④ 通过出让方式购置的土地使用权形成的其他投资 110 万元。

3）非经营发生的待核销的基建支出 50 万元。

4）应收生产单位投资借款 1400 万元。

5）购置需要安装的器材 50 万元，其中待处理器材 16 万元。

6）货币资金 470 万元。

7）预付工程款及应收有偿调出器材款 18 万元。

8）建设单位自有固定资产原值 60550 万元，累计折扣 10022 万元。反映在"资金平衡表"上的各类资金来源的期末余额是：

① 预付拨款 52000 万元。

② 自筹资金拨款 58000 万元。

③ 其他拨款 450 万元。

④ 建设单位向商业银行借入的借款 110000 万元。

⑤ 建设单位当年完成交付生产单位使用的资产价值中，200 万元属于利用投资借款形成的待冲基建支出。

⑥ 应付器材销售商 40 万元贷款和尚未支付的应付工程款 1916 万元。

⑦ 未交税金 30 万元。

根据上述有关资料填报该项目竣工财务决算表，见表 13-7。

表 13-7　基本建设项目竣工财务决算表

建设项目名称：　　　　　　　　　　　　　　　　　　　　　　　　　　　（单位：万元）

资金来源	金额	资金占用	金额
一、基建拨款		一、基本建设支出	
1. 预算拨款		1. 交付使用资产	
2. 基建基金拨款		2. 在建工程	
其中:国债专项资金拨款		3. 待核销基建支出	
3. 专项建设基金拨款		4. 非经营项目转出投资	
4. 进口设备转账拨款		二、应收生产单位投资借款	
5. 器材转账拨款		三、拨付所属投资借款	
6. 煤代油专用基金拨款		四、器材	
7. 自筹资金拨款		其中:待处理器材损失	
8. 其他拨款		五、货币资金	
二、项目资本金		六、预付及应收款	
1. 国家资本		七、有价证券	
2. 法人资本		八、固定资产	
3. 个人资本		固定资产原值	
4. 外商资本		减:累计折旧	
三、项目资本公积金		固定资产净值	
四、基建借款		固定资产清理	
其中:国债转贷		待处理固定资产资产损失	
五、上级拨入投资借款			
六、企业债券资金			
七、待冲基建支出			
八、应付款			
九、未交款			
1. 未交税金			
2. 其他未交款			
十、上级拨入资金			
十一、留成收入			
合计		合计	

要点分析：

大、中型建设项目竣工财务决算表是反映建设单位所有建设项目在某一特定日期的投资来源及其分布状态的财会信息资料。它是通过整理建设项目中形成的大量数据信息编制而成的。通过编制报表，可以为考核和分析投资效果提供依据。

基本建设竣工决算，是指建设项目或单项工程竣工后，建设单位向国家汇报建设成果和财务状况的总结性文件，由竣工财务决算说明书、基本建设项目竣工财务决算报表、基本建设工程竣工图和工程造价对比分析四大部分组成。大、中型建设项目竣工财务决算表是竣工决算报表体系中的一份报表。

填写资金平衡表中的有关数据，是为了使我们了解在建工程的核算在"建筑安装工程投资""设备投资""待摊投资""其他投资"四个会计科目中的反映。当年已完工程，交付生产使用资产的核算主要在"交付使用资产"科目中反映，并分成固定资产、流动资产、无形资产及其他资产等明细科目反映。

通过编制大、中型建设项目竣工财务决算表（表13-8），我们熟悉该表的整体结构及其各组成部分的内容、编制依据和步骤。

表 13-8 **大、中型建设项目竣工财务决算表**

建设项目名称： （单位：万元）

资 金 来 源	金额	资 金 占 用	金额
一、基建拨款	110440	一、基本建设支出	170160
1. 预算拨款	52000	1. 交付使用资产	107600
2. 基建基金拨款		2. 在建工程	6250
其中:国债专项资金拨款		3. 待核销基建支出	50
3. 专项建设基金拨款		4. 非经营项目转出投资	
4. 进口设备转账拨款		二、应收生产单位投资借款	1400
5. 器材转账拨款		三、拨付所属投资借款	
6. 煤代油专用基金拨款		四、器材	50
7. 自筹资金拨款	58000	其中:待处理器材损失	16
8. 其他拨款	440	五、货币资金	470
二、项目资本金		六、预付及应收款	18
1. 国家资本		七、有价证券	
2. 法人资本		八、固定资产	50528
3. 个人资本		固定资产原值	60550
4. 外商资本		减:累计折旧	10022
三、项目资本公积金		固定资产净值	50528
四、基建借款	110000	固定资产清理	
其中:国债转贷		待处理固定资产资产损失	
五、上级拨入投资借款			
六、企业债券资金			
七、待冲基建支出	200		
八、应付款	1956		
九、未交款	30		
1. 未交税金	30		
2. 其他未交			
十、上级拨入资金			
十一、留成收入			
合计	222626	合计	222626

13.4 保修费用的处理

13.4.1 建设项目保修的范围及年限

1. 建设项目保修及其意义

（1）建设项目保修的含义 建设工程质量保修制度是国家颁布的重要法律制度，它是指建设工程在办理竣工验收手续后，在规定的保修期限内（按合同有关保修期的规定），因勘察设计、施工、材料等原因造成的质量缺陷，应由责任单位负责维修。项目保修是项目竣工验收交付使用后，在一定期限内由承包人对发包人或用户进行回访，按照国家或行业现行的有关技术标准、设计文件以及合同中对质量的要求，对于工程发生的由于承包人施工责任造成的建筑物使用功能不良或无法使用的问题，由承包人负责修理，直到达到正常的使用标准。保修回访制度属于建筑工程竣工后管理的范畴。

（2）建设项目保修的意义　工程质量保修是一种售后服务方式，是《中华人民共和国建筑法》和《建设工程质量管理条例》规定的承包人的质量责任，建设工程质量保修制度是由国家确定的重要法律制度，建设工程保修制度对于完善建设工程保修制度，促进承包人加强质量管理、改进工程质量，保护用户及消费者的合法权益能够起到重要的作用。

2. 建设项目保修的范围和最低保修期限

建设项目保修的范围和最低保修期限，见表 13-9。

表 13-9　建设项目保修的范围和最低保修期限

项目	内　容
保修的范围	在正常使用条件下，建筑工程的保修范围应包括地基基础工程、主体结构工程、屋面防水工程和其他土建工程，电气管线、上下水管线的安装工程，以及供热、供冷系统工程等项目。一般可能有以下问题： 1. 屋面、地下室、外墙阳台、卫生间、厨房等处的渗水、漏水问题。 2. 各种通水管道（如自来水、热水、污水、雨水等）漏水问题，各种气体管道漏气问题，通气孔和烟道堵塞问题。 3. 水泥地面有较大面积空鼓、裂缝或起砂问题。 4. 内墙抹灰有较大面积起泡、脱落或墙面浆活起碱脱皮问题，外墙粉刷自动脱落问题。 5. 暖气管线安装不妥，出现局部不热、管线接口处漏水等问题。 6. 影响工程使用的地基基础、主体结构等存在质量问题。 7. 其他由于施工不良造成的无法使用或不能正常发挥使用功能的问题。由于用户使用不当造成建筑功能不良或损坏者，不属于保修范围。
保修的期限	保修的期限应当按照保证建筑物合理寿命内正常使用，维护使用者合法权益的原则确定。按照国务院《建设工程质量管理条例》第四十条规定： 1. 基础设施工程、房屋建筑的地基基础工程和主体结构工程，为设计文件规定的该工程的合理使用年限。 2. 屋面防水工程、有防水要求的卫生间、房间和外墙面的防渗漏的最低保修年限为 5 年。 3. 供热与供冷系统的最低保修期限为 2 个采暖期和供冷期。 4. 电气管线、给排水管道、设备安装和装修工程的最低保修期限为 2 年

13.4.2　建设项目保修的经济责任及费用处理

1. 保修的经济责任

1）因承包人未按施工质量验收规范、设计文件要求和施工合同约定组织施工而造成的质量缺陷所造成的工程质量问题，应当由承包人负责修理并承担经济责任；由承包人采购的建筑材料、建筑构配件、设备等不符合质量要求，或承包人应进行而没有进行试验或检验就进入现场使用造成质量问题的，应由承包人负责修理并承担经济责任。

2）由于勘察、设计方面的原因造成的质量缺陷，由勘察、设计单位负责并承担经济责任，由施工单位负责维修或处理。《合同法》规定，勘察、设计人应当继续完成勘察、设计，减收或免收勘察、设计费并赔偿损失。当由承包人进行维修或处理时，费用数额应按合同约定，通过发包人向勘察、设计单位索赔，不足部分由发包人补偿。

3）由于发包人供应的材料、构配件或设备不合格造成的质量缺陷，或发包人竣工验收后未经许可自行改建造成的质量问题，应由发包人或使用人自行承担经济责任；由于发包人指定的分包人或不能肢解而肢解发包的工程，致使施工接口不好造成质量缺陷的，或发包人或使用人竣工验收后使用不当造成的损坏，应由发包人或使用人自行承担经济责任。承包人、发包人与设备、材料、构配件供应部门之间的经济责任，应按其设备、材料、构配件的采购供应合同处理。

4）《房屋建筑工程质量保修办法》规定，不可抗力造成的质量缺陷不属于规定的保修范围。因此，由于地震、洪水、台风等不可抗力原因造成损坏，或非施工原因造成的事故，承包人不承担经济责任；当使用人需要责任以外的修理、维护服务时，承包人应提供相应的服务，但应签订协议，约定服务的内容和质量要求。所发生的费用，应由使用人按协议约定的方式支付。

5）有的项目经发包人和承包人协商，根据工程的合理使用年限，采用保修保险方式。这种方式不需扣保留金，保险费由发包人支付，承包人应按约定的保修承诺，履行其保修职责和义务。

建设工程在保修范围和保修期限内发生质量问题的，承包人应当履行保修义务，并对造成的损失承担赔偿责任。凡是由于用户使用不当造成建筑功能不良或损坏的，不属于保修范围；凡工业产品项目发生问题，也不属保修范围。以上两种情况应由发包人自行组织修理。

2. 保修的操作方法

保修的操作方法，见表 13-10。

表 13-10　**保修的操作方法**

项　目	内　容
发送保修证书 （房屋保修卡）	在工程竣工验收的同时（最迟不应超过三天到一周），由承包人向发包人发送《建筑安装工程保修证书》。保修证书的主要内容如下： 1. 工程简况、房屋使用管理要求。 2. 保修范围和内容。 3. 保修时间。 4. 保修说明。 5. 保修情况记录。 6. 保修单位（即承包人）的名称、详细地址等
填写"工程质量修理通知书"	在保修期内，工程项目出现质量问题影响使用，使用人应填写"工程质量修理通知书"并告知承包人，注明质量问题及部位、维修联系方，要求承包人指派人前往检查修理。修理通知书发出日期为约定的起算日期，承包人应在7天内派出人员执行保修任务
实施保修服务	承包人接到"工程质量修理通知书"后，必须尽快派人检查，并会同发包人共同做出鉴定，提出修理方案，明确经济责任，尽快组织人力进行修理，履行工程质量保修的承诺。房屋建筑工程在保修期间发生质量缺陷，发包人或房屋建筑所有人应当向承包人发出保修通知，承包人接到保修通知后，应到现场检查情况，在保修书约定的时间内予以保修。对于发生涉及结构安全或者严重影响使用功能的紧急抢修事故，承包人接到保修通知后，应当立即到达现场抢修。对于发生涉及结构安全的质量缺陷，发包人或者房屋建筑产权人应当立即向当地建设主管部门报告，采取安全防范措施；由原设计单位或者具有相应资质等级的设计单位提出保修方案；承包人实施保修，原工程质量监督机构负责监督
验收	在发生问题的部位或项目修理完毕后，要在保修证书的"保修记录"栏内做好记录，并经发包人验收签认，此时修理工作完毕

3. 保修费用及其处理

（1）保修费用的含义　保修费用是指对保修期间和保修范围内所发生的维修、返工等各项费用支出。保修费用应按合同和有关规定合理确定和控制。保修费用一般可参照建筑安装工程造价的确定程序和方法计算，也可以按照建筑安装工程造价或承包工程合同价的一定比例计算（目前取 5%）。一般工程竣工后，承包人保留下工程款的 5% 作为保修费用，保留金的性质和目的是一种现金保证金，目的是保证承包人在工程执行过程中恰当履行合同的约定。

（2）保修费用的处理　根据《中华人民共和国建筑法》的规定，在保修费用的处理问题上，必须根据修理项目的性质、内容以及检查修理等因素的实际情况区别保修责任。保修的经济责任的应当与由有关责任方承担，由发包人和承包人共同商定经济处理办法。

思考题与习题

1. 竣工决算的含义和编制要求是什么？
2. 工程竣工决算的内容包括什么？
3. 竣工决算的编制内容是什么？
4. 竣工决算的编制步骤是什么？
5. 建设项目保修的范围及年限分别是什么？
6. 建设项目保修的经济责任及费用处理的办法是什么？

第 14 章

BIM 在工程造价管理中的应用

学习目标

了解工程计价相关软件，熟悉使用 BIM 进行建筑与装饰工程量计算的方法与技巧，掌握清单计价软件的操作方法与流程。

14.1 概述

14.1.1 BIM 典型应用

BIM 是建筑信息模型（Building Information Modeling）的简称。BIM 技术是由目前已经广泛应用的 CAD 等计算机技术的基础上发展出来的多维模型信息集成技术，是对建筑及基础设施物理特性和功能特性的数字化表达。它能够实现建筑工程项目在全生命周期各阶段、多参与方和多专业之间信息的自动交换和共享。BIM 提供了一个集成管理的环境，让参建各方协同工作，同时这些信息也可以贯穿和应用于项目的全生命周期的各个阶段。

目前，我国建筑领域典型的 BIM 应用有：BIM 模型、场地分析、建筑策划、方案论证、可视化设计、协同设计、性能化分析、工程量统计、管线综合、施工进度模拟、施工组织模拟、数字化建造、物料跟踪、施工现场配合、竣工模型交付、资产管理、空间管理、建筑系统分析和灾难应急模拟等。

14.1.2 BIM 造价应用

随着我国从计划经济体制走向市场经济体制，工程造价管理经历了以下几个时期：计划经济体制时期，统一进行定额计价，由政府确定价格；计划经济向市场经济转轨时期，量、价分离，在一定范围内引入市场价格；尚不完善的市场经济时期，工程量清单计价与定额计价并存，市场确定价格；市场经济时期，市场决定价格，企业自主竞争，实现工程造价全面管理。

工程造价行业的信息化发展见证了最初的手工绘图计算工程造价阶段、20 世纪 90 年代的计算机二维辅助计算阶段、21 世纪初计算机三维建模计算阶段，目前正逐步走入以 BIM 为核心技术工程造价管理阶段。

1. BIM 对工程造价管理的价值

（1）BIM 有助于建设项目全过程的造价控制　我国现有的工程造价管理在决策阶段、设计阶段、交易阶段、施工阶段和竣工阶段实施。阶段性造价管理与全过程造价管理并存，不连续的管理方式使各阶段、各专业、各环节之间的数据难以协同和共享。

BIM 技术基于其本身的特征，可以提供涵盖项目全生命周期及参建各方的集成管理环境，基于统一的信息模型，进行协同共享和集成化的管理；可以使各阶段数据流通，方便实现多方协同工作，为实现全过程、全生命周期、全要素的造价管理提供可靠的基础和依据。

（2）BIM 有助于工程造价管理水平的提升　BIM 在工程造价领域不仅能够提升工作效率和工作质量，还能够对造价从业人员素质和对企业造价业务的提升有很大帮助，能有效提高工程造价管理水平。

（3）BIM 有助于造价数据积累，为可持续发展奠定基础　各企业已经认识到，丰富的数据资源将是企业的核心竞争力之一，以前迫于资源、精力和技术等方面的限制，很难形成良好的积累。有了 BIM 这个载体，企业可以更加方便地沉淀信息、积累数据，为可持续发展奠定基础。

2. 基于 BIM 的全过程造价管理

BIM 技术涵盖了建设项目全生命周期，包括竣工、交付、运维各个阶段，它是动态生长的。不同阶段的模型，承载了不同的信息。工程造价可依托于这一媒介，开展全过程造价管理。BIM 模型承载了建筑物的物理特征（如几何尺寸）、功能特征、时间特性等大量的信息，这些信息是工程造价管理中的必备信息，所以，应用 BIM 能够给工程造价管理带来较显著的提升。

基于 BIM 的全过程造价管理包括：决策阶段，依据方案模型进行快速的估算、方案比选；设计阶段，根据设计模型组织限额设计、概算编审和碰撞检查；招投标阶段，根据模型编制工程量清单、招标控制价、施工图预算编审；施工阶段，根据模型进行成本控制、进度管理、变更管理、材料管理；竣工阶段，基于模型进行结算编审和审核。

建设项目决策阶段，基于 BIM 的主要应用是投资估算编审以及方案比选。基于 BIM 的投资估算编审主要依赖于已有的模型库、数据库，通过对库中模型的应用，可以实现快速搭建可视化模型，测算工程量；并根据已有数据对拟建项目的成本进行测算。

建设项目设计阶段，基于 BIM 的主要应用是限额设计、设计概算编审以及碰撞检查。

基于 BIM 的限额设计是利用 BIM 模型来对比设计限额指标。它一方面可以提高测算的准确度，另外一方面可以提高测算的效率。

基于 BIM 的设计概算编审是对成本费用的实时核算，利用 BIM 模型信息进行计算和统计，快速分析工程量，通过关联历史 BIM 信息数据，分析造价指标，更快速准确地分析设计概算，大幅提升设计概算精度。

基于 BIM 的碰撞检查，通过三维校审减少"错、碰、漏、缺"现象，在设计成果交付前消除设计错误可以减少设计变更，降低变更费用。

建设项目招投标阶段也是 BIM 应用较为集中的环节之一，工程量清单编审、招标控制价编审、施工图预算编审，都可以借助 BIM 技术进行高效便捷的工作。

招投标阶段，工程量计算是核心工作，而算量工作约占工程造价管理总体工作量的 60%，利用 BIM 模型进行工程量自动计算、统计分析，形成准确的工程量清单。建设单位或者造价咨询单位可以根据设计单位提供的包含丰富数据信息的 BIM 模型，在短时间内快速抽调出工程量信息，结合项目具体特征编制准确的工程量清单，有效地避免漏项和错算等情况，最大限度地减少施工阶段因工程量问题引起的纠纷。

建设项目施工阶段，基于 BIM 的主要应用包括工程计量、成本计划管理、变更管理。

建设项目施工阶段，需要将各专业的深化模型集成在一起，形成一个全专业的模型，这时候再关联进度、资源、成本的相关信息，以此为基础进行过程控制。

首先是基于进度计划这条主线进行施工过程的中期结算，辅助中期的支付审核。传统模式下的工程计量管理，申报集中、额度大、审核时间有限，无论是初步计量还是审核都存在与实际进度不符的情况。根据 BIM5D 的概念，基于实际进度快速计算已完工程量，并与模型中的成本信息关联，迅速完成工程计量工作，解决实际工作中存在的困难。

其次是成本计划管理，将进度计划与成本信息关联，则可以迅速完成各类时点（如年度、季度、月度、周或日）的资源需求、资金计划，同时支持构件、分部分项工程或流水段的信息查询，支撑时间和成本维度的全方位管控。

变更管理是全过程造价管理的难点。传统的变更管理方式工作量大、反复变更时易发生对相关联的变更项目扣减产生疏漏等情况。基于 BIM 技术的变更管理，力求最大限度地减少变更的发生；当变更发生时，在模型上直接进行变更部位的调节，可以通过可视化对比，使发生变更费用可预估、变更流程可追溯，有关联的变更清晰，对投资的影响可实时获得。

建设项目结算阶段，基于 BIM 的主要应用包括结算管理、审核对量、资料管理和成本数据库积累。

基于 BIM 技术的结算管理，是基于模型的结算管理，对于变更、暂估价材料、施工图等可调整项目统一进行梳理，不会发生重复计算或漏算的情况。

基于 BIM 技术的审核对量可以自动对比工程模型，是更加智能更加便捷的核对手段；可以实现智能查找量差、自动分析原因、自动生成结果等需求。不但可以提高工作效率，同时也可减少核对中发生争议的情况。

3. 基于 BIM 的全过程造价管理的平台软件

目前，还没有一个大而全的软件可以涵盖建设项目全过程造价管理中所有的应用，也没有一家软件公司能提供各个阶段的产品；采用不同的软件组合实施基于 BIM 的全过程造价管理时，各个软件本身要遵从国际的标准、行业的标准，例如 IFC、GFC 等标准，并依据这些标准进行数据交换和协同共享。

同时，模型之间的交换、版本控制，以及基于模型的协同工作需要平台级的软件，例如 BIM 模型服务器。通过平台软件，承载和集成各个阶段的 BIM 应用软件、进行数据交换、形成协同共享和集成管理，这样才能够使基于 BIM 的全过程造价管理的应用是连贯的、集成的。

4. BIM 模型的建立

建设项目的各个阶段都会产生相应的模型。由上一阶段的模型直接导入本阶段进行信息复用，通过二维 CAD 识别进行翻模和重新建模是形成本阶段模型的主要方式。

因为 BIM 设计模型和 BIM 算量模型各自用途和目的不同，导致它们携带的信息存在差异：BIM 设计模型存储着建设项目的物理信息，其中最受关注的是几何尺寸信息，而 BIM 算量模型关注工程量信息，而且需要兼顾施工方法、施工工序、施工条件等约束条件信息，因此不能直接复用到招标投标阶段和施工阶段。

现阶段，基于 IFC 标准的模型和应用插件可以实现将设计阶段或者由设计软件产生的模型有效地导入算量模型中形成算量模型。

目前市场上具有代表性的图形算量软件主要有：神机妙算软件、鲁班软件、清华斯维尔软件、PKPM 软件、品茗软件、新点比目云软件、广联达软件。

下面以广联达科技股份有限公司推出的"广联达工程造价管理整体解决方案"软件为例，介绍通过软件进行建模、算量和计价。

该解决方案涉及的软件有钢筋算量软件、土建算量软件和云计价软件。下面以该解决方案为例进行介绍。

14.2　BIM 钢筋算量

14.2.1　BIM 钢筋算量软件介绍及原理

1. 广联达 BIM 钢筋算量软件介绍

广联达 BIM 钢筋算量软件 GGJ2013 基于国家规范和平法标准图集，采用绘图方式，整体考虑构件之间的扣减关系，辅助以表格输入，解决工程造价人员在招标投标、施工过程提量和结算阶段钢筋工程量的计算问题。GGJ2013 自动考虑构件之间的关联和扣减，使用者只需要完成绘图即可实现钢筋量计算。该软件的内置计算规则可以修改，计算过程有据可依，便于查看和控制，有助于学习和应用平法，降低了钢筋算量的计算难度。

广联达 BIM 钢筋算量软件 GGJ2013 新增 BIM 应用，通过导入和导出算量数据交换文件实现 BIM 算量。软件增加了"导入 BIM 模型""导出 BIM 文件（IGMS）"功能，可以将 Revit 软件建立的三维模型导入到 GGJ2013 软件中进行算量。

2. 广联达 BIM 钢筋算量软件 GGJ2013 工作原理

广联达 BIM 钢筋算量软件 GGJ2013 工作原理如图 14-1 所示。

算量软件的实质是将钢筋的计算规则内置，通过建立工程信息、定义构件的钢筋信息、建立结构模型，进行钢筋工程量汇总计算，最终形成报表。将方法内置在软件中，计算过程可利用软件实现，依靠已有的计算扣减规则，利用计算机快速、完整地计算出所有的细部工程量。

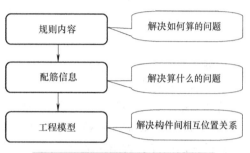

图 14-1 钢筋算量软件的工作原理

广联达钢筋算量软件能够智能导入结构设计软件 GICD 的 BIM 模型直接进行钢筋算量计算，打通"建筑设计 BIM 模型→结构受力分析模型→结构设计 BIM 模型 + 建筑设计 BIM 模型→算量 BIM 模型→现场施工翻样模型"的 BIM 应用链，成倍提高算量效率，做到模型全生命周期应用、多业务协同。

钢筋的主要计算依据为混凝土结构施工图平面整体表示方法制图规则和构造详图（现浇混凝土框架、剪力墙、梁、板）（16G101—1）、混凝土结构施工图平面整体表示方法制图规则构造详图（现浇混凝土板式楼梯）（16G101—2）、混凝土结构施工图平面整体表示方法制图规则和构造详图（独立基础、条形基础、筏板基础及桩承台）（16G101—3）。

3. 广联达 BIM 钢筋算量软件 GGJ2013 软件的特点

广联达 BIM 钢筋算量软件 GGJ2013 软件综合考虑了平法系列图集、结构设计规范、施工验收规范以及常见的钢筋施工工艺，能够满足不同的钢筋计算要求。该软件不仅能够完整地计算工程的钢筋总量，而且能够根据工程要求按照结构类型的不同、楼层的不同、构件的不同，计算出各自的钢筋明细量。

广联达 BIM 钢筋算量软件 GGJ2013 内置了平法系列图集、结构设计规范、综合了施工验收规范以及常见的钢筋施工工艺，用户还可以根据不同的需求自行设置和修改，满足多样的需求。

广联达 BIM 钢筋算量软件 GGJ2013 通过画图的方式，快速建立建筑物的计算模型，根据内置的平法图集和规范实现自动扣减。在计算过程中工程造价人员能够快速准确地计算和校对，实现钢筋算量方法实用化，算量过程可视化，算量结果准确化。

14.2.2 BIM 钢筋算量软件操作流程

1. 钢筋算量软件操作流程

钢筋算量软件操作流程如图 14-2 所示。

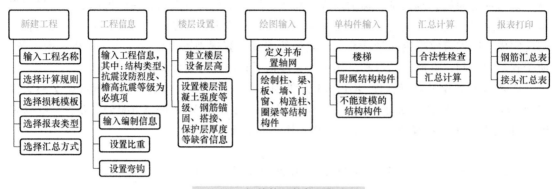

图 14-2　钢筋算量软件操作流程

2. 不同结构类型绘制流程

砖混结构的绘制顺序：砖墙→门窗洞→构造柱→圈梁。

框架结构的绘制顺序：柱→梁→板→基础。

剪力墙结构的绘制顺序：剪力墙→门窗洞→暗柱/端柱→暗梁/连梁。

框剪结构的绘制顺序：柱→剪力墙板块→梁→板→砌体墙板块。

总的绘制顺序：首层→地上→地下→基础。

14.2.3　工程设置

1. 新建工程

双击桌面"广联达 BIM 钢筋算量软件"图标，启动软件后，单击"新建向导"，进入新建工程界面，输入"工程名称"，本工程名称为"专用宿舍楼"，然后选择计算规则、损耗模板、报表类别和汇总方式，如图 14-3 所示。

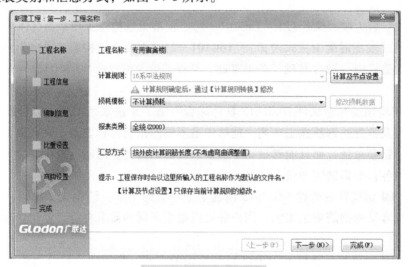

图 14-3　新建工程界面

2. 工程信息

1）单击"下一步"按钮，进入工程信息界面，如图 14-4 所示。根据工程的实际情况填写相应的内容，其中带 * 号的项目会影响计算结果，必须正确填写，其他项目不会影响计算结果，所以可以填写，也可以不填写。

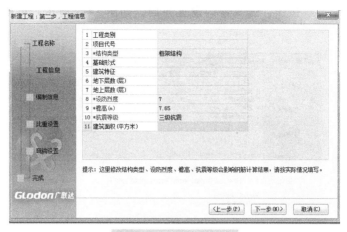

图 14-4　工程信息界面

2）单击"下一步"按钮，进入编制信息界面，如图 14-5 所示。根据实际情况填写，该内容会链接到报表中。

图 14-5　编制信息界面

3）单击"下一步"按钮，进入比重设置界面，对钢筋的比重进行设置，如图 14-6 所示。比重设置对钢筋质量的计算是有影响的，需要准确设置。直径为 6mm 的钢筋，一般用直径为 6.5mm 的钢筋代替，即：把直径为 6mm 的钢筋的比重修改为直径为 6.5mm 的钢筋比重。此操作通过在表格中复制、粘贴可完成。

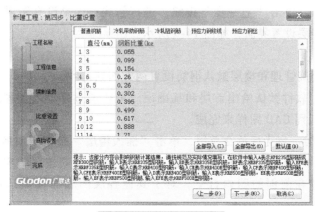

图 14-6　比重设置界面

4）单击"下一步"按钮，进入弯钩设置界面，如图 14-7 所示。可根据实际需求对弯钩进行设置。

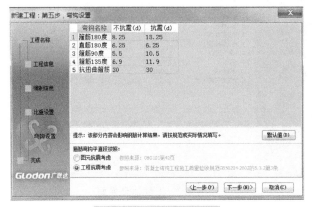

图 14-7　弯钩设置界面

5）单击"下一步"按钮，进入完成界面，前面输入的内容全部在窗口中显示，如图 14-8 所示。

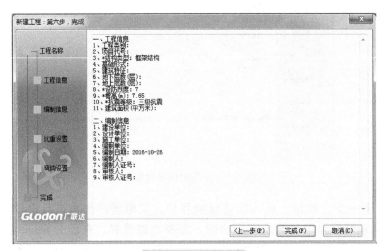

图 14-8　完成界面

如果有错误，可以单击"上一步"按钮。进行修改；如果没有错误，单击"完成"按钮，软件自动转到楼层设置界面，如图 14-9 所示。

3. 楼层设置

楼层设置包括楼层管理和楼层默认钢筋设置两方面的内容。

（1）楼层管理　软件默认给出首层和基础层。可以通过手动增加楼层完成，也可以通过"识别楼层表"识别 CAD 图样来完成。

1）手动增加楼层。将光标放在首层，单击"插入楼层"按钮增加地上楼层；将光标放在基础层，单击"插入楼层"按钮，增加地下楼层。各层层高按照结构图样修改后，修改首层的底面标高，并在前面的□内打√，对于其他各层的底面标高，软件会自动计算并修正。

2）识别楼层表。将含有楼层信息表的 CAD 图调入工作区，单击工具栏上的"识别楼

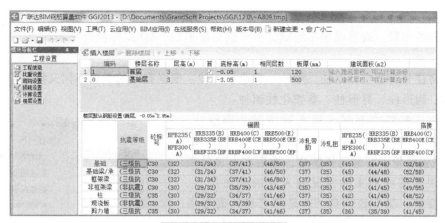

图 14-9　楼层设置界面

层表"，用鼠标拉框选择楼层信息表，单击右键确认，正确选择对应关系后，单击"确定"按钮，完成楼层的建立。

（2）楼层默认钢筋设置　在楼层设置界面中还可以对各层中钢筋混凝土构件的混凝土强度等级、钢筋锚固、钢筋搭接和钢筋保护层进行设置。设置完成后单击"确定"按钮，完成楼层设置。

14.2.4　轴网

软件中可分为正交轴网、圆弧轴网和斜交轴网三种，根据轴线的形式不同，又可分为轴网和辅助轴线两种类型。

轴网的布置方式也有两种：一种是定义并绘制，另一种是通过识别 CAD 图样完成。

1. 定义并绘制轴网

在模块导航栏中"轴网"的定义界面下，单击"新建"按钮或者在空白处单击右键选择需要建立的轴网种类，之后在右边的属性编辑器中根据图样输入对应的上开间、下开间、左进深和右进深的尺寸，此时右侧的轴网图显示区域已经显示了定义的轴网，如图 14-10 所示。

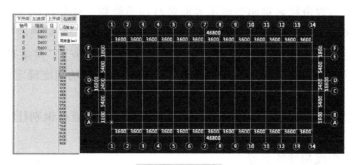

图 14-10　轴网

单击"绘图"按钮或者双击轴网名称进入绘图界面，在弹出的输入角度对话框中输入轴网与水平线的夹角，完成轴网的绘制。

2. CAD 识别轴网

识别轴网的流程分为三步：提取轴线边线、提取轴线标识、识别轴网。

14.2.5 柱

柱构件的布置，既可以手工绘制，也可以通过识别 CAD 图样快速完成。

1. 手工绘制

软件将柱分为框柱、暗柱、端柱、构造柱四种，根据截面的形状不同又将上述四种柱分为矩形柱、圆形柱、异形柱、参数化柱四种。

在模块导航栏中根据工程实际情况选择框柱、暗柱、端柱、构造柱中的一种进行新建，可单击"新建"按钮或单击右键选择新建，然后在右边的属性编辑器根据图样的实际情况输入柱的截面尺寸、柱纵筋、箍筋、类型等信息，若是异形柱，需要通过"多边形编辑器"或"从 CAD 选择截面图"进行绘制，异形柱钢筋信息一般需要通过截面编辑手动布置，不能简单地在构件属性器中输入钢筋信息进行布置。柱类型的选择如图 14-11 所示（以框柱为例）。

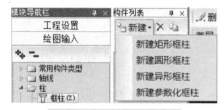

图 14-11　柱类型的选择

进入框架柱的定义界面后，按照图样，输入 KZ1 的所有属性。KZ1 的定义如图 14-12 所示。

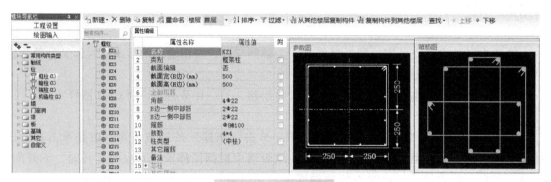

图 14-12　KZ1 的定义

属性定义完成后双击柱名称回到绘图界面进行柱的绘制，柱的绘制方式有点画、旋转点画和智能布置三种，根据实际情况选择其中一种。要注意的是，如果柱的中心点不在轴线与轴线交点上，可通过〈shift〉+左键进行绘制或绘制后通过"对齐""批量查改批注"进行准确定位，如果是参数化柱或异形柱还可以通过"调整柱端头"功能准确定位。

2. 识别柱

识别柱时，要先通过识别柱表或柱大样建立柱构件，然后通过识别柱平面布置图，完成柱构件的布置。

（1）识别柱表生成构件的步骤

1）将包含柱配筋表的 CAD 图样调入绘图工作区。

2）单击模块导航栏"识别柱"。

3）单击工具栏"识别柱表"。

4）用鼠标框选柱配筋表的范围，单击右键确认。

5）选择柱表对应列，单击"确定"按钮，弹出识别完毕确认对话框。

6）单击对话框中的"是（Y）"按钮，柱表定义窗口中出现了识别完成的构件。

7）检查识别构件的属性无误后，单击"确定"按钮，退出柱表定义界面；单击"生成构件"按钮，则生成柱构件；单击"取消"按钮，则不生成构件。

（2）识别柱大样生成构件的步骤

1）将包含柱配筋大样的 CAD 图样调入绘图工作区。

2）单击模块导航栏"CAD 识别"→"识别柱大样"。

3）单击工具栏上"提取柱边线"，单击右键确认。

4）单击工具栏上"提取柱标识"，单击右键确认。

5）单击工具栏上"提取钢筋线"，单击右键确认。

6）单击工具栏"自动识别"，单击右键确认；完成柱构件的建立。

（3）识别柱的步骤

1）将包含柱定位的 CAD 图样调入绘图工作区。

2）单击模块导航栏"CAD 识别"→"识别柱"。

3）单击工具栏上"提取柱边线"，单击右键确认。

4）单击工具栏上"提取柱标识"，单击右键确认。

5）单击"自动识别柱"子菜单，出现"识别完毕"提示框并给出识别出的柱子数量。

6）单击"确定"按钮，软件开始对柱图元进行校核，如果没有错误图元，则出现"没有错误图元信息"提示框；如果有错误图元就会弹出"柱图元校核"提示框，此时按照对话框中的提示，对错误图元进行修改即可。

14.2.6 梁、圈梁

软件将梁分为梁和圈梁两种，还有在门窗洞的下拉菜单下的连梁和过梁，根据截面形状的不同又分为矩形梁、异形梁、参数化梁三种。

梁的布置方式也有两种，一种是手工定义并绘制，另一种是通过识别 CAD 图样完成。

1. 绘制梁

在模块导航栏中梁的界面中，单击"新建"按钮或右键单击新建某一种梁，然后在右边的属性编辑器中根据图样的实际情况输入梁的截面尺寸、梁的箍筋、通长筋等信息。以某工程中的 KL12 为例，KL12 的定义如图 14-13 所示。

属性定义完成后双击梁名称回到绘图界面进行梁的绘制。

梁的绘制方式有直线、点加长度和三点圆弧三种，根据实际情况选择其中一种。要注意的是，如果梁相对于轴线有偏移，可通过〈shift〉+左键进行绘制，或绘制后利用"对齐"功能进行编辑。

	属性名称	属性值	附
1	名称	KL12（7）	
2	类别	楼层框架梁	
3	截面宽度(mm)	300	
4	截面高度(mm)	600	
5	轴线距梁左边线距离(mm)	(150)	
6	跨数量		
7	箍筋	Φ8@100/200(2)	
8	肢数	2	
9	上部通长筋	2Φ22	
10	下部通长筋		
11	侧面构造或受扭筋(总配	N4Φ12	
12	拉筋	(Φ6)	
13	其它箍筋		
14	备注		
15	＋ 其它属性		
23	＋ 锚固搭接		
38	＋ 显示样式		

图 14-13　KL12 的定义

梁绘制完毕后，只完成了对梁集中标注的信息的输入，还需要进行原位标注的输入，另外，由于梁是以柱和墙为支座的，所以在提取梁跨和原位标注之前，需要绘制好所有的支座。当图中梁显示为粉红色时，表示还没有进行梁跨的提取和原位标注的输入，也不能正确地对梁钢筋进行计算。

在 GGJ2013 中，可以通过三种方式来提取梁跨：一是使用"原位标注"；二是使用"跨设置"中的"重新提取梁跨";三是可以使用"批量识别梁支座"的功能。

绘制完成后,单击"原位标注"按钮,选择要原位标注的某一根梁进行原位标注,直到完成所有梁的原位标注。

完成梁的原位标注后,还要对照图样依次添加次梁加筋和吊筋。

2. 识别梁

1)导入用于识别梁的 CAD 图纸。

2)单击"CAD 识别"下的"识别梁"。

3)提取梁边线。单击工具栏上的"提取梁边线",软件弹出"图线选择方式"对话框,同时在状态栏出现"按鼠标左键或按〈CTRL〉/〈ALT+〉左键选择梁边线,按右键确认选择或〈ESC〉取消"的下一步操作提示。

4)提取梁标注。单击"自动提取梁标注",软件弹出"图线选择方式"对话框,状态栏同时出现下一步操作提示。

5)识别梁。单击绘图工具栏"识别梁"→"自动识别梁",软件弹出一个提示框"建议识别梁之前先画好柱、梁、墙,此时识别出来的梁端头会自动延伸到柱梁墙内,而且识别梁跨更为准确,是否继续?"。单击"是"按钮,则提取的梁边线和梁集中标注被识别为梁构件。

6)梁跨校核。识别梁完成后,软件自动启用"梁跨校核",若识别的梁跨与标注的跨数相符,则该梁用粉色显示;若识别的梁跨与标注的跨数不符,则弹出提示,并且该梁用红色显示。可以根据对话框中的建议进行修改。

7)识别梁原位标注。识别梁原位标注的方法有四种:"自动识别梁原位标注"功能可以将已经提取的梁原位标注一次性全部识别;"框选识别梁原位标注"功能可以将框选的某一区域内梁的原位标注识别出来;"点选识别梁原位标注"功能可以将提取的梁原位标注一次全部识别;"单构件识别梁原位标注"功能可以将提取的单根梁原位标注进行识别。

8)梁原位标注校核。自动识别完梁原位标注后,软件自动进行"梁原位标注校核",进行智能检查。

次梁加筋和吊筋,既可以在计算设置中进行设置,也可以通过 CAD 图样进行识别,不再赘述。

圈梁的定义和绘制与梁类似,不再赘述。

14.2.7 板

软件中板的界面下包含现浇板、板配筋等。板的布置可以通过手动布置,也可以通过识别 CAD 图样来完成。

1. 手动布置

首先在模块导航栏中单击现浇板界面,单击"新建"按钮或用右键单击新建,然后在右边的属性编辑器根据图样的实际情况输入板的厚度、马凳筋信息等信息,现浇板的定义如图 14-14 所示。

属性定义完成后,双击板名称回到绘图界面进行板的绘制,板的绘制方式有点、直线和矩形

图 14-14 现浇板的定义

三种，根据实际情况选择其中一种进行准确定位。

2. 识别 CAD

识别板可通过"提取板标注""提取板支座线""提取板洞线""自动识别板"四步完成，不再赘述。

14.2.8 板筋

板筋的布置，既可以通过手动绘制，也可以通过识别来完成。

1. 手动绘制

假如某块板中标注的底部受力筋名称为 K8，配筋为 $\Phi 8@200$，其定义过程如下：进入"板"→"板受力筋"，单击"新建"按钮或在"板受力筋"上单击右键，单击"新建板受力筋"，按施工图定义板受力筋。板筋定义如图 14-15 所示。

定义完成后，双击回到绘图的界面，利用"单板"或"多板"，以及"垂直""水平"或"XY 方向"进行板筋的布置。将板的受力筋布置完成后，用同样的方法将板的跨板受力筋和板负筋依次布置完毕。

属性编辑

	属性名称	属性值	附
1	名称	K8	
2	钢筋信息	$\Phi 8@200$	☐
3	类别	底筋	☐
4	左弯折(mm)	(0)	☐
5	右弯折(mm)	(0)	☐
6	钢筋锚固	(35)	☐
7	钢筋搭接	(49)	☐
8	归类名称	(K8)	☐
9	汇总信息	板受力筋	☐
10	计算设置	按默认计算设置计	
11	节点设置	按默认节点设置计	
12	搭接设置	按默认搭接设置计	
13	长度调整(mm)		☐
14	备注		☐
15 +	显示样式		

图 14-15　板筋定义

2. 识别板钢筋

板钢筋分为受力筋、跨板受力筋、负筋、放射筋等。

识别板受力筋通过"识别受力筋"菜单栏下的"提取板钢筋线""提取板钢筋标识""识别板受力筋"工具来完成。识别板受力筋完成后，识别成功的板筋显示颜色变为黄色；在识别完成后，软件会自动弹出"板筋校核"进行识别板钢筋的校核。

识别跨板受力筋、负筋和放射筋的操作与识别受力筋相同，不再赘述。

14.2.9 墙

墙分为混凝土墙和砌体墙，布置方式既可以通过手动布置，也可以通过识别 CAD 图样来完成。

1. 剪力墙定义

下面以某剪力墙（TQ300）为例，介绍剪力墙的定义和布置。

在软件的定义界面，单击模块导航栏的"墙"→"剪力墙"→"新建"→"新建剪力墙"，在属性编辑栏中，输入名称"TQ300"，厚度 300mm，水平钢筋和垂直钢筋 $\Phi 12@200$，拉筋 $\phi 6@600*600$。剪力墙定义如图 14-16 所示。

2. 砌体墙定义

在软件的定义界面，单击模块导航栏的"墙"→"砌体墙"→"新建"→"新建砌体墙"，在属性框中按照施工图依次输入相应属性值。砌体墙如图 14-17 所示。

定义好后，单击工具栏上"绘图"按钮，就可以采用"直线画""点加长度""矩形画""三点弧""智能布置"等画法在构件所在位置进行绘制。

3. 识别剪力墙

首先通过识别剪力墙表建立构件，然后通过识别剪力墙完成构件的绘制。

识别剪力墙表的步骤如下：

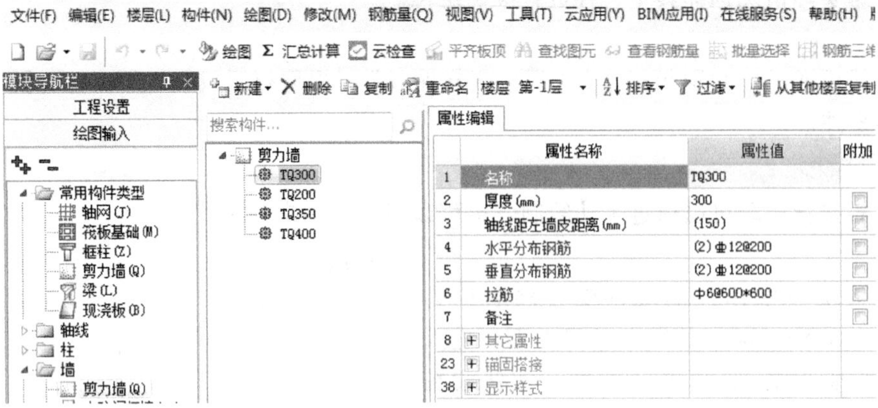

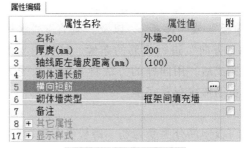

图 14-16　剪力墙定义

1）将带有剪力墙表的 CAD 图样调入绘图工作区。

2）在模块导航栏中的"CAD 识别"下，单击"识别墙"。

3）单击绘图工具栏"识别剪力墙表"。

4）用鼠标拉框选择剪力墙表中的数据，单击右键确认选择。

5）弹出"识别剪力墙表—选择对应列"窗口。识别时软件自动匹配表头，减少用户手动操作，提高易用性和效率。

图 14-17　砌体墙定义

6）单击"确定"按钮即可将"选择对应列"窗口中的剪力墙信息识别到软件的剪力墙表中，之后单击"确定"按钮，完成剪力墙表的识别。

识别剪力墙的步骤如下：

1）提取混凝土墙边线。

2）提取墙标识。

3）提取门窗线。

4）识别混凝土墙，识别方式分为"自动识别""框选识别"和"点选识别"三种。

5）墙图元校核墙体识别完成后，软件自动进行墙图元的校核。根据软件给出的提示修改错误信息后，单击"刷新"按钮，软件重新校核，已改正的错误信息会从表中消失。

4. 识别砌体墙

识别砌体墙的步骤与识别剪力墙的步骤类似，只是将"混凝土墙"换为"砌体墙"而已，其识别过程不再赘述。

14.2.10　门、窗、洞口、过梁、窗台压顶

门、窗、洞口的定义和绘制，既可以手动进行，也可以通过识别 CAD 图样来完成。

1. 门、窗、洞口的定义和绘制

在模块导航栏中，单击"门"，单击工具栏上"新建"下拉菜单上的"新建矩形门"子菜单，在右侧弹出的属性框中输入门的相应属性。门的定义如图 14-18 所示。

单击"绘图"按钮,切换到绘图区,在"点画""智能布置"和"精确布置"三特种方式中选择一种,将门绘制到相应位置,完成门构件的布置。

窗和洞口的定义和绘制与门相同,不再赘述。

2. 识别门、窗、洞口

识别门、窗、洞口是通过识别门窗表建立门窗、洞口构件,通过识别门窗洞口来完成门窗、洞口的布置。

识别门窗表的流程如下:

1) 调入门窗表,单击"CAD 识别"→"识别门窗表"。

	属性名称	属性值	附加
	属性编辑		
1	名称	M-1	☐
2	洞口宽度 (mm)	1200	☐
3	洞口高度 (mm)	2100	☐
4	离地高度 (mm)	0	☐
5	洞口每侧加强筋		☐
6	斜加筋		☐
7	其它钢筋		
8	汇总信息	洞口加强筋	☐
9	备注		☐
10	⊞ 显示样式		

图 14-18　门的定义

2) 用鼠标拉框选择门窗表。单击鼠标左键拉框选择门窗表,单击右键确认选择,软件弹出"识别门窗表-选择对应列"窗口;软件自动进行对应列的匹配,如果匹配不正确,则手动匹配。

3) 删除多余的行和列。对应列匹配成功后,使用界面中的"删除行"删除多余的行,使用"删除列"删除多余的列。

4) 添加缺少的行和列。如果有些洞口在门窗表中未列出,则可以利用界面上的"插入行"添加构件,使用"插入列"添加其他属性,如窗距离地高度等。

5) 单击"确定",软件识别完成,弹出识别到的门和窗的数量,结束门窗表的识别。

识别门窗的步骤如下:

1) 将一层平面图调入绘图工作区。

2) 单击模块导航栏"识别门窗洞"。

3) 提取砌体墙边线。单击工具栏上"提取砌体墙边线",按照状态栏的提示,选择砌体墙边线,单击右键确认选择。

4) 提取门窗洞标识。单击工具栏上"提取门窗洞标识",按照状态栏的操作提示,选择门窗洞口标识,单击右键确认。

5) 识别门窗洞口。单击工具栏上的"识别门窗洞口",根据 CAD 图样的规范程度选择一种识别门窗洞口的方式。其中,"自动识别门窗"功能可以将提取的门窗标识一次全部识别。如果 CAD 图样比较规范,可以选择自动识别方式;"框选识别门窗"功能和自动识别门窗非常相似,只是在执行"框选识别门窗"命令后在绘图区域拉一个框确定范围,则此范围内提取的所有门窗标识将被识别;"点选识别门窗"功能可以通过选择门窗标识的方法进行门窗洞识别操作。如果 CAD 图样规范程度较低,则可以考虑采用点选识别的方法;"精确识别门窗"功能可以通过选择门窗标识的方法进行门窗洞的精确定位操作。

3. 过梁的定义

以 GL-1 过梁为例,进入"门窗洞"→"过梁",新建一道过梁。过梁定义如图 14-19 所示。

4. 过梁的绘制

过梁定义完毕后,回到绘图界面,绘制过梁。过梁的布置可以采用"点"画法,或者在门窗洞口"智能布置"。

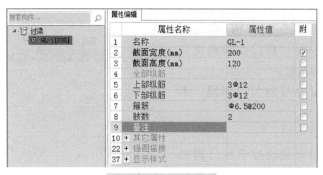

图 14-19　过梁定义

　　窗台压顶的定义与绘制与过梁类似，主要区别在于：过梁位于洞口的上方，而窗台压顶处于洞口的下方。这里不再赘述。

14.2.11　构造柱、砌体加筋

1. 构造柱

　　进入软件导航栏，单击"柱"→"构造柱"，在"构造柱"上单击右键，单击"新建矩形构造柱"。构造柱定义步骤如图 14-20 所示。在弹出的构造柱属性框中输入各个属性。构造柱属性定义如图 14-21 所示。

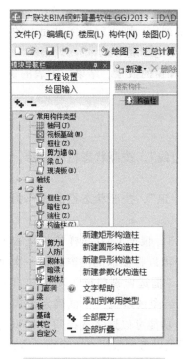

图 14-20　构造柱定义步骤

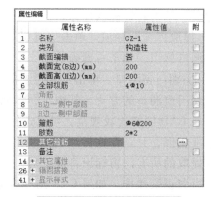

图 14-21　构造柱属性定义

　　构造柱的绘制，除参考框架柱的绘制方法外，还可以按照如图 14-22 所示给出的条件自动生成。

2. 砌体加筋

　　砌体加筋包括砌体中的通长钢筋以及混凝土柱与砌体之间的拉结筋。砌体中的通长钢筋

在砌体中进行定义，此处所指的砌体加筋是指后者。

根据所在的位置砌体加筋分为 L 形、T 形、十字形和一字形，分别适用于相应形状的砌体相交形式。下面以 T 形砌体加筋为例进行介绍。

在导航栏中，单击"砌体加筋"，在构件栏中，右键单击"砌体加筋"，单击"新建砌体加筋"子菜单，弹出选择参数化图形的对话框，单击"参数化截面类型"右侧下三角，选择 T 形，然后再选择所对应的砌体加筋类型（T-1 型）。砌体加筋定义如图 14-23 所示。根据设计说明修改砌体加筋的各项属性。

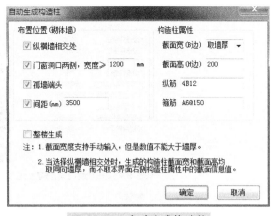

图 14-22　自动生成构造柱

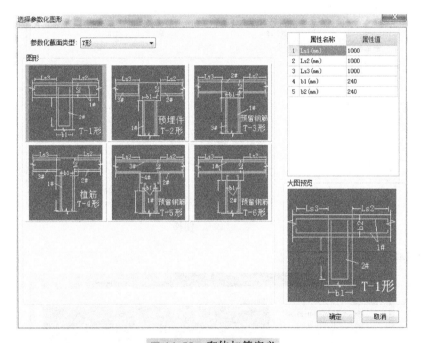

图 14-23　砌体加筋定义

定义完成后，切换到绘图界面，选择"点画""旋转点画""智能布置"进行绘制即可，也可以采用"自动生成砌体加筋"的功能自动生成砌体加筋，如图 14-24 所示。

14.2.12　楼梯

楼梯钢筋的工程量不能通过绘图来计算，只能通过单构件输入来完成。

在模块导航栏中，切换到"单构件输入"界面，单击"构件管理"，在"单构件输入构件管理"界面选择"楼梯"构件类型，单击"添加构件"，添加"LT-1"，单击"确定"按钮，如图 14-25 所示。

新建构件后，选择工具条上的"参数输入"，进入"参数输入法"界面，单击"选择图集"选择相应的楼梯类型（以本工程案例中的双网双向 AT 型楼梯为例）。楼梯图集选择

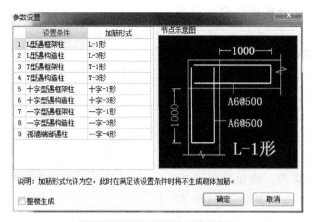

图 14-24　自动生成砌体加筋

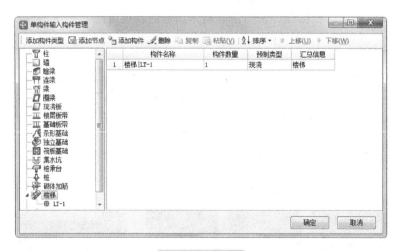

图 14-25　楼梯

示意图如图 14-26 所示。

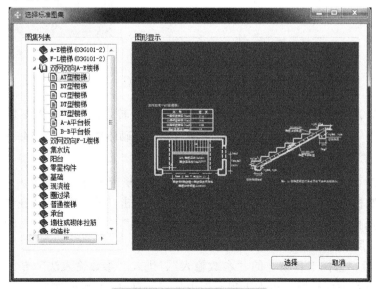

图 14-26　楼梯图集选择示意

单击对话框中的"选择"按钮，出现如图 14-27 所示的楼梯参数选择图。按照图样修改完其中的参数后，单击"计算退出"按钮，完成楼梯钢筋的计算。

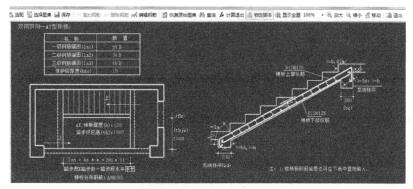

图 14-27　楼梯参数选择

除楼梯外，其他不能建模的零星构件钢筋，也需要在"单构件输入"中完成。

14.2.13　报表

绘图输入和单构件输入完成后，单击工具栏上的"汇总计算"按钮或按"F9"键进行工程的汇总计算。汇总完成后，在模块导航栏上切换到"报表预览"界面，就可以预览或导出钢筋工程量的各类报表。钢筋工程量报表的类型如图 14-28 所示。各种报表的具体形式和内容不再一一列举。

14.3　BIM 土建算量

广联达 BIM 土建算量软件 GCL2013，内置全国各地现行清单、定额计算规则。软件采用 CAD 导图算量、绘图输入算量、表格输入算量等多种算量模式，三维状态自由绘图、编辑，高效、直观、简单。软件运用三维计算技术、轻松处理跨层构件计算。提量简单，无须套用做法也可出量，报表功能强大、提供了做法及构件报表量，满足招标方、投标方对报表的各种需求。

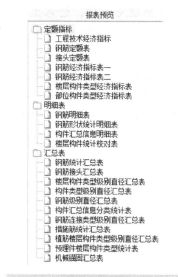

图 14-28　钢筋工程量报表的类型

广联达土建算量软件 GCL2013 支持国际通用交换标准 IFC 文件的一键读取，同时，通过三维设计模型与造价算量模型交互插件 GFC，可以实现将 Revit 三维模型中的主体、基础、装修、零星等构件一键导入土建算量 GCL2013 中，构件导入率可以达到 100%。

广联达 BIM 土建算量软件工程与钢筋算量软件工程可以实现互导，达到一图多用的目的。

14.3.1　钢筋算量模型复用

使用 BIM 钢筋算量软件建立的模型除可用于计算钢筋工程量外，还可以直接导入 BIM 土建算量软件中，作为计算土建工程量的模型。导入流程如下：

1. 新建工程

1）双击桌面"广联达图形算量软件 GCL2013"图标，启动软件，进入新建界面。

2）鼠标左键单击"新建向导"按钮，弹出新建工程向导窗口，输入工程名称，选择清单规则和定额规则"，清单库和定额库自动匹配。做法模式：选择纯做法模式。

3）单击"下一步"，进入"工程信息"编辑界面；此页面上黑色字体内容只起到标识的作用，蓝色字体（室外地坪相对±0.000 的标高）会影响计算结果，需根据工程实际情况填写。

4）单击"下一步"，进入"编制信息"编辑界面。

5）单击"下一步"，进入"完成"界面。

6）单击"完成"，完成新建工程，切换至"工程信息"界面，该界面显示了之前输入的工程信息，可查看和修改。

2. 导入钢筋工程

1）新建完毕后，进入土建算量的起始界面，单击"文件"，选择"导入钢筋（GGJ）工程"。文件菜单如图 14-29 所示。

2）弹出"打开"对话框，选择钢筋工程文件所在位置，单击打开。

3）弹出"提示"对话框，单击"确定"按钮，出现"层高对比"对话框，选择"按钢筋层高导入"，出现楼层和构件导入选择对话框，如图 14-30 所示，在楼层列表下方单击"全选"按钮，在构建列表中的"轴网"构件后的方框中打钩选择，然后单击"确定"按钮。

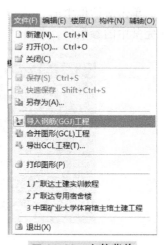

图 14-29　文件菜单

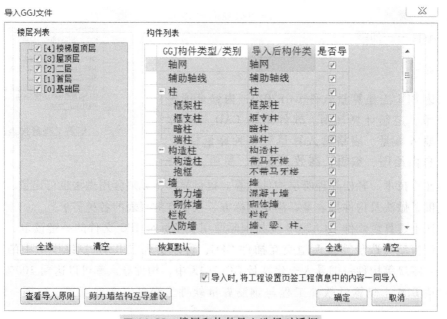

图 14-30　楼层和构件导入选择对话框

4）导入完成后出现提示的对话框，单击"确定"按钮完成导入。在此之后，软件会提示"是否保存工程"，建议立即保存。

钢筋算量模型只是为了计算钢筋工程量而建，不存在钢筋的构件没有进行绘制，需要在土建算量模型中补充完整。需要补充的构件分为两类：一类是在钢筋算量中已经绘制出来，但是要在土建算量中重新绘制的，例如：在钢筋算量模型中，楼梯的梯梁和休息平台都是带有钢筋的构件，在钢筋算量模型中进行了定义和绘制，而在土建算量中使用参数化楼梯，由于参数化楼梯中已经包括梯梁和休息平台，所以在土建算量模型中绘制参数化楼梯之前，需要把原有的梯梁和休息平台删除；另一类是在钢筋算量中未绘制出来，需要在土建算量中进行补充绘制的构件，例如：建筑面积、平整场地、散水、台阶、基础垫层、装饰装修等。

14.3.2 模型完善

1. 参数化楼梯

（1）参数化楼梯的定义（以"标准双跑 1"为例）

1）单击构件导航栏"楼梯"下的"楼梯"，单击"新建"按钮，再单击弹出的"新建参数化楼梯"，弹出"选择参数化图形"的对话框，如图 14-31 所示，选择"标准双跑 1"，然后单击"确定"按钮。

2）编辑"图形参数"即将选择好的楼梯按照工程中的要求设定工程要求的数值，设置好的参数如图 14-32 所示，输入完成后，单击"保存退出"按钮。

图 14-31　参数化楼梯图形

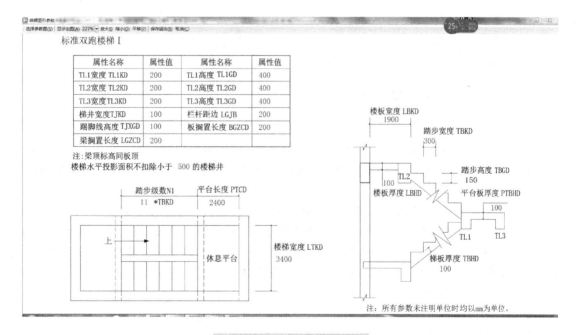

图 14-32　标准双跑楼梯参数

（2）参数化楼梯的绘制　对于参数化楼梯的绘制，要找到楼梯的插入点，使用偏移的功能进行楼梯的绘制，同时还会用到旋转、镜像、移动等的功能。绘制完成的标准双跑楼梯如图 14-33 所示。

2. 建筑面积

（1）建筑面积的属性定义　新建建筑面积如图 14-34 所示。根据该建筑面积的计算规则，选择"计算全部""计算一半"或"不计算"中的一种。

（2）建筑面积的绘制　建筑面积属于面式构件，因此可以用直线绘制也可以用点绘制。用点式绘制时，软件自动搜寻建筑物的外墙外边线，如果能找到外墙外边线形成的封闭区域，则在这个区域内自动生成"建筑面积"。

图 14-33　标准双跑楼梯

3. 平整场地

（1）平整场地的属性定义　新建平整场地，如图 14-35 所示。

（2）平整场地的绘制　平整场地属于面式构件，因此可以用直线绘制也可以用点绘制，建议采用点式画法。这里采用智能布置法，单击"智能布置"，选"外墙轴线"，单击即可完成。

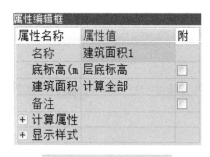

图 14-34　新建建筑面积

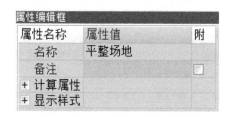

图 14-35　新建平整场地

4. 散水、坡道、栏杆

（1）散水的定义　某工程散水的宽度为 900mm，沿建筑物周围布置。新建散水 1（SS-1），根据散水图样中的尺寸标注，在属性编辑器中输入相应的属性值。散水如图 14-36 所示。

（2）散水的绘制　散水定义完毕后，回到绘图界面进行绘制。散水属于面式构件，因此可以用点绘制、直线绘制、矩形绘制和智能绘制。这里采用智能布置法，即先将外墙进行延伸或收缩处理，让外墙与外墙形成封闭区域，单击"智能布置"→"按外墙外边线"，在弹出的对话框中输入 900，绘制完成。对有台阶及坡道部分，可用分割的方式处理。如果不做分割，软件也会自动进行工程量的扣减。

坡道也可以利用散水构件替代，定义与绘制方法不再赘述。

（3）栏杆　下面以某工程中的无障碍坡道栏杆为例进行介绍。新建栏杆，栏杆定义如图 14-37 所示。

栏杆的绘制方法有点式、直线和智能布置等，选用其中一种方法绘制完成后，设置栏杆的弯头，完成栏杆的绘制。

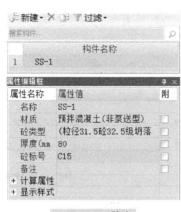

图 14-36 散水

图 14-37 栏杆定义

图 14-38 台阶定义

5. 台阶

（1）台阶的定义　新建台阶 1（TAIJ-1），根据台阶图样中的尺寸标注，在属性编辑器中输入相应的属性值。台阶定义如图 14-38 所示。

（2）台阶的绘制　台阶定义完毕后，回到绘图界面进行绘制。台阶属于面式构件，因此可以用直线绘制也可以用点绘制，也可以用矩形画法。此处用矩形画法，即单击相关轴线交点，输入偏移值。确定后再单击"设置台阶踏步边"，输入"300"，完成台阶的绘制。

6. 基础垫层、土方

（1）基础垫层　混凝土的垫层采用"面式垫层"进行定义，修改各项属性符合图样要求。垫层定义如图 14-39 所示。

定义完基础垫层的属性之后，切换到绘图界面，采用智能布置的方法绘制。即：单击绘图界面"智能布置"下拉菜单中要布置垫层的构件图元（如独立基础、筏板基础、集水坑等），然后用鼠标拉框选择布置范围，单击右键，弹出"请输入出边距离"的对话框，输入"出边距离（如 100）"，单击"确定"，完成基础垫层的绘制。

（2）土方　在绘制完成基础垫层后，土方构件可以由软件自动生成。在垫层绘图界面，单击"自动生成土方"按钮，弹出"选择生成的土方类型"对话框，选择对应的"土方类型"（基坑土方、基槽土方或大开挖土方）和"起始放坡位置"（垫层底面或垫层顶面），单击"确定"按钮，弹出"生成方式及相关属性"的对话框，按照说明将属性做定义。单击"确定"按钮，土方自动生成完毕。自动生成土方如图 14-40 所示。

基础回填土和房心回填土的定义与绘制请读者自行完成。

7. 装饰装修构件

常见装饰构件包括楼地面、天棚、墙面、踢脚等。装饰构件布置可以采用按构件布置或按房间布置两种方式进行。按构件布置的基本步骤均为：构件定义，编辑属性，绘制构件。按房间布置的基本步骤为：定义房间，添加依附构件，绘制房间。

图 14-39　垫层定义

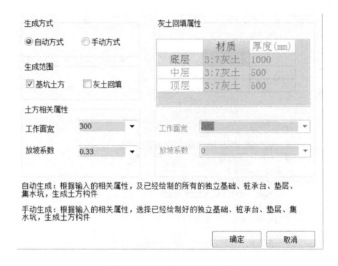

图 14-40　自动生成土方

（1）楼地面、踢脚、墙面、天棚、屋面　以楼地面为例介绍装修构件的定义。以宿舍楼地面为例，进入"装修"→"楼地面"。楼地面定义如图 14-41 所示。若有房间需要计算防水，要将"是否计算防水"的属性值修改为"是"。在楼地面构件定义时，可以按房间名称定义，也可以按做法名称定义。

其他构件的定义与楼地面类似，不再赘述。

定义完成后采用点画法进行布置即可。

（2）房间　房间的装修不仅有地面、墙面还有天棚等，包含所有以上介绍的装修的部分。根据房间中包含的楼地面或其他装修部分，按照房间的设置进行合并，在布置的时候直接以房间的形式进行布置。下面以"宿舍"为例介绍房间的定义和绘制。

进入"装修"→"房间"→"新建一个房间"。房间定义如图 14-42 所示。

图 14-41　楼地面定义

图 14-42　房间定义

新建完成房间之后，右边出现"构件类型"的菜单栏，其中就包含之前定义的楼地面、踢脚等的装修内容。

选择对应的房间中的楼地面、踢脚等的装修，单击"构件类型"中的楼地面，然后单击右边菜单中的"添加依附构件"按钮，最后单击"构件名称"后的下拉菜单按钮，选择对应房间的对应构件名称。用同样的方法，将"宿舍"中的其他的构件通过"添加依附构件"，建立房间中的装修构件。添加房间依附构件如图 14-43 所示。

图 14-43　添加房间依附构件

　　房间的绘制采用点画法：选中"宿舍"，在要布置的房间位置点一下，房间中的装修即可自动布置上去。

　　（3）保温层　保温层包括平面保温层与立面保温层。平面保温层的定义、绘制方法与楼地面、天棚的绘制方法类似，也可以省略不画，而在楼地面或天棚中进行做法定义；立面保温层的定义、绘制方法与墙面的绘制方法类似，但必须单独定义和绘制，否则会影响建筑面积的计算结果。

14.3.3　套用做法

　　套用做法就是给模型中各个构件选配相应的清单项目套用消耗量定额。对于招标方来说，需要提供工程量清单，必须为每个构件选配相应的清单项目、描述项目特征和工作内容，软件自动生成带有 12 位工程量清单编码的工程量清单报表。对于投标方来说，为计算施工方案量，需要对每个构件选配消耗量定额。如果招标方既做清单又做标底，则需要同时选配清单和消耗量定额。此项操作可以通过构件做法下的"添加清单"或（和）"添加定额"功能完成。

　　某工程中的矩形柱做法，如图 14-44 所示。

	编码	类别	项目名称	项目特征	单位	工程量表达式	表达式说明	单价	综合单价	措施项	专业
1	010502001	项	矩形柱	1. 混凝土种类：商品泵送混凝土 2. 混凝土强度等级：C30 3. 泵送高度：30m以下	m3	TJ	TJ〈体积〉			☐	建筑工程
2	6-190	定	(C30泵送商品砼)矩形柱		m3	TJ	TJ〈体积〉	468.12		☐	土建
3	011702002	项	矩形柱 模板	1. 模板种类：复合木模板 2. 支撑高度：3.95m 3. 截面周长：2m 4. 钢筋保护层措施材料：塑料卡	m2	MBMJ	MBMJ〈模板面积〉			☑	建筑工程
4	21-27	定	现浇矩形柱 复合木模板		m2	MBMJ	MBMJ〈模板面积〉616.33			☑	土建

图 14-44　某工程中的矩形柱做法

　　如果模型中存在相同做法的构件，可以通过"做法刷"或"选配"功能快速完成。其他构件也可以采用这种操作完成构件做法的定义。

　　对于不能进行建模的零星构件，通过"表格输入"完成构件做法的定义。

14.3.4　土建工程量报表

　　所有构件的做法选配完成之后，单击"汇总计算"按钮，软件自动按照选定的计算规则计算所有构件的工程量。

　　汇总计算完成后，用户可以根据自己的实际需要选择需要的报表，选择需要的格式、范围进行报表预览、打印、导出，或导入计价软件完成工程的最终报价。

软件内置的土建报表类型如图 14-45 所示。

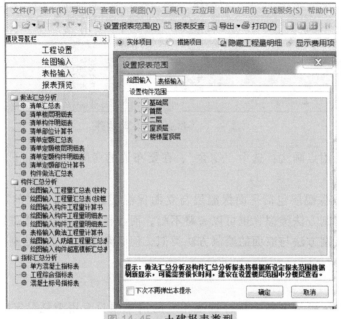

图 14-45　土建报表类型

14.4　BIM 建筑工程计价

实行"营改增"后，建筑工程计价由 GCCP5.0 云计价平台完成。GCCP5.0 云计价平台包括编制、调价、报表、指标和电子标五大模块。以下的操作均在 GCCP5.0 云计价软件中进行。本节以招标控制价的编制为例，介绍建筑工程计价的步骤。

14.4.1　新建工程

1）新建项目。双击桌面图标"广联达云计价平台 GCCP5.0"打开云计价平台，进入软件登录界面，登录或单击离线使用软件后，进入广联达云计价平台 GCCP5.0。单击"新建项目"，如图 14-46 所示。

2）单击"新建"图标，进入新建工程界面，如图 14-47 所示。

图 14-46　新建项目

图 14-47　新建工程

本项目采用的计价方式为清单计价、招标，采用的招标工程接口标准为"江苏 13 接口招标工程"。

3）新建招标项目。单击图 14-47 中"新建招标项目"图标，输入项目名称和项目编码，并通过价格文件后的"浏览"按钮查找需要的价格文件。新建招标项目如图 14-48 所示。

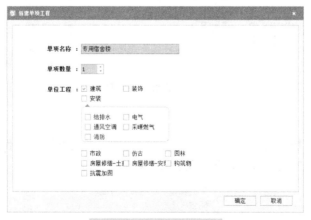

图 14-48　新建招标项目

4）单击"下一步"按钮，进入"新建单项工程"和"新建单位工程"界面，单击"新建单项工程"，进入新建工程界面（见图 14-49），输入单项工程名称："专用宿舍楼"；勾选对应的单位工程专业："建筑"。单击"确定"按钮完成新建工程。

图 14-49　新建单项工程

5）取费设置。GCCP5.0 云计价平台要求在项目三级结构建立之后进行所有费率的设置。单击"取费设置"页签，在弹出的界面中按照造价编制的要求，直接输入或选择工程类别、工程所在地、计税方式、取费专业、管理费费率、利润率、各种措施费率、规费费率和税率。取费设置如图 14-50 所示。

图中各项费用的计算方法为计算基数×费率。费率为空默认为按 100%取费。

14.4.2　导入图形算量文件

进入单位工程界面，切换到"分部分项"页签，单击"导入"按钮，单击"导入算量

图 14-50   取费设置

文件",在弹出的打开文件对话框中,找到算量文件所在的位置,单击打开,出现"算量工程文件导入"对话框,如图 14-51 所示,选择需要导入的"清单项目"和"措施项目"中清单和定额项目后,单击"导入"按钮,完成图形算量文件的导入。

图 14-51   算量工程文件导入

14.4.3   完善分部分项工程

使用软件中的"插入清单"和"插入子目"功能,补充默认的工程量清单和定额子目,补充的钢筋分部分项工程清单、定额示例如图 14-52 所示。

	编码	类别	名称	项目特征	单位	汇总类别	工程量表达式	工程量	综合单价	综合合价	备注
108	010515001001	项	现浇构件钢筋	1.钢筋种类、规格:Φ6.5 一级钢	t			1.343	1.343	4881.32	6555.61	
	5-1	定	现浇砼构件钢筋 直径 φ12mm以内		t		QDL	1.343	4881.32	6555.61	
109	010515001002	项	现浇构件钢筋	1.钢筋种类、规格:Φ6.5 三级钢	t			3.189	3.189	4881.32	15566.53	
	5-1	定	现浇砼构件钢筋 直径 φ12mm以内		t		QDL	3.189	4881.32	15566.53	
110	010515001003	项	现浇构件钢筋	1.钢筋种类、规格:Φ8 三级钢	t			23.826	23.826	4881.32	116302.33	
	5-1	定	现浇砼构件钢筋 直径 φ12mm以内		t		QDL	23.826	4881.32	116302.33	
111	010515001004	项	现浇构件钢筋	1.钢筋种类、规格:Φ10 三级钢	t			3.058	3.058	4881.32	14927.08	
	5-1	定	现浇砼构件钢筋 直径 φ12mm以内		t		QDL	3.058	4881.32	14927.08	
112	010515001005	项	现浇构件钢筋	1.钢筋种类、规格:Φ12 三级钢	t			9.442	9.442	4881.32	46089.42	

图 14-52   补充的钢筋分部分项工程量清单、定额示例

分部分项工程清单和定额套用完成后，按照定额的规定对定额进行调整或换算。

14.4.4 完善措施项目

措施项目分为总价措施项目和单价措施项目，有些单价措施项目（如脚手架、模板）在图形算量时已经在相应构件中套用了相应做法，导入图形算量工程时已经将分部分项工程量清单一起导入到云计价平台中。本节主要介绍如何补充未导入的措施项目到计价平台，或导入不完整的措施项目。

1. 总价措施项目费

总价措施项目费中的安全文明施工费是必须计取的，招投标编制要求考虑雨期施工和已完工程保护费等。点选每项费用中的费率即可，以安全文明施工费为例，该工程的费率为 3.1%。总价措施项目费的完善如图 14-53 所示。其他总价措施费项目根据招标文件的规定计取。

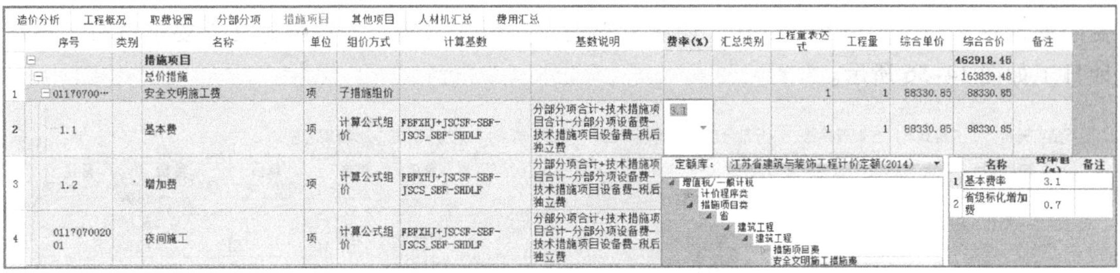

	序号	类别	名称	单位	组价方式	计算基数	基数说明	费率(%)	汇总类别	工程量表达式	工程量	综合单价	综合合价	备注
			措施项目										462918.45	
			总价措施										163839.48	
1	01170700···		安全文明施工费	项	子措施组价					1	1	88330.85	88330.85	
2	1.1		基本费	项	计算公式组价	FBFXHJ+JSCSF-SBF-JSCS_SBF-SHDLF	分部分项合计+技术措施项目合计-分部分项设备费-技术措施项目设备费-税后独立费	3.1		1	1	88330.85	88330.85	
3	1.2		增加费	项	计算公式组价	FBFXHJ+JSCSF-SBF-JSCS_SBF-SHDLF	分部分项合计+技术措施项目合计-分部分项设备费-技术措施项目设备费-税后独立费							
4	011707002001		夜间施工	项	计算公式组价	FBFXHJ+JSCSF-SBF-JSCS_SBF-SHDLF	分部分项合计+技术措施项目合计-分部分项设备费-技术措施项目设备费-税后独立费							

图 14-53 总价措施项目费的完善

2. 单价措施项目费

除模板、脚手架措施项目费外，单价措施项目费的完善还包括垂直运输和大型机械设备进退场及安拆费等。单价措施项目费的完善如图 14-54 所示。

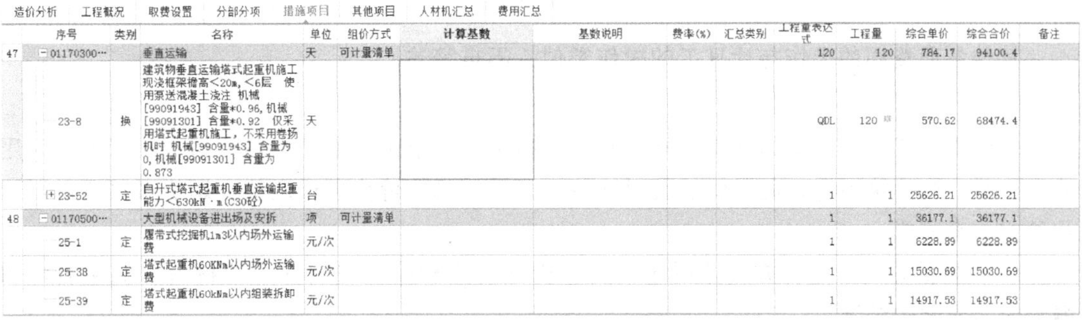

	序号	类别	名称	单位	组价方式	计算基数	基数说明	费率(%)	汇总类别	工程量表达式	工程量	综合单价	综合合价	备注
47	01170300···		垂直运输	天	可计量清单					120	120	784.17	94100.4	
	23-8	换	建筑物垂直运输塔式起重机施工现浇框架檐高<20m，<6层 使用泵送混凝土浇注 机械[99091943] 含量*0.96，机械[99091301] 含量*0.92 仅采用塔式起重机施工，不采用卷扬机时 机械[99091943] 含量为0，机械[99091301] 含量为0.873	天						QDL	120	570.62	68474.4	
	23-52	定	自升式塔式起重机垂直运输起重能力<630kN·m(C30砼)	台						1	1	25626.21	25626.21	
48	01170500···		大型机械设备进出场及安拆	项	可计量清单					1	1	36177.1	36177.1	
	25-1	定	履带式挖掘机1m3以内场外运输费	元/次						1	1	6228.89	6228.89	
	25-38	定	塔式起重机60KNm以内场外运输费	元/次						1	1	15030.69	15030.69	
	25-39	定	塔式起重机60kNm以内组装拆卸费	元/次						1	1	14917.53	14917.53	

图 14-54 单价措施项目费的完善

措施项目清单和定额，应按照规定进行调整或换算。

14.4.5 添加其他项目

其他项目费包括暂列金额、专业工程暂估价、计日工和总承包服务费四项内容。这些内容均按招标文件的规定填入。计日工的单价为 81 元/工日，工日数量均为 10。下面以添加暂列金额和计日工为例介绍在软件中的操作。

1. 添加暂列金额

单击“其他项目”页签→“暂列金额”。例如，某工程招标文件规定暂列金额为 150000 元，在名称中输入“暂列金额”，在计量单位中输入“元”，在计算公式中输入“150000”，如图 14-55 所示。

图 14-55　添加暂列金额

2. 添加计日工

单击"其他项目"页签→"计日工费用"，按招标文件要求，本项目有计日工费用，需要添加计日工，人工为 81 元/日，还有材料费用和机械费用，均按招标文件要求填写。添加计日工如图 14-56 所示。

序号		名称	单位	数量	单价	合价	备注
1		计日工				4840	
2	1	人工				1620	
3	1.1	木工	工日	10	81	810	
4	1.2	钢筋工	工日	10	81	810	
5	2	材料				2420	
6	2.1	黄砂	m3	1	120	120	
7	2.2	水泥	t	5	460	2300	
8	3	机械				800	
9	3.1	载重汽车	台班	1	800	800	
10	4	企业管理费和利润				0	
11	4.1					0	

图 14-56　添加计日工

其他各项费用的操作与计日工的操作类似，不再赘述。

14.4.6　人、材、机汇总

软件中内置的是当地的预算价格，有些价格可能与组价时期的市场价格或工程上拟采用的人、材、机价格不符，此时就需要对这些人、材、机的价格进行调整。调价可以通过以下几种方式来完成。

（1）批量导入　这种方式适用于材料、机械名称和编码与软件中的材料、机械名称和编码完全匹配的情况。

（2）个别修改　如果工程上使用的材料、机械与定额中的名称、规格型号不同，此时就需要对其进行逐个修改。修改的内容包括编号、名称、规格型号、单价、适用的增值税率等。这种方式适用于有些材料的名称和编码与软件中内置的数据不匹配的情况。

因为有些材料和设备是甲方完全供应的，有些是甲方部分供应的，有些材料和设备的价格为暂定，所以要对这些材料和设备的数量和属性进行相应的调整。

14.4.7　费用汇总

在完成了分部分项工程项目、措施项目、其他项目和人、材、机汇总的基础上，单击"费用汇总"页签，此时软件根据"取费设置"页签填写好的费率计算各项费用，费用汇总如图 14-57 所示。

序号	费用代号	名称	计算基数	基数说明	费率(%)	金额	费用类别	备注	输出
1	1	分部分项工程	FBFXHJ	分部分项合计		2,380,043.88	分部分项工程量清单合计		☑
2	1.1	人工费	RGF	分部分项人工费		554,231.25	分部分项人工费		☑
3	1.2	材料费	CLF+ZCF+SBF	分部分项材料费+分部分项主材费+分部分项设备费		1,556,816.10	分部分项材料费		☑
4	1.3	施工机具使用费	JXF	分部分项机械费		42,328.51	分部分项机械费		☑
5	1.4	企业管理费	GLF	分部分项管理费		155,098.79	分部分项管理费		☑
6	1.5	利润	LR	分部分项利润		71,587.68	分部分项利润		☑
7	2	措施项目	CSXMHJ	措施项目合计		619,354.51	措施项目清单合计		☑
8	2.1	单价措施项目费	JSCSF	单价措施项目合计		456,266.65	单价措施项目费		☑
9	2.2	总价措施项目费	ZZCSF	组织措施项目合计		163,087.86	总价措施项目费		☑
10	2.2.1	其中:安全文明施工措施费	AQWMSGF	安全文明施工措施费		87,925.63	安全文明施工费		☑
11	3	其他项目	QTXMHJ	其他项目合计		154,840.00	其他项目清单合计		☑
12	3.1	其中:暂列金额	暂列金额	暂列金额		150,000.00	暂列金额		☑
13	3.2	其中:专业工程暂估价	专业工程暂估价	专业工程暂估价		0.00	专业工程暂估价		☑
14	3.3	其中:计日工	计日工	计日工		4,840.00	计日工		☑
15	3.4	其中:总承包服务费	总承包服务费	总承包服务费		0.00	总承包服务费		☑
16	4	规费	F17 + F18 + F19	社会保险费+住房公积金+工程排污费		120,807.33	规费		☑
17	4.1	社会保险费	F1 + F7 + F11 - SBF - JSCS_SBF - SHDLF	分部分项工程+措施项目+其他项目-分部分项设备费-技术措施项目设备费-税后独立费	3.2	100,935.63	社会保障费		☑
18	4.2	住房公积金	F1 + F7 + F11 - SBF - JSCS_SBF - SHDLF	分部分项工程+措施项目+其他项目-分部分项设备费-技术措施项目设备费-税后独立费	0.53	16,717.46	住房公积金		☑
19	4.3	工程排污费	F1 + F7 + F11 - SBF - JSCS_SBF - SHDLF	分部分项工程+措施项目+其他项目-分部分项设备费-技术措施项目设备费-税后独立费	0.1	3,154.24	工程排污费		☑
20	5	税金	F1 + F7 + F11 + F16 - (JGCLF+JGZCF +JGSBF)/1.01- SHDLF	分部分项工程+措施项目+其他项目+规费-(甲供材料费+甲供主材费+甲供设备费)/1.01-税后独立费	11	331,578.26	税金		☑
21	6	工程造价	F1 + F7 + F11 + F16 + F20 - (JGCLF +JGZCF+JGSBF)/1.01	分部分项工程+措施项目+其他项目+规费+税金-(甲供材料费+甲供主材费+甲供设备费)/1.01		3,345,926.06	工程造价		☑

图 14-57　费用汇总

14.4.8　报表输出

单击"报表"菜单,各种报表出现在预览区,根据需要可以单击需要预览的报表进行查看,单击屏幕左上角的"批量导出 Excel",选择需要导出的报表(如招标控制价报表)。报表预览如图 14-58 所示。

图 14-58　报表预览

思考题与习题

1. BIM 在建筑工程中有哪些典型应用?

2. BIM 对于工程造价管理有何应用价值?

3. BIM 在全过程造价管理中有哪些解决方案?

4. 基于 BIM 的全过程造价管理平台软件有哪些?

5. BIM 钢筋算量模型建立的步骤是什么?

6. BIM 土建算量模型建立的方法有几种?

7. 如何用计价软件进行工程造价的计算?

参 考 文 献

[1] 中华人民共和国住房和城乡建设部. 建设工程工程量清单计价规范：GB 50500—2013 [S]. 北京：中国计划出版社，2013.

[2] 中华人民共和国住房和城乡建设部. 房屋建筑与装饰工程工程量计算规范：GB 50854—2013 [S]. 北京：中国计划出版社，2013.

[3] 中华人民共和国住房和城乡建设部. 建筑工程建筑面积计算规范：GB/T 50353—2013 [S]. 北京：中国计划出版社，2014.

[4] 江苏省住房和城乡建设厅. 江苏省建筑与装饰工程计价定额（2014 版）：上册 [M]. 南京：江苏凤凰科学技术出版社，2014.

[5] 江苏省住房和城乡建设厅. 江苏省建筑与装饰工程计价定额（2014 版）：下册 [M]. 南京：江苏凤凰科学技术出版社，2014.

[6] 吴佐民，房春艳. 房屋建筑与装饰工程工程量计算规范图解 [M]. 北京：中国建筑工业出版社，2016.

[7] 李建峰. 建筑工程计量与计价 [M]. 北京：机械工业出版社，2017.

[8] 闫文周，李芊. 工程估价 [M]. 2 版. 北京：化学工业出版社，2014.

[9] 朱溢镕，肖跃军，赵华玮. 建筑工程 BIM 造价应用（江苏版）[M]. 北京：化学工业出版社，2017.

[10] 李涛. 建筑工程造价员实用手册 [M]. 南京：江苏凤凰科学技术出版社，2015.

[11] 武育秦. 建筑工程造价 [M]. 3 版. 武汉：武汉理工大学出版社，2014.

[12] 全国造价工程师执业资格考试培训教材编审委员会. 建设工程计价 [M]. 北京：中国计划出版社，2018.

[13] 严玲，尹贻林. 工程计价学 [M]. 北京：机械工业出版社，2017.

[14] 张志勇. 工程计价 [M]. 北京：机械工业出版社，2014.

[15] 姚传勤，褚振文，王波. 土木工程造价（建筑工程方向）[M]. 武汉：武汉大学出版社，2013.

[16] 李伟. 建筑工程计价 [M]. 2 版. 北京：机械工业出版社，2016.

[17] 黄昌铁，齐宝库. 工程估价 [M]. 北京：清华大学出版社，2016.

[18] 王丽红，侯梅枝. 工程计价与控制 [M]. 北京：清华大学出版社，2015.

[19] 刘泽俊. 工程估价 [M]. 北京：北京理工大学出版社，2016.

[20] 刘钟莹，俞启元，李泉，等. 工程估价 [M]. 3 版. 南京：东南大学出版社，2016.

[21] 陈淑贤，张大伟，董晓英. 建筑工程计量与计价 [M]. 北京：北京理工大学出版社，2017.

[22] 刘镇，刘昌斌. 工程造价控制 [M]. 北京：北京理工大学出版社，2016.

[23] 刘树红，王岩. 建设工程招投标与合同管理 [M]. 北京：北京理工大学出版社，2017.

[24] 于香梅，谢振斌. 建筑工程定额与预算 [M]. 2 版. 北京：清华大学出版社，2016.

[24] 梁鸿颉，李晶. 工程价款结算原理与实务 [M]. 北京：北京理工大学出版社，2016.